Langmann

Grundlagen der SPS-Programmierung

AF888823

Ihr Plus – digitale Zusatzinhalte!

Auf *plus.hanser-fachbuch.de* gibt es kostenloses Zusatzmaterial zu diesem Buch. Den Zugangscode finden Sie am Ende des Werkes.

Bleiben Sie auf dem Laufenden!

Hanser Newsletter informieren Sie regelmäßig über neue Bücher und Termine aus den verschiedenen Bereichen der Technik. Profitieren Sie auch von Gewinnspielen und exklusiven Leseproben. Gleich anmelden unter

www.hanser-fachbuch.de/newsletter

Reinhard Langmann

Grundlagen der SPS-Programmierung

Klassisch nach IEC 61131, mit KI und aus der Cloud

HANSER

Über den Autor:
Prof. Dr.-Ing. Reinhard Langmann war von 1993 bis 2021 Professor für Prozessinformatik im Fachbereich Elektro- und Informationstechnik der Hochschule Düsseldorf.

MIX
Papier aus verantwortungsvollen Quellen
FSC® C083411

Print-ISBN: 978-3-446-48371-2
E-Book-ISBN: 978-3-446-48454-2
ePub-ISBN: 978-3-446-48624-9

Bibliografische Information der Deutschen Nationalbibliothek:
Die Deutsche Nationalbibliothek verzeichnet diese Publikation in der Deutschen Nationalbibliografie; detaillierte bibliografische Daten sind im Internet unter http://dnb.d-nb.de abrufbar.

Vilshofener Straße 10 | 81679 München | info@hanser.de
www.hanser-fachbuch.de
Lektorat: Julia Stepp
Herstellung: Melanie Zinsler
Coverkonzept: Marc Müller-Bremer, www.rebranding.de, München
Covergestaltung: Max Kostopoulos
Titelmotiv: gettyimages.de/gorodenkoff und stock.adobe.com/mrdeeds
Satz: Eberl & Koesel Studio, Kempten
Druck: CPI Books GmbH, Leck
Printed in Germany

Für meine liebe Freundin Ilona, die mich auf vielen beruflichen Reisen zuverlässig, mit Geduld und Fürsorge unterstützt hat.

Mit klarem Kopf, offenem Herzen und bemerkenswerter Systemverfügbarkeit hast du dieses Vorhaben mitgetragen – dafür danke ich dir von Herzen.

Inhalt

Vorwort

Das vorliegende Lehrbuch beschäftigt sich mit speicherprogrammierbaren Steuerungen (SPS) und behandelt diese Thematik in acht Kapiteln. SPS-Steuerungen und ihre Programmierung sind zwar in verschiedenen Fachbüchern bereits umfangreich und in unterschiedlichen Kontexten beschrieben, doch diese Bücher konzentrieren sich meist auf das SPS-Engineering nach IEC 61131. Die neuen Anforderungen und Technologien für eine SPS im Industrie 4.0-Zeitalter werden meist nur im Rahmen von umfangreichen Handbüchern behandelt, die für Lehr- und Lernzwecke nur schwer verwendet werden können.

Die rasanten Entwicklungen seit etwa 2012 in der Digitalisierung der Produktion und der gesamten Wirtschaft insbesondere durch Industrie 4.0, durch das Industrial Internet of Things und durch Cloud-Computing für die Industrie haben zu einem neuen Verständnis der Steuerungstechnik geführt. Ohne eine allgegenwärtige und permanente Vernetzung der Steuerungen von Anlagen, Maschinen und Geräten untereinander sowie mit anderen IT-Systemen und Diensten sind zukünftige Automatisierungssysteme nicht mehr denkbar.

Das Lehrbuch greift diese Herausforderungen auf und bringt die unterschiedlichen Aspekte für eine moderne Steuerungstechnik in kompakter und studierbarer Form zusammen. Das Buch zeichnet sich durch folgende Merkmale aus:

- Die SPS-Grundlagen in Kapitel 2 werden einfach und kompakt sowie auf das Notwendige beschränkt dargestellt, sodass sie auch für Bachelor-Studierende (Automatisierungstechnik, Mechatronik) und Ausbildungsberufe (Elektroniker für Automatisierungstechnik, Mechatroniker – Lernfeld 7) geeignet sind.
- Es wird ausschließlich die Programmierung nach IEC 61131-3 behandelt. Herstellerspezifische Besonderheiten werden kaum berücksichtigt.

- Die Anzahl und der Schwierigkeitsgrad der zwanzig Programmieraufgaben in Kapitel 3 (Aufgabe 1 bis Aufgabe 20) werden gleichfalls auf das notwendige Maß für ein Bachelor-Studium bzw. eine Ausbildung beschränkt. Mit den praktischen Aufgaben in diesem Kapitel werden etwa vierzig Stunden SPS-Basispraktikum abgedeckt. Alle Lösungen der Programmieraufgaben können auf jeder SPS, die ein Simulationsboard mit Peripherieelementen beinhaltet, ohne größeren Aufwand getestet werden.
- Kapitel 4 zum KI-gestützten SPS-Engineering (Analyse, Programmierung und Verifizierung) soll Sie befähigen, ChatGPT zur Unterstützung des Lern- und Lehrprozesses der SPS-Programmierung effizient zu nutzen. Anhand von siebzehn Aufgaben (Aufgabe 21 bis Aufgabe 37) wird das Prompt-Engineering erläutert, und es werden Handlungsempfehlungen für Lehrende und Lernende abgeleitet.
- Ein Grundproblem der SPS-Programmierung in der Ausbildung besteht darin, dass häufig nur unzureichende reale Anlagen für Test und Inbetriebnahme der SPS-Lösungen in Ausbildungseinrichtungen zur Verfügung stehen. Es müssen deshalb Simulationen genutzt werden. Kapitel 5 beschäftigt sich mit diesem Problem und zeigt neben klassischen Simulationsmodellen insbesondere den Einsatz moderner cloudgestützter Lösungen mit Digital Twins an fünf Beispielen (Aufgabe 38 bis Aufgabe 42) auf.
- Im Kontext von Industrie 4.0 werden SPS-Steuerungen zunehmend in die Cloud verlagert. In Kapitel 6 werden diese Entwicklungen aufgegriffen und anhand von fünf Anwendungsbeispielen für IEC 61131-Steuerungsdienste aus der Cloud (Aufgabe 43 bis Aufgabe 47) praktisch erläutert. Für die Beispiele wird die cloudbasierte Steuerungsumgebung der Start-up-Firma logiccloud AG genutzt. Technische Basis der logiccloud-SPS bilden meine Forschungsergebnisse im Rahmen eines F/E-Projekts an der HS Düsseldorf.

Nicht behandelt werden objektorientierte Programmierung und regelungstechnische Funktionen für SPS. Dies sollte speziellen Aufbaukursen für die SPS-Technik vorbehalten bleiben. Auch die Visualisierung und HMI für SPS-Steuerungen werden nicht behandelt, da wegen fehlender Standards und Normen auf diesem Gebiet nur eine herstellerspezifische Behandlung der Thematik möglich wäre.

Dieses Lehrbuch wendet sich insbesondere an Studierende und Lehrende der Ingenieurwissenschaften in den Branchen Elektrotechnik, Maschinenbau, Verfahrens- und Umwelttechnik sowie an Auszubildende und Praktiker, die sich mit der Automatisierung technischer Prozesse und mit der Digitalisierung der Produktion befassen. Die übergreifende und integrative Sichtweise kann aber auch den im Management Tätigen neue Anregungen geben.

Das Buch ist insbesondere für Hochschulen und Universitäten, aber auch für berufliche Bildungseinrichtungen konzipiert. Deshalb beinhaltet es neben den 47 Programmieraufgaben auch 27 Übungsaufgaben einschließlich der Lösungen (Kapitel 7). Ein

Anhang (Kapitel 8) mit Normen und Standards, Abkürzungen sowie einem Glossar mit den wichtigsten Begriffen zum Thema rundet den Inhalt ab.

Die Lösungen aller Programmier- und Übungsaufgaben werden als lauffähige Programme für die PLCnext-Steuerung von Phoenix Contact bzw. für eine logiccloud-SPS auf *plus.hanser-fachbuch.de* bereitgestellt. Der Quellcode aller Programme ist zusätzlich im Buch enthalten.

Ich wünsche allen Lesern ein erfolgreiches Studium mit diesem Lehrbuch bzw. gewinnbringende Anregungen für die Lehre.

An dieser Stelle möchte ich die Gelegenheit nutzen, mich beim Carl Hanser Verlag und dabei insbesondere bei Frau Julia Stepp für die kompetente, hilfreiche und engagierte Unterstützung dieses Buchvorhabens zu bedanken.

Außerdem gilt mein Dank den Studierenden der Automatisierungstechnik an der Hochschule Düsseldorf, den Mitarbeiterinnen und Mitarbeitern von Phoenix Contact Deutschland und der logiccloud AG, die mit ihrer Unterstützung in dieser oder jener Weise zum Inhalt des Buches beigetragen haben.

Solingen, im September 2025

Reinhard Langmann

Über den Autor

Prof. Dr.-Ing. Reinhard Langmann war von 1993 bis 2019 ordentlicher Professor für Prozessinformationstechnik an der Hochschule Düsseldorf. Er arbeitet seit 1983 im Bereich Automatisierung und Echtzeitsysteme, seit 1996 mit einem besonderen Schwerpunkt auf Internettechnologien in der industriellen Automatisierung und Fertigung.

Reinhard Langmann war an mehreren nationalen und internationalen Forschungsprojekten beteiligt (in den letzten Jahren insbesondere zum Thema Industrie 4.0 und Industrial Internet of Things) und ist Autor von neun Lehrbüchern und über fünfzig Fachartikeln. Er hat etwa siebzig Vorträge auf nationalen und internationalen Konferenzen gehalten. Er ist Autor und Inhaber von neun Patenten im Bereich Automatisierungstechnik und Webtechnologie. Darüber hinaus war er Gründer und Direktor des Kompetenzzentrums Automatisierung Düsseldorf (CCAD) und leitete von 2010 bis zu seiner Pensionierung 2019 das Düsseldorfer Telelabor. Er ist Mitglied mehrerer wissenschaftlicher Programmkomitees (z. B. EDUCON, ICBL, MICAI, STE und KST) und Redaktionsbeiräte wissenschaftlicher Zeitschriften.

In den letzten Jahren war Reinhard Langmann Projektkoordinator mehrerer nationaler Forschungs- und Entwicklungsprojekte zu Industrie 4.0, zum industriellen Internet der Dinge (IIoT) und zu Smart Services. Beispielsweise wurde im Projekt WOAS (2012 – 2014) eine weborientierte Architektur für Automatisierungssysteme entwickelt. Basierend auf dieser Architektur entstand eine IIoT-Plattform, die das Smart-Services-Paradigma für die Entwicklung und den Betrieb von Automatisierungssystemen nutzt (*http://www.flexiot.de*). Das Projekt wurde von zehn deutschen Industrieunternehmen unterstützt. Im CICS-Projekt (2015 – 2017) arbeitete er als Projektleiter gemeinsam mit dem Fraunhofer-Institut IKS in München an cloudbasierten industriellen Steuerungsdiensten. Ziel dieses Projekts war die Nutzung von Steuerungsalgorithmen als Dienste aus der Cloud.

Von 2019 bis 2023 war Reinhard Langmann stellvertretender Projektkoordinator im ERASMUS+-Projekt ETAT (Bildung und Training für Automatisierung 4.0 in Thailand, *https://etat-erasmus.com*). Aktuell ist er stellvertretender Projektkoordinator im ERASMUS+-Projekt ETATEI (Bildung und Training in Automatisierungstechnik für die äthiopische und dschibutische Industrie). Er ist Vorsitzender der EduNet World Association e. V. (*https://www.edunet-wa.com*) und Vorstandsmitglied im Verein New Automation e. V. (*https://www.new-automation.de*).

Kontaktdaten:

Prof. Dr.-Ing. Reinhard Langmann

Edunet World Association e. V.

c/o ASC Bildung und Service GmbH

Graf-Adolf-Strasse 11

40212 Düsseldorf

Tel. +49 212 44658

langmann@ccad.eu

https://www.edunet-wa.com

1 Speicherprogrammierbare Steuerungen (SPS) als Kernkomponenten von Automation 4.0

Bei der Automatisierung technischer Prozesse unterscheidet man zwei wesentliche Entwicklungsrichtungen:

- Automatisierung kontinuierlicher Prozesse (auch als Prozessautomatisierung oder Anlagenautomatisierung bezeichnet)
- Automatisierung diskontinuierlicher Prozesse (auch als Fertigungsautomatisierung oder Geräte- und Maschinenautomatisierung bezeichnet)

Beide Automatisierungsrichtungen besitzen eine unterschiedliche Geschichte und fokussieren sich auf unterschiedliche Objekte, Prozesse und Ziele. Tabelle 1.1 veranschaulicht die beiden Entwicklungsrichtungen.

Tabelle 1.1 Entwicklungsrichtungen bei der Automatisierung technischer Prozesse

	Automatisierung kontinuierlicher Prozesse (Prozessautomatisierung oder Anlagenautomatisierung)	Automatisierung diskontinuierlicher Prozesse (Fertigungsautomatisierung oder Geräte- und Maschinenautomatisierung)
seit	1940 bis 1950	1960 bis 1970
Begriffe	Verwendung der Begriffe „Prozess" und „Automatisierung" mit verfahrenstechnischer Bedeutung	vermehrte Verwendung der Begriffe „Steuerung", „automatische Steuerung" und „industrielle Steuerung"
Objekte	dezentral angeordnete Anlagen; sehr weit auseinanderliegende Stellglieder, Einzelantriebe und Stellgruppen	relativ wenige überschaubar angeordnete Antriebs- und Stellelemente; komplizierte Geometriesteuerungen (Roboter, CNC-Maschinen)

Tabelle 1.1 Entwicklungsrichtungen bei der Automatisierung technischer Prozesse *(Fortsetzung)*

	Automatisierung kontinuierlicher Prozesse (Prozessautomatisierung oder Anlagenautomatisierung)	Automatisierung diskontinuierlicher Prozesse (Fertigungsautomatisierung oder Geräte- und Maschinenautomatisierung)
Prozesse	Fließgutprozesse; fest miteinander verkettete technische Einrichtungen; seltene Anfahr- und Abfahrvorgänge	Das Endprodukt wird nur jeweils zu diskreten Zeitpunkten hergestellt. Die technischen Einrichtungen und Teilprozesse sind flexibel kombinierbar.
Ziele	Herbeiführen und Aufrechterhalten optimaler Betriebszustände; Überwachung und Protokollierung des Prozessablaufs; Bilanzierung des Prozessgeschehens (Stoff- und Energiebilanz)	Einwirkung auf Einzelobjekte; Lenkung, Überwachung und Verfolgung ihrer räumlichen Bewegungen; optimale Auslastung der Produktions-, Lager- und Transportkapazitäten; Protokollierung und Bilanzierung
seit	1940 bis 1950	1960 bis 1970

In den Entwicklungsrichtungen nach Tabelle 1.1 wird der Begriff *Steuerung* unterschiedlich verwendet:

- **Prozessautomatisierung:** Steuerung ist im Sinne der klassischen Regelungstechnik eine offene, nicht rückgekoppelte Wirkungskette. Es werden *vorrangig analoge Signale* betrachtet. Die Beschreibung der Prozessstruktur erfolgt mit Differentialgleichungen.
- **Fertigungsautomatisierung:** Als Steuerung wird die Gesamtheit aller Einrichtungen zur zielgerichteten Beeinflussung von Anlagen und Maschinen bezeichnet. Es werden traditionell *hauptsächlich binäre Signale* verarbeitet. Analoge Regler bilden unterlagerte Elemente von Steuerketten. Die Beschreibung der Prozessstruktur erfolgt implizit durch die Beschreibung der Funktionsweise der Steuerung mit boolescher Algebra.

Unabhängig von der Art des zu automatisierenden technischen Prozesses fungiert als Kernkomponente eines Automatisierungssystems ein Prozessrechner bzw. ein Prozessrechensystem. Dabei haben sich basierend auf den in Tabelle 1.1 dargestellten Entwicklungsrichtungen drei wesentliche Klassen von Prozessrechnern als Steuerungssysteme herausgebildet:

- speicherprogrammierbare Steuerungen
- Prozessleitsysteme
- Steuerungssysteme für Werkzeugmaschinen und Roboter

Speicherprogrammierbare Steuerungen (SPS; *engl.* Programmable Logic Controllers, PLC) sind ursprünglich als Ersatz für Relais- und Schützsteuerungen für die Verarbeitung binärer Steuerungssignale in der Produktionsautomatisierung ausgelegt. Häufig werden sie deshalb auch als binäre Steuerungen bezeichnet. Traditionell werden SPS bei der Automatisierung ereignisgesteuerter bzw. zustandsdiskreter Prozesse eingesetzt (digitale Signalverarbeitung). Heutige Systeme übernehmen zunehmend aber auch die Regelung von kontinuierlichen Prozessen (analoge Signalverarbeitung).

Die Programmierung erfolgt durch standardisierte textuelle und grafische SPS-Sprachen.

Prozessleitsysteme (PLS; *engl.* Process Control Systems, PCS) wurden zuerst für den automatischen Betrieb von kontinuierlichen Prozessen und Chargenprozessen, insbesondere der Energie- und Verfahrenstechnik, konzipiert. PLS besitzen vielfältige Programmpakete für das komplette Funktionsspektrum zur Automatisierung technischer Prozesse. Dazu gehören Messen, Steuern, Regeln, Überwachen, Diagnostizieren, Protokollieren und Analysieren sowie das Bedienen, das Beobachten und die Kommunikation.

Im Gegensatz zu SPS verfolgen PLS einen etwas anderen Weg zur Programmierung. Man nutzt meist keine standardisierten Programmiermittel, sondern wählt Funktionskomponenten aus vorkonfektionierten Bibliotheken des PLS-Herstellers aufgabenspezifisch aus, die dann konfiguriert und parametriert werden. Diese Projektierung erfolgt zunehmend mit objektorientierten und grafischen Methoden.

Der Einsatzschwerpunkt von PLS liegt in der höheren Ebene der Hierarchie von Automatisierungsfunktionen und ist auch historisch bedingt mehr den Fließprozessen (d. h. den kontinuierlichen technischen Prozessen) zugewandt. Aufgrund der Anwendungsspezifik (d. h. der Automatisierung sehr komplexer und kostenaufwendiger Prozesse) nehmen Bedien- und Anzeigekomponenten einen breiten Raum ein.

Steuerungssysteme für Werkzeugmaschinen und Roboter sind eine weitere Gruppe von Prozessrechensystemen, die innerhalb eines bestimmten Anwendungsbereichs zu den automatisierungstechnischen Standardausrüstungen zählen. Ihre Funktionen sind zwar auf die Steuerung komplizierter mechanischer Systeme maßgeschneidert, die auch als Geometriesteuerungen bezeichnet werden, lassen aber für die Belange der jeweiligen Anwendung einen relativ großen Spielraum zu.

Die Komponenten dieser Prozessrechnersysteme – auch als CNC-Steuerungen für Werkzeugmaschinen oder RCM-Steuerungen für Roboter bezeichnet (*engl.* Computer Numerical Control, CNC; Robot Controlled Motion, RCM) – realisieren extrem dynamische Regelungen und Steuerungen wie z. B. Lage- und Drehzahlregelungen sowie aufwendige arithmetische Berechnungen für die Oberflächenkonturen von Werkstücken oder die Kinematik von Roboterbewegungen.

Die Programmierung erfolgt durch spezielle standardisierte oder herstellerspezifische Anwendungssprachen.

In der industriellen Praxis erfolgen teilweise eine Überschneidung und Konvergenz der Steuerungsklassen. SPS und PLS treten in Anwendungsbereichen mit geringerem Komplexitätsgrad in gewisser Weise zueinander in Konkurrenz. Die Grenzen zwischen SPS und PLS verwischen sich und die Systeme gehen teilweise ineinander über. So werden SPS z. B. mit komfortablen Bedien- und Anzeigesystemen ausgerüstet. PLS wiederum integrieren typische gerätetechnische Komponenten einer SPS und ermöglichen die Programmierung des binären Steuerungsteils mittels standardisierter SPS-Sprachen. Eine ähnliche Tendenz ist bei CNC-/RCM-Steuerungen zu verzeichnen. Es erfolgt eine Integration weitergehender Automatisierungsfunktionen, wie sie im Leitsystembereich typisch sind (z. B. Erfassung und Auswertung von Produktionsdaten), oder eine Integration zusätzlicher SPS-Funktionalität. Im Ergebnis orientieren sich die Systeme weniger an den Hierarchieebenen der Automatisierung, sondern es entstehen flexible, anwendungstechnisch geprägte Lösungen, bei denen alle relevanten Automatisierungsaufgaben aus einer Hand gelöst werden können.

1.1 Herausforderungen

Die vierte industrielle Revolution ist von der Digitalisierung und Vernetzung der Produktion geprägt. Sie zeichnet sich dadurch aus, dass Menschen, Maschinen und Systeme entlang der gesamten Wertschöpfungskette miteinander verbunden sind. Alle relevanten Informationen stehen in Echtzeit zur Verfügung und ermöglichen somit eine kontinuierliche Selbstoptimierung und eine hochgradig individuelle Fertigung.

Die technische Umsetzung von Lösungskonzepten bei Industrie 4.0 stellt neue Anforderungen an Automatisierungssysteme. Daraus leitet sich ab, dass die klassische SPS in einem hierarchisierten Steuerungssystem sowohl hinsichtlich ihrer Kommunikationsfähigkeit als auch hinsichtlich ihrer Aufgabe einem Wandel unterliegt. Dabei entstehen folgende neue Herausforderungen an SPS-Systeme:

- Klassische SPS verwenden aus Sicht der Informatik keine Hochsprachen der IT-Welt, wie zum Beispiel C/C++, C# oder Java, und auch keinen modellbasierten Programmcode wie z. B. MATLAB Simulink. Die Stärken der SPS-Sprachen liegen in ihrer hohen Performance und Echtzeitdatenverarbeitung. Sie zeigen aber hinsichtlich Integrationsfähigkeit, Datenvolumen und Versionsverwaltung deutliche Schwächen gegenüber den IT-Hochsprachen.
- Eine weitere wesentliche Herausforderung von Industrie 4.0 ist die wachsende Variantenvielfalt in der Produktion bis hin zur Ermöglichung von Produktionsaufträgen der Losgröße 1. Das erfordert eine schnelle und globale Bereitstellung und Analyse einer Vielzahl von Informationen insbesondere der Prozessdaten aus den SPS-Steuerungen.

- Erst durch die vollständige Verfügbarkeit der entsprechenden Produktionsdaten und die Vernetzung aller Automatisierungsgeräte und -systeme erreichen Unternehmen die notwendige Transparenz über ihre Produktionsanlagen und -prozesse. Es besteht somit ein akuter Bedarf an einer vertikalen Integration bis in die Managementebene sowie an einer horizontalen Integration von Maschinen und Anlagen. Eine durchgängige Datenverwaltung, aber auch Normen, Standards und einheitliche Schnittstellen für die eingesetzten SPS bilden hierfür die Voraussetzung.
- In der klassischen Form der SPS-Programmierung wird häufig der Fokus auf die Erfüllung funktionaler Anforderungen gelegt. Das ist richtig und wichtig, aber eigentlich selbstverständlich. Die nicht funktionalen Anforderungen wie Wartbarkeit, Erweiterbarkeit, Wiederverwendbarkeit, aber auch Flexibilität und Skalierbarkeit werden künftig eine immer größere Rolle spielen. Nur so lassen sich nachhaltige Softwarelösungen schaffen, die den langen Produktlebenszyklen im Investitionsgüterbereich gerecht werden.

Zukünftige SPS-Systeme (SPS 4.0) müssen IT-Funktionalität, Rechenleistung und Diagnosefähigkeit beinhalten, die weit über die Funktionalität der klassischen SPS hinausgehen. SPS 4.0 werden in multidisziplinären Applikationen eingesetzt. Sie besitzen eine Flexibilität und Skalierbarkeit der Funktionalität und Leistungsklassen, mit dem Ziel, die Kosten für die Kunden zu senken.

Information aus bzw. von der SPS 4.0 stehen über nicht proprietäre und offene Netzwerke anlagenweit in Echtzeit zur Verfügung. Parallel dazu können große Datenmengen über international genormte Schnittstellen wie OPC UA und MQTT global in Cloud-Systemen für vorbeugende Wartung und Diagnose genutzt werden. Die SPS 4.0 wird nicht mehr nur als lokale Steuerungsinstanz verstanden, sondern als intelligenter Edge-Knoten im Netzwerk.

Modell- und objektbasierte Methoden zur SPS-Programmierung, die Nutzung von Apps und Open-Source-Software gewährleisten eine hohe Anpassung an kundenspezifische Anforderungen.

Die zunehmende Vernetzung der Produktionssysteme bringt neben Effizienzgewinnen auch erhebliche Sicherheitsrisiken mit sich, die für moderne SPS 4.0 berücksichtigt werden müssen:

- **Erhöhte Angriffsflächen:** Durch die Verbindung von SPS mit dem Internet und unternehmensinternen Netzwerken entsteht ein potenzieller Zugangspunkt für Cyberangriffe.
- **Schutz sensibler Daten:** Produktionsdaten, Betriebsgeheimnisse und sicherheitskritische Steuerungsinformationen müssen vor unbefugtem Zugriff geschützt werden.

- **Aktive Überwachung:** Moderne SPS-Lösungen müssen daher nicht nur über robuste Firewall- und Verschlüsselungstechnologien verfügen, sondern auch in Echtzeit überwacht werden, um Angriffsversuche frühzeitig zu erkennen und abzuwehren.

Die Integration von SPS-Steuerungen als Kernkomponenten von Automation 4.0 erfordert als weitere Herausforderung ein hohes Maß an technischem Know-how. Dazu müssen insbesondere folgende Aspekte berücksichtigt werden:

- **Komplexe Programmierung:** Mit der gestiegenen Funktionalität und Vernetzung der SPS-Systeme wächst auch die Komplexität der Programmierung. Neben den klassischen Programmiersprachen nach IEC 61131-3 müssen Entwickler zunehmend auch Kenntnisse in modernen IT-Technologien, wie etwa in der Nutzung von APIs oder der Integration in Cloud-Umgebungen, mitbringen.
- **Weiterbildung:** Um den Herausforderungen der Digitalisierung gerecht zu werden, ist es notwendig, das Fachwissen der Mitarbeiter kontinuierlich zu erweitern. Dies betrifft sowohl die technische Ausbildung als auch das Bewusstsein für IT-Sicherheit und Netzwerkmanagement.
- **Kosten und Investitionen:** Der Umbau bestehender Anlagen und die Einführung neuer, digital vernetzter Systeme bedeuten hohe Investitionen. Unternehmen stehen vor der Herausforderung, die Rentabilität und Amortisation dieser Maßnahmen zu gewährleisten.

1.2 SPS für die Smart Factory

Eine konsequente Vernetzung als Grundvoraussetzung für die weitgehende Digitalisierung verbindet in Industrie 4.0 klassische Informationstechnologie mit klassischer Betriebstechnologie. Diese technisch und virtuell geschlagene Brücke ermöglicht Kunden, auf Basis der gewonnenen Daten ihre Unternehmensprozesse in Echtzeit vollumfassend zu steuern und so den Produktionsprozess in einer Smart Factory zu betreiben.

Die *Smart Factory* zeichnet sich durch eine neue Intensität soziotechnischer Interaktion aller an der Produktion beteiligten Akteure und Ressourcen aus. Die Smart Factory als wesentlicher Bestandteil von Industrie 4.0 ermöglicht die Beherrschung der zunehmenden Komplexität der Produktionsabläufe für den Menschen und macht die Produktion attraktiv, urban verträglich und wirtschaftlich.

Das im Kasten ausgeführte Beispiel veranschaulicht anhand einer Anwendung bei Sick die Produktion in einer Smart Factory (Vollmuth 2019).

In der *4.0 Now Factory* von Sick (Bild 1.1) produzieren Roboter und Mitarbeiter Hand in Hand neue Sensoren. Zwölf vollautomatisierte Produktionstechnologie-Module, vier manuelle Arbeitsplätze und ein hybrider Arbeitsplatz stehen dafür zur Verfügung. Die Produktion erfolgt in einzelnen Zellen. Dank dieser Anordnung kann die Reihenfolge der Modulnutzung je nach Anforderung variieren. Die Materialzufuhr erfolgt über fahrerlose Flurtransportsysteme. In der Smart Factory können über 500 000 Produktvarianten produziert werden.

Bild 1.1 Smart Factory bei Sick in Freiburg (© Sick AG)

In der Smart Factory übermittelt unter anderem die Sensorik Daten parallel an Cloud und SPS. So können die anfallenden Daten für die vorausschauende Instandhaltung und die optimale Performance jedes einzelnen Geräts im Produktionsprozess ausgewertet und genutzt werden.

Im Mittelpunkt der Smart Factory steht die Vernetzung von autonomen, sich situativ selbst steuernden, sich selbst konfigurierenden, wissensbasierten, sensorgestützten und räumlich verteilten Produktionsressourcen (Produktionsmaschinen, Roboter, Förder- und Lagersysteme, Betriebsmittel) inklusive deren Planungs- und Steuerungssysteme.

Für die voll ausgebaute Smart Factory der Industrie 4.0 werden folgende Eigenschaften erwartet (Kagermann et al. 2012):

- Die Ressourceneffizienz wird signifikant gesteigert. Bestände und Durchlaufzeiten kundenindividueller Produkte werden massiv verkürzt.
- Die Smart Factory beherrscht Störeinflüsse und löst bestehende Grenzen auf. In der Smart Factory teilen *Social Machines* ihr Wissen: Sie erkennen die besten Parame-

ter, mit denen sie bestimmte Werkstoffe bearbeiten können, und informieren andere mit ihnen vernetzte Maschinen selbstständig, damit diese die neuen Einstellungen übernehmen können.

- *Smart Products* tragen eigenes Wissen, und *Global Facilities* ermöglichen neuartige Wertschöpfungsnetzwerke.
- Die *Virtual Production* ermöglicht durch Echtzeitabbilder der Produktion (digitaler Zwilling) die Reduzierung des Ressourcenverbrauchs weit über bestehende Ansätze hinaus.
- Im Mittelpunkt der Interaktionen in der Smart Factory stehen die Beschäftigten, die ihre Aufgaben durch die (virtuell) erweiterte Sicht auf die reale Fabrik als *Augmented Operators* besser wahrnehmen können. Sie erweitern ihre Fähigkeiten stetig und werden so vom Bediener zum kooperierenden Steuerer, Regulierer und Gestalter, der seine Expertise kontinuierlich einbringen kann.

Bild 1.2 veranschaulicht Eigenschaften und Interaktionen in einer Smart Factory.

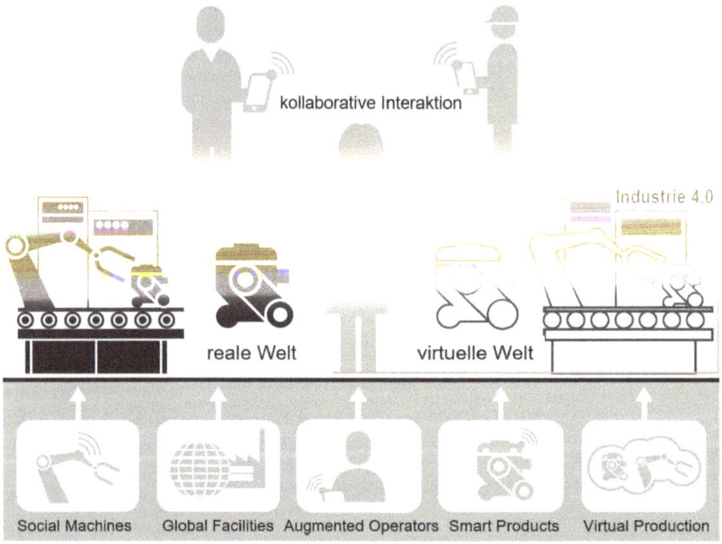

Bild 1.2 Eigenschaften und Interaktionen in einer Smart Factory (© acatech)

Die SPS 4.0 wird größere und belastbarere Datenmengen, wie z. B. Auswertungen der Sensordaten und anderer Produktionsdaten, bereitstellen. So können die Daten aus verschiedenen Bereichen zu einem Gesamtbild zusammengetragen werden. Analysewerkzeuge werden die Betriebsleiter dabei unterstützen, Ressourcen besser zu nutzen, Vorgänge einzutakten und die Materialversorgung sicherzustellen.

Die SPS 4.0 wird damit zum integralen Bestandteil eines Cyber-Physical Production System (CPPS) als technisches Rückgrat einer Smart Factory (Langmann 2021).

Bezogen auf die technologischen Weiterentwicklungen steht die SPS vor einem fundamentalen Wandel, der durch mehrere Trends geprägt ist:

- **Offene Architekturen und Standardisierung:** Die Zukunft der SPS wird maßgeblich von offenen Systemarchitekturen und standardisierten Kommunikationsprotokollen bestimmt. Offene Standards erleichtern die Integration in übergreifende Automatisierungssysteme und fördern die Zusammenarbeit verschiedener Hersteller.
- **Integration von IT und OT:** Die Grenzen zwischen Informationstechnologie (IT) und operativer Technologie (OT = Hardware und Maschinen) verschwimmen zunehmend. Zukünftige SPS-Lösungen werden nahtlos in IT-Infrastrukturen eingebettet und ermöglichen so ein umfassendes Management der Produktionsdaten.
- **Cloud Computing und Edge Computing:** Durch die Verlagerung von Steuerungsprozessen in die Cloud oder an den Rand des Netzwerks (Edge) können SPS-Systeme flexibler und effizienter aufgebaut werden. Dies betrifft insbesondere den Einsatz virtueller SPS-Systeme sowie die Nutzung von Steuerungsalgorithmen als Dienste aus der Cloud.
- **Künstliche Intelligenz:** Der Einsatz von KI-Algorithmen in Kombination mit SPS-Technik ermöglicht ein vereinfachtes Engineering sowie vorausschauende Wartung. Fehler und Anomalien werden frühzeitig erkannt, sodass präventive Maßnahmen eingeleitet werden können. Dies reduziert ungeplante Ausfallzeiten und verlängert die Lebensdauer der Anlagen.

Ein weiterer Technologietrend in Verbindung mit der SPS 4.0 ist der Einsatz von digitalen Zwillingen.

Ein *digitaler Zwilling* (*engl.* Digital Twin, DT) ist eine digitale Repräsentanz eines materiellen oder immateriellen Objekts aus der realen Welt in der digitalen Welt.

Das Konzept des digitalen Zwillings wird zunehmend für die Digitalisierung der Produktion in der Produktionssteuerung, der Logistik und der Beschaffung angewendet. Dadurch kann dieses Konzept eng mit den Methoden und Mitteln der Steuerungstechnik und der Regelungstechnik verbunden werden. Dabei kann ein digitaler Zwilling sowohl die Inbetriebnahmephase eines SPS-Programms unterstützen als auch während des SPS-Betriebs über eine Datenanalyse in Echtzeit für die Fehlerüberwachung verwendet werden.

Im Rahmen einer Smart Factory kann ein digitaler Zwilling alle wesentlichen Eigenschaften relevanter Objekte abspeichern. Damit bildet er den kompletten Lebenszyklus von Gegenständen ab und ist die Schnittstelle physischer Produkte zur digitalen und vernetzten Welt.

Ausführliche Informationen zur Nutzung von KI für das SPS-Engineering, zur Nutzung digitaler Zwillinge für die SPS-Inbetriebnahme sowie zu SPS 4.0 und SPS-Diensten aus der Cloud finden Sie in Kapitel 4, Kapitel 5 und Kapitel 6.

Die SPS bleibt auch in der Ära von Automation 4.0 unverzichtbar. Als flexibles, robustes und mittlerweile hochintegriertes Steuerungssystem bildet sie das Rückgrat vernetzter Fertigungsanlagen. Die größten Herausforderungen liegen in der Skalierbarkeit, in der Sicherheit, in der Standardisierung und im Umgang mit steigender Komplexität. Zugleich bieten moderne SPS-Lösungen – ausgestattet mit Edge Analytics, IoT-Gateway-Funktionalität und KI-Integration – den Schlüssel zur Realisierung der Smart Factory. Sie ermöglichen nicht nur deterministische Steuerung, sondern auch die intelligente Vernetzung von Anlagen, vorausschauende Wartung und autonome Prozessoptimierung. So bilden SPS-Systeme das Fundament für eine zukunftsfähige, adaptive und ressourceneffiziente Produktion.

Literatur

Kagermann, H./Wahlster, W./Helbig, J. (Hrsg.): Umsetzungsempfehlungen für das Zukunftsprojekt Industrie 4.0. Abschlussbericht des Arbeitskreises Industrie 4.0 (Vorabversion). acatech, Berlin 2012

Langmann, R.: Vernetzte Systeme für die Automatisierung 4.0. Bussysteme – Industrial Ethernet – Mobile Kommunikation – Cyber-Physical Systems. Carl Hanser Verlag 2021

Vollmuth, J.: Die smarte Fabrik der Zukunft gibt es schon. Konstruktionspraxis, Vogel Communications Group, Würzburg, 18. 11. 2019. *https://www.konstruktionspraxis.vogel.de/die-smarte-fabrik-der-zukunft-gibt-es-schon-a-883761* (Zugriff am 24. 02. 2025)

2 Grundlagen der SPS-Technik

2.1 Die SPS als industrielle Steuerung

2.1.1 Historie

Die speicherprogrammierbare Steuerung (SPS) ist aus der modernen Automatisierungstechnik nicht mehr wegzudenken. Ihre Entwicklung markiert einen bedeutenden Wendepunkt in der Geschichte industrieller Steuerungssysteme, die von mechanischen Schaltern und Relais zu hochmodernen digitalen Lösungen überging.

Vor der Entwicklung der SPS dominierte die Relaistechnik die industrielle Automatisierung. Relais wurden verwendet, um logische Steuerungen in Produktionsanlagen zu realisieren. Diese elektromechanischen Bauteile ermöglichten einfache Steuerungen wie das Ein- und Ausschalten von Maschinen. Allerdings hatten diese Systeme erhebliche Nachteile:

- **Komplexität:** Mit zunehmender Funktionalität stieg die Anzahl der Relais und Verdrahtungen, was Systeme unübersichtlich und wartungsintensiv machte.
- **Flexibilität:** Änderungen in der Steuerungslogik erforderten eine physische Neuverdrahtung, was zeit- und kostenintensiv war.
- **Zuverlässigkeit:** Mechanische Bauteile wie Relais waren anfällig für Verschleiß und Ausfälle.

Die Notwendigkeit eines flexibleren und zuverlässigeren Systems führte in den 1960er-Jahren zur Suche nach Alternativen.

Die erste speicherprogrammierbare Steuerung wurde 1968 in den USA entwickelt und 1969 unter dem Namen Modicon 084 (Modular Digital Controller) eingeführt. Richard E. Morley (Modicon) und Odo J. Struger (Allen-Bradley) kann man als die

Väter der SPS bezeichnen. Morley stellte 1969 die Modicon 084 als *solid-state sequential logic solver* (halbleiter-basierendes sequenzielles Logiksystem) vor. Struger war unter anderem maßgeblich an der Formulierung der zugehörigen Instituts-Standards in den USA beteiligt. Bild 2.1 zeigt die Modicon 084 aus dem Jahre 1969.

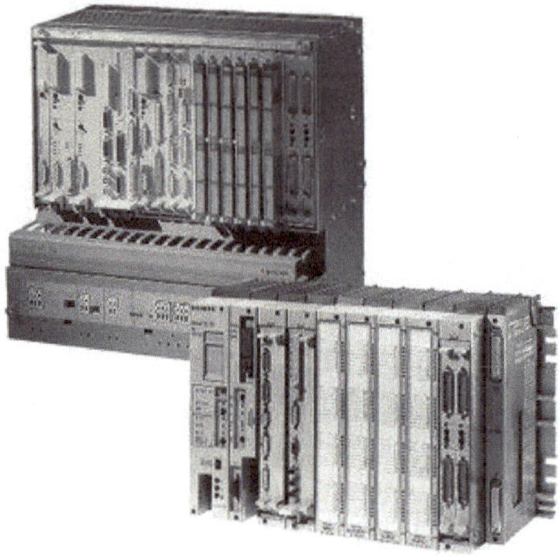

Bild 2.1
Modicon 084, die weltweit erste kommerzielle SPS-Steuerung (Quelle: Armenta 2021, © Allen-Bradley/Rockwell Automation)

Ziel der neuen Steuerung war es, die Steuerung von Maschinen in der Automobilindustrie zu vereinfachen, insbesondere bei General Motors, die eine Lösung suchten, um Relaissteuerungen zu ersetzen.

Für die Entwicklung der Modicon 084 waren folgende Kriterien ausschlaggebend:

- Die Steuerung sollte bei Veränderungen möglichst rasch umprogrammierbar sein, beispielsweise wenn die Anlagen umgebaut werden.
- Die Kosten für die Entwicklung der Steuerung sollten den anderen bekannten Steuerungstypen überlegen sein. Auch sollte die Steuerung zuverlässiger arbeiten.

Die Vorteile des neuen Systems waren revolutionär:

- **Programmierbarkeit:** Anstatt Verdrahtungen zu ändern, konnte die Steuerungslogik softwarebasiert angepasst werden.
- **Kompaktheit:** Die SPS ersetzte eine Vielzahl von Relais und reduzierte den Platzbedarf.
- **Zuverlässigkeit:** Elektronische Bauteile waren langlebiger und weniger störanfällig.

Mit der Modicon 084 begann die Ära der digitalen Steuerungssysteme.

1973 kam die erste SPS Simatic S3 – damals noch mit Steuergerät, Programmiergerät und Lochstreifen-Eingabegerät – auf den Markt. Mit der dann zur Hannover Messe 1979 erstmals gezeigten Simatic S5 (Bild 2.2) setzte sich die SPS-Technik im Automatisierungsmarkt durch.

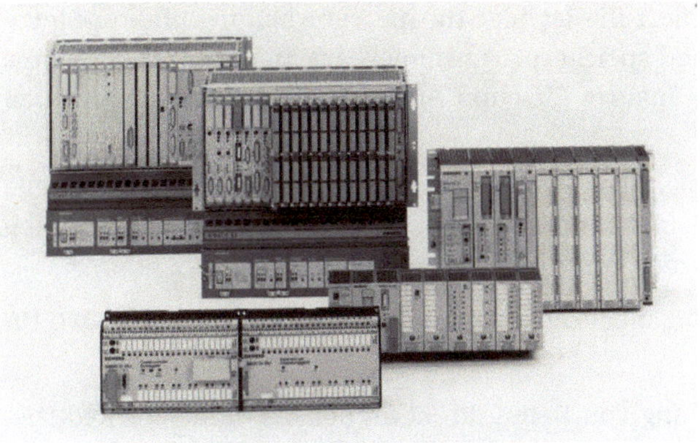

Bild 2.2 SPS-Steuerung SIMATIC S5 von 1979 (Quelle: Deppe 2015, © Siemens)

In den folgenden Jahren setzten sich SPS-Systeme allmählich in verschiedenen Industrien durch. Wichtige Entwicklungen dazu waren folgende:

- **Standardisierung:** Die Entwicklung von Standards legte die Grundlage für eine einheitliche Programmiersprache, die den Einsatz und die Wartung vereinfachte.
- **Technologischer Fortschritt:** Mikroprozessoren und Halbleitertechnologien verbesserten die Leistungsfähigkeit und senkten die Kosten.
- **Globalisierung:** Unternehmen wie Siemens und Allen-Bradley trieben die Verbreitung der SPS weltweit voran.

Die SPS wurde zunehmend als Standardlösung für Steuerungsaufgaben anerkannt.

Der Durchbruch der neuen SPS-Technik auf breiter Front gelang aber erst 1984, als eine einheitliche Programmiersprache und ergänzende Hardware mit eigener Intelligenz zur Verfügung stand. Jeder Anwender konnte seine Programme in einer ihm bekannten Darstellung von Steuerungsabläufen erstellen: Ein Betriebselektriker verstand darunter den Stromlaufplan. Verfahrenstechniker wählten – passend zu den in der Chemie standardisierten geräteneutralen Steuerungsabläufen – den Funktionsplan. Zu dieser Zeit entsprach die Leistungsfähigkeit einer SPS ungefähr einer verbindungsprogrammierten Steuerung mit 50 bis 250 Hilfsschützen.

Durch die rasante Entwicklung der Elektronik und Informationsverarbeitung wurden die SPS immer leistungsfähiger, kompakter im Aufbau und kostengünstiger in Anschaffung und Betrieb.

Als weitere Meilensteine in der Entwicklung der SPS-Technik kann man die erste PC-basierte SPS unter dem Betriebssystem MS-DOS von Beckhoff (1989) und die standardisierte SPS-Programmierung nach IEC 61131 (1993) aufführen. In der Folgezeit wurden weitere Automatisierungsfunktionen in die SPS integriert, sodass die moderne SPS heute als umfassendes Automatisierungsgerät gilt.

SPS waren ursprünglich spezielle 1-Bit-Rechner für die Verarbeitung binärer Steuerungssignale. Heutzutage können speicherprogrammierbare Steuerungen durchaus mehrere Tausend digitale und analoge Ein- und Ausgangssignale mit Zykluszeiten von 1 ... 5 ms verarbeiten.

Im Kontext von Industrie 4.0 spielt die SPS heute eine zentrale Rolle als Schnittstelle zwischen Maschinen, Sensoren und Cloud-Systemen. Moderne SPS-Systeme zeichnen sich dabei durch folgende Merkmale aus:

- **Konnektivität:** Unterstützung moderner Kommunikationsprotokolle wie OPC UA und MQTT
- **Edge-Computing:** Verarbeitung von Daten direkt an der Maschine zur Reduzierung von Latenzzeiten
- **KI-Integration:** Erste Ansätze zur Integration von künstlicher Intelligenz in SPS-Systeme ermöglichen prädiktive Wartung und autonome Optimierung.

Die Zukunft der SPS wird stark durch Trends wie die zunehmende Digitalisierung, Cybersicherheit und die Integration von künstlicher Intelligenz geprägt sein. Während klassische SPS weiterhin in sicherheitskritischen Anwendungen dominieren, werden hybride Systeme mit cloud-basierten Steuerungen und intelligenter Datenauswertung die Industrie nachhaltig verändern.

2.1.2 SPS-Typen

Speicherprogrammierbare Steuerungen werden üblicherweise nach der Art ihres gerätetechnischen Aufbaus in verschiedene Typen eingeteilt. Dazu gehören folgende:

- modulare SPS
- Kompakt-SPS
- Slot-SPS
- Soft-SPS

Eine *modulare SPS* besteht aus einzelnen Komponenten, die jeweils eine andere Aufgabe erfüllen. Ein Beispiel wäre eine SPS, die aus einer zentralen Rechenbaugruppe (mit dem Hauptprozessor), einer Stromversorgung und mindestens einer Eingabebaugruppe und einer Ausgabebaugruppe besteht. Modulare SPS lassen sich durch Hinzufügen von Baugruppen erweitern, wenn etwa mehr Eingänge oder Ausgänge gewünscht werden. Mit spezialisierten Modulen wie z. B. der Verarbeitung analoger Eingangssignale, komplexen Regelungsmodulen und zahlreichen weiteren Modulen lässt sich ein breites Spektrum von Automatisierungsfunktionen abdecken. Bild 2.3 zeigt als Beispiel die modulare SPS AXL 2152 von Phoenix Contact.

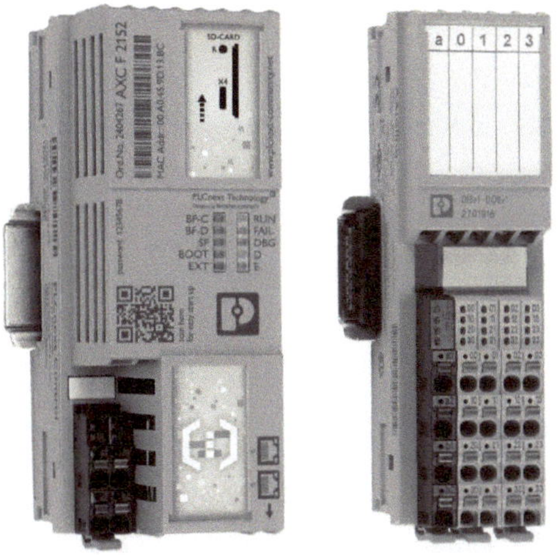

Bild 2.3
Die Steuerung AXC F 2152 von Phoenix Contact als Beispiel für eine modulare SPS (Prozessorbaugruppe und digitales E/A-Modul)
(Quelle: Phoenix Contact 2018, © Phoenix Contact Deutschland GmbH)

Modulare SPS bieten eine hohe Flexibilität mit folgenden Vorteilen:

- hohe Erweiterbarkeit und Anpassungsfähigkeit
- geeignet für komplexe Steuerungsaufgaben
- lange Lebensdauer durch einfache Wartung und Austausch von Modulen
- große Auswahl an Modulen verschiedener Hersteller

Einsatzgebiete sind insbesondere große Industrieanlagen mit komplexen Steuerungsanforderungen, Prozessautomatisierung in Chemie-, Energie- und Lebensmittelindustrie sowie Produktionslinien in der Automobilindustrie.

Kompaktsteuerungen sind nicht oder nur eingeschränkt erweiterbar, jedoch entsprechend preiswert und platzsparend. Sie bieten ansonsten dieselben Grundfunktionen wie modulare SPS. Damit ergeben sich folgende Vorteile:

- einfache Installation und Inbetriebnahme
- geringer Platzbedarf
- kostengünstig, besonders für kleinere Anwendungen
- weniger Verkabelungsaufwand durch die Integration der Komponenten

Eine typische Kompakt-SPS ist die easy Control von EATON mit zwölf integrierten digitalen Eingängen und sechs Ausgängen sowie einem Anzeigedisplay.

Anwendungsgebiete für Kompakt-SPS sind z. B. kleine bis mittelgroße Maschinen und Anlagen, HVAC-Systeme (Heizung, Lüftung, Klimatisierung), Anwendungen in der Gebäudeautomation und die Steuerung von Einzelmaschinen in der Fertigung.

Bei einer *Slot-SPS* handelt es sich um eine PCI-Steckkarte für einen PC. Eine Slot-SPS wird eingesetzt, wenn eine SPS für Automatisierungsaufgaben benötigt wird, die z. B. eine schnelle und effektive Datenübertragung zwischen der SPS und einer PC-Anwendungssoftware erfordern. In Bild 2.4 ist eine typische Slot-SPS als Einsteckkarte für einen PC mit Windows XP/7 abgebildet.

Bild 2.4
Slot-SPS NPLC-C100 von Hilscher (Quelle: Engineers Online 2012, © Hilscher Gesellschaft für Systemautomation mbH)

Besondere Merkmale einer Slot-SPS sind folgende:

- Die SPS ist unabhängig vom Betriebssystem des PC.
- Auch wenn der PC ausfällt, ist die Slot-SPS weiter funktionsfähig (wenn von extern mit Spannung und mit Pufferbatterie versorgt).
- Sie hat Schnittstellen für die Ansteuerung externer Sensoren und Aktoren (meist über ein Feldbussystem).

Einsatzgebiete für Slot-SPS sind insbesondere Anwendungen, die PC-basierte Lösungen erfordern, z. B. Datenverarbeitung und Visualisierung, Anlagensteuerung mit hohem Kommunikationsbedarf und die Automatisierung in Labor- und Prüfständen.

Als *Soft-SPS* werden Softwarepakete bezeichnet, die auf einem PC lauffähig sind. In der Praxis werden häufig industrietaugliche PC-Ausführungen (IPC – Industrial PC) gewählt, obwohl dies auch mit handelsüblichen Personal Computern möglich ist. Die Peripherieanbindung (Sensoren und Aktoren) erfolgt entweder seriell über Bussysteme oder mit inzwischen handelsüblichen Ein- und Ausgangskarten. Ihre Vorteile sind z. B. folgende:

- hohe Flexibilität und Skalierbarkeit
- Nutzung der leistungsfähigen Hardware moderner PCs
- kostengünstig, da keine spezielle Hardware benötigt wird
- einfache Integration in IT- und Netzwerkinfrastrukturen

Typisches Beispiel einer Soft-SPS ist die PC WORX SRT von Phoenix Contact. Die SPS läuft unter Windows 7/8/10. Externe Prozesssignale können über PROFINET angeschlossen werden.

Soft-SPS arbeiten ohne einen speziellen Bitprozessor und erreichen manchmal noch nicht die notwendige Geschwindigkeit. Sie sind daher in der Regel nur für nicht zeitkritische Anwendungen geeignet.

Einsatzgebiete sind z. B. Steuerungs- und Überwachungsaufgaben in der Prozessindustrie, virtuelle Steuerungen für Simulation und Test oder Industrie 4.0-Anwendungen mit Cloud- und IoT-Integration.

Der Anteil von Soft-SPS am gesamten SPS-Markt beläuft sich auf geschätzt 10 ... 20 % mit steigender Tendenz.

Tabelle 2.1 zeigt hinsichtlich ausgewählter Merkmale einen Vergleich zwischen den verschiedenen SPS-Typen.

Tabelle 2.1 Vergleich ausgewählter Merkmale für verschiedene SPS-Typen

Merkmal	Modulare SPS	Kompakt-SPS	Slot-SPS	Soft-SPS
Flexibilität	hoch	gering	mittel	sehr hoch
Erweiterbarkeit	hoch	gering	mittel	abhängig von der Hardware
Kosten	hoch	niedrig bis mittel	mittel	niedrig bis mittel
Platzbedarf	hoch	niedrig	mittel	sehr niedrig
Robustheit	hoch	hoch	mittel	gering
Einsatzbereich	große Anlagen	kleine bis mittlere Anlagen	PC-basierte Systeme	IT-orientierte Anwendungen

Die Wahl des passenden SPS-Typs hängt von den Anforderungen der jeweiligen Anwendung ab:

- Für komplexe und skalierbare Anwendungen in großen Anlagen sind modulare SPS die beste Wahl.
- In platzkritischen oder kostensensitiven Anwendungen punkten Kompakt-SPS durch ihre Einfachheit.
- Slot-SPS eignen sich für PC-basierte Steuerungslösungen, bei denen Rechenleistung und Steuerung eng gekoppelt sein müssen.
- Soft-SPS bieten maximale Flexibilität und sind ideal für digitale und IT-nahe Anwendungen.

Durch die Vielfalt der verfügbaren SPS-Typen ist es möglich, für jede Automatisierungsaufgabe eine passende Lösung zu finden, die den technischen und wirtschaftlichen Anforderungen entspricht.

2.1.3 Aufbau einer SPS

Eine SPS ist aus informationstechnischer Sicht zwar wie ein PC aufgebaut, besitzt aber drei wesentliche Unterschiede:

- Programme (Steuerungsprogramme), die mit der SPS abgearbeitet werden, sind echtzeitfähig, d. h., die SPS kann schritthaltend mit den Ereignissen im technischen Prozess diesen steuern bzw. beeinflussen.
- Eine SPS beinhaltet eine Vielzahl von unterschiedlichen Ein- und Ausgabeschnittstellen, die es ermöglichen, unterschiedlichste Sensoren und Aktoren an diese anzuschließen.
- Die gerätetechnische Ausführung einer SPS ist für industrielle Umgebungen mit z. B. Hutschienen-Montage und rauen Umgebungsbedingungen ausgelegt.

Zur Hardware einer SPS gehören neben der Stromversorgung die Zentraleinheit mit der CPU, der EPROM-Speicher mit dem Betriebssystem und der fest vorgegebenen Software (Firmware) sowie der RAM-Speicher, der das Anwenderprogramm und die aktuellen Prozesswerte aufnimmt. Das Anwenderprogramm wird teilweise aber auch in EEPROM-Speichern abgelegt, damit es bei einem Spannungsausfall nicht gelöscht wird. Die Prozessanschlüsse von den Sensoren und zu den Aktoren sind bei der konventionellen Parallelverdrahtung unmittelbar an Ein- oder Ausgabebaugruppen angeschlossen. Eine klassische modulare SPS besteht aus den in Bild 2.5 dargestellten Hardwaremodulen.

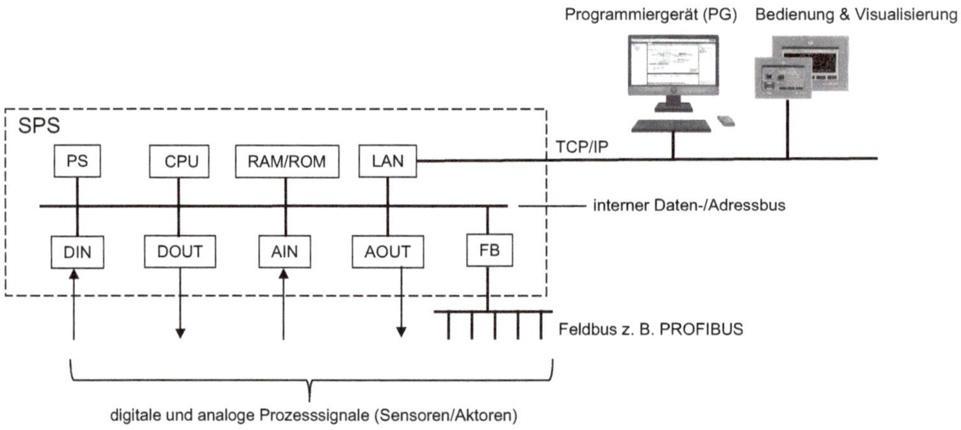

Bild 2.5 Gerätetechnischer Aufbau einer modularen SPS

Die *Stromversorgung* (*engl.* Power Supply, PS) wandelt die Netzspannung üblicherweise in eine 24-V-Gleichspannung um, mit der die Elektronik der SPS versorgt wird. Das Kernstück der Steuerung ist die CPU (Central Processing Unit) gemeinsam mit dem SPS-Speicher (RAM/ROM) zum Ausführen der Steuerungsprogramme. Der SPS-Speicher ist in dreifacher Hinsicht unterteilt:

a) **Programmspeicher:** Hierbei handelt es sich um Anwenderprogrammcode in Form von ausführbarem Objektcode. Als Speichermedium kommen entweder RAM oder EEPROM (nichtflüchtiger Speicherbaustein) infrage.

b) **Arbeitsspeicher:** Er enthält im RAM das aktuelle Prozessabbild sowie die unterschiedlichen Variablen. Der Speicherinhalt des RAM geht bei Spannungsausfall verloren. Außerdem wird der Anwenderprogrammcode durch das Betriebssystem im Runtime-Betrieb vom Programmspeicher in den Arbeitsspeicher kopiert.

c) **Systemspeicher:** Hier befinden sich das Betriebssystem und die Systemprogramme. Als Medium dient in der Regel ein PROM. Ein Überschreiben oder Ändern ist nur in Form von Firmware-Updates möglich.

Tabelle 2.2 listet die unterschiedlichen Speichertypen mit ihren Eigenschaften auf, die in einer SPS verwendet werden.

Tabelle 2.2 Speichertypen zum Einsatz in einer SPS

Speichertyp	Löschen	Programmieren	Bei Stromabschaltung
RAM	elektrisch	elektrisch	Der Speicherinhalt bleibt nicht erhalten.
ROM	nicht möglich	durch Masken bei der Herstellung	Der Speicherinhalt bleibt erhalten.
PROM		elektrisch	
EPROM	durch UV-Licht		
EEPROM einschließlich Flash-EEPROM	elektrisch		

Über das Ethernet-Modul (LAN) erfolgt der Anschluss eines Programmiergeräts. Auch für den Anschluss von Bedien- und Visualisierungskomponenten (*engl.* Human Machine Interface, HMI) wird meist die Ethernet-Schnittstelle genutzt.

Die externen digitalen (binären) und/oder analogen Prozesssignale (Sensoren und Aktoren) sind entweder direkt über entsprechende Baugruppen (DIN, DOUT, AIN, AOUT) oder über eine Feldbusankopplung FB mit der SPS verbunden.

Da der Prozessor einer SPS mit einer internen Zykluszeit arbeitet, die für manche Vorgänge im Prozess zu groß ist, müssen z. B. für schnelle dynamische Vorgänge schnelle Regler oder Zähler mit einem eigenen Prozessor eingesetzt werden. Sie nehmen die

Prozessinformation auf und verarbeiten diese in einer speziellen Funktionsbaugruppe, ohne damit den zentralen Prozessor zu belasten.

2.1.4 Funktionsweise

Die Verarbeitungsschritte in einer SPS lassen sich vereinfacht, wie in Bild 2.6 dargestellt, nach dem EVA-Prinzip (Einlesen, Verarbeiten, Ausgeben) beschreiben:

- Einlesen der Sensordaten
- Verarbeiten der Informationen im SPS-Programm
- Ausgeben der Stellsignale an die Aktoren

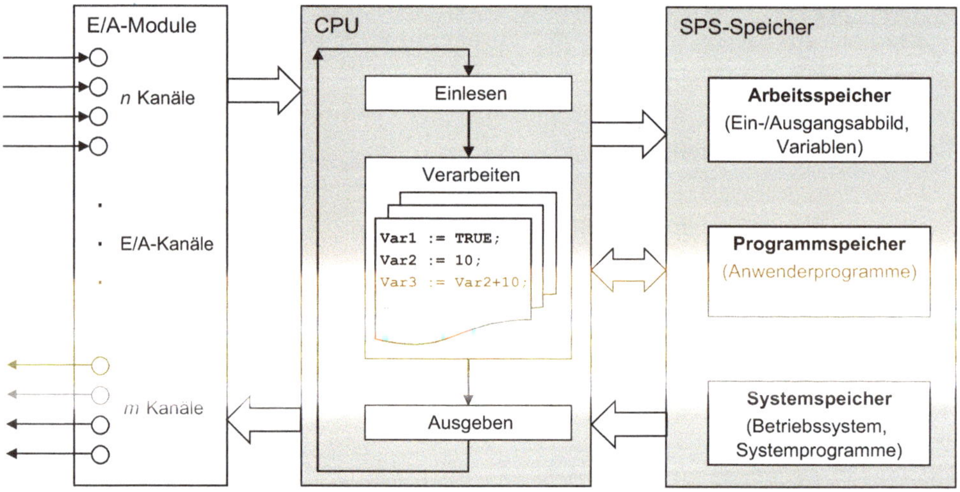

Bild 2.6 Funktionsweise einer SPS

Die Messsignale von den Sensoren werden zunächst in den E/A-Modulen elektronisch angepasst. Die CPU fragt nacheinander alle *n* Eingangskanäle ab und legt die Eingangsprozessdaten im Arbeitsspeicher ab. Dieser Speicherbereich wird auch *Prozessabbild der Eingänge* (PAE) bezeichnet, weil die hier abgelegten Eingangsprozessdaten nicht die aktuellen, sondern die zum Abtastzeitpunkt anliegenden Daten sind.

Digitaleingabebaugruppen gibt es für DC 24 V und AC 120/230 V. Die digitalen Eingangssignale sind mittels Optokoppler galvanisch getrennt und werden in den Eingangsmodulen zwecks Rauschunterdrückung und Beseitigung von Kontaktprellen vorverarbeitet. Aufgrund der Entstörmaßnahmen liegt die Frequenzobergrenze für Eingangssignale bei etwa 50 Hz. Die Digitaleingabebaugruppen formen die Pegel der externen digitalen Signale aus dem Prozess in den internen Signalpegel des SPS-Systems um. Bild 2.7 veranschaulicht die Beschaltung eines digitalen Eingangskanals.

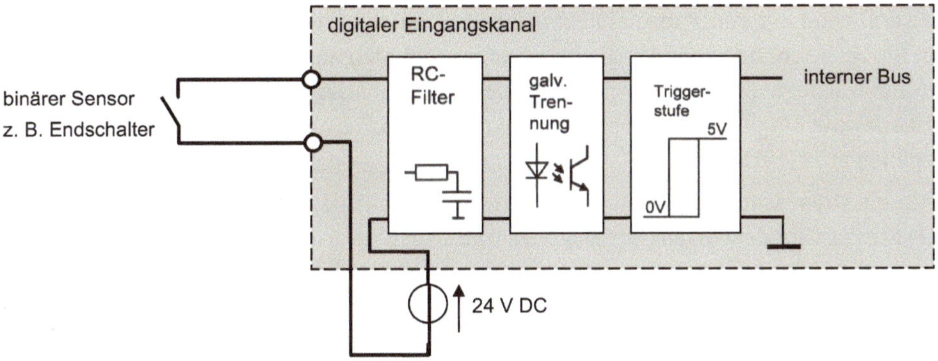

Bild 2.7 Beschaltung eines digitalen Eingangskanals einer SPS

Analogeingabebaugruppen wandeln analoge Signale aus dem Prozess in digitale Signale für die interne Verarbeitung innerhalb der SPS um. Es können Spannungs- und Stromgeber, Thermoelemente, Widerstände und Widerstandsthermometer angeschlossen werden:

- Spannung (z. B. ± 10 V)
- Strom (z. B. 4 ... 20 mA)
- Widerstand (z. B. 0 ... 300 Ohm)
- Thermoelement z. B. Typ E, N, K (mit Kennlinien-Linearisierung)
- Widerstandsthermometer z. B. Pt100-Standard (mit Kennlinien-Linearisierung)

Die Baugruppen verfügen über eine parametrierbare Auflösung von z. B. 8 ... 16 Bit, unterschiedliche Messbereiche (einstellbar durch Messbereichsmodule und Software) sowie Alarmfähigkeit (Diagnose und Grenzwertalarme an die CPU). Die A/D-Wandlung erfolgt über Analog-Digital-Umsetzer (ADU). Je größer die Bitbreite des ADU, desto höher die Auflösung. Die Wandlungszeiten liegen je nach Baugruppe zwischen 1 ... 500 ms.

Bei einem analogen Signal im Messbereich von 0 ... 20 mA kann durch einen 12-Bit-ADU eine Stromdifferenz von 20 mA/4096 = 5 µA erkannt werden.

Die Programme werden von der CPU jeweils Schritt für Schritt abgearbeitet. Dabei werden die im Programmspeicher abgelegten Operationen einzeln adressiert, interpretiert und mit den angegebenen Operatoren ausgeführt. Die Operatoren können direkte Adressen des Ein- oder Ausgangsabbildes sein, sollten aber im Allgemeinen als Variablen (z. B. `Var1`, `Var2` und `Var3`) deklariert werden. Prinzipiell werden in einem Programm nicht nur Daten des Ein- und Ausgangsabbildes, sondern auch Parameter und Zwischenwerte, wie Zählerstände, Sollwerte, Zustände usw., verarbeitet und im Arbeitsspeicher abgelegt.

Wird während der Programmabarbeitung ein Eingangssignal benötigt, so wird es aus dem PAE gelesen, unabhängig davon, welcher Signalzustand zu diesem Zeitpunkt tatsächlich vorliegt. Entsprechendes gilt auch für die Ausgangssignale. Zusätzlich besteht aber die Möglichkeit, durch das Anwendungsprogramm direkt auf die Ein- bzw. Ausgänge zuzugreifen.

Wenn ein Programm Stellwerte für die Aktoren der Anlage berechnet, werden diese im *Prozessabbild der Ausgänge* (PAA) des Datenspeichers abgelegt. Erst nach Abarbeitung aller Programme werden die im Ausgangsabbild abgelegten Stellwerte nacheinander an die Ausgangskanäle übertragen.

Digitalausgabebaugruppen verfügen meist gleichfalls über eine Signalanpassung. Zur Anwendung kommen dabei Optokoppler, Relais oder Ringkernübertrager. Alle Ausgangssignale besitzen darüber hinaus einen Kurzschluss- und Überlastschutz. Bild 2.8 veranschaulicht die schematische Struktur eines digitalen Ausgangskanals.

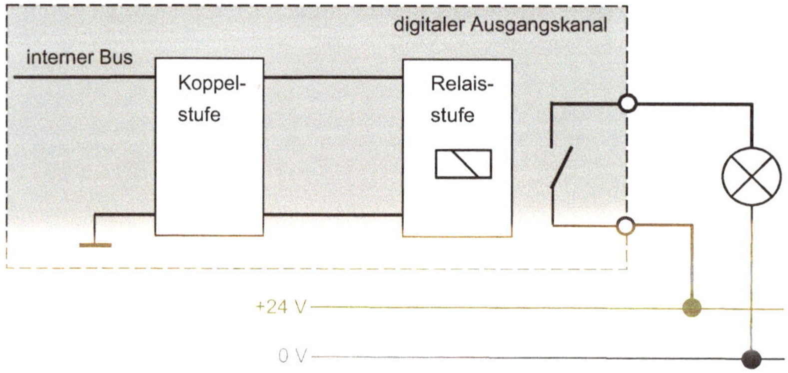

Bild 2.8 Beschaltung eines digitalen Ausgangs einer SPS

Analogausgabebaugruppen wandeln digitale Signale aus der SPS in analoge Signale für den Prozess um und sind für den Anschluss analoger Aktoren geeignet. Als Ausgangsbereiche werden folgende angeboten:

- Spannungsausgang (z. B. ± 10 V)
- Stromausgang (z. B. 4 ... 20 mA)

Die Baugruppen haben z. B. eine Auflösung von 12 ... 16 Bit. Es sind unterschiedliche Messbereiche je Kanal einstellbar. Die Baugruppen verfügen über Alarmfähigkeit bei auftretenden Fehlern.

Die Ansteuerung einer Analogausgabebaugruppe erfolgt in der Regel seitens des SPS-Programms mit einer Prozessvariablen vom Typ `WORD` mit 16-Bit-Länge.

Auf einer analogen LED-Balkenanzeige mit zehn LEDs soll ein Bereich von 0...10 V dargestellt werden. Im SPS-Programm muss dieser Ausgabebereich in einen Wertebereich vom Datentyp `WORD` umgesetzt und ausgegeben werden. Der Wertebereich der entsprechenden `WORD`-Ausgabevariablen beträgt damit 16#0000...16#7530.

Grundsätzlich unterscheidet man bei einer SPS drei Betriebsarten:

- zyklusgesteuerter Betrieb
- zyklischer Betrieb mit Unterbrechungsverarbeitung
- ereignisgesteuerter Betrieb

Die *zyklusgesteuerte SPS* ist die am häufigsten verwendete SPS. Diese SPS arbeitet nach dem vorangehend erläuterten EVA-Prinzip (siehe Bild 2.6). Die Zykluszeiten, also die Dauer, bis der Programmzyklus einmal vollständig durchlaufen wurde, liegen üblicherweise zwischen 1...20 ms. Bei leistungsstärkeren Steuerungen oder kleinen Programmen kann diese auch im Bereich 100 µs und darunter liegen.

Der Vorteil eines zyklischen Betriebs sind die genau definierte Betriebslast und das Zeitverhalten für die SPS. Nachteilig ist, dass der Zustand der Eingangssignale nur am Anfang des Zyklus eingelesen wird. Danach bleibt im Zyklus die Änderung eines Eingangssignals für das Eingangsabbild ohne Folgen. Für einen Echtzeit-Betrieb der SPS, bei der die Steuerung auf Ereignisse im Prozess schritthaltend reagieren muss, ergibt sich deshalb die im Folgenden dargestellte Situation.

Fall 1: Tritt das Ereignis im technischen Prozess (Sensorsignal) kurz vor Einlesen des PAE auf, so kann bei der nächsten Ausgabe des PAA im Zyklus auf das Ereignis mit einer Reaktion (Aktorsignal) reagiert werden. Die Reaktionszeit t_r der SPS beträgt in diesem Fall

$$t_r = T_{\text{zyklus}} + \Delta$$

Fall 2: Tritt das Ereignis im technischen Prozess (Sensorsignal) kurz nach dem Einlesen des PAE auf, so kann erst im nächsten Zyklus bei der Ausgabe des PAA auf das Ereignis mit einer Reaktion (Aktorsignal) reagiert werden, Die Reaktionszeit t_r der SPS beträgt in diesem Fall

$$t_r = 2 \cdot T_{\text{zyklus}} - \Delta$$

Bild 2.9 verdeutlicht diesen Sachverhalt. Die Reaktionszeit eines SPS-Programms liegt also zwischen T_{zyklus} und $2 \cdot T_{\text{zyklus}}$. Im ungünstigsten Fall ergibt sich damit die doppelte Zykluszeit als Verzögerung zur Bearbeitung eines Eingangssignals.

Der *zyklische Betrieb mit Unterbrechungsverarbeitung* arbeitet grundsätzlich wie die zyklusgesteuerte SPS. Beide Betriebsarten unterscheiden sich dadurch, dass ein Ereignis zur Unterbrechung des SPS-Programms führt und ein alternativer Programmcode aufgerufen wird. Sobald dieser ausgeführt wurde, kehrt der Ablauf an den Punkt der Unterbrechung zurück, und das ursprüngliche SPS-Programm läuft weiter. Die Betriebsart ist dann sinnvoll, wenn zeitkritische Aufgaben behandelt werden sollen, die mit der Zykluszeit in Konflikt stehen.

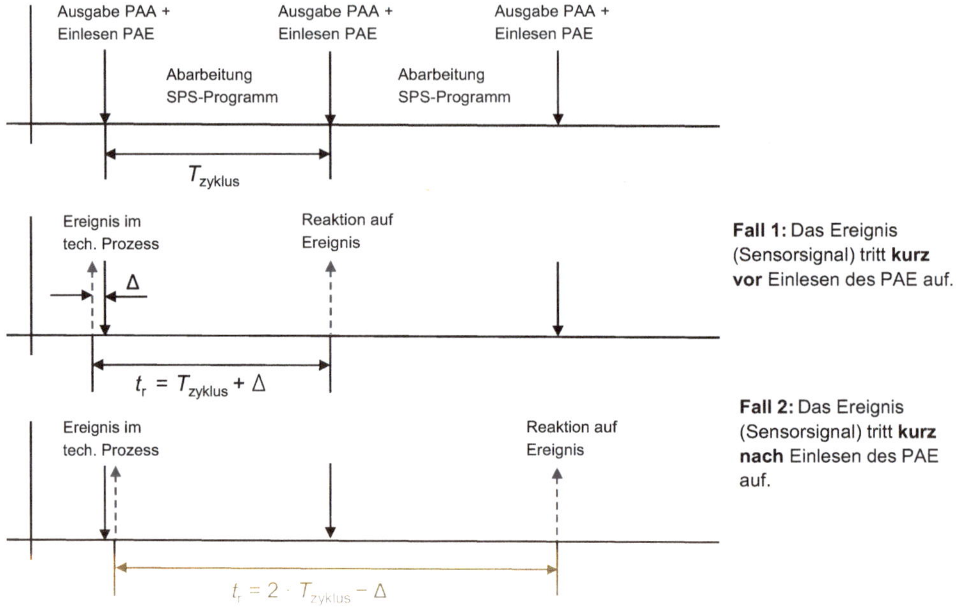

Bild 2.9 Reaktionszeit eines SPS-Programms

Im *ereignisgesteuerten Betrieb* listet das Betriebssystem alle Signalveränderungen eines Eingangssignals, z. B. Statuswechsel eines Sensors, als Ereignis auf und arbeitet in dieser Reihenfolge die entsprechenden Anwenderprogrammteile ab. Bild 2.10 verdeutlicht diese Betriebsart.

Der Vorteil gegenüber dem zyklischen Betrieb liegt darin, dass auf eine Signaländerung am Eingang sofort ohne Verzögerung reagiert werden kann. Außerdem fördert diese Betriebsart gleichzeitig die objektorientierte SPS-Programmierung. Nachteile können allerdings dann entstehen, wenn eine Vielzahl von Ereignissen im System unkontrolliert gleichzeitig auftreten. Die Betriebslast der SPS kann dann in nicht mehr vorhersehbarem Ausmaß zunehmen und den SPS-Betrieb blockieren.

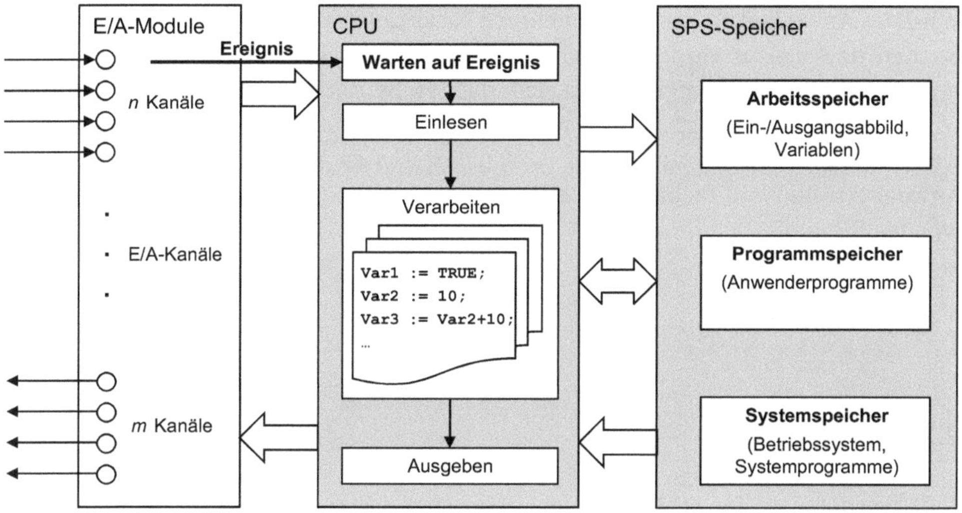

Bild 2.10 Ereignisgesteuerter Betrieb einer SPS

Im realen Betrieb einer SPS, insbesondere zur Steuerung komplexerer Maschinen oder Anlagen, werden meist mehrere SPS-Programme (Tasks) mit unterschiedlicher Zykluszeit oder auch zusätzlich ereignisgesteuert im *Multitasking-Betrieb* bearbeitet. Bild 2.11 zeigt als Beispiel die Bearbeitung eines Anwenderprogramms mit mehreren Programmteilen (Tasks) im Multitasking.

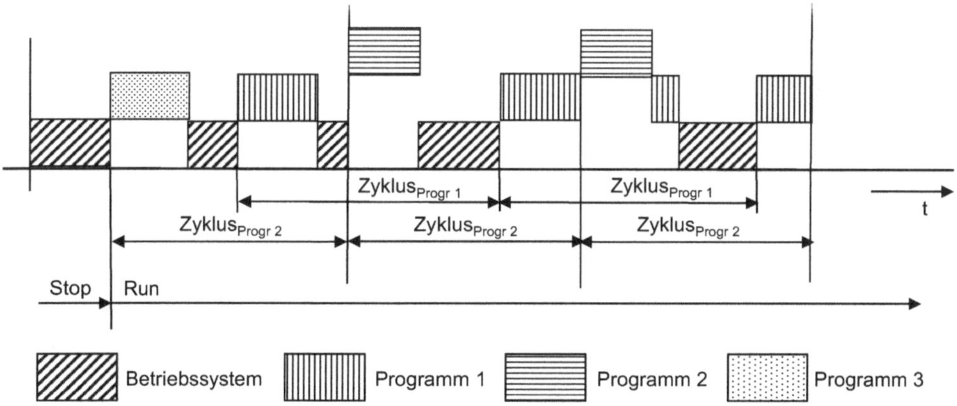

Bild 2.11 Anwenderprogramm mit mehreren Programmteilen (Tasks) im Multitasking

In Bild 2.11 arbeitet Programm 3 ereignisgesteuert nur nach Übergang der SPS vom Stop- in den Run-Betrieb. Programm 1 und Programm 2 arbeiten im Zyklusbetrieb, aber mit unterschiedlichen Zykluszeiten.

Wird das Anwenderprogramm in mehrere Tasks unterteilt, dann muss sichergestellt werden, dass die zur Verfügung stehende Rechenzeit nicht überschritten wird. Dabei muss immer berücksichtigt werden, dass das SPS-Betriebssystem selbst auch eine gewisse Rechenzeit benötigt (schräg schraffierter Programmteil in Bild 2.11). Üblicherweise sollten die Zykluszeiten der Anwendertasks so kalkuliert werden, dass die Anwendertasks nicht mehr als 70 % der zugewiesenen Zykluszeit als Rechenzeit verwenden.

2.2 Der SPS-Standard IEC 61131

2.2.1 Grundlagen

1993 wurde unter der Schirmherrschaft der International Electrotechnical Commission (IEC) die mehrteilige Norm IEC 61131, „Programmable Controllers“, (entspricht der DIN EN 61131) als weltweit gültiger Standard für SPS-Steuerungen erarbeitet. In Tabelle 2.3 sind die Bestandteile der Norm aufgeführt.

Tabelle 2.3 Bestandteile der SPS-Norm IEC 61131

Standard	Bezeichnung	Aktuelle Version
IEC 61131-1	Allgemeine Informationen und Definitionen	V2.0 von 2003
IEC 61131-2	Betriebsmittelanforderungen und Prüfungen	V4.0 von 2017
IEC 61131-3	SPS-Programmiersprachen	V3.0 von 2013
IEC 61131-4	Anwenderrichtlinien	V2.0 von 2004
IEC 61131-5	Kommunikation	V1.0 von 2000
IEC 61131-6	Funktionale Sicherheit	V1.0 von 2012
IEC 61131-7	Fuzzy-Steuerungen	V1.0 von 2000
IEC 61131-8	Anwender- und Implementationsrichtlinien für Programmiersprachen	V3.0 von 2017
IEC 61131-9	Kommunikationsinterface für kleine Sensoren und Aktoren (IO-Link)	V1.0 von 2013
IEC 61131-10	PLCopen XML-Austauschformat	V1.0 von 2019

Die Norm wird von der internationalen Fachorganisation *PLCopen* kontinuierlich weiterentwickelt. Ergänzungen und Korrekturen sind bereits erschienen bzw. auch weiterhin zu erwarten. Die letzte Erweiterung aus dem Jahre 2019 (siehe Tabelle 2.3) betrifft das Dateiaustauschformat PLCopen XML. Mit PLCopen XML sollen zwischen IEC 61131-konformen Steuerungen Programme ausgetauscht werden können.

Teil 1 der Norm (IEC 61131-1) gilt für speicherprogrammierbare Steuerungen, die in Niederspannungsanlagen, in denen die Nennspannung des Netzes 1000 V AC (50/60 Hz) oder 1500 V DC nicht übersteigt, zur Steuerung von Maschinen und diskontinuierlichen Prozessen eingesetzt werden, und beinhaltet grundsätzliche Begriffsdefinitionen.

Eine SPS wird dabei wie folgt definiert:

Eine SPS ist ein digital arbeitendes elektronisches System für den Einsatz in industriellen Umgebungen mit einem programmierbaren Speicher zur internen Speicherung der anwenderorientierten Steuerungsanweisungen zur Implementierung spezifischer Funktionen wie z. B. Verknüpfungssteuerung, Ablaufsteuerung oder Zeit-, Zähl- und arithmetische Funktionen, um durch digitale oder analoge Eingangs- und Ausgangssignale verschiedene Arten von Maschinen und Prozessen zu steuern.

Der wichtigste Teil der Norm für die industrielle Praxis ist die IEC 61131-3, die die Erstellung von SPS-Programmen durch die Vorgabe einiger grundsätzlicher Konzepte aus der Welt der Informatik entscheidend beeinflusst. Zu diesen Konzepten gehören insbesondere folgende:

- **Datentyp- und Variablenkonzeption:** Eine einheitliche Definition für Datentypen, Konstanten und Variablen ist verbindlich vorgeschrieben. Die eingeführten Datentypen bilden die Grundlage einer explizit auszuführenden Variablendeklaration für symbolische und absolute Adressierung.

  Beispiel: Variablendeklaration für eine Lüftersteuerung (Listing 2.1)
- **Programmorganisationskonzept:** Ein hierarchisch gegliedertes System von Programmorganisationseinheiten (Programm, Funktionsbaustein, Funktion) ist eingeführt worden. Damit wird die weitgehende Entwicklung strukturierter SPS-Programme mit Wiederverwendbarkeit von Bausteinen bei späteren Anwendungen ermöglicht.
- **Taskkonzept:** Als Ausführungssteuerung von Programmorganisationseinheiten (POE; *engl.* Program Organization Unit, POU) erfolgt die Einführung von Tasks. Das Taskkonzept ermöglicht eine priorisierbare, zeitzyklische und ereignisorientierte Programmsteuerung.

Listing 2.1 Beispiel

```
VAR_INPUT  (* Deklaration der Ausgangsvariablen *)
  Lampe  AT %IX1.1 : BOOL; (*absolute Adressierung *)
  Sirene AT %IX1.2 : BOOL; (*absolute Adressierung *)
END_VAR

VAR_OUTPUT
  L1 AT %QX1.1 : BOOL; (*absolute Adressierung *)
  L2 AT %QX1.2 : BOOL; (*absolute Adressierung *)
END_VAR
VAR  (* Deklaration interner Variablen (Merker) *)
  Kein_Luefter, Ein_Luefter: BOOL;
END_VAR
```

Die IEC 61131 definiert ein Programm wie folgt:

Ein *Programm* ist eine logische Anordnung aller Programm-Sprachelemente und Programmkonstrukte, die für die beabsichtigte Signalverarbeitung zur Steuerung einer Maschine bzw. eines Prozesses mit einer SPS erforderlich sind.

Zur Erfüllung der Norm darf ein Programm

- nur Eigenschaften benutzen, die in diesem Teil zum Gebrauch der jeweiligen Sprache festgelegt sind,
- keine Eigenschaften benutzen, die als Erweiterungen der Sprache gelten, und
- von keiner bestimmten Interpretation implementierungsabhängiger Eigenschaften abhängen.

Normgerechte Programme müssen auf jeder normgerechten SPS die gleichen Ergebnisse liefern. Ausnahmen bilden nur Programme, die von folgenden Faktoren abhängig sind:

- vom Zeitverhalten der Programmausführung
- von implementierungsabhängigen Eigenschaften im Programm
- von der Ausführung von Prozeduren zur Fehlerbehandlung

Hersteller von SPS, die für ihre SPS-Programmiersprachen den Anspruch nach Kompatibilität zur IEC 61131-3 haben, müssen sich zertifizieren lassen. Dazu wird das Produkt, für das eine Zertifizierung beantragt wird, separat untersucht und bei vorhandener Konformität in eine der folgenden Klassen eingeteilt:

a) **Base Level (BL):** Mit dem Programmiersystem erzeugte Programme müssen im Grundaufbau mit der IEC 61131-3 verträglich sein. Wesentliche Sprachelemente einer Programmiersprache müssen vorhanden sein. Ein Zertifizierungstest erfolgt nur offline.

b) **Conformity Level (CL):** Alle zur Verfügung gestellten Funktionen müssen normkompatibel sein, es müssen aber nicht alle möglichen Funktionen realisiert sein.

Da nicht jede Hardware alle spezifizierten Datentypen unterstützt, muss die Kompatibilität nur bezüglich der tatsächlich deklarierbaren Daten erfüllt sein.

c) **Reusability Level (RL):** Mit dem System erzeugte Software muss zwischen zertifizierten Programmiersystemen austauschbar sein. Ein Zertifizierungstest erfolgt auch online, mit angeschlossener SPS.

In der Praxis stehen einer weitgehenden Portabilität eine Reihe von begrenzenden Faktoren gegenüber, wie z. B. Hardware-Eigenschaften der SPS oder die Forderung nach Rückwärtskompatibilität. Die meisten Programmiersysteme sind deshalb derzeit nur mit Conformity Level BL für eine oder mehrere Sprachen am Markt. Am weitesten entwickelt ist das Conformity Level für die Sprache ST (siehe Abschnitt 2.4.3). Diese Sprache ist vereinzelt bereits nach CL oder sogar RL zertifiziert. So ist z. B. das Sysmac Studio von OMRON für die Sprache ST mit CL und RL zertifiziert.

Mit der IEC 61131 ergeben sich für SPS-Hersteller und -Anwender Chancen, im Kern standardisierte SPS-Programmiersysteme nach IEC 61131 zu verwenden, die sich jedoch im Hinblick auf Leistungsfähigkeit (Modellmächtigkeit, Funktionalität) und Flexibilität (Offenheit, Integrierbarkeit) unterscheiden können. Damit können modulare und offene SPS-Programmiersysteme geschaffen werden.

2.2.2 Softwaremodell der IEC 61131-3

2.2.2.1 Hauptbestandteile des Softwaremodells

Neben den SPS-Sprachen gibt die IEC 61131 auch ein Softwaremodell vor, um die Struktur bei der Abarbeitung der Steuerungsprogramme festzulegen. Damit kann mit dem Standard ein komplettes Automatisierungssystem durchgängig beschrieben werden. Die Zusammenhänge sind in Bild 2.12 erläutert.

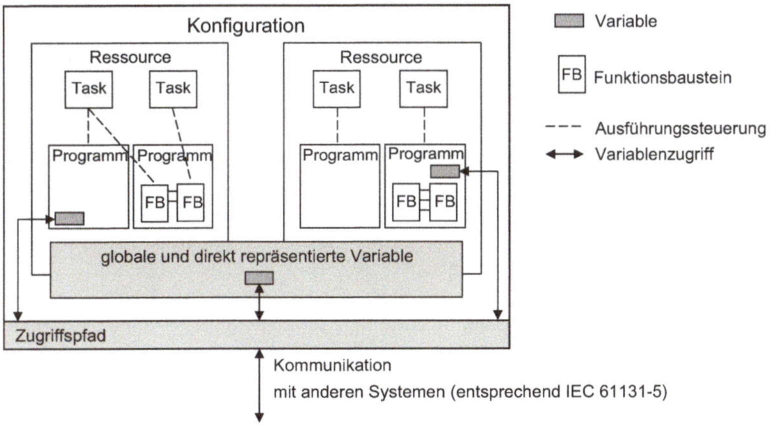

Bild 2.12 Softwaremodell entsprechend IEC 61131-3

Entsprechend dem Modell in Bild 2.12 besteht ein Automatisierungssystem aus einer oder mehreren *Konfigurationen*, die miteinander kommunizieren können.

Ein Parkhaus ist zu automatisieren. Entsprechend gibt es eine Konfiguration *Parkhaus*, die aus einem SPS-System (Rack) besteht.

Eine Konfiguration enthält eine oder mehrere *Ressourcen*. Auf jeder Ressource (CPU) können mehrere Programme ablaufen.

Der Konfiguration *Parkhaus* werden als Unteraufgaben die Ressourcen *Ein_Ausfahrt*, *Klima* und *Aufzuege* zugeordnet. Jede Ressource erhält jeweils eine zugeordnete SPS-Steuerung.

Einer Ressource können *Tasks* zugeordnet sein, deren Zeitverhalten explizit beschrieben werden kann.

In einer Task wird im Parkhaus alle 10 s der CO-Gehalt der Luft überprüft. Eine schnellere Task überprüft alle 100 ms, ob ein Auto vor der Schranke steht.

Eine Task besteht aus *Programmen* (PRG).

Im Parkhaus aktiviert ein Programm in der 10-s-Task die Lüfter, falls der CO-Gehalt zu hoch ist.

Innerhalb eines Programms werden Variablen entweder direkt oder über Bausteinparameter übergeben. Programme bestehen aus *Funktionsbausteinen* (FB) und *Funktionen* (FC). Ein Funktionsbaustein kann Daten zwischen zwei Aufrufen speichern, eine Funktion nicht.

Ein Funktionsbaustein kann für die Visualisierung der Einfahrtsschranke auf einem Display benutzt werden. Eine Funktion könnte die Berechnung der Bewegung der Schranke für die Visualisierung sein.

Wichtige Festlegungen der IEC 61131 zur Programmdeklaration sind folgende:

- Die begrenzenden Schlüsselwörter für die Programmdeklaration müssen `PROGRAM ... END_PROGRAM` sein.
- Ein Programm kann eine Konstruktion `VAR_ACCESS ... END_VAR` enthalten, die ein Mittel zur Festlegung von bezeichneten Variablen bietet, auf die durch einige der Kommunikationsdienste zugegriffen werden kann. Ein Zugriffspfad verknüpft

jede derartige Variable mit einem Eingang, einem Ausgang oder einer internen Variablen eines Programms. Das Format und der Gebrauch müssen der IEC 61131-5 entsprechen.

- Programme können nur innerhalb von Ressourcen instanziiert werden, während Funktionsbausteine nur innerhalb von Programmen instanziiert werden können.

Der Informationsaustausch zwischen Tasks und Ressourcen innerhalb einer Konfiguration erfolgt über *globale Variablen*. Über den *Zugriffspfad* kommuniziert die jeweilige Konfiguration mit anderen im Gesamtsystem vorhandenen Konfigurationen.

In Tabelle 2.4 sind die wichtigsten Konzepte des IEC 61131-Softwaremodells zusammengefasst. Von den meisten Programmiersystemen wird das IEC 61131-Modell nicht vollständig abgebildet. So werden z. B. in PLCnext Engineer die Begriffe `CONFIGURATION` und `RESOURCE` nicht verwendet, sondern man spricht von *Controller Node* als Konfiguration und *PLCnext Node* als Ressource.

Ein SPS-Programm ist eine in Programmorganisationseinheiten (POE) gegliederte Einheit. Eine POE ist ein für sich abgeschlossenes Modul, das vom Compiler unabhängig von anderen Programmteilen übersetzt werden kann. Die POEs sind selbstständig und können mehrfach wiederverwendet werden. Bei jeder Verwendung muss jedoch mithilfe eines eindeutigen und nur einmal vorkommenden Bezeichners (Name) eine individuelle Instanz des Moduls gebildet werden. Jede einmal deklarierte POE ist im gesamten Projekt sichtbar, d. h. aufrufbar bzw. instanziierbar.

Tabelle 2.4 Bestandteile des Softwaremodells IEC 61131

Modellebene	Beschreibung zur Realisierung
`CONFIGURATION`	SPS-Rack mit allen Baugruppen (Schaltschrank)
`RESOURCE`	eine Prozessorbaugruppe (CPU), von der mehrere vorhanden sein können
`TASK`	zusammenhängender Programmbereich, dem eine Laufzeit zugeordnet ist
`PROGRAM`	kleinste bereits ausführbare Softwareeinheit
`FUNCTION BLOCK` `FUNCTION`	Programmbausteine, die speziell für die Aufgabe geschrieben wurden oder aus Bibliotheken stammen, z. B. eine Zählfunktion

In der IEC 61131-3 sind drei POE-Typen mit unterschiedlicher Komplexität und Hierarchie definiert:

- **Funktion (FC):** Dies sind parametrierbare POE ohne statische Variablen, die bei gleichen Eingangsparametern stets dasselbe Ergebnis als Funktionswert zurückgeben. Möglich sind ein oder mehrere Eingangsparameter. Zurückgegeben wird der Funktionswert.

- **Funktionsbaustein (FB):** Hierbei handelt es sich um parametrierbare POE mit statischen Variablen. Ein FB liefert bei gleichen Eingangswerten Ergebnisse, die vom Zustand seiner internen und externen Variablen abhängen können, die zwischen Bausteinaufrufen erhalten bleiben.
- **Programm (PRG):** Dieser POE-Typ stellt ein Hauptprogramm dar. Alle Variablen des Gesamtprogramms, denen physikalische Adressen (z. B. Ein- und Ausgänge der SPS) zugewiesen sind, müssen in dieser POE oder global deklariert werden.

Die POE `PROGRAM` befindet sich in der Hierarchie an der höchsten Stelle. Danach folgt die POE `FUNCTION_BLOCK`. Die unterste POE ist `FUNCTION`. Jede POE einer Hierarchiestufe kann Instanzen von POEs derselben Stufe oder einer untergeordneten Stufe aufrufen.

2.2.2.2 Variablen und Kommunikationsmodell

Bevor eine Variable zum ersten Mal verwendet wird, muss eine *Deklaration* stattfinden. Dabei werden folgende Elemente der Variablen festgelegt:

- Festlegung eines Bezeichners oder Symbols: Die Variable erhält einen Namen. Aus dem Namen der Variablen sollte bereits auf ihren Typ und Verwendungszweck geschlossen werden können.
- Festlegung des Datentyps anhand der Liste der vom jeweiligen Programmiersystem implementierten elementaren oder zusammengesetzten Typen
- Festlegung eines Geltungsbereichs
- Festlegung einer optionalen Anfangswertzuweisung

Die IEC 61131-3 gibt eine allgemeine Syntax für die textuelle Deklaration einer Variablen vor. Bild 2.13 zeigt ein Beispiel. Das zur Deklaration verwendete `AT` für die direkt adressierbaren Variablen in Bild 2.13 ist ebenso ein Schlüsselwort wie `VAR` oder `END_VAR`.

Allgemeine Form einer Variablendeklaration:

```
[Bezeichner] [AT %Operand]: Datentyp [:= Vorbelegung] ;
```

```
VAR
    IX_tank_full        AT %IX0.3:    BOOL := FALSE;
    IX_tank_empty       AT %IX0.4:    BOOL := TRUE;
    QX_valve_1          AT %QX0.0:    BOOL := FALSE;
    QX_valve_2          AT %QX0.1:    BOOL := FALSE;
    QX_heating          AT %QX0.2:    BOOL := FALSE;
    IW_act_temp         AT %IW1:      INT := 0;
    tank_max_temp:                    INT := 8;
END_VAR
```

Bild 2.13 Beispiel einer Deklaration für lokale Variablen nach IEC 61131-3

Je nach Programmiersystem des Herstellers der SPS wird die IEC 61131-Syntax für Variablendeklarationen sowie insbesondere für die direkte Adressierung zunehmend weniger verwendet. In aktuellen SPS-Programmiersystemen werden die Variablen meist über Tabellen als symbolische Variablen deklariert. Die Tabelle enthält dann zumindest Spalten für Bezeichner (Name), Typ, Adresse, Anfangswert (Init) sowie eine optionale Kommentierung. Bild 2.14 zeigt beispielhaft einen Ausschnitt aus der tabellarischen Variablendeklaration des Programmsystems PLCnext Engineer (Phoenix Contact).

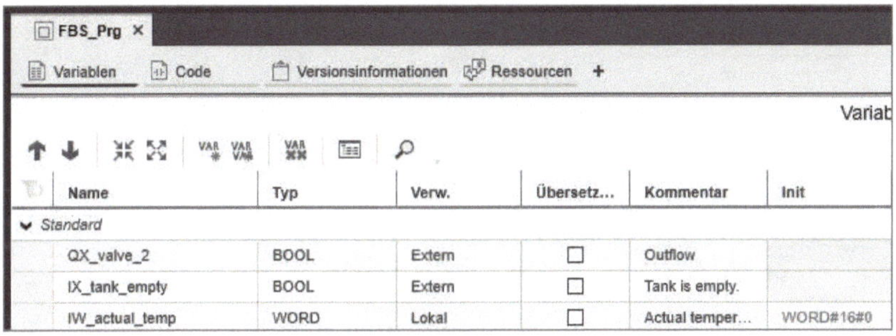

Bild 2.14 Tabellarische Variablendeklaration in PLCnext Engineer (Ausschnitt)

Weitere Informationen zur Deklaration von Variablen nach IEC 61131-3 finden Sie in Abschnitt 2.3.1.

Das Softwaremodell der IEC 61131-3 beinhaltet auch ein *Kommunikationsmodell*, welches beschreibt, wie Programme, Funktionen und Funktionsbausteine untereinander Informationen austauschen. Man kann dabei zwischen folgenden Kommunikationstypen unterscheiden:

- Kommunikation innerhalb eines Programms
- Kommunikation über eine globale Variable
- Kommunikation mit speziellen Funktionsbausteinen
- Kommunikation über Zugriffspfade

Innerhalb eines Programms können Funktionen (FC) und Funktionsbausteine (FB) aufgerufen werden. Dazu müssen die FBs instanziiert werden. Innerhalb von grafischen Programmiersprachen können Daten durch Zeichnen einer Verbindungslinie zwischen den Aus- und Eingängen zugeordnet werden (Bild 2.15).

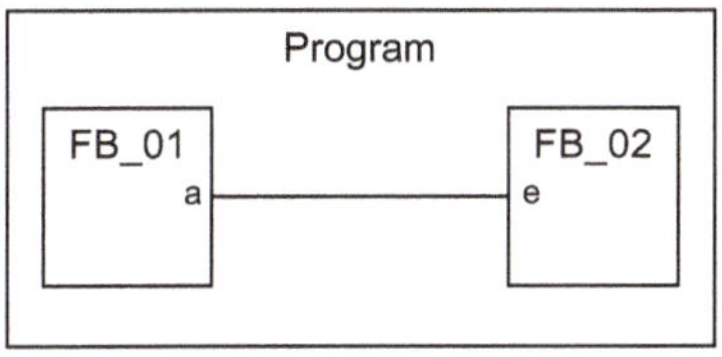

Bild 2.15
Kommunikation innerhalb eines Programms

Bei Textsprachen kann man die Ausgänge einer Instanz anderen Variablen durch eine Zuweisung (:=) übergeben.

Eine *Kommunikation über globale Variablen* erfordert zuerst eine Deklaration der entsprechenden Variablen auf der Ressourcen- oder Konfigurationsebene. Innerhalb der Programme, die auf die globale Variable zugreifen sollen, müssen diese mit `VAR_EXTERNAL` als extern deklariert werden. Auf globale Variablen und direkte Variablen können alle Programme zugreifen, die in Ressourcen einer Konfiguration instanziiert sind. Bild 2.16 veranschaulicht diese Art der Kommunikation.

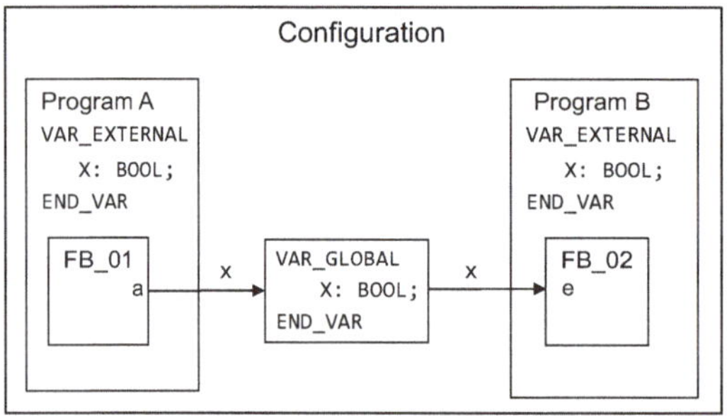

Bild 2.16 Kommunikation über globale Variablen

Wenn die Kommunikation zwischen Ressourcen auf verschiedenen Konfigurationen erfolgen soll, können dazu *spezielle Funktionsbausteine zur Kommunikation* verwendet werden (Bild 2.17).

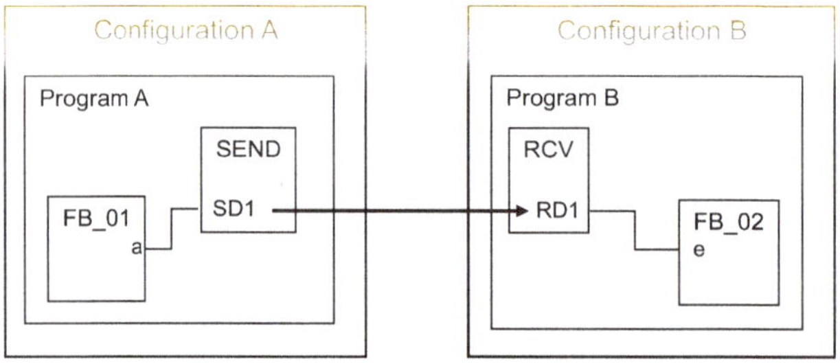

Bild 2.17 Verwendung spezieller Funktionsbausteine zur Kommunikation

Diese Kommunikationsfunktionsbausteine werden in Teil 5 der IEC 61131 behandelt.

Wenn von *außerhalb einer Konfiguration* auf Daten zugegriffen werden soll, können diese innerhalb der Konfiguration mit `VAR_ACCESS` für den Zugriff von außen freigegeben werden. Das Softwaremodell der IEC 61131 sieht zwar prinzipiell die Kommunikation zwischen unterschiedlichen Konfigurationen über Zugriffspfade vor, praktisch alle SPS-Hersteller bieten aber eigene Lösungen für diese Art der Kommunikation an. Dies liegt unter anderem daran, dass für die Kommunikation unterschiedliche Feldbussysteme oder auch OPC UA genutzt werden und die jeweilige Nutzung bzw. Parametrierung herstellerspezifisch über verschiedene Menüstrukturen erfolgt.

2.2.3 Programmstrukturen

2.2.3.1 Funktionen

Jede POE besitzt einen projektweit bekannten und nur einmal vorkommenden Namen. Der Typ `FUNCTION` hat zugleich einen Datentyp, der mit dem Typ des zurückgegebenen Wertes übereinstimmt. Bild 2.18 zeigt die Elemente einer POE.

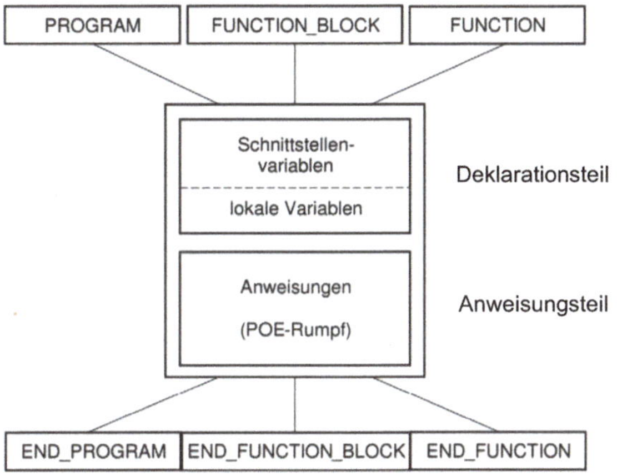

Bild 2.18 Elemente einer POE

POE vom Typ `FUNCTION` dienen der sinnvollen Strukturierung einer Steuerungsapplikation. Unterschieden werden Anwenderfunktionen und Systemfunktionen der Standardbibliotheken. Hauptaspekt sind die Wiederverwendbarkeit und eine Erweiterung des Operationsvorrats.

Funktionen sind wie folgt gekennzeichnet:

- Interne Variablen sind zulässig, die Inhalte gehen aber nach Beendigung der Funktion verloren. Die Variablen vom Typ `VAR` haben bei Funktionen keine statischen, sondern nur temporäre Eigenschaften.
- Die Verwendung von direkten (%-Variablen), globalen oder gepufferten (`RETAIN`) Variablen ist nicht möglich.
- Es gilt das Prinzip: Gleiche Eingangswerte liefern immer gleiche Ausgangswerte.
- Funktionen sind aus allen POE heraus aufrufbar und können sich gegenseitig, aber nicht rekursiv, aufrufen. Deklarierte Funktionen sind im ganzen Projekt sichtbar.
- Die Namen und das Verhalten der Standardfunktionen sind in der Norm definiert. Der Anwender eines konformen Programmiersystems kann eigene Funktionen definieren.

Zur *Deklaration einer Funktion* steht eine IEC 61131-3-Syntax mit FUNCION <name>: <datentyp> ... END_FUNCION zur Verfügung. In herstellerspezifischen Programmiersystemen werden Funktionen aber häufig auch durch spezielle Menüstrukturen deklariert (z. B. in PLCnext Engineer).

Listing 2.2 zeigt die Deklaration einer Funktion FC1 zum Einschalten eines Ventils mit textueller Deklaration.

Listing 2.2 Beispiel

```
FUNCTION FC1:BOOL
(*externe Schnittstelle*)
VAR_INPUT
  Freigabe: BOOL;
  Ventil: BOOL;
END_VAR
(*Funktionsrumpf*)
FC1:=Freigabe AND Ventil;
(*Quelltext des Programms*)
END_FUNCTION
```

Die SPS-Norm enthält einen Katalog von *Standardfunktionen* für SPS-Systeme, die zur Verfügung stehen sollten. Die Hersteller der SPS-Programmierumgebungen liefern die Standardfunktionen in Form von Bibliotheken mit unterschiedlichem Umfang mit. Die Schnittstellen und das Funktionsverhalten entsprechen in der Regel auch den Vorgaben der IE 61131-3. Spezielle Funktionen für das eigene Anwenderprogramm können durch Deklaration selbst erzeugt werden. Dabei ist zu beachten, dass keine internen Zustandsvariablen deklarierbar sind, da der POE-Typ Funktion (FC) dafür keine Speicherfähigkeit (Gedächtnis) besitzt.

Eine Funktion stellt das Funktionsergebnis unter dem deklarierten Funktionsnamen zur Verfügung, sodass keine Ausgangsvariable deklariert werden muss. Es ist jedoch zulässig, Funktionen mit mehreren Ausgangsvariablen zu bilden.

Funktionsaufrufe können in grafischer oder textueller Form erfolgen. Ein allgemeines Beispiel zum Aufruf einer Funktion in ST und FBS ist in Bild 2.19 dargestellt (zu den SPS-Sprachen siehe Abschnitt 2.2.4).

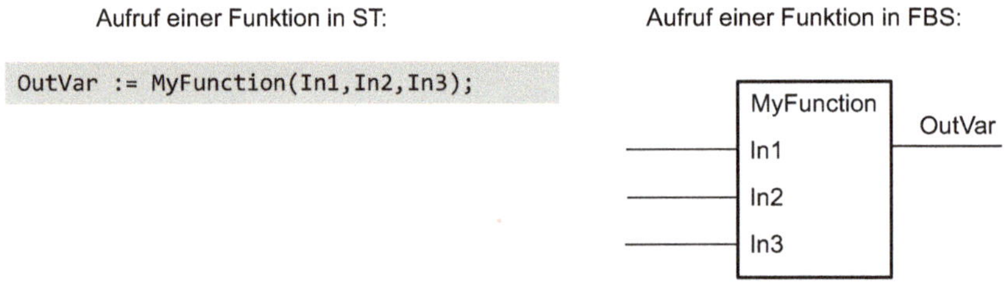

Bild 2.19 Aufruf einer Funktion in ST und FBS

2.2.3.2 Funktionsbausteine

Der POE-Typ FUNCTION_BLOCK ist dem Typ FUNCTION ähnlich, aber in Bezug auf die möglichen Variablentypen und die Möglichkeiten bei den Übergabeparametern deutlich mächtiger. Es gibt insbesondere die folgenden beiden wesentlichen Unterschiede:

- In einem Funktionsbaustein können auch statische Variablen genutzt werden, d. h. Variablen, die auch nach Beendigung des Programmablaufs in diesem Baustein ihre Werte erhalten. Eng verbunden mit dieser Möglichkeit ist das Konzept der Instanziierung von Funktionsbausteinen, das sich aus der Möglichkeit des Mehrfachaufrufs von Funktionsbausteinen ergibt.
- Ein weiteres Unterscheidungsmerkmal ist die Verwendbarkeit globaler Daten und die Festlegung mehrerer (implementierungsabhängig) Rückgabeparameter.

Die *Deklaration eines Funktionsbausteins* erfolgt wie bei einer Funktion entweder durch die vorgegebene IEC 61131-3-Syntax oder implementierungsspezifisch durch spezielle Menüstrukturen im herstellerspezifischen Programmiersystem. Mit der Syntax VAR ... END VAR werden die Namen und Datentypen der bausteininternen Zustandsvariablen festlegt. Diese Syntax wird auch verwendet, um im Funktionsbaustein eine Instanz eines Standardfunktionsbausteins zu erzeugen,

Listing 2.3 zeigt die Deklaration eines Funktionsbausteins FB1 mit textueller Deklaration, der ein RS-Speicherglied mit einem nachgeschalteten Timer kombiniert.

Listing 2.3 Beispiel

```
FUNCTION_BLOCK FB 1
(*Außenschnittstelle*)
VAR_INPUT
  Start: BOOL;
  Reset: BOOL;
END_VAR
VAR_OUTPUT
  Output: BOOL;
END_VAR
VAR
  RS_1: RS;
  TON_1: TON;
END_VAR
(*Funktionsbausteinrumpf*)
RS_1(SET:=Start, RESET1:=Reset);
TON_1(IN:=RS_1.Q1, PT:=t#2s, Q=>Output);
(*Quelltext des Programms*)
END_FUNCTION_BLOCK
```

Der *Aufruf eines Funktionsbausteins* kann in grafischer oder textueller Form durch den Aufruf einer Instanz des Funktionsbausteins erfolgen. Die Instanzbildung erfolgt durch Vergabe eines Namens (Bezeichners) für eine spezielle Kopie des Funktionsbausteins. Ein allgemeines Beispiel zum Aufruf eines RS-Speichers als Funktionsbaustein in ST und FBS ist in Bild 2.20 dargestellt (zu den SPS-Sprachen siehe Abschnitt 2.2.4).

Aufruf eines Funktionsbausteins in ST:

```
RS_1(SET := In1, RESET1 := In2);
OutVar := RS_1.Q1;
```

Aufruf eines Funktionsbausteins in FBS:

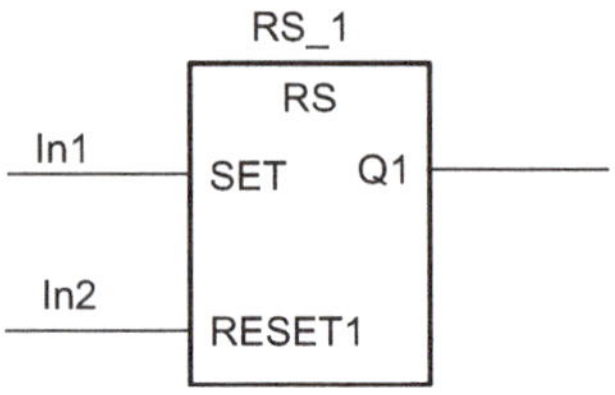

Bild 2.20 Aufruf eines Funktionsbausteins (RS-Speicher) in ST und FBS

Das Anwenderprogramm einer SPS hat einen hierarchischen Aufbau: An oberster Stelle steht der POE-Typ `PROGRAM` (PRG), dessen Deklaration und Gebrauch identisch sind mit denen der bereits beschriebenen Funktionsbausteine, jedoch mit den begrenzenden Schlüsselwörtern `PROGRAM ... END_PROGRAM`. In diesem Baustein können Instanzen von Funktionsbausteinen (FB) sowie Funktionen (FC) aufgerufen werden. An mittlerer Stelle stehen die Bausteine des Typs Funktionsbaustein (FB). Innerhalb einer Instanz eines Funktionsbausteins kann eine Instanz eines anderen Funktionsbaustein (sogenannte Multiinstanzen) gebildet werden oder es können auch Funktionen (FC) aufgerufen werden. An unterster Stelle stehen die Bausteine vom Typ Funktionen (FC). Innerhalb einer Funktion sind auch andere Funktionen (FC) aufrufbar, nicht jedoch Funktionsbausteine (FB). Bild 2.21 illustriert diese Aufrufhierarchie der POE-Typen in einem SPS-Anwenderprogramm.

Bild 2.21 Aufrufhierarchie der POE-Typen in einem SPS-Anwenderprogramm

Eine klassische SPS enthält als gesamte Steuerungssoftware genau eine POE vom Typ `PROGRAM` (lineares Programm). Bei leistungsfähigen modularen SPS mit Multitasking-Fähigkeit können mehrere `PROGRAM`-POE ähnlich wie Funktionsbausteine als strukturiertes Programm existieren. Die Steuerungssoftware besteht dann aus einem oder mehreren SPS-Ablaufprozessen (`TASK`) mit definierten Ausführungsbedingungen (z. B. Zykluszeit oder Priorität), denen ein oder mehrere Programme durch Instanziierung zugeordnet sind. Eine `PROGRAM`-Instanz kann dann als eine einfache autarke Kompakt-SPS aufgefasst werden.

2.2.4 Programmiersprachen nach IEC 61131-3

Aufbauend auf dem Architekturmodell einer SPS werden im Standard IEC 61131-3 zwei textuelle und drei grafisch orientierte SPS-Sprachen zur Strukturierung und Programmierung von Steueralgorithmen beschrieben. Es wurden keine neuen Programmiersprachen definiert, sondern die am meisten genutzten Programmiersprachen wurden harmonisiert.

Die *Anweisungsliste* (AWL; *engl.* Instruction List, IL) stellt als zeilenorientierte Programmiersprache eine maschinennahe, universell einsetzbare Programmiersprache ähnlich einer Assemblersprache dar. Eine Vielzahl von Schlüsselwörtern und das Fehlen von mächtigen Sprachkonstrukten erschweren jedoch den Überblick. Listing 2.4 zeigt das Beispiel eines AWL-Programms für eine Beleuchtungssteuerung.

Listing 2.4 Beleuchtungssteuerung für drei Lampen mit AWL

```
LD   IX_switch_1
ST   QX_lamp_1
LD   IX_switch_2
ST   QX_lamp_2
LDN  IX_switch_3
ST   QX_lamp_3
```

AWL wird weltweit für die Realisierung von Steuerungsprojekten zunehmend weniger verwendet und wird deshalb in diesem Buch nicht weiter behandelt.

Der *Kontaktplan* (KOP; *engl.* Ladder Diagram, LD) hat seinen Ursprung bei den verbindungsorientierten Steuerungen (Relais- und Schützsteuerung). KOP symbolisiert ein Netzwerk aus Schaltern, Tastern und elektromechanischen Relais und ist in seiner Darstellung an Stromlaufpläne angelehnt. Die Sprache ist weitgehend auf die Bearbeitung boolescher Signale beschränkt (siehe Abschnitt 2.4.5). Durch die meist mögliche zusätzliche Nutzung der Sprachen FBS und ST in KOP-Programmen können aber auch mit KOP leistungsfähige Steuerungsprogramme erstellt werden. In Bild 2.22 sind der Stromlaufplan einer Schützsteuerung mit Selbsthaltung und der zugehörige KOP dargestellt.

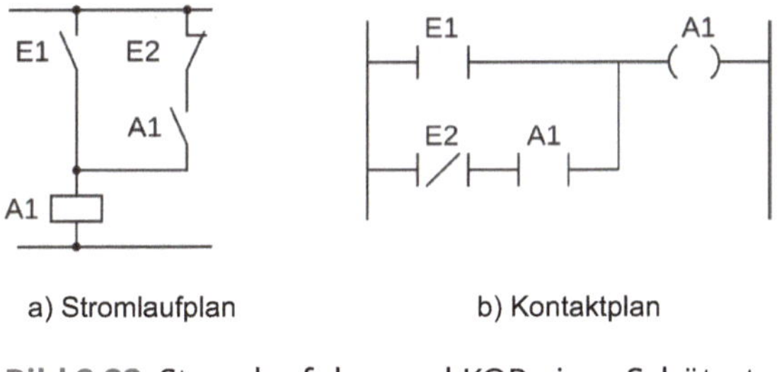

Bild 2.22 Stromlaufplan und KOP einer Schützsteuerung mit Selbsthaltekontakt in Reihe

Die *Funktionsbausteinsprache* (FBS; *engl.* Function Block Diagram, FBD) bzw. nach Siemens-Lesart der Funktionsplan (FUP) hat ihren/seinen Ursprung im Bereich der digitalen Signalverarbeitung. Die grafische SPS-Sprache orientiert sich an den Schaltplansymbolen der Digitalelektronik. Mit dem FUP erfolgt die Unterteilung des SPS-Programms in Netzwerke mit Funktionsblöcken. Bild 2.23 verdeutlicht den prinzipiellen Aufbau eines Funktionsblocks.

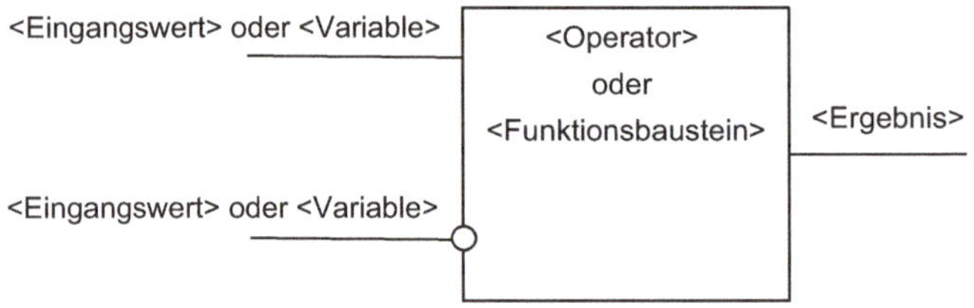

Bild 2.23 Prinzipieller Aufbau eines Funktionsblocks nach FBS

Die Eingänge bzw. Ausgänge eines Funktionsblocks lassen sich mit einem kleinen Kreis negieren. Ausgänge von Funktionsblöcken dürfen nicht miteinander verbunden werden. Die Auswertung eines Netzwerkes muss vollendet sein, bevor die Auswertung eines folgenden Netzwerks beginnen darf, wenn das folgende Netzwerk Ausgänge des vorherigen Netzwerkes benutzt.

Wegen der Möglichkeit, Unterfunktionen in neue Funktionsbausteine zu integrieren, ist die Sprache universeller einsetzbar als KOP. Bild 2.24 zeigt die Schützsteuerung nach Bild 2.22 in FBS.

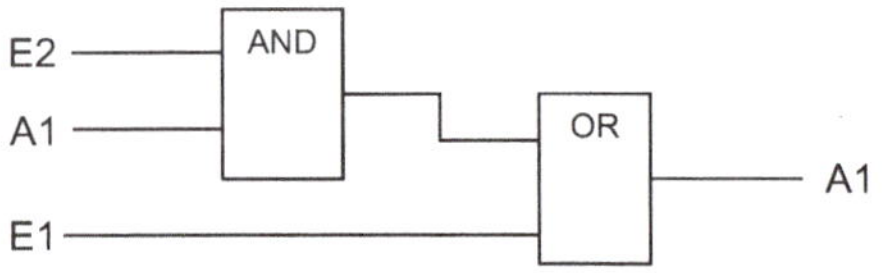

Bild 2.24 FBS einer Schützsteuerung mit Selbsthaltekontakt in Reihe

Der *strukturierte Text* (*engl.* Structured Text, ST; bei Siemens als SCL bezeichnet) ist in der IEC 61131-3 die SPS-Sprache, die den üblichen Programmierhochsprachen am nächsten kommt. ST und AWL weisen einen sehr ähnlich strukturierten Deklarationsteil auf, sie unterscheiden sich jedoch erheblich im Anweisungsteil. ST ist ähnlich wie Pascal mit Ausdrücken, Anweisungen und Strukturierungsmöglichkeiten wie Verzweigungen, Schleifen usw. aufgebaut.

Listing 2.5 zeigt als Beispiel eine Beleuchtungssteuerung in ST, bei der drei Lampen mittels jeweils zwei Tastern (Pushbuttons) gesteuert werden. Das ST-Programm nach Listing 2.5 verwendet zur Speicherung der Taster-Eingangssignale RS-Speicher (vgl. Tabelle 2.15).

Listing 2.5 Beleuchtungssteuerung für drei Lampen in ST

```
RS_1(SET := IX_push_button_1_on, RESET := IX_push_button_1_off);
QX_lamp_1 := RS_1.Q1;

RS_2(SET := IX_push_button_2_on, RESET := IX_push_button_2_off);
QX_lamp_2 := RS_2.Q1;

RS_3(SET := IX_push_button_3_on, RESET := IX_push_button_3_off);
QX_lamp_3 := RS_3.Q1;
```

Die *Ablaufsprache* (AS; *engl.* Sequential Function Chart, SFC; bei Siemens als S7-GRAPH bezeichnet) ist eine grafische Programmiersprache und den anderen SPS-Sprachen übergeordnet. Die Ablaufsprache erlaubt die Zerlegung einer komplexen Aufgabe in überschaubare Einheiten. Die Einheiten selbst müssen mit einer der vier anderen Sprachen erzeugt werden. Die AS-Sprache eignet sich besonders für Prozesse mit schrittweisem Zustandsverhalten (Schrittketten).

AS-Programme bestehen aus Schritten und Transitionen und arbeiten ähnlich wie ein Steuernetz:

- Jedem Schritt ist eine Menge von Aktionen zugeordnet, die ausgeführt werden, wenn der Schritt aktiviert wird.
- Jeder Transition ist eine Transitionsbedingung zugeordnet, die erfüllt sein muss, damit der nachfolgende Schritt aktiviert werden kann.

Bild 2.25 veranschaulicht den prinzipiellen Aufbau der Schrittkette eines AS-Programms.

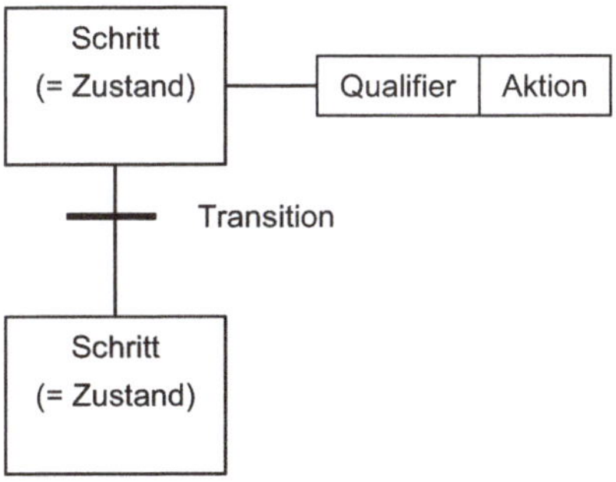

Bild 2.25
Prinzipieller Aufbau der Schrittkette eines AS-Programms

Während die Schritte und Transitionen mit AS-Mitteln dargestellt werden (vgl. Tabelle 2.47), können die Aktionen und Transitionsbedingungen mit beliebigen SPS-Sprachen der IEC 61131-3 programmiert werden.

Bild 2.26 zeigt als AS-Beispiel eine Heizkesselsteuerung mit den Schritten „Füllen“, „Heizen“ und „Leeren“ (vgl. auch Abschnitt 2.4.6). In Bild 2.26 sind die Aktionen in den drei Schritten nicht dargestellt.

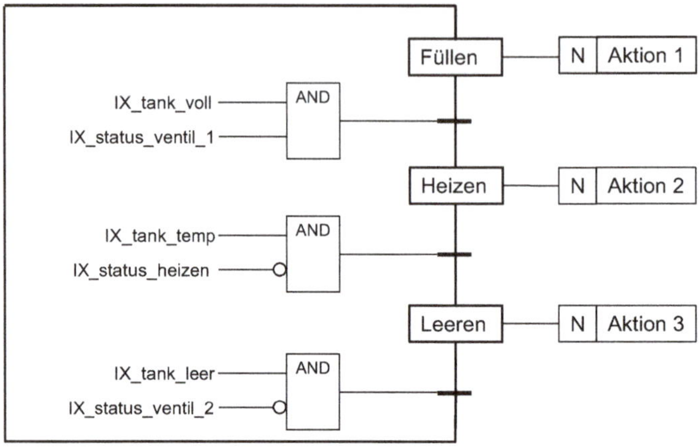

Bild 2.26 Heizkesselsteuerung in AS

Kaum eine Programmiersprache in der Industrie hält sich am Markt so lange und hat eine derart große Verbreitung wie die in der IEC 61131-3 definierten Programmiersprachen. Der Markt der Industrieautomation wächst stetig, und die großen Automatisierungshersteller setzen weiterhin auf diese Norm. Moderne Editoren verleihen der Programmierung nach IEC 61131-3 ein frisches Aussehen. Das erleichtert den Umstieg für Programmierer der Sprachen Java, C# oder Python. Zudem wird die Effizienz im Engineering durch die Integration von Prinzipien aus der modernen Software-Entwicklung enorm gesteigert, ohne dabei auf die hohe Zuverlässigkeit einer echtzeitfähigen SPS-Laufzeit verzichten zu müssen.

Zum Erlernen der SPS-Programmierung nach IEC 61131-3 steht umfangreiche Fachliteratur zur Verfügung (z. B. John/Tiegelkamp 2000 und Aspern 2000).

2.2.5 Das Umfeld der IEC 61131-3

Im Umfeld der IEC 61131-3 sind weitere Standards von Interesse, die insbesondere Festlegungen zur Kommunikation sowie zur Modellierung verteilter Steuerungssysteme beinhalten.

Teil 5 der IEC 61131 deckt die verschiedenen Aspekte der Kommunikation zwischen einzelnen SPS-Systemen ab und geht dabei über die Grenzen der Konfiguration nach IEC 61131-3 (vgl. Bild 2.12) hinaus. Basierend auf der MAP-Standardisierung (Manufacturing Automation Protocol) werden die Kommunikationsdienste einer SPS sowie das Übertragungsprotokoll basierend auf MMS (Manufacturing Message Specification) als Ergänzungsnorm in der ISO/IEC 9506-1/2 festgelegt. Die Kommunikationsbausteine für genormte Lese- und Schreibzugriffe werden beschrieben. Für die Kommunikation werden dazu die in Tabelle 2.5 aufgeführten Kommunikations-Funktionsbausteine erläutert.

Tabelle 2.5 Ausgewählte Funktionsbausteine nach IEC 61131-5

Bezeichnung des FB	Funktion
`CONNECT`	Aufbau eines logischen Kommunikationskanals zwischen zwei oder mehr SPS über ein Netzwerk
`SEND, RCV`	Synchronisieren der Abarbeitung zweier Steuerprogramme auf unterschiedlichen SPS
`USEND, URCV`	Senden bzw. Empfangen von Daten beliebiger Länge
`READ, WRITE`	Lesen bzw. Schreiben des Wertes einer Variablen auf einer anderen SPS über das Netz

Das in der IEC 61131-5 vorgeschlagene Kommunikationsprotokoll MMS wird von den SPS-Herstellern jeweils herstellerspezifisch und proprietär umgesetzt. Eine Reihe von modularen SPS beinhaltet über spezielle Funktionsbibliotheken eine zumindest teilweise Abbildung der Anwendungsdienste der IEC 61131-5 in ihrer Programmiersoftware. Im Ergebnis zeichnet sich für Nutzer ein deutlich vereinfachter Netzwerkzugriff von Steuersystemen ab.

Die *internationale Norm IEC 61499* aus dem Jahre 2005 ist das Ergebnis eines bereits 1990 gestarteten Projekts zur Vereinheitlichung des Einsatzes von Funktionsbausteinen in verteilten Steuerungs- und Automatisierungssystemen. Die Norm weist zahlreiche Bezüge zur IEC 61131 auf und wird häufig als deren Erweiterung für verteilte Systeme aufgefasst. Sie beinhaltet ein komponenten- und ereignisbasiertes Modell für den Entwurf von verteilten Steuerungssystemen. Die Festlegungen dieses Standards gehen davon aus, dass sich die einzelnen Funktionsbaustein-Instanzen einer Anwendung über mehrere Einzelgeräte (mehrere SPS-Systeme) verteilen können.

Die Realisierung des Systemmodells der IEC 61499 erfolgt mit einer gegenüber der IEC 61131 erweiterten Form von Funktionsbausteinen. In einem Funktionsbaustein nach IEC 61499 werden Algorithmen, Ausführungssteuerung und Daten unter der Festlegung von Schnittstellen in der Definition eines Funktionsbausteintyps gekapselt.

Der Zugriff auf Algorithmen und Daten des Funktionsbausteins erfolgt nur über seine Schnittstellen. An den Schnittstellen unterscheidet man Daten und Ereignisse. Zur grafischen Trennung ist ein zweigeteilter Funktionsbausteinkörper vorgesehen, wobei im oberen Teil die Ereignisschnittstellen und im unteren Teil die Datenschnittstellen liegen. Die Eingänge des Funktionsbausteins liegen immer auf der linken Seite und die Ausgänge auf der rechten Seite. Die grafische Darstellung enthält den Namen des Funktionsbausteintyps und beim Einsatz in einem Funktionsbausteinnetzwerk zusätzlich noch den Namen der Instanz. Bild 2.27 zeigt die dazu vorgesehene Darstellung einer Funktionsbaustein-Instanz.

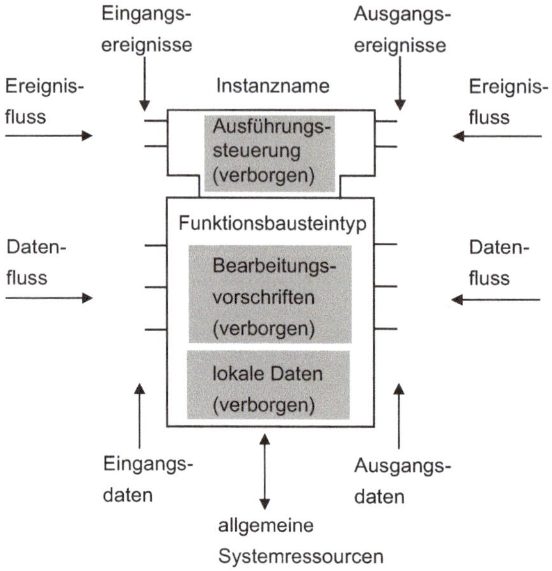

Bild 2.27 Darstellung von Funktionsbaustein-Instanzen gemäß IEC 61499

Eine kompakte Einführung in die IEC 61499 finden Sie in Frey (Frey 2008).

Die IEC 61499 bietet als Nachfolgenorm zur IEC 61131 mit ihren erweiterten Möglichkeiten umfassende Einsatzmöglichkeiten. Auch wenn bereits einige Programmier- und Engineering-Werkzeuge für die IEC 61499 zur Verfügung stehen, wie *ISaGRAF* von Rockwell Automation (ISaGRAF) oder das *4DIAC* Open-Source-Projekt von Eclipse (Eclipse 4diac™ 2025), und auch einige SPS-Hersteller ihre Steuerungen mit geeigneten Laufzeitumgebungen ausrüsten können (Phoenix Contact, WAGO), konnte die IEC 61499 sich bislang noch nicht in der Industrie durchsetzen.

Es fehlen immer noch geeignete industrielle Programmier- und Engineering-Werkzeuge sowie häufig auch die zugehörigen Laufzeitsysteme für die jeweiligen SPS-Steuerungen. Ein Hemmnis ist sicher auch, dass der klassische SPS-Programmierer aufgrund fehlender Kenntnisse und Erfahrungen Schwierigkeiten mit dem von der IEC 61131 erheblich abweichenden Programmierkonzept mit konsequenter Objekt- und Ereignisorientierung hat.

Seit etwa 2020 wird die IEC 61499 durch verschiedene Unternehmen (z. B. Schneider Electric, nxtControl) und Fachorganisationen (z. B. Universalautomation.org) stärker in den Fokus gerückt. Man versucht, die Vorteile von verteilten Steuerungen nach IEC 61499 mit den Anforderungen von Industrie 4.0 und der Digitalisierung der Produktion zu verbinden. Die Zukunft wird zeigen, ob die IEC 61499 auch unter den Bedingungen der zunehmenden Verlagerung von Automatisierungs- und Steuerungsfunktionen in die Cloud ein tragfähiges Konzept für die zukünftige Steuerungstechnik bildet.

In Zusammenhang mit verteilten Steuerungen und Industrie 4.0 werden zunehmend auch Lösungen entwickelt, die SPS-Steuerungen als *virtuelle Steuerungen* in ein Netzwerk verlagern. Dazu gehören z. B. virtualisierte SPS, die in entsprechenden Containern auf beliebigen Servern laufen, oder auch IEC 61131-Steuerungsdienste aus der Cloud, bei denen beliebig viele SPS-Runtime-Umgebungen als Software-Instanzen in einer Cloud verteilt sein können. Auch die Nachbildung von SPS-Steuerungen für Lern- und Testzwecke wird häufig als virtuelle Steuerung bezeichnet. Diese neuen Arten von SPS-Steuerungen werden ausführlich in Kapitel 6 behandelt.

2.3 Grundelemente der Steuerungsprogrammierung

2.3.1 Datenelemente

2.3.1.1 Literale und Variablen

Grundsätzlich können im Code eines SPS-Programms erforderliche Daten als *Literale* und/oder als *Variablen* genutzt werden.

Literale sind zahlenmäßig zu schreibende Konstanten, die einen Wert direkt darstellen.

Die IEC 61131-3 bezeichnet Literale als externe Darstellung von Daten. Literale können direkt in den Code eingegeben werden. Es ist keine Deklaration notwendig. Die IEC 61131-3 unterscheidet zwischen numerischen Literalen, Zeitliteralen und Zeichenfolge-Literalen.

Literale sind erforderlich, wenn es um die direkte Eingabe von zahlenmäßig zu schreibenden Werten mit genau zu beachtender Schreibweise geht. Hier führen Unkorrektheiten zu manchmal schwer zu deutenden Fehlermeldungen beim Kompilieren von Programmen.

Tabelle 2.6 listet einige Beispiele für Literale auf.

Tabelle 2.6 Ausgewählte Beispiele für Literale

Numerische Literale	
Datentyp	**Beispiele**
INT	-12, 0, +986
REAL	12.0, 0.0, 0.4560
WORD	16#00, 16#CFCF, 16#FFFF
BOOL	TRUE, FALSE, 1, 0

Tabelle 2.6 Ausgewählte Beispiele für Literale *(Fortsetzung)*

Numerische Literale	
Zeichenfolge-Literale	
STRING	„Dies ist ein Text“
Datums- und Zeitliterale	
TIME	TIME#14 ms, T#14 ms, time#14 ms, TIME#25h_15m

Literale stehen zusammen mit den Programmbefehlen im Programmspeicher der SPS. Neue Werte für Literale sind nur durch Ändern des SPS-Programms möglich. Flexibler ist es, wenn Variablen eingesetzt werden, die bei der Deklaration einen Anfangswert erhalten.

Die IEC 61131-3 sieht eine Reihe von Schlüsselwörtern für die textuelle *Deklaration von Variablen* vor. Je nach herstellerspezifischem SPS-Programmiersystem kann die Deklaration von Variablen aber auch über Variablentabellen mit spezifischen Variableneigenschaften erfolgen.

Bei der *Initialisierung* kann eine Variable verschiedene Werte annehmen:

- den Wert, den die Variable hatte, als das Konfigurationselement gestoppt wurde (gepufferter Wert)
- einen anwenderspezifischen Anfangswert
- den voreingestellten Anfangswert für den der Variablen zugeordneten Anfangstyp

Der Anwender kann wählen, ob die Variable gepuffert werden soll, indem er das Bestimmungszeichen RETAIN verwendet (Listing 2.6).

Listing 2.6 RETAIN-Variable zur Speicherung einer Zählvariablen (Anzahl gefertigter Werkstücke)

```
VAR RETAIN
    workPieces : INT;
END_VAR
```

Tabelle 2.7 listet einige wichtige Variablenklassen der IEC 61131-3 und deren Schlüsselwörter in der Variablentabelle in PLCnext Engineer (Phoenix Contact) auf.

Tabelle 2.7 Ausgewählte Beispiele von Variablenklassen nach IEC 61131-3 im Programmiersystem PLCnext Engineer

Variablenklasse nach IEC 61131-3	Variablentabelle nach PLCnext Engineer	Verwendung
VAR	lokal	lokale Gültigkeit, mit statischer Lebensdauer
VAR_EXTERNAL	extern	extern als global deklariert, beliebiger Zugriff, nicht vorbelegbar
VAR_INPUT	Eingang	nur lesbar
VAR_OUTPUT	Ausgang	lesbar und beschreibbar
VAR_IN_OUT	InOut	lesbar und beschreibbar, jedoch nicht vorbelegbar
VAR RETAIN	Retain	gepufferte Variable

Die IEC 61131-3 unterscheidet die Variablen hinsichtlich folgender Kriterien:

- der Anzahl ihrer Datenelemente in Einzelelement-Variablen und Multielement-Variablen
- ihres Geltungsbereichs zwischen lokalen und globalen Variablen: Lokal bedeutet, dass die Variable nur in dem Baustein bekannt ist, in dem sie auch deklariert wurde. Globale Variablen sind solche, die mit der Konstruktion `VAR_GLOBAL ... END_VAR` in allen Bausteinen innerhalb der SPS bekannt gemacht wurden.

2.3.1.2 Datentypen

Jede deklarierte Variable im SPS-Programm muss einem bestimmten Datentyp zugewiesen werden. Die IEC 61131-3 definiert dazu eine Reihe von elementaren Datentypen, die auch von den meisten herstellerspezifischen SPS-Programmiersystemen umgesetzt sind.

Einzelelement-Variablen können nur einzelne Datenelemente mit elementaren Datentypen oder abgeleiteten Datentypen darstellen:

- Elementare Datentypen sind durch die Norm vordefiniert. Tabelle 2.8 gibt einen Überblick über ausgewählte elementare Datentypen.
- Abgeleitete Datentypen sind nach IEC 61131-3 anwender- oder herstellerdefinierte Datentypen. Die Deklaration neuer Datentypen erfolgt nach der Norm mit der vorgeschriebenen Konstruktion `TYPE ... END_TYP` in einem dafür bestimmten Menü des Programmiersystems.

Tabelle 2.8 Ausgewählte elementare Datentypen nach IEC 6131-3

Schlüsselwort	Datentyp	Größe [Bit]	Bereich, Schreibweise
Bit-Datentypen			
BOOL	Einzelbit	1	FALSE, TRUE
BYTE[1]	8-Bit-Folge oder Hex-Zahlenbereich	8	0...255 (16#00...16#FF)
WORD[1]	16-Bit-Folge oder Hex-Zahlenbereich	16	0...65 535 (16#00...16#FFFF)
DWORD[1]	32-Bit-Folge oder Hex-Zahlenbereich	32	0...4 294 967 295 (16#00...16#FFFFFFFF)
STRING	ASCII-Zeichen	implementierungsabhängig (z. B. PLCnext: 80 Zeichen)	Zeichenfolge mit variabler Länge
Arithmetiktypen			
INT	ganze Zahlen (Festpunktzahlen)	16	-32 768 ... +32 767
DINT	ganze Zahlen (Festpunktzahlen)	32	-2 147 483 648...2 147 483 647
REAL	reelle Zahlen (Gleitpunktzahlen)	32	Dezimalzahl mit Punkt: 341.7 oder Exponentialdarstellung: 3.417 E+02
Zeittypen			
TIME	Zeitdauer (IEC-Format)	32	-24d20h31m23s648 ms...24d20h31m23s647 ms (t#12h20m30 s)
LDATE	Datum	64	min: 1677-09-22, max: 2262-04-11 (LD#1990-01-01)

[1] BYTE, WORD und DWORD stellen nicht immer vorzeichenlose, dualcodierte Ganzzahlen dar, sondern auch Bitfolgen, deren einzelne Bits keine Stellenwertigkeit haben.

Listing 2.7 zeigt zwei abgeleitete Datentypen MyString und MyArray bestehend aus einer festgelegten Größe für einen String und für ein Array.

Listing 2.7 Beispiel

```
TYPE
  MyString: STRING[256];
END_TYPE

TYPE
  MyArray: ARRAY[0..255] OF BYTE;
END_TYPE
```

Multielement-Variablen bestehen aus Feldern (Arrays) und/oder Strukturen (Structures). Ein Feld ist eine Sammlung von Datenelementen des gleichen Datentyps, die durch einen oder mehrere Feldindizes angesprochen werden. Die Indizes sind in eckigen Klammern eingeschlossen und durch Kommas getrennt. Eine Struktur ist eine mit einem Namen (Bezeichner) versehene Sammlung von Datenelementen mit zumeist unterschiedlichen Datentypen, die als gemeinsamer Datensatz gespeichert werden sollen. Die einzelnen Datenelemente der Struktur sind als Variablen oder Konstanten mit eigenem Namen (Bezeichner) und festgelegten Datentypen deklariert.

Listing 2.8 zeigt eine Multielement-Variable für einen Temperatursensor.

Listing 2.8 Beispiel

```
TYP TempSensor: (*TempSensor ist ein selbst definierter Datentyp*)
     STRUCT
        Temperatur: REAL
        Datum: LDATE;
    END_STRUCT
END_TYPE
```

Eine weitere Unterscheidung für Einzelelement-Variablen betrifft deren formale Darstellung:

- Eine *direkte Darstellung von Variablen* muss durch eine besondere Symbolik angezeigt werden. Der Hintergrund für diese Formalität ist, dass der Gebrauch von direkt dargestellten Variablen nur in der obersten Programm-Organisationseinheit (POE) zur äußeren Beschaltung der aufgerufenen Funktionen und Funktionsbausteine mit SPS-Eingängen/Ausgängen/Zählern und Zeitgliedern definiert ist. Nach den Vorschriften der IEC 61131-3 sind diese Operanden dem Programm jedoch nicht automatisch bekannt, d. h., sie müssen erst durch Deklaration bekannt gemacht werden.
- Eine *symbolische Darstellung von Variablen* erfolgt im Deklarationsteil der Bausteine mit einem Namen (Bezeichner) innerhalb der schon bekannt gemachten Schlüsselwörter `VAR`, `VAR_INPUT`, `VAR_OUTPUT`, `VAR_IN_OUT`, `VAR_TEMP` und `END_VAR` unter Angabe eines Datentyps. Um den Speicherort einer solchen Variablen muss sich der Programmierer nicht kümmern. Er wird vom Betriebssystem automatisch festgelegt.

2.3.1.3 Adressierung

Direkt dargestellte Variablen, auch als *direkte Adressierung* oder absolut adressierte Variablen bezeichnet, benennen E/A-Kanäle von Sensoren/Aktoren und Merker (interne Programmvariablen) in einem eindeutigen System nach den Zuordnungsrichtlinien des SPS-Herstellers. Im allgemeinen Sprachgebrauch der klassischen SPS sind dies die physikalischen Adressen, die damit für die direkte Adressierung von Variablen genutzt werden. Die IEC 61131-3 macht klare Aussagen darüber, wie die Bezeichner für direkt dargestellte Variablen aufzubauen sind. Die Syntax sieht dabei wie folgt aus: %<Bereichspräfix><Präfix für die Größe><Adresse>

Tabelle 2.9 zeigt die unterstützten Bereichs- und Größenpräfixe nach IEC 61131-3.

Tabelle 2.9 Bereichs- und Größenpräfixe für die direkte Adressierung

Bereichspräfix	Beschreibung	Beispiel
I	Eingang	%IX0.1, Bit 1 am Eingangsbyte 0
Q	Ausgang	%QX1.4, Bit 4 am Ausgangsbyte 1
M	Merker	%MD40
Präfix für die Größe		
X	Einzelbit	
B	Byte	%QB6, Ausgangsbyte 6
W	Wort (16 Bit)	%IW2, Eingangswort 2
D	Doppelwort	%ID1

Die meisten Kompakt-SPS arbeiten mit direkter Adressierung, und auch in einigen modularen SPS kann diese Art der Adressierung zusätzlich genutzt werden. In der Regel arbeiten modulare SPS aber wegen der Komplexität ihrer E/A-Prozessdaten und der erforderlichen Flexibilität mit symbolischer Adressierung.

Bei der *symbolischen Adressierung* der E/A-Kanäle ordnet man den Ein- und Ausgängen auf einer hardwarenahen Ebene beliebige Bezeichner (Symbole) zu. Für den Zugriff auf die E/A-Kanäle werden dann ausschließlich diese Bezeichner verwendet. Es ist aber auch bei symbolischer Adressierung der direkten E/A-Variablen sinnvoll, die in Tabelle 2.9 aufgeführten Präfixe im Variablennamen zu verwenden, da damit bereits aus dem Variablennamen auf den Typ und die Verwendung der Variablen geschlossen werden kann.

Beispiele:

- Füllstand eines Heizkessels als Sensoreingang: `IW_fill_level`
- Schaltsignal eines Tasters: `IX_button`
- Ansteuersignal für einen Schütz: `QX_contactor`
- Solltemperatur für einen Heizkessel: `QW_target_temp`

Gemäß der IEC 61131 dürfen Variablennamen aus Buchstaben, Ziffern und Unterstrichen zusammengesetzt sein. Der Bezeichner muss mit einem Buchstaben oder einem Unterstrich beginnen. Die Norm beinhaltet aber kein syntaktisches System, wie die Bezeichner von Variablen im Einzelnen zu benennen sind. Es gibt deshalb je nach

Hersteller bzw. Anwender eine Vielzahl von unternehmensinternen Richtlinien zur Bezeichnung der Variablen eines SPS-Programms. Häufig wird aber empfohlen, die Benennung von Variablen in Anlehnung an die *ungarische Notation* einzusetzen.

Nach dieser Notation sollte für jede Variable eine sinnvolle, möglichst kurze englische Beschreibung gefunden werden, der sogenannte Basisname. Der jeweils erste Buchstabe eines Wortes des Basisnamens soll großgeschrieben werden, die übrigen sollen kleingeschrieben werden. Vor den Basisnamen werden, entsprechend dem Datentyp der Variablen, Präfix(e) in Kleinbuchstaben gehängt (Tabelle 2.10).

Tabelle 2.10 Beispiele für Präfix und Datentyp in Anlehnung an die ungarische Notation (CODESYS)

Präfix	Datentyp	Bemerkungen
x	BOOL	Als Präfix für boolesche Variablen wird bewusst x empfohlen, um sich von Bezeichnern des Datentyps BYTE abzugrenzen. Das Präfix verdeutlicht die Sicht eines IEC-Programmierers.
w	WORD	Bitfolge, nicht für arithmetische Operationen
s	STRING	Einzelbyte-Zeichenfolge variabler Länge (Standardeinstellung 80 Zeichen)
i	INT	arithmetischer ganzzahliger Datentyp, 16 Bit
r	REAL	arithmetischer Gleitpunktdatentyp, 32 Bit
tim	TIME	Zeitdauer, 32 Bit

Die Nutzung der *ungarischen Notation* für die SPS-Programmierung wird aber auch vielfach kritisiert, insbesondere hinsichtlich ihrer schlechten Lesbarkeit. In allen Programmierbeispielen dieses Buches wird deshalb zur Verbesserung der Lesbarkeit eine modifizierte Benennungssystematik für die Variablen genutzt:

- Ein- und Ausgabevariablen werden in Anlehnung an die Syntax der direkten Adressierung benannt.
- Interne Programmvariablen werden mit einem beschreibenden Namen (in Englisch) ohne Präfix, aber mit einem Postfix zum Datentyp, getrennt durch einen Unterstrich, bezeichnet.

Die Unterscheidung zwischen Eingabevariablen, Ausgabevariablen und internen Programmvariablen (Merker) sowie das Anhängen des Datentyps an die internen Programmvariablen tragen zu einem besseren Verständnis bei, insbesondere bei Erläuterungen eines gegebenen SPS-Programmiercodes.

Die folgenden Beispiele verdeutlichen die für das Buch gewählte Syntax:

- boolesches Eingangssignal einer Lichtschranke: `IX_light_barrier`
- boolesches Ausgangssignal zum Einschalten eines Motors: `QX_motor`
- interne Prozessvariable zur Anzeige des Vorhandenseins eines Teils: `part_available_bool`
- interne Prozessvariable für den maximalen Füllstand eines Tanks: `max_fill_word`

2.3.2 Digitale Signalverarbeitung

2.3.2.1 Basisoperatoren

Die Verknüpfung boolescher Variablen stellt die Grundfunktionen eines Steuerungsprogramms dar. Boolesche bzw. binäre Eingangssignale werden logisch miteinander verknüpft, um zu eindeutigen Ausgangssignalen zu kommen. Die dabei entstehenden Schaltnetze können mit der booleschen Algebra beschrieben werden. Bei solchen Schaltnetzen sind keine Speichereffekte zu berücksichtigen. Fühere Zustände an den Eingängen und Ausgängen spielen keine Rolle.

Die im Folgenden aufgeführten *Basisoperatoren* stehen für logische Verknüpfungen in SPS-Programmen zur Verfügung.

NOT-Operator

Beim NOT-Operator wird ein Signal in seinen komplementären Wert gewandelt. Man spricht auch von Invertierung oder Negation. Tabelle 2.11 zeigt die NOT-Verknüpfung als Funktionstabelle und in den SPS-Sprachen ST und FBS. Der NOT-Operator, angewendet auf eine BYTE- oder WORD-Variable, invertiert jedes einzelne Bit.

Tabelle 2.11 NOT-Verknüpfung

<table>
<tr><th>Funktionstabelle</th><th>ST</th><th>FBS</th></tr>
<tr><td><table><tr><th>IN1</th><th>OUT</th></tr><tr><td>0</td><td>1</td></tr><tr><td>1</td><td>0</td></tr></table></td><td><code>OUT := NOT(IN1);</code></td><td>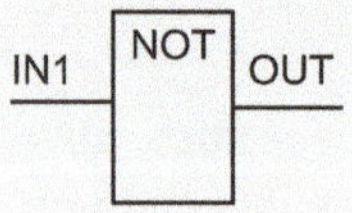
</td></tr>
</table>

AND-Operator

Die AND-Verknüpfung aus zwei oder mehreren Eingangssignalen liefert nur dann TRUE bzw. log „1“, wenn alle Eingange TRUE bzw. log „1“ sind (Tabelle 2.12). Der AND-Operator gehört zu den erweiterbaren (extensible) Operatoren. Die Anzahl der zu verknüpfenden Operanden ist nicht begrenzt.

Tabelle 2.12 AND-Verknüpfung

Funktionstabelle

IN1	IN2	OUT
0	0	0
0	1	0
1	0	1
1	1	1

ST

```
OUT := AND(IN1,IN2);
```

FBS

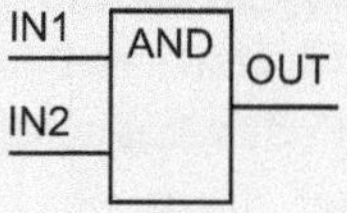

OR-Operator

Ein TRUE bzw. log „1“ als Ergebnis einer OR-Verknüpfung erhält man, wenn mindestens ein Eingangssignal TRUE bzw. log „1“ ist (Tabelle 2.13). Der OR-Operator gehört zu den erweiterbaren (extensible) Operatoren. Die Anzahl der zu verknüpfenden Operanden ist nicht begrenzt.

Tabelle 2.13 OR-Verknüpfung

Funktionstabelle

IN1	IN2	OUT
0	0	0
0	1	1
1	0	1
1	1	1

ST

```
OUT := OR(IN1,IN2);
```

FBS

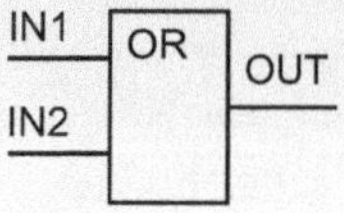

XOR-Operator

Beim XOR-Operator ist der Ausgang TRUE, wenn beide Eingänge ungleiche logische Werte (Signalzustände) führen (Tabelle 2.14).

Der XOR-Operator (eXclusive OR, XOR) wird auch als Antivalenz bezeichnet. Eine XOR-Funktion kann auch mit den drei Operatoren AND, OR und NOT realisiert werden.

Tabelle 2.14 XOR-Verknüpfung

Funktionstabelle

IN1	IN2	OUT
0	0	0
0	1	1
1	0	1
1	1	0

ST

```
OUT := XOR(IN1,IN2);
```

FBS

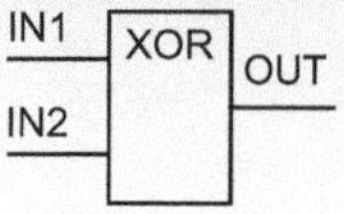

2.3.2.2 Speicher

Wenn ein kurzzeitig auftretender Signalzustand TRUE am Eingang einen länger andauernden Signalzustand TRUE am Ausgang hervorruft, spricht man von *Speicherverhalten* bzw. von einer Signalspeicherung. Das speichernde Einschalten wird als Setzen (S) und das Ausschalten als Rücksetzen (R) bezeichnet. Hieraus leiten sich die Bezeichnungen der in der Steuerungstechnik wichtigen RS- bzw. SR-Speicher ab. RS- und SR-Speicher sind in den SPS-Programmiersystemen als Standardfunktionsbausteine realisiert.

RS-Speicher

Beim RS-Speicher (auch als RS-Flipflop bezeichnet) wird der Ausgang Q1 mit einem Flankenwechsel von TRUE auf FALSE am Eingang SET1 gesetzt. Q1 bleibt TRUE, bis der Eingang RESET1 von FALSE auf TRUE wechselt. Wenn SET und RESET1 beide TRUE sind, hat der Eingang RESET1 Vorrang. Beim ersten Aufruf des Funktionsbausteins ist Q1 = FALSE. Tabelle 2.15 zeigt die Funktionstabelle und die Syntax für den RS-Speicher in den SPS-Sprachen ST und FBS.

Tabelle 2.15 RS-Speicher

Funktionstabelle

$Q1_t$	SET	RESET1	$Q1_{t+1}$
0	0	0	0
0	0	1	0
0	1	0	1
0	1	1	0
1	0	0	1
1	0	1	0
1	1	0	1
1	1	1	0

ST

```
RS_1(SET:=IN1, RESET1:=IN2);
OUT:=RS_1.Q1;
```

FBS

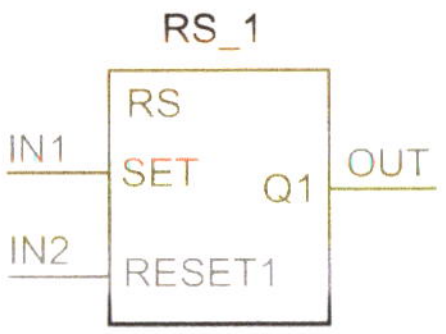

Vor der Verwendung des RS-Speichers müssen die Eingangs- und Ausgangsvariablen als Datentyp BOOL deklariert werden. Außerdem müssen Funktionsbausteine vor ihrer Verwendung instanziiert werden (z. B. als RS_1). Der FB-Instanzname muss in der Variablentabelle der POE deklariert werden, in welcher der FB verwendet werden soll. Der Instanzname muss innerhalb der POE eindeutig sein.

SR-Speicher

Im Unterschied zum RS-Speicher arbeitet der SR-Speicher (auch als SR-Flipflop bezeichnet) mit vorrangigem Setzen, d. h., wenn SET1 und RESET beide TRUE sind, hat der Eingang SET1 Vorrang. Ansonsten ist die Funktionsweise wie beim RS-Speicher. Tabelle 2.16 zeigt die Funktionstabelle und die Syntax für den RS-Speicher in den SPS-Sprachen ST und FBS.

Tabelle 2.16 SR-Speicher

Funktionstabelle

$Q1_t$	SET1	RESET	$Q1_{t+1}$
0	0	0	0
0	0	1	0
0	1	0	0
0	1	1	1
1	0	0	1
1	0	1	1
1	1	0	1
1	1	1	1

ST

```
SR_1(SET1:=IN1, RESET:=IN2);
OUT:=SR_1.Q1;
```

FBS

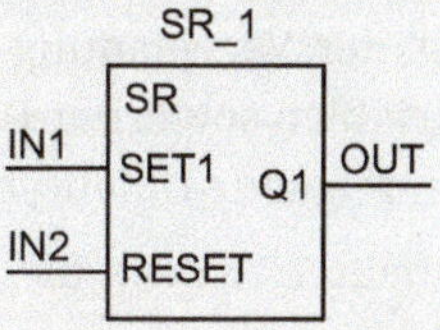

2.3.2.3 Zähler

Zähler sind gleichfalls in den SPS-Programmiersystemen der Hersteller als Standardfunktionsbausteine vorhanden. Man unterscheidet dabei Vorwärtszähler, Rückwärtszähler und Vor- und Rückwärtszähler. Alle Zähler-FBs besitzen eine äquivalente Funktionsweise. Tabelle 2.17 zeigt die Syntax für den Vorwärtszähler CTU in den SPS-Sprachen FBS und ST.

Tabelle 2.17 Vorwärtszähler

FBS

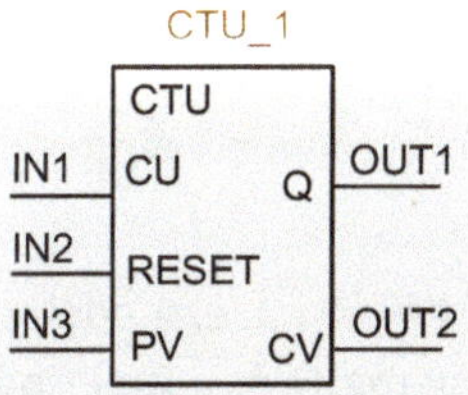

ST

```
CTU_1(CU:=IN1, RESET:=IN2, PV:=IN3);
QUT1:=CTU_1.Q;
OUT2:= CTU_1.CV;
```

Es müssen nicht immer alle Ein- und Ausgänge beschaltet sein. Die jeweilige Aufgabenstellung bestimmt, was tatsächlich benötigt wird.

Ein Signalwechsel am Impulseingang CU inkrementiert den Zählerstand (Erhöhung des aktuellen Zählerstandes um den Wert 1):

- Ein TRUE am Löscheingang RESET setzt den momentanen Zählerstand auf 0. Der Zähler kann dadurch für eine weitere Zählaufgabe vorbereitet werden.
- Über den PV-Eingang wird der gewünschte Zählwert (Zählersollwert) eingegeben. Der Zählwert muss ganzzahlig sein.
- Wenn am CU-Eingang so viele Impulse gezählt wurden, wie der Zählwert am PV-Eingang vorgibt, wird der Zählerausgang Q den Zustand TRUE annehmen. Dieser Signalzustand bleibt erhalten, bis der Zähler gelöscht wird (RESET-Eingang).

- Am CV-Ausgang kann der momentane Zählwert (Istwert) abgefragt werden. Man kann also feststellen, wie viele Impulse bereits am CU-Eingang eingelaufen sind. Auch der Istwert ist ganzzahlig.

Vor der Verwendung des Funktionsbausteins müssen die Eingangs- und Ausgangsvariablen sowie der FB selbst deklariert bzw. instanziiert werden. Die Variablen müssen folgende Datentypen verwenden: `CU`, `Q`, `RESET` – `BOOL` und `PV`, `CV` – `INT`.

Tabelle 2.18 zeigt die Syntax für den Rückwärtszähler CTD in den SPS-Sprachen FBS und ST.

Tabelle 2.18 Rückwärtszähler

FBS	ST

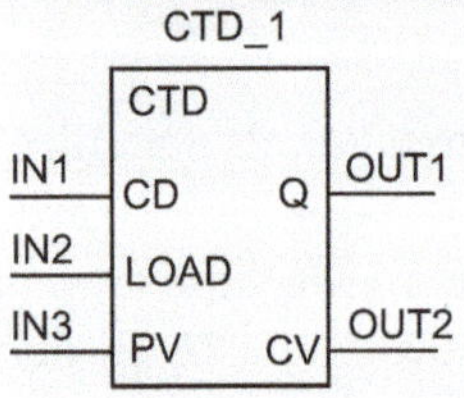	`CTD_1(CD := IN1, LOAD := IN2,`
	`PV := IN3);`
	`QUT1:=CTD_1.Q;`
	`OUT2:= CTD_1.CV;`
	Es müssen nicht immer alle Ein- und Ausgänge beschaltet sein. Die jeweilige Aufgabenstellung bestimmt, was tatsächlich benötigt wird.

Ein Signalwechsel am Impulseingang CD dekrementiert den Zählerstand (Erniedrigung des aktuellen Zählerstandes um den Wert 1):

- Ein `TRUE` am Ladeeingang LOAD setzt den momentanen Zählerstand auf den Wert von PV.
- Über den PV-Eingang wird der gewünschte Zählwert (Zählerstartwert) eingegeben.
- Sobald am CD-Eingang eine steigende Flanke anliegt, wird CV um 1 erniedrigt, wenn er noch größer null ist. Ist CV = 0, wird der Zählerausgang Q den Zustand `TRUE` annehmen.
- Am CV-Ausgang kann der momentane Zählwert (Istwert) abgefragt werden. Man kann also feststellen, wie viele Impulse bereits am CU-Eingang eingelaufen sind.

Vor der Verwendung des Funktionsbausteins müssen die Eingangs- und Ausgangsvariablen sowie der FB selbst deklariert bzw. instanziiert werden. Die Variablen müssen folgende Datentypen verwenden: `CD`, `Q`, `LOAD` – `BOOL` und `PV`, `CV` – `INT`.

Tabelle 2.19 zeigt die Syntax für den Vor- und Rückwärtszähler CTUD in den SPS-Sprachen FBS und ST.

Tabelle 2.19 Vor- und Rückwärtszähler

FBS	ST

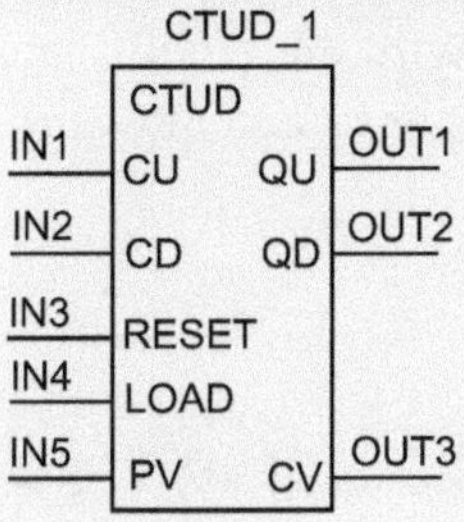	`CTD_1(CU := IN1, CD := IN2, RESET := IN3, LOAD := IN4,`
	`PV := IN5);`
	`OUT1 := CTUD_1.QU;`
	`QUT1:=CTUD_1.QD;`
	`OUT2:= CTUD_1.CV;`
	Es müssen nicht immer alle Ein- und Ausgänge beschaltet sein. Die jeweilige Aufgabenstellung bestimmt, was tatsächlich benötigt wird.

Ein Signalwechsel am Impulseingang CU bzw. CD inkremetiert bzw. dekrementiert den Zählerstand (Erhöhung bzw. Erniedrigung des aktuellen Zählerstandes um den Wert 1):

- Ein `TRUE` am Löscheingang RESET setzt den momentanen Zählerstand auf 0.
- Ein `TRUE` am Ladeeingang LOAD setzt den momentanen Zählerstand auf den Wert von PV.
- Über den PV-Eingang wird der gewünschte Zählwert (Soll- oder Startwert) eingegeben.
- Sobald am CU bzw. CD-Eingang eine steigende Flanke anliegt, wird CV um 1 erhöht bzw. erniedrigt.
- Ist CV = PV bzw. CV = 0, wird der Zählerausgang QU bzw. QD den Zustand `TRUE` annehmen.
- Am CV-Ausgang kann der momentane Zählwert (Istwert) abgefragt werden. Man kann also feststellen, wie viele Impulse bereits am CU/CD-Eingang eingelaufen sind.

Vor der Verwendung des Funktionsbausteins müssen die Eingangs- und Ausgangsvariablen sowie der FB selbst deklariert bzw. instanziiert werden. Die Variablen müssen folgende Datentypen verwenden: `CU`, `CD`, `QU`, `CD`, `RESET`, `LOAD` – `BOOL` und `PV`, `CV` – `INT`.

2.3.2.4 Zeitgeber

Zeitgeber (Timer) sind Standardfunktionsbausteine, die zur Lösung vielfältiger Steuerungsaufgaben genutzt werden können. Man unterscheidet Bausteine für die Einschaltverzögerung, für die Ausschaltverzögerung und für die Impulszeit.

TON

Eine *Einschaltverzögerung* wird für einen verzögerten Beginn einer Aktion benötigt. Sie wird mit dem FB TON (Timer ON) realisiert. Das Zeitglied wird mit einer steigenden Flanke am Eingang gestartet. Wenn die Zeit abgelaufen ist, wird die gewünschte Aktion ausgelöst. Tabelle 2.20 zeigt die Syntax für diesen Zeitgeber in den SPS-Sprachen FBS und ST. Bild 2.28 verdeutlicht den Zeitablauf.

Tabelle 2.20 Zeitgeber für Einschaltverzögerung

FBS	ST

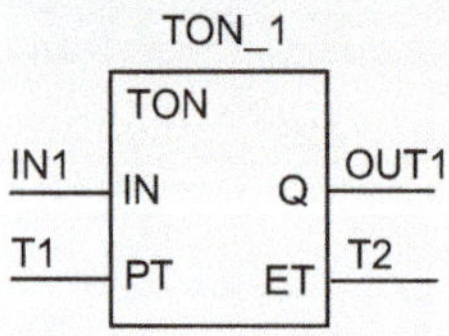	`TON_1(IN:=IN1,PT:=T1);`
	`OUT1:=TON_1.Q;`
	`T2:= TON_1.ET;`

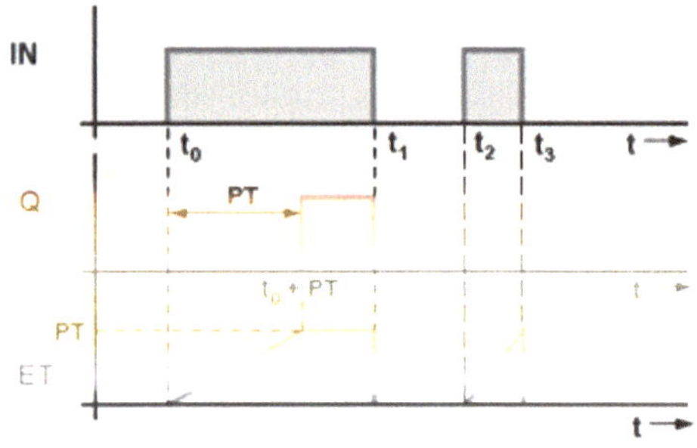

Bild 2.28 Zeitablauf für den FB Einschaltverzögerung (TON)

Der Zeitablauf nach Bild 2.28 beinhaltet wichtige Informationen:

- Damit die Zeitverzögerung gestartet wird und die Zeit ablaufen kann, muss der Eingang IN den Zustand `TRUE` führen.
- Wenn die gewünschte Zeit (PT) abgelaufen ist, wird der Ausgang Q den Zustand `TRUE` annehmen.
- Wenn der Signalzustand am Eingang (IN) wieder `FALSE` ist, nimmt auch der Ausgang Q wieder `FALSE` an.
- Wenn der Signalzustand `TRUE` nicht so lange am Eingang IN anliegt wie die Zeitdauer PT, wird der Ausgang Q nicht den Zustand `TRUE` annehmen.

Vor der Verwendung des Funktionsbausteins müssen die Eingangs- und Ausgangsvariablen sowie der FB selbst deklariert bzw. instanziiert werden. Die Variablen müssen folgende Datentypen verwenden: `IN`, `Q` – `BOOL` und `PT`, `ET` – `TIME`.

TOF

Eine *Ausschaltverzögerung* wird für ein verzögertes Ende einer Aktion benötigt. Sie wird mit dem FB TOF (Timer OFF) realisiert. Mit einer fallenden Flanke an IN wird das Zeitglied gestartet. Wenn die Zeit abgelaufen ist, wird die gewünschte Aktion beendet. Tabelle 2.21 zeigt die Syntax für diesen Zeitgeber in den SPS-Sprachen FBS und ST, und Bild 2.29 verdeutlicht den Zeitablauf.

Tabelle 2.21 Ausschaltverzögerung

FBS	ST

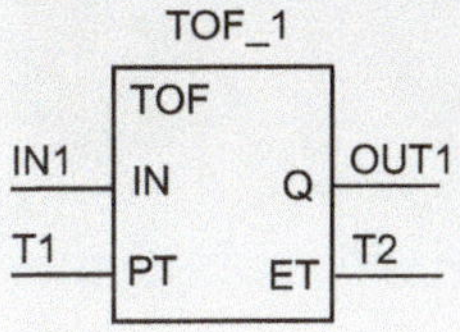	`TOF_1(IN := IN1, PT := T1);`
	`OUT1 := TOF_1.Q;`
	`T2 := TOF_1.ET;`

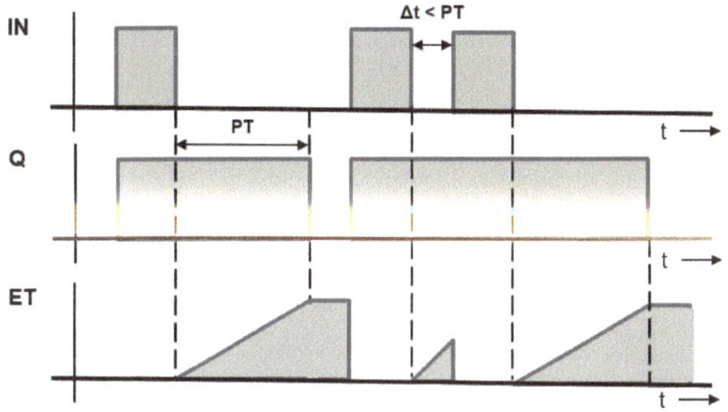

Bild 2.29 Ausschaltverzögerung

Der Zeitablauf nach Bild 2.29 beinhaltet wichtige Informationen:

- Damit die Zeitverzögerung gestartet wird und die Zeit ablaufen kann, muss der Eingang IN eine fallende Flanke aufweisen.
- Mit IN = `TRUE` geht gleichzeitig der Ausgang Q auf `TRUE` und bleibt dann auch bei Verschwinden des Eingangssignals (IN = `FALSE`), bis die Verzögerungszeit PT abgelaufen ist.
- Wenn die gewünschte Zeit (PT) abgelaufen ist, wird der Ausgang Q wieder den Zustand `FALSE` annehmen.
- Ist der Abstand der Impulse an IN kleiner als PT, dann bleibt der Ausgang Q ständig auf `TRUE`.

Vor der Verwendung des Funktionsbausteins müssen die Eingangs- und Ausgangsvariablen sowie der FB selbst deklariert bzw. instanziiert werden. Die Variablen müssen folgende Datentypen verwenden: `IN`, `Q` – `BOOL` und `PT`, `ET` – `TIME`.

TP

Der Standardfunktionsbaustein *Impulszeit* (Time Pulse, TP) erzeugt einen Impuls mit einer konfigurierbaren Impulsdauer. Tabelle 2.22 zeigt die Syntax für den Zeitgeber in den SPS-Sprachen FBS und ST. Bild 2.30 verdeutlicht den Zeitablauf.

Tabelle 2.22 Zeitgeber für Impulsdauer

FBS	ST

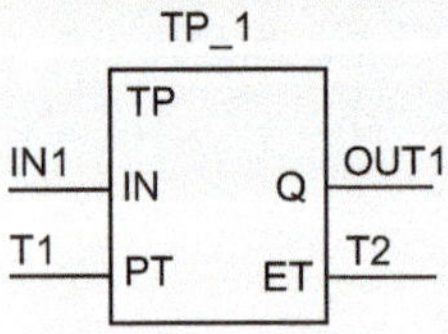	`TP_1(IN := IN1,PT := T1);`
	`OUT1 := TP_1.Q;`
	`T2 := TP_1.ET;`

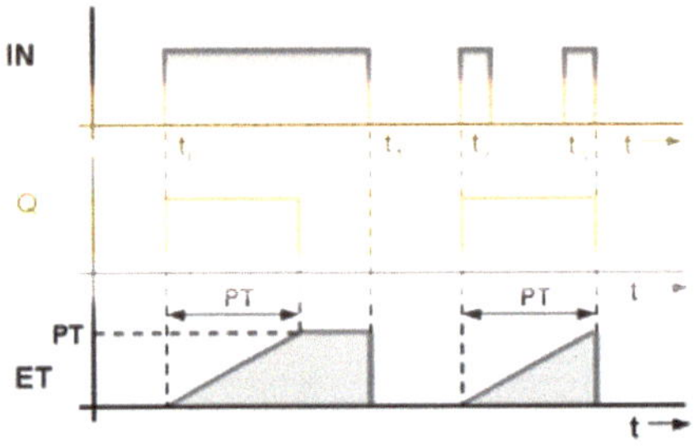

Bild 2.30
Zeitablauf für den FB Impulszeit (TP)

Nach Bild 2.30 ergibt sich folgendes Zeitverhalten:

- Wenn der Eingang IN von `FALSE` auf `TRUE` wechselt, wird der Ausgang Q auf `TRUE` gesetzt und bleibt gesetzt, bis die am Eingang PT eingestellte Verzögerungszeit abgelaufen ist.
- Der Ausgang Q bleibt unverändert, wenn der Eingang IN vor Ablauf der definierten Verzögerungszeit von `TRUE` auf `FALSE` wechselt oder wenn der Eingang erneut auf `TRUE` wechselt, bevor die Verzögerungszeit abläuft.
- Der Eingang PT definiert die Zeitspanne, nach der Q von `TRUE` auf `FALSE` wechselt. Der Ausgang ET zeigt die bereits abgelaufene Zeit an.

Vor der Verwendung des Funktionsbausteins müssen die Eingangs- und Ausgangsvariablen sowie der FB selbst deklariert bzw. instanziiert werden. Die Variablen müssen folgende Datentypen verwenden: `IN`, `Q` – `BOOL` und `PT`, `ET` – `TIME`.

2.3.2.5 Flankenerkennung

In Steuerungsprogrammen müssen häufig Signalveränderungen erfasst und verarbeitet werden. Dies erfolgt oft in Verbindung mit der Erkennung von Bewegungen oder wenn ein Signalwechsel eine zeitgesteuerte oder zählbare Aktion auslösen soll. Für diese Flankenauswertungen sieht die IEC 61131-3 die beiden Standardfunktionsbausteine R_TRIG (*engl.* Rising Trigger) und F_TRIG (*engl.* Falling Trigger) vor. Da beide FB sehr ähnlich arbeiten, wird hier nur R_TRIG beschrieben.

Mit R_TRIG erfolgt die positive Flankenauswertung eines Eingangssignals d. h., es wird die Signalveränderung eines Operanden von `FALSE` auf `TRUE` erfasst. Tabelle 2.23 zeigt die Syntax für den Zeitgeber in den SPS-Sprachen FBS und ST.

Tabelle 2.23 Auswertung einer steigenden Flanke mit dem Funktionsbaustein R_TRIG

FBS	ST
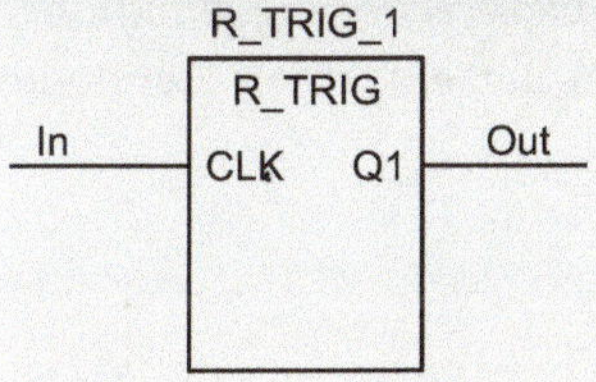	`R_TRIG_1(CLK := IN);` `Out := R_TRIG_1.Q;`

Wird am Eingang CLK eine steigende Flanke erkannt, wechselt der Ausgang Q von `FALSE` auf `TRUE`. Q bleibt `TRUE` bis zur Ausführung des Funktionsbausteins im nächsten Programmzyklus. Wird der Funktionsbaustein zum ersten Mal aufgerufen, ist Q = `FALSE`, bis die erste Flanke erkannt wird.

2.3.3 Analoge Signalverarbeitung

Analogeingabebaugruppen enthalten Analog-Digital-Umsetzer (ADU), die das analoge Signal in einen proportionalen Digitalwert umwandeln. Bild 2.31 verdeutlicht das Prinzip. Der A/D-Wandler quantisiert ein kontinuierliches elektrisches Eingangssignal sowohl in der Zeit als auch in der Amplitude. Jedes Signal ist dadurch nach der Wandlung treppenförmig. Die wichtigsten Parameter eines ADU sind seine Auflösung in Bit und seine Wandlungsgeschwindigkeit. Die Auflösung stellt gleichzeitig die Genauigkeitsgrenze für die Umwandlung dar.

Die Analog-Ausgabebaugruppen sind entsprechend mit einem Digital-Analog-Umsetzer (DAU) ausgestattet, der den digitalen Ausgabewert in ein proportionales analoges Signal umwandelt.

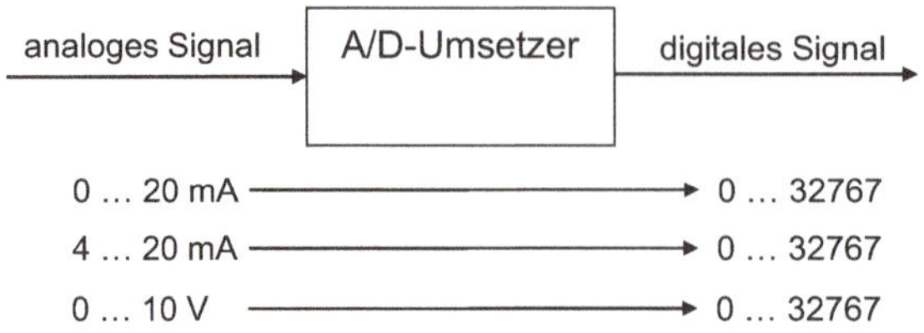

Bild 2.31 Arbeitsprinzip eines A/D-Umsetzers

Analogwertverarbeitung in einer SPS bedeutet zunächst einmal, die vielfältigen Wertebereiche analoger Sensoren und Aktoren an den digitalen Wertebereich der SPS anzupassen. Weitere wichtige Aufgaben sind dann numerische und arithmetische Bearbeitung der umgewandelten Werte.

2.3.3.1 Typkonvertierung

Grundsätzlich stehen nach IEC 61131-3 eine Reihe von *Typkonvertierungsfunktionen* zur Verfügung, deren Umsetzung in den SPS-Steuerungen der einzelnen Hersteller meist implementierungsabhängig unterschiedlich ist.

`REAL` nach `WORD`/`WORD` nach `REAL`

ADU bzw. DAU für Sensoren bzw. Aktoren wandeln analoge Größen mit einem definierten Wertebereich in Digitalwerte mit einer festgelegten Stellenzahl um. Analogbaugruppen für SPS sind häufig mit 16-Bit-ADU/DAU (15 Bit + Vorzeichen) ausgerüstet. Als Eingangs-/Ausgangswertebereich sind folgende Spannungs- bzw. Strombereiche üblich: 0 V … +5 V, –5 V … +5 V, 0 V … 10 V, –10 V … +10 V, 0 mA … +20 mA, +4 mA … + 20 mA und –20 mA … 20 mA.

Die Eingabe von Analogsignalen kann bei 16-Bit-Wandlern über eine Variable mit dem Datentyp `WORD` erfolgen. Zur Nutzung dieses Analogwertes für arithmetische Berechnungen im SPS-Programm muss dieser Wert jedoch in den Datentyp `REAL` umgewandelt werden.

Eine direkte Konvertierung von `WORD` (16-Bit-Bitmuster) zu `REAL` (32-Bit-Gleitkommazahl) ist in der Norm nicht vorgesehen, da diese Datentypen unterschiedliche Bedeutungen und Speicherstrukturen haben. Die Konvertierung eines `WORD`-Werts nach `REAL` erfolgt deshalb nach IEC 61131-3 immer über Zwischenkonvertierungen:

1. `WORD` nach `UINT` oder `INT` umwandeln: Mit der Funktion `TO_UINT` oder `TO_INT` wird der `WORD`-Wert zunächst in einen Ganzzahlwert umgewandelt.

   `TO_UINT`: Für positive Werte (0 bis 65 535)

   `TO_INT`: Für Werte im Bereich –32 768 bis 32 767 (wenn das `WORD` als Vorzeichenwert interpretiert wird)

2. `UINT` oder `INT` nach `REAL` umwandeln: Mit der Funktion `TO_REAL` wird der Ganzzahlwert anschließend in einen `REAL`-Wert (Gleitkommazahl) konvertiert.

Auch die Konvertierung von `REAL` nach `WORD` ist nur über Zwischenkonvertierungen möglich.

Je nach herstellerspezifischer Implementierung können die universellen Funktionen `TO_UINT` und `TO_REAL` eine Vielzahl von Datentypen in einen `REAL`-Wert konvertieren (Tabelle 2.24).

Zur Rückkonvertierung eines analogen Ausgangswertes in einen Datentyp `WORD` zur Ausgabe des Wertes an einen Digital-Analog-Umsetzer kann die Funktion `TO_WORD` genutzt werden, die ähnlich zu `TO_REAL` arbeitet (Tabelle 2.24) und gleichfalls eine Reihe von Datentypen konvertieren kann.

Tabelle 2.24 zeigt die Syntax für die Typkonvertierung in den SPS-Sprachen FBS und ST für die PLCnext-Steuerung.

Tabelle 2.24 Erforderliche Funktionen für eine Typkonvertierung von `WORD` nach `REAL` bzw. `REAL` nach `WORD`

FBS	ST	Datentypen am Eingang IN
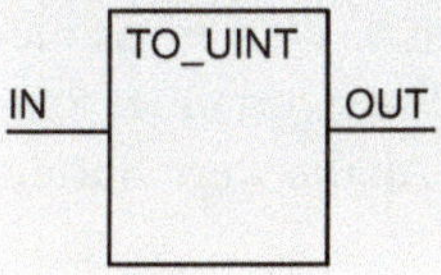	`OUT := TO_UINT(IN);`	BOOL, BYTE, WORD, DWORD, LWORD, SINT, INT, DINT, LINT, USINT, UDINT, ULINT, REAL, LREAL, STRING, WSTRING
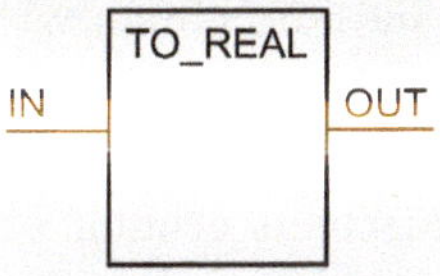	`OUT := TO_REAL(IN);`	BOOL, DWORD, SINT, INT, DINT, LINT, USINT, UINT, UDINT, ULINT, LREAL, STRING, WSTRING
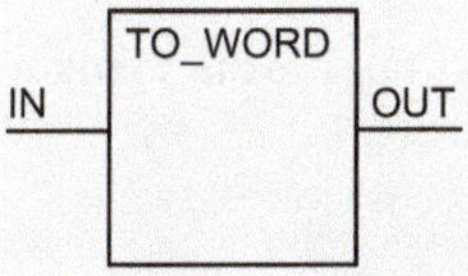	`OUT := TO_WORD(IN);`	BOOL, BYTE, DWORD, LWORD, SINT, INT, DINT, LINT, USINT, UINT, UDINT, ULINT, STRING, WSTRING

`REAL` nach `STRING`/`STRING` nach `REAL`

Bei der Übertragung mittels IoT-Protokollen (z. B. MQTT) von einer SPS in die Cloud wird häufig eine Konvertierung eines `REAL`-Datentyps in einen `STRING`-Datentyp und umgekehrt benötigt. Tabelle 2.25 zeigt deshalb diese Typkonvertierung für die PLCnext-Steuerung.

Tabelle 2.25 Typkonvertierung von REAL nach STRING

FBS	ST	Datentypen am Eingang IN
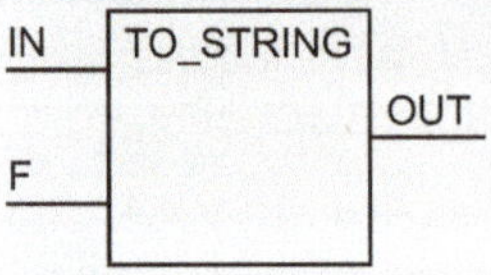	OUT := TO_STRING(IN, F); F = Format (vom Typ STRING), in das der String konvertiert werden soll Beispiel: OUT := TO_STRING(REAL#12.123456789, '{0:f}'); (* returns '12.123457' *)	BOOL, BYTE, WORD, DWORD, LWORD, SINT, INT, DINT, LINT, USINT, UINT, UDINT, ULINT, REAL, LREAL, TIME, LTIME, LDATE, LTIME_OF_DAY, LDATE_AND_TIME

Auch die Funktion TO_STRING kann verschiedene Datentypen in einen STRING konvertieren.

Die Konvertierung von STRING nach REAL kann mit der Funktion TO_REAL aus Tabelle 2.24 erfolgen.

Nach Konvertierung eines eingelesenen Prozesssignals in einen REAL-Wert muss dieser in den meisten Fällen noch normiert werden. Wenn z. B. der Messwert eines Sensors im Bereich 0...20 mA liegt, dann muss der konvertierte Analogwert mittels arithmetischer Funktionen auf diesen Bereich normiert werden.

Grundsätzlich muss man bei den Typkonvertierungsfunktionen darauf achten, wie das jeweilige Programmiersystem die Konvertierungen implementiert. Dies betrifft sowohl die Bezeichnung der Konvertierungsfunktion als auch die möglichen Datentypen an den Eingängen. Hier gibt es bei den SPS-Herstellern durchaus erhebliche Unterschiede und Abweichungen gegenüber der IEC 61131-3.

Tabelle 2.26 zeigt einige Beispiele für die Unterschiede bei der Syntax für die Typkonvertierung unterschiedlicher Hersteller.

Tabelle 2.26 Syntax für die Typkonvertierung bei unterschiedlichen Herstellern

Konvertierung	IEC 61131-3	STEP 7	CODESYS	PLCnext
REAL → WORD	TO_UINT TO_WORD	ROUND/TRUNC WORD_TO	REAL_TO_INT TO_WORD	TO_UINT TO_WORD
WORD → REAL	TO_UINT TO_REAL	WORD_TO_UINT REAL_TO	TO_UINT TO_REAL	TO_UINT TO_REAL
STRING → REAL	STRING_TO_REAL	S_CONV REAL_TO	STRING_TO_REAL	TO_REAL
REAL → STRING	REAL_TO_STRING	R_CONV	REAL_TO_STRING	TO_STRING

2.3.3.2 Arithmetikfunktionen

In einer SPS steht eine Vielzahl von *Arithmetikfunktionen* zur Verfügung, zumindest aber die Grundfunktionen Addition (ADD), Subtraktion (SUB), Multiplikation (MUL) und Division (DIV). Neben den Grundfunktionen wird häufig auch die Funktion ABS zur Absolutwertbildung benötigt.

Tabelle 2.27 listet die Syntax für ausgewählte Arithmetikfunktionen in den SPS-Sprachen FBS und ST auf.

Tabelle 2.27 Ausgewählte Arithmetikfunktionen

FBS	ST	Beschreibung
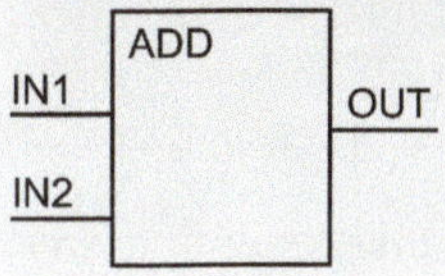	`OUT := ADD(IN1,IN2)`	Diese Funktion addiert die an den Eingängen anliegenden Werte und liefert als Ergebnis die Summe zurück. Es können weitere Eingänge hinzugefügt werden.
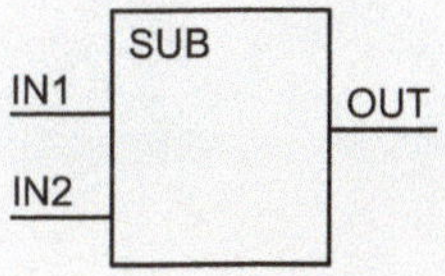	`OUT := SUB(IN1,IN2)`	Diese Funktion subtrahiert die an den Eingängen anliegenden Werte und liefert als Ergebnis die Differenz zurück. Diese Funktion ist nicht erweiterbar. Es können keine weiteren Eingänge hinzugefügt werden.
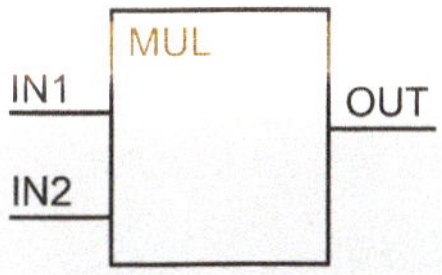	`OUT := MUL(IN1,IN2)`	Diese Funktion multipliziert die an den Eingängen anliegenden Werte und liefert als Ergebnis das Produkt zurück. Es können weitere Eingänge hinzugefügt werden.
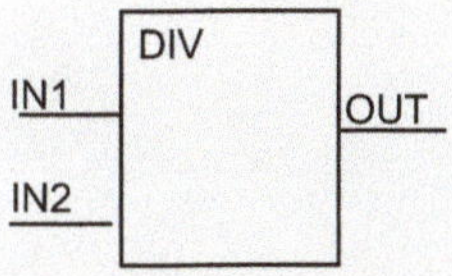	`OUT := DIV(IN1,IN2);`	Diese Funktion dividiert den am Eingang IN1 anliegenden Operanden durch den Operanden an IN2. Diese Funktion ist nicht erweiterbar. Es können keine weiteren Eingänge hinzugefügt werden. Eine Division durch null führt zu einem Laufzeitfehler. Das Ergebnis der Division wird immer abgerundet.
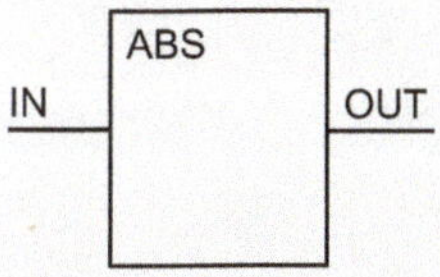	`OUT := ABS(IN);`	Diese Funktion berechnet den Absolutwert des an IN angeschlossenen Operanden.

Die meisten Funktionen nach Tabelle 2.26 bieten eine implizite Datentypkonvertierung an ihren Eingabe- und Ausgabeparametern gemäß den im IEC 61131-Standard definierten Regeln. Eventuelle Unterschiede dazu müssen den jeweiligen Beschreibungen der herstellerspezifischen Programmiersysteme entnommen werden.

Um den aufgeführten Messwert des eingelesenen Sensors auf einen Bereich von 0...20 mA zu normieren, muss der Eingangswert mit dem maximalen Messbereich (20) multipliziert und durch den maximalen Wert des ADU (+32767) dividiert werden. In ST ergibt sich im Ergebnis für Typkonvertierung und Normierung des Eingangssignals folgender Ausdruck.

```
OUT:=DIV(MUL((TO_REAL(TO_DINT(AIN))),20),32767);
```

`AIN`: eingelesener Wert der Analogeingabebaugruppe

`OUT`: Analogwert im Bereich von 0.00...20.00 als Datentyp `REAL`

Je nach herstellerspezifischer Implementierung können Programmiersysteme *weitere mathematische Funktionen* beinhalten. Tabelle 2.28 zeigt als Beispiel die Funktionen SIN/COS und SQRT in FBS und ST.

Tabelle 2.28 Beispiele für weitere mathematische Funktionen

FBS	ST	Beschreibung
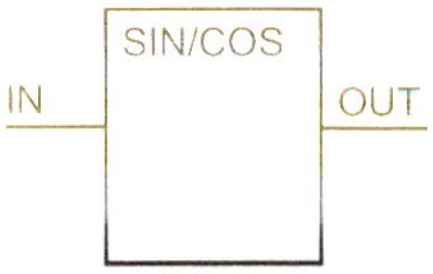	`OUT := SIN(IN);` `OUT := COS(IN);`	Die Funktion berechnet den Sinus bzw. Cosinus des an IN angeschlossenen Operanden.
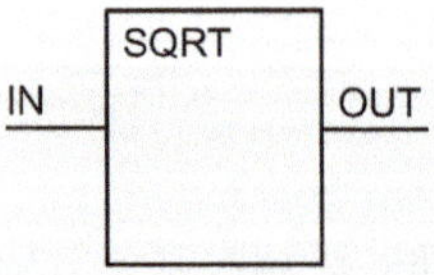	`OUT := SQRT(IN);`	Die Funktion berechnet die Quadratwurzel des an IN angeschlossenen Operanden.

2.3.3.3 Vergleichsfunktionen

Jede IEC 61131-3-Software stellt einige Standardfunktionen für *Vergleichsaufgaben* zur Verfügung. Dazu gehören unter anderem die Funktionen `EQ` (Equal), `GT` (Greater than) und `LT` (Less than), die in Tabelle 2.29 näher dargestellt sind.

Mit den Funktionen können auch Strings verglichen werden. Der Ausgang OUT kann negiert werden. Die beiden Eingänge können mit verschiedenen Datentypen belegt werden. Der Ausgang ist immer vom Typ BOOL.

Tabelle 2.29 Vergleichsfunktionen EQ, GT und LT

FBS	ST	Beschreibung
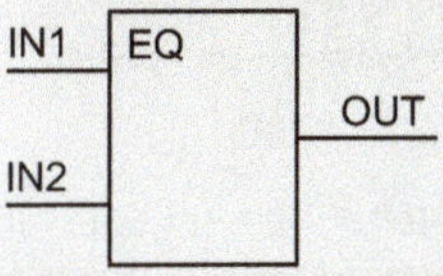	`OUT := EQ(IN1,IN2);`	Die Funktion vergleicht den an IN1 angeschlossenen Operanden mit dem an IN2 angeschlossenen Operanden und setzt OUT auf TRUE, wenn IN1 gleich IN2 ist, und sonst auf FALSE. Der Vergleich erfolgt von links nach rechts.
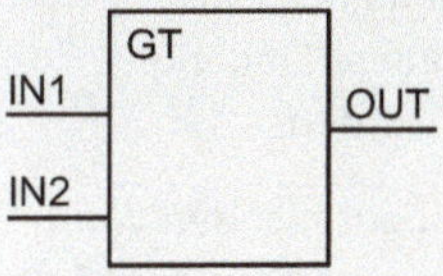	`OUT := GT(IN1,IN2);`	Die Funktion vergleicht die an den Eingängen IN1 und IN2 anliegenden Operanden. Der Ausgang OUT wird auf TRUE gesetzt, wenn der Wert an IN1 größer als der Wert an IN2 ist, und sonst auf FALSE. Der Vergleich erfolgt von links nach rechts.
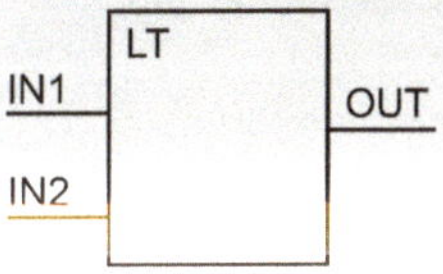	`OUT := LT(IN1,IN2);`	Die Funktion vergleicht die an den Eingängen IN1 und IN2 anliegenden Operanden. Der Ausgang OUT wird auf TRUE gesetzt, wenn der Wert an IN1 kleiner als der Wert an IN2 ist, und sonst auf FALSE. Der Vergleich erfolgt von links nach rechts.

2.3.3.4 Auswahlfunktionen

Steuerungsprogramme erfordern häufig *Auswahlfunktionen*, z. B. für die Realisierung von Hysterese-Funktionen oder zur Ausgabe verschiedener Textmeldungen auf Bedienanzeigen. Auch dafür stellen die IEC 61131-3 sowie die meisten SPS entsprechende Auswahlfunktionen zur Verfügung, die einen Wert aus einer Menge von Werten auswählen können. Tabelle 2.30 zeigt ausgewählte Vergleichsfunktionen, die häufig verwendet werden.

Tabelle 2.30 Auswahlfunktionen SEL, MUX, LIMIT und MAX/MIN

FBS	ST	Beschreibung
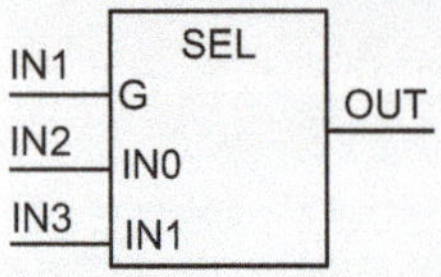	`OUT := SEL(IN1,IN2,IN3);`	Abhängig vom Eingang G wählt die Funktion einen der Eingangswerte an IN0 oder IN1 aus. G = FALSE: Der Wert an IN0 wird nach OUT geschrieben. G = TRUE: Der Wert an IN1 wird nach OUT geschrieben.
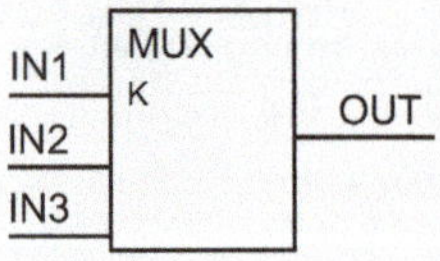	`OUT := MUX(IN1, IN2,IN3);`	Die Funktion leitet den am Eingang INx angeschlossenen Wert an den Ausgang weiter, wenn der Auswahleingang K = x ist. Es können weitere Eingänge hinzugefügt werden.
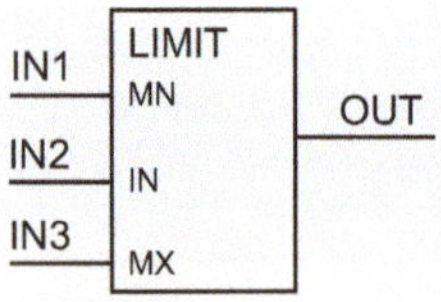	`OUT := LIMIT(IN1, IN2,IN3);`	Die Funktion begrenzt den Wert des Eingabeparameters IN auf den durch die Eingabeparameter MN (Minimalgrenze) und MX (Maximalgrenze) definierten Wertebereich. Es können keine weiteren Eingänge hinzugefügt werden.
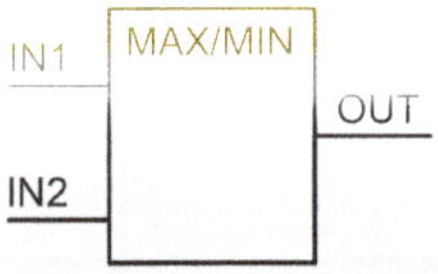	`OUT := MAX(IN1,IN2);` `OUT := MIN(IN1,IN2);`	Die Funktion bestimmt den Maximal- bzw. Minimalwert der an die Eingänge angeschlossenen Operanden. Es können weitere Eingänge hinzugefügt werden.

Alle drei Funktionen aus Tabelle 2.30 können mit verschiedenen Eingangsdatentypen arbeiten.

2.3.3.5 Funktionen für Zeichenketten

Für Melde- und Diagnoseaufgaben wird in einer SPS häufig die *Verarbeitung von Zeichenketten* benötigt (`STRING`-Verarbeitung). Auch dazu sieht die IEC 61131-3 Funktionen vor, die auch von den meisten SPS-Herstellern implementiert sind. Tabelle 2.31 listet die Syntax für vier Beispiele einer `STRING`-Verarbeitung auf.

Tabelle 2.31 Beispiele für Funktionen zur STRING-Verarbeitung

FBS	ST	Beschreibung
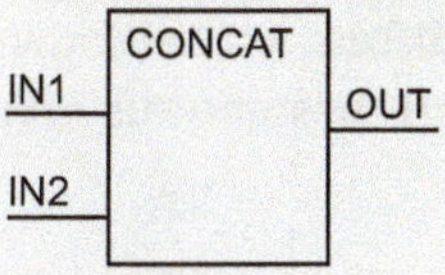	`OUT := CONCAT(IN1,IN2);`	Die Funktion verkettet die zweite Eingabezeichenfolge bei IN2 mit dem Ende der ersten Eingabezeichenfolge bei IN1.
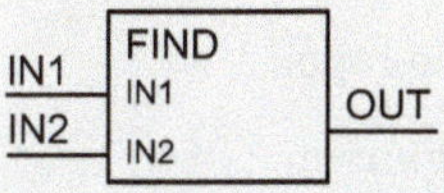	`OUT := FIND(IN1,IN2);`	Die Funktion erkennt die Position einer mit IN2 verbundenen Teilzeichenfolge innerhalb einer gegebenen, mit IN1 verbundenen Zeichenfolge. Die Zeichenposition des ersten Vorkommens der Eingabezeichenfolge IN2 in IN1 wird in OUT gespeichert.
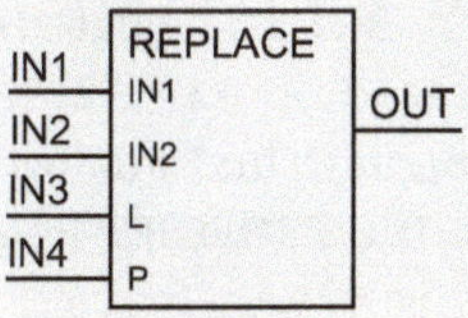	`OUT := REPLACE(IN1, IN2,IN3,IN4);`	Die Funktion ersetzt eine Teilzeichenfolge in der am Eingang IN1 angelegten Zeichenfolge durch die am Eingang IN2 angelegte Zeichenfolge. L Zeichen von IN1 werden, beginnend bei Zeichenposition P, durch IN2 ersetzt. P kann nicht 0 sein. Die erste Position in einer Zeichenfolge ist 1.
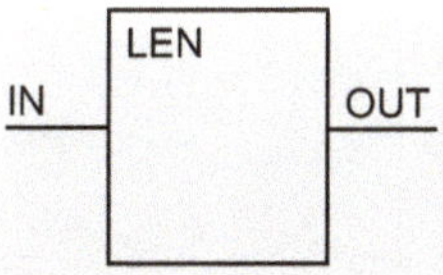	`OUT := LEN(IN);`	Die Funktion bestimmt die Länge einer Zeichenfolge (Anzahl der Zeichen in einer Zeichenfolge).

2.4 Programmierung einer SPS

2.4.1 Vorgehensweise

Für die Vorgehensweise zur Erstellung eines Steuerungsprogramms für eine SPS gibt es bislang keine allgemein anerkannte Methodik. Prinzipiell ist der Ablauf der einzelnen Schritte zur Vorbereitung und Programmierung eines SPS-Programms zwar mehr oder weniger immer gleich, aber je nach Aufgabenstellung, Programmiersystem und Vorkenntnissen des Programmentwicklers ist die Vorgehensweise unterschiedlich und auch kaum nach einheitlichen Schritten strukturiert.

Im Folgenden soll eine Engineering-Methodik vorgestellt werden, die es dem SPS-Anfänger insbesondere für Steuerungsaufgaben mit geringer und mittlerer Komplexität ermöglicht, Schritt für Schritt und strukturiert bei der SPS-Programmierung vorzugehen. Doch auch für Fachkundige kann diese Methodik einen hilfreichen Leitfaden für die Erstellung von SPS-Programmen darstellen. Die Methodik besteht aus vier Schritten:

- **Schritt 1:** Aufstellung eines Klemmenanschlussplans
- **Schritt 2:** Aufstellung der Zuordnung der Sensoren zu den Eingängen
- **Schritt 3:** Aufstellung der Zuordnung der Aktoren zu den Ausgängen
- **Schritt 4:** Festlegung interner Programmvariablen (Merker)

Schritt 1

Entsprechend der vorliegenden Hardwarekonfiguration sollte zuerst ein herstellerneutraler Klemmenanschlussplan für die SPS aufgestellt werden. Bild 2.32 zeigt als Beispiel den Klemmenanschlussplan für das Eduline PLCnext Board EDU AXC F 2152 (Phoenix Contact), wenn nur die beiden Baugruppen für die digitale und analoge Ein-/Ausgabe über den internen Axioline-Bus genutzt werden. Die PROFINET-E/A-Baugruppen sind dabei nicht berücksichtigt.

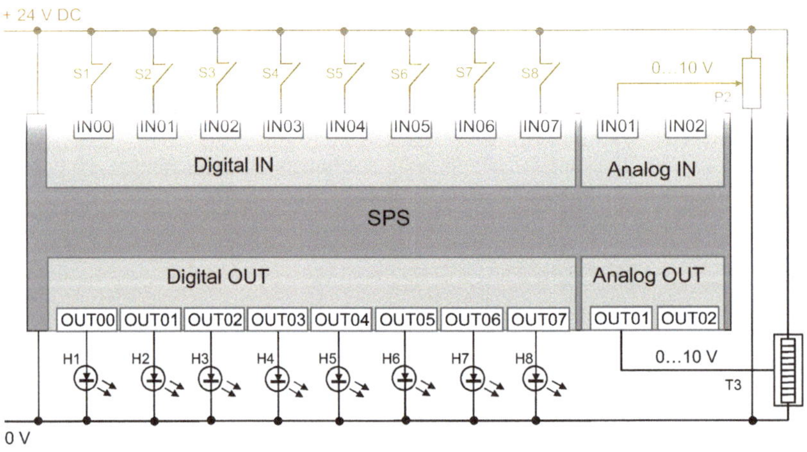

Bild 2.32 Klemmenanschlussplan einer SPS für das Eduline PLCnext Board EDU AXC F 2152 mit E/A-Baugruppen am lokalen Axioline-Bus

Der Klemmenanschlussplan zeigt auf, an welchen Klemmen der Eingangs- und Ausgangsbaugruppen die jeweiligen Sensoren und Aktoren angeschlossen sind. Alle Sensoren und Aktoren werden dabei mit ihren Betriebsmittelkennzeichen (BMK) im Klemmenanschlussplan notiert.

Schritt 2

In Schritt 2 werden alle Eingänge in einer Tabelle mit ihren BMK, Adressen, Variablennamen und Kurzbeschreibungen aufgelistet. In Tabelle 2.32 ist die *Eingangszuordnung* für eine allgemeine Beispielaufgabe aufgeführt.

Tabelle 2.32 Eingangszuordnung der Prozessdaten

BMK	Adresse	Variablenname	Beschreibung
S1	dio-1/IN00	`IX_input_1`	betätigt: S1 = 1
S2	dio-1/IN02	`IX_input_2`	betätigt: S2 = 0 (Öffner)
P2	aio-1/IN01	`IW_input`	Potentiometer, Bereich: 16#0000...16#75B6

Für die Namensgebung der Variablen wird die Notation entsprechend Abschnitt 2.3.1.3 eingesetzt. Als Adressen können je nach SPS die direkten Adressen oder auch die vom Hersteller vorgegebenen symbolischen Adressen genutzt werden. In Tabelle 2.33 sind herstellerspezifische symbolische Adressen (für die PLCnext-Steuerung) verwendet. In der Spalte „Beschreibung" werden die logischen Werte „1" (`TRUE`) und „0" (`FALSE`) für die Belegungen der Schalter genutzt.

Schritt 3

Nach der Zuordnung aller Eingänge erfolgt die *Zuordnung aller Ausgänge*. In Tabelle 2.33 ist die *Eingangszuordnung* für eine allgemeine Beispielaufgabe aufgeführt.

Tabelle 2.33 Ausgangszuordnung der Prozessdaten

BMK	Adresse	Variablenname	Beschreibung
H1	dio-1/OUT00	`QX_output_1`	LED ist EIN: H1 = 1
H2	dio-1/OUT01	`QX_output_2`	LED ist EIN: H2 = 1
T3	aio-1/OUT01	`QW_output`	LED-Balkenanzeige, Bereich: 16#0000...16#75B6

Je nach SPS und E/A-Baugruppe können die symbolischen Adressen auch gleiche Namen besitzen, die dann aber durch entsprechende baugruppenspezifische Präfixe unterschieden werden z. B. dio-1/OUT01 und aio-1/OUT01.

Schritt 4

In Schritt 4 werden die voraussichtlichen internen Variablen (Merker) festgelegt. Je nach Programmierung können diese sich später jedoch auch noch ändern. Tabelle 2.34 zeigt ein Beispiel.

Tabelle 2.34 Zuordnung der internen Variablen (Merker)

Variablenname	Datentyp	Beschreibung	Startwert
good_part_string	STRING	Zeichenkette zum Verketten mit einem Zähler	„%03d Gutteil"
part_number_int	INT	Anzahl der Teile im Pufferspeicher	16#0000
RS_1	RS	Instanzname des RS-Speichers	

Für die nachfolgenden Programmierbeispiele ist es sinnvoll, die Namen der SPS-Variablen (externe Variablen) identisch zum Namen der Variablen in der POE zu wählen. Je nach Automatisierungssoftware müssen die Adressbereiche der Ein- und Ausgänge bestimmt werden, um die in Schritt 2 und Schritt 3 aufgeführten Tabellen (Tabelle 2.32 und Tabelle 2.33) zu erstellen.

Alle Programmierbeispiele in Abschnitt 2.4.3 bis Abschnitt 2.4.6 nutzen das Eduline PLCnext Board EDU AXC F 2152 und basieren auf dem Klemmenanschlussplan aus Bild 2.32.

Beim Entwurf der Steuerungsprogramme können zusätzlich folgende Überlegungen hilfreich sein:

- Es kann von Vorteil sein, den Programmentwurf von den Ausgangssignalen hin zu den Eingangssignalen zu gestalten.
- Welche Ausgangssignale sind zu steuern?
- Müssen RS/SR-Speicher eingesetzt werden, oder stehen die Signale z. B. durch rastende Schalter dauerhaft zur Verfügung? In letzterem Fall genügen logische Verknüpfungen.
- Welche Speicher sollen welche Ausgangssignale steuern?
- Welche Signale setzen einen Speicher? Sind dies mehrere Signale, dann sind diese meist AND-verknüpft anzuschalten.
- Welche Signale setzen Speicher zurück? Sind dies mehrere Signale, dann sind diese meist OR-verknüpft anzuschalten.

2.4.2 Anwendungsbeispiel

Die folgenden Programmierbeispiele für die Erstellung eines Steuerungsprogramms in unterschiedlichen SPS-Sprachen basieren auf einem Anwendungsbeispiel für eine Heizkesselsteuerung. In einem Heizkessel wird über ein Zulaufventil V1 eine Flüssigkeit eingelassen. Ist der Kessel voll (E2), schaltet die Heizung H ein, und die Flüssigkeit wird erhitzt. Sobald die vorgegebene Temperatur T erreicht ist, schaltet die Heizung aus, und die Flüssigkeit läuft ab. Wenn der Flüssigkeitsstand einen unteren Grenzwert E1 erreicht hat, wird das Ablaufventil V2 geschlossen und neue Flüssigkeit eingelassen. Die Anlage kann über einen AUS-Schalter S jederzeit abgeschaltet werden. Beim Bestätigen des Schalters schaltet die Heizung aus, und beide Ventile schließen. Zur Detektierung des Füllstandes im Heizkessel werden zwei Füllstandssensoren E1 und E2 genutzt. Bild 2.33 zeigt die Heizkesselsteuerung.

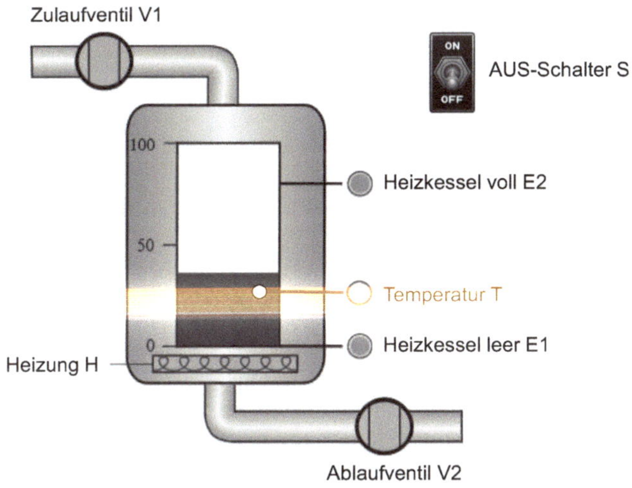

Bild 2.33 Heizkesselsteuerung

Verriegelungen und Fehlerzustände werden für die Programmierung der Beispiele nicht berücksichtigt.

Der genutzte Klemmenanschlussplan für die Heizkesselsteuerung ist in Bild 2.34 dargestellt.

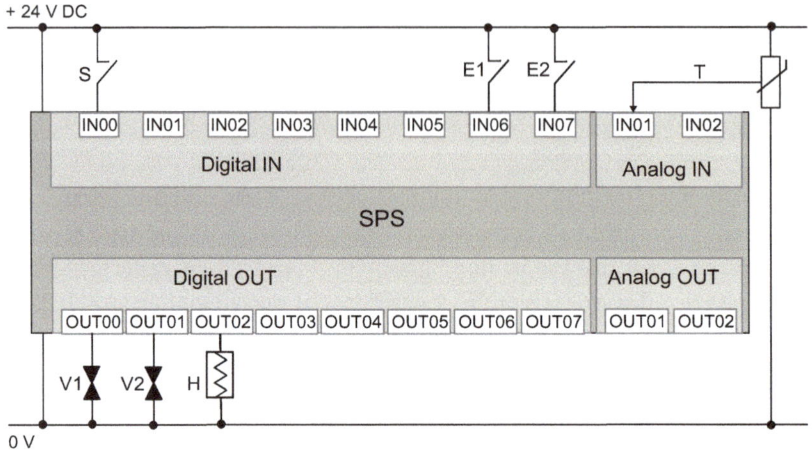

Bild 2.34 Klemmenanschlussplan für die Heizkesselsteuerung

In Tabelle 2.35, Tabelle 2.36 und Tabelle 2.37 sind die Prozessdatenzuordnungen aufgelistet.

Tabelle 2.35 Eingangsprozessdaten

BMK	Adresse	Variablenname	Beschreibung
T	aio-1/IN01	`IW_actual_temp`	Isttemperatur im Bereich 0 ... 100 °C, Eingabe als `WORD` mit 16#0000 ... 16#7FFF
S	dio-1/IN00	`IX_stop`	Schalter, betätigt: S = 1
E1	dio-1/IN06	`IX_tank_empty`	Endschalter, betätigt: E1 = 1 (Tank ist leer)
E2	dio-1/IN07	`IX_tank_full`	Endschalter, betätigt: E2 = 1 (Tank ist voll)

Tabelle 2.36 Ausgangsprozessdaten

BMK	Adresse	Variablenname	Beschreibung
V1	dio-1/OUT00	`QX_valve_1`	Zulaufventil, offen: V1 = 1
V2	dio-1/OUT01	`QX_valve_2`	Ablaufventil, offen: V2 = 1
H	dio-1/OUT02	`QX_heating`	Heizung, Heizung EIN: H = 1

Tabelle 2.37 Interne Programmvariablen (Merker)

Variablenname	Beschreibung	Startwert
`state_count_int`	Zähler für die Zustände des Heizkessels	0
`temp_max_word`	Vergleichswert für die Temperatur	16#6600

Für das Heizkesselbeispiel werden die Betriebsmittel (Aktoren und Sensoren) mit dem EDU AXC F 2152 entsprechend Tabelle 2.38 simuliert.

Tabelle 2.38 Simulation der Betriebsmittel für die Heizkesselsteuerung mit dem EDU AXC F 2152

BMK	Adresse	Variablenname	Simulation des Betriebsmittels
T	aio-1/IN01	`IW_actual_temp`	Potentiometer AI1 im I/O-Modul A3
S	dio-1/IN00	`IX_stop`	Schalter 1 im I/O-Modul A2
E1	dio-1/IN06	`IX_tank_empty`	Schalter 6 im I/O-Modul A2
E2	dio-1/IN07	`IX_tank_full`	Schalter 7 im I/O-Modul A2
V1	dio-1/OUT00	`QX_valve_1`	LED 1 im I/O-Modul A2
V2	dio-1/OUT01	`QX_valve_2`	LED 2 im I/O-Modul A2
H	dio-1/OUT02	`QX_heating`	LED 3 im I/O-Modul A2

Abschnitt 2.4.3 bis Abschnitt 2.4.6 behandeln die SPS-Programmiersprachen, ST, FBS, KOP und AS anhand des Anwendungsbeispiels. AWL ist in der aktuellen IEC 61131-3 als „deprecated“ (veraltet) gekennzeichnet. Die Programmierung in AWL habe ich deshalb auch nicht aufgenommen, da sie in der Industrie zunehmend weniger eingesetzt wird.

Das PLCnext-Projekt für die beschriebenen vier Beispielimplementierungen (ST, FBS, KOP und AS) der Heizkesselsteuerung ist im Programmverzeichnis als `chapter_2_examples.pcwcx` bezeichnet.

2.4.3 Strukturierter Text (ST)

2.4.3.1 Ausdrücke in ST

Strukturierter Text (ST) ist die SPS-Sprache, die am flexibelsten für die Programmierung von Steuerungsprogrammen eingesetzt werden kann. Funktionen und Funktionsbausteine werden meist in ST geschrieben, um sie dann z. B. in FBS, KOP oder AS-Programmen einzusetzen. Mit ST können komplexe Automatisierungsaufgaben gelöst werden, bei denen die direkte Umsetzung von Algorithmen sowie Aufgaben der Datenverwaltung im Vordergrund stehen. Viele Funktionen aus dem Bereich Arithmetik und Logik aus der Liste der Standardfunktionen eines SPS-Programmiersystems lassen sich mit der Sprache ST recht kurz und unkompliziert darstellen.

ST ermöglicht eine strukturierte Programmierung, bei der auf absolute Sprungadressen verzichtet wird. Ein ST-Programm besteht aus einer Reihe von Ausdrücken und Anweisungen. Ein *Ausdruck* ist ein Konstrukt, das nach seiner Auswertung einen Wert zurückliefert. Ausdrücke sind aus Operatoren und Operanden zusammengesetzt. Ein Operand kann eine Konstante, eine Variable, ein Funktionsaufruf oder ein weiterer Ausdruck sein.

Tabelle 2.39 listet einige wichtige ST-Operationen nach der Ordnung ihrer Bindungsstärke auf.

Tabelle 2.39 Ordnung der Bindungsstärke in ST für ausgewählte Ausdrücke

Bindungsstärke	Operation	ST-Symbol
stärkste Bindung	Einklammern	(<Ausdruck>)
	Funktionsaufruf	Funktionsname
	Negieren	NOT
	Multiplizieren, Dividieren	*, /
	Addieren, Subtrahieren	+, –
	Vergleiche	<, >, <=, >=
schwächste Bindung	Gleichheit, Ungleichheit	=, <>
	boolesches AND	AND
	boolesches Exklusiv OR	XOR
	boolesches OR	OR

Die Auswertung eines Ausdrucks besteht aus dem Anwenden der Operatoren auf die Operanden – und zwar in der Reihenfolge, die durch die Bindungsstärke der Operatoren definiert ist. Der Operator mit der höchsten Bindungsstärke in einem Ausdruck muss zuerst angewendet werden, gefolgt vom Operator der nächst niederen Bindungsstärke usw., bis die Auswertung vollendet ist. Operatoren mit gleicher Bindungsstärke müssen angewendet werden, wie sie im Ausdruck von rechts nach links beschrieben sind.

Die Operanden A, B, C und D sind vom Typ INT und besitzen die Werte 1, 2, 3 und 4. Damit ergibt sich für die folgenden Operationen je nach Klammerung und damit Bindungsstärke der Operation ein unterschiedliches Ergebnis:

```
ERG1 := A+B-C*ABS(D); (*ERG1 = (1+2)-(3*4) = -9*)
ERG2 := (A+B-C)*ABS(D); (*ERG2 = (1+2-3)*4 = 0*);
```

2.4.3.2 Anweisungen

Tabelle 2.40 gibt einen Überblick über die Anweisungen in ST, die im SPS-Programm genutzt werden können.

Tabelle 2.40 Anweisungen in ST

Anweisung	Beispiel	Bemerkungen
Zuweisung	`out1:=in1;`	
Aufruf FB und Benutzung der Ausgabe	`Counter(CU:=input, PT:=100);` `x:=Counter.Q;`	Aufruf durch Namen der Instanz des FB mit Parametern in Klammern

IF	`IF temp<17`
	`  THEN heating:=TRUE;`
	`  ELSE heating:=FALSE;`
	`END_IF`
		Prüfung einer Bedingung

CASE	`CASE state_count OF`
	` 0: valve_1:=FALSE;`
	` 1: valve_1:=TRUE;`
	`ELSE`
	` state_count:=0;`
	`END_CASE;`
		mehrere bedingte Anweisungen mit derselben Bedingungsvariablen

FOR	`FOR x:=1 TO 10 BY 1 DO`
	`(*Anweisungen*)`
	`END_FOR`
		Programmierung wiederholter Vorgänge

WHILE	`x:=1;`
	`WHILE x<=100 DO`
	` x:=x+2;`
	`END_WHILE;`
		wie FOR-Schleife, mit einem beliebigen booleschen Ausdruck als Abbruchbedingung

Tabelle 2.40 Anweisungen in ST *(Fortsetzung)*

Anweisung	Beispiel	Bemerkungen

`REPEAT`	`x:=0;`
	`REPEAT`
	` x:= x+2;`
	` UNTIL x=100`
	`END_REPEAT;`	

`EXIT`	`EXIT`	
`Leere Anwei-sung`	`;`	

Ein Quelltext in ST ist grundsätzlich formatfrei. Groß- und Kleinschreibung wird nicht unterschieden. Die zur Verfügung stehenden Datentypen entsprechen denen der anderen SPS-Programmiersprachen. Kommentare werden durch die Kommentarklammern `(* ... *)` eingeschlossen.

Die *Zuweisung* ersetzt den aktuellen Wert einer Einzel- oder Multielement-Variablen durch das Ergebnis der Auswertung eines Ausdrucks. Eine Zuweisung muss aus einer Variablenangabe auf der linken Seite bestehen, gefolgt von einem Zuweisungsoperator `:=` und dann gefolgt vom Ausdruck, der auszuwerten ist. Die Zuweisung muss auch benutzt werden, um den Wert zuzuweisen, der von einer Funktion zurückzugeben ist. Dies geschieht durch Einsetzen des Funktionsnamens auf die linke Seite des Zuweisungsoperators im Rumpf der Funktionsdeklaration.

Steueranweisungen für Funktion und Funktionsbaustein bestehen aus Mechanismen zum Aufrufen von Funktionsbausteinen und zum Steuern des Rücksprungs zur aufrufenden Einheit, bevor das Ende einer Funktion oder eines Funktionsbausteins erreicht ist.

Funktionsbausteine müssen durch eine Anweisung aufgerufen werden, die aus dem Namen des Funktionsbausteins besteht, dem eine eingeklammerte Liste von Wertzuweisungen an bezeichnete Eingangsparameter folgt (Tabelle 2.40).

Es ist nicht erforderlich, dass allen Eingangsparametern bei allen Aufrufen eines Funktionsbausteins Werte zugewiesen werden. Falls einem bestimmten Parameter kein Wert bei einem Funktionsbaustein-Aufruf zugewiesen wird, muss der vorher zugewiesene Wert angewendet werden (oder der Anfangswert, falls vorher keine Zuweisung gemacht wurde). Die Anweisung `RETURN` (Rücksprung) muss ein vorzeitiges Verlassen der Funktion oder eines Funktionsbausteins bewirken.

Auswahlanweisungen umfassen die `IF`- und `CASE`-Anweisungen. Eine Auswahlanweisung wählt aufgrund einer festgelegten Bedingung eine (oder eine Gruppe) ihrer Anweisungen aus, aus der sie zusammengesetzt ist. Beispiele für Auswahlanweisungen sind in Tabelle 2.40 angegeben.

Die IF-Anweisung wird verwendet, um Entscheidungen im Programm abzubilden. Tabelle 2.41 zeigt die vollständige Syntax der IF-Anweisung.

Tabelle 2.41 Vollständige Syntax der IF-Anweisung

Schlüsselwörter	Syntax	Beschreibung
IF ... THEN	IF a > b THEN Result := 1;	1. Vergleich Anweisung, wenn 1. Vergleich TRUE
ELSE ... THEN	ELSIF a > c THEN Result := 2;	2. Vergleich Anweisung, wenn 2. Vergleich TRUE
ELSE	ELSE Result := 3;	Alternativzweig Anweisung des Alternativzweigs
END_IF	END_IF	Ende der Anweisung

Die Vergleichsausdrücke können mit booleschen Verknüpfungen verbunden werden, sodass mehrere Bedingungen gleichzeitig abgefragt werden können. IF-Anweisungen können auch verschachtelt werden. Aus Übersichtsgründen sollte man aber darauf achten, nicht zu viele IF-Anweisungen zu verschachteln.

Die CASE-Anweisung vergleicht eine Schrittvariable mit mehreren Werten. Wenn einer dieser Vergleiche zutrifft, werden die zum jeweiligen Schritt zugehörigen Anweisungen ausgeführt. Wenn keiner dieser Vergleiche zutrifft, gibt es ähnlich wie bei der IF-Anweisung einen ELSE-Zweig, dessen Programmcode in diesem Fall abgearbeitet wird.

Die CASE-Anweisung wird je nach Anwendungsfall auch als Konstrukt zur Implementierung von Zustandsmaschinen oder Zustandsautomaten eingesetzt.

Tabelle 2.42 zeigt die vollständige Syntax der CASE-Anweisung.

Tabelle 2.42 Vollständige Syntax der CASE-Anweisung

Schlüsselwörter	Syntax	Beschreibung

CASE ... OF	CASE stepCounter OF
	  1: position:=pos1;
	  2: position:=pos2;
	  3: position:=pos3;
		Start von CASE
		für Schritt 1...3 unterschiedliche
		Positionen eines Drehtisches

ELSE	ELSE position:=pos0;	Alternativzweig Einstellung einer Grundposition
END_CASE	END_CASE	Ende der Anweisung

In einem Programmzyklus wird immer nur ein Schritt der CASE-Anweisung abgearbeitet. Die Schrittvariable muss ein ganzzahliger Datentyp sein.

Wiederholungsanweisungen legen fest, dass eine Gruppe von zugehörigen Anweisungen wiederholt ausgeführt werden muss (Programmschleife). Die drei Anweisungen FOR, WHILE und REPEAT besitzen dabei folgende Unterschiede:

- FOR: Die Anweisung zeigt an, dass eine Anweisungsfolge bis zum Schlüsselwort END_FOR wiederholt ausgeführt werden muss. Dabei wird der Steuervariablen der FOR-Schleife ein fortschreitender Wert zugewiesen. Die Steuervariable, der Anfangswert und der Endwert müssen Ausdrücke desselben ganzzahligen Datentyps sein und dürfen nicht durch eine der wiederholten Anweisungen verändert werden.
- WHILE: Die Anweisung bewirkt, dass die Folge von Anweisungen bis zum Schlüsselwort END_WHILE wiederholt ausgeführt wird, bis der zugehörige boolesche Ausdruck falsch ist. Falls der Ausdruck von Anfang an falsch ist, wird die Gruppe von Anweisungen überhaupt nicht ausgeführt.
- REPEAT: Die Anweisung bewirkt, dass die Folge von Anweisungen bis zum Schlüsselwort UNTIL wiederholt (und mindestens einmal) ausgeführt wird, bis die zugehörige boolesche Bedingung wahr ist.

Tabelle 2.43 zeigt die vollständige Syntax für die Anweisungen FOR, WHILE und REPEAT.

Tabelle 2.43 Vollständige Syntax für die Wiederholungsanweisungen FOR, WHILE und REPEAT

FOR ... TO ... {BY} ... DO Wenn „BY" nicht angegeben ist, wird der Standardwert 1 verwendet.	FOR a:=1 TO 10 BY 2 DO array[a]:=b;	Anweisungen werden wiederholt ausgeführt, wobei die Variable a um 2 erhöht wird, beginnend bei 1 bis 10.
END_FOR	END_FOR;	Ende der Anweisung

WHILE ... DO	WHILE counter>=100 DO
	a:=a+2;
	counter:=counter-1;
		Es muss dafür gesorgt werden, dass keine Endlosschleife entsteht, indem im Anweisungsteil der Schleife die Bedingung verändert wird, also zum Beispiel durch Hoch- oder Herunterzählen eines Zählers.

END_WHILE	END_WHILE	Ende der Anweisung

Schlüsselwörter	Syntax	Beschreibung
REPEAT	REPEAT a:=a*b;	Anweisungen werden wiederholt ausgeführt, bis der Ausdruck a < 10 000 TRUE ist.
UNTIL	UNTIL a<10000	Die Beendigungsbedingung der Anweisung wird am Ende der Schleife ausgewertet. Wenn die Bedingung FALSE ist, wird die Schleife mindestens einmal ausgeführt.
END_REPEAT	END_REPEAT;	

Die Anweisungen WHILE und REPEAT dürfen nicht benutzt werden, um eine Synchronisation zwischen Prozessen vorzunehmen, z. B. als eine „Warteschleife" mit einer extern bestimmten Endebedingung. Es ist ein Fehler, wenn eine WHILE- oder REPEAT-Anweisung in einem Algorithmus benutzt wird, für den die Erfüllung der Schleifen-Endebedingung oder der Ausführung einer Exit-Anweisung nicht garantiert werden kann.

Wenn die EXIT-Anweisung in einer FOR-, WHILE- oder REPEAT-Schleife vorkommt, dann wird die innerste Schleife beendet, ungeachtet der Abbruchbedingung.

Das in Listing 2.9 dargestellte Anwendungsbeispiel zeigt das Steuerungsprogramm in ST für die Heizkesselsteuerung nach Bild 2.33.

Listing 2.9 ST-Steuerungsprogramm für die Heizkesselsteuerung

```
temp_max_word:=16#6600;

(*C1: State conditions*)
IF IX_stop = TRUE THEN
    state_count_int:=0;
END_IF

IF (IX_tank_full = FALSE OR IX_tank_empty = TRUE) AND IX_stop = FALSE THEN
    state_count_int:=1;
END_IF;

IF IX_tank_full = TRUE AND IX_stop = FALSE THEN
    state_count_int:=2;
END_IF;

IF IW_actual_temp >= temp_max_word AND IX_stop = FALSE THEN
    state_count_int:=3;
END_IF;

(*C2: States of the heating boiler*)
```

```
CASE state_count_int OF
    0: QX_valve_1:=FALSE; QX_valve_2:=FALSE; QX_heating:=FALSE;
    1: QX_valve_1:=TRUE; QX_valve_2:=FALSE; QX_heating:=FALSE;
    2: QX_valve_1:=FALSE; QX_valve_2:=FALSE; QX_heating:=TRUE;
    3: QX_valve_1:=FALSE; QX_valve_2:=TRUE; QX_heating:=FALSE;
ELSE
    state_count_int := 0;
END_CASE;
```

Das ST-Programm realisiert einen Zustandsautomaten mit vier Zuständen und legt die dazu erforderlichen Bedingungen über IF-Anweisungen fest.

2.4.4 Funktionsbausteinsprache (FBS)

Als Grundlage der Funktionsbausteinsprache (FBS) dient der Gedanke funktionsorientierter logischer Ablaufketten. Die Verbindungslinien zwischen den Elementen der FBS stellen Datenflusslinien dar, die prinzipiell beliebige Datentypen übertragen können. Dieser methodische Ansatz gewährleistet die Universalität, um dem FBS-Symbol „Rechteck“ herstellerprogrammierte oder anwenderdefinierte Funktionsbausteine bzw. Funktionen zuzuordnen.

Die im FBS-Programm eingetragenen Eingangssignale fragen die Eingänge der SPS auf „1“-Pegel (TRUE) bzw. bei invertierten Eingangssignalen auf „0“-Pegel (FALSE) ab. Um die Beziehungen des FBS-Programms zur physikalischen Situation der Signalgeber herzustellen, wird der Klemmenanschlussplan für die SPS benötigt. Diesem kann entnommen werden, ob die betätigten Signalgeber „1“- oder „0“-Pegel liefern.

Funktionen werden als Block mit dem Namen der Funktion dargestellt. Vor ihrem Gebrauch müssen Anwenderfunktionen definiert werden. Bei der Definition muss jedem Formalparameter ein Datentyp zugewiesen werden. Tabelle 2.44 zeigt Symbole der FBS für ausgewählte elementare Funktionen (siehe auch Abschnitt 2.3.2).

Tabelle 2.44 Symbole der FBS für ausgewählte elementare Funktionen

Funktion	Symbol	Schaltbelegungstabelle E1 E2 A	Boolesche Gleichung
AND (Konjunktion)	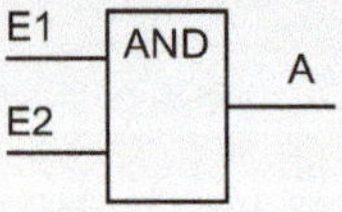	0 0 0 0 1 0 1 0 0 1 1 1	A = E1 ∧ E2
OR (Adjunktion)	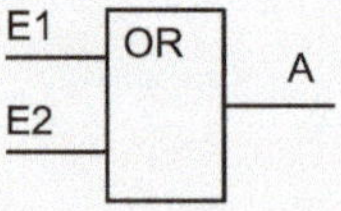	0 0 0 0 1 1 1 0 1 1 1 1	A = E1 ∨ E2

Funktion	Symbol	Schaltbelegungs-tabelle E1 E2 A	Boolesche Gleichung
NOT (Negation)	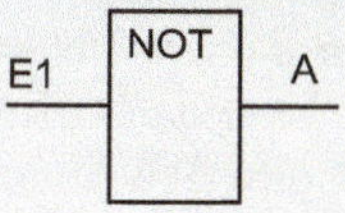	0 - 1 1 - 0	A = /E1

Die Definition eines *Funktionsbausteins* wird – analog zur Funktion – als Block mit den Namen des FB dargestellt. Funktionsbausteine erhalten im Gegensatz zu Funktionen auch einen externen Namen (Instanzname) und können Daten speichern. In Tabelle 2.45 sind einige ausgewählte Standardfunktionsbausteine dargestellt (siehe auch Abschnitt 2.3.2).

Tabelle 2.45 Ausgewählte Standardfunktionsbausteine

Funktion	Symbol	Beschreibung
RS-Speicher	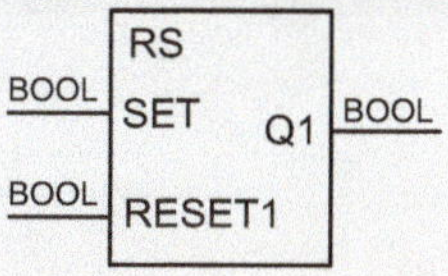	Eingang SET setzt bei Flankenwechsel Q1 = TRUE. Q1 bleibt TRUE, bis RESET1 von FALSE auf TRUE wechselt. Sind SET und RESET1 gleichzeitig TRUE, hat RESET1 Vorrang.
Vorwärtszähler	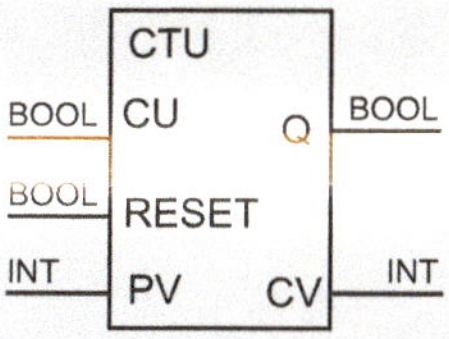	steigende Flanke an CU erhöht CV um den Wert 1, Erreichen des Vorgabewerts PV setzt Q = TRUE und Zählung wird beendet
Einschaltverzögerung	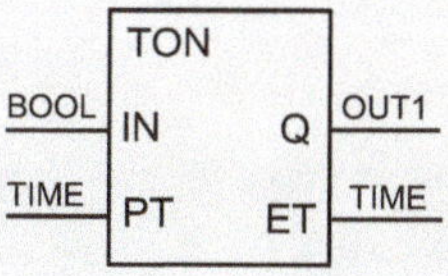	Einschaltverzögerung, steigende Flanke an IN startet Zeitglied, nach Zeit PT wird Q = TRUE

Der ursprünglichen Anwendung des Funktionsplans in der Schaltungstechnik liegt die parallele Signalverarbeitung zugrunde. In einem SPS-Anwendungsprogramm werden die Funktionen jedoch zyklisch sequenziell abgearbeitet. Die Abarbeitung der einzelnen FBS-Netzwerke erfolgt dabei immer von links nach rechts. Diese prinzipiell andere Arbeitsweise bietet den Vorteil, dass die Reihenfolge der Signalverarbeitung eindeutig bestimmt ist und der aus der Schaltkreistechnik bekannte *Wettlauf* (Hazard) zwischen Signalen, der zu Fehlerzuständen führen kann, nicht auftritt.

Dieses Anwendungsbeispiel zeigt das Steuerungsprogramm in FBS (Bild 2.35) für die Heizkesselsteuerung nach Bild 2.33. Das Zulaufventil wird über ein boolesches Netzwerk gesteuert. Zur Steuerung der Heizung und des Ablaufventils werden zwei RS-Speicher (RS_1 und RS_2) eingesetzt. Über den AUS-Schalter S können zu jeder beliebigen Zeit alle Ausgänge auf FALSE gesetzt werden. Das SPS-Programm nach Bild 2.35 realisiert nur den rein technologischen Ablauf des Füllens, Heizens und Leerens. Verriegelungen zwischen den Ventilen und der Heizung sind nicht berücksichtigt (z. B. Heizung nur EIN, wenn Ventil 1 und 2 geschlossen, usw.).

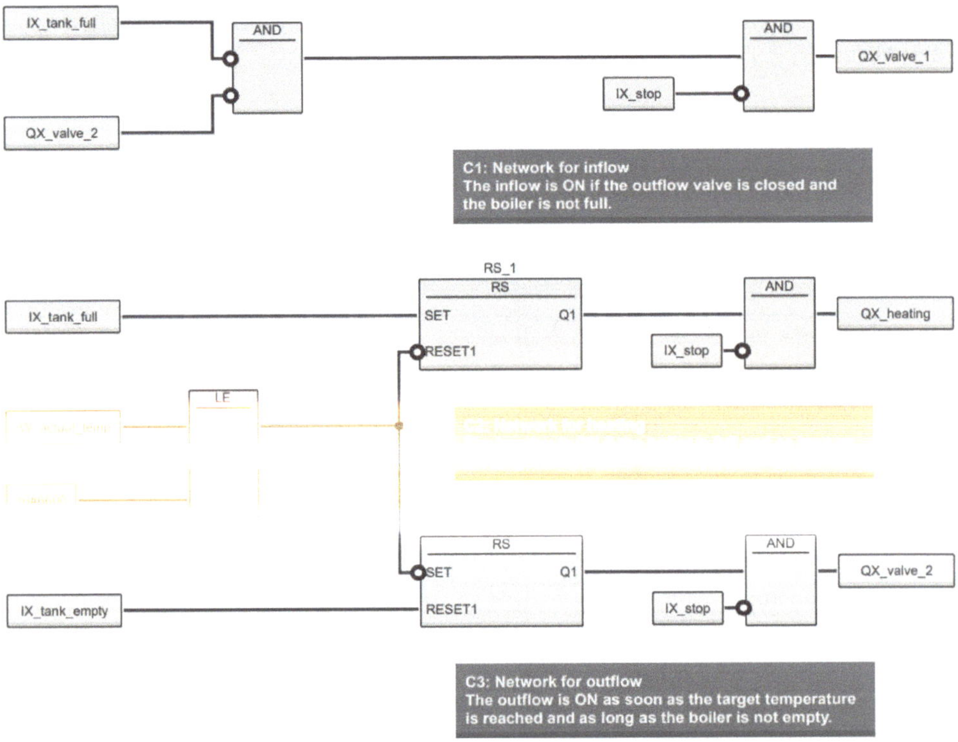

Bild 2.35 FBS-Steuerungsprogramm für die Heizkesselsteuerung

2.4.5 Kontaktplan (KOP)

Als Grundlage des Kontaktplans (KOP) dient der Gedanke des Stromflusses in elektromechanischen Relais-Systemen. Diese Betrachtung wird für einzelne Netzwerke vorgenommen. Ein Netzwerk wird auf der linken und rechten Seite von einer linken und einer rechten vertikalen Stromleitung begrenzt. Dazwischen befindet sich ein Schaltplan aus Kontakten, Spulen und Verbindungslinien. Bild 2.36 zeigt ein erstes Beispiel für den KOP.

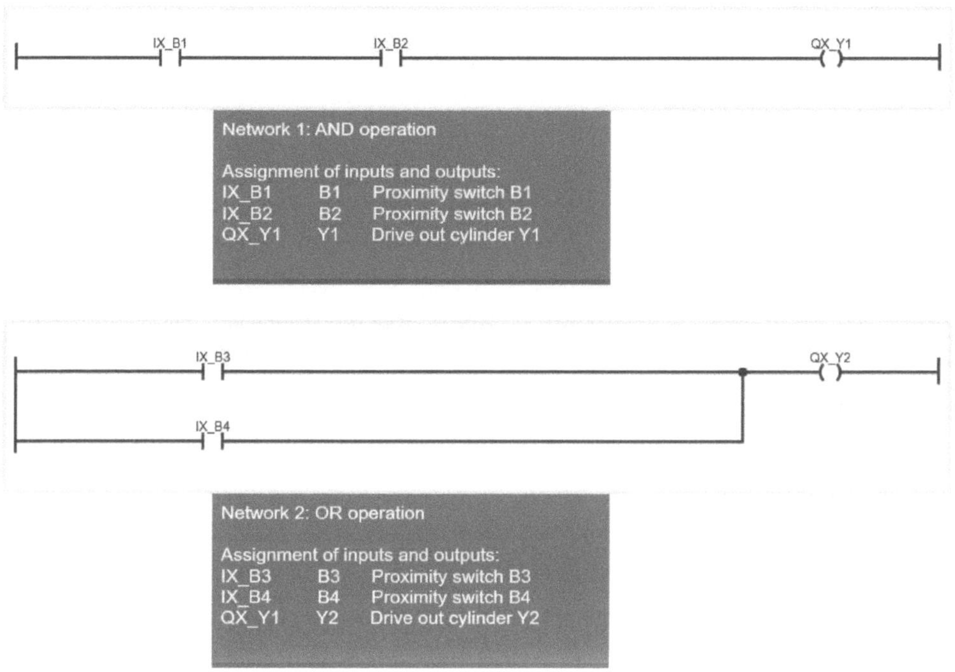

Bild 2.36 KOP-Netzwerk mit UND/OR-Verknüpfung

Jedes Netzwerk besteht auf der linken Seite aus einer Folge von *Kontakten*, die von links nach rechts den booleschen Wert TRUE oder FALSE weitergeben. Zu jedem Kontakt gehört eine boolesche Variable. Wenn diese Variable TRUE ist, dann wird der Zustand über die Verbindungslinie von links nach rechts weitergegeben. Sonst erhält die rechte Verbindung den Wert FALSE.

Kontakte können parallel geschaltet sein. Dann muss einer der Parallelzweige TRUE übergeben, damit die Parallelverzweigung den Wert TRUE übergibt. Sind die Kontakte in Reihe geschaltet, dann müssen alle Kontakte den Wert TRUE übergeben, damit der letzte Kontakt den Wert TRUE weitergibt. Dies entspricht also einer elektrischen Parallel- bzw. Reihenschaltung.

Ein Kontakt kann auch negiert sein, erkennbar am Schrägstrich im Kontaktsymbol. Dann wird der Wert der Linie weitergegeben, wenn die Variable FALSE ist.

Die einzelnen Strompfade werden im KOP waagerecht dargestellt und untereinander angeordnet. Die Verbindungslinien zwischen den Operanten übertragen binäre Werte. In Tabelle 2.46 sind die im Kontaktplan verwendeten elementaren Symbole (= Operanden) dargestellt.

Tabelle 2.46 Elementare Symbole im Kontaktplan

Funktion	Symbol	Beschreibung
Schließer	---| |---	Abfrage auf TRUE
Öffner	---|/|---	Abfrage auf FALSE
Ausgang	---()---	Der boolesche Wert wird von links nach rechts und auf die zugehörige Variable kopiert.
negierter Ausgang	---(/)---	Der boolesche Wert wird von links nach rechts kopiert. Der negierte boolesche Wert wird auf die zugehörige Variable kopiert.
Setzausgang	---(S)---	Der boolesche Wert wird von links nach rechts kopiert. Die zugehörige Variable wird gesetzt, wenn die linke Verbindung TRUE ist.
Rücksetzausgang	---(R)---	Der boolesche Wert wird von links nach rechts kopiert. Die zugehörige Variable wird rückgesetzt, wenn die linke Verbindung TRUE ist.

Auf der rechten Seite eines Netzwerks im KOP befindet sich eine beliebige Anzahl von *Spulen*, die durch Klammern dargestellt wird. Diese können nur parallel geschaltet werden. Eine Spule gibt den Wert der Verbindungen von links nach rechts weiter und kopiert ihn in eine zugehörige boolesche Variable. An der Eingangslinie kann der Wert TRUE oder der Wert FALSE anliegen.

Spulen können auch negiert werden. Wenn eine Spule negiert ist (erkennbar am Schrägstrich im Spulensymbol), dann kopiert sie den negierten Wert in die zugehörige boolesche Variable.

Spulen können auch als *SET- oder RESET-Spulen* definiert sein. Eine SET-Spule (erkennbar am S im Spulensymbol) überschreibt in der zugehörigen booleschen Variablen niemals den Wert TRUE, d.h., wenn die Variable einmal auf TRUE gesetzt wurde, dann bleibt sie es auch. Eine RESET-Spule (erkennbar am R im Spulensymbol) überschreibt in der zugehörigen booleschen Variablen niemals den Wert FALSE, d.h., wenn die Variable einmal auf FALSE gesetzt wurde, dann bleibt sie es auch.

Mit der einfachen Symbolik nach Tabelle 2.46 sind lediglich elementare kombinatorische und Speicherfunktionen programmierbar. Die Erweiterung des Befehlsvorrats des Kontaktplans (z.B. um Zähl- und Zeitfunktionen) erfordert eine zusätzliche Symbolik. Typisch ist dabei die Integration von Symbolen aus der grafischen SPS-Sprache FBS in die Codenotation des KOP. Neben Kontakten und Spulen können deshalb im KOP auch Funktionsblöcke und Funktionen notiert werden. Diese müssen im Netzwerk einen Eingang und einen Ausgang mit booleschen Werten haben und können an denselben Stellen verwendet werden wie Kontakte, d.h. auf der linken Seite des KOP-Netzwerks.

Das Anwendungsbeispiel aus Bild 2.37 zeigt das Steuerungsprogramm in KOP für die Heizkesselsteuerung nach Bild 2.33. Der Zulauf wird über eine Reihenschaltung von Kontakten gesteuert. Die beiden Netzwerke zum Heizen und zum Ablauf verwenden wie das FBS-Programm in Bild 2.35 jeweils einen RS-Funktionsbaustein in Kombination mit KOP-Kontakten und -Spulen. Über den AUS-Schalter S können zu jedem beliebigen Zeitpunkt alle Ausgänge (Spulen) auf FALSE gesetzt werden.

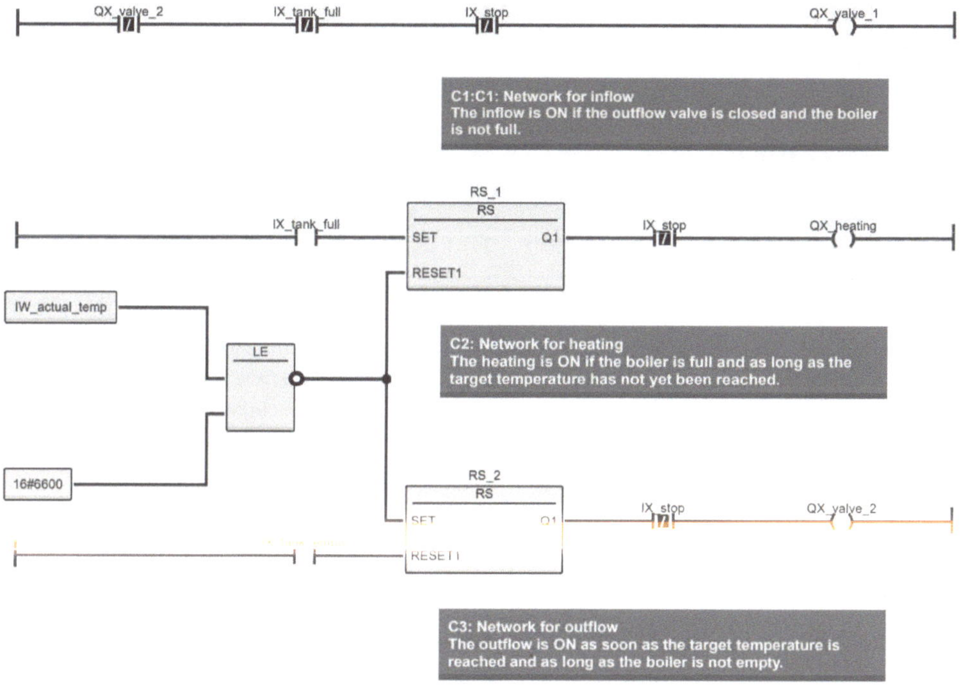

Bild 2.37 KOP-Steuerungsprogramm für die Heizkesselsteuerung

2.4.6 Ablaufsprache (AS)

2.4.6.1 Symbolik

Die Ablaufsprache (AS) ist eine grafisch orientierte Sprache, die es ermöglicht, die zeitliche Abfolge verschiedener Aktionen innerhalb eines Programms zu beschreiben. AS-Programmcode besteht aus Schritten mit Aktionen und Transitionen und arbeitet ähnlich wie ein Steuernetz. Neben der linearen, sequenziellen Ablaufsteuerung sind zyklische Abläufe, parallele (simultane) und alternative Zweige, Schleifen und Sprünge möglich.

Mit AS kann man in der Regel nur AS-Funktionsbausteine programmieren. Die Erstellung von Programm-POEs und Funktions-POEs ist meist nicht möglich. Tabelle 2.47 beinhaltet die elementare Symbolik der Ablaufsprache. Die grafische Symbolik kann je nach herstellerspezifischem Programmiersystem verschieden sein.

Tabelle 2.47 Elementare Symbole der Ablaufsprache

Funktion	Symbole nach IEC 61131-3	Symbole in PLCnext Engineer	Beschreibung
Initialschritt	Start	Step1	Jedes AS-Netzwerk muss einen Anfangsschritt besitzen. Dieser wird beim erstmaligen Aufrufen der POE zuerst aktiviert.
Schritt	Step x	Step2	Normale Schritte sind Schritte, die vom Programm in der im Netzwerk festgelegten Reihenfolge ausgeführt werden.
Endschritt	Stop	Step3	Am Ende eines geschlossenen AS-Netzwerks sollte ein Endschritt stehen.
Transition	a	Transition1	Eine Transition beschreibt die Weiterschaltbedingung von einem Schritt zum nachfolgenden Schritt.
Aktion	N Action	N Action1	Eine Aktion wird durch einen Aktionsblock dargestellt, der den Aktionsnamen und ein Bestimmungszeichen anzeigt.

Während Schritte und Transitionen mit AS-Mitteln dargestellt werden (Tabelle 2.47), können Aktionen und Transitionsbedingungen mit beliebigen SPS-Sprachen der IEC 61131-3 programmiert werden.

Eine *Transition* ist eine Weiterschaltbedingung, in der Bedingungen definiert sind, die erfüllt sein müssen, bevor der nächste Schritt aktiv geschaltet werden kann. Sind in einer Transition keine Bedingungen definiert, so gilt diese als erfüllt.

Ein in AS geschriebener Baustein besteht aus einer *Folge von Schritten*, die über gerichtete Verbindungen (Transitionen) miteinander verbunden sind. Schritte sind Basiselemente eines AS-Netzwerks. Einem Schritt können ein oder mehrere Aktionsblöcke zugewiesen werden.

Der Zustand eines Schritts ist entweder aktiv oder inaktiv. Aktiv bedeutet, dass der Schritt aktuell von der Steuerung verarbeitet wird. Die dem Schritt zugewiesene Aktion wird ausgeführt. Pro Zyklus werden zunächst alle Aktionen ausgeführt, die zu aktiven Schritten gehören. Danach werden die nachfolgenden Schritte auf aktiv gesetzt, wenn deren Transitionsbedingungen den Wert `TRUE` haben. Die nun aktiven Schritte werden dann im nächsten Zyklus ausgeführt. Wird ein Schritt inaktiv, so wird die Aktion noch einmal ausgeführt. Ein Schritt, dem keine Aktion zugewiesen ist, wartet, bis eine nachfolgende Bedingung `TRUE` wird.

Jedem Schritt ist eine Menge von *Aktionen* zugeordnet, die ausgeführt werden, wenn der Schritt aktiviert wird. Eine Aktion kann eine boolesche Variable oder auch eine Folge von Anweisungen in einer der normgerechten Programmiersprachen sein. Die Funktion der Aktion muss durch Steuerkennzeichen erkennbar sein.

Eine Aktion wird durch einen *Aktionsblock* dargestellt, der den Aktionsnamen und das Bestimmungszeichen (*engl.* Qualifier) anzeigt. Das Bestimmungszeichen legt fest, welchen Einfluss der zugewiesene Schritt auf die Aktion hat. Während der Schritt aktiv ist, wird die zugehörige Aktion gemäß ihrem Bestimmungszeichen ausgeführt. In Tabelle 2.48 sind ausgewählte Bestimmungszeichen aufgeführt, die für Aktionen zur Verfügung stehen.

Tabelle 2.48 Ausgewählte Bestimmungszeichen für Aktionen

Bestimmungs-zeichen	Beschreibung	Funktion
N	nicht gespeichert	Die codierte Aktion wird ausgeführt oder die boolesche Variable wird gesetzt, solange der Schritt aktiv ist.
R	Rücksetzen	Die codierte Aktion wird nicht länger ausgeführt oder die boolesche Variable wird zurückgesetzt. Die Aktion muss zuvor mit dem Bestimmungszeichen S gesetzt worden sein.
S	Setzen, gespeichert	Die codierte Aktion wird ausgeführt oder die boolesche Variable wird gesetzt. Dieser Zustand wird gespeichert, sobald der Schritt aktiv wird.
L	zeitbegrenzt	Die codierte Aktion wird ausgeführt oder die boolesche Variable wird gesetzt, solange der Schritt aktiv ist, jedoch maximal bis zum Ende der angegebenen Zeit.
D	zeitverzögert	Nach Ablauf der angegebenen Zeit wird die codierte Aktion ausgeführt oder die boolesche Variable gesetzt. Die Aktion bleibt aktiv, solange der Schritt aktiv ist.

Die Bestimmungszeichen L und D benötigen eine Zeitangabe im TIME-Format, z. B. T#5 s.

Bild 2.38 zeigt als Beispiel eine Ablaufkette für die Betätigung eines pneumatischen Zylinders Y1 in Abhängigkeit von der Belegung zweier Näherungsschalter B1 und B2.

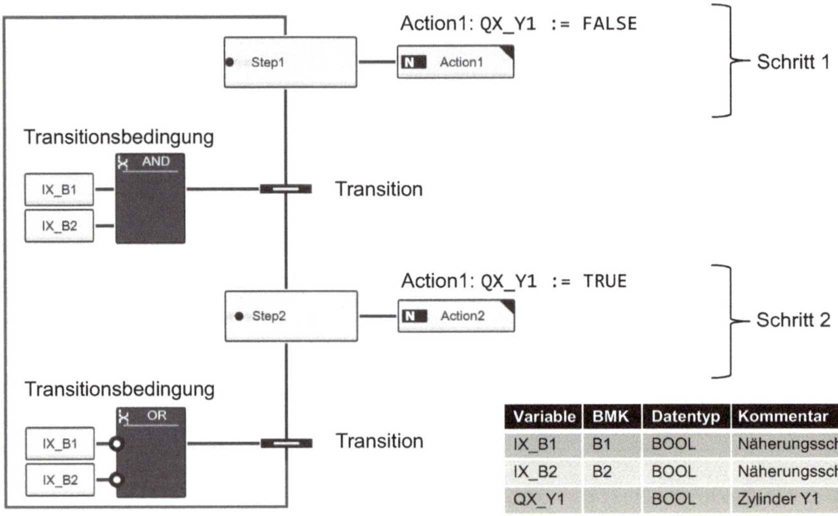

Variable	BMK	Datentyp	Kommentar
IX_B1	B1	BOOL	Näherungsschalter B1
IX_B2	B2	BOOL	Näherungsschalter B2
QX_Y1		BOOL	Zylinder Y1

Bild 2.38 Beispiel für eine Ablaufkette mit Erläuterungen

Zwischen den Schritten liegen Transitionen. Eine Transitionsbedingung muss den Wert TRUE oder FALSE haben. Jeder Transition ist eine Transitionsbedingung zugeordnet, die erfüllt sein muss, damit der nachfolgende Schritt aktiviert werden kann. Sie kann entweder als direkte Transition eine einzelne boolesche Variable, eine boolesche Konstante oder als codierte Transition eine Anweisungsliste/Befehlsfolge in einer der SPS-Sprachen sein, die ein boolesches Ergebnis liefert. Doch eine Transition darf keine Programme, Funktionsblöcke oder Zuweisungen enthalten.

2.4.6.2 Ablaufregeln und Aufruf eines AS-Programms

Es gibt einige *Ablaufregeln*, die eingehalten werden müssen:

- Ein Schritt wird freigegeben, wenn der vorangehende Schritt und die benötigten Transitionsbedingungen erfüllt sind.
- Das Auslösen einer Transition deaktiviert alle vorangegangenen Schritte.
- Zwei Schritte dürfen nicht direkt verbunden sein. Sie sind durch Transitionen zu trennen.
- Zwei Transitionen dürfen nicht direkt verbunden sein. Sie sind durch einen Schritt zu trennen.

- Bei einer Aktivierung von mehreren Schritten liegt eine Simultanverzweigung vor.
- Die Zusammenführung der Simultanketten muss durch eine doppelte horizontale Linie gekennzeichnet werden.

Das Anwendungsbeispiel aus Bild 2.39 zeigt das Steuerungsprogramm in AS für die Heizkesselsteuerung nach Bild 2.33.

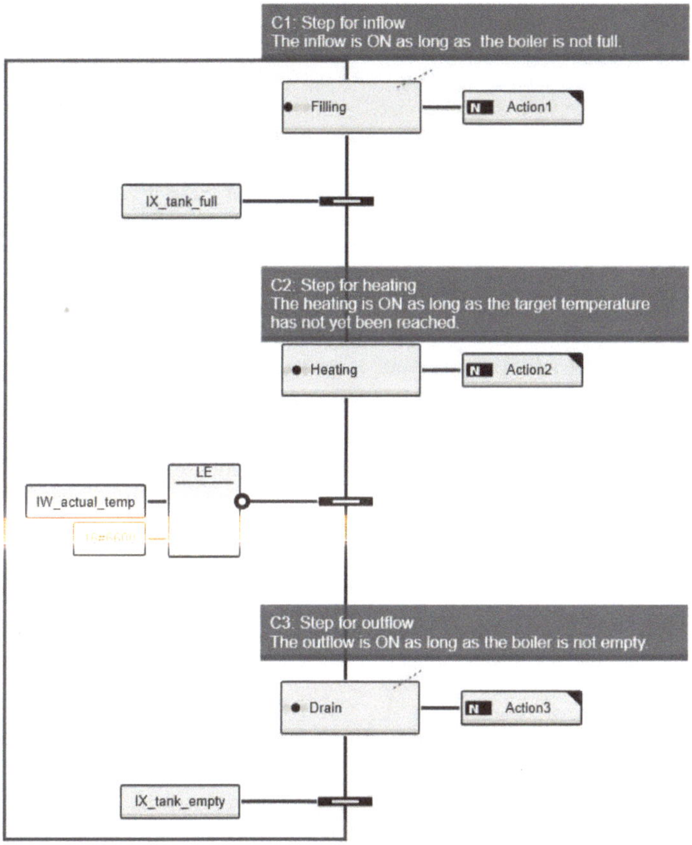

Bild 2.39 AS-Steuerungsprogramm für die Heizkesselsteuerung

Listing 2.10 zeigt den zugehörigen ST-Code in den Aktionen für die drei Schritte.

Listing 2.10 Zusammengefasster ST-Code für die Aktionen in Bild 2.39

```
(*Action 1*)
IF NOT IX_stop
THEN
    QX_valve_1 := TRUE;
ELSE
```

```
    QX_valve_1 := FALSE;
END_IF;
QX_valve_2 := FALSE;

(*Action 2*)
IF NOT IX_stop
THEN
    QX_heating := TRUE;
ELSE
    QX_heating := FALSE;
END_IF;
QX_valve_1 := FALSE;

(*Action 3*)
QX_heating := FALSE;
IF NOT IX_stop
THEN
    QX_valve_2 := TRUE;
ELSE
    QX_valve_2 := FALSE;
END_IF;
```

Der Aufruf des AS-Programms erfolgt je nach Programmiersystem unterschiedlich. Meist kann über eine Programm-POE das AS-Programm nach Bild 2.39 direkt gestartet werden. Verschiedentlich ist die AS-Sprache aber gegenüber der IEC 61131-3 noch mit AS-Betriebsarten erweitert, die eine Steuerung der gesamten Schrittkette ermöglichen (z. B. in PLCnext Engineer). In einem solchen Fall können mit AS nur Funktions-POE erstellt werden, die dann über eine Programm-POE mit den entsprechenden Steuerparametern aufgerufen werden müssen. In Bild 2.40 ist als Beispiel der Aufruf eines AS-Programms in ST und FBS dargestellt.

Aufruf des AS-Programms in ST ohne Parameterbelegung

```
process1();
```

Aufruf des AS-Programms in FBS mit Parameterbelegung

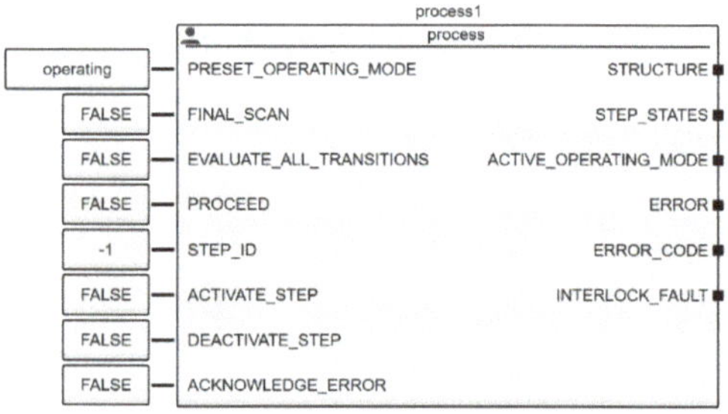

Bild 2.40 Aufruf eines AS-Programms in ST bzw. FBS in PLCnext Engineer

2.5 Übungsaufgaben

Übung 1

Analogeingabebaugruppen wandeln analoge Signale aus dem Prozess in digitale Signale für die interne Verarbeitung innerhalb der SPS um. Es können Spannungs- und Stromgeber, Thermoelemente, Widerstände und Widerstandsthermometer angeschlossen werden.

Ein Winkelgeber liefert ein analoges Spannungssignal als Messwert für die Winkelstellung einer langsam drehenden Achse. Der Spannungswert überstreicht einen Bereich von 0 ... 10 V für 0 ... 360°. Die maximale Drehgeschwindigkeit der Achse beträgt sechzig Umdrehungen. Das analoge Winkelsignal soll über einen Analog-Digital-Umsetzer (ADU) für die Verarbeitung in der SPS mit einer Winkelauflösung von 0,1° digitalisiert werden. Welche Wandlungszeit und welche Wortbreite benötigt man für den ADU?

Übung 2

Die zyklusgesteuerte SPS ist die am häufigsten verwendete SPS. Der Vorteil eines zyklischen Betriebs sind die genau definierte Betriebslast und das Zeitverhalten für die SPS. Nachteilig ist, dass der Zustand der Eingangssignale nur am Anfang des Zyklus eingelesen wird. Danach bleibt im Zyklus die Änderung eines Eingangssignals für das Eingangsabbild ohne Folgen.

Für die Positionierung eines Pakets am Ende eines Transportbands mittels einer Lichtschranke ist eine Positionstoleranz P = 20 mm einzuhalten. Das Paket bewegt sich auf dem Transportband mit einer Geschwindigkeit von v = 0,5 m/s (Bild 2.41). Welche Zykluszeit muss die zugehörige SPS aufweisen, um das Paket sicher am Ende des Transportbands zu stoppen?

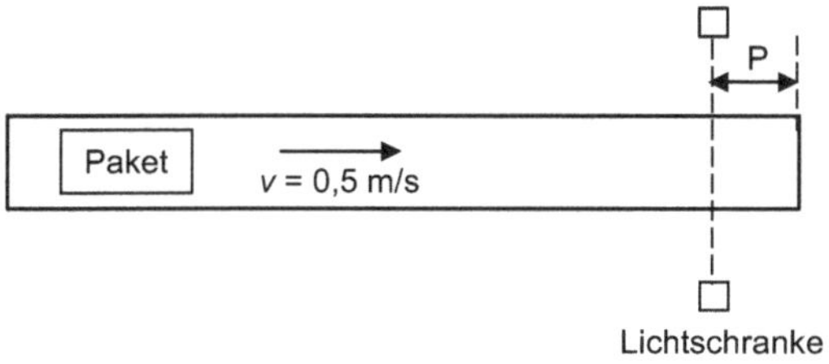

Bild 2.41 Positionierung eines Pakets auf einem Transportband

Übung 3

Neben den SPS-Sprachen gibt die IEC 61131 auch ein Softwaremodell vor, um die Struktur bei der Abarbeitung der Steuerungsprogramme festzulegen. Dieses Softwaremodell ist in mehrere Ebenen unterteilt.

a. Erläutern Sie die Hierarchie des Softwaremodells, und nennen Sie die Hauptbestandteile.
b. Was ist der Unterschied zwischen einer Funktion und einem Funktionsbaustein in der IEC 61131-3?

Übung 4

Jede deklarierte Variable im SPS-Programm muss einem bestimmten Datentyp zugewiesen werden. Die IEC 61131-3 definiert dazu eine Reihe von elementaren Datentypen, die auch von den meisten herstellerspezifischen SPS-Programmiersystemen umgesetzt sind.

Betrachten Sie folgende Variablen, und weisen Sie ihnen passende Datentypen zu:

1. Anzahl der produzierten Werkstücke
2. Temperatur eines Heizprozesses
3. Status eines Motors (ein/aus)
4. Zeitdauer für einen Taktvorgang
5. Aktuelle Geschwindigkeit eines Förderbandes
6. Fehlermeldung als Textausgabe

Übung 5

Ein Sensor erfasst eine Temperatur zwischen 0 °C und 100 °C. Der Sensor gibt ein analoges Signal im Bereich von 4 . . . 20 mA aus.

a. Welche Skalierung ist notwendig, um in der SPS die gemessene Temperatur aus dem Sensorsignal zu berechnen?
b. Bei welchem Eingangsstromwert zeigt der Sensor den Temperaturwert T = 45 °C an?

Übung 6

Ein Motor (`QX_out`) soll über einen ersten Taster (`IX_on`) eingeschaltet und über einen zweiten Taster (`IX_off`) ausgeschaltet werden. Bild 2.42 zeigt dazu zwei unterschiedliche FBS-Programme, die beide mit Selbsthaltung arbeiten.

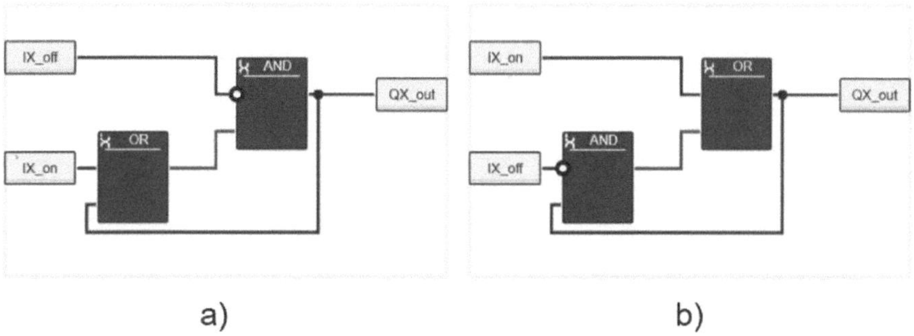

Bild 2.42 Zwei FBS-Programme zum Ein- und Ausschalten eines Motors

Wodurch unterscheidet sich funktionell das Programm a) vom Programm b)?

Übung 7

Die Smart Factory erfordert hochvernetzte, selbstoptimierende und autonome Produktionssysteme.

a. Welche Herausforderungen ergeben sich für klassische SPS-Architekturen in einer Smart Factory? Nennen Sie zwei konkrete Herausforderungen.
b. Warum ist die Modularisierung von SPS-Programmen entscheidend für flexible Produktionsumgebungen?

Recherchieren Sie für die Beantwortung der Fragen, falls erforderlich, im Internet.

Literatur

Armenta, A.: Comparing Industrial PCs to PLCs and PACs. CONTROL.com, 26. 02. 2021. *https://control.com/technical-articles/comparing-industrial-pcs-to-plcs-and-pacs* (Zugriff am 05. 12. 2024)

Aspern, J. von: SPS-Softwareentwicklung mit IEC 61131. Hüthig Verlag, Heidelberg 2000

CODESYS Online Help. *https://content.helpme-codesys.com/de/CODESYS%20Development%20System/_cds_identifiers_variables.html* (Zugriff am 08. 12. 2024)

Deppe, M.: Die Geschichte der Simatic. In: Polyscope 7/15, MedTriX, Basel 2015, S. 16 – 18. *https://sf-ag.com/bibliothek/die-geschichte-der-simatic* (Zugriff am 05. 12. 2024)

Eclipse 4diac™. *https://eclipse.dev/4diac* (Zugriff am 10. 12. 2024)

Engineers Online: Slot-PLC kaart met IEC 61131 PLC. engineersonline.nl, 5. März 2012. *https://www.engineersonline.nl/product-nieuws/slot-plc-kaart-met-iec-61131-plc* (Zugriff am 05. 12. 2024)

Frey, G.: Verteilte Steuerungen nach IEC 61499. atp, 12/2008

ISaGRAF Technology. *https://www.rockwellautomation.com/en-us/support/documentation/technical-data/isagraf_20190326-0743.html* (Zugriff am 10. 12. 2024)

John, K.-H./Tiegelkamp, M.: SPS-Programmierung mit IEC 61131-3. Springer Verlag, Berlin 2000

Phoenix Contact: PLCnext Control AXC F 2152. SPS-Magazin 07/2018. *https://www.sps-magazin.de/steuerungstechnik-sps-ipc-cnc/plcnext-control-axc-f-2152/2/?onepage=1* (Zugriff am 05. 12. 2024)

3 Klassische SPS-Programmierung

3.1 Einführung zur SPS-Ausbildung

3.1.1 Nutzungshinweise

Die Programmieraufgaben in diesem Kapitel dienen als didaktische Handreichung und sollen Sie dazu befähigen, grundlegende klassische SPS-Programmieraufgaben zu realisieren. Durch die angegebenen Lösungsbeispiele können Lernende und Trainer die Lösung der Aufgaben mit dem Eduline PLCnext Board EDU AXC F 2152 (PLC-next-Starterkit) nachvollziehen.

Die insgesamt zwanzig praktischen Aufgaben sind entsprechend den inhaltlichen Themen wie folgt aufgeteilt:

- logische Verknüpfungen (Aufgabe 1 bis Aufgabe 4)
- Speicherfunktionen (Aufgabe 5 und Aufgabe 6)
- Zähler (Aufgabe 7 und Aufgabe 8)
- Zeitgeber (Aufgabe 9 und Aufgabe 10)
- digitale Steuerungen (Aufgabe 11 und Aufgabe 12)
- Zahlenverarbeitung (Aufgabe 14 bis Aufgabe 16)
- Zeitverarbeitung (Aufgabe 17)
- Verarbeitung von Zeichenketten (Aufgabe 18)
- Anwendungen mit Analogsignalen (Aufgabe 19 und Aufgabe 20)

Tabelle 3.65 enthält eine Übersicht aller praktischen Aufgaben, in der die jeweils verwendete Programmiersprache, der jeweilige Namen des PLCnext-Projekts und der Abschnitt, in dem die jeweilige Aufgabe zu finden ist, angegeben sind.

Zu fast jedem Thema gehören auch theoretische Aufgaben (Aufgabe I bis Aufgabe VIII), die z. B. für die Vorbereitung eines Praktikums genutzt werden können.

Jede Aufgabe besteht aus einem Aufgabenziel, einer Aufgabenstellung, einer typischen Anwendung sowie jeweils zwei bzw. drei Aufgabenteilen. Im Aufgabenteil a soll die jeweils für die entsprechende Aufgabe benötigte PLCnext-Konfiguration erstellt werden. Diese Konfiguration kann abhängig von der Anzahl der Ein- und Ausgangssignale, die in der jeweiligen Aufgabe verwendet werden, für verschiedene Aufgaben auch identisch sein. Aufgabenteil b beinhaltet die Beschreibung der Steuerungsaufgabe, die mittels der SPS-Steuerung PLCnext programmtechnisch umgesetzt werden soll. Für jede Aufgabe ist die zu verwendende IEC 61131-3-Programmiersprache vorgegeben. Abhängig von der Aufgabe gibt es manchmal noch einen zusätzlichen Aufgabenteil c für ein geändertes Steuerverhalten.

Die zugehörigen Lösungen für die Aufgaben sind jeweils nach der Aufgabenstellung erläutert. Die Lösungen sind wie die Aufgaben in zwei bzw. auch drei Lösungsteile a, b und c aufgeteilt. Die Bezeichnung des zugehörigen PLCnext-Projekts finden Sie in den Lösungen. Eine Beschreibung der programmtechnischen Lösung einschließlich der erforderlichen Eingangs-/Ausgangszuordnungen der Prozessdaten ist in Lösungsteil b erläutert.

Zur Erstellung der SPS-Programme wird eine einheitliche Lösungsmethodik für alle Aufgaben genutzt, die in Abschnitt 2.4.1 beschrieben ist. Alle SPS-Programme beinhalten zusätzlich beschreibende Kommentare für die Lösungen. Die SPS-Programme sind als Screenshots aus PLCnext Engineer mit in die Lösungen aufgenommen und, soweit erforderlich, auch noch zusätzlich beschrieben.

Das PLCnext-Projekt `simple_test.pcwex` beinhaltet eine einfache Testmöglichkeit für das Eduline PLCnext Board. Über ein ST-Programm sind alle sechzehn Kippschalter direkt auf die sechzehn Anzeige-LED verschaltet. Auch das Potentiometer ist direkt mit dem LED-Bargraph verbunden und kann so einfach getestet werden.

3.1.2 SPS-Kurse

Auf Basis der vorgegebenen zwanzig Aufgaben können unterschiedliche handlungsorientierte Lernkurse (Laborpraktika) zu den Grundlagen der SPS-Technik durchgeführt werden. Die Kurse können flexibel an Inhalte, Kursdauer, Zielgruppe und Schwierigkeitsgrad angepasst werden. Je nach Kursumfang sind die Lernenden nach erfolgreicher Durchführung eines Kurses in der Lage, SPS-Steuerungen in unterschiedlichen Sprachen nach dem Standard IEC 61131-3 zu programmieren und in Betrieb zu nehmen. Die Dauer eines Kurses richtet sich nach der Bearbeitungsdauer für die programmtechnische Lösung einer Aufgabe und deren Schwierigkeitsgrad. Tabelle 3.1 beinhaltet die vorgesehene Bearbeitungsdauer und den Schwierigkeitsgrad für alle zwanzig Aufgaben.

Tabelle 3.1 Bearbeitungsdauer und Schwierigkeitsgrad der Aufgaben aus Kapitel 3

Aufgabe	Zeit-dauer [h]	Schwierig-keit	Sprache	Lerninhalt
Aufgabe 1: Beleuchtungssteuerung mit Schalter	0,5	1	KOP	einfache logische Verknüpfungen
Aufgabe 2: Selbsthaltung mit AND/OR	1	1	FBS	
Aufgabe 3: Steuerung eines Drehstrommotors	1,5	1	KOP	
Aufgabe 4: Dualzahlen-Addierer	1	1	FBS	
Aufgabe 5: Beleuchtungssteuerung mit Tastern	1	1	ST	Speicherfunktionen
Aufgabe 6: Steuerung einer Stanzmaschine	1,5	1	FBS	
Aufgabe 7: Halb automatische Transportanlage	1,5	1	ST	Zähler
Aufgabe 8: Pufferspeicher für Fertigungsteile	2,5	2	ST	
Aufgabe 9: Alarmsystem für Hausüberwachung	2	2	FBS	Zeitgeber
Aufgabe 10: Zeitfolgesteuerung für Motoren	2	2	FBS	
Aufgabe 11: Materialbearbeitung	3	3	KOP FBS	digitale Steuerungen
Aufgabe 12: Werktor	2,5	2	ST	
Aufgabe 13: Karosseriemontage	4	3	AS KOP FBS	
Aufgabe 14: Berechnung nach dem ohmschen Gesetz	1,5	1	ST	Zahlenverarbeitung
Aufgabe 15: Normierung von Messwerten	1	1	FUB	
Aufgabe 16: Temperaturreglung einer Heizung	2,5	2	FUB	

Tabelle 3.1 Bearbeitungsdauer und Schwierigkeitsgrad der Aufgaben aus Kapitel 3 *(Fortsetzung)*

Aufgabe	Zeitdauer [h]	Schwierigkeit	Sprache	Lerninhalt
Aufgabe 17: Pulsweitenmodulator	2,5	2	ST	Zeitverarbeitung
Aufgabe 18: Textmeldungen	2	2	FBS	Zeichenkettenverarbeitung
Aufgabe 19: Ampelsteuerung	4	3	KOP FBS	Steuerungen mit Analogwertverarbeitung
Aufgabe 20: Heizkesselsteuerung	3,5	3	AS FBS ST	

Auf Basis der zwanzig Aufgaben können flexibel und je nach Bedarf entsprechende praxisorientierte Lernkurse bzw. Laborpraktika abgeleitet werden. In Tabelle 3.2 sind dazu einige Beispiele aufgelistet.

Tabelle 3.2 Beispielhafte Lernkurse auf Basis der Aufgaben aus Kapitel 3

Kursbezeichnung	Lernthemen	Zeit-	Aufgabe
Grundlagen der SPS-Technik	alle Lernthemen	41	Aufgabe 1 bis Aufgabe 20
Einführung in die SPS-Technik	einfache logische Verknüpfungen; Speicherfunktionen; Zähler; Zeitgeber, Zahlen-, Zeichenketten- und Zeitverarbeitung	20	Aufgabe 1 bis Aufgabe 9, Aufgabe 14, Aufgabe 15, Aufgabe 17, Aufgabe 18
Aufbaukurs SPS-Technik	Steuerungen mit digitaler und analoger Signalverarbeitung	19	Aufgabe 10 bis Aufgabe 13, Aufgabe 19, Aufgabe 20
Grundlagen der digitalen Signalverarbeitung mit SPS	einfache logische Verknüpfungen, Speicherfunktionen, Zähler, Zeitgeber, digitale Steuerungen	24	Aufgabe 1 bis Aufgabe 13
Grundlagen der analogen Signalverarbeitung mit SPS	Zahlenverarbeitung, Zeitverarbeitung, Zeichenkettenverarbeitung, Steuerungen mit Analogwertverarbeitung	17	Aufgabe 14 bis Aufgabe 20

[1] aufgerundet auf volle Zeitstunden

3.2 Logische Verknüpfungen

Bei der Verarbeitung digitaler Signale mit einer SPS müssen praktisch immer logische Verknüpfungen programmiert werden. Entsprechend den Regeln der booleschen Algebra gehören zu den Grundfunktionen die Konjunktion (`UND` oder `AND`), Disjunktion (`ODER` oder `OR`) und Negation (`NICHT` oder `NOT`).

3.2.1 Theoretische Aufgabe I

Aufgabenziel: Erkennen der Funktionsweise aus vorliegenden logischen Verknüpfungen in einem SPS-Programm

Aufgabenstellung: Bekannt sind das in Listing 3.1 dargestellte ST-Programm sowie eine Eingangsbelegung für die Variable `IN` (Bild 3.1).

Listing 3.1 ST-Programm

```
M2 := IN AND NOT M1;
M3 := M2 AND NOT OUT;
OUT := M3 OR (OUT AND NOT M2);
M1 := IN;
```

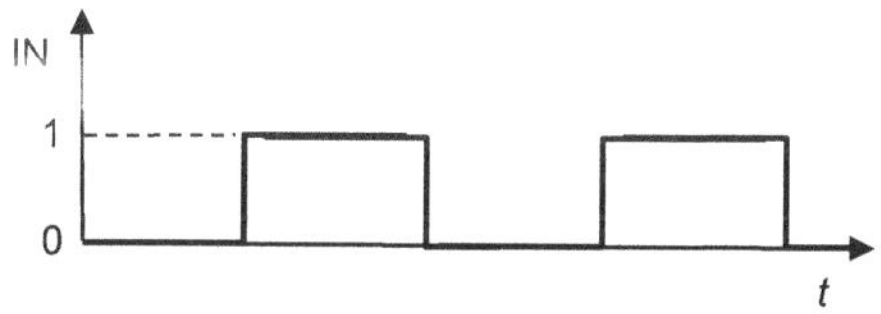

Bild 3.1 Eingangssignalbelegung

Aufgabe Ia: Es soll das zeitliche Verhalten des Ausgangssignals OUT für das in Bild 3.1 gegebene Eingangssignal IN ermittelt werden.

Aufgabe Ib: Welcher Funktionsbaustein wird durch den in Listing 3.1 angegebenen ST-Code modelliert?

Anwendung: Bei Wartungs- und Modernisierungsmaßnahmen liegen vielfach keine vollständigen Funktionsbeschreibungen vor. Diese müssen zum Teil aus den vorhandenen SPS-Programmen ermittelt werden.

Lösung Ia: Bild 3.2 zeigt das Verhalten des Ausgangssignals für die gegebene IN-Belegung.

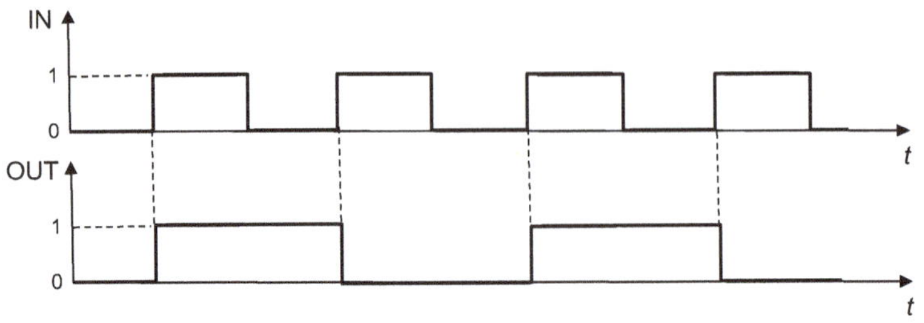

Bild 3.2 Ein- und Ausgangssignalbelegung

Lösung Ib: Eine Analyse des Quellcodes ergibt folgenden Sachverhalt:

- Flankenerkennung (M2): wird nur 1, wenn das Eingangssignal IN von 0 → 1 wechselt (steigende Flanke)
- Flipflop-Logik (M3): OUT wechselt nur den Zustand, wenn eine steigende Flanke erkannt wurde.
- Speicherung des Zustands (M1): Die aktuelle Ausgabe OUT wird über eine AND-Logik beibehalten.
- M1 speichert den alten Taktwert, um Flanken zu erkennen.

Das ST-Programm aus Listing 3.1 realisiert deshalb einen Binärteiler 2 : 1.

3.2.2 Theoretische Aufgabe II

Aufgabenziel: Erkennen der Funktionsweise einer Anlage aus Zuordnungstabelle und logischen Verknüpfungen im SPS-Programm

Aufgabenstellung: Für die Steuerung einer Schiebetür im Schutzzaun einer gesicherten Roboter-Montagezelle sind die Zuordnungstabelle (Tabelle 3.3) und das ST-Programm (Listing 3.2) bekannt.

Tabelle 3.3 Zuordnungstabelle für die Schiebetürsteuerung

Eingangsvariable	BMK	logische Zuordnung	Operandenzuordnung
Fußtaster	S1	betätigt: S1 = 1	E1
Endschalter Tür ZU	S2	betätigt: S2 = 1	E2
Endschalter Tür AUF	S3	betätigt: S3 = 1	E3
Interne Variablen			
2 s-Zeitverzögerung	T1	aktiviert: T1 = 1	T1

Eingangsvariable	BMK	logische Zuordnung	Operandenzuordnung
Ausgangsvariable			
Schütz Tür ZU	K1	angezogen: K1 = 1	A1
Schütz Tür AUF	K2	angezogen: K2 = 1	A2

Listing 3.2 Eingangssignalbelegung ST-Programm (vereinfacht)

```
(*Timer for switch-on delay*)
T := T#2s;
TON1(IN := NOT E1 AND E3, PT := T);
T1 := TON1.Q;

(*Contactor K1*)
A1 := NOT E2 AND NOT A2 AND (NOT E1 AND(A1 OR T1));

(*Contactor K2*)
A2 := NOT A1 AND NOT E3 AND (E1 OR A2);
```

Aufgabe II: Die Funktion der Schiebetürsteuerung soll beschrieben werden.

Anwendung: Bei Wartungs- und Modernisierungsmaßnahmen liegen vielfach keine vollständigen Funktionsbeschreibungen vor. Diese müssen zum Teil aus den vorhandenen SPS-Programmen ermittelt werden.

Lösung II: Zur anschaulichen Analyse der ST wird zuerst aus dem ST-Programm der in Bild 3.3 dargestellte Logikplan bzw. Funktionsplan abgeleitet.

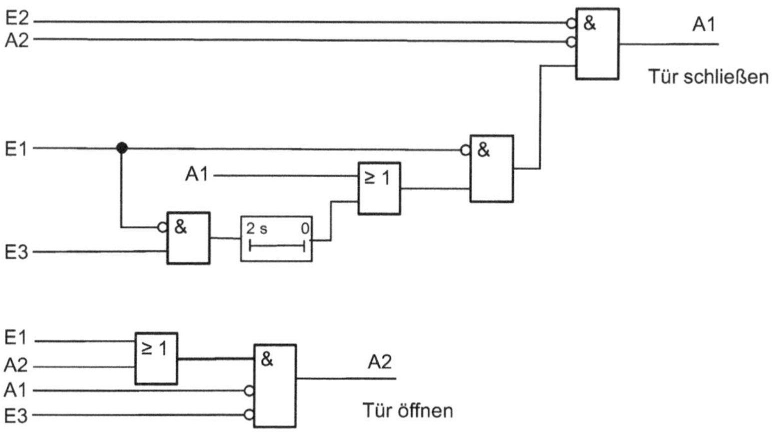

Bild 3.3 Logikplan zum ST-Programm der Aufgabe

Aus dem Logikplan lässt sich die Funktionsbeschreibung der Schiebetürsteuerung direkt ablesen: Durch Betätigung des Fußtasters S1 wird die Schiebetür geöffnet. Nach Erreichen des Endschalters S3 fällt der Schütz K2 ab, und die Zeitverzögerung wird gestartet. Nach 2 s schließt die Schiebetür automatisch, bis Endschalter S2 anspricht. Eine Betätigung des Fußschalters während des Schließvorganges führt zur sofortigen Öffnung der Tür.

3.2.3 Aufgabe 1: Beleuchtungssteuerung mit Schalter

Aufgabenziel: Einsatz der Negation (`NOT`- oder `NICHT`-Verknüpfung) einer Binärvariablen als eine der Grundfunktionen der booleschen Algebra

Aufgabenstellung: Eine einfache Beleuchtungssteuerung soll mit einer SPS realisiert werden (Bild 3.4).

Aufgabe 1a: Erstellen Sie eine PLCnext-Konfiguration mit den beiden E/A-Baugruppen am lokalen Axioline-Bus für den Versuchsaufbau des Eduline PLCnext Board EDU AXC F 2152.

Aufgabe 1b: Drei Beleuchtungseinheiten H1, H2 und H3 sind über drei Relais K1, K2 und K3 an die Ausgänge der SPS angeschlossen und sollen bei Betätigung von drei zugehörigen SchalternS1 (Schließer), S2 (Schließer) und S3 (Öffner) an den Eingängen der SPS eingeschaltet werden.

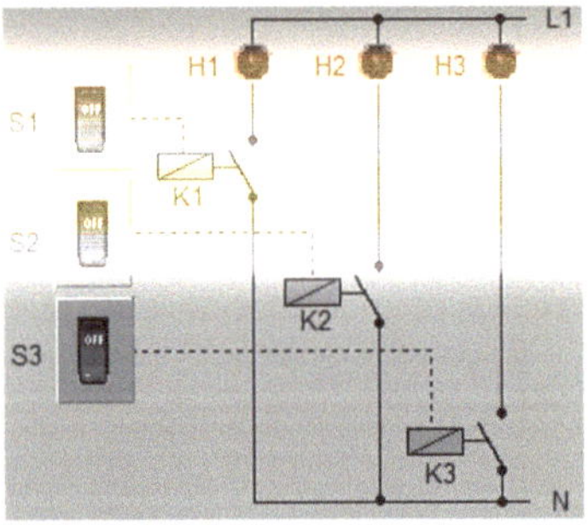

Bild 3.4
Einfache Beleuchtungssteuerung mit Schalter

Das SPS-Programm ist in KOP zu erstellen.

Anwendung: Die Negation von Binärwerten wird in praktisch allen komplexeren Verknüpfungssteuerungen benötigt.

Lösung 1a: Die erforderliche PLCnext-Konfiguration finden Sie im PLCnext-Programm `task_1.pcwex`.

Lösung 1b: Tabelle 3.4 und Tabelle 3.5 beinhalten die für die Lösung eingesetzten Zuordnungen für die Prozessvariablen. Da die Peripherieelemente zur Simulation der Prozesssignale (Kippschalter und LEDs) bereits mit festen Adressen der SPS verschaltet sind (siehe Bild 3.4), können als Adressen in die Zuordnungstabellen die jeweiligen Nummern der Kippschalter bzw. LEDs eingetragen werden.

Tabelle 3.4 Eingangszuordnung der Prozessdaten

BMK	Schalternr. (-A2)	Variablenname	Beschreibung
S1	1	IX_switch_1	betätigt: S1 = 1
S2	2	IX_switch_2	betätigt: S2 = 1
S3	3	IX_switch_3	betätigt: S3 = 0 (Öffner)

Tabelle 3.5 Ausgangszuordnung der Prozessdaten

BMK	LED-Nr. (-A2)	Variablenname	Beschreibung
H1	1	QX_led_1	LED leuchtet: H1 = 1
H2	2	QX_led_2	LED leuchtet: H2 = 1
H3	3	QX_led_3	LED leuchtet: H3 = 1

Da zur Simulation der Eingänge nur Kippschalter zur Verfügung stehen, muss darauf geachtet werden, dass der Schalter S3 als Öffner zuerst in die zugehörige Schalterstellung gebracht wird. Wegen S3 als Öffner wird das Eingangssignal von S3 zum Schalten des Schützes K3 negiert.

Bild 3.5 zeigt das zugehörige KOP-Programm für die Lösung.

Die vollständige programmtechnische Lösung ist im PLCnext-Projekt task_1.pcwex gespeichert.

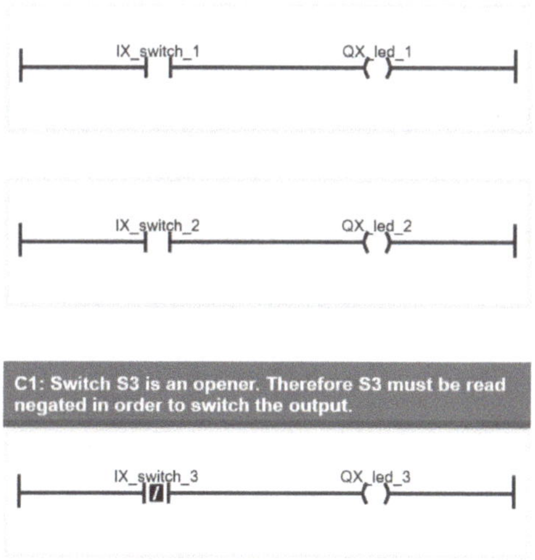

Bild 3.5
KOP-Programm für Aufgabe 1

3.2.4 Aufgabe 2: Selbsthaltung mit AND/OR

Aufgabenziel: Das Aufgabenziel ist der Einsatz der Grundfunktionen zur Verknüpfung binärer Variablen. Neben der Negation gehören die Konjunktion (AND- oder UND-Verknüpfung) und die Disjunktion (OR- oder ODER-Verknüpfung) zu den Grundfunktionen der booleschen Algebra.

Aufgabenstellung: Ein Schütz soll mit zwei Tastern über eine SPS ein- und ausgeschaltet werden. Es muss darauf geachtet werden, dass bei gleichzeitiger Betätigung der beiden Taster der AUS-Taster immer Vorrang hat.

Aufgabe 2a: Erstellen Sie eine PLCnext-Konfiguration mit den beiden E/A-Baugruppen am lokalen Axioline-Bus für den Versuchsaufbau des Eduline PLCnext Board EDU AXC F 2152.

Aufgabe 2b: Der Schütz soll durch zwei Taster ein- und ausgeschaltet werden. Der Taster S1 ist ein Schließer und schaltet den Schütz ein. Dazu liegt ein Selbsthaltekontakt des Schützes K1 parallel zum Taster S1. Der Taster S2 ist ein Öffner und schaltet den Schütz aus. Bild 3.6 zeigt den Schaltplan für den Schütz mit einem parallel liegenden Selbsthaltekontakt.

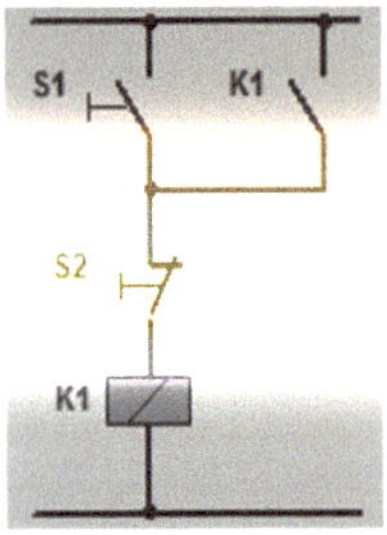

Selbsthaltung eines Schützes mit parallel liegendem Selbsthaltekontakt

Die Steuerung soll mittels eines FBS-Programms und unter Nutzung von AND/OR-Verknüpfungen realisiert werden.

Aufgabe 2c: In dieser Aufgabenstellung liegt der Selbsthaltekontakt K1 des Schützes in Reihe zum Taster S2. Bild 3.7 zeigt den Schaltplan für den Schütz mit einem in Reihe liegenden Selbsthaltekontakt.

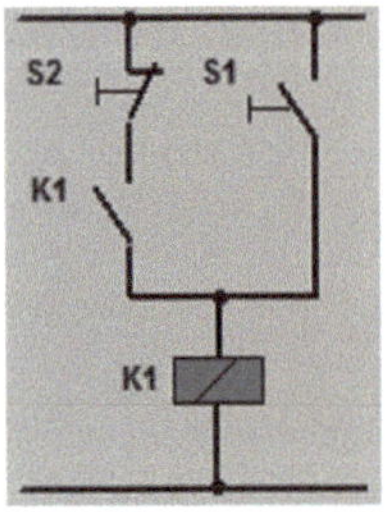

Bild 3.7
Selbsthaltung eines Schützes mit Selbsthaltekontakt in Reihe

Die Steuerung soll mittels eines FBS-Programms und unter Nutzung von `AND`/`OR`-Verknüpfungen realisiert werden.

Anwendung: Selbsthalteschaltungen gehören zu den Grundverknüpfungen für digitale Steuerungen.

Lösung 2a: Die erforderliche PLCnext-Konfiguration finden Sie im PLCnext-Projekt `task_2a.pcwex` bzw. `task_2b.pcwex`.

Lösung 2b und Lösung 2c: Tabelle 3.6 und Tabelle 3.7 beinhalten die für die Lösung eingesetzten Zuordnungen für die Prozessvariablen.

Tabelle 3.6 Eingangszuordnung der Prozessdaten

BMK	Schalternr. (–A2)	Variablenname	Beschreibung
S1	1	`IX_switch_1`	betätigt: S1 = 1
S2	2	`IX_switch_2`	betätigt: S2 = 0 (Öffner)

Tabelle 3.7 Ausgangszuordnung der Prozessdaten

BMK	LED-Nr. (–A2)	Variablenname	Beschreibung
H1	1	`QX_contactor_1`	LED leuchtet: H1 = 1

Die beiden Kippschalter 1 und 2 simulieren die Taster S1 (Schließer) und S2 (Öffner). LED 1 simuliert den Schütz K1.

Bild 3.8 und Bild 3.9 zeigen die beiden FBS-Programme.

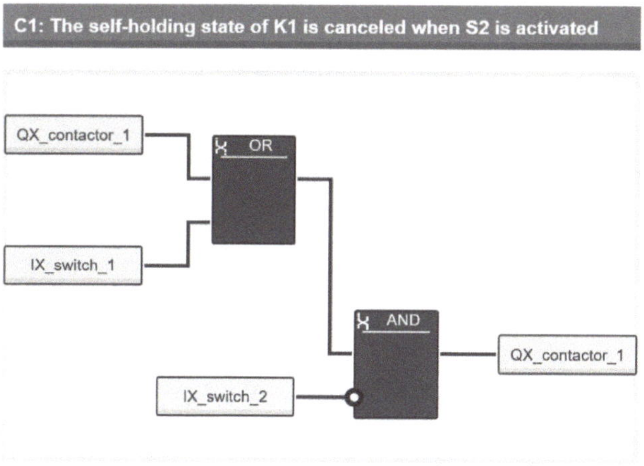

Bild 3.8 FBS-Programm für die Selbsthaltung eines Schützes mit parallel liegendem Selbsthaltekontakt (entspricht einem RS-Flipflop)

Die vollständige programmtechnische Lösung nach Bild 3.8 ist im PLCnext-Projekt `task_2a.pcwex` gespeichert. Die vollständige programmtechnische Lösung nach Bild 3.9 ist im PLCnext-Projekt `task_2b.pcwex` gespeichert.

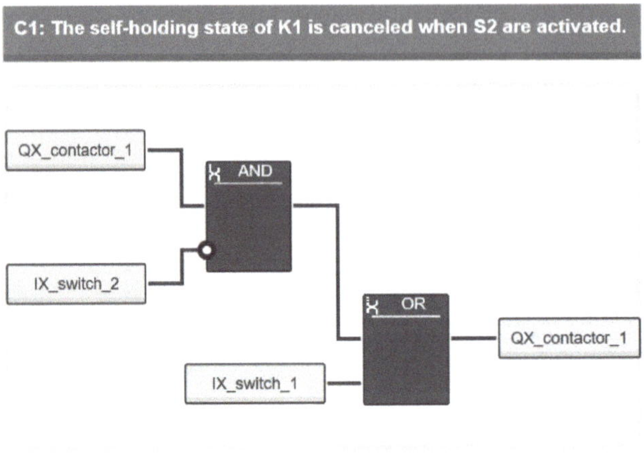

Bild 3.9 FBS-Programm für die Selbsthaltung eines Schützes mit in Reihe liegendem Selbsthaltekontakt (entspricht einem SR-Flipflop)

3.2.5 Aufgabe 3: Steuerung eines Drehstrommotors

Aufgabenziel: Anwendung von AND- und OR-Verknüpfungen für einfache Steuerungsaufgaben.

Aufgabenstellung: Eine Umkehrschützschaltung und Gegenstrombremsung eines Drehstrommotors soll mittels einer SPS gesteuert werden.

Aufgabe 3a: Erstellen Sie eine PLCnext-Konfiguration mit den beiden E/A-Baugruppen am lokalen Axioline-Bus für den Versuchsaufbau des Eduline PLCnext Board EDU AXC F 2152.

Aufgabe 3b: Für den in Bild 3.10 dargestellten Drehstrommotor mit Umkehrschützschaltung und Gegenstrombremsung soll folgender Funktionsablauf gesteuert werden:

- Der Motor M wird durch einmalige Betätigung eines Tasters S1 in den Rechtslauf gebracht (Einschalten von Schütz K1).
- Ein Taster S2 bewirkt während seiner Betätigung unabhängig von der Betätigungsstellung des Tasters S1 in jedem Fall durch Einschalten von Schütz K2 und Ausschalten von K1 den Linkslauf und damit gleichzeitig die Bremsung des Motors.
- Die beiden Schütze müssen gegeneinander verriegelt sein.

- Zwei Meldeleuchten H1 und H2 sollen den Betriebszustand des Motors anzeigen.
- Der Überstromauslöser F2 wirkt als Sicherheitsmaßnahme und muss bei seinem Ansprechen beide Schütze ausschalten.

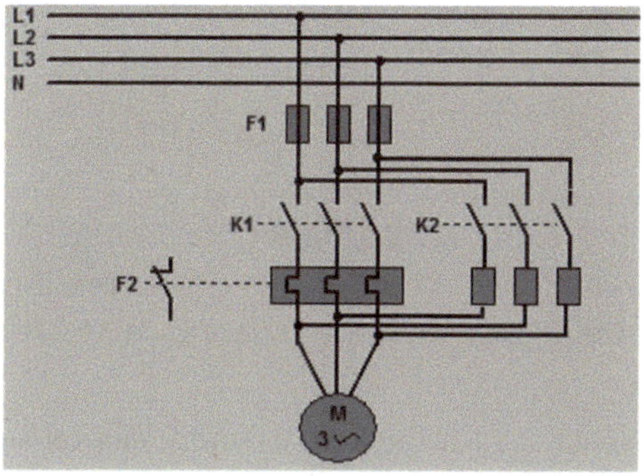

Bild 3.10 Drehstrommotor mit Umkehrschützschaltung und Gegenstrombremsung

Mit der Gegenstrombremsung wird ein starkes Bremsmoment entwickelt. Der Motor bremst auf Stillstand ab, läuft dann aber in die andere Drehrichtung wieder hoch. Somit kann die Gegenstrombremsung nur als Teil einer Drehzahlreversierung verstanden werden.

Das Steuerungsprogramm soll mittels KOP und unter ausschließlicher Nutzung der booleschen Grundfunktionen `AND`, `OR` und `NOT` erstellt werden.

Anwendung: sicherer Betrieb der Anschaltung von Drehstrommotoren an das Leistungsnetz

Lösung 3a: Die erforderliche PLCnext-Konfiguration finden Sie im PLCnext-Projekt `task_3.pcwex`.

Lösung 3b: Tabelle 3.8 und Tabelle 3.9 beinhalten die für die Lösung eingesetzten Zuordnungen für die Prozessvariablen.

Tabelle 3.8 Eingangszuordnung der Prozessdaten

BMK	Schalternr. (-A2)	Variablenname	Beschreibung
T1	1	`IX_button_start_right`	betätigt: S1 = 1
T2	2	`IX_button_start_left`	betätigt: S2 = 1
F2	8	`IX_overcurrent`	betätigt: F2 = 0 (Öffner)

Tabelle 3.9 Ausgangszuordnung der Prozessdaten

BMK	LED-Nr. (-A2)	Variablenname	Beschreibung
K1	1	`QX_motor_right`	LED leuchtet: K1 = 1
H1	2	`QX_lamp_right`	LED leuchtet: H1 = 1
K2	3	`QX_motor_left`	LED leuchtet: K2 = 1
H2	4	`QX_lamp_left`	LED leuchtet: H2 = 1

Die Kippschalter 1 und 2 simulieren den Rechts- bzw. Linkslauftaster Der Kippschalter 8 simuliert als Öffner den Überstromauslöser. Die LEDs 1 und 3 simulieren die Rechtsdrehung bzw. Bremsung des Motors. Die LEDs 2 und 4 fungieren als Meldeleuchten.

Die Programmlösung verwendet jeweils ein Netzwerk für die Rechts- und Linkssteuerung (Gegenstrombremsung) des Motors. Der zusätzliche Kontakt im Netzwerk für die Rechtsdrehung `QX_motor_left` stellt sicher, dass die Gegenstrombremsung immer Vorrang hat.

Das obere Netzwerk in Bild 3.11 realisiert die Rechtsdrehung des Motors. Mit dem unteren Netzwerk erfolgt eine Linksdrehung des Motors (Gegenstrombremsung), solange die Taste T2 gedrückt ist.

Die vollständige programmtechnische Lösung ist im PLCnext-Projekt `task_3.pcwex` gespeichert.

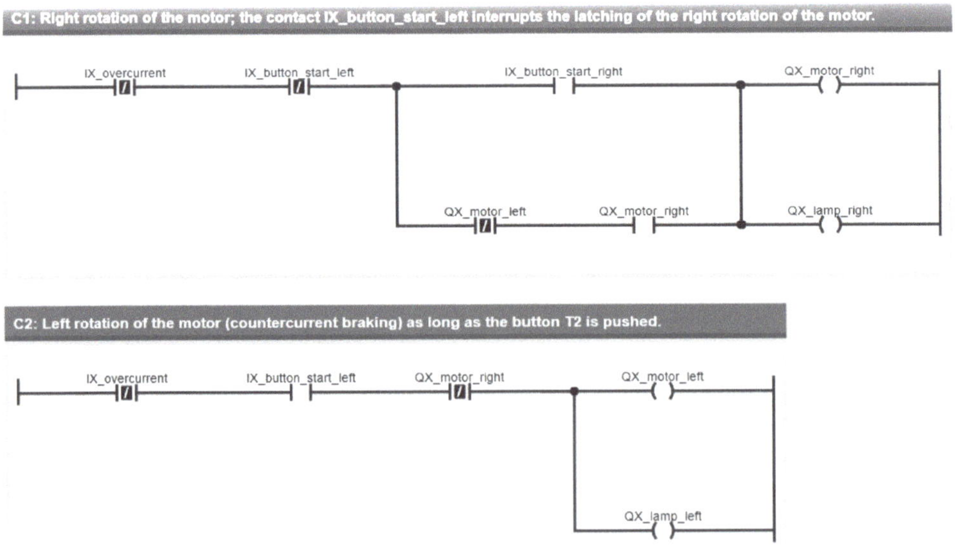

Bild 3.11 KOP-Programm zu Aufgabe 3

3.2.6 Aufgabe 4: Dualzahlen-Addierer

Aufgabenziel: Einsatz von Antivalenz-Verknüpfungen (XOR oder EXCLUSIV-ODER-Verknüpfung) für binäre Signale

Aufgabenstellung: Mittels eines SPS-Programms soll ein Addierer zur Addition von zwei einstelligen Dualzahlen realisiert werden.

Aufgabe 4a: Erstellen Sie eine PLCnext-Konfiguration mit den beiden E/A-Baugruppen am lokalen Axioline-Bus für den Versuchsaufbau des Eduline PLCnext Board EDU AXC F 2152.

Aufgabe 4b: Über zwei Schalter S1 und S2 am Eingang der SPS werden zwei einstellige zu addierende Dualzahlen eingegeben. An zwei Ausgängen wird das Ergebnis jeweils für die Wertigkeit 2^0 (Summe) und für die Wertigkeit 2^1 (Übertrag) ausgegeben.

Das SPS-Programm soll in FBS erstellt werden.

Anwendung: XOR-Verknüpfungen werden häufig zur Erkennung von Zustandswechseln benötigt.

Lösung 4a: Die erforderliche PLCnext-Konfiguration finden Sie im PLCnext-Projekt `task_4.pcwex`.

Lösung 4b: Tabelle 3.10 und Tabelle 3.11 beinhalten die für die Lösung eingesetzten Zuordnungen für die Prozessvariablen.

Tabelle 3.10 Eingangszuordnung der Prozessdaten

BMK	Schalternr. (-A2)	Variablenname	Beschreibung
S1	1	IX_switch_1	betätigt: S1 = 1
S2	2	IX_switch_2	betätigt: S2 = 1

Tabelle 3.11 Ausgangszuordnung der Prozessdaten

BMK	LED-Nr. (-A2)	Variablenname	Beschreibung
SU	1	QX_sum_bit_0	LED leuchtet: SU = 1 (Summe)
UE	2	QX_sum_bit_1	LED leuchtet: UE = 1 (Übertrag)

Die Kippschalter 1 und 2 simulieren die beiden zu addierenden Binärstellen. Das Ergebnis der Addition (Summe und Übertrag) wird über die LEDs 1 und 2 angezeigt. Als Ergebnis der Binäraddition stehen am Ausgang des XOR-Bausteins die Summe (Bit 0 der Summe) und am Ausgang des AND-Bausteins der Übertrag (Bit 1 der Summe) zur Verfügung. Bild 3.12 zeigt das zugehörige FBS-Programm.

Das Übertrags-Bit 1 wird bei Betätigung von S1 und S2 gesetzt. Das Summen-Bit 0 ist gesetzt, wenn nur einer der beiden Schalter S1 oder S2 betätigt wird.

Die vollständige programmtechnische Lösung ist im PLCnext-Projekt `task_4.pcwex` gespeichert.

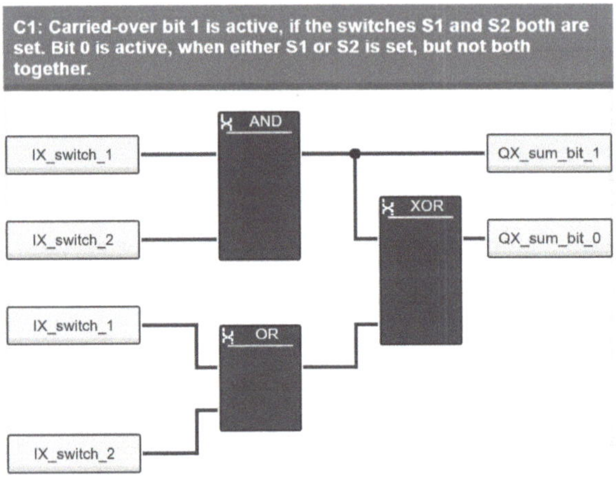

Bild 3.12 FBS-Programm für den Dualzahlen-Addierer

3.3 Speicherfunktionen

Für nur kurzzeitig anliegende dynamische Signale werden Speicherglieder benötigt, die als Meldespeicher oder Befehlsspeicher dienen. Als Speicherglieder in SPS-Steuerungen kommen bistabile Funktionsbausteine (Flipflop) zur Anwendung. Die Bausteine stehen für alle Programmiersprachen der IEC 61131-3 als RS-Flipflop und SR-Flipflop zur Verfügung.

3.3.1 Theoretische Aufgabe III

Aufgabenziel: Vermittlung von grundlegenden Kenntnissen zu Speicherfunktionen mit RS- und SR-Flipflops

Aufgabenstellung: Bei der Verwendung von RS- und SR-Flipflops sind die Dominanz der SET- bzw. RESET-Eingänge von großer Bedeutung. Bild 3.13 zeigt den Signalverlauf an den Eingängen (S – SET-Eingang, R – RESET-Eingang) und am Ausgang (Q1) eines Speicherbausteins.

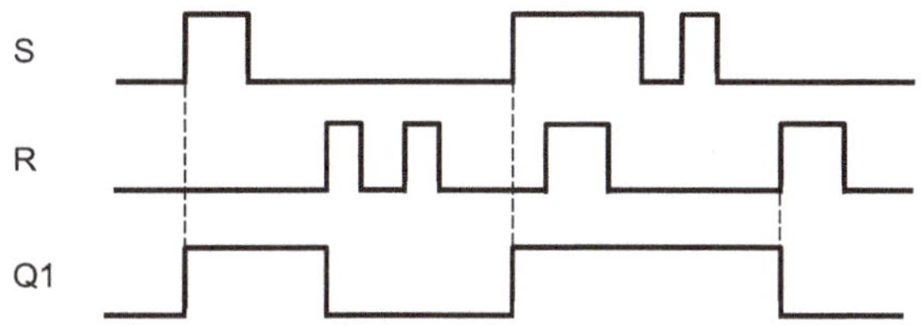

Bild 3.13 Signalverlauf an einem Speicherbaustein

Aufgabe IIIa: Ermitteln Sie aus Bild 3.13, ob es sich um ein Speicherglied mit dominantem Setz- oder Rücksetzeingang handelt.

Aufgabe IIIb: Erläutern Sie, wieso man in Steuerungsprogrammen häufig RS-Flipflops mit dominantem RESET-Eingang verwendet.

Lösung IIIa: Bei dem Speicherbaustein nach Bild 3.13 handelt es sich um ein Speicherglied mit dominantem Setzeingang, also um ein SR-Flipflop. Vorrangiges Setzen bedeutet, dass bei gleichzeitigem Auftreten von Signalzustand 1 am Setzeingang (S oder SET) und Rücksetzeingang (R oder RESET) die Speicherfunktion (Q) gesetzt wird.

Lösung IIIb: Das rücksetzdominante RS-Flipflop ist der typische Befehlsspeicher für alle Aktoren, Ventile, Motoren usw. Die Rücksetzsignale müssen Vorrang vor den Setzsignalen haben, um in Problemfällen den Aktor immer sicher auszuschalten.

3.3.2 Aufgabe 5: Beleuchtungssteuerung mit Tastern

Aufgabenziel: Kennenlernen der Vorgehensweise zur Arbeit mit RS-Speicherbausteinen (RS-Flipflop)

Aufgabenstellung: Es soll die Beleuchtungssteuerung aus Abschnitt 3.2.3 mit Tastern anstelle Schaltern realisiert werden.

Aufgabe 5a: Erstellen Sie eine PLCnext-Konfiguration mit den beiden E/A-Baugruppen am lokalen Axioline-Bus für den Versuchsaufbau des Eduline PLCnext Board EDU AXC F 2152.

Aufgabe 5b: Als Beleuchtungsschalter werden nun jeweils zwei Taster für eine Beleuchtungseinheit genutzt (Bild 3.14). Durch Betätigen des Tasters T1.1 soll die Beleuchtungseinheit H1 eingeschaltet und durch Betätigung des Tasters T1.2 wieder ausgeschaltet werden. Entsprechendes gilt für die Taster T2.1/T2.2 und T3.1/T3.2 für die zugehörigen Beleuchtungseinheiten H2 und H3. Bei gleichzeitigem Drücken der Taster soll immer der AUS-Taster dominieren.

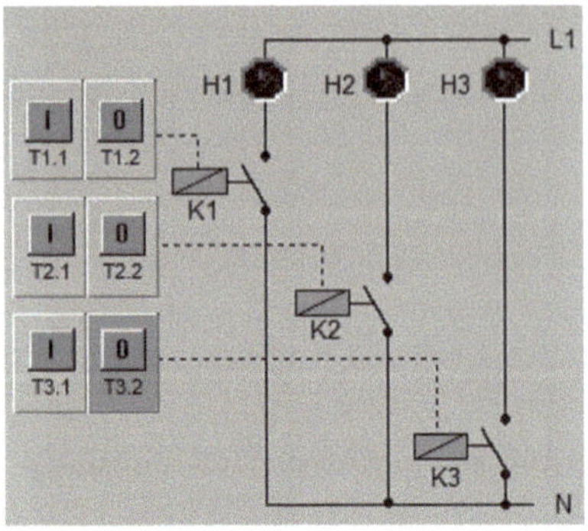

Bild 3.14
Einfache Beleuchtungssteuerung mit Tastern (Schaltschema)

Alle Taster sind Schließer, lediglich Taster T3.2 ist ein Öffner. Als Speicherbausteine sollen RS-Flipflops genutzt werden. Es ist ein SPS-Programm in ST zu erstellen.

Anwendung: Das rücksetzdominante RS-Flipflop ist der typische Befehlsspeicher für alle Aktoren, Ventile, Motoren usw. Hier gilt in der Regel, dass die Rücksetzsignale vor den Setzsignalen Vorrang haben müssen.

Lösung 5a: Die erforderliche PLCnext-Konfiguration finden Sie im PLCnext-Projekt `task_5.pcwex`.

Lösung 5b: Tabelle 3.12 bis Tabelle 3.14 beinhalten die für die Lösung eingesetzten Zuordnungen für die Prozessvariablen.

Eingangszuordnung der Prozessdaten

T1.1	1	`IX_on_button_1`	betätigt: T1.1 = 1
T1.2	2	`IX_off_button_1`	betätigt: T1.2 = 1
T2.1	4	`IX_on_button_2`	betätigt: T2.1 = 1
T2.2	5	`IX_off_button_2`	betätigt: T2.2 = 1
T3.1	7	`IX_on_button_3`	betätigt: T3.1 = 1
T3.2	8	`IX_off_button_3`	betätigt: T3.2 = 0 (Öffner)

Tabelle 3.13 Ausgangszuordnung der Prozessdaten

BMK	LED-Nr. (–A2)	Variablenname	Beschreibung
K1	1	`QX_lamp_1`	LED leuchtet: K1 = 1
K2	4	`QX_lamp_2`	LED leuchtet: K2 = 1
K3	7	`QX_lamp_3`	LED leuchtet : K3 = 1

Tabelle 3.14 Zuordnung der internen Variablen (Merker)

Variablenname	Datentyp	Beschreibung
RS_1	RS	Bezeichner für die RS-Instanz
RS_2	RS	Bezeichner für die RS-Instanz
RS_3	RS	Bezeichner für die RS-Instanz

Die Kippschalter werden zur Simulation der Ein-/Aus-Taster verwendet. Die Schütze K1 ... K3 bzw. die Beleuchtungseinheiten H1 ... H3 werden über die LED-Ausgänge simuliert.

Listing 3.3 zeigt das ST-Programm.

Listing 3.3 ST-Programm für die Beleuchtungssteuerung mit Tastern

```
(*C1: The RS flipflop is set by the switch-on button and reset by the switch-off
button.*)
RS_1 (SET := IX_on_button_1, RESET1 := IX_off_button_1);
QX_lamp_1 := RS_1.Q1;

RS_2 (SET := IX_on_button_2, RESET1 := IX_off_button_2);
QX_lamp_2 := RS_2.Q1;

(*C2: Button T3.2 is a N/C contact and have to be negated*)
RS_3 (SET := IX_on_button_3, RESET1 := NOT IX_off_button_3);
QX_lamp_3 := RS_3.Q1;
```

Das RS-Flipflop wird vom Einschalttaster gesetzt und vom Ausschalttaster rückgesetzt. Taster 3.2 ist ein Öffner und muss negiert werden

Die Nutzung von RS-Speichern ermöglicht die Selbsthaltung für die Ein-/Aus-Taster. Es muss darauf geachtet werden, dass das Eingangsprozessdatum von Taster T3.2 (`IX_off_button_3`) wegen des Öffnerverhaltens negiert wird.

Die vollständige programmtechnische Lösung ist im PLCnext-Projekt `task_5.pcwex` gespeichert.

3.3.3 Aufgabe 6: Steuerung einer Stanzmaschine

Aufgabenziel: Kennenlernen der Vorgehensweise bei der Arbeit mit SR-Speicherbausteinen (SR-Flipflop)

Aufgabenstellung: Mittels einer SPS soll eine Steuerung für eine Stanzmaschine realisiert werden (Bild 3.15).

Aufgabe 6a: Erstellen Sie eine PLCnext-Konfiguration mit den beiden E/A-Baugruppen am lokalen Axioline-Bus für den Versuchsaufbau des Eduline PLCnext Board EDU AXC F 2152.

Aufgabe 6b: Der Stanzkolben soll nur dann ausfahren, wenn das Werkstück richtig positioniert ist, d. h., wenn die Lichtschranken LS1 und LS2 gleichzeitig unterbrochen sind und der START-Taster T1 (Schließer) betätigt wurde. Die Stanzmaschine M1 soll sofort stoppen, sobald eine der beiden Lichtschranken (oder beide) aktiv ist oder wenn der STOP-Taster (Schließer) gedrückt wird. Der Motor des Stanzkolbens wird über einen Schütz durch ein SPS-Ausgangssignal ein- bzw. ausgeschaltet.

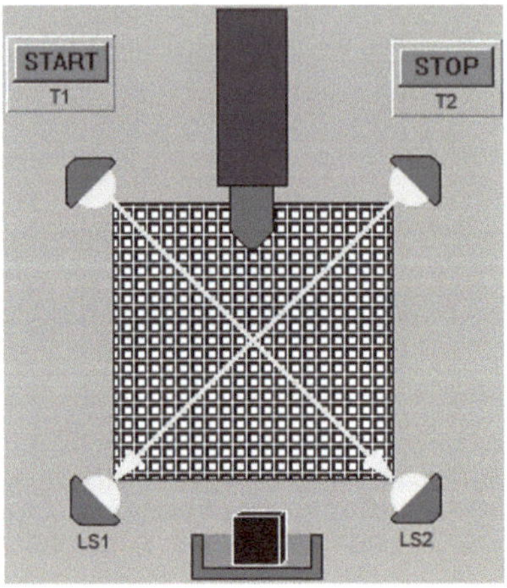

Bild 3.15
Stanzmaschine

Ein Programmmerker soll anzeigen, dass das Werkstück korrekt auf der Stanzposition liegt. Über einen weiteren Merker soll eine Warnung ausgegeben werden, wenn nur eine der beiden Lichtschranken unterbrochen ist. Die Warnmeldung soll über ein SR-Flipflop behandelt werden.

Das SPS-Programm ist in FBS zu erstellen.

Anwendung: Das setzdominante SR-Flipflop wird z. B. für Fehlermeldungen und Warnungen eingesetzt. Ist es einmal durch einen Fehler bzw. eine Warnung gesetzt, darf es nur dann rückgesetzt werden, wenn der Fehler bzw. die Warnung nicht mehr besteht.

Lösung 6a: Die erforderliche PLCnext-Konfiguration finden Sie im PLCnext-Projekt `task_6.pcwex`.

Lösung 6b: Tabelle 3.15 bis Tabelle 3.17 beinhalten die für die Lösung eingesetzten Zuordnungen für die Prozessvariablen.

Tabelle 3.15 Eingangszuordnung der Prozessdaten

BMK	Schalternr. (-A2)	Variablenname	Beschreibung
LS1	1	IX_light_barrier_1	aktiv: LS1 = 1
LS2	2	IX_light_barrier_2	aktiv: LS2 = 1
T1	7	IX_button_start	betätigt: T1 = 1 (START)
T2	8	IX_button_stop	betätigt: T2 = 1 (STOP)

Tabelle 3.16 Ausgangszuordnung der Prozessdaten

BMK	LED-Nr. (-A2)	Variablenname	Beschreibung
M1	1	QX_motor	LED leuchtet: M1 = 1 (Stanzmaschine EIN)

Tabelle 3.17 Zuordnung der internen Variablen (Merker)

Variablenname	Datentyp	Beschreibung
RS_1	RS	RS-Instanz für Start/Stopp der Stanzmaschine
SR_1	SR	SR-Instanz für die Warnmeldung
part_available_bool	BOOL	TRUE, wenn das Werkstück korrekt in die Aufnahme eingelegt wurde
lb_warning_bool	BOOL	TRUE, wenn eine der beiden Lichtschranken unterbrochen ist

Die Lösung verwendet die Kippschalter 1 und 2 als START/STOPP-Taster und die Kippschalter 7 und 8 zur Simulation der beiden Lichtschranken. Der Merker `lb_warning_bool` fungiert als Warnung, falls eine der beiden Lichtschranken aktiv ist. Der Antrieb der Stanzmaschine wird über LED 1 simuliert. Es werden zwei Flipflops verwendet: Das RS-Flipflop speichert das START-Signal für die Stanzmaschine und das SR-Flipflop die Warnung von den Lichtschranken. Die Warnung kann durch Drücken des STOP-Tasters rückgesetzt werden.

In Bild 3.16 ist das zugehörige FBS-Programm abgebildet.

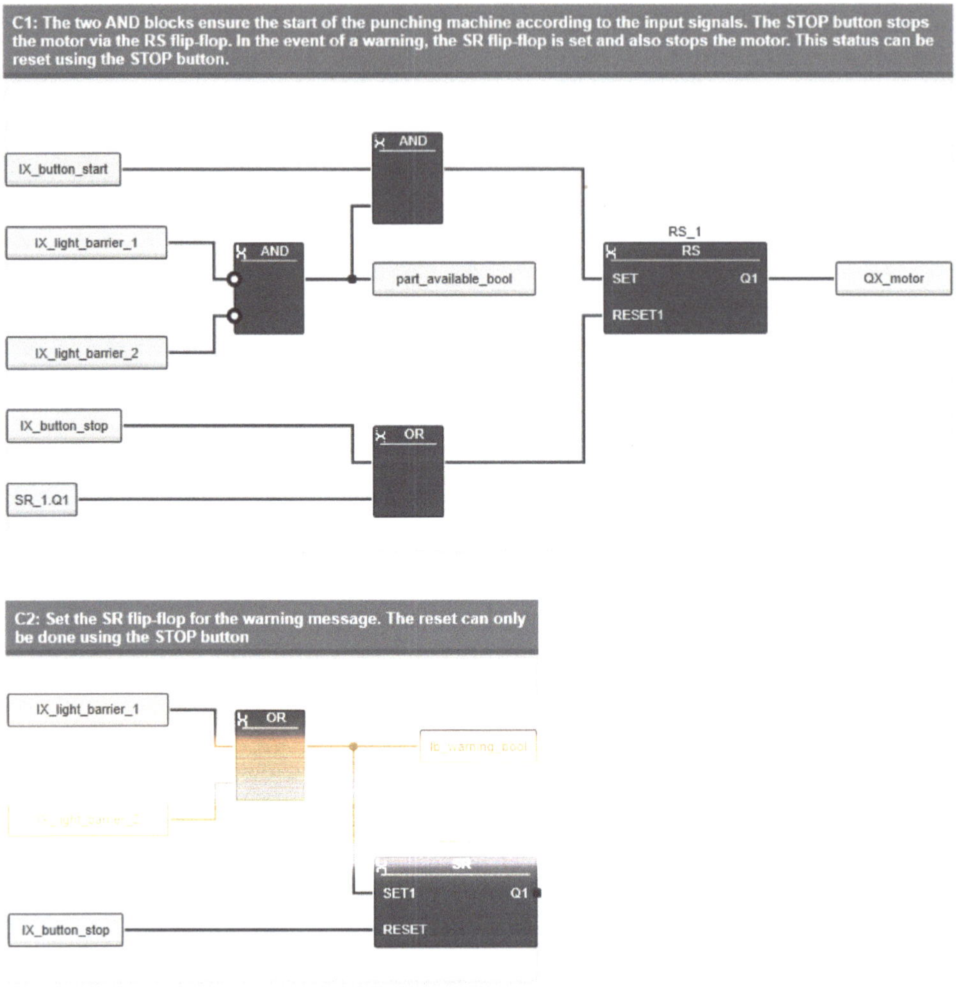

Bild 3.16 FBS-Programm für Stanzmaschine

Die beiden AND-Bausteine im oberen Netzwerk sichern den Start der Stanzmaschine entsprechend den Eingangssignalen. Der STOP-Taster stoppt den Motor über das RS-Flipflop. Bei einer Warnung wird das SR-Flipflop gesetzt und stoppt gleichfalls den Motor. Dieser Zustand kann über den STOP-Taster rückgesetzt werden. Im unteren Netzwerk erfolgt das Setzen des SR-Flipflops für die Warnmeldung. Die Rücksetzung kann nur über den STOP-Taster erfolgen.

Die vollständige programmtechnische Lösung ist im PLCnext-Projekt `task_6.pcwex` gespeichert.

3.4 Zähler

Viele Steuerungsvorgänge enthalten Zählfunktionen als Teilaufgaben. Grundsätzlich können Zähler durch logische Verknüpfungen und Speicherglieder aufgebaut werden. Zur Vereinfachung der Programmierung beinhaltet die IEC 61131-3 aber fertig nutzbare Zähler als Standardfunktionsbausteine.

3.4.1 Theoretische Aufgabe IV

Aufgabenziel: Vermittlung von grundlegenden Kenntnissen zu Zählfunktionen mit Standardfunktionsbausteinen

Aufgabenstellung: Der Vorwärtszähler CTU wird als Standardfunktionsbaustein in den unterschiedlichen Programmiersprachen der IEC 61131-3 verschieden dargestellt. Listing 3.4 zeigt z. B. die Darstellung in der Sprache ST.

Listing 3.4 Vorwärtszähler in ST

```
CTU_1(CU := puls, RESET := reset, PV := preset_value);
counter := CTU_1.Q;
current_value := CTU_1.CV;
```

Aufgabe IV: Geben Sie die Darstellung des Vorwärtszählers nach Listing 3.4 in der Programmiersprache KOP an.

Lösung IV: Bild 3.17 zeigt die Darstellung eines Vorwärtszählers in der Programmiersprache KOP.

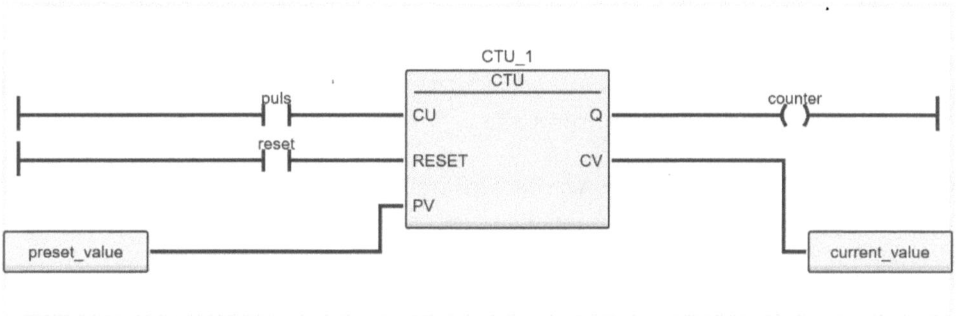

Bild 3.17 Vorwärtszähler CTU als Standardfunktionsbaustein in KOP

Nur in den grafischen Programmiersprachen (KOP, FBS) lässt sich erkennen, dass es sich bei dem Zähleingang CU (CountUp) um einen dynamischen Eingang handelt. Zähler erfassen grundsätzlich nur die Flanken der Eingangssignale.

3.4.2 Aufgabe 7: Halb automatische Transportanlage

Aufgabenziel: Kennenlernen der Vorgehensweise bei der Arbeit mit einem Rückwärtszähler

Aufgabenstellung: Mittels einer SPS soll eine halb automatische Transportanlage gesteuert werden.

Aufgabe 7a: Erstellen Sie eine PLCnext-Konfiguration mit den beiden E/A-Baugruppen am lokalen Axioline-Bus für den Versuchsaufbau des Eduline PLCnext Board EDU AXC F 2152.

Aufgabe 7b: An einer Transportanlage nach Bild 3.18 gelangen Pakete über ein Förderband (angetrieben durch einen Motor M) in einen an dessen Ende stehenden Behälter. Jedes ankommende Paket wird mit einer Lichtschranke LS erfasst. Sind fünf Pakete im Behälter, ist das Förderband zu stoppen. Nach Austausch des vollen gegen einen leeren Behälter kann durch Betätigung eines Tasters T (Schließer) der Vorgang neu gestartet werden.

Das zugehörige SPS-Programm ist in ST zu erstellen.

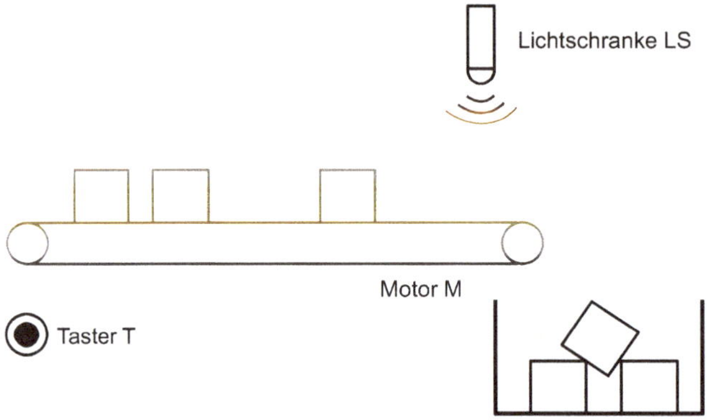

Bild 3.18 Prinzipschema der Transportanlage

Anwendung: Zählerfunktionen werden in Steuerungsaufgaben benötigt, um z. B. Mengen oder Positionen durch Aufzählen von Impulsen zu erfassen.

Lösung 7a: Die erforderliche PLCnext-Konfiguration finden Sie im PLCnext-Projekt `task_7.pcwex`.

Lösung 7b: Tabelle 3.18 bis Tabelle 3.20 beinhalten die für die Lösung eingesetzten Zuordnungen für die Prozessvariablen.

Tabelle 3.18 Eingangszuordnung der Prozessdaten

BMK	Schalternr. (-A2)	Variablenname	Beschreibung
LS1	1	`IX_light_barrier`	aktiv: LS1 = 1
T1	2	`IX_button_reset`	betätigt: T1 = 1

Tabelle 3.19 Ausgangszuordnung der Prozessdaten

BMK	LED-Nr. (-A2)	Variablenname	Beschreibung
M1	7	`QX_motor`	LED leuchtet: M1 = 1

Tabelle 3.20 Zuordnung der internen Variablen (Merker)

Variablenname	Datentyp	Beschreibung	Startwert
`RS_1`	`RS`	RS-Instanz zum Start/Stopp des Motors	
`CTU_1`	`CTU`	CTU-Instanz zum Zählen der Pakete	
`max_packages_int`	`INT`	maximale Anzahl der Pakete im Behälter	5
`stop_conveyor_bool`	`BOOL`	TRUE, wenn fünf Pakete im Behälter sind	

Der Kippschalter 1 simuliert die Lichtschranke, und der Kippschalter 2 wird als Taster T genutzt. Der LED-Ausgang 1 simuliert den Förderbandmotor. Der Merker `stop_conveyor_bool` ist `TRUE`, sobald fünf Pakete in den Behälter gefördert wurden. Mit diesem Merker wird der Motor gestoppt und gleichzeitig der Zähler rückgesetzt.

Listing 3.5 zeigt das zugehörige ST-Programm.

Listing 3.5 ST-Programm für die halb automatische Transportanlage

```
(*C1: Start/stop the motor for the conveyor belt *)
RS_1 (
    SET := NOT stop_conveyor_bool,
    RESET1 := stop_conveyor_bool,
    Q1 => QX_motor
);
(* C2: Counting the packages in the container *)
CTU_1 (
    CU := IX_light_barrier,
    RESET := stop_conveyor_bool AND IX_button_reset,
    PV := max_packages_int
);
stop_conveyor_bool := CTU_1.Q;
```

Mit dem RS-Flipflop `RS_1` erfolgt der Start/Stopp des Motors für das Förderband, und mit dem Zähler `CTU_1` werden die Pakete im Behälter gezählt.

Die vollständige programmtechnische Lösung ist im PLCnext-Projekt `task_7.pcwex` gespeichert.

3.4.3 Aufgabe 8: Pufferspeicher für Fertigungsteile

Aufgabenziel: Kennenlernen der Vorgehensweise bei der Arbeit mit einem Vor-/Rückwärtszähler

Aufgabenstellung: Mittels einer SPS soll ein Pufferspeicher für Fertigungsteile so gesteuert werden, dass sich im Pufferspeicher mindestens fünf Teile, aber nie mehr als zwanzig Teile befinden.

Aufgabe 8a: Erstellen Sie eine PLCnext-Konfiguration mit den beiden E/A-Baugruppen am lokalen Axioline-Bus für den Versuchsaufbau des Eduline PLCnext Board EDU AXC F 2152.

Aufgabe 8b: In einem Pufferspeicher nach Bild 3.19 zwischen zwei Fertigungszellen müssen Halbfertigteile gelagert werden. Der Speicher fasst maximal zwanzig Teile. Zur kontinuierlichen Bestückung der folgenden Fertigungszelle müssen sich im Pufferspeicher immer mindestens fünf Teile befinden. Die Zuführung/Abführung der Teile erfolgt über jeweils ein Förderband, angetrieben mit Motor M1 bzw. Motor M2.

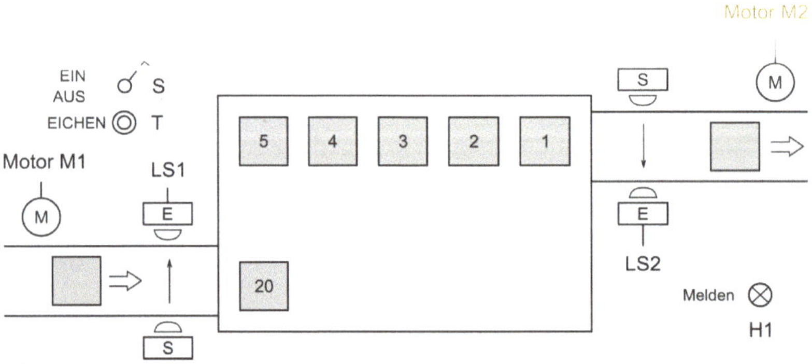

Bild 3.19 Prinzipschema des Pufferspeichers

Die Zu- und Abführung der Teile wird durch zwei Lichtschranken LS1 und LS2 überwacht. Erreicht der Bestand im Pufferspeicher zwanzig Teile, stoppt die Zuführung. Unterschreitet der Vorrat im Pufferspeicher fünf Teile, wird dies durch eine Meldelampe H1 angezeigt. Motor 2 stoppt, wenn sich keine Teile mehr im Pufferspeicher befinden.

Zu Beginn einer Schicht wird der Zähler für den Pufferspeicher bei leerem Speicher über einen Taster T (Schließer) kalibriert. Die Anlage wird über den Schalter S (Schließer) ein- bzw. ausgeschaltet.

Das zugehörige SPS-Programm ist in ST zu erstellen.

Anwendung: Zählerfunktionen werden in Steuerungsaufgaben benötigt, um z. B. Mengen oder Positionen durch Aufzählen von Impulsen zu erfassen.

Lösung 8a: Die erforderliche PLCnext-Konfiguration finden Sie im PLCnext-Projekt `task_8.pcwex`.

Lösung 8b: Tabelle 3.21 bis Tabelle 3.23 beinhalten die für die Lösung eingesetzten Zuordnungen für die Prozessvariablen.

Tabelle 3.21 Eingangszuordnung der Prozessdaten

BMK	Schalternr. (-A2)	Variablenname	Beschreibung
S1	1	`IX_switch_on_off`	betätigt: S1 = 1
T1	2	`IX_button_reset`	betätigt: T1 = 1
LS1	7	`IX_light_barrier_in`	betätigt: LS1 = 1
LS2	8	`IX_light_barrier_out`	betätigt: LS2 = 1

Tabelle 3.22 Ausgangszuordnung der Prozessdaten

BMK	LED-Nr. (-A2)	Variablenname	Beschreibung
M1	1	`QX_motor_1`	LED leuchtet: M1 = 1
M2	2	`QX_motor_2`	LED leuchtet: M2 = 1
H1	8	`QX_signal_lamp`	LED leuchtet: H1 = 1

Tabelle 3.23 Zuordnung der internen Variablen (Merker)

Variablenname	Datentyp	Beschreibung	Startwert
`RS_1`	`RS`	Instanz des RS-Speichers	
`RS_2`	`RS`	Instanz des RS-Speichers	
`CTUD_1`	`CTUD`	Instanz des Vorwärts- und Rückwärtszählers	
`min_parts_int`	`INT`	minimale Anzahl der Teile im Puffer	5
`max_parts_int`	`INT`	maximale Anzahl der Teile im Puffer	20

Der Kippschalter 1 wird als Ein-/Ausschalter S und der Kippschalter 2 als Taster T zum Eichen des Systems verwendet. Mit den Kippschaltern 7 und 8 werden die beiden Lichtschranken simuliert. Die LEDs 1, 2 und 8 simulieren die beiden Motoren sowie die Meldeleuchte.

Die Lösung verwendet einen Vor-/Rückwärtszähler `CTUD_1` und eine entsprechende Logik zum korrekten Laden und Rücksetzen des Zählers.

Nach Einschalten und Eichung wird der Zähler `CTUD_1` auf den Wert 0 gesetzt. Der Zähler zählt die durch die beiden Lichtschranken erkannten eingehenden und ausgehenden Teile für den Pufferspeicher. Wenn sich im Pufferspeicher weniger als fünf Teile befinden, wird dies durch die Meldeleuchte H1 angezeigt.

Sind keine Teile mehr im Pufferspeicher, stoppt Motor 2. Beim Start der Anlage wird angenommen, dass der Pufferspeicher leer ist, und die Anlage muss zuerst neu kalibriert werden. Die beiden Motoren und die Meldelampe werden durch das Erreichen der Grenzwerte im Pufferspeicher gesteuert.

Listing 3.6 zeigt das ST-Programm.

Listing 3.6 ST-Programm für den Pufferspeicher

```
(* C1: RS flipflop for motor 1*)
RS_1 (
    SET := NOT CTUD_1.QU,
    RESET1 := CTUD_1.QU OR NOT IX_switch_on_off,
    Q1 => QX_motor_1
);
(* C2: RS flipflop for motor 2 *)
RS_2 (
    SET := CTUD_1.CV > 0,
    RESET1 := CTUD_1.CV = 0 OR NOT IX_switch_on_off,
    Q1 => QX_motor_2
);
(* C3: Part counter and calibration*)
CTUD_1 (
    CU := IX_light_barrier_in AND IX_switch_on_off,
    CD := IX_light_barrier_out AND IX_switch_on_off,
    RESET := IX_button_reset AND IX_switch_on_off,
    LOAD := FALSE,
    PV := max_parts_int
);
(* C4: Control of the signal lamp*)
QX_signal_lamp := CTUD_1.CV <= min_parts_int AND IX_switch_on_off;
```

`RS_1` ist der RS-Speicher für Motor 1 und `RS_2` der RS-Speicher für Motor 2. Mit `CTU_1` erfolgt die Teilezählung und Kalibrierung. Die Meldelampe wird über `QX_signal_lamp` angesteuert.

Die vollständige programmtechnische Lösung ist im PLCnext-Projekt `task_8.pcwex` gespeichert.

3.5 Zeitgeber

Zur Erzeugung definierter Zeitabläufe werden für die Steuerung von Anlagen verschiedene Zeitglieder benötigt. Dabei spielen Ein- und Ausschaltverzögerungen sowie Zeitgeber (Pulstimer) eine besondere Rolle. Entsprechende Standardfunktionsbausteine sind dazu in der IEC 61131-3 vorhanden.

3.5.1 Theoretische Aufgabe V

Aufgabenziel: Vermittlung von grundlegenden Kenntnissen zu Zeitfunktionen mit Standardfunktionsbausteinen

Aufgabenstellung: Zur Realisierung einer Ausschaltverzögerung gibt es in der IEC 61131-3 den Standardfunktionsbaustein TOF. Ermitteln Sie am Ausgang des Bausteins TOF das Zeitverhalten bei gegebenem Eingangssignalverlauf.

Aufgabe V: Am Eingang IN des Bausteins TOF liegt die in Bild 3.20 dargestellte Eingangsimpulsfolge an. Die Zeitverzögerung des Bausteins ist auf 2 s eingestellt. Zeichnen Sie in das Zeitdiagramm das Verhalten des Ausgangssignals Q sowie das Verhalten des Zeitwertes am Ausgang ET.

Bild 3.20
Signalbelegung am Eingang des Standardfunktionsbausteins TOF

Lösung V: Bild 3.21 zeigt das Zeitverhalten der Ausschaltverzögerung am Ausgang von TOF.

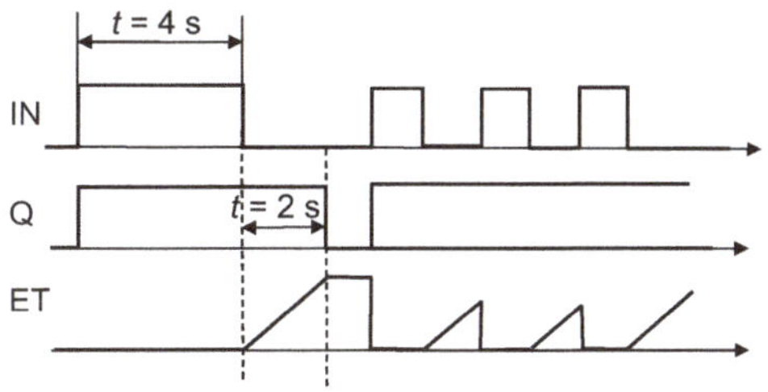

Bild 3.21
Signalbelegung an den Ausgängen des Standardfunktionsbausteins TOF

Die Ausschaltverzögerung TOF verzögert das Abschalten des ausgewählten Signalpegels am Eingang IN. Laufen am Eingang kurze Impulse ein, deren Abstand nicht größer ist als die Verzögerungszeit, dann verbleibt der Ausgang Q ständig auf `TRUE`. Der Zeitwert ET läuft nach der negativen Flanke des Eingangssignals IN linear hoch und wird durch Erreichen der Verzögerungszeit oder durch die nächste fallende Flanke von IN gestoppt.

3.5.2 Aufgabe 9: Alarmsystem für Hausüberwachung

Aufgabenziel: Vermittlung von grundlegenden Kenntnissen zur Nutzung von Zeitfunktionen

Aufgabenstellung: Es soll ein Alarmsystem für eine Hausüberwachung realisiert werden.

Aufgabe 9a: Erstellen Sie eine PLCnext-Konfiguration mit den beiden E/A-Baugruppen am lokalen Axioline-Bus für den Versuchsaufbau des Eduline PLCnext Board EDU AXC F 2152.

Aufgabe 9b: Das Alarmsystem nach Bild 3.22 wird durch den Schalter S1 aktiviert. Mittels Sensoren werden eine Tür (S2) und zwei Fenster (S3 und S4) überwacht. Die Anzeige erfolgt mit der Meldelampe H1. Die Meldelampen H3 und H4 zeigen ein offenes Fenster bzw. eine offene Tür an. Eine Alarmauslösung erfolgt erst nach 5 s wie folgt: H2 leuchtet und bleibt eingeschaltet, bis der Schalter S1 ausgeschaltet wird.

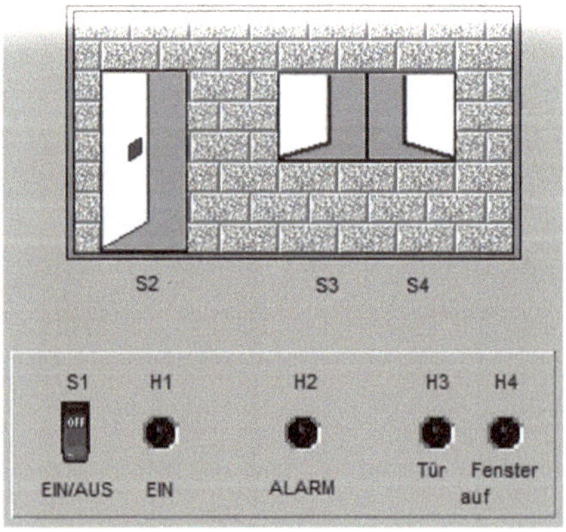

Bild 3.22
Alarmsystem für eine Hausüberwachung

Alle Sensoren und Schalter sind Schließer. Das SPS-Programm ist in FBS zu erstellen.

Anwendung: Mit Zeitgliedern können zeitabhängige Steuerungsvorgänge wie z. B. zeitlich begrenzte oder verzögerte Reaktionen programmiert werden.

Lösung 9a: Die erforderliche PLCnext-Konfiguration finden Sie im PLCnext-Projekt `task_9.pcwex`.

Lösung 9b: Tabelle 3.24 bis Tabelle 3.26 beinhalten die für die Lösung eingesetzten Zuordnungen für die Prozessvariablen.

Tabelle 3.24 Eingangszuordnung der Prozessdaten

BMK	Schalternr. (-A2)	Variablenname	Beschreibung
S1	1	IX_toggle_alarm	betätigt: S1 = 1
S2	2	IX_sensor_door	betätigt: S2 = 1
S3	3	IX_sensor_window_1	betätigt: S3 = 1
S4	4	IX_sensor_window_2	betätigt: S4 = 1

Tabelle 3.25 Ausgangszuordnung der Prozessdaten

BMK	LED-Nr. (-A2)	Variablenname	Beschreibung
H1	1	QX_lamp_alarm_on	LED leuchtet: H1 = 1
H2	2	QX_lamp_alert_all	LED leuchtet: H2 = 1
H3	3	QX_lamp_alert_door	LED leuchtet: H3 = 1
H4	4	QX_lamp_alert_window	LED leuchtet: H4 = 1

Tabelle 3.26 Zuordnung der internen Variablen (Merker)

Variablenname	Datentyp	Beschreibung	Startwert
RS_1	RS	Instanz des RS-Speichers	
TON_1	TON	Instanz der Einschaltverzögerung	
alarm_delay_time	TIME	Zeit, nach der ein Alarm ausgelöst werden soll	5 s

Der Kippschalter 1 wird als Ein- und Ausschalter S1 verwendet. Mit den Kippschaltern 2, 3 und 4 werden die drei Sensoren (zwei Fenster, eine Tür) simuliert. Die LEDs 1 – 4 werden als Meldelampen genutzt.

Das FBS-Programm ist mit drei Netzwerken aufgebaut: Netzwerk 1 erfasst den Sensor an der Tür und steuert die Meldeleuchte H3 sowie die Meldeleuchte H1 zur Anzeige der Alarmaktivierung. Netzwerk 2 erfasst die beiden Sensoren an den Fenstern und steuert die Meldeleuchte H4. Im Netzwerk 3 wird über den Zeitgeber für das verzögerte Einschalten durch TON_1 der Alarm ausgelöst und mit H2 angezeigt.

In Bild 3.23 ist das zugehörige FBS-Programm abgebildet.

Die vollständige programmtechnische Lösung ist im PLCnext-Projekt `task_9.pcwex` gespeichert.

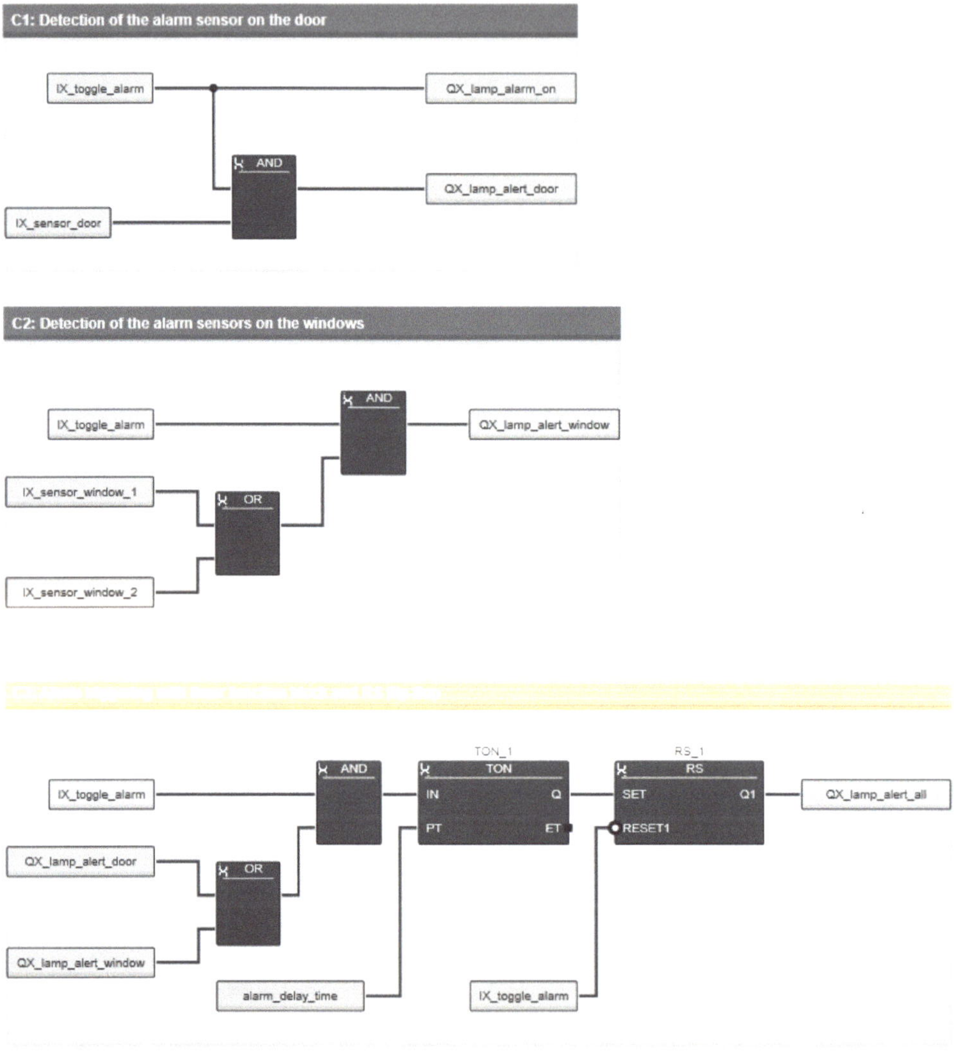

Bild 3.23 FBS-Programm für das Alarmsystem zur Hausüberwachung

3.5.3 Aufgabe 10: Zeitfolgesteuerung für Motoren

Aufgabenziel: Vermittlung von grundlegenden Kenntnissen zur Nutzung von Zeitfunktionen

Aufgabenstellung: Es soll eine Zeitfolgesteuerung für vier Motoren realisiert werden.

Aufgabe 10a: Erstellen Sie eine PLCnext-Konfiguration mit den beiden E/A-Baugruppen am lokalen Axioline-Bus für den Versuchsaufbau des Eduline PLCnext Board EDU AXC F 2152.

Aufgabe 10b: Ausgelöst von einem Taster T1 sollen vier Motoren (M1 ... M4) zeitlich nacheinander anlaufen. Motor 1 wird unmittelbar nach Betätigung von T1 eingeschaltet. Die weiteren Motoren schalten im Abstand von 2 s ein. Nach Einschalten aller Motoren werden mit Betätigung eines Tasters T2 alle Motoren ausgeschaltet (Bild 3.24).

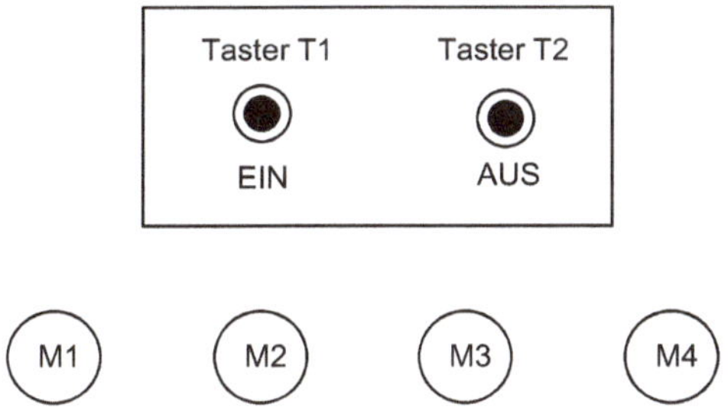

Bild 3.24 Zeitfolgesteuerung für vier Motoren

Taster T1 ist ein Schließer und Taster T2 ein Öffner. Das SPS-Programm ist in FBS zu erstellen.

Anwendung: Die hochlaufende Rampe am Ausgang eines Pulstimers lässt sich sehr gut für Zeitfolgesteuerungen verwenden.

Lösung 10a: Die erforderliche PLCnext-Konfiguration finden Sie im PLCnext-Projekt `task_10.pcwex`.

Lösung 10b: Tabelle 3.27 bis Tabelle 3.29 beinhalten die für die Lösung eingesetzten Zuordnungen für die Prozessvariablen.

Tabelle 3.27 Eingangszuordnung der Prozessdaten

BMK	Schalternr. (-A2)	Variablenname	Beschreibung
T1	1	`IX_button_start`	betätigt: T1 = 1
T2	2	`IX_button_stop`	betätigt: T2 = 0 (Öffner)

Tabelle 3.28 Ausgangszuordnung der Prozessdaten

BMK	LED-Nr. (-A2)	Variablenname	Beschreibung
M1	1	QX_motor_1	LED leuchtet: M1 = 1
M2	2	QX_motor_2	LED leuchtet: M2 = 1
M3	3	QX_motor_3	LED leuchtet: M3 = 1
M4	4	QX_motor_4	LED leuchtet: M4 = 1

Tabelle 3.29 Zuordnung der internen Variablen (Merker)

Variablenname	Datentyp	Beschreibung	Startwert
RS_1	RS	Instanz des RS-Speichers 1	
TP_1	TP	Instanz des Impulsgebers 1	
RS_2	RS	Instanz des RS-Speichers 2	
TP_2	TP	Instanz des Impulsgebers 2	
RS_3	RS	Instanz des RS-Speichers 3	
TP_3	TP	Instanz des Impulsgebers 3	
RS_4	RS	Instanz des RS-Speichers 4	
delay_time	TIME	zeitliche Verzögerung für den Motoranlauf	2 s

Die beiden Taster werden über die Kippschalter 1 und 2 simuliert. Es muss darauf geachtet werden, dass der Kippschalter 2 (T2) als Öffner arbeitet. Die vier Motoren werden durch die LEDs 1 – 4 nachgebildet.

Für jeden Motor wird ein RS-Flipflop verwendet, welches den Zustand speichert, bis der Taster T1 gedrückt wird. Nach Drücken von T1 startet Motor 1 sofort, und simultan startet der Pulstimer TP_1 für den Motor 2. Nach Erreichen der vorgegebenen Zeit wird das RS-Flipflop für Motor 2 gesetzt. Für die Motoren 3 und 4 ergibt sich die gleiche Verfahrensweise. Über T2 werden alle Motor-Flipflops rückgesetzt, und damit werden die Motoren gestoppt.

Bild 3.25 und Bild 3.26 zeigen das zugehörige FBS-Programm.

Über das obere Netzwerk in Bild 3.25 startet Motor 1 sofort. Mit dem unteren Netzwerk und dem Netzwerk in Bild 3.26 werden die Motoren 2 ... 4 jeweils nach weiteren 2 s gestartet, nachdem die vorgegebene Zeit mit der Elapsed Time (ET) des jeweiligen Pulstimers TP verglichen wurde.

Die vollständige programmtechnische Lösung ist im PLCnext-Projekt `task_10.pcwex` gespeichert.

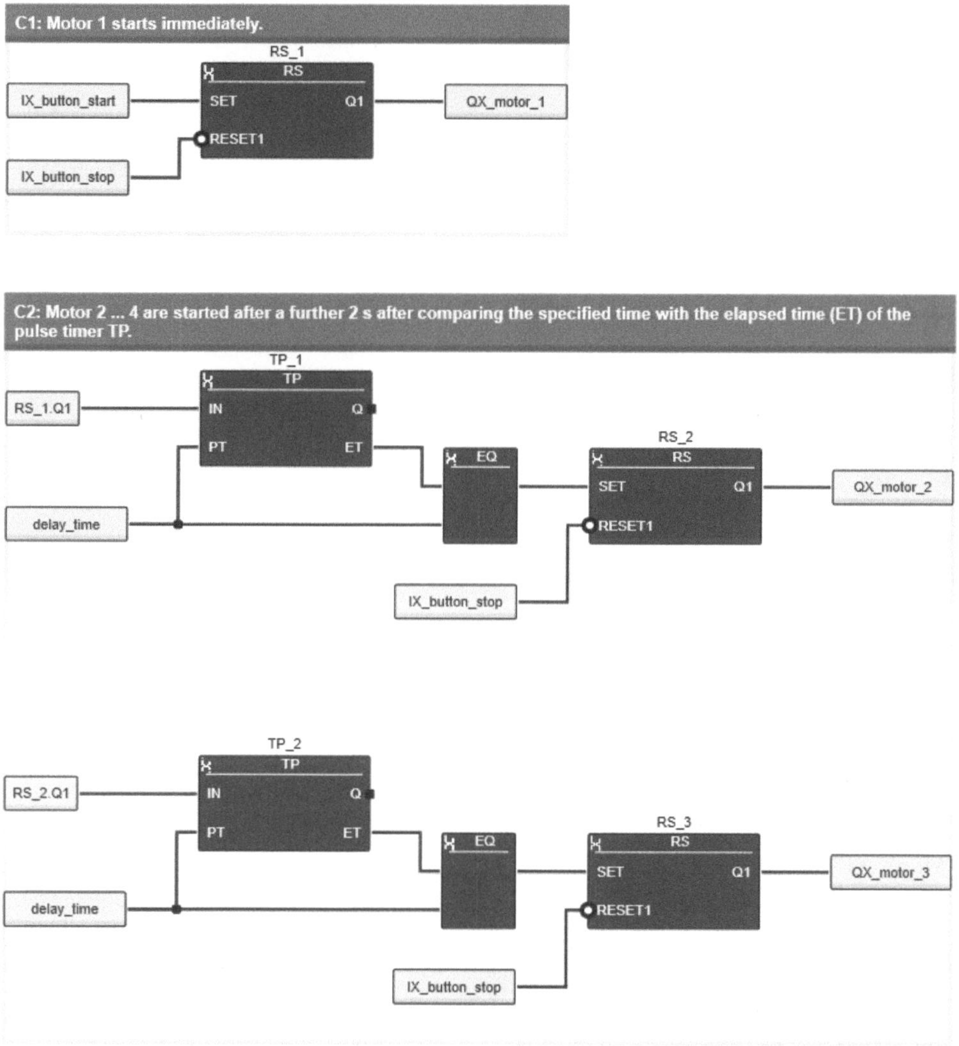

Bild 3.25 FBS-Programm für Aufgabe 10 (Teil I)

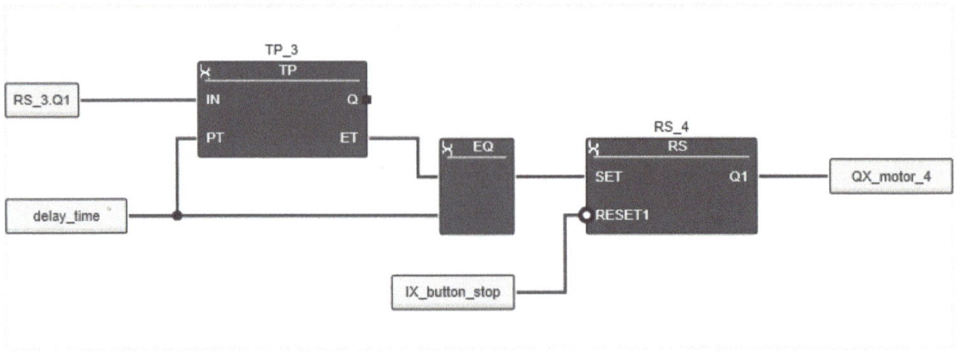

Bild 3.26 FBS-Programm für Aufgabe 10 (Teil II)

3.6 Digitale Steuerungen

Die folgenden Aufgaben beinhalten praxisnahe steuerungstechnische Problemstellungen aus verschiedenen Branchen. Für eine effiziente Erstellung der SPS-Programme müssen logische Verknüpfungen, Speicherglieder und teilweise auch Zeitglieder miteinander kombiniert werden.

3.6.1 Aufgabe 11: Materialbearbeitung

Aufgabenziel: Kennenlernen einer Anwendungsaufgabe aus dem Bereich der Fertigungsautomatisierung

Aufgabenstellung: Über eine SPS soll eine Materialbearbeitung mit einer Bohreinheit gesteuert werden.

Aufgabe 11a: Erstellen Sie eine PLCnext-Konfiguration mit den beiden E/A-Baugruppen am lokalen Axioline-Bus für den Versuchsaufbau des Eduline PLCnext Board EDU AXC F 2152.

Aufgabe 11b: Für die Materialbearbeitung (Bohren eines Werkstücks) entsprechend Bild 3.27 soll der nachfolgende Ablauf realisiert werden.

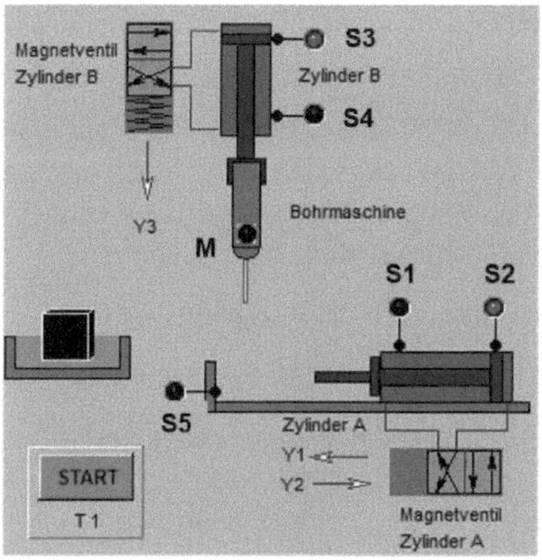

Bild 3.27
Bohreinheit zur Materialbearbeitung

Ablauf für das Bohren des Werkstücks:

- Werkstück von Hand in die Aufnahme einlegen
- Nach Betätigung eines Tasters T1 fährt der Kolben des Feststellzylinders A vor (Sensor S1 = 1) und fixiert das Werkstück in der Aufnahme.
- Ist kein Werkstück vorhanden (Sensor S5 = 0), fährt der Kolben zurück und stoppt in der hinteren Position.
- Der Kolben des Zylinders B (Bohrmaschine) fährt bei fixiertem Werkstück aus und startet über den Motor M den Bohrvorgang.
- Nach Erreichen der Bohrlochtiefe (Sensor S4 = 1) fährt der Kolben des Zylinders B wieder ein. Wird der Endschalter erreicht (Sensor S3 = 1), stoppt der Motor.
- Der Kolben des Zylinders A fährt zurück und gibt das Werkstück wieder frei.

Zylinder A wird von einem Impulsventil angesteuert und benötigt deshalb zwei Ausgänge (Y1, Y2). Das Magnetventil zur Ansteuerung von Zylinder B hat eine Federrückstellung und benötigt nur einen Ausgang (Y3) zur Steuerung.

Der Taster T1 und alle Sensoren S1 ... S5 sind Schließer. Das SPS-Programm ist in KOP zu erstellen.

Lösung 11a: Die erforderliche PLCnext-Konfiguration finden Sie im PLCnext-Projekt `task_11.pcwex`.

Lösung 11b: Tabelle 3.30 bis Tabelle 3.32 beinhalten die für die Lösung eingesetzten Zuordnungen für die Prozessvariablen.

Tabelle 3.30 Eingangszuordnung der Prozessdaten

BMK	Schalternr. (-A2)	Variablenname	Beschreibung
T1	1	`IX_button_start`	betätigt: T1 = 1
S1	2	`IX_pistonA_out`	aktiv: S1 = 1 (Der Zylinder A ist ausgefahren.)
S2	3	`IX_pistonA_in`	aktiv: S2 = 1 (Der Zylinder A ist eingefahren.)
S3	4	`IX_pistonB_in`	aktiv: S3 = 1 (Der Zylinder B ist eingefahren.)
S4	5	`IX_pistonB_drill`	aktiv: S4 = 1 (Die Bohrlochtiefe mit Zylinder B ist erreicht.)
S5	6	`IX_part_available`	aktiv: S5 = 1 (Das Werkstück ist vorhanden)

Tabelle 3.31 Ausgangszuordnung der Prozessdaten

BMK	LED-Nr. (–A2)	Variablenname	Beschreibung
Y1	1	`QX_pistonA_push`	LED leuchtet: Zylinder A nach vorn, Y1 = 1
Y2	2	`QX_pistonA_pull`	LED leuchtet: Zylinder A nach hinten, Y2 = 1
Y3	3	`QX_pistonB_push`	LED leuchtet: Zylinder B nach unten, Y3 = 1
M	4	`QX_motor_drill`	LED leuchtet: Bohrmaschine läuft, M = 1

Tabelle 3.32 Zuordnung der internen Variablen (Merker)

Variablenname	Datentyp	Beschreibung
`part_finished_bool`	`BOOL`	Merker für die abgeschlossene Materialbearbeitung
`RS_1`	`RS`	Instanz des RS-Speichers

Der Kippschalter 1 wird als Ein-/Austaster T1 verwendet. Mit den Kippschaltern 3 und 4 wird die hintere Stellung von Zylinder A (S2) und Zylinder B (S3) simuliert. Die beiden Kippschalter 2 und 5 simulieren den vorderen Stellungssensor von Zylinder A (S1) und Zylinder B (S4). Die Anwesenheit eines Werkstücks in der Aufnahme simuliert der Kippschalter 6.

Die programmtechnische Lösung erfolgt mit vier Netzwerken. Zur Steuerung des Impulsventils von Zylinder A werden zwei Netzwerke (Netzwerk 1 und 2) benötigt (Bild 3.28). Netzwerk 1 steuert Zylinder A in die Ausgangslage und Netzwerk 2 in die Arbeitslage (Werkstück fixiert).

Netzwerk 3 (Bild 3.29) setzt ein RS-Flipflop, wenn der Bearbeitungsvorgang (Teil ist gebohrt) abgeschlossen ist, und Netzwerk 4 steuert Zylinder B und die Bohrmaschine (Bild 3.29). Da das RS-Flipflop im gleichen Zyklus gesetzt wird, in dem sich auch der Bearbeitungszustand ändert, muss Netzwerk 3 vor Netzwerk 4 angeordnet sein.

Die vollständige programmtechnische Lösung ist im PLCnext-Projekt `task_11.pcwex` gespeichert.

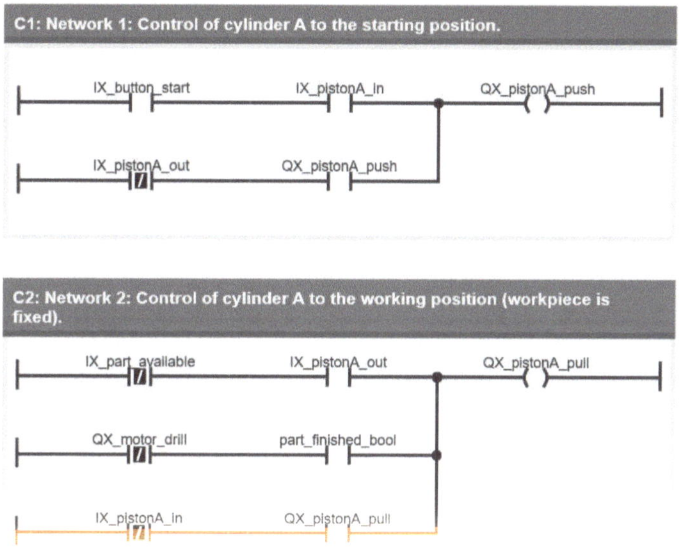

Bild 3.28 KOP-Programm mit Netzwerk 1 und 2 für die Materialbearbeitung

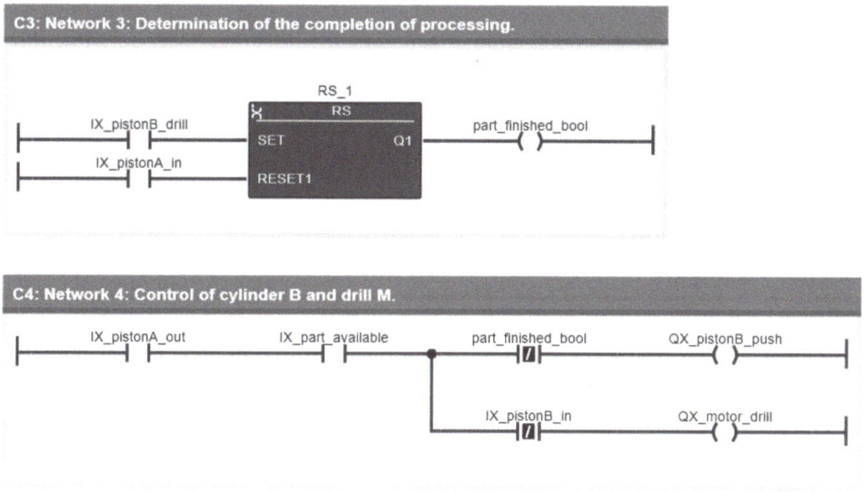

Bild 3.29 KOP-Programm mit Netzwerk 3 und 4 für die Materialbearbeitung

3.6.2 Aufgabe 12: Werktor

Aufgabenziel: Kennenlernen einer Anwendungsaufgabe aus dem Bereich der Gebäudeautomatisierung

Aufgabenstellung: Es soll eine Steuerung für ein Werktor entwickelt werden.

Aufgabe 12a: Erstellen Sie eine PLCnext-Konfiguration mit den beiden E/A-Baugruppen am lokalen Axioline-Bus für den Versuchsaufbau des Eduline PLCnext Board EDU AXC F 2152.

Aufgabe 12b: Ein Werktor nach Bild 3.30 soll mit einem Drehstrommotor gesteuert werden, um es zu öffnen und zu schließen.

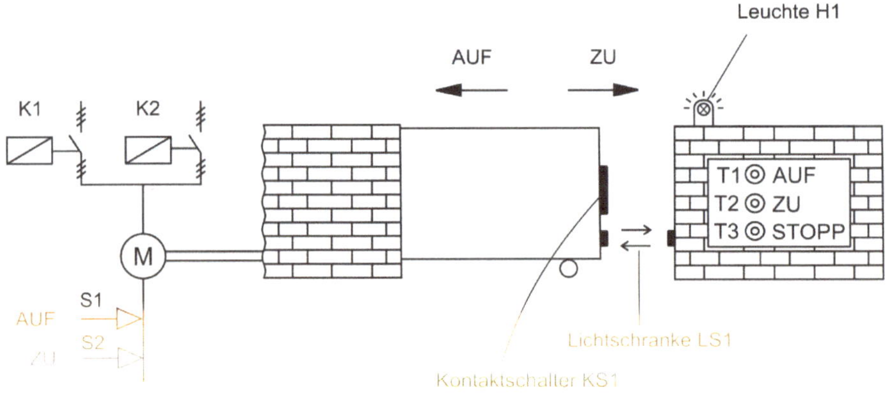

Werktor

Mit dem Steuerungsprogramm ist folgender Ablauf zu realisieren:

- Der Motor wird über zwei Wendeschütze K1 und K2 angesteuert. Mit dem Schütz K1 dreht der Motor links, und das Schiebetor schließt. Hat K2 angezogen, dreht der Motor rechts, und das Tor öffnet.
- Nach Betätigen des Tasters T1 (Schließer) öffnet das Tor, bis der Endschalter S1 anspricht. Die Betätigung des Tasters T2 (Öffner) bewirkt ein Schließen des Tores, bis der Endschalter S2 anspricht.
- Mit dem Taster T3 (Öffner) kann die Bewegung des Tores zu jedem beliebigen Zeitpunkt gestoppt werden.
- Während der Torbewegung soll die Meldeleuchte H1 eingeschaltet sein.

Für die Torbewegung sind aus Sicherheitsgründen folgende Verriegelungen vorgesehen:

- Wird die Lichtschranke LS1 unterbrochen, soll die Schließbewegung stoppen. Beim Öffnen ist die Lichtschranke nicht aktiv.
- Trifft der Kontaktschalter KS1 auf einen Widerstand, muss die Schließbewegung gleichfalls stoppen. Das Tor soll dann 3 s wieder öffnen, um einen eventuell eingeklemmten Gegenstand freizugeben. Beim Öffnen soll der Kontaktschalter gleichfalls nicht aktiv sein.
- Die beiden Wendeschütze müssen im SPS-Programm gegeneinander verriegelt sein.

Alle Sensoren S1, S2, LS1 und KS1 sind Schließer. Das SPS-Programm ist in ST zu erstellen.

Lösung 12a: Die erforderliche PLCnext-Konfiguration finden Sie im PLCnext-Projekt `task_12.pcwex`.

Lösung 12b: Tabelle 3.33 bis Tabelle 3.35 beinhalten die für die Lösung eingesetzten Zuordnungen für die Prozessvariablen.

Tabelle 3.33 Eingangszuordnung der Prozessdaten

BMK	Schalternr. (-A2)	Variablenname	Beschreibung
T1	1	IX_button_open	betätigt: T1 = 1
T2	2	IX_button_close	betätigt: T2 = 0 (Öffner)
T3	3	IX_button_stop	betätigt: T3 = 0 (Öffner)
LS1	5	IX_light_barrier	betätigt: LS1 = 1
KS1	6	IX_contact_switch	betätigt: KS1 = 1
S1	7	IX_switch_gate_open	betätigt: S1 = 1
S2	8	IX_switch_gate_closed	betätigt: S2 = 1

Tabelle 3.34 Ausgangszuordnung der Prozessdaten

BMK	LED-Nr. (-A2)	Variablenname	Beschreibung
K1	1	QX_gate_open	LED leuchtet: K1 = 1
K2	2	QX_gate_close	LED leuchtet: K2 = 1
H1	8	QX_gate_lamp	LED leuchtet: H1 = 1

Tabelle 3.35 Zuordnung der internen Variablen (Merker)

Variablenname	Datentyp	Beschreibung	Startwert
RS_1	RS	Instanz des RS-Speichers 1	
RS_2	RS	Instanz des RS-Speichers 2	
TP_1	TP	Instanz des Impulsgebers	
F_TRIG_1	F_TRIG	Instanz der fallenden Flankenerkennung	
release_time	TIME	zeitliche Freigabe bei Kontakterkennung über KS1	3 s

Der Kippschalter 1 wird als Ein-/Austaster T1 verwendet. Mit den Kippschaltern 7 und 8 werden die beiden Endschalter (S1, S2) simuliert. Die Kippschalter 2 und 3 simulieren die Taste T2 (ZU) und T3 (STOPP). Die Simulation der Lichtschranke und des Kontaktsensors erfolgt über die Kippschalter 5 und 6.

In der Lösung muss insbesondere beim Schließen des Werktors die Sicherheitssituation berücksichtigt werden, dass Lichtschranke und/oder Kontaktsensor einen Gegenstand detektieren können. Das Öffnen des Tores für 3 s nach Ansprechen des Kontaktsensors bewirkt ein Pulstimer-Baustein (TP_1) zusammen mit einem Baustein zur Flankenerkennung (F_TRIG_1). Die Unterbrechung der Lichtschranke beim Schließen des Tores ist in der Ausgangslogik zur Ansteuerung von Schütz K1 berücksichtigt.

Die beiden Wendeschütze werden über zwei RS-Flipflops mit entsprechender Verriegelung gesteuert.

Listing 3.7 zeigt das zugehörige ST-Programm.

TP_1 und F_TRIG_1 realisiert die Sicherheitslogik für das Einklemmen von Gegenständen (Kontaktsensor). RS_1 ist das RS-Flipflop zum Öffnen und RS_2 das RS-Flipflop zum Schließen des Werktors. Die Anzeige der Meldeleuchte erfolgt über QX_gate_lamp.

Die vollständige programmtechnische Lösung ist im PLCnext-Projekt task_12.pcwex gespeichert.

Listing 3.7 ST-Programm für das Werktor

```
(* C1: Safety logic for jammed objects (contact sensor)*)
TP_1 ( IN := IX_contact_switch AND NOT RS_1.Q1, PT := release_time );
F_TRIG_1 ( CLK := TP_1.Q );

(* C2: RS flipflop to open the work gate*)
RS_1 (
    SET := (IX_button_open AND NOT RS_2.Q1) OR TP_1.Q,
    RESET1 := NOT IX_button_stop OR IX_switch_gate_open OR F_TRIG_1.Q,
    Q1 => QX_gate_open
);

(* C3: RS flipflop to close the work gate*)
```

```
RS_2 (
    SET := NOT IX_button_close AND NOT RS_1.Q1,
    RESET1 := NOT IX_button_stop OR IX_switch_gate_closed
               OR IX_contact_switch OR IX_light_barrier,
    Q1 => QX_gate_close
);

(* C4: Indication of the signal lamp*)
QX_gate_lamp := QX_gate_open OR QX_gate_close;
```

3.6.3 Aufgabe 13: Karosseriemontage

Aufgabenziel: Kennenlernen einer Anwendungsaufgabe aus dem Bereich der Montageautomatisierung

Aufgabenstellung: Für eine Anlage zur Montage von Modellautos soll für die Teilstation zur Karosseriemontage ein Steuerungsprogramm erstellt werden. Bild 3.31 zeigt diese Teilstation.

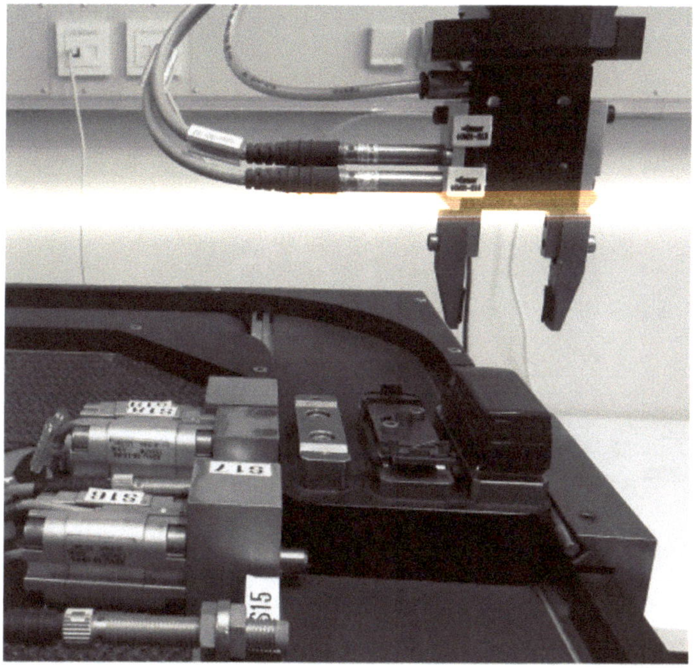

Bild 3.31 Teilstation „Karosseriemontage" einer Montageanlage für Modellautos

Aufgabe 13a: Erstellen Sie eine PLCnext-Konfiguration mit den beiden E/A-Baugruppen am lokalen Axioline-Bus für den Versuchsaufbau des Eduline PLCnext Board EDU AXC F 2152.

Aufgabe 13b: In der Montageanlage werden die Teile eines Modellautos bestehend aus Chassis, zwei Achsbaugruppen sowie der Karosse zusammengebaut. Alle Teile befinden sich auf einem Montageträger und werden über ein Transportband von Station zu Station transportiert. Nach Einfahren des Montageträgers in die Teilstation „Karosseriemontage" befinden sich auf diesem das mit den Achsbaugruppen bereits montierte Chassis sowie extra gelagert die Karosse. Aufgabe der Teilstation ist das Aufsetzen der Karosse auf das vormontierte Chassis (Bild 3.32).

Die Montage erfolgt mittels eines pneumatisch betriebenen Montagearms mit drei Zylindern:

- Zylinder A: doppeltwirkender Zylinder mit zwei Steuersignalen Y1 und Y2 für die Bewegung zwischen Startposition und Chassis-Position (Y1 = 1, Y2 = 0 → Startposition; Y1 = 0, Y2 = 1 → Chassis-Position)
- Zylinder B: Das Magnetventil zur Ansteuerung von Zylinder B hat eine Federrückstellung und benötigt nur einen Ausgang (Y3 = 1 → Montagearm ist in der unteren Position, Y3 = 0 → Montagearm ist in der oberen Position).
- Zylinder C: Das Magnetventil zur Ansteuerung von Zylinder C hat eine Federrückstellung und benötigt nur einen Ausgang (Y4 = 1 → Greifer ist geschlossen, Y4 = 0 → Greifer ist geöffnet).

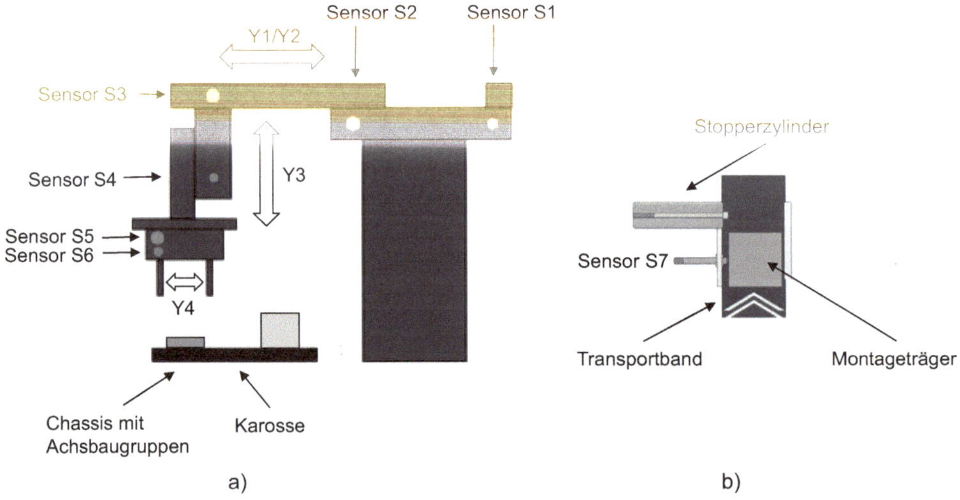

Bild 3.32 Teilstation „Karosseriemontage": a) Seitenansicht: Montagearm mit Montageträger, b) Draufsicht: Transportband mit einlaufendem Montageträger

Folgender Ablauf muss realisiert werden:

- Nach Betätigung eines Schalters T1 (Schließer) für den Automatikbetrieb fährt die Station in die Grundstellung: Der Montagearm ist eingefahren (S1 = 1, S2 = 0) und befindet sich in der oberen Stellung (S3 = 1, S4 = 0), der Greifer ist geöffnet (S5 = 1, S6 = 0) und der Stopperzylinder ist eingefahren (Y5 = 0).

- Der Automatikbetrieb wird durch eine Meldelampe H1 angezeigt.
- Nach Einfahren des Montageträgers in die Station (Sensor S7 = 1) wird über den Stopperzylinder (Y5 = 1) der Montageträger in der Station gestoppt und fixiert. Der Stopperzylinder arbeitet als einfachwirkender Zylinder und besitzt keine Endlagensensoren.
- Der Montagearm fährt nach unten und greift damit die Karosse.
- Der Montagearm fährt nach oben.
- Der Montagearm bewegt sich nach vorn zur Chassis-Position.
- Der Montagearm bewegt sich nach unten und öffnet den Greifer. Damit wird die Karosse auf dem Chassis positioniert.
- Nach dem Ende der Karosseriemontage wird wieder die Startposition der Station eingenommen.

Alle Sensoren sind Schließer und werden durch Kippschalter auf dem Trainingsboard simuliert. Als Ein-/Aus-Schalter für den Automatikbetrieb soll gleichfalls ein Kippschalter auf dem digitalen I/O-Board genutzt werden.

Das SPS-Programm ist in AS zu erstellen.

Lösung 13a: Die erforderliche PLCnext-Konfiguration finden Sie im PLCnext-Projekt `task_13.pcwex`.

Lösung 13b: Tabelle 3.36 bis Tabelle 3.38 beinhalten die für die Lösung eingesetzten Zuordnungen für die Prozessvariablen.

Tabelle 3.36 Eingangszuordnung der Prozessdaten

BMK	Schalternr. (-A2)	Variablenname	Beschreibung
S1	1	`IX_arm_in`	betätigt: S1 = 1 (Arm hinten)
S2	2	`IX_arm_out`	betätigt: S2 = 1 (Arm vorn)
S3	3	`IX_arm_up`	betätigt: S3 = 1 (Arm oben)
S4	4	`IX_arm_down`	betätigt: S4 = 1 (Arm unten)
S5	5	`IX_grip_open`	betätigt: S5 = 1 (Greifer geöffnet)
S6	6	`IX_grip_closed`	betätigt: S6 = 1 (Greifer geschlossen)
S7	7	`IX_carrier_in`	betätigt: S7 = 1 (Montageträger in Position)
T1	8	`IX_auto_mode`	betätigt: T1 = 1

Tabelle 3.37 Ausgangszuordnung der Prozessdaten

BMK	LED-Nr. (-A2)	Variablenname	Beschreibung
Y1	1	QX_arm_y1	LED leuchtet: Y1 = 1 (Arm in Startposition fahren)
Y2	2	QX_arm_y2	LED leuchtet: Y2 = 1 (Arm in Chassis-Position fahren)
Y3	3	QX_arm_y3	LED leuchtet: Y3 = 1 (Arm in Montageposition fahren)
Y4	4	QX_grip_y4	LED leuchtet: Y4 = 1 (Schließen des Greifers)
Y5	7	QX_fix_y5	LED leuchtet: Y5 = 1 (Stoppen/Fixieren des Montageträgers)
H1	8	QX_auto_mode_on	LED leuchtet: Meldelampe H1 = 1

Tabelle 3.38 Zuordnung der internen Variablen (Merker)

Variablenname	Datentyp	Beschreibung
Assembly_sfc	SFC	Instanz des SFC-Funktionsblocks

Die Nutzung der Ablaufsprache (AS) vereinfacht die programmtechnische Lösung für Folgeprozesse wie z. B. Montagevorgänge erheblich. In jedem Schritt werden die erforderlichen Aktionen erst ausgeführt, bevor ein Übergang zum nächsten Schritt erfolgt. Die entsprechende Übergangsbedingung wird durch eine geeignete Logik realisiert, implementiert im Beispiel teils in FBS und teils in KOP. Bild 3.33 und Bild 3.34 zeigen das entsprechende AS-Programm.

Im Schritt `Move_start` in Bild 3.33 wird der Montagearm in Grundstellung gefahren. `Stopping_Move_down` stoppt den Montageträger, fixiert ihn und fährt den Montagearm herunter. `Close_Gripper` greift die Karosse. Der Initialschritt `Standby` dient dazu, den Montageablauf erst nach Aktivierung des Automatikbetriebs zu starten.

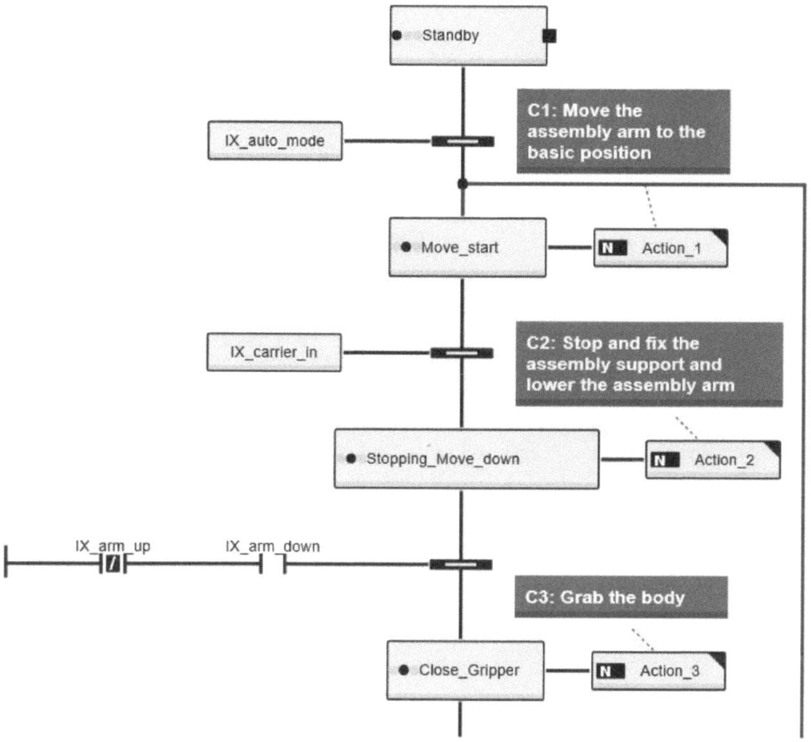

Bild 3.33 AS-Programm für die Karosseriemontage (Teil 1)

Im Schritt `Move_up` wird der Montagearm nach oben gefahren (mit Karosse). `Move_forward` bewegt den Montagearm vorwärts auf die Chassis-Position (mit Karosse). Mit `Move_down` fährt der Montagearm herunter und positioniert die Karosse auf dem Chassis. Mit `open_gripper` wird die Karosse schließlich auf dem Chassis abgesetzt (Bild 3.34).

Die Aktionen zu den jeweiligen Schritten sind in ST implementiert und beinhalten im Wesentlichen die Belegungen der Ausgangsvariablen zum Schalten der Aktoren im jeweiligen Schritt. Listing 3.8 zeigt beispielhaft das ST-Programm für `Action_1`. Alle anderen Aktionen sind äquivalent dazu aufgebaut.

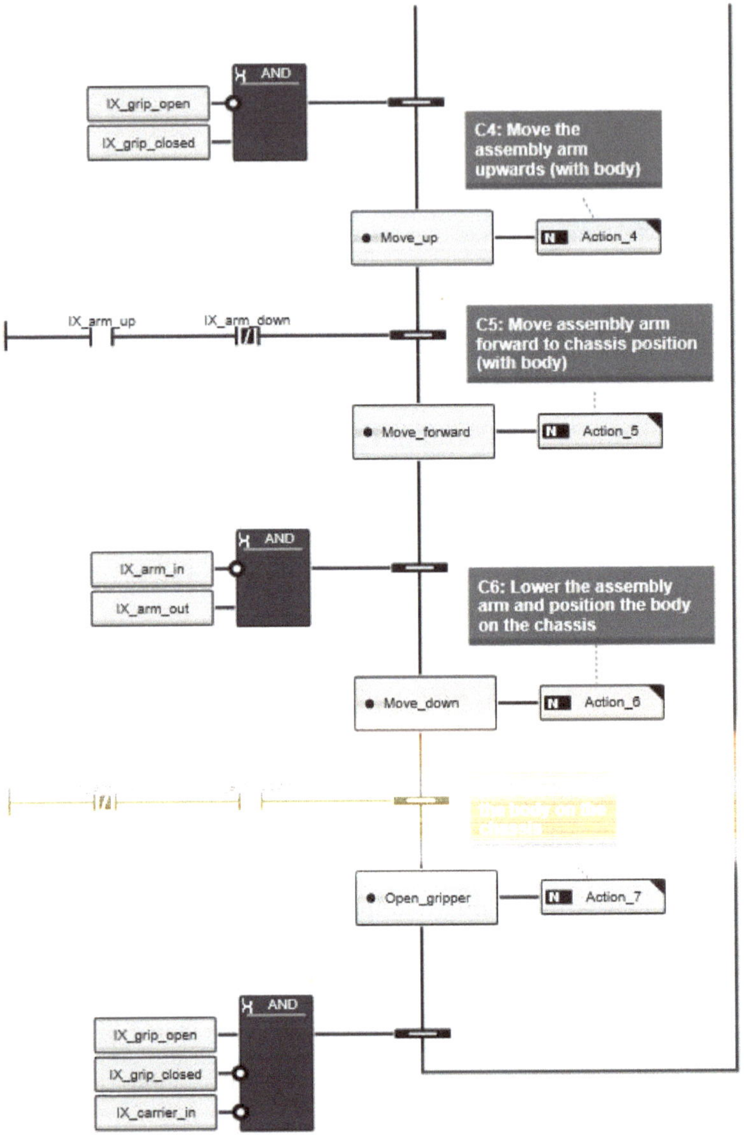

Bild 3.34 AS-Programm für die Karosseriemontage (Teil 2)

Listing 3.8 ST-Programm für Action_1 (als Beispiel)

```
(*C1: Move arm to start position*)
QX_arm_y1 := TRUE;
(*C2: all other actuators = FALSE*)
QX_arm_y2 := FALE;
QX_arm_y3 := FALSE;
QX_grip_y4 := FALSE;
QX_fix_y5 := FALSE;
(*C3: Switch on the auto mode *)
QX_auto_mode_on := TRUE;
```

Mit dem letzten Schritt wird zum Startschritt `Move_start` zurückgesprungen. In diesem erfolgt das Rückfahren des Arms in die Grundstellung und die Freigabe des Montageträgers. Der Montageträger kann dann auf dem Transportband weiter zur nächsten Montagestation fahren. Die Station „Karosseriemontage" wartet auf den nächsten Montageträger und startet erneut die Schrittkette.

In PLCnext Engineer kann AS nur in Funktionsbausteinen genutzt werden, die dann in einem Hauptprogramm (POE `Main`) aufgerufen werden müssen. Für das Beispiel wird dazu im Hauptprogramm der AS-Funktionsbaustein SFC als Instanz `Assembly_sfc` genutzt. Über die Eingangsparameter kann der Ablauf des AS-Programms prinzipiell flexibel gesteuert werden. Für die Beispielaufgabe müssen aber die Eingänge des AS-FB `Assembly_sfc` nicht beschaltet werden, da die Standardwerte genutzt werden können. Als Hauptprogramm ergibt sich damit das einfache FBS-Programm nach Bild 3.35.

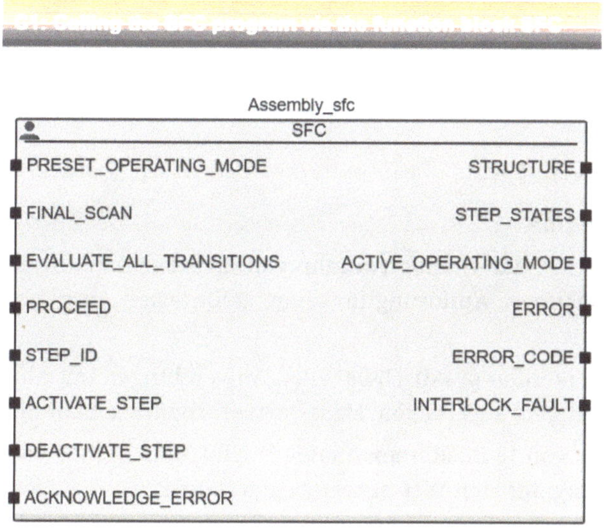

Bild 3.35 FBS-Hauptprogramm (POE) zum Aufruf der AS-Schrittkette

`Assembly_sfc` aktiviert die AS-Schrittkette nach Bild 3.33 und Bild 3.34.

Die vollständige programmtechnische Lösung ist im PLCnext-Projekt `task_13.pcwex` gespeichert.

3.7 Zahlenverarbeitung

Bei der Verarbeitung analoger Signale mit einer SPS müssen vielfach Zahlenwandlungen, Zahlennormierungen und Berechnungen durchgeführt werden. Häufige Funktionen, die dazu verwendet werden, sind Typumwandlung, mathematische und Vergleichsfunktionen.

3.7.1 Theoretische Aufgabe VI

Aufgabenziel: Zahlenwandlung analoger Signale in binäre Signale und umgekehrt

Aufgabenstellung: Baugruppen zur Analog-Digital-Wandlung bzw. Digital-Analog-Wandlung stellen der SPS die gewandelten Werte meist in binärer Form zur Verfügung. Analoge Eingänge werden dabei häufig in den Datentyp `WORD` eingelesen und analoge Ausgänge mit dem Datentyp `WORD` ausgegeben.

Aufgabe VIa: An drei analogen Eingängen der SPS werden folgende Werte eingelesen:

- Eingang 1: –5 V … +5 V
- Eingang 2: –10 V … +10 V
- Eingang 3: +4 mA … +20 mA

Ermitteln Sie den Wertebereich der Eingangssignale nach der Analog-Digital-Wandlung im Hexadezimalformat für den Datentyp `WORD`. Die Analogeingabebaugruppe hat eine Auflösung von 16 Bit. Die Skalierung der eingelesenen Eingangswerte soll wie folgt erfolgen:

- Spannung: 1 Digit (Dezimalwert) ≙ 1 mV
- Strom: 1 Digit (Dezimalwert) ≙ 1 µA

Aufgabe VIb: Eine Baugruppe zur Digital-Analog-Wandlung besitzt eine Datenbreite von 12 Bit. Ermitteln Sie die erreichbare Auflösung für einen geforderten Ausgangsspannungsbereich von –5 V … +5 V.

Anwendung: Zahlenwandlungen werden praktisch bei allen Anwendungen mit Analogwertverarbeitung, z. B. Steuerungen, Regelungen, Messwertverarbeitung, benötigt.

Lösung VIa: Bei einer Datenbreite von 16 Bit können Analog-Digital- bzw. Digital-Analog-Wandler die in Tabelle 3.39 aufgeführten Wertebereiche darstellen.

Tabelle 3.39 Wertebereiche von A/D- bzw. D/A-Wandlern mit einer Datenbreite von 16 Bit

Ausgabe	Hexadezimal		Dezimal	
	MIN	MAX	MIN	MAX
ohne Vorzeichen (unipolar)	16#0000	16#FFFF	0	+65 535
mit Vorzeichen (bipolar)	16#8000	16#7FFF	-32 768	+32 767

Für die drei Eingänge ergeben sich nach Umrechnung in das Binärformat und unter Berücksichtigung der Datenbreite und Ausgabeart (unipolar oder bipolar) folgende Wertebereiche im WORD-Format:

- Eingang 1: –5 V ... +5 V → 16#EC78 ... 16#1388
- Eingang 2: –10 V ... +10 V → 16#D8F0 ... 16#2710
- Eingang 3: +4 mA ... +20 mA → 16#0FA0 ... 16#4E20

Lösung VIb: Bei einer Datenbreite von 12 Bit sind maximal 4096 Werte (2^{12}) darstellbar. Der Spannungsbereich umfasst insgesamt 10 V, sodass sich die folgende Auflösung ergibt:

Auflösung = Spannungsbereich/Datenbreite = 10/4096 = 0,00244 in [V]

Die maximal erreichbare Auflösung beträgt 2,44 mV.

3.7.2 Aufgabe 14: Berechnung nach dem ohmschen Gesetz

Aufgabenziel: Kennenlernen der grundlegenden Verfahrensweise zum Einlesen, Berechnen und Ausgeben von analogen Signalen

Aufgabenstellung: Die Spannung an einem Widerstand wird gemessen und als analoges Eingabesignal vorgegeben (mit einem Potentiometer). Der Stromfluss durch den Widerstand soll ermittelt und am Analog-Ausgang angezeigt werden.

Aufgabe 14a: Erstellen Sie eine PLCnext-Konfiguration mit den beiden E/A-Baugruppen am lokalen Axioline-Bus für den Versuchsaufbau des Eduline PLCnext Board EDU AXC F 2152.

Aufgabe 14b: Der gemessene Spannungsbereich am SPS-Eingang (Potentiometer) liegt zwischen (0 ... +10) V. Es soll ein SPS-Programm in ST erstellt werden, welches am analogen Ausgang den berechneten Stromwert für einen festen Widerstand R = 125 Ω (Strombereich: 0 ... +80 mA) auf der LED-Anzeige ausgibt. Verwenden Sie das Potentiometer P2 und die LED-Balkenanzeige T3.

Anwendung: Die Berechnung kann in unterschiedlichen Anwendungen für die Messwertverarbeitung zur Ermittlung von Strom und/oder Spannung eingesetzt werden.

Lösung 14a: Die erforderliche PLCnext-Konfiguration finden Sie im PLCnext-Projekt `task_14.pcwex`.

Lösung 14b: Tabelle 3.40 bis Tabelle 3.42 beinhalten die für die Lösung eingesetzten Zuordnungen für die Prozessvariablen.

Tabelle 3.40 Eingangszuordnung der Prozessdaten

BMK	Eingangsnr. (-A3)	Variablenname	Beschreibung
P2	A I1	`IW_potentiometer_value`	Potentiometer Wertebereich: 16#0000…16#75BF

Tabelle 3.41 Ausgangszuordnung der Prozessdaten

BMK	Ausgangsnr. (-A3)	Variablenname	Beschreibung
T3	A O1	`QW_bargraph_value`	LED-Balkenanzeige Wertebereich: 16#0000…16#7530

Tabelle 3.42 Zuordnung der internen Variablen (Merker)

`adc_resolution_real`	REAL	Auflösung des ADC für +10 V	REAL#30000.0
`factor_real`	REAL	Skalierungsfaktor zur Anpassung der eingelesenen Spannung	
`voltage_real`	REAL	umgewandelte gemessene Spannung	
`resistor_real`	REAL	ohmscher Widerstandswert	REAL#125.0
`current_real`	REAL	errechneter Strom	
`nominal_current_real`	REAL	Nennstrom	REAL#80.0
`multiplier_real`	REAL	Skalierungsfaktor zur Anpassung der LED-Balkenanzeige	

Die Lösung der Aufgabenstellung erfolgt mit folgenden Schritten:

1. Das Potentiometer P2 simuliert den eingelesenen Spannungswert. Beim MAX-Wert von P2 soll die Spannung +10 V betragen. Entsprechend dem Datenblatt des AXL F AI2 AO2 1H beträgt der `WORD`-Eingangswert für +10 V 16#7530 (`adc_resolution`) bzw. in Dezimaldarstellung 30 000. Zur Anpassung des eingelesenen

REAL-Spannungswertes muss dieser durch einen Skalierungsfaktor factor_real geteilt werden, um die eingelesene Spannung in mV zu erhalten:

$$\text{factor\_real}[\frac{1}{\text{mV}}] = \frac{30000}{10000\ \text{mV}} = 3[\frac{1}{\text{mV}}]$$

2. Die analogen Eingänge werden vom Analog-Digital-Umsetzer (ADU) in einen Datentyp WORD eingelesen. Zur weiteren Berechnung wird die Eingangsvariable IW_potentiometer_value zuerst mit der Konvertierungsfunktion TO_DINT in einen Integerwert umgewandelt und danach mittels TO_REAL in eine REAL-Variable konvertiert. Die direkte Konvertierung einer WORD-Variablen in einen REAL-Wert ist mit PLCnext Engineer nicht möglich. Für die eingelesene Spannung voltage_real gilt dann

$$\text{voltage\_real} = \frac{\text{eingelesener REAL-Wert vom Poti}}{\text{factor\_real}}$$

3. Um den Strom zu berechnen, muss das ohmsche Gesetz angewendet werden. Die eingelesene Spannung wird durch den Widerstandswert geteilt. Der daraus folgende Wert ist der aktuelle Strom:

$$\text{current\_real} = \frac{\text{voltage\_real}}{\text{resistor\_real}}$$

4. Der errechnete Strom current_real soll nun ausgegeben werden. Der maximale Stromwert bei 10 V beträgt 80 mA (nominal_current_real). Da die Ausgabe mithilfe der LED-Balkenanzeige erfolgen soll, muss der Stromwert gleichfalls über einen Skalierungsfaktor multiplier_real angepasst werden, um die zehn verfügbaren Stufen vollständig zu nutzen.

$$\text{multiplier\_real} = \frac{\text{adc\_resolution\_real}}{\text{nominal\_current\_real}}$$

5. Mit dem errechneten Skalierungsfaktor kann der Strom auf der LED-Balkenanzeige mit richtiger Skalierung dargestellt werden.

6. Nach der Multiplikation muss noch eine Umformung von REAL nach WORD stattfinden. Diese Konvertierung erfolgt wie beim Einlesen wieder zweistufig: REAL → DINT → WORD. Nach der Umformung wird der Wert in der Variablen QW_bargraph_value abgespeichert und auf der LED-Balkenanzeige ausgegeben.

Listing 3.9 zeigt das ST-Programm.

Listing 3.9 ST-Programm zur Berechnung des ohmschen Gesetzes

```
(* C1: Calculation of the scaling factor for reading in*)
factor_real := adc_resolution_real / 10000;

(* C2: Reading in the potentiometer, converting to REAL and calculating the voltage
value*)
voltage_real := TO_REAL(TO_DINT(IW_potentiometer_value)) / factor_real;
```

```
(* C3: Calculation of the current value according to Ohm's law*)
current_real := voltage_real / resistor_real;

(* C4: Calculation of the scaling factor for the output*)
multiplier_real := adc_resolution_real / nominal_current_real;

(* C5: Conversion to WORD and output to the LED bargraph*)
QW_bargraph_value := TO_WORD(TO_DINT(current_real * multiplier_real));
```

Zuerst erfolgt die Ermittlung des Skalierungsfaktors beim Einlesen (C1). Danach erfolgt das Einlesen des Potentiometers, das Konvertieren des Wertes nach `REAL` und die Berechnung des Spannungswertes (C2). Dann folgt die Ermittlung des Stromwertes nach dem ohmschen Gesetz (C3). Für die Ausgabe wird zuerst der Skalierungsfaktor ermittelt (C4), und danach erfolgt die Konvertierung nach `WORD` und die Ausgabe auf die LED-Balkenanzeige (C5).

Die vollständige programmtechnische Lösung ist im PLCnext-Projekt `task_14.pcwex` gespeichert.

3.7.3 Aufgabe 15: Normierung von Messwerten

Aufgabenziel: Kennenlernen der Vorgehensweise beim Einlesen und Normieren von analogen Messwerten

Aufgabenstellung: Ein Durchflussmesser für Flüssigkeiten liefert ein analoges Ausgangssignal, welches zur weiteren Verarbeitung im SPS-Programm normiert werden muss.

Aufgabe 15a: Erstellen Sie eine PLCnext-Konfiguration mit den beiden E/A-Baugruppen am lokalen Axioline-Bus für den Versuchsaufbau des Eduline PLCnext Board EDU AXC F 2152. Die Simulation des Messsignals erfolgt durch das Potentiometer P2. Der normierte Messwert soll mittels der LED-Balkenanzeige T3 und zusätzlich an einem extern angeschlossenen Voltmeter ausgegeben werden.

Aufgabe 15b: Der Durchflussmesser liefert ein analoges Ausgangssignal von 4 ... 20 mA, welches einen Flüssigkeitsstrom von 0 ... 80 m^3/h repräsentiert. Zur weiteren Verarbeitung der Messgröße soll der Wert innerhalb des SPS-Programms dem Wert 0 ... 80 entsprechen. Die Anzeige auf dem externen Voltmeter soll so erfolgen, dass der eingelesene Messwert 4 ... 20 mA auf einen Bereich 0,4 ... 2 V abgebildet wird.

Das SPS-Programm ist in ST zu erstellen.

Anwendung: Bei der Verarbeitung von Analogsignalen müssen diese meist vor einer Weiterverarbeitung im SPS-Programm auf bestimmte Wertebereiche normiert werden.

Lösung 15a: Die erforderliche PLCnext-Konfiguration finden Sie im PLCnext-Projekt `task_15.pcwex`.

Lösung 15b: Tabelle 3.43 bis Tabelle 3.45 beinhalten die für die Lösung eingesetzten Zuordnungen für die Prozessvariablen.

Tabelle 3.43 Eingangszuordnung der Prozessdaten

BMK	Eingangsnr. (-A3)	Variablenname	Beschreibung
P2	A I1	`IW_potentiometer_value`	Potentiometer Wertebereich: 16#0000...16#75BF (16#7530 = +10 V)

Tabelle 3.44 Ausgangszuordnung der Prozessdaten

BMK	Ausgangsnr. (-A3)	Variablenname	Beschreibung
T3	A O1	`QW_bargraph_value`	LED-Balkenanzeige Wertebereich: 16#0000...16#7FFF (16#7530 = +10V)
XS3	A O2	`QW_analog_out`	Anschluss eines externen Voltmeters über die Buchse –XS3

Tabelle 3.45 Zuordnung der internen Variablen (Merker)

Variablenname	Datentyp	Beschreibung	Startwert
`adc_resolution_real`	REAL	Auflösung des ADC	REAL#30000.0
`current_real`	REAL	umgewandelter gemessener Strom	
`nominal_volume_flow_real`	REAL	Nennvolumenstrom	REAL#80.0
`volume_flow_real`	REAL	umgewandelter gemessener Volumenstrom	
`factor_poti_real`	REAL	Skalierungsfaktor zur Anpassung der eingelesenen Spannung vom Potentiomer	
`factor_led_real`	REAL	Skalierungsfaktor zur Anpassung der LED-Balkenanzeige	
`factor_led_real`	REAL	Skalierungsfaktor zur Anpassung der Ausgabe an das Voltmeter	

Das Potentiometer wird eingelesen und von `WORD` zu `REAL` konvertiert. Zur Skalierung in den gewünschten Wert, hier 4...20 mA, wird folgende Berechnung durchgeführt, um den Skalierungsfaktor `factor_poti_real` zu bestimmen:

$$\text{factor\_poti\_real} = \frac{30000.0}{(20-4)} = 1875.0$$

Im Programm wird der eingelesene und konvertierte `REAL`-Wert des Potentiometers mit dem Skalierungsfaktor `factor_poti_real` dividiert, der ein Offset von 4 mA berücksichtigt, und in der Variablen `current_real` gespeichert:

$$\text{current}_{\text{real}} = \frac{\text{IW}_{\text{potentiometer}_{\text{value}}}(\text{REAL})}{\text{factor}_{\text{poti}_{\text{real}}}} + 4$$

Die Ermittlung des anzuzeigenden Flüssigkeitsstroms unter Berücksichtigung der Bereichsskalierung auf 4...20 mA erfolgt mit

$$\text{volume\_flow\_real} = \frac{(\text{current\_real} - 4) \cdot \text{nominal\_volume\_flow\_real}}{(20-4)}$$

Der Messwert 0...80 m^3/h soll auf der LED-Balkenanzeige ausgegeben werden. Als Skalierungsfaktor gilt

$$\text{factor\_led\_real} = \frac{30000.0}{80.0} = 375.0$$

Die Bereichsanpassung der LED-Balkenanzeige wird in der Variablen `factor_led_real` gespeichert. Nach der Verrechnung mit der Variablen `volume_flow_real` muss für die Ausgabe auf der LED-Balkenanzeige noch eine Konvertierung von `REAL` nach `WORD` durchgeführt werden.

Die Ausgabe des Messwertes auf dem externen Voltmeter soll auf einen Bereich 0,4...2 V erfolgen. Der Messstrom `current_real` muss deshalb mit einem weiteren Faktor multipliziert werden:

$$\text{factor\_volt\_real} = \frac{\text{adc\_resolution\_real}}{100}$$

Nach der Multiplikation von `current_real` mit diesem Faktor kann nach Konvertierung in `WORD` der Strommesswert als Spannung auf dem Voltmeter ausgegeben werden.

In Listing 3.10 ist das resultierende ST-Programm dargestellt.

Listing 3.10 ST-Programm zur Normierung von Werten eines Durchflussmessers

```
(* C1: Conversion of the read in potentiometer value and scaling to a current
measured value of 4 ... 20 mA*)
factor_poti_real := adc_resolution_real /(20 - 4);
current_real := (TO_REAL(TO_DINT(IW_potentiometer_value)) / factor_poti_real) + 4;

(* C2: Determination of the liquid flow to be displayed*)
volume_flow_real := (current_real - 4) * nominal_volume_flow_real / (20 - 4);

(* C3: Adjustment, conversion and output of the value on the LED bar display*)
factor_led_real := adc_resolution_real / nominal_volume_flow_real;
QW_bargraph_value := TO_WORD(TO_DINT(volume_flow_real * factor_led_real));

(* C4: Adjustment, conversion and output of the value on the external voltmeter*)
factor_volt_real := adc_resolution_real / 100;
QW_analog_out := TO_WORD(TO_DINT(current_real * factor_volt_real));
```

Zuerst erfolgt die Konvertierung des eingelesenen Potentiometerwertes und die Skalierung auf einen Strommesswert von 4...20 mA (C1). Danach wird der anzuzeigende Flüssigkeitsstrom ermittelt (C2). Dann erfolgen die Anpassung, die Konvertierung und die Ausgabe des Wertes auf der LED-Balkenanzeige (C3) und die Anpassung, die Konvertierung und die Ausgabe des Wertes auf dem externen Voltmeter (C4).

Die vollständige programmtechnische Lösung ist im PLCnext-Projekt `task_15.pcwex` gespeichert.

3.7.4 Aufgabe 16: Temperaturregelung einer Heizung

Aufgabenziel: Kennenlernen der Vorgehensweise bei der Zahlenwandlung mit Zahlenvergleich

Aufgabenstellung: Mithilfe eines Heizventils soll die Temperatur in einem Raum geregelt werden.

Aufgabe 16a: Erstellen Sie eine PLCnext-Konfiguration mit den beiden E/A-Baugruppen am lokalen Axioline-Bus für den Versuchsaufbau des Eduline PLCnext Board EDU AXC F 2152.

Aufgabe 16b: Die gemessene Temperatur (Temperaturbereich: +10...+50 °C) wird über einen Messumformer mit einem Stromausgangssignal von +4...+20 mA an den Analogeingang der SPS eingespeist. Der Ausgang des Messumformers wird durch das Potentiometer P2 simuliert. Die Isttemperatur wird mit einem Sollwert verglichen und das Heizventil V geöffnet bzw. geschlossen. Der Temperatursollwert wird zwischen 15...30 Grad über drei Schalter S1, S2 und S3 vorgegeben. Das Einschalten jedes Schalters erhöht die Temperatur um 5 Grad. Sind alle Schalter AUS, dann beträgt die Solltemperatur 15 Grad.

Damit in der Nähe des Sollwertes nicht ständig Schaltvorgänge auftreten, soll die Schaltkennlinie eine Hysterese von +/–2 Grad besitzen.

Das Heizventil V wird über eine LED simuliert. Zusätzlich wird der Status des Heizventils über die LED-Balkenanzeige T3 ausgegeben. Die Anzeige soll komplett aufleuchten, wenn das Ventil eingeschaltet ist, und nicht leuchten, wenn das Ventil ausgeschaltet ist.

Das SPS-Programm ist in FBS zu erstellen.

Anwendung: Analoge Signale müssen nach ihrer Wandlung im SPS-Programm häufig mit anderen analogen Werten verglichen und ausgewertet werden.

Lösung 16a: Die erforderliche PLCnext-Konfiguration finden Sie im PLCnext-Projekt `task_16.pcwex`.

Lösung 16b: Tabelle 3.46 bis Tabelle 3.48 beinhalten die für die Lösung eingesetzten Zuordnungen für die Prozessvariablen.

Tabelle 3.46 Eingangszuordnung der Prozessdaten

BMK	Schalternr. (-A2)	Variablenname	Beschreibung
S1	1	`IX_switch_temp_1`	Das Einschalten jedes Kippschalters unabhängig von der Reihenfolge erhöht die Solltemperatur um 5 Grad.
S2	2	`IX_switch_temp_2`	
S3	3	`IX_switch_temp_3`	
	Eingangsnr. (-A3)		
P2	A I1	`IW_poti_actual_temp`	Potentiometer Wertebereich: 16#0000 ... 16#75BF (16#7530 = +10V)

Tabelle 3.47 Ausgangszuordnung der Prozessdaten

BMK	LED-Nr. (-A2)	Variablenname	Beschreibung
V	1	`QX_heating_valve`	Ventil EIN: V = 1
	Ausgangsnr. (-A3)		
T3	A O1	`QW_bargraph_value`	LED-Balkenanzeige Wertebereich: 16#0000 ... 16#7FFF (16#7530 = +10V)

Tabelle 3.48 Zuordnung der internen Variablen (Merker)

Variablenname	Datentyp	Beschreibung	Startwert
poti_actual_temp_real	REAL	konvertierte Spannung des Potentiometers	
transmitter_out_real	REAL	Ausgabewert des Messumformers (4...20) mA	
set_temp_real	REAL	Solltemperatur	
actual_temp_real	REAL	Isttemperatur	
lower_threshold_real	REAL	unterer Schwellwert der Hysterese	
upper_theshold_real	REAL	oberer Schwellwert der Hysterese	
heating_valve_bool	BOOL	Heizventil	
bargraph_on_word	WORD	Konstante zur LED-Balkenanzeige (Heizung = EIN)	16#FFFF
bargraph_off_word	WORD	Konstante zur LED-Balkenanzeige (Heizung = AUS)	16#0000
SR_1	SR	Instanz des SR-Speichers	

Zuerst müssen die Eingangsdaten für die Ist- und Solltemperatur erfasst werden.

Der Eingangswert des Potentiometers P2 als simulierte Isttemperatur muss so umgeformt werden, dass dieser eine korrekte Skalierung für weitere Berechnungen besitzt. Entsprechend der Vorgabe soll das Potentiometer P2 als Simulation des Messumformers dienen, welcher einen Ausgangsstrom von +4 mA...+20 mA liefert. Für P2 wird dazu eine Bereichsanpassung mit einer Division und einer anschließenden Addition durchgeführt (Bild 3.36):

$$\text{transmitter\_out\_real} = \frac{\text{poti\_actual\_temp\_real} \cdot (20 - 4)}{30000.0} + 4$$

$$\text{transmitter\_out\_real} = \frac{\text{poti\_actual\_temp\_real}}{1875.0} + 4$$

Der Messumformer (Simulation durch das Potentiometer P2) gibt einen Strom von (4...20) mA aus. Dieser Strom spiegelt eine Temperatur zwischen (10...50) °C wider. Die simulierte Isttemperatur `actual_temp_real` ergibt sich damit zu (Bild 3.36)

$$\text{actual\_temp\_real} = \text{transmitter\_out\_real} \cdot 2.5$$

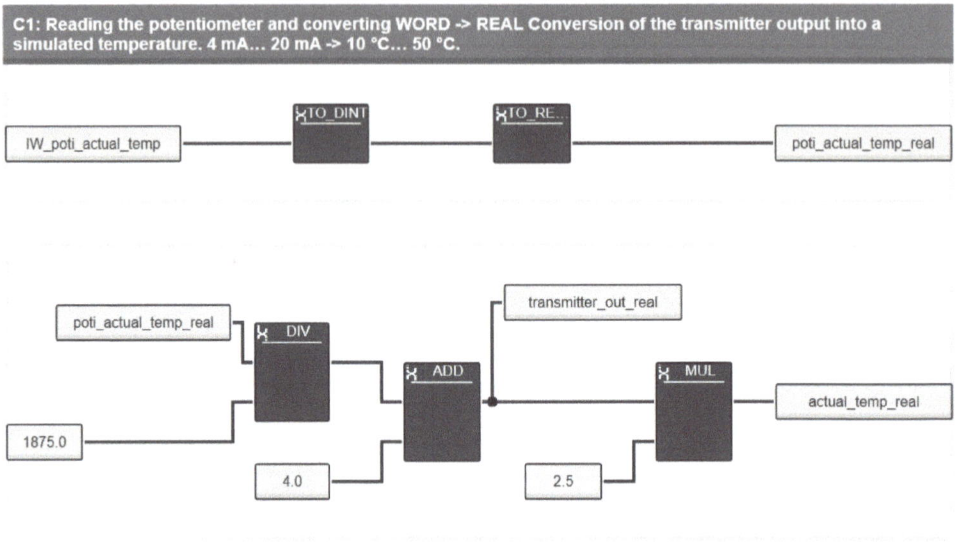

Bild 3.36 Messumformer für das Potentiometer 2

Im oberen Netzwerk nach Bild 3.36 erfolgen das Einlesen des Potentiometers und die Konvertierung von WORD zu REAL. Im unteren Netzwerk erfolgt die Umrechnung des Messumformerausgangs in eine simulierte Temperatur von 4 mA...20 mA ≙ 10 °C... 50 °C.

Mit den drei Kippschaltern 1, 2 und 3 wird die Solltemperatur vorgegeben. Die Realisierung erfolgt über drei SEL-Bausteine (mit Auswahl 0 oder 5) mit nachfolgender Addition (Bild 3.37). Jeder Schalter erhöht bei EIN die Solltemperatur um 5 Grad.

Damit das Ventil nicht die ganze Zeit schaltet, soll eine Hysterese realisiert werden. Die Hysterese soll ±2 °C betragen. Dazu werden eine Addition sowie eine Subtraktion durchgeführt. Das Ergebnis der Addition wird in der Variablen upper_threshold_real gespeichert. Das Ergebnis der Subtraktion wird in der Variablen lower_threshold_real gespeichert (Bild 3.38, oberes Netzwerk).

Mit den Werten der Hysterese wird ein SR-Flipflop beschaltet, welches das Ventil steuert. Am SET-Eingang wird ein LT-Baustein (Kleiner-Gleich) mit der aktuellen Temperatur und der unteren Hysterese-Schwelle verwendet. Am RESET-Eingang des Flipflops wird ein GT-Baustein (Größer-Gleich) verwendet, der gleichfalls mit der aktuellen Temperatur sowie der oberen Hysterese-Schwelle verschaltet ist.

Zur visuellen Darstellung des Ventilstatus wird die LED-Balkenanzeige eingebunden. Die Anzeige soll komplett aufleuchten, wenn das Ventil eingeschaltet ist, und nicht leuchten, wenn das Ventil ausgeschaltet ist. Dazu wird ein SEL-Baustein verwendet, über den mittels Auswahl der Variablen `bargraph_off_word` bzw. `bargraph_on_word` die Balkenanzeige geschaltet werden kann (Bild 3.39). Die Simulation des Heizventils erfolgt mit der LED 1.

Bild 3.37 bis Bild 3.39 zeigen die weiteren zugehörigen FBS-Programme.

Im Netzwerk nach Bild 3.37 erhöht jeder Schalter die Temperatur um 5 Grad. Die Basis-Solltemperatur beträgt 15 Grad.

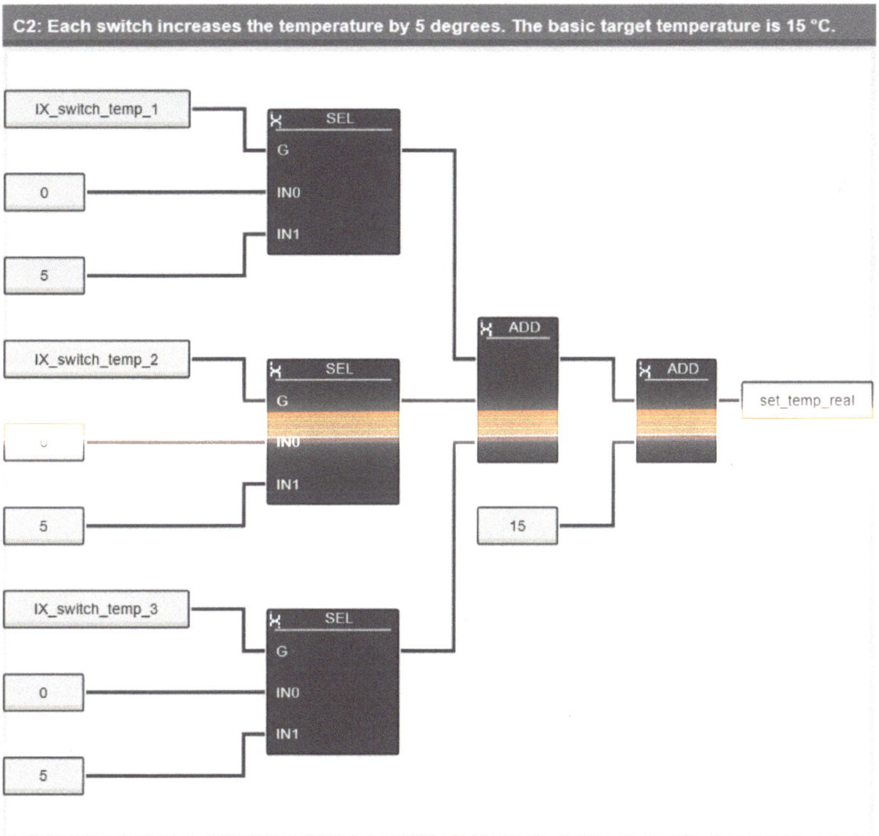

Bild 3.37 Einstellung der Solltemperatur

Über das obere Netzwerk in Bild 3.38 erfolgt die Aufteilung in die Hysterese mit oberer und unterer Schaltschwelle. Das untere Netzwerk beinhaltet einen Vergleicher zum Schalten des SR-Flipflops, welches das Heizungsventil steuert.

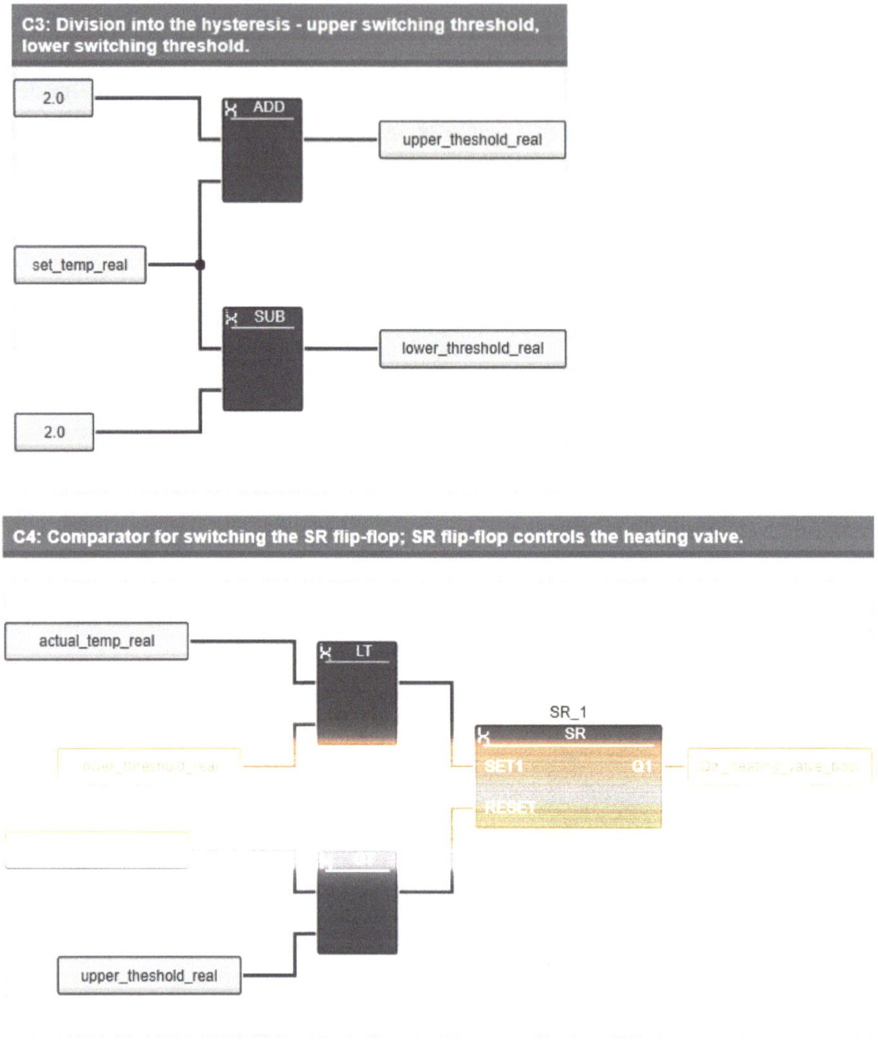

Bild 3.38 Hystereseberechnung und Ventilsteuerung

Bild 3.39 beinhaltet das Netzwerk für die Ausgabe auf der LED-Balkenanzeige.

Die vollständige programmtechnische Lösung ist im PLCnext-Projekt `task_16.pcwex` gespeichert.

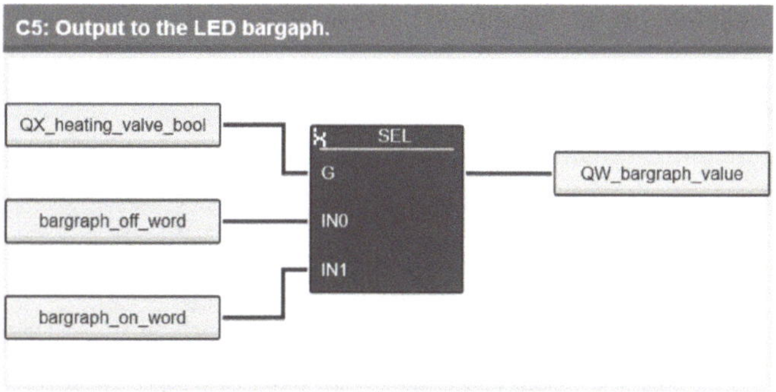

Bild 3.39 Ansteuerung der LED-Balkenanzeige

3.8 Zeitverarbeitung

3.8.1 Theoretische Aufgabe VII

Aufgabenziel: Vermittlung von grundlegenden Kenntnissen zu Zeitsteuerungen mit Standardfunktionsbausteinen

Aufgabe VIIa: Welche Standardfunktionsbausteine kennt die IEC 61131-3 für Zeitfunktionen? Geben Sie dazu jeweils einen möglichen Anwendungsfall an.

Aufgabe VIIb: Erläutern Sie die grundsätzliche Funktionsweise des Zeitfunktionsbausteins „Pulstimer", und stellen Sie die Ausgangssignale des Pulstimers für die folgenden drei Fälle dar:

- Dauer des Startsignals > Dauer des vorgegebenen Zeitimpulses
- Dauer des Startsignals < Dauer des vorgegebenen Zeitimpulses
- Es treten mehrere kurze Startsignale während der Dauer des Zeitimpulses auf.

Aufgabe VIIc: Was passiert, wenn während des Ablaufs eines Zeitimpulses der Pulseingang PT des Pulstimers auf T#0 s gesetzt wird?

Lösung VIIa: Die IEC 61131-3 legt drei Standardfunktionsbausteine für Zeitfunktionen fest. Dazu gehören der Pulstimer PT, die Einschaltverzögerung TON und die Ausschaltverzögerung TOF. Mögliche Anwendungsfälle könnten sein:

- PT: Zeitfolgesteuerung für Motoren
- TON: automatisches Schließen einer Schutztür
- TOF: automatisches Leerfördern eines Transportbandes

Lösung VIIb: Der Pulstimer besitzt die in Tabelle 3.49 aufgeführten Ein- und Ausgänge.

Tabelle 3.49 Ein- und Ausgänge eines Pulstimers

Eingang	Ausgang	Beschreibung
IN		Starteingang des Zeitglieds, Datentyp: BOOL
PT		Eingang für die Laufzeitvariable, Datentyp: TIME
	Q	Ausgang des Zeitglieds, Datentyp: BOOL
	ET	Monitorausgang für die ablaufende Zeit, Datentyp: TIME

Damit ergeben sich die in Bild 3.40 dargestellten Ausgangssignale für die drei unterschiedlichen Eingangssignale.

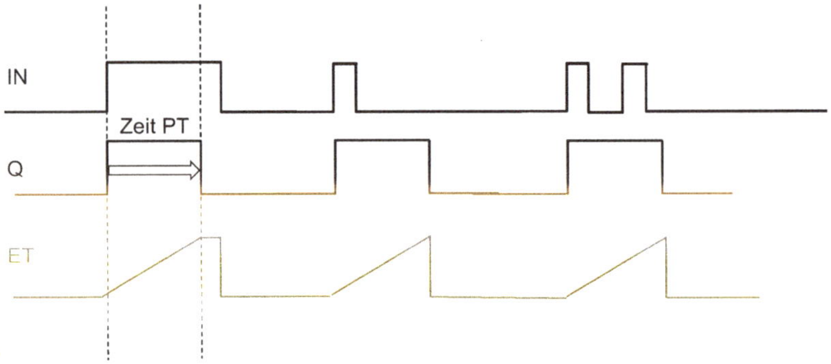

Bild 3.40 Ausgangssignale des Pulstimers für unterschiedliche Startsignale

Lösung VIIc: Das Setzen des Pulseingangs mit T#0 s während des Ablaufs eines Zeitimpulses bewirkt einen sofortigen Stopp des Impulses (RESET).

3.8.2 Aufgabe 17: Pulsweitenmodulator

Aufgabenziel: Kennenlernen der Vorgehensweise bei der Arbeit mit Zeitgebern und Zeitsignalen

Aufgabenstellung: Eine SPS hat keinen Analogausgang, soll aber trotzdem einen kontinuierlichen Wert ausgeben können. Dazu kann ein Pulsweitenmodulator (PWM) mit extern beschaltetem Kondensator verwendet werden.

Aufgabe 17a: Erstellen Sie eine PLCnext-Konfiguration mit den beiden E/A-Baugruppen am lokalen Axioline-Bus für den Versuchsaufbau des Eduline PLCnext Board EDU AXC F 2152.

Aufgabe 17b: Das SPS-Programm soll einen Pulsweitenmodulator realisieren. Über zwei Analogeingänge kann die Pulsweite zwischen (0...100) % sowie die Taktfrequenz zwischen (0,1...1) Hz eingestellt werden. Das Ausgabesignal soll mittels drei LEDs dargestellt werden:

- LED 1 = Ausgang des Pulsweitenmodulators
- LED 2 = Anzeige des „High"-Impulses
- LED 3 = Anzeige des „Low"-Impulses

Verwenden Sie für die Einstellung der Pulsweite das Potentiometer P2 und für die Einstellung der Taktfrequenz eine externe Spannungsquelle 0...+10 V am Eingang A I2 des Eduline PLCnext Board.

Das SPS-Programm ist in ST zu erstellen.

Anwendung: In vielen Anwendungen kommen absolute und relative Zeitgeber zum Einsatz, um z. B. Abläufe zeitlich nacheinander zu steuern.

Lösung 17a: Die erforderliche PLCnext-Konfiguration finden Sie im PLCnext-Projekt `task_17.pcwex`.

Lösung 17b: Tabelle 3.50 bis Tabelle 3.52 beinhalten die für die Lösung eingesetzten Zuordnungen für die Prozessvariablen.

Tabelle 3.50 Eingangszuordnung der Prozessdaten

BMK	Eingangsnr. (-A3)	Variablenname	Beschreibung
P2	A I1	`IW_potentiometer_value`	Potentiometer Wertebereich: 16#0000...16#75BF (16#7530 = +10 V)
XS2	A I2	`IW_voltage_period`	externe Spannungsquelle 0...+10 V

Tabelle 3.51 Ausgangszuordnung der Prozessdaten

BMK	LED-Nr. (-A2)	Variablenname	Beschreibung
LED 1	1	`QX_led_pwm`	Pulsweitenmodulator (PWM)
LED 2	2	`QX_pulse_high`	„High"-Impuls
LED 3	3	`QX_pulse_low`	„Low"-Impuls

Tabelle 3.52 Zuordnung der internen Variablen (Merker)

Variablenname	Datentyp	Beschreibung
pwm_percent_real	REAL	prozentualer Wert zur PWM-Steuerung
period_time	TIME	Periodenzeit
period_time_real	REAL	Periodenzeit in REAL
pulse_high_time	TIME	Zeit des High-Impulses
pwm_signal_bool	BOOL	PWM-Signal
TP_1	TP	Instanz des Impulsgebers 1
TP_2	TP	Instanz des Impulsgebers 2

Die beiden eingelesenen analogen Werte des Potentiometers und der externen Spannungsquelle müssen an die gewünschten Bereiche angepasst werden. Dazu werden beide von `WORD` über `DINT` nach `REAL` konvertiert.

Das Eingangssignal des Potentiometers P2 soll prozentual auf (0...100) % skaliert werden:

$$\text{factor} = \frac{30000}{100} = 300$$

Mit dem Skalierungsfaktor *factor* kann die Bereichsanpassung für das erste Potentiometer durchgeführt werden. Der angepasste Wert wird in der Variablen `pwm_percent_real` gespeichert.

Über die externe Spannungsquelle soll die Periodenzeit von (1...10) s einstellbar sein. Dazu wird folgende Rechnung durchgeführt und das Ergebnis in der Variablen `period_time_real` gespeichert:

$$\text{period\_time\_real} = \left(\frac{\text{IW\_voltage\_period} \cdot (1{,}0 - 0{,}1)}{30000} + 0{,}1\right)^{-1}$$

$$\text{period\_time\_real} = (\frac{\text{IW\_voltage\_period}}{33333{,}3} + 0{,}1)^{-1}$$

Die Zeit, in der das PWM-Signal `TRUE` sein soll, wird wie folgt berechnet und anschließend von `REAL` nach `TIME` konvertiert:

$$\text{pulse\_high[REAL]} = \text{pwm\_percent\_real} \cdot \text{period\_time\_real} \cdot 10{,}0$$

Da keine Möglichkeit besteht, eine direkte Konvertierung vom Datentyp `REAL` nach `TIME` zu programmieren, muss diese erst von `REAL` nach `DINT` und anschließend von `DINT` nach `TIME` konvertiert werden. Nach der Konvertierung wird die Berechnung in der Variablen `puls_high_time` gespeichert.

Die Periodenzeit muss ebenfalls, wie die `puls_high_time`, über `DINT` nach `TIME` konvertiert werden. Zuvor muss diese mit 1000 multipliziert werden.

$$\text{period\_time[REAL]} = \text{period\_time\_real} \cdot 1000$$

Nach der Konvertierung wird die Berechnung in der Variablen `period_time` gespeichert.

Eine 1.0 des Datentyps `REAL` entspricht im Datentyp `TIME` 1 ms.

Um den Takt des PWM-Signals zu generieren, werden zwei Zeitgeber in Reihe geschaltet. Zeitgeber 1 (`TP_1`) wird mit einer invertierten Rückkopplung des eigenen Ausgangs am IN-Eingang beschaltet. Da der Zeitgeber bei einer fallenden Flanke startet, schaltet er sich so selbst wieder ein. Am PT-Eingang liegt die Variable `period_time` an, welche die Periodenzeit ist. So gibt Zeitgeber 1 die Periodenzeit vor.

Zeitgeber 2 (`TP_2`) wird am IN-Eingang mit dem nicht invertierten Ausgangssignal des ersten Zeitgebers beschaltet. Der PT-Eingang des zweiten Zeitgebers wird mit der Variablen `pulse_high_time` beschaltet. Dieser Zeitgeber gibt das PWM-Signal aus und speichert das Ergebnis in der Variablen `pwm_signal_bool`.

Das PWM-Signal wird über die drei LEDs `QX_led_pwm`, `QX_pulse_high` und `QX_pulse_low` angezeigt.

Listing 3.11 zeigt im Ergebnis das ST-Programm für den Pulsweitenmodulator.

Listing 3.11 ST-Programm für den Pulsweitenmodulator

```
(* C1: Reading in the potentiometer; percentage scaling -> 0 % ... 100 %*)
pwm_percent_real := TO_REAL(TO_DINT(IW_potentiometer_value)) / 300;

(* C2: Reading in the external voltage source; scaling to the period time -> 1 s ...
10 s*)
period_time_real := 1.0 / ((TO_REAL(TO_DINT(IW_voltage_period)) / 33333.3) + 0.1);

(* C3: Calculation of the time of the high pulse*)
pulse_high_time := TO_TIME(TO_DINT(pwm_percent_real * period_time_real * 10.0));

(* C4: Calculation of the period time*)
period_time := TO_TIME(TO_DINT(period_time_real * 1000.0));

(* C5: Timer 1: Clock for period time*)
TP_1 (IN := NOT TP_1.Q, PT := period_time);

(* C6: Feedback to the input; Timer 2: Output of the PWM signal*)
TP_2 (IN := TP_1.Q, PT := pulse_high_time);
pwm_signal_bool := TP_2.Q;

(* C7: Output to the LEDs*)
QX_led_pwm := pwm_signal_bool;
QX_pulse_high := pwm_signal_bool;
QX_pulse_low := NOT pwm_signal_bool;
```

Der in Listing 3.11 dargestellte Quellcode realisiert folgende Funktionen:

- `C1`: Einlesen des Potentiometers, prozentuale Skalierung auf 0 % ... 100 %
- `C2`: Einlesen der externen Spannungsquelle, Skalierung zur Periodenzeit auf 1 s ... 10 s
- `C3`: Berechnung der Zeit des High-Impulses
- `C4`: Berechnung der Periodenzeit
- `C5`: Zeitgeber 1: Taktgeber für die Periodenzeit
- `C6`: Rückführung auf den Eingang, Zeitgeber 2: Ausgabe des PWM-Signals
- `C7`: Ausgabe an die LEDs

Die vollständige programmtechnische Lösung ist im PLCnext-Projekt `task_17.pcwex` gespeichert.

3.9 Verarbeitung von Zeichenketten

3.9.1 Theoretische Aufgabe VIII

Aufgabenziel: Vermittlung von grundlegenden Kenntnissen zur Arbeit mit Zeichenketten

Aufgabe VIIIa: Für ´die Zeichenkettenverarbeitung gibt es in der IEC 1131-3 den Standardfunktionsbaustein INSERT. Erläutern Sie die grundsätzliche Betriebsweise dieses Bausteins.

Aufgabe VIIIb: Wie viele Zeichen kann eine Variable vom Typ `STRING` maximal aufnehmen?

Aufgabe VIIIc: Der Messwert eines Werkzeugs wird als Zeichenkette „23,345“ in die SPS eingelesen. Welche Konvertierung müssen Sie vornehmen, um mit dem Wert 23,345 im SPS-Programm zu rechnen?

Anwendung: Zeichenketten werden für alle Arten von Fehler- und Alarmmeldungen verwendet. Außerdem lassen sich mit Zeichenketten längere Byteketten, die z. B. von Barcodelesern kommen, verarbeiten.

Lösung VIIIa: Mit dem Standardfunktionsbaustein INSERT können zwei `STRING`-Komponenten an den Eingängen IN1 und IN2 zusammengesetzt werden. Damit ist es möglich, eine Textmeldung mit einem numerischen Wert (als `STRING`) zu erzeugen, z. B. „Gutteile: 67“.

Lösung VIIIb: Der Datentyp STRING kann prinzipiell nach IEC 61131-3 maximal 254 Zeichen speichern. Sein Format im Speicher hängt aber vom SPS-Typ ab. Für PLCnext darf eine Variable vom Typ STRING maximal achtzig Zeichen beinhalten.

Lösung VIIIc: Die STRING-Variable „23,345" muss für Berechnungszwecke im SPS-Programm vorher mit TO_REAL in einen numerischen Wert konvertiert werden.

3.9.2 Aufgabe 18: Textmeldungen

Aufgabenziel: Kennenlernen der grundlegenden Arbeitsweise mit Zeichenketten

Aufgabenstellung: Es soll ein Meldeprogramm für die Auswertung der Qualität von Werkstücken entwickelt werden.

Aufgabe 18a: Erstellen Sie eine PLCnext-Konfiguration mit den beiden E/A-Baugruppen am lokalen Axioline-Bus für den Versuchsaufbau des Eduline PLCnext Board EDU AXC F 2152.

Aufgabe 18b: Das Meldeprogramm soll nachfolgende Funktion bereitstellen:

- Die Zählerstände von zwei Zähleingängen E1 und E2 sollen als Textanzeige in der Form „<Zählerstand 1> Gutteil" und „<Zählerstand 2> Ausschuss" an zwei Ausgängen (STRING) angezeigt werden.
- Über einen RESET-Eingang S1 werden beide Zähler auf „0" gesetzt.
- Über einen zusätzlichen Eingang S2 können zwei weitere Textmeldungen („Prüfung aktiv" und „Prüfung abgeschlossen") ausgewählt und an einem dritten Ausgang (STRING) angezeigt werden.

Verwenden Sie als Zähl- und RESET-Eingänge drei Kippschalter auf dem Eduline PLCnext Board. Für die Auswahl der Textmeldungen soll ein weiterer Kippschalter genutzt werden. Die Ausgabe der Textanzeigen kann nur im SPS-Programm im Debugging-Mode verfolgt werden, da auf dem PLCnext Board keine Strings angezeigt werden können.

Das SPS-Programm ist in FBS zu erstellen.

Anwendung: Mit STRING-Variablen können Zeichenketten gebildet und damit z. B. Meldungen ausgegeben oder auch Barcodeleser und alphanumerische Tastaturen im SPS-Programm verarbeitet werden.

Lösung 18a: Die erforderliche PLCnext-Konfiguration finden Sie im PLCnext-Projekt task_18.pcwex.

Lösung 18b: Tabelle 3.53 und Tabelle 3.54 beinhalten die für die Lösung eingesetzten Zuordnungen für die Prozessvariablen.

Tabelle 3.53 Eingangszuordnung der Prozessdaten

BMK	Schalternr. (-A2)	Variablenname	Beschreibung
E1	1	`IX_switch_counter_1`	betätigt: E1 = 1; Zähler 1
E2	2	`IX_switch_counter_2`	betätigt: E2 = 1; Zähler 2
S1	3	`IX_button_reset`	betätigt: S1 = 1; Reset
S2	8	`IX_switch_check`	betätigt: S2 = 1; Prüfungsstatus

Tabelle 3.54 Zuordnung der internen Variablen (Merker)

Variablenname	Datentyp	Beschreibung	Startwert
`good_part_string`	`STRING`	`STRING` zum Verketten mit dem Zähler	`STRING#'{0:D3} Good part'`
`bad_part_string`	`STRING`	`STRING` zum Verketten mit dem Zähler	`STRING#'{0:D3} Bad part'`
`good_part_out_string`	`STRING`	auszugebender `STRING`	
`bad_part_out_string`	`STRING`	auszugebender `STRING`	
`text_1_string`	`STRING`	erster `STRING` zum Ausgeben	`STRING#'Check finished'`
`text_2_string`	`STRING`	zweiter `STRING` zum Ausgeben	`STRING#'Check active'`
`text_out_string`	`STRING`	auszugebender `STRING`	
`CTU_1`	`CTU`	Instanz des Vorwärtszählers 1	
`CTU_2`	`CTU`	Instanz des Vorwärtszählers 2	

Die Aufgabe besteht darin, zwei Zählerbausteine zu beschalten und die jeweiligen Ausgänge als `STRING` mit Text auszugeben. Dazu werden die zwei Zählerbausteine mit jeweils einem Kippschalter (Kippschalter 1 und 2) am CU-Eingang beschaltet. Den RESET-Taster, simuliert mit dem Kippschalter 3, teilen sich die beiden Zähler. Die Zahl am PV-Eingang (999) gibt den maximalen Zählerstand vor. Der CV-Ausgang gibt den aktuellen Zählerstand aus.

Um den Zählerstand mit Text als `STRING` auszugeben, wird ein `TO_STRING`-Baustein benötigt. Dieser benötigt am IN-Eingang den Zählerstand sowie am FORMAT-Eingang einen `STRING`. Der `STRING` benötigt einen Startwert für die gewünschte Formatierung. Der Startwert des `STRING` ist `STRING#'{0:D3} Good part'`. Er steht dafür, dass eine dreistellige dezimale Ganzzahl ausgegeben wird. `GoodPart` ist der Text, welcher mit der Zahl ausgegeben wird. Wenn zum Beispiel eine „1“ am IN-Eingang anliegt, wird Folgendes ausgegeben: `001 Good part`.

Die ausgegebenen Strings werden in den Variablen `good_part_string` und `bad_part_string` gespeichert.

Des Weiteren soll ein Text ausgegeben werden, welcher anzeigt, ob die Prüfung aktiv oder abgeschlossen ist. Dazu kann über die Variable `IX_switch_check` über den G-Eingang eines SEL-Bausteins eine der beiden Textmeldungen `text_1_string` und `text_2_string` ausgewählt werden.

Da das Eduline PLCnext Board die Anzeige von ASCII-Zeichen in der Peripherie nicht ermöglicht, muss der Test des FBS-Programms im Debug-Modus erfolgen.

Bild 3.41 zeigt das zugehörige FBS-Programm.

In den beiden oberen Netzwerken in Bild 3.41 erfolgt über zwei Zähler das Hochzählen mit gemeinsamem RESET-Taster für Gut- oder Schlecht-Werkstücke und die Bildung der zusammengesetzten Strings. Das untere Netzwerk realisiert die Umschaltung zwischen den beiden Ausgabestrings.

Die vollständige programmtechnische Lösung ist im PLCnext-Projekt `task_18.pcwex` gespeichert.

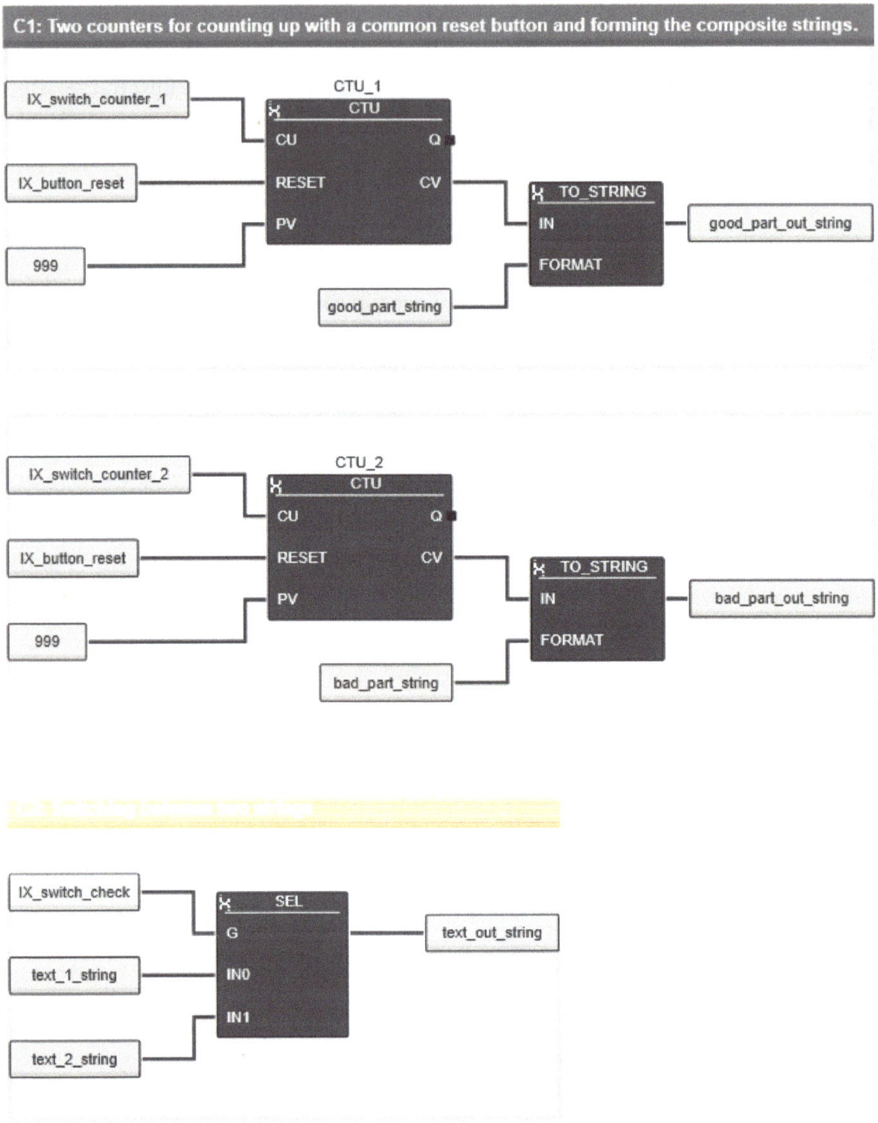

Bild 3.41 FBS-Programm für das Meldeprogramm

3.10 Anwendungen mit Analogsignalen

3.10.1 Aufgabe 19: Ampelsteuerung

Aufgabenziel: Kennenlernen einer Anwendungsaufgabe mit Zeitgliedern

Aufgabenstellung: Es soll eine Ampelsteuerung für einen Fußgängerüberweg erstellt werden.

Aufgabe 19a: Erstellen Sie eine PLCnext-Konfiguration mit den beiden E/A-Baugruppen am lokalen Axioline-Bus für den Versuchsaufbau des Eduline PLCnext Board EDU AXC F 2152.

Aufgabe 19b: Nach der Betätigung des Anforderungstasters T durch einen Fußgänger wird der Zeitablauf nach Bild 3.42 für die Fußgängerampel F und die Verkehrsampel A mit $\Delta t_1 = 4$ s, $\Delta t_2 = 2$ s und $\Delta t_3 = 1$ s benötigt.

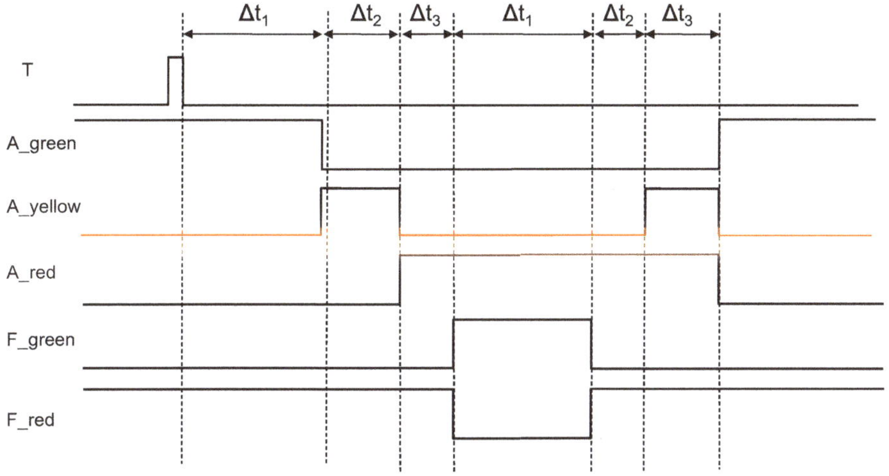

Bild 3.42 Zeitablauf für die Ampelsteuerung

Für die Anzeige der Verkehrsampel und für die Fußgängerampel sollen die LEDs auf dem Eduline PLCnext Board genutzt werden. Die Anforderungstaste wird durch einen Kippschalter realisiert. Auf der LED-Balkenanzeige soll die Zeit bis zur Grünphase der Fußgänger angezeigt werden.

Das SPS-Programm soll in KOP/FBS erstellt werden.

Lösung 19a: Die erforderliche PLCnext-Konfiguration finden Sie im PLCnext-Projekt `task_19.pcwex`.

Lösung 19b: Tabelle 3.55 bis Tabelle 3.57 beinhalten die für die Lösung eingesetzten Zuordnungen für die Prozessvariablen.

Tabelle 3.55 Eingangszuordnung der Prozessdaten

BMK	Schalternr. (-A2)	Variablenname	Beschreibung
T1	1	`IX_button_request`	betätigt: T1 = 1

Tabelle 3.56 Ausgangszuordnung der Prozessdaten

BMK	LED-Nr. (-A2)	Variablenname	Beschreibung
A_red	1	`QX_driver_red`	LED leuchtet: A = rot
A_yellow	2	`QX_driver_yellow`	LED leuchtet: A = gelb
A_green	3	`QX_driver_green`	LED leuchtet: A = grün
F_red	7	`QX_pedestrian_red`	LED leuchtet: F = rot
F_green	8	`QX_pedestrian_green`	LED leuchtet: F = grün
	Ausgangsnr. (-A3)		
T3	A O1	`QW_bargraph_wait_time`	LED-Balkenanzeige, Wartezeit

Tabelle 3.57 Zuordnung der internen Variablen (Merker)

`cycle_time`	`TIME`	Zykluszeit (Hochzähler)	
`driver_yellow_bool`	`BOOL`	Merker Verkehrsampel gelb	
`pedestrian_green_bool`	`BOOL`	Merker Fußgängerampel grün	
`reset_wait_time_bool`	`BOOL`	Merker zur Beendigung der Zeitausgabe	
`multiplier_dint`	`DINT`	Konstante zur Anpassung der Zeitausgabe	DINT#3
`F_TRIG_1`	`F_TRIG`	Instanz der fallenden Flanken-erkennung	
`TP_1`	`TP`	Instanz des Impulsgebers	

Um eine Steuerung wie in der Aufgabenstellung zu erstellen, muss eine Einteilung in Zeitabschnitte vorgenommen werden. Die fallende Flanke des Anforderungssignals wird als t_0 deklariert. Folgende Zeiten wurden entsprechend Bild 3.42 für die Lösung genutzt:

- Δt_1 = 4 s – Verkehrsampel = grün, Fußgängerampel = rot
- Δt_2 = 2 s – Verkehrsampel = gelb, Fußgängerampel = rot
- Δt_3 = 1 s – Verkehrsampel = rot, Fußgängerampel = rot
- Δt_1 = 4 s – Verkehrsampel = rot, Fußgängerampel = grün
- Δt_2 = 2 s – Verkehrsampel = rot, Fußgängerampel = rot
- Δt_3 = 1 s – Verkehrsampel = rot/gelb, Fußgängerampel = rot

Die Lösung der Aufgabenstellung erfolgt mithilfe folgender Schritte:

- Zur Bearbeitung dieser Aufgabe wird ein Zeitgeber benötigt. Dieser soll die Zykluszeit hochzählen und in der Variablen `cycle_time` speichern. Die Zykluszeit beträgt $2 \cdot (\Delta t_1 + \Delta t_2 + \Delta t_3) = 14$ s. Bei einer fallenden Flanke startet der Zeitgeber.
- Die Zykluszeit `cycle_time` wird auf GE- bzw. LE-Bausteine geführt und mit den entsprechenden Zeiten gemäß Bild 3.42 verglichen.
- Zur Ausgabe der Wartezeit bis zur „Grün"-Phase der Fußgängerampel wird die Variable `reset_wait_time_bool` genutzt. Diese ist `TRUE`, sobald die Wartezeit von 7 s verstrichen ist. Für jede verstrichene Sekunde leuchtet ein weiterer Balken der LED-Balkenanzeige auf. Nach 7 s leuchten konstant sieben Balken auf der LED-Balkenanzeige.

Das zugehörige KOP/FBS-Programm ist in Bild 3.43 bis Bild 3.46 dargestellt.

Bild 3.43 realisiert den Zeitgeber für die Ampelsteuerung, welcher die Zykluszeit vorgibt.

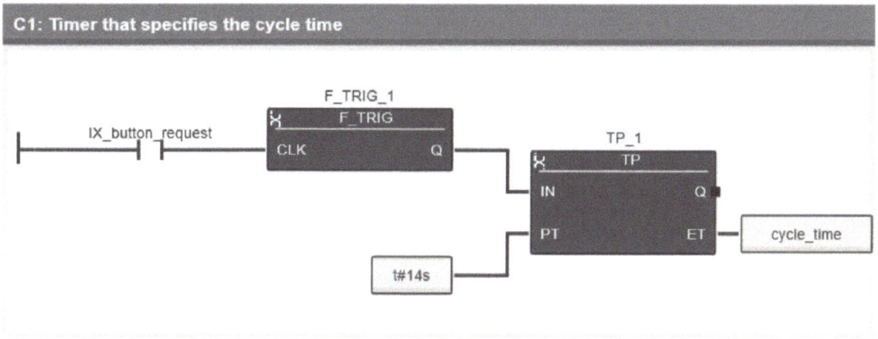

Bild 3.43 Zeitgeber für die Ampelsteuerung

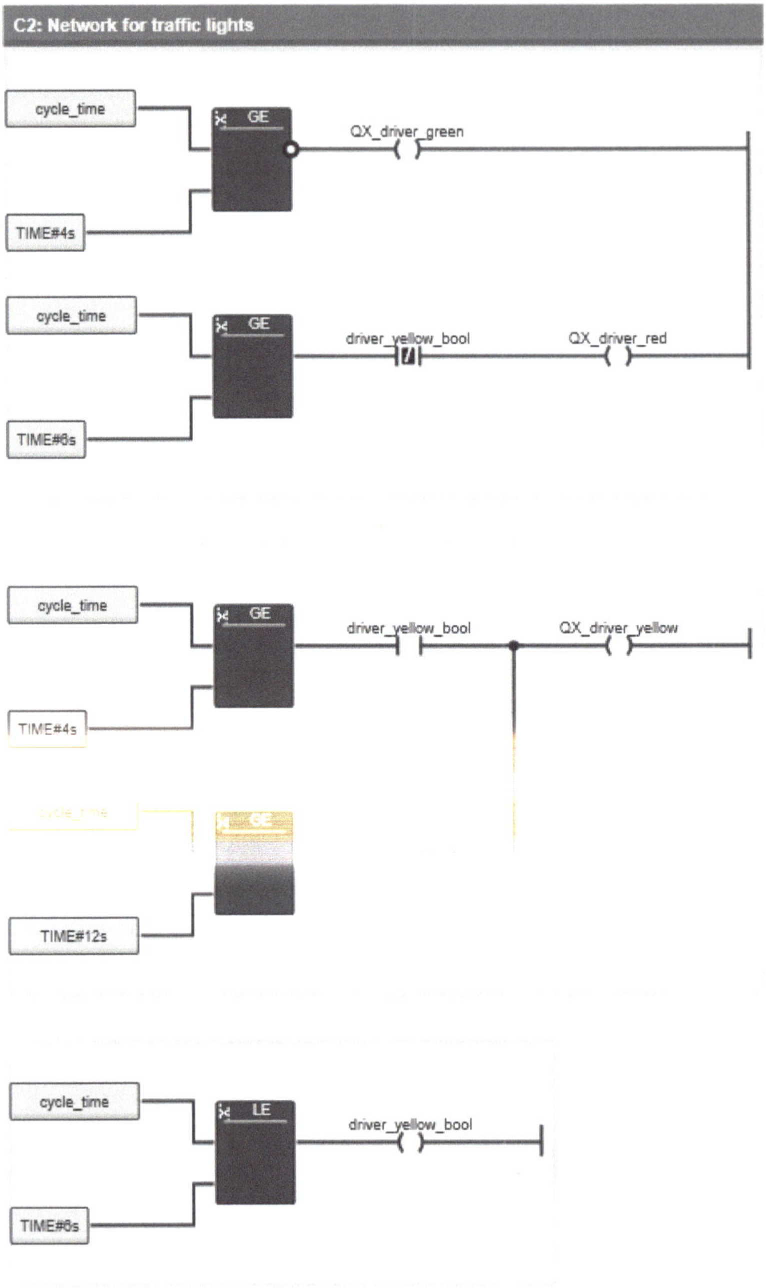

Bild 3.44 Netzwerk für die Verkehrsampeln

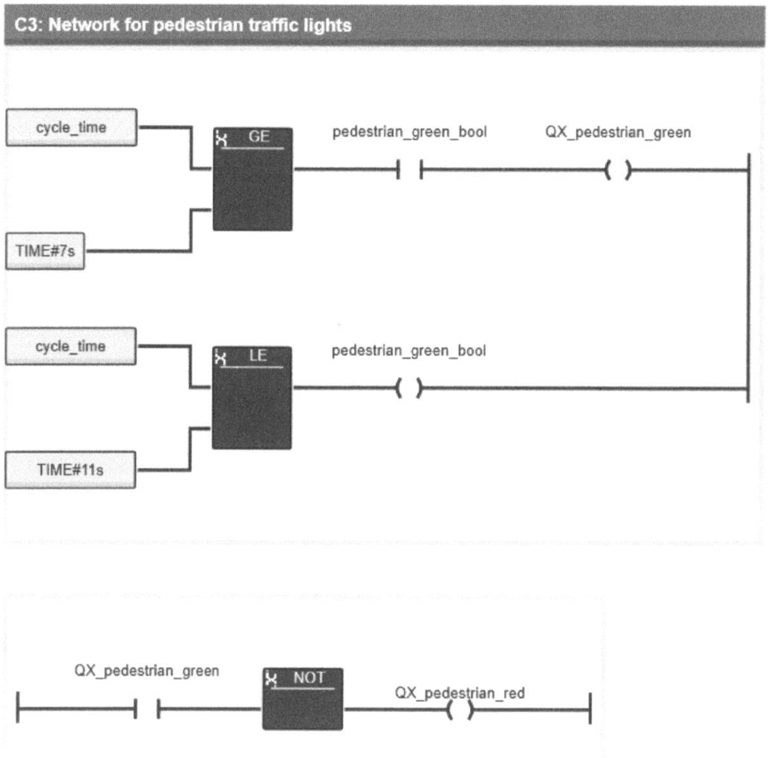

Bild 3.45 Netzwerk für die Fußgängerampeln

In Bild 3.46 realisiert das obere Netzwerk den Merker zur Beendigung der Zeitausgabe. Das untere Netzwerk gibt die Wartezeit bis zur Grünphase der Fußgängerampeln auf der LED-Balkenanzeige aus.

Die vollständige programmtechnische Lösung ist im PLCnext-Projekt `task_19.pcwex` gespeichert.

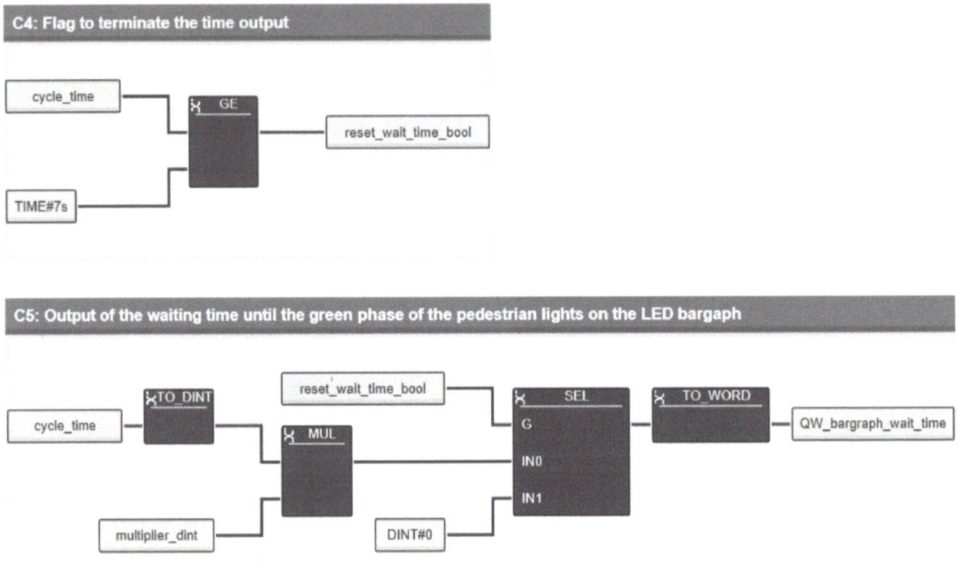

Bild 3.46 Ausgabe auf der LED-Balkenanzeige

3.10.2 Aufgabe 20: Heizkesselsteuerung

Aufgabenziel: Kennenlernen einer Anwendungsaufgabe als Ablaufsteuerung

Aufgabenstellung: Es soll eine Steuerung für einen Heizkessel entwickelt werden.

Aufgabe 20a: Erstellen Sie eine PLCnext-Konfiguration mit den beiden E/A-Baugruppen am lokalen Axioline-Bus für den Versuchsaufbau des Eduline PLCnext Board EDU AXC F 2152.

Aufgabe 20b: In einem Heizkessel wird über einen Zulauf V1 eine Flüssigkeit eingelassen. Ist der Kessel voll, schaltet die Heizung H ein, und die Flüssigkeit wird erhitzt. Sobald die vorgegebene Temperatur erreicht ist, schaltet die Heizung aus, und die Flüssigkeit läuft ab. Wenn der Flüssigkeitsstand einen unteren Grenzwert erreicht hat, wird das Ablaufventil V2 geschlossen und neue Flüssigkeit eingelassen.

Die Anlage kann über einen AUS-Schalter abgeschaltet werden. Beim Betätigen des Schalters schaltet die Heizung aus, und beide Ventile schließen. Eine Meldeleuchte H1 zeigt an, ob die Heizkesselsteuerung aktiviert ist.

Der Flüssigkeitsstand im Heizkessel wird über einen Sensor F und die Isttemperatur der Flüssigkeit über einen Sensor T ermittelt.

Bild 3.47 verdeutlicht das Funktionsschema der Heizkesselsteuerung.

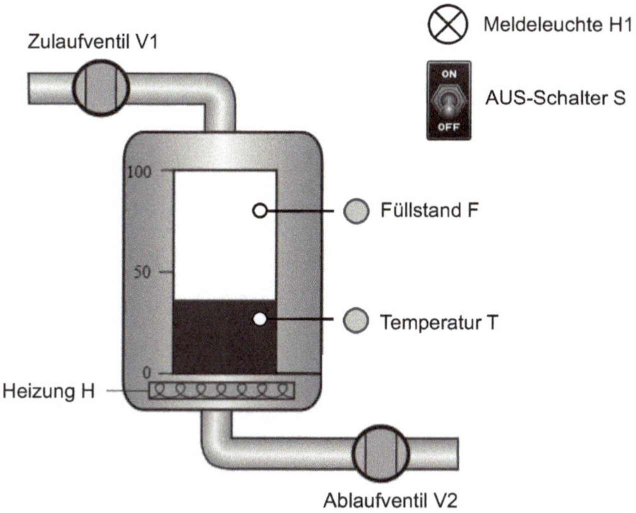

Bild 3.47 Funktionsschema der Heizkesselsteuerung

Die beiden Ventile, die Heizung und die Meldeleuchte sollen durch LEDs auf dem Eduline PLCnext Board simuliert werden. Als AUS-Schalter kann ein Kippschalter verwendet werden. Die Simulation des Flüssigkeitsstandes F soll über das Potentiometer P2 im PLCnext Board und die Simulation der Isttemperatur T über eine externe Spannungsquelle erfolgen. Der Flüssigkeitsstand soll zusätzlich zur Visualisierung über die LED-Balkenanzeige ausgegeben werden.

Das SPS-Programm ist in AS (Ablaufsprache) zu erstellen.

Lösung 20a: Die erforderliche PLCnext-Konfiguration finden Sie im PLCnext-Projekt `task_20.pcwex`.

Lösung 20b: Tabelle 3.58 bis Tabelle 3.60 beinhalten die für die Lösung eingesetzten Zuordnungen für die Prozessvariablen.

Tabelle 3.58 Eingangszuordnung der Prozessdaten

BMK	Ausgangsnr. (-A3)	Variablenname	Beschreibung
F	A I1	`IW_fill_level`	Potentiometer P2 Wertebereich: 16#0000 ... 16#75BF (16#7530 = +10V)
T	A I2	`IW_temperature`	externe Spannungsquelle 0 ... +10 V an XS2
	Schalternr. (-A2)		
S	8	`IX_switch_stop`	betätigt: S = 0 (Öffner)

Tabelle 3.59 Ausgangszuordnung der Prozessdaten

BMK	Eingangsnr. (-A3)	Variablenname	Beschreibung
F	A O1	`QW_fill_level`	LED-Balkenanzeige T3 Wertebereich: 16#0000...16#7FFFF
	LED-Nr. (-A2)		
V1	1	`QX_valve_intake`	LED leuchtet: V1 = 1 (Zuflussventil)
V2	2	`QX_valve_outtake`	LED leuchtet: V2 = 1 (Abflussventil)
H	7	`QX_heating`	LED leuchtet: H = 1 (Heizung)
H1	8	`QX_stop`	LED leuchtet: H1 = 1 (Meldeleuchte)

Tabelle 3.60 Zuordnung der internen Variablen (Merker)

Variablenname	Datentyp	Beschreibung	Startwert
`min_fill_word`	`WORD`	minimaler Füllstand des Tanks	WORD#16#0064
`max_fill_word`	`WORD`	maximaler Füllstand des Tanks	WORD#16#7530
`max_temp_word`	`WORD`	Vergleichswert für die maximale Temperatur	WORD#16#5DC0
`Heating_sfc`	`SFC`	Instanz des AS-Funktionsblocks	

Die Lösung wurde mit zwei POE realisiert. Das Hauptprogramm (Main POE) beinhaltet als ST-Programm eine Instanz des AS-FB, die Beschaltung der LED-Balkenanzeige mit dem Potentiometerwert sowie die Auswertung des AUS-Schalters. Im Unterschied zur Lösung von Aufgabe 13 (Abschnitt 3.6.3) wird die AS-Schrittkette über die ST-Anweisung `Heating_sfc()` aktiviert (Listing 3.12). Auch hier werden automatisch alle Standardeinstellungen für die Eingangsparameter des AS-FB übernommen.

Listing 3.12 Hauptprogramm (Main POE) in ST

```
(* C1: Output of the potentiometer value on the LED bar graph.*)
QW_fill_level := IW_fill_level;

(* C2: Indication of the indicator light when the OFF switch is activated.*)
QX_stop := NOT IX_switch_stop;

(* C3: Calling the AS program as an function block in ST*)
Heating_sfc();
```

Der Quellcode in Listing 3.12 realisiert folgende Funktionen:

- `C1`: Ausgabe des Potentiometerwertes auf der LED-Balkenanzeige
- `C2`: Anzeige der Meldeleuchte, wenn der AUS-Schalter aktiviert wird
- `C3`: Aufruf des AS-Programms als AS-Funktionsbaustein

Die zweite POE wurde in AS programmiert und ist damit als Funktionsbaustein in das Hauptprogramm eingebunden.

Der Ablaufplan ist in die drei Schritte Füllen, Erhitzen und Leeren unterteilt. Jeder Schritt hat eine Bedingung, die erfüllt sein muss, um in den nächsten Schritt zu springen. Bild 3.48 zeigt das AS-Programm.

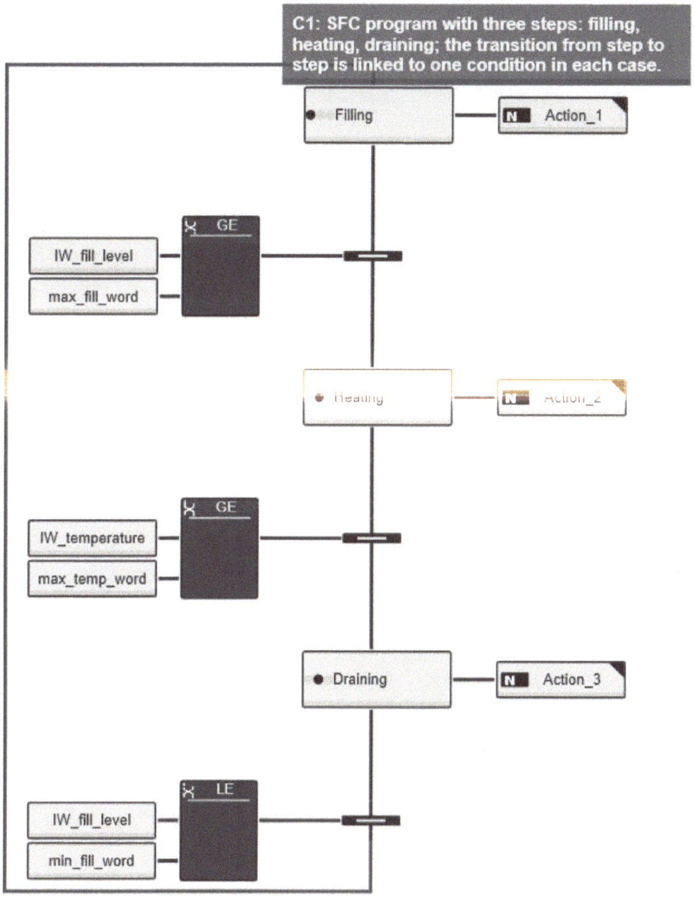

Bild 3.48 AS-Programm für die Heizkesselsteuerung

Im ersten Schritt `Filling` wird das Zulaufventil geöffnet und das Abflussventil geschlossen, damit sich der Tank füllt. Das Zulaufventil schaltet nur ein, wenn der Stoppschalter `IX_switch_stop` nicht betätigt ist. Das Ventil ist so lange offen, bis der Tank voll ist oder der Stoppschalter betätigt wurde (siehe `Action_1`).

Um in den zweiten Schritt `Heating` zu gelangen, muss der Tank voll sein. Das Zuflussventil wird geschlossen und die Heizung eingeschaltet, wenn der Stoppschalter `IX_switch_stop` nicht betätigt ist. Die Heizung heizt, bis die Zieltemperatur `max_temp_word` erreicht ist oder der Stoppschalter betätigt wird (siehe `Action_2`).

Hat der Tank die Zieltemperatur erreicht, erfolgt ein Übergang in den Schritt `Draining`. Die Heizung wird ausgeschaltet und das Abflussventil geöffnet, wenn der Stoppschalter `IX_switch_stop` nicht betätigt ist (siehe `Action_3`).

Wenn der Tank leer ist, wechselt das Programm zurück zum Schritt `Filling`.

In Tabelle 3.61 sind die drei Aktionen für die Schritte im AS-Programm dargestellt.

Tabelle 3.61 Quellcode in ST für die drei Aktionen

Action 1	Action 2	Action 3

`(*C1: Set the intake valve*)`
`IF NOT IX_switch_stop`
`THEN QX_valve_intake := TRUE;`
`ELSE QX_valve_intake := FALSE;`
`END_IF;`
`(*C2: Set the outtake valve*)`
`QX_valve_outtake := FALSE;`
	`(*C1: Set the heating*)`
	`IF NOT IX_switch_stop`
	`THEN QX_heating := TRUE;`
	`ELSE QX_heating := FALSE;`
	`END_IF;`
	`(*C2: Set the intake valve*)`
	`QX_valve_intake := FALSE;`
		`(*C1: Set the outtake valve*)`
		`IF NOT IX_switch_stop`
		`THEN QX_valve_outtake := TRUE;`
		`ELSE QX_valve_outtake := FALSE;`
		`END_IF;`
		`(*C2: Set the heating*)`
		`QX_heating := FALSE;`

Die vollständige programmtechnische Lösung ist im PLCnext-Projekt `task_20.pcwex` gespeichert.

3.11 Versuchsaufbau für die praktischen Aufgaben

Für die programmtechnische Lösung der Aufgaben sowie zum Test der Lösungen wurde der im Folgenden beschriebene Eduline-Aufbau genutzt. Die programmtechnischen Lösungen der Aufgaben basieren auf PLCnext Engineer 2023.0.1 (Build 6.0.339.0). Die Steuerungsprogramme zu den Lösungen können unter *plus.hanser-fachbuch.de* heruntergeladen werden. Die Dateien liegen im PLCnext-Format vor und sind wie folgt bezeichnet: `task_<x>.pcwex` (x = Aufgabennummer).

Alle erstellten SPS-Programme können in einfacher Weise auf SPS-Steuerungen anderer Hersteller übertragen werden. Dabei sollte jedoch didaktische SPS-Hardware benutzt werden, die auch einfache Peripherieelemente wie Schalter, LEDs usw. beinhaltet, um die Programme testen zu können. Es kann z. B. folgende Hardware genutzt werden:

- Lerntafel S7-1215C (Siemens) von Christiani
- LearnLab's Hands-On Allen Bradley Micro 820 PLC Training System
- CP1L-SPS-Lernsystem von Omron

3.11.1 Erforderliche Eduline-Module

Alle Aufgaben arbeiten mit dem Eduline PLCnext Board EDU AXC F 2152 (kurz: Starterkit). Dieses Board mit dem PLCnext Controller AXC F 2152 ist ein Eduline-Schulungsboard aus der Reihe Eduline modular von Phoenix Contact zur Demonstration des PLCnext Technology Ecosystems. Mit den integrierten Bedien- und Anzeigeelementen (wie z. B. Kippschalter, Drehpotentiometer und LEDs) werden Ein- und Ausgaben programmabhängig simuliert. Über die integrierten Anschlüsse und Einbaubuchsen ist der Anschluss zusätzlicher externer Komponenten möglich.

Bild 3.49 zeigt das Eduline PLCnext Board EDU AXC F 2152.

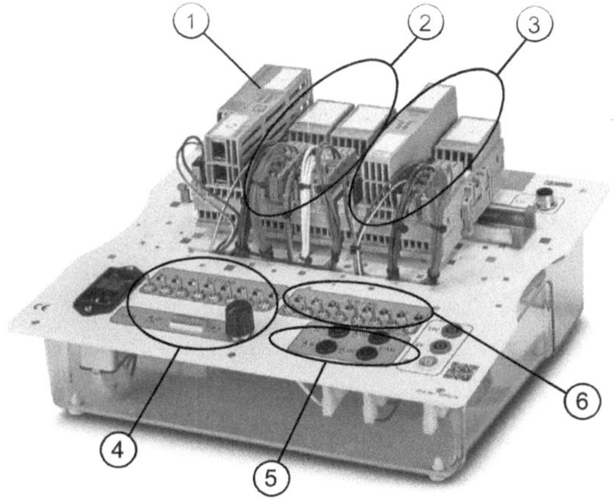

Bild 3.49 Eduline PLCnext Board EDU AXC F 2152: **(1)** Steuerung, **(2)** E/A-Baugruppen am lokalen Axioline-Bus, **(3)** PROFINET-Buskoppler und E/A-Baugruppe, **(4)** E/A-Feld für den Lokalbus-Teil, **(5)** externer Analog-Ein-/Ausgang, **(6)** E/A-Feld für das PROFINET-Teil

Alle vorgestellten Lösungen nutzen zur Simulation der E/A-Signale nur die E/A-Baugruppen am lokalen Axioline-Bus. Die digitalen Signale werden dabei durch acht Kippschalter und acht LEDs simuliert. Zur Simulation analoger Signale stehen ein Analogeingabesignal (Potentiometer) und ein Analogausgangssignal (LED-Balkenanzeige) zur Verfügung. Für einige Aufgaben, die zwei analoge Ein- und/oder Ausgangssignale benötigen, kann an den zusätzlichen Klemmenbuchsen (Bild 3.50) ein Voltmeter bzw. eine regelbare Spannungsquelle 0 ... +10 V angeschlossen werden.

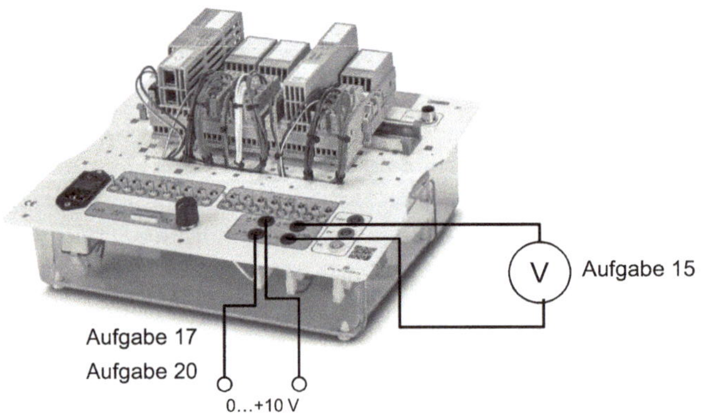

Bild 3.50 Simulation eines zweiten analogen E/A-Signals

Die auf dem Board befindliche Stromversorgung versorgt auch alle Erweiterungsboards für das Eduline PLCnext Board (z. B. Web Panel) mit der benötigten 24-V-Versorgungsspannung. Das Gerät kann mit einer Netzspannung zwischen 100 V AC ... 240 V AC betrieben werden.

3.11.2 Anschlussplan und Zuordnungen

Die Prozessdatenein- und -ausgänge sind fest verschaltet und sollten durch einen Nutzer nicht geändert werden. Bild 3.51 zeigt dazu den Anschlussplan.

Über den Anschlussplan ist damit auch gleichzeitig die PLCnext-E/A-Konfiguration festgelegt. Tabelle 3.62 und Tabelle 3.63 beinhalten die Zuordnungen der Prozesssignale zu den internen Adressen des Starterkits.

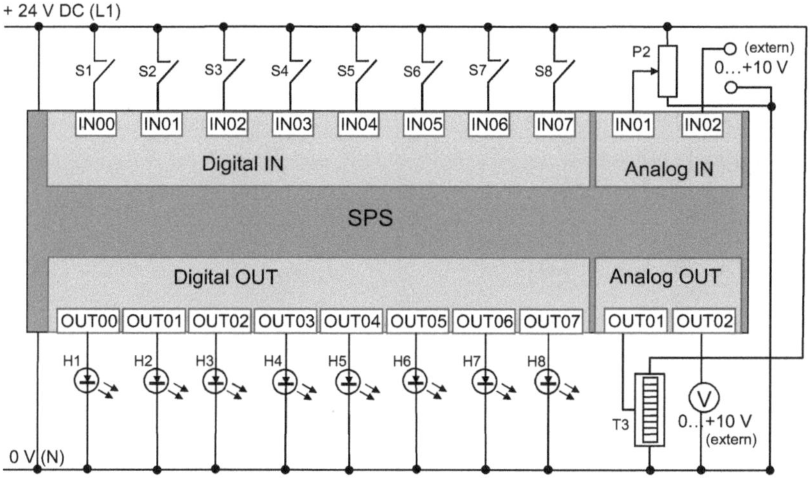

Bild 3.51 Klemmenanschlussplan für den Eduline-Versuchsaufbau

Tabelle 3.62 Eingangsadressen für die Prozessdaten

BMK	Interne Adresse	Angeschlossene Peripherie
S1	dio-1/IN00	Kippschalter
S2	dio-1/IN01	Kippschalter
S3	dio-1/IN02	Kippschalter
S4	dio-1/IN03	Kippschalter
S5	dio-1/IN04	Kippschalter
S6	dio-1/IN05	Kippschalter
S7	dio-1/IN06	Kippschalter
S8	dio-1/IN07	Kippschalter
P2	aio-1/IN01	Potentiometer, Bereich: 16#0000…16#75BF
extern	aio-1/IN02	extern anschließbare Spannungsquelle 0…+10 V

Die extern anschließbare Spannungsquelle 0…+10 V (regelbares Netzteil) wird nur in Aufgabe 17 zum Pulsweitenmodulator (Abschnitt 3.8.2) und in Aufgabe 20 zur Heizkesselsteuerung (Abschnitt 3.10.2) zur Simulation eines zweiten analogen Eingangs benötigt (siehe Bild 3.51).

Tabelle 3.63 Ausgangsadressen für die Prozessdaten

BMK	Interne Adresse	Angeschlossene Peripherie
H1	dio-1/OUT00	LED
H2	dio-1/OUT01	LED
H3	dio-1/OUT02	LED
H4	dio-1/OUT03	LED
H5	dio-1/OUT04	LED
H6	dio-1/OUT05	LED
H7	dio-1/OUT06	LED
H8	dio-1/OUT07	LED
T3	aio-1/OUT01	LED-Balkenanzeige, Bereich: 16#0000...16#7530
extern	aio-1/OUT02	extern anschließbares Voltmeter 0...+10 V

Das extern anschließbare Voltmeter 0...+10 V wird nur in Aufgabe 15 zur Normierung von Messwerten (Abschnitt 3.7.3) zur Simulation eines zweiten analogen Ausgangs benötigt (siehe Bild 3.51).

Als Datenformat für die analoge E/A-Baugruppe ist „Inline" eingestellt.

3.11.3 IP-Konfiguration

Nach Auslieferung des Eduline PLCnext Board EDU AXC F 2152 ist der Controller standardmäßig auf die IP-Adresse 191.168.1.10 eingestellt und kann, wie in Bild 3.52 dargestellt, direkt an einen Engineering-PC angeschlossen werden.

Das PLCnext Board hat nach der Standardkonfiguration in Bild 3.52 jedoch noch keinen Internet-Anschluss. Da für die Beispiele und Aufgaben in Kapitel 4, Kapitel 5 und Kapitel 6 ein Internet-Zugang für das Board benötigt wird, wurden auch bereits alle programmtechnischen Lösungen in Kapitel 3 mit einer Konfiguration getestet, die einen Internet-Anschluss ermöglicht. Bild 3.53 zeigt dazu den genutzten Aufbau und die Konfiguration.

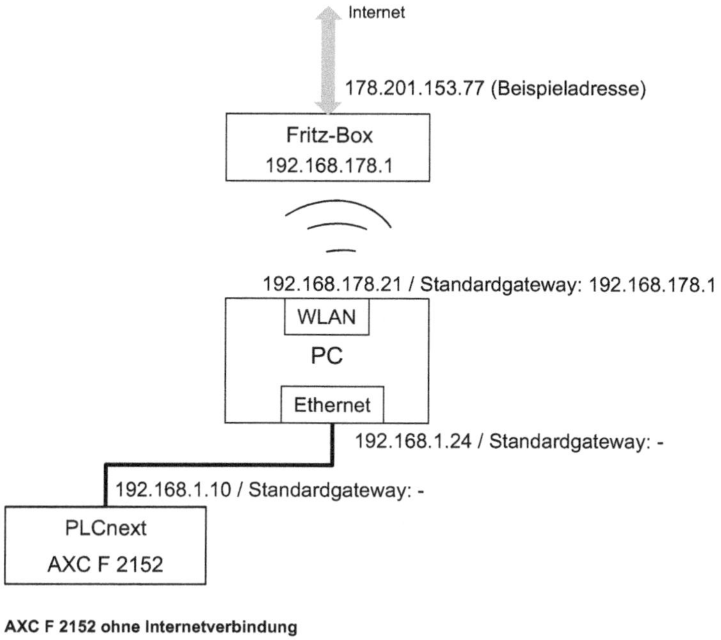

Bild 3.52 Standardkonfiguration des PLCnext Board

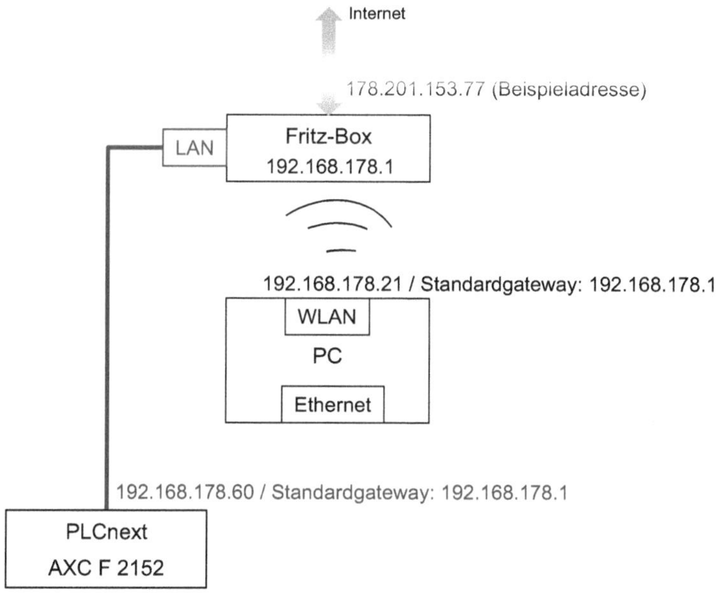

Bild 3.53 Aufbau und Konfiguration des PLCnext Boards für einen Internet-Anschluss

In Tabelle 3.64 finden Sie die dazu erstellte Konfiguration der IP-Adressen im PLCnext Engineer für das Projekt, für den Controller AXC F 2152 und, falls erforderlich, für den PROFINET-Buskoppler AXL F BK PN.

Tabelle 3.64 IP-Konfiguration für das PLCnext Board EDU AXC F 2152

Project		
Start IP address	192.168.178.2	
End IP address	192.168.178.254	
Subnet mask	255.255.255.0	
Default gateway	192.168.178.1	
	axc-f-21521	**axl-f-bk-pn-1**
IP address	192.168.178.60	192.168.178.61
Subnet mask	255.255.255.0	255.255.255.0
Gateway	192.168.178.1	192.168.178.1

Der für den Test der programmtechnischen Lösungen genutzte strukturelle Aufbau und die IP-Konfiguration nach Bild 3.53 sind nur ein Beispiel mit einer Fritz!Box 6660 Cable als WLAN-Router. Wenn im Einzelfall ein anderer Aufbau bzw. eine andere Konfiguration eingesetzt wird, dann muss die IP-Konfiguration in allen programmtechnischen Lösungen entsprechend angepasst werden.

3.11.4 Liste der praktischen Aufgaben

Tabelle 3.65 beinhaltet eine Übersicht aller praktischen Aufgaben für die SPS-Programmierung aus Kapitel 3.

Tabelle 3.65 Liste der praktischen Aufgaben

Aufgabe	Bezeichnung	Programmiersprache	Abschnitt	PLCnext-Projekt
1	Beleuchtungssteuerung mit Schalter	KOP	Abschnitt 3.2.3	`task_1.pcwex`
2	Selbsthaltung mit AND/OR	FBS	Abschnitt 3.2.4	`task_2a.pcwx` `task_2b.pcwex`

Aufgabe	Bezeichnung	Programmiersprache	Abschnitt	PLCnext-Projekt
3	Steuerung eines Drehstrommotors	KOP	Abschnitt 3.2.5	task_3.pcwex
4	Dualzahlen-Addierer	FBS	Abschnitt 3.2.6	task_4.pcwex
5	Beleuchtungssteuerung mit Tastern	ST	Abschnitt 3.3.2	task_5.pcwex
6	Steuerung einer Stanzmaschine	FBS	Abschnitt 3.3.3	task_6.pcwex
7	Halb automatische Transportanlage	ST	Abschnitt 3.4.2	task_7.pcwex
8	Pufferspeicher für Fertigungsteile	ST	Abschnitt 3.4.3	task_8.pcwex
9	Alarmsystem für Hausüberwachung	FBS	Abschnitt 3.5.2	task_9.pcwex
10	Zeitfolgesteuerung für Motoren	FBS	Abschnitt 3.5.3	task_10.pcwex
11	Materialbearbeitung	KOP/FBS	Abschnitt 3.6.1	task_11.pcwex
12	Werktor	ST	Abschnitt 3.6.2	task_12.pcwex
13	Karosseriemontage	AS/KOP/FBS/ST	Abschnitt 3.6.3	task_13.pcwex
14	Berechnung nach dem ohmschen Gesetz	ST	Abschnitt 3.7.2	task_14.pcwex
15	Normierung von Messwerten	ST	Abschnitt 3.7.3	task_15.pcwex
16	Temperaturreglung einer Heizung	FBS	Abschnitt 3.7.4	task_16.pcwex
17	Pulsweitenmodulator	ST	Abschnitt 3.8.2	task_17.pcwex
18	Textmeldungen	FBS	Abschnitt 3.9.2	task_18.pcwex
19	Ampelsteuerung	KOP/FBS	Abschnitt 3.10.1	task_19.pcwex
20	Heizkesselsteuerung	AS/FBS/ST	Abschnitt 3.10.2	task_20.pcwex

3.12 Übungsaufgaben

Übung 8

Ein automatisiertes Fördersystem wird durch eine SPS gesteuert. Folgende Sensoren sind vorhanden und liefern binäre Signale an die SPS:

- Sensor A: Werkstück vorhanden (1 = ja, 0 = nein)
- Sensor B: Werkstück in korrekter Position (1 = ja, 0 = nein)
- Sensor C: Sicherheitstür geschlossen (1 = ja, 0 = nein)
- Sensor D: Not-Aus betätigt (1 = ja, 0 = nein)

Die SPS soll folgende Bedingungen erfüllen, um den Fördermotor (M) einzuschalten (M = 1): Der Fördermotor darf nur laufen, wenn sich ein Werkstück auf dem Band befindet (Sensor A) und dieses gleichzeitig richtig positioniert ist (Sensor B). Außerdem muss die Sicherheitstür geschlossen sein (Sensor C).

Ein aktiver Not-Aus-Schalter (Sensor D = 1) soll die Anlage sofort stoppen, unabhängig von allen anderen Bedingungen.

a. Stellen Sie die logische Verknüpfung für den Fördermotor (M) in Form einer booleschen Gleichung dar.
b. Zeichnen Sie das logische Verknüpfungsschema als Schaltplan mit `UND`-, `ODER`- und `NICHT`-Gliedern.
c. Bestimmen Sie den Zustand des Fördermotors (M), wenn folgende Signalzustände anliegen:

1	1	1	0
1	0	1	0
1	1	0	0
1	1	1	1

Übung 9

Eine Förderanlage wird durch zwei Schalter und zwei Sensoren gesteuert. Folgende Eingänge sind vorhanden:

- S1: EIN-Taster (*Starte Förderanlage*, Taster, Schließer)
- S2: AUS-Taster (*Stoppe Förderanlage*, Taster, Öffner)
- B1: Lichtschranke *Anfang Förderband* (`TRUE` = Werkstück erkannt)
- B2: Lichtschranke *Ende Förderband* (`TRUE` = Werkstück erkannt)

Folgende Ausgänge sollen angesteuert werden:

- M: Fördermotor (TRUE = Motor läuft)
- H: Signallampe *Anlage in Betrieb* (TRUE = Lampe leuchtet)

Der Fördermotor (M) startet, wenn der EIN-Taster (S1) gedrückt wird, jedoch nur dann, wenn ein Werkstück an Anfang erkannt wird (B1). Er stoppt, wenn entweder der AUS-Taster (S2) gedrückt wird oder wenn die Lichtschranke am Ende des Förderbandes (B2) ein Werkstück erkennt. Der Fördermotor darf nur laufen, wenn sich kein Werkstück am Ende der Förderstrecke befindet. Die Signallampe (H) leuchtet immer, wenn der Fördermotor eingeschaltet ist.

Es sind folgende Teilaufgaben zu lösen:

a. Erstellen Sie die Zuordnungstabelle der SPS-Ein- und Ausgänge.
b. Entwickeln Sie das zugehörige SPS-Programm in KOP (Kontaktplan).
c. Beschreiben Sie kurz, wie sich das SPS-Programm in folgenden Situationen verhält:
   - Situation 1: Der EIN-Taster wird gedrückt, es befindet sich aber kein Werkstück am Ende der Förderstrecke.
   - Situation 2: Ein Werkstück erreicht das Ende des Förderbands (Lichtschranke B2 wird aktiv).
   - Situation 3: Der AUS-Taster wird während des Betriebs gedrückt.

Übung 10

In Aufgabe 3 (Abschnitt 3.2.5) wurde das SPS-Programm als KOP entwickelt. Erstellen Sie nun folgende Programme für die Steuerung des Drehstrommotors:

a. ein SPS-Programm in FBS
b. ein SPS-Programm in ST

Nutzen Sie für die Selbsthaltung der Taste T1 für den Rechtslauf in beiden Programmen einen SR-Speicher.

Übung 11

Die Gegenstrombremsung aus Abschnitt 3.2.5 macht nur Sinn, wenn der Motor vorher auch tatsächlich im Rechtslauf war. Bislang wurde in den erstellten Programmen (KOP nach Aufgabe 3 in Abschnitt 3.2.5, FBS und ST nach Übung 10) mit der Taste T2 in jedem Fall der Linkslauf eingeschaltet, unabhängig davon, ob der Motor vorher im Rechtslauf war.

Stellen Sie durch das Einfügen zusätzlicher Elemente im erstellten FBS-Programm nach Übung 10 sicher, dass der Linkslauf nur dann aktiviert werden kann, wenn vorher auch tatsächlich der Motor im Rechtslauf war.

Übung 12

Entwickeln Sie einen Taktgenerator in FBS, der ein kontinuierliches symmetrisches Taktsignal mit einer Periodendauer von 2 s am Ausgang A ausgibt. Der Taktgenerator kann durch ein Eingangssignal E gestartet oder gestoppt werden. Verwenden Sie zum Test einen Kippschalter als Eingangssignal, und geben Sie das Taktsignal an eine LED auf dem PLCnext-Starterkit aus.

Übung 13

In einer Vielzahl von Steuerungsaufgaben müssen verschiedene Berechnungen durchgeführt werden. In der Prozesstechnik geht es dabei häufig um Füllmengen (Volumen) in unterschiedlichen Tanks. Für einen Kugeltank gilt z. B. folgende Gleichung für die Berechnung der Füllmenge F.

$$F = \pi \cdot P^2 \cdot \left(\frac{D}{2} - \frac{P}{3}\right)$$

F: Füllmenge (Volumen)

P: Pegel

D: Tankdurchmesser

Berechnen Sie mit einem ST-Programm die Füllmenge in einem Kugeltank ausgehend vom Füllstandspegelwert P. Der Tankdurchmesser D soll 300 cm betragen. Verwenden Sie für den Test das Potentiometer auf dem Starterkit als Pegelwert, und prüfen Sie die errechnete Füllmenge im Debugging-Mode der PLCnext-Steuerung.

Übung 14

Für die Eingabe sich schnell ändernder Analogsignale werden Sample-and-Hold-Bausteine benötigt, die einen Analogwert nach einem Triggersignal abspeichern. Entwickeln Sie ein ST-Programm, bei dem mittels der positiven Flanke eines Steuersignals ein Ausgangwert einen Eingangswert übernimmt. Dieser Wert bleibt so lange am Ausgang stehen, bis am Steuereingang die nächste positive Flanke einläuft. Ein- und Ausgangswert sollen vom Datentyp REAL sein. Nutzen Sie zum Test das Potentiometer auf dem Starterkit als analoges Eingangssignal, die LED-Bar zur Anzeige des Ausgangswertes und einen Kippschalter als Steuersignal.

4 SPS-Programmierung mit KI-Unterstützung

4.1 Einführung

ChatGPT ist ein KI-gestützter Sprachassistent, der auf einem Large Language Model (LLM) basiert. Das System wurde von OpenAI entwickelt und 2018 erstmalig veröffentlicht. ChatGPT basiert auf der Transformer-Architektur GPT (Generative Pretrained Transformer) (Vaswani et al. 2017) und nutzt maschinelles Lernen für die natürliche Sprachverarbeitung (Natural Language Processing, NLP). Die Grundidee besteht darin, dass ein System, das auf Basis großer Textmengen trainiert wurde, natürliche Sprache versteht und in Echtzeit passende, oft sehr präzise Antworten generieren kann.

Im Bereich der künstlichen Intelligenz[1] (KI) versteht man unter einem generativen vortrainierten Transformer (GPT) ein großes Sprachmodell[2] (LLM). GPT-Modelle basieren auf künstlichen neuronalen Netzwerken[3] unter Anwendung von generativen Modellen[4] und von Transformer-Architektur[5], die unmarkierte Texte vorab auf großen Datensätzen trainieren und in der Lage sind, neue Inhalte zu generieren. Sie werden allgemein oft als GPTs bezeichnet.

Grundlegend erzeugen GPT-Modelle ihren sprachlichen Output folgendermaßen: Sie nehmen eine sprachliche Sequenz als Input und berechnen den Output anschließend Wort für Wort. Sie setzen dabei am Input an und berechnen das wahrscheinlichste nächste Wort im konkreten Kontext. Die Vorhersage des jeweils nächsten Wortes ist

---

1 *https://de.wikipedia.org/wiki/K%C3%BCnstliche_Intelligenz*

2 *https://de.wikipedia.org/wiki/Large_Language_Model*

3 *https://de.wikipedia.org/wiki/Neuronales_Netzwerk*

4 *https://de.wikipedia.org/wiki/Generatives_KI-Modell*

5 *https://de.wikipedia.org/wiki/Transformer_(Maschinelles_Lernen)*

dabei ein komplexer stochastischer Prozess, da das Modell jedes Wort des Inputs, soweit es seine Aufmerksamkeitsspanne zulässt, in die Berechnungen mit einfließen lässt. Das Modell berücksichtigt also nicht nur die Wörter des aktuellen Satzes oder vielleicht noch eines vorangegangenen Satzes, um das jeweils nächste Wort vorherzusagen, sondern im Falle von GPT-4 bis zu 24000 Wörter. Dies ist auch der Grund, warum der Output oft den Anschein erweckt, als könne sich ChatGPT an weit zurückliegende Elemente eines Dialogs noch gut erinnern oder auch Anaphern (zurückverweisende Elemente eines Textes) über große Distanzen referenzieren. Der frühere Output oder die Erstglieder von Anaphern befinden sich schlicht noch im Input des Modells, wenn der aktuelle Output generiert wird (Jahraus 2024).

Das Training von LLMs ist eine aufwendige Angelegenheit. Um ein untrainiertes Rohmodell in die Lage zu versetzen, sprachliche Sequenzen in brauchbarer Qualität zu erzeugen, muss es anhand von Trainingsdaten in einem zunächst unüberwachten Prozess lernen, welche Sequenzen von Wörtern in einer oder auch vielen Sprachen mit welcher Wahrscheinlichkeit auftreten. Innerhalb seiner architektonischen Vorgaben ist das Modell letztlich ein stochastisches Abbild der Wortreihenfolgen in den Trainingsdaten.

Um ein Modell wie GPT-4 zu trainieren, welches schätzungsweise über 1,7 Billionen trainierbare Parameter verfügt, sind Trainingsdaten im Umfang von ca. 13 Billionen Wörtern nötig (Schreiner 2023). Die Trainingsdaten umfassen im Falle von GPT-4 sowohl Sammlungen verschiedener Texte in unterschiedlichen natürlichen Sprachen als auch Coding-Beispiele diverser Programmiersprachen.

Tabelle 4.1 zeigt die Meilensteine der ChatGPT-Entwicklung.

Tabelle 4.1 Entwicklungsstufen von ChatGPT

Jahr der Veröffentlichung	Bezeichnung	Beschreibung
2018	GPT-1	117 Millionen Parameter*
2019	GPT-2	1,5 Milliarden Parameter, erstmals leistungsfähig für die Textgenerierung
2020	GPT-3	175 Milliarden Parameter, bedeutender Sprung im Kontextverständnis und bei der Generierung
2022	ChatGPT	basiert auf GPT-3.5, optimiert für Dialogführung
2023	GPT-4	bessere Kontextverarbeitung, multimodale Fähigkeiten

* Parameter sind die Gewichte und Biases eines neuronalen Netzwerks, die während des Trainings angepasst werden, vergleichbar mit Synapsen im menschlichen Gehirn (1 Parameter = 1 Synapse)

Zwischen dem Modell für GPT-3.5 und GPT-4 gibt es folgende wesentliche Unterschiede:

- **GPT-3.5:** verbesserte Effizienz gegenüber GPT-3 und besseres Verständnis von Kontext; basiert auf 175 Milliarden Parametern
- **GPT-4:** kann multimodal mit Text und Bildern arbeiten und ermöglicht eine längere Kontextverarbeitung sowie höhere Präzision; basiert auf mehr als einer Billion Parametern (zum Vergleich: Das menschliche Gehirn hat mindestens eine Billion Synapsen.)

Aktuell können die in Tabelle 4.2 aufgeführten Versionen von ChatGPT unter *https://chatgpt.com* genutzt werden (Schaefer). Darüber hinaus stehen weitere und spezialisierte Versionen insbesondere für Entwickler zur Verfügung, und weitere Modelle kommen in kurzen Zeitabständen hinzu.

Tabelle 4.2 Aktuell nutzbare Versionen von ChatGPT unter *https://chatgpt.com*

Verfügbar ab	Modellname	Beschreibung
Mai 2024	GPT-4o	Hierbei handelt es sich um ein multimodales Modell, das Text, Bilder und Audio verarbeiten kann. Es ist schneller und leistungsfähiger als sein Vorgänger GPT-4 und bietet verbesserte Fähigkeiten in Sprach-, Mehrsprachen- und Bildverarbeitungsbenchmarks.
Dezember 2024	o1	Dies ist ein Modell, das entwickelt wurde, um komplexe Probleme durch längeres „Nachdenken" zu lösen. Es analysiert seine Antworten und erkundet verschiedene Strategien, was es besonders effektiv in Bereichen wie kompetitiver Programmierung, Mathematik und wissenschaftlichem Denken macht.
Januar 2025	o3-mini	Hierbei handelt es sich um eine kompaktere und effizientere Version des o3-Modells, optimiert für schnelle Antworten und präzises logisches Denken. Es eignet sich besonders für alltägliche Programmieraufgaben, logisches Denken und MINT-Aufgaben.
Januar 2025	o3-mini-high	Dies ist eine Variante des o3-mini-Modells, die mehr Rechenleistung nutzt, um detailliertere und gründlichere Antworten zu liefern. Sie ist darauf ausgelegt, komplexere Aufgaben zu bewältigen.
Februar 2025	GPT-4.5	Hierbei handelt es sich um ein umfangreiches Modell mit verbesserter Schreibfähigkeit, erweitertem Weltwissen und einer verfeinerten Persönlichkeit.

GPT-4o war ab Mai 2024 das leistungsstärkste GPT-4 Modell mit maßgeblichen Verbesserungen bei Text, Bild und Audio. Bei GPT-4o[6] steht das „o“ für „omni“ (lat.: alles). Es ist ein Schritt in Richtung einer natürlicheren Interaktion zwischen Mensch und Computer. Das Modell akzeptiert als Eingabe eine beliebige Kombination von Text, Audio und Bild und erzeugt eine beliebige Kombination von Text-, Audio- und Bildausgaben.

Die Version o1 wurde entwickelt, um anspruchsvolle Probleme zu lösen, die vorherigen KI-Modellen[7] Schwierigkeiten bereiteten. Besonders in den Bereichen Wissenschaft, Mathematik und Programmierung[8] zeigt sich o1[9] als kraftvoller und präziser Problemlöser. Die großen Sprachmodelle der o1-Reihe werden mit *Reinforcement Learning* trainiert, um komplexe Schlussfolgerungen ziehen zu können. o1-Modelle „denken“ für eine Weile, bevor sie antworten. Sie erstellen eine lange interne Gedankenkette und imitieren damit den menschlichen Denkprozess. Mit den o1-Modellen[10] hat OpenAI eine neue Generation von Sprachmodellen eingeführt, die besonders auf *Reasoning* (dt.: Argumentation) – also logisches Denken und Problemlösung – ausgerichtet sind.

Die Version o3-mini[11] ist die Weiterentwicklung von o1 und bietet als das neueste Reasoning-Model hohe Intelligenz zu den gleichen Kosten und Latenzzeiten wie o1. o3-mini unterstützt auch wichtige Entwicklerfunktionen wie strukturierte Ausgabe, Funktionsaufrufe, Batch-API und mehr. Wie die anderen Modelle der o-Serie ist es für wissenschaftliche und mathematische Aufgaben sowie Programmieraufgaben konzipiert.

Die Version o3-mini-high ist eine erweiterte Version des o3-mini mit höherer Reasoning-Intensität. Bei mittlerer Reasoning-Stufe entspricht die Leistung der des o1-Modells. Das Modell besitzt eine 24 % schnellere Antwortzeit im Vergleich zu o1-mini und reduziert schwerwiegende Fehler bei komplexen Fragen aus der Praxis um 39 %.

GPT-4.5[12] ist OpenAIs neuestes allgemeines LLM[13], das im Februar 2025 veröffentlicht wurde (Hillebrandt 2025). Es besitzt folgende Merkmale:

- deutlich reduzierte Fehlerquote bei der Ausgabe von Fakten im Vergleich zu GPT-4o und o1
- natürlicheres Interaktionsgefühl durch verbesserte Fähigkeit, Nutzerabsichten zu verstehen

---

[6] *https://platform.openai.com/playground?mode=chat&model=gpt-4o*

[7] *https://deinkikompass.de/blog/openai-gpt-modelle-leitfaden?rq=chatgpt%20guide*

[8] *https://deinkikompass.de/ranking*

[9] *https://openai.com/index/introducing-openai-o1-preview*

[10] *https://openai.com/index/introducing-o1*

[11] *https://deinkikompass.de/blog/openai-o3-mini-das-neue-ki-modell-im-haertetest*

[12] *https://platform.openai.com/docs/models/gpt-4-5*

[13] *https://www.gradually.ai/ki-lexikon/llm*

- höhere „emotionale Intelligenz“ bei der Interaktion
- besser für Aufgaben wie Schreiben, Programmieren und praktische Problemlösungen geeignet

Weitere hilfreiche Informationen zu ChatGPT finden sich unter anderem in Russwurm, Kuntze/PRIXUS Utilities und Frogwords.de (Russwurm 2023, Kuntze/PRIXUS Utilities 2025, Frogwords.de).

Für den Einsatz von ChatGPT bzw. von ähnlichen Systemen in der Industrie, z. B. für das SPS-Engineering, ist die rasante Geschwindigkeit der Veröffentlichung neuer bzw. verbesserter Modelle meiner Meinung nach das größte Problem. Die Industrie benötigt sichere und zuverlässige Produkte, deren Entwicklung meist zwischen einem halben Jahr und bis zu drei Jahren dauert. Neue KI-Modelle müssen für ihren Industrieeinsatz umfangreich getestet werden und benötigen dazu entsprechende Zeit. Kommen passende industrielle Produkte dann auf den Markt, können diese in den meisten Fällen aus KI- bzw. IT-Sicht nur noch bereits veraltete KI-Modelle einsetzen.

4.2 Testumgebung für die praktischen Aufgaben

Für den Betrieb mit Studierenden bzw. die Arbeit mit Lernenden sollte ein öffentlicher und kostenfreier Zugang zu ChatGPT (*chatgpt.com*) genutzt werden. Die kostenlose, öffentlich zugängliche ChatGPT-Version läuft standardmäßig auf ChatGPT-4o. Sie hat ein begrenztes Kontingent pro Nutzer und wechselt danach automatisch auf das kleinere ChatGPT-4o mini. Für Aufgabe 21 bis Aufgabe 37 wurde zuerst die Standardversion ChatGPT-4o auf *chatgpt.com* genutzt. Bei fehlerhaften Ergebnissen wurde versucht, dieselbe Aufgabe mit o4-mini-high zu lösen. Diese Version ist allerding nur mit einem kostenpflichtigen Abonnement nutzbar.

Nach Lösung einer Aufgabe in ChatGPT wurde der entsprechende Kontext bei der Abo-Version wieder aus der Wissensbasis gelöscht, um die folgenden Aufgaben aufgrund der sonst entstehenden Lerneffekte nicht zu verfälschen. Gibt man bei ChatGPT in kurzen Zeitabständen einen Prompt für eine Aufgabenstellung mehrfach hintereinander ein, so ergibt sich meist ein nahezu identisches Ergebnis. Wenn man einen bestimmten Prompt erst nach der Lösung anderer Aufgaben oder auch nach einer längeren Zeit (d. h. nach einigen Tagen) wiederholt eingibt, kann sich durchaus eine andere Art der Ausgabe der Lösung oder auch eine andere Lösung ergeben (besser oder auch schlechter als beim letzten Prompt). Offensichtlich können durch die Lernfähigkeit des Systems keine gleichen Antworten auf identische Fragestellungen (Prompts) erwartet werden.

ChatGPT-4o beginnt nahezu sofort mit der Ergebnisausgabe. o4-mini-high startet zuerst einen Denkprozess (Reasoning), der unter Umständen eine längere Zeit (Sekunden bis Minuten) in Anspruch nehmen kann. Die Ergebnisse des Denkprozesses werden dabei auch textuell ausgegeben. Bei einigen wenigen der folgenden Aufgaben wurde dies auch genutzt.

Die folgenden Untersuchungen konzentrieren sich auf drei Themenbereiche:

- Analyse von SPS-Programmen
- Entwicklung von SPS-Programmen
- Verifizierung von SPS-Programmen

Alle Aufgaben für ChatGPT wurden aus Kapitel 3 entnommen, sodass für jede Aufgabe auch die klassische Lösung vorliegt. Tabelle 4.3 listet die Aufgaben auf, die für die Bearbeitung mit ChatGPT ausgewählt wurden.

Tabelle 4.3 Liste der Aufgaben, für die die Lösung unter Nutzung von ChatGPT ermittelt wurde

Aufgabennummer (ChatGPT)	Aufgabennummer (klassische Lösung)	Bezeichnung	Thema
Aufgabe 21	theoretische Aufgabe I aus Abschnitt 3.2.1	einfacher ST-Code	Analyse
Aufgabe 22	theoretische Aufgabe III aus Abschnitt 3.3.1	Aufgabenstellung mit RS- und SR-Flipflops	Analyse
Aufgabe 23	theoretische Aufgabe VI aus Abschnitt 3.7.1	Zahlenwandlung analoger Signale	Analyse
Aufgabe 24	theoretische Aufgabe II aus Abschnitt 3.2.2	Anwendungsprogramm in ST	Analyse
Aufgabe 25	Aufgabe 11 aus Abschnitt 3.6.1	Komponentenschema	Analyse
Aufgabe 26	Aufgabe 1 aus Abschnitt 3.2.3	Beleuchtungssteuerung mit Schalter	Programmentwicklung
Aufgabe 27	Aufgabe 2a aus Abschnitt 3.2.4	Selbsthaltung mit `AND`/`OR`	Programmentwicklung
Aufgabe 28	Aufgabe 3 aus Abschnitt 3.2.5	Steuerung eines Drehstrommotors	Programmentwicklung
Aufgabe 29	Aufgabe 4 aus Abschnitt 3.2.6	Dualzahlen-Addierer	Programmentwicklung

Aufgabennummer (ChatGPT)	Aufgabennummer (klassische Lösung)	Bezeichnung	Thema
Aufgabe 30	Aufgabe 5 aus Abschnitt 3.3.2	Beleuchtungssteuerung mit Tastern	Programm-entwicklung
Aufgabe 31	Aufgabe 6 aus Abschnitt 3.3.3	Steuerung einer Stanz-maschine	Programm-entwicklung
Aufgabe 32	Aufgabe 7 aus Abschnitt 3.4.2	Halb automatische Transportanlage	Programm-entwicklung
Aufgabe 33	Aufgabe 13 aus Abschnitt 3.6.3	Karosseriemontage	Programm-entwicklung
Aufgabe 34	Aufgabe 9 aus Abschnitt 3.5.2	Alarmsystem für Haus-überwachung	Verifizierung
Aufgabe 35	Aufgabe 11 aus Abschnitt 3.6.1	Materialbearbeitung	Verifizierung
Aufgabe 36	Aufgabe 16 aus Abschnitt 3.7.4	Temperaturregelung einer Heizung	Verifizierung
Aufgabe 37	theoretische Aufgabe VI aus Abschnitt 3.7.1	Zahlenverarbeitung	Verifizierung

4.3 Analyse von SPS-Programmen

Basierend auf den in Tabelle 4.3 aufgeführten Aufgaben mit klassischer Lösung aus Kapitel 3 sollen die folgenden fünf Analyseaufgaben mit Unterstützung von ChatGPT gelöst werden:

- Aufgabe 21: Analyse eines einfachen ST-Codes
- Aufgabe 22: Analyse einer Aufgabenstellung mit RS- und SR-Flipflops
- Aufgabe 23: Analyse einer Zahlenwandlung analoger Signale
- Aufgabe 24: Analyse eines Anwendungsprogramms in ST
- Aufgabe 25: Analyse eines Komponentenschemas

4.3.1 Aufgabe 21: Analyse eines einfachen ST-Codes

Die Aufgabenstellung ist in Abschnitt 3.2.1 (theoretische Aufgabe I) detailliert beschrieben.

4.3.1.1 Prompt und Ergebnis

Zuerst wird ein entsprechender Prompt erstellt und in das Prompt-Feld von ChatGPT eingegeben.

Prompt

Bekannt ist folgendes ST-Programm nach IEC 61131-3:

```
M2 := IN AND NOT M1;
M3 := M2 AND NOT OUT;
OUT := M3 OR (OUT AND NOT M2);
M1 := IN;
```

Der Eingang IN wird mit einem symmetrischen Rechtecksignal beaufschlagt.

Aufgabe 21a: Das Verhalten des Ausgangssignals A1 für das gegebene Eingangssignal E1 soll ermittelt werden.

Aufgabe 21b: Welcher Funktionsbaustein wird durch das angegebene ST-Programm modelliert?

ChatGPT analysiert zeilenweise korrekt das vorgegebene ST-Programm („Was macht jede Zeile?") und gibt dann entsprechend Tabelle 4.4 das Signalverhalten am Ausgang für die ersten acht Zyklen aus.

Tabelle 4.4 Analyse des Signalverhaltens

Zyklus	IN	M1	M2	M3	OUT	Bemerkung
0	0	0	0	0	0	Initialzustand
1	1	0	1 (Flanke)	1	1 (Set)	steigende Flanke
2	1	1	0	0	1 (Hold)	kein Flankenwechsel
3	0	1	0	0	1 (Hold)	fallende Flanke
4	1	0	1 (Flanke)	0 (OUT = 1)	0 (Reset)	steigende Flanke
5	1	1	0	0	0 (Hold)	
6	0	10	0	0	0 (Hold)	
7	1		1 (Flanke)	1 (OUT = 0)	1 (Set)	

ChatGPT nutzt in Tabelle 4.4 die Begriffe Set, Hold und Reset, da die KI davon ausgeht, dass es sich in der Zeile `OUT := M3 OR (OUT AND NOT M2` um ein SR-Flipflop-Verhalten handelt. Als Zusammenfassung werden folgende korrekte Lösungen ausgegeben:

Lösung 21a: Das Ausgangssignal OUT toggelt bei jeder zweiten steigenden Flanke des Rechtecksignals IN.

Lösung 21b: Das ST-Programm modelliert ein T-Flipflop (Toggle Flipflop), realisiert durch interne Flankenerkennung und einen Set-/Reset-Mechanismus.

Das Ergebnis ist korrekt. Es handelt sich tatsächlich um ein asynchrones T-Flipflop. Für die vorliegende Aufgabenstellung, bei der ein Rechtecksignal als Eingangssignal vorgegeben ist, wäre der Begriff Binärteiler aber verständlicher.

4.3.1.2 Bewertung der Lösung

Die Analyse des einfachen ST-Codes erfolgte durch ChatGPT nur auf Basis eines einzigen Prompts korrekt. Es wurden ausführliche und hilfreiche Analyseerläuterungen ausgegeben.

Die Ausgabe „T-Flipflop" als Funktionsbaustein bei Aufgabe 21b ist zwar richtig, aber für einen SPS-Programmierer aus Anwendersicht eher unüblich. T-Flipflops sind kein Bestandteil der Standardfunktionsbausteine nach IEC 61131-3. Binärteiler sind dagegen in der SPS-Technik häufig verwendete Bausteine in vielen Anwendungen. Hier fehlt ChatGPT offenbar noch Anwendungswissen auf dem Gebiet der SPS-Technik.

4.3.2 Aufgabe 22: Analyse einer Aufgabenstellung mit RS- und SR-Flipflops

Die zu analysierende bzw. zu lösende Aufgabenstellung basiert auf der theoretischen Aufgabe III aus Abschnitt 3.3.1.

4.3.2.1 Prompt und Ergebnis

Prompt 1

Bei der Verwendung von RS- und SR-Flipflops sind die Dominanz der SET- bzw. RESET-Eingänge von großer Bedeutung. Das hochgeladene Bild (Bild 3.13) zeigt den Signalverlauf an den Eingängen (S – SET-Eingang, R – RESET-Eingang) und am Ausgang (Q1) eines Speicherbausteins. Ermittle aus dem Signalverlauf im Bild, ob es sich um ein Speicherglied mit dominantem Setz- oder Rücksetzeingang handelt.

ChatGPT gibt als Ergebnis folgende Antwort aus:

Ergebnis 1

Anhand des hochgeladenen Signalverlaufs lässt sich erkennen, ob das Speicherglied einen dominanten Setz- oder Rücksetzeingang hat.

1. Analyse der Signale:

   S (SET-Eingang): Es gibt zwei Zeitintervalle, in denen der SET-Eingang auf „1" gesetzt wird, was zu einem Hochpegel am Ausgang Q1 führt, unabhängig davon, was am R-Eingang passiert.
   R (RESET-Eingang): Auch der RESET-Eingang hat zwei Zeitintervalle, in denen er auf „1" gesetzt wird. Dabei wird der Ausgang Q1 auf „0" gesetzt.

2. Dominanzprüfung:

   Die Dominanz eines Eingangs bedeutet, dass dieser den Zustand des Ausgangs festlegt, wenn beide Eingänge gleichzeitig aktiv sind. Im Signalverlauf gibt es keine Situationen, in denen beide Eingänge gleichzeitig „1" sind. Daher wird die Dominanz durch die Reaktionen des Ausgangs auf die einzelnen Eingänge beurteilt.
   Da der Ausgang Q1 den SET-Zustand (hoch) beibehält, wenn der S-Eingang „1" ist, und unabhängig vom R-Eingang nicht auf „0" geht, liegt ein dominanter SET-Eingang vor.

Fazit:

Das Speicherglied hat einen dominanten Setzeingang.

Das Ergebnis ist korrekt, und die Erläuterungen dazu sind verständlich.

Prompt 2

Erläutere, wieso man in Steuerungsprogrammen häufig RS-Flipflops mit dominantem RESET-Eingang verwendet.

ChatGPT gibt als Ergebnis die folgende Antwort aus:

Ergebnis 2

In Steuerungsprogrammen werden häufig RS-Flipflops mit dominantem RESET-Eingang verwendet. Dies hat mehrere Gründe:

1. Sicherheitsaspekt:

   Ein dominanter RESET-Eingang gewährleistet, dass im Falle eines Fehlers oder einer unerwarteten Situation der Ausgang des Flipflops in einen definierten, sicheren Zustand zurückgesetzt werden kann. Dies ist besonders wichtig in sicherheitskritischen Anwendungen, wo ein nicht definierter Zustand zu Gefahren führen könnte.

2. Klarer Reset-Zustand:

   In vielen Steuerungsanwendungen ist es erforderlich, dass ein System oder ein Teil des Systems in einen klar definierten Anfangszustand zurückkehrt. Ein dominanter RESET-Eingang sorgt dafür, dass dieser Zustand einfach und zuverlässig erreicht werden kann, indem er den Ausgang des Flipflops unabhängig vom Zustand des SET-Eingangs auf „0" setzt.

3. Vermeidung von Sperrzuständen:

   RS-Flipflops können theoretisch in einen sogenannten Sperr- oder Metastabilitätszustand geraten, wenn sowohl SET als auch RESET gleichzeitig aktiv sind. Durch die Dominanz des RESET-Eingangs wird sichergestellt, dass in einem solchen Fall der Ausgang des Flipflops auf „0" gesetzt wird, wodurch der Sperrzustand vermieden wird.

4. Kontrolle über den Ausgangszustand:

   In vielen Steuerungssystemen ist es wichtig, dass der Ausgang eines Flipflops kontrolliert und vorhersehbar ist, insbesondere beim Start oder bei der Rückkehr aus einem Fehlerzustand. Ein dominanter RESET-Eingang bietet diese Kontrolle, da er den Ausgang eindeutig auf einen niedrigen Zustand zurücksetzt.

Diese Eigenschaften machen RS-Flipflops mit dominantem RESET-Eingang besonders geeignet für Anwendungen, in denen Zuverlässigkeit, Sicherheit und Vorhersehbarkeit entscheidend sind.

Die Erläuterungen sind akzeptabel und ausführlich, auch wenn die spezielle Anwendung für Aktoren nicht angesprochen wird.

Um die Erläuterungen auf den wesentlichen Grund der Anwendung eines RS-Flipflops zu reduzieren, wurde Prompt 2 mit Zusatzinformationen (fett markiert) als Prompt 3 genutzt.

Prompt 3

Erläutere, wieso man in Steuerungsprogrammen häufig RS-Flipflops mit dominantem RESET-Eingang einsetzt. **Verwende nicht mehr als zwei Sätze für die Antwort, die den wesentlichen Grund beinhalten soll.**

Ergebnis 3

RS-Flipflops mit dominantem RESET-Eingang werden in Steuerungsprogrammen verwendet, weil sie gewährleisten, dass der Ausgang im Fehlerfall oder bei unerwarteten Zuständen sicher und zuverlässig in einen definierten Zustand (meist „0") zurückgesetzt werden kann. Dies ist besonders wichtig für die Sicherheit und Stabilität von Systemen.

Die Antwort ist im Sinne der Fragestellung korrekt und vollständig.

4.3.2.2 Bewertung der Lösung

Die theoretische Aufgabe III wurde von ChatGPT ohne Probleme analysiert, und korrekte Antworten wurden geliefert.

Folgende Schlussfolgerungen lassen sich ziehen:

- ChatGPT ist in der Lage, komplexe Signalverläufe in Grafiken zu analysieren und diese einer Aufgabenstellung zuzuordnen.
- Bei Fragen, die eine textliche Analyse/Antwort erfordern, sollte man im Prompt bereits angeben, in welchem Textumfang man die Antwort wünscht.

4.3.3 Aufgabe 23: Analyse einer Zahlenwandlung analoger Signale

Die zu analysierende bzw. zu lösende Aufgabenstellung basiert auf der theoretischen Aufgabe VI aus Abschnitt 3.7.1.

4.3.3.1 Prompt und Ergebnis

Prompt 1

Baugruppen zur Analog-Digital-Wandlung bzw. Digital-Analog-Wandlung stellen die gewandelten Werte meist in binärer Form der SPS zur Verfügung. Analoge Eingänge werden dabei häufig in den Datentyp `WORD` eingelesen und analoge Ausgänge mit dem Datentyp `WORD` ausgegeben.

Aufgabe 23a: An drei analogen Eingängen der SPS werden die folgenden Werte eingelesen:

- Eingang 1: –5 V ... +5 V
- Eingang 2: –10 V ... +10 V
- Eingang 3: +4 mA ... +20 mA

Ermitteln Sie den Wertebereich der Eingangssignale nach der Analog-Digital-Wandlung im Hexadezimalformat für den Datentyp `WORD`. Die Analogeingabebaugruppe hat eine Auflösung von 16 Bit. Die Skalierung der eingelesenen Eingangswerte soll wie folgt erfolgen:

- Spannung: 1 Digit (Dezimalwert) ≙ 1 mV
- Strom: 1 Digit (Dezimalwert) ≙ 1 µA

Aufgabe 23b: Eine Baugruppe zur Digital-Analog-Wandlung besitzt eine Datenbreite von 12 Bit. Ermitteln Sie die erreichbare Auflösung für einen geforderten Ausgangsspannungsbereich von –5 V ... +5 V.

ChatGPT gibt folgendes Ergebnis aus:

Ergebnis 1

Aufgabe 23a: Wertebereiche nach AD-Wandlung mit Zweierkomplement

Eingang 1: -5 V ... +5 V

Wertebereich: -5000 ... +5000 (mV)

Darstellung im Zweierkomplement:

- -5000 = -0x1388
- +5000 = +0x1388

→ Hex-Wertebereich: 0xEC78 ... 0x1388

Erklärung:

-5000 dez → 65 536 - 5000 = 60 536 → 0xEC78

+5000 dez → 0x1388

Eingang 2: -10 V ... +10 V

Wertebereich: -10 000 ... +10 000 (mV)

Darstellung:

- -10 000 = -0x2710 → 0x98F0
- +10 000 = +0x2710

→ Hex-Wertebereich: 0x98F0 ... 0x2710

Eingang 3: +4 mA ... +20 mA

Wertebereich: +4000 ... +20 000 (µA)

Nur positive Werte → direkt als positive Zahlen darstellbar

- +4000 = 0x0FA0
- +20 000 = 0x4E20

→ Hex-Wertebereich: 0x0FA0 ... 0x4E20

Aufgabe 23b: Auflösung bei 12-Bit-DA-Wandler (Zweierkomplement)

Gegeben:

Auflösung: 12 Bit mit Vorzeichen (Zweierkomplement)

→ Bereich: -2048 ... +2047

→ 4096 Schritte

Ausgabespannung: -5 V ... +5 V

→ 10 V Gesamtbereich

Auflösung:

10 V / 4096 = 0,0024414 V = 2,441 mV

Aufgabe 23b wurde korrekt gelöst. In Aufgabe 23a sind die Lösungen für Eingang 1 und Eingang 3 korrekt. Bei Eingang 2 wird für den Eingangswert –10 000 der falsche Hexadezimalwert 0x98F0 (entspricht dem Wert +26 384) ausgegeben.

Prompt 2

Der Wert 0x98F0 ist falsch.

Erst nach dem Ergänzungsprompt (Prompt 2) wird für Eingang 2 ein korrekter Wert mit Erläuterung ausgegeben.

Ergebnis 2

Grundlage: 16-Bit-Zweierkomplement

Wertebereich:

- Dezimal: -32 768 ... +32 767
- Hexadezimal:
- -32 768 → 0x8000
- -1 → 0xFFFF
- 0 → 0x0000
- +32 767 → 0x7FFF

Die Umrechnung von negativen Werten ins Hex erfolgt über Hex = 2^{16} + (negativer Dezimalwert).

Korrektur der Wertebereiche in Aufgabe 23a:

Eingang 2: -10 V ... +10 V

Wertebereich: -10 000 ... +10 000 (mV)

-10 000:

65 536 - 10 000 = 55 536 = 0xD8F0

+10 000:

= 0x2710

Korrigierter Wertebereich: 0xD8F0 ... 0x2710. Der vorher angegebene Wert 0x98F0 war falsch. Richtig ist 0xD8F0.

4.3.3.2 Bewertung der Lösung

Fast alle Aufgaben wurden korrekt gelöst und erläutert. Nur für den Eingang mit dem Wertebereich –10 V ... +10 V wurde ein falscher HEX-Wert für –10 V ermittelt. Die Ausgabe aller HEX-Werte erfolgte mit dem Präfix „0x“, so wie dies meist in Programmiersprachen mit C-ähnlicher Syntax erfolgt.

Folgende Schlussfolgerungen lassen sich ziehen:

- Das Ergebnis von Zahlenumrechnungen und -konvertierungen kann korrekt sein, muss aber in jedem Fall auf Richtigkeit überprüft werden.
- ChatGPT besitzt kein ausreichendes Wissen über die IEC 61131-3. Die dort festgelegte Schreibweise für Literale im HEX-Format mit dem Präfix „16#“ ist nicht bekannt.
- Für die Analyse von Zahlenkonvertierungen mit ChatGPT sollten bereits im Prompt alle bekannten Konvertierungsregeln, Schreibweisen etc. angegeben werden.

4.3.3.3 Vergleichstest mit o4-mini-high

Für den Vergleich unterschiedlicher ChatGPT-Versionen wird der Prompt 1 aus Abschnitt 4.3.3.1 für Aufgabe 23a in die Version o4-mini-high eingegeben. Das Ergebnis ist vollständig korrekt und wird nach 16 s ausgegeben. Im Unterschied zu ChatGPT-4o erfolgt bei o4-mini-high zuerst eine Erläuterung der Denkweise, wie die Aufgabe gelöst werden soll (Reasoning). Erst danach erfolgt die Ausgabe des Ergebnisses.

Reasoning (Denkprozess)

- Für den Nutzer geht es darum, die digitalen Werte für analoge Eingänge eines PLC-Moduls mit einem 16-Bit-ADC zu berechnen. Die analogen Eingänge decken Bereiche von –5 V bis +5 V, –10 V bis +10 V und 4 mA bis 20 mA ab. Da der ADC mit einer bipolar wirkenden Eingangsspannung arbeitet, müssen wir den Bereich von –FS bis +FS für jede Eingangsgröße analysieren und dann mit der gegebenen Skalierung (1 Digit = 1 mV für Spannung, 1 Digit = 1 µA für Strom) in digitale Werte umrechnen.
- Der Nutzer hat eine interessante Frage zur Umrechnung von Analogwerten in digitale Zahlen. Die analogen Spannungen reichen von –5 V bis +5 V. Mit einer 16-Bit-Auflösung (65 536 Stufen) und einer Skalierung von 1 mV pro Schritt könnte dies eine 10 000 Digit-Auflösung bedeuten, was weniger ist als 65 535, das übliche digitale Maximum, ist. Die Frage ist, ob man die negativen Werte umkehrt oder als Zwei-Komplement-Werte behandelt (d. h., man könnte den `WORD`-Typ als vorzeichenbehaftet behandeln).
- Der Nutzer möchte eine präzise Umrechnung der digitalen Werte für analoge Eingänge nach der Analog-Digital-Wandlung im Hexadezimalformat. Für eine 16-Bit-`WORD`-Darstellung und eine Skalierung von 1 mV pro Schritt ergibt sich für Spannungen und Ströme eine Konvertierung in digitale Rohwerte. Hierbei werden die Extremwerte der Eingaben (–5 V bis +5 V, ±10 V und 4 mA bis 20 mA) in digitale Werte wie 0x0000 und 0x2710 umgewandelt, wobei negative Werte möglicherweise als Zwei-Komplement-Darstellung interpretiert werden.

ChatGPT liefert das korrekte Ergebnis mit Erläuterungen:

Ergebnis

Für alle drei Kanäle gilt: Die Analogeingabebaugruppe liefert ein 16-Bit-Zweierkomplement-Wort (WORD), in dem die physikalischen Werte in ganzen Millivolt (bzw. Mikroampere) codiert sind (1 Digit = 1 mV bzw. 1 µA). Die Umrechnung läuft in zwei Schritten ab:

1. Berechnung des Dezimalwerts
2. Dezimalwert = V_{mV} bei Spannung, $I_{\mu A}$ bei Strom
3. Kodierung als 16 Bit Zweierkomplement (WORD)

Die sich daraus ergebenden Minimal- und Maximalwerte sind folgende:

Eingang	Physikalischer Bereich	Dezimal (min. ... max.)	Hex (min. ... max.)
1(U)	-5 V ... +5 V → -5000 ... +5000 mV	-5000 ... +5000	EC78 ... 1388
2(U)	-10 V ... +10 V → -10 000 ... +10 000 mV	-10 000 ... +10 000	D8F0 ... 2710
3(U)	+4 mA ... +20 mA → 4000 ... 20 000 µA	4000 ... 20 000	0FA0 ... 4E20

Rechenbeispiel für das Zweierkomplement:

Für +5000 dez (= 0x1388) bleibt das WORD einfach 0x1388.
Für -5000 dez rechnet man wie folgt: 0x10 000 – 0x1388 = 0xEC78 → Das WORD-Muster 0xEC78 repräsentiert -5000.

Analog:

- -10 000 dez → 0x10 000 – 0x2710 = 0xD8F0
- +10 000 dez → 0x2710

Strom (Positivbereich, kein Offset nötig):

- 4000 dez → 0x0FA0
- 20 000 dez → 0x4E20

Zusammenfassung:

Eingang 1 (±5 V): 0xEC78 ... 0x1388

Eingang 2 (±10 V): 0xD8F0 ... 0x2710

Eingang 3 (4 ... 20 mA): 0x0FA0 ... 0x4E20

4.3.4 Aufgabe 24: Analyse eines Anwendungsprogramms in ST

Das zu analysierende ST-Programm basiert auf der theoretischen Aufgabe II aus Abschnitt 3.2.2. Die Aufgabenstellung wird als Prompt mit Zuordnungstabellen für die Variablen und mit dem ST-Code in ChatGPT eingegeben.

4.3.4.1 Prompt und Ergebnis

Prompt 1

Für die Steuerung einer Schiebetür im Schutzzaun einer gesicherten Roboter-Montagezelle sind die Zuordnungstabelle und das ST-Programm bekannt, die im Folgenden aufgeführt sind.

Zuordnungstabelle für die Schiebetürsteuerung:

Eingangsvariable	BMK	Logische Zuordnung	Operanden-zuordnung
Fußtaster	S1	betätigt: S1 = 1	E1
Endschalter Tür ZU	S2	betätigt: S2 = 1	E2
Endschalter Tür AUF	S3	betätigt: S3 = 1	E3
Interne Variablen			
2-s-Zeitverzögerung	T1	aktiviert: T1 = 1	T1
Ausgangsvariable			
Schütz Tür ZU	K1	angezogen: K1 = 1	A1
Schütz Tür AUF	K2	angezogen: K2 = 1	A2

ST-Code:

```
(*Timer for switch-on delay*)
T := T#2s;
TON1(IN := NOT E1 AND E3, PT := T);
T1 := TON1.Q;
(*Contactor K1*)
A1 := NOT E2 AND NOT A2 AND (NOT E1 AND(A1 OR T1));
(*Contactor K2*)
A2 := NOT A1 AND NOT E3 AND (E1 OR A2); Die Funktion der Schiebetür-
steuerung soll beschrieben werden.
```

Die Funktion der Schiebetürsteuerung soll beschrieben werden.

ChatGPT gibt als Ergebnis eine ausführliche Analyse der korrekten Funktionsweise aus.

Ergebnis 1

Ziel der Steuerung

Die Schiebetür soll sich auf Knopfdruck öffnen und schließen lassen – jedoch nur, wenn bestimmte Sicherheitsbedingungen erfüllt sind. Die Steuerung sorgt dafür, dass sich nicht beide Schütze gleichzeitig aktivieren, und berücksichtigt zudem eine Zwei-Sekunden-Verzögerung beim Schließen der Tür.

Beteiligte Elemente

Eingänge:

- E1 (Fußtaster S1): wird gedrückt → E1 = 1
- E2 (Endschalter Tür ZU S2): Tür ist komplett zu → E2 = 1
- E3 (Endschalter Tür AUF S3): Tür ist komplett auf → E3 = 1

Interne Variable:

- T1: Ergebnis der Zeitverzögerung (2 s)

Ausgänge:

- A1 (Schütz Tür ZU K1): steuert das Schließen der Tür
- A2 (Schütz Tür AUF K2): steuert das Öffnen der Tür

Timerfunktion – 2 s Verzögerung:

```
T := T#2s;
TON1(IN := NOT E1 AND E3, PT := T);
T1 := TON1.Q;
```

Bedeutung:

- Sobald der Fußtaster losgelassen wird (NOT E1) und die Tür vollständig geöffnet ist (E3), startet ein 2-s-Timer.
- Nach Ablauf dieser Zeit wird T1 = 1.

Zweck: Die Tür soll sich nicht direkt nach dem Loslassen des Tasters wieder schließen. Es wird eine kurze Wartezeit eingefügt, um Fehlfunktionen oder ungewolltes Zurückschwingen zu vermeiden.

Logik für Tür ZU (Schütz K1)

```
A1 := NOT E2 AND NOT A2 AND (NOT E1 AND (A1 OR T1));
```

Bedeutung:

Die Tür darf nur schließen, wenn

- die Tür nicht schon vollständig zu ist (NOT E2),
- der Gegenschütz (K2/A2) nicht aktiv ist (NOT A2), oder
- der Fußtaster losgelassen ist (NOT E1),

und einer der folgenden Zustände gilt:

- Der Schütz K1 war bereits aktiv (A1).
- Die Zeitverzögerung ist abgelaufen (T1).

Funktion: Sobald die Tür offen war und man den Taster loslässt, wird nach zwei Sekunden das Schließen aktiviert – aber nur, wenn die Tür noch nicht zu ist und der Gegenschütz (Öffnen) nicht gleichzeitig läuft.

Logik für Tür AUF (Schütz K2)

```
A2 := NOT A1 AND NOT E3 AND (E1 OR A2);
```

Bedeutung:

Die Tür darf nur öffnen, wenn

- der Gegenschütz (K1/A1) nicht aktiv ist, oder
- die Tür nicht bereits vollständig offen ist (NOT E3),

und einer der folgenden Zustände gilt:

- Der Fußtaster wird gedrückt (E1).
- Das Öffnen war schon aktiv (A2).

Funktion: Die Tür öffnet, solange man den Taster gedrückt hält, oder wenn sie bereits dabei ist, sich zu öffnen, bis sie vollständig offen ist.

Zusammenfassung der Funktion

1. Tür öffnen (A2):
   - Fußtaster gedrückt → Die Tür fährt auf.
   - Sobald die Tür vollständig offen ist, wird der Schütz A2 deaktiviert.
2. Tür schließen (A1):
   - Fußtaster ist losgelassen, Tür ist offen → Der Timer läuft.
   - Nach zwei Sekunden beginnt die Tür zu schließen (wenn keine Gegenbedingung vorliegt).
3. Sicherheitsbedingungen:
   - Gegenschütze schließen sich gegenseitig aus.
   - Die Endschalter verhindern unnötiges weiteres Fahren, wenn die Tür schon vollständig offen oder zu ist.

Auf folgende Zusatzfrage in Prompt 2 wird ebenfalls korrekt geantwortet:

Prompt 2

Was passiert, wenn während des Schließvorgangs der Fußschalter betätigt wird?

Auch hier erfolgt eine ausführliche Analyse, auf deren Grundlage dann die Funktionsweise ermittelt wird.

Ergebnis 2

Schließvorgang – was ist aktiv?

Während die Tür schließt, gilt Folgendes:

- A1 = 1 (Tür fährt zu)
- E2 = 0 (Tür noch nicht ganz zu)

- T1 = 0 (Timer wurde schon durchlaufen)
- E1 = 0, aber jetzt wird gedrückt → E1 = 1

Was passiert mit A1 (Schütz Tür ZU)?

```
A1 := NOT E2 AND NOT A2 AND (NOT E1 AND (A1 OR T1));
```

Jetzt muss Folgendes eingesetzt werden:

- NOT E2 = 1 (Tür noch nicht zu)
- NOT A2 = 1 (K2 ist aus)
- NOT E1 = 0 (Taster wird gedrückt)
- (A1 OR T1) = 1 (A1 ist 1, also noch aktiv)

→ Aber: NOT E1 = 0, also ist die komplette rechte Klammer 0.

Ergebnis: A1 = 0 → Der Schließvorgang wird abgebrochen, sobald der Fußtaster gedrückt wird.

Was passiert mit A2 (Schütz Tür AUF)?

```
A2 := NOT A1 AND NOT E3 AND (E1 OR A2);
```

Jetzt muss Folgendes eingesetzt werden:

- NOT A1 = 1 (da A1 jetzt ausgeschaltet wurde)
- NOT E3 = 1 (Tür ist noch nicht ganz offen)
- (E1 OR A2) = 1 (Taster wird gedrückt)

Ergebnis: A2 = 1 → Die Tür beginnt zu öffnen.

Fazit:

Wenn man während des Schließens den Fußtaster erneut drückt, passiert Folgendes:

1. Der Schließvorgang wird sofort abgebrochen (A1 = 0).
2. Der Öffnungsvorgang wird eingeleitet (A2 = 1).
3. Die Tür fährt also wieder auf.

Das ist eine Sicherheitsfunktion, um im Notfall die Tür schnell wieder öffnen zu können, z. B. wenn jemand merkt, dass die Tür irrtümlich schließt.

4.3.4.2 Bewertung der Lösung

ChatGPT ist in der Lage, das vorgegebene ST-Programm basierend auf den Variablenzuordnungen und dem ST-Code vollständig und korrekt zu analysieren und ausführlich zu begründen.

Folgende Schlussfolgerungen lassen sich ziehen:

- ChatGPT kann einfache ST-Programme – basierend auf einer Variablenbeschreibung und auf dem Programmcode – analysieren. Die Eingabe im Prompt ist dabei im weiten Rahmen flexibel. Tabellen können auch als Text mit entsprechenden Tabs eingegeben werden.
- ChatGPT gibt hilfreiche Erläuterungen für die Analyse aus, die z. B. zur Vorbereitung von Übungsaufgaben in der Lehre sinnvoll genutzt werden können.

4.3.5 Aufgabe 25: Analyse eines Komponentenschemas

Für die Analyse wird die Aufgabenstellung aus Abschnitt 3.6.1 zur Materialbearbeitung genutzt (Aufgabe 11). Basierend auf dem Komponentenschema (Bild 3.27) soll GPT den Bearbeitungsablauf und die Zuordnung der Eingangs- und Ausgangsprozessdaten ermitteln.

4.3.5.1 Prompt und Ergebnis

Prompt

Für die Materialbearbeitung (= Bohren eines Werkstücks) entsprechend dem hochgeladenen Bild soll ein Steuerungsprogramm erstellt werden. Erstelle einen sinnvollen Ablauf aus dem Komponentenschema sowie die Zuordnungsliste für die Eingangs- und Ausgangsprozessdaten. Als Variablennamen soll die nach IEC 61131-3 vorgesehene Syntax für boolesche Variablen genutzt werden: `IX_<name>` und `QX_<name>`.

Ergebnis

Dem Bild nach handelt es sich um eine einfache Bohrstation mit zwei pneumatischen Zylindern (A und B), mehreren Endschaltern sowie einem Motor (Bohrmaschine M).

Funktionsbeschreibung/Ablaufplan

Der Ablauf des Bearbeitungsprozesses und die Zuordnung der Signale können wie folgt beschrieben werden:

1. Start: Der Prozess startet mit Betätigung der Starttaste (`IX_START`).
2. Vorschub des Werkstücks:
   - Zylinder A fährt aus (`QX_Y1`).
   - Erreicht Zylinder A seine vordere Endlage, wird dies durch Sensor S2 (`IX_S2`) erkannt.
3. Abwärtsbewegung der Bohrspindel:
   - Zylinder B fährt aus (`QX_Y3`).
   - Sensor S4 (`IX_S4`) meldet, dass die untere Endlage erreicht ist.
4. Bohrmotor starten:
   - Motor M (`QX_M`) wird aktiviert.
   - Es entstehe eine kurze Wartezeit (z. B. zwei Sekunden) für den Bohrvorgang.
5. Rückzug Bohrspindel:
   - Zylinder B fährt zurück (`QX_Y3` deaktiviert).
   - Die obere Endlage wird durch S3 (`IX_S3`) erkannt.

6. Rückzug des Werkstücks:
   - Zylinder A fährt zurück (QX_Y2).
   - Die hintere Endlage wird durch S1 (IX_S1) erkannt.
7. Ende des Zyklus – bereit für nächsten Start

Eingangs- und Ausgangszuordnung (Syntax nach IEC 61131-3)

Bezeichnung	Funktion	Variable nach IEC 61131-3
Eingänge (Sensoren, Taster)		
Starttaste	Zyklus starten	IX_START
S1	Der Zylinder A wird eingefahren.	IX_S1
S2	Der Zylinder A wird ausgefahren.	IX_S2
S3	Der Zylinder B wird eingefahren.	IX_S3
S4	Der Zylinder B wird ausgefahren.	IX_S4
S5	Werkstück vorhanden	IX_S5
Ausgänge (Aktoren)		
Y1	Der Zylinder A wird ausfahren.	QX_Y1
Y2	Der Zylinder A wird einfahren.	QX_Y2
Y3	Der Zylinder B wird aus- und einfahren.	QX_Y3
M	Bohrmotor	QX_M

Hinweise zur Programmierung (z. B. in FUP/SCL/STL):

- **Sicherheitsbedingung:** Der Bohrmotor darf nur starten, wenn IX_S2 und IX_S4 aktiv sind.
- Für die Rückfahrten der Zylinder kann alternativ eine zeitgesteuerte Pause oder Sensorabfrage genutzt werden.
- Die Werkstückerkennung (IX_S5) kann als Voraussetzung für den Start des Zyklus genutzt werden.

Im Bohrablauf ist ein gravierender Fehler enthalten: Die Bohrmaschine kann nicht bis zur Betätigung des Sensors S4 ausgefahren werden, ohne den Bohrmotor einzuschalten, da der Sensor S4 für die Bestimmung der Bohrlochtiefe verantwortlich ist. Damit ist auch die Sicherheitsbedingung in den Hinweisen zur Programmierung nicht korrekt.

Nach zwei weiteren Prompts zur Beschreibung des Bohrprozesses für das Werkstück erfolgt eine vollständig korrekte Ausgabe der Analyse.

Folgende Schlussfolgerungen lassen sich ziehen:

- ChatGPT kann prinzipiell korrekte Abläufe aus Komponentenschemata eines technischen Prozesses erkennen, zugehörige Prozessdaten als Eingangs- oder Ausgangsdaten identifizieren und entsprechende Zuordnungstabellen erstellen.
- Wegen des fehlenden Wissens über den technischen Prozess (im Beispiel „Bohren“) werden aber fehlerhafte Abläufe vorgeschlagen, die in der Praxis nicht realisierbar sind.
- Für die Analyse eines Komponentenschemas sollten ChatGPT immer auch die wichtigsten Hintergrundinformationen über den jeweiligen technischen Prozess mitgegeben werden.

4.3.5.2 Vergleichstest mit o4-mini-high

Ein Vergleichstest mit o4-mini-high unter Verwendung des Prompts aus Abschnitt 4.3.5.1 ergibt nach 20 s folgende Analyseergebnisse:

Reasoning (Denkprozess)

- Ich muss eine Steuersequenz für das Bohren eines Werkstücks vorschlagen. Dabei bewegt sich möglicherweise Zylinder A, um das Werkstück zu fixieren. Im Bild sehe ich einen grünen START-Knopf, der T1 auf der unteren linken Seite ist, was möglicherweise der HMI-Startknopf ist. Zylinder A wird mit Sensoren (S1, S2) in ein- und ausfahrender Position gezeigt, um den Bohrvorgang zu steuern. Ich denke, ich werde die Steuerlogik entsprechend den Sensoren und Magnetventilen gestalten.
- S1 ist wahrscheinlich der Sensor auf der linken Seite des Zylinders A und zeigt die eingezogene Position an, während S2 die ausgefahrene Position anzeigt. S5 ist der Sensor zum Erkennen des Werkstücks, der an der Unterseite der Vorrichtung sitzt. Zylinder B ist für das Bohren zuständig, und die Sensoren S3 und S4 zeigen die Position des Bohrers an. Der Motor treibt den Bohrer. Ich werde die Eingaben und Ausgaben für alle Zylinder- und Motorkomponenten gemäß den Sensorpositionen und der Steuerlogik definieren.
- Der S5-Sensor im Spannbereich erfasst das Werkstück, während Zylinder A es zur Spannstelle schiebt. Zylinder A ist der Vorschubzylinder und Zylinder B ist der Bohrzylinder. Der Ablauf beginnt mit einem bestätigten Werkstück (`IX_S5 = TRUE`) und dem Startknopf (`IX_START = TRUE`). Dann bewegt Zylinder A das Werkstück nach vorne, und Zylinder B bohrt in das Werkstück. Schließlich zieht Zylinder B sich zurück, und Zylinder A positioniert sich wieder. Ich werde einen Schritt-für-Schritt-Plan und eine Zuordnungsliste der Eingänge und Ausgänge erstellen.

Ergebnis

(1) Sinnvoller Ablauf (Sequenz) zum Bohren eines Werkstücks

Der Ablauf wird einmalig durch Drücken des Start-Tasters eingeleitet (impulsartig), sofern ein Werkstück an der Station vorhanden ist (S5). Die Zylinder A (Vorschub/Positionierung) und B (Bohrzylinder) sowie der Bohrmotor M werden nacheinander angesteuert:

Schritt	Bedingung/ Ereignis	Aktion (Ausgänge)	Übergang zu
0	Start-Taster gedrückt **und** Werkstück da	alle QX = FALSE	→ 1
1	immer	QX_Y1_CylA_Extend := TRUE QX_Y2_CylA_Retract := FALSE	sobald IX_CylA_ Extended = TRUE → 2
2	immer	QX_Y1_CylA_Extend := FALSE	→ 3
3	immer	QX_DrillMotor := TRUE	→ 4
4	immer	QX_Y3_CylB_Extend := TRUE	sobald IX_CylB_ Down = TRUE → 5
5	immer	QX_Y3_CylB_Extend := FALSE (Zylinder B federt zurück)	sobald IX_CylB_ Up = TRUE → 6
6	immer	QX_DrillMotor := FALSE	→ 7
7	immer	QX_Y2_CylA_Retract := TRUE QX_Y1_CylA_Extend := FALSE	sobald IX_CylA_ Retracted = TRUE → 8
8	immer	QX_Y2_CylA_Retract := FALSE	→ 0 (Ende/Zyklusbereit)

(2) Zuordnungsliste der Ein-/Ausgangsprozessdaten

Alle binären Signale heißen gemäß IEC 61131-3 IX_... (Inputs) bzw. QX_... (Outputs).

Funktion/Beschreibung	Hardware-Adresse	Variablenname
Inputs (Sensoren und Taster)		
Start-Taster	%I0.0	IX_Start
Werkstück vorhanden (S5)	%I0.1	IX_PieceDetected
Zylinder A eingefahren/ Retracted (S1)	%I0.2	IX_CylA_Retracted
Zylinder A ausgefahren/ Extended (S2)	%I0.3	IX_CylA_Extended
Zylinder B oben/Up (S3)	%I0.4	IX_CylB_Up
Zylinder B unten/Down (S4)	%I0.5	IX_CylB_Down
Outputs (Magnetventile und Motor)		
Zylinder A Vorschub (Magnetventil Y1)	%Q0.0	QX_Y1_CylA_Extend
Zylinder A Rückzug (Magnetventil Y2)	%Q0.1	QX_Y2_CylA_Retract
Zylinder B Vorschub/Absenken (Magnetventil Y3)	%Q0.2	QX_Y3_CylB_Extend
Bohrmotor Ein/Aus (M)	%Q0.3	QX_DrillMotor

Das Ergebnis ist vollständig korrekt. Im Unterschied zur Lösung aus Abschnitt 3.6.1 (Aufgabe 11) verwendet o4-mini-high die in der Steuerungstechnik gängige und empfohlene Praxis für die Steuerung eines Impulsventils: Nach Steuerung des Zylinders in eine Stellung werden beiden Schalteingänge für das Ventil (Y1, Y2) auf `FALSE` gesetzt. Damit ergibt sich ein etwas aufwendigeres SPS-Programm, bei dem noch ein Flankentrigger (z. B. `R_TRIG`) verwendet werden muss.

Die Lösung von Aufgabe 11 belässt zur Vereinfachung des Programms beide Schalteingänge des Impulsventils in einer dauerhaften Stellung (`TRUE`/`FALSE` bzw. `FALSE`/`TRUE`). Ein Flankentrigger wird nicht benötigt. Diese Vorgehensweise sollte aber in der Praxis nur dann genutzt werden, wenn eine Sicherheitsposition gehalten werden soll oder wenn Energieeffizienz oder Spulenbelastung in einfachen Anwendungen keine Rolle spielen.

4.4 Unterstützung der SPS-Programmierung

Basierend auf den in Tabelle 4.3 aufgeführten Aufgaben mit klassischer Lösung aus Kapitel 3 soll für die folgenden acht Aufgaben mit Unterstützung von ChatGPT eine programmtechnische Lösung gemäß Vorgabe gefunden werden:

- Aufgabe 26: Beleuchtungssteuerung mit Schalter
- Aufgabe 27: Selbsthaltung mit AND/OR
- Aufgabe 28: Steuerung eines Drehstrommotors
- Aufgabe 29: Dualzahlen-Addierer
- Aufgabe 30: Beleuchtungssteuerung mit Tastern
- Aufgabe 31: Steuerung einer Stanzmaschine
- Aufgabe 32: Halb automatische Transportanlage
- Aufgabe 33: Karosseriemontage

Für die Untersuchungen mit ChatGPT wurden möglichst verschiedene Aufgaben ausgewählt, z. B. ohne/mit Speicherglied, mit Zähler und Zeitbausteinen sowie einfache und komplexere Aufgaben.

4.4.1 Aufgabe 26: Beleuchtungssteuerung mit Schalter

Die zu lösende Aufgabenstellung basiert auf der Programmieraufgabe „Beleuchtungssteuerung mit Schalter" aus Abschnitt 3.2.3 (Aufgabe 1).

4.4.1.1 Prompt und Ergebnis

Prompt 1

Drei Beleuchtungseinheiten H1, H2 und H3 sind über drei Relais K1, K2 und K3 an die Ausgänge einer SPS angeschlossen und sollen bei Betätigung von drei zugehörigen Schaltern S1 (Schließer), S2 (Schließer) und S3 (Öffner) an den Eingängen der SPS eingeschaltet werden. Das zugehörige SPS-Programm soll in KOP erstellt werden. Als Variablennamen soll die nach IEC 61131-3 vorgesehene Syntax für boolesche Variablen genutzt werden: `IX_<name>` und `QX_<name>`. Das hochgeladene Bild (Bild 3.4) zeigt die elektrische Verschaltung der Beleuchtungssteuerung.

Mit dem vorangegangenen Prompt wurde zuerst ein falscher Kontaktplan mit zusätzlichen einzeln stehenden Spulen und doppelten Spulen in den drei Netzwerken ausgegeben. Nach dem dann folgenden Ergänzungsprompt (Prompt 2) erfolgte eine korrekte Ausgabe des Kontaktplans sowie der Erläuterung.

Prompt 2

Was hat es mit den einzeln stehenden Spulen im Kontaktplan auf sich? Wieso beinhaltet jedes Netzwerk zwei Spulen (zwei Ausgänge)?

Ergebnis 2

Ich entschuldige mich für das Missverständnis. In einem Kontaktplan (KOP) sollte jede Zeile nur eine Spule (einen Ausgang) enthalten. Die einzelnen Spulen am Ende jeder Zeile sind ein Fehler. Jedes Netzwerk sollte nur eine Spule enthalten, die den entsprechenden Ausgang steuert. Hier ist die korrigierte Version des KOP-Programms:

Definition der Variablen

Eingänge:

- IX_S1: Schalter S1 (Schließer)
- IX_S2: Schalter S2 (Schließer)
- IX_S3: Schalter S3 (Öffner)

Ausgänge:

- QX_H1: Lampe H1
- QX_H2: Lampe H2
- QX_H3: Lampe H3

KOP-Programm

In Kontaktplan (KOP) sieht das Programm wie folgt aus:

```
#### Netzwerk 1: Steuerung von Lampe H1
|--[ IX_S1 ]--( QX_H1 )--|
#### Netzwerk 2: Steuerung von Lampe H2
|--[ IX_S2 ]--( QX_H2 )--|
#### Netzwerk 3: Steuerung von Lampe H3
|--[ /IX_S3 ]--( QX_H3 )--|
```

Erläuterung

- [IX_S1] steht für einen geschlossenen Kontakt (Schließer) von Schalter S1.
- [IX_S2] steht für einen geschlossenen Kontakt (Schließer) von Schalter S2.
- [/IX_S3] steht für einen geöffneten Kontakt (Öffner) von Schalter S3.
- (QX_H1), (QX_H2) und (QX_H3) sind die Ausgänge zu den Lampen H1, H2 und H3.

Schritt-für-Schritt-Erklärung

Netzwerk 1 (Lampe H1):

IX_S1 ist ein Schließer. Wenn IX_S1 geschlossen wird, wird QX_H1 (Lampe H1) eingeschaltet.

Netzwerk 2 (Lampe H2):

IX_S2 ist ein Schließer. Wenn IX_S2 geschlossen wird, wird QX_H2 (Lampe H2) eingeschaltet.

Netzwerk 3 (Lampe H3):

IX_S3 ist ein Öffner. Wenn IX_S3 geöffnet wird, wird QX_H3 (Lampe H3) eingeschaltet.

Auf diese Weise wird jede Lampe entsprechend dem Zustand der zugehörigen Schalter korrekt gesteuert.

4.4.1.2 Bewertung der Lösung

Nach Eingabe des Ergänzungsprompts (Prompt 2) wird eine richtige Lösung in korrekter KOP-Syntax ausgegeben. Auch die Erläuterungen dazu sind fachgerecht.

Problem:

Die korrekte Syntax für ein KOP-Programm konnte von ChatGPT erst durch entsprechende Hinweise in einem Ergänzungsprompt im Ergebnis ausgegeben werden.

Folgende Schlussfolgerung lässt sich ziehen:

Soll als Ergebnis eines Prompts Programmcode für spezifische grafische Fachsprachen ausgegeben werden, ist es sinnvoll, bereits im Prompt wesentliche Informationen zur korrekten Syntax der KI mit zu übergeben.

4.4.1.3 Vergleichstest mit o4-mini-high

Der Vergleichstest bei Verwendung von Prompt 1 aus Abschnitt 4.4.1.1 mit o4-mini-high ist erfolgreich. Nach 10 s wird ein korrektes Ergebnis ermittelt. Auch das zugehörige KOP-Programm wird korrekt als Grafik ausgegeben. Im Folgenden werden das Reasoning und das Ergebnis dargestellt.

Reasoning (Denkprozess)

- Der Benutzer hat ein Bild mit einem Schaltkreis bereitgestellt, der drei Lampen H1, H2 und H3 über die Relais K1, K2 und K3 steuert und von einem PLC (SPS) verarbeitet wird. Die Eingänge sind mit den Schaltern S1 (normalerweise offen), S2 (normalerweise offen) und S3 (normalerweise geschlossen) verbunden. Um H1 einzuschalten, wenn S1 betätigt wird, wird die Eingangsvariable `IX_S1` den Ausgang QX_K1 steuern. Ich werde jetzt ein Ladder-Diagramm gemäß IEC 61131-3 für diese Schaltung erstellen.
- Die Logik für S1, S2 und S3 ist nun klarer. S1 und S2 sind normalerweise geschlossen und steuern H1 und H2. S3 ist hingegen ein Öffner, der ins Gegenteil verkehren muss, um H3 zu steuern: Ist S3 nicht gedrückt (NC), wird der Eingang `TRUE`, und H3 leuchtet. Wenn S3 gedrückt wird, öffnet der Schalter, und S3 wird `FALSE`, d. h. er geht aus. Es scheint, als wolle der Benutzer eine inversierte Logik für den Schalter S3, eventuell auch als „Hauptschalter", der alle Einheiten steuert. Das könnte eine allgemeine Abschaltung sein.

Ergebnis

Nach IEC 61131-3 benennen wir die SPS-Variablen wie folgt:

Eingänge:

- IX_S1 für S1 (Schließer)
- IX_S2 für S2 (Schließer)
- IX_S3 für S3 (Öffner)

Ausgänge:

- QX_K1 steuert das Relais K1 (H1).
- QX_K2 steuert das Relais K2 (H2).
- QX_K3 steuert das Relais K3 (H3).

Das KOP-Programm braucht genau drei Netze, jeweils eins pro Licht:

```
┌─[ IX_S1 ]────( QX_K1 )─┐
|    (Schließer)    (Spule)|

Netz 2: H2 ein/aus
┌─[ IX_S2 ]────( QX_K2 )─┐
|    (Schließer)    (Spule)|

Netz 3: H3 ein/aus
┌─[ /IX_S3 ]────( QX_K3 )─┐
|  (Öffner-Kontakt)  (Spule) |
```

- In Netz 1 liegt der NO-Kontakt von S1 (IX_S1) in Reihe zur Spule QX_K1.
- In Netz 2 liegt analog der Kontakt von S2 (IX_S2) in Reihe zur Spule QX_K2.
- In Netz 3 nehmen wir den NC-Kontakt von S3 (/IX_S3), damit H3 genau beim Betätigen von S3 eingeschaltet wird. Der Kontakt öffnet beim Drücken, d. h. er wird im Programm als Öffner-Kontakt dargestellt.

Damit schaltet das jeweils passende Relais (und damit die Lampe H1, H2 oder H3) genau dann ein, wenn der zugehörige Schalter betätigt wird.

Im Vergleich zu GPT-4o gibt o4-mini-high die Erläuterungen in kompakter und prägnanter Form aus.

4.4.2 Aufgabe 27: Selbsthaltung mit AND/OR

Die zu lösende Aufgabenstellung basiert auf der Programmieraufgabe „Selbsthaltung mit AND/OR“ aus Abschnitt 3.2.4 (Aufgabe 2a bis Aufgabe 2c).

4.4.2.1 Prompt und Ergebnis

Prompt 1 für Aufgabe 2a (mit parallel liegendem Selbsthaltekontakt)

Das hochgeladene Bild zeigt den Schaltplan für die Selbsthaltung eines Schützes mit parallel liegendem Selbsthaltekontakt. Erzeuge ein zugehöriges SPS-Programm in der Programmiersprache FBS. Als Variablennamen soll die nach IEC 61131-3 vorgesehene Syntax für boolesche Variablen genutzt werden: `IX_<name>` und `QX_<name>`.

Es gelingt ChatGPT nicht, auf Basis von Prompt 1 mithilfe von Bild 3.6 ein korrektes Programm zu erzeugen. Auch textuelle Ergänzungsprompts oder ein reiner Text-Prompt helfen nicht weiter. Meist wird versucht, eine Lösung mit nur einem AND oder nur einem OR anzubieten. Das Grundprinzip, dass es sich bei der Selbsthaltung um ein SR-Flipflop handelt, wird nicht verstanden. Erst nachdem die Erklärung geliefert wird, dass es sich bei einer Selbsthaltung mit parallelem Selbsthaltekontakt im Prinzip um ein SR-Flipflop handelt, wird ein korrektes Programm ausgegeben, allerdings in einer eher unfertigen grafischen Darstellung.

Dies ist das Ergebnis nach einigen zusätzlichen Erläuterungen:

Ergebnis von Prompt 1 (nach zusätzlichen Erläuterungen)

Ich habe es nun verstanden. Es handelt sich um eine Schaltung, die wie ein SR-Flipflop arbeitet. Dabei werden ein OR-Glied und ein AND-Glied verwendet, um die Set- und Reset-Funktion zu realisieren. Dies ist das korrekte SPS-Programm in Funktionsbausteinsprache (FBS) für die Selbsthalteschaltung eines Schützes:

SPS-Programm (FBS)

Variablen:

- `IX_Start (S1)`: boolescher Eingang für den Starttaster (Schließer)
- `IX_Stop (S2)`: boolescher Eingang für den Stopptaster (Öffner)
- `QX_Schütz (K1)`: boolescher Ausgang zur Steuerung des Schützes

Funktionsbausteindiagramm (FBS):

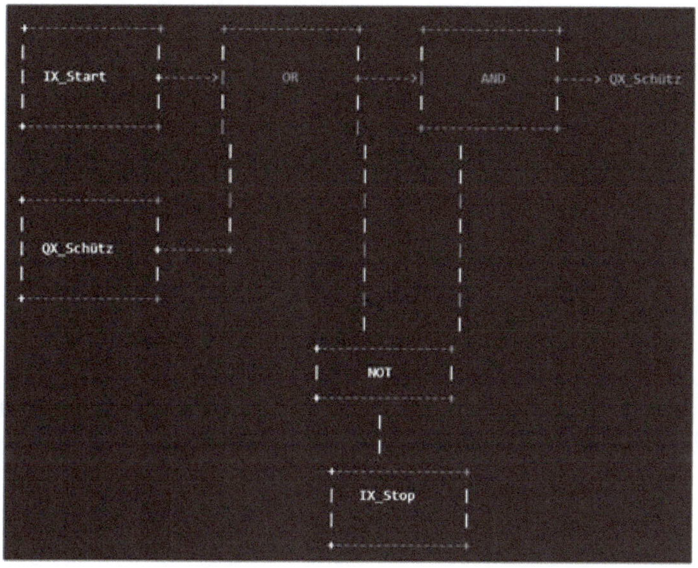

Erklärung:

1. `IX_Start (S1)`: Der Schließer-Starttaster sendet ein hohes Signal (1), wenn er gedrückt wird. Dieses Signal geht an das `OR`-Gatter.
2. `QX_Schütz (K1)`: Der Selbsthaltekontakt ist parallel zum Starttaster geschaltet. Wenn QX_Schütz aktiv ist, bleibt das `OR`-Gatter durch diesen Rückkopplungspfad aktiv.
3. `IX_Stop (S2)`: Der Öffner-Stopptaster liefert standardmäßig ein hohes Signal (1). Wenn der Stopptaster gedrückt wird, wird das Signal zu einem niedrigen Signal (0), welches durch ein `NOT`-Gatter in ein hohes Signal (1) invertiert wird. Dieses invertierte Signal wird an den `AND`-Eingang gegeben, der das Signal vom `OR`-Gatter und das invertierte Signal des Stopptasters kombiniert.

Das `AND`-Gatter sorgt dafür, dass der Ausgang QX_Schütz nur dann aktiv ist, wenn das `OR`-Gatter ein hohes Signal liefert (d. h., der Starttaster ist gedrückt, oder der Selbsthaltekontakt hält das Signal) und der Stopptaster nicht gedrückt ist (NOT IX_Stop = 1). Wenn der Stopptaster gedrückt wird, deaktiviert das resultierende Signal vom `NOT`-Gatter das `AND`-Gatter, wodurch der Ausgang QX_Schütz abgeschaltet wird und der Schütz somit in den Ruhemodus geht.

Für das im Folgenden dargestellte Ergebnis 2 wird nicht ChatGPT-4o genutzt, sondern ein anwendungsspezifisches ChatGPT SPS, welches mit den in diesem Buch genutzten Aufgaben einschließlich Lösungen trainiert wurde. Damit ergibt sich bereits mit Prompt 1 ein korrektes Ergebnis.

Ergebnis 2 (unter Verwendung eines anwendungsspezifischen ChatGPT)

Um das SPS-Programm für die Selbsthaltung eines Schützes mit parallel liegendem Selbsthaltekontakt in der Programmiersprache FBS zu erstellen, verwenden wir die nach IEC 61131-3 standardisierte Syntax für boolesche Variablen. Dies sind die Details und das entsprechende Programm:

Komponenten:

- IX_S1: Start-Taster (Schließer)
- IX_S2: Stop-Taster (Öffner)
- QX_K1: Schütz K1

Funktionsplan (FBS):

1. Start-Taster (IX_S1) und Selbsthaltekontakt (QX_K1): Diese sind in einer `ODER`-Verknüpfung verbunden, um den Schütz zu aktivieren.
2. Stop-Taster (IX_S2): Dieser ist mit dem Ergebnis der `ODER`-Verknüpfung in einer `UND`-Verknüpfung verbunden, die den Schütz deaktiviert.

FBS-Programm:

```
QX_K1 = (IX_S1 OR QX_K1) AND NOT IX_S2
```

Beschreibung:

QX_K1 wird gesetzt, wenn IX_S1 gedrückt wird oder wenn QX_K1 bereits gesetzt ist (Selbsthaltung). Es wird zurückgesetzt, wenn IX_S2 gedrückt wird.

Dieses FBS-Programm implementiert eine typische Selbsthalteschaltung in der SPS, wo der Schütz K1 eingeschaltet bleibt, solange der Start-Taster oder der Selbsthaltekontakt aktiviert ist, und ausgeschaltet wird, wenn der Stop-Taster betätigt wird.

Das Ergebnis ist korrekt und entspricht aus logischer Sicht Bild 3.6. Die Ausgabe erfolgt allerding als logische Notation und nicht als FBS-Programm.

Prompt für Aufgabe 2b (in Reihe liegender Selbsthaltekontakt)

Das hochgeladene Bild zeigt den Schaltplan für die Selbsthaltung eines Schützes mit in Reihe liegendem Selbsthaltekontakt. Erzeuge ein zugehöriges SPS-Programm in der Programmiersprache FBS. Als Variablennamen soll die nach IEC 61131-3 vorgesehene Syntax für boolesche Variablen genutzt werden: `IX_<name>` und `QX_<name>`.

Ergebnis für den Prompt zu Aufgabe 2b

Das hochgeladene Bild zeigt einen Schaltplan, der eine Selbsthalteschaltung für ein Schütz darstellt. In einer speicherprogrammierbaren Steuerung (SPS) wird ein solches Schema in einer Funktionsbausteinsprache (FBS) nachgebildet. Dies ist das entsprechende Programm in FBS unter Verwendung der nach IEC 61131-3 vorgeschriebenen Syntax für boolesche Variablen:

FBS

Definierte Variablen:

- `IX_S1: BOOL; // Starttaster`
- `IX_S2: BOOL; // Stop-Taster`
- `QX_K1: BOOL; // Ausgang für das Schütz`

Programmstruktur:

```
(* Selbsthaltungsschaltung *)
QX_K1 := (IX_S1 AND NOT IX_S2) OR (QX_K1 AND NOT IX_S2);
```

Erklärung:

- `IX_S1` und `IX_S2` sind Eingangsvariablen, die die Zustände der Taster S1 und S2 repräsentieren.
- `QX_K1` ist eine Ausgangsvariable, die den Zustand des Schützes K1 steuert.

Die Selbsthaltungsschaltung funktioniert so, dass das Schütz K1 (repräsentiert durch **`QX_K1`**) aktiviert wird, wenn der Starttaster (S1) gedrückt wird und der Stopp-Taster (S2) nicht gedrückt wird. Sobald das Schütz aktiviert ist, hält es sich selbst, bis der Stopp-Taster gedrückt wird.

Diese Logik kann direkt in eine SPS-Programmierumgebung eingegeben werden, die die FBS-Programmiersprache unterstützt.

Das Ergebnis ist logisch korrekt, wenn auch in anderer Form als in Bild 3.7. Allerdings erfolgt die Ausgabe in allgemeiner Logiknotation und nicht in FBS. Auch mit einem Ergänzungsprompt konnte kein korrektes FBS-Programm ausgegeben werden.

4.4.2.2 Bewertung der Lösung

Probleme:

- Mit dem Prompt zu Aufgabe 2a gelang es ChatGPT nicht, ein korrektes Programm zur Selbsthaltung auszugeben. Erst durch weitere Erklärungen zum Prinzip der Selbsthaltung konnte das System letztendlich ein Programm in FBS (nicht ganz fehlerfrei) mit korrekten Erklärungen ausgeben. Das Prinzip der Selbsthaltung war ChatGPT offensichtlich nicht völlig klar.
- Beim Prompt zu Aufgabe 2b wurde direkt eine korrekte Logik ausgegeben. Hier lag aber schon ein Lerneffekt aus dem Prompt zu Aufgabe 2a vor.
- Nutzt man ein anwendungsspezifisches ChatGPT, welches über die Informationen zu den Aufgaben und Lösungen verfügt, führt bereits der Prompt zu Aufgabe 2a zum Erfolg.
- FBS-Programme können mit ChatGPT nur schwer bzw. unvollständig erzeugt werden, da ChatGPT für die grafische Darstellung mit ASCII-Zeichen arbeitet (Herbst 2024). Mittlerweile kann ChatGPT auch Bilder als PNG erzeugen. Die dabei verwendeten Symbole für ein FBS-Programm sind aber abstrahierte Symbole aus der elektrischen Schaltungstechnik, teilweise unverständlich und für ein FBS-Programm nicht verwendbar.

- Unabhängig vom Prompt wurde das erzeugte SPS-Programm mal in FBS (mit ASCI-Zeichen), aber auch als logische Notation ausgegeben.
- Manchmal erfolgte bei einem deutschsprachigen Prompt eine Ausgabe in Englisch.

Folgende Schlussfolgerungen lassen sich ziehen:

- Der Nutzer muss bei ChatGPT selbst erkennen, ob das System für den gegebenen Fall überhaupt das korrekte Ergebnis liefern kann. Wenn das System auch nach mehreren Ergänzungsprompts keine korrekte Antwort liefert, kann der Nutzer davon ausgehen, dass dieser Fall für das System nicht lösbar ist.
- Lösungen, die grafischen Fachsprachen erfordern, sollten von ChatGPT besser nicht abgefordert werden. Dazu reicht die Grafikfähigkeit der Ausgabe aktuell nicht aus.
- Bilder (Grafiken) können durch ChatGPT analysiert werden. Die erforderlichen Prozessvariablen wurden anhand der Bilder erkannt und für die Programmierung verwendet. Die Zusammenhänge innerhalb eines Bildes (Verschaltungsplan) wurden hingegen nur teilweise erkannt. In jedem Fall sollte bei einem Prompt zusätzlich zum Bild ein erläuternder Text mit eingegeben werden.
- Im Prompt sollte immer die Sprache angegeben werden, in der man die Ausgabe wünscht.

4.4.2.3 Vergleichstest mit o4-mini-high

Der Prompt für Aufgabe 2a (parallel liegender Selbsthaltekontakt) aus Abschnitt 4.4.2.1 ergibt nach 7 s folgendes Reasoning und Ergebnis:

Reasoning (Denkprozess)

Der Nutzer fragt auf Basis eines Schaltplans, der eine Selbsthaltung eines Schützes mit einem parallel liegenden Selbsthaltekontakt zeigt, nach einem SPS-Programm. Die Variablennamen sollten der IEC 61131-3 folgen. Der Schaltplan hat eine Verbindung mit einer normalen Öffnung für S1 (Taster) und eine parallel geschaltete Kontaktstelle von K1. Es gibt außerdem einen Not-Aus-Kontakt S2, der wahrscheinlich als normalerweise geschlossenes Teil dargestellt ist. Es scheint ein Fehlerannahmekontakt für „Stop“ zu sein.

Ergebnis

Im Folgenden ist ein vollständiges FBS-Programm nach IEC 61131-3 zur Selbsthaltung des Schützes K1 (parallel liegender Selbsthaltekontakt) dargestellt.

```
FUNCTION_BLOCK FB_Selbsthaltung_K1
VAR_INPUT
    IX_S1 : BOOL;    (* Starteingang S1 (Taster NO) *)
    IX_S2 : BOOL;    (* Halteeingang S2 (Taster NC) *)
END_VAR
VAR_OUTPUT
    QX_K1 : BOOL;    (* Schützspule K1 *)
END_VAR
VAR
    w_StartOderHalt : BOOL;  (* interne Verknüpfung *)
END_VAR
(*— FBS-Netzwerk —*)
(* Block OR1: verknüpft S1 und Rückführung QX_K1 *)
   OR1 : OR;
   OR1.IN1 := IX_S1;
   OR1.IN2 := QX_K1;
   OR1.OUT := w_StartOderHalt;

(* Block AND1: verknüpft OR-Ergebnis mit Stop-Taster S2 *)
   AND1 : AND;
   AND1.IN1 := w_StartOderHalt;
   AND1.IN2 := IX_S2;
   AND1.OUT := QX_K1;
END_FUNCTION_BLOCK
```

Erklärung:

1. OR1 vereint den Startimpuls von S1 und den bereits gezogenen Schütz (Selbsthalter – QX_K1).
2. Das OR-Ergebnis wird über AND1 mit dem Halteeingang S2 (NC-Taster) abgefragt.
3. Der Ausgang von AND1 wird auf QX_K1 gelegt, welcher die Spule K1 ansteuert und zugleich als Rückführung für die Selbsthaltung dient.

Das ausgegebene ST-Programm ist im Prinzip korrekt. Auch o4-mini-high hat allerdings Probleme, ein syntaktisch korrektes grafisches FBS-Programm zu zeichnen. Nach fünf weiteren Prompts gelingt ChatGPT die Ausgabe eines grafischen FBS-Programms in einer eher abstrakteren Form (Bild 4.1). Die entsprechenden Verbindungen sind jedoch korrekt eingezeichnet.

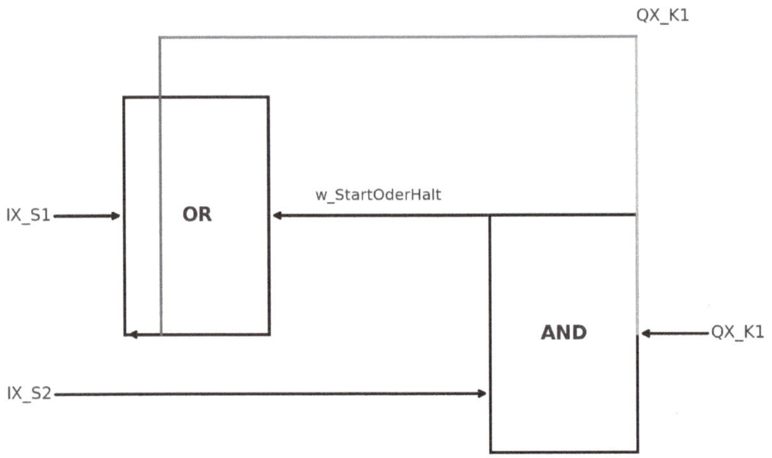

Bild 4.1 Von o4-mini-high erzeugtes grafisches FBS-Programm für die Aufgabenstellung

Das zugehörige, durch die KI erstellte FBS-Programm in der für die PLCnext-Steuerung angepassten Syntax finden Sie im Projekt `task_27_gpt.pcwex`.

4.4.3 Aufgabe 28: Steuerung eines Drehstrommotors

Die zu lösende Aufgabenstellung basiert auf der Programmieraufgabe „Steuerung eines Drehstrommotors“ aus Abschnitt 3.2.5 (Aufgabe 3).

4.4.3.1 Prompt und Ergebnis

Prompt 1

Für einen Drehstrommotor mit Umkehrschützschaltung und Gegenstrombremsung soll folgender Funktionsablauf gesteuert werden: Der Motor M wird durch einmalige Betätigung eines Tasters S1 in den Rechtslauf gebracht (Einschalten von Schütz K1). Ein Taster S2 bewirkt während seiner Betätigung unabhängig von der Betätigungsstellung des Tasters S1 in jedem Fall durch Einschalten des Schützes K2 und durch Ausschalten des Schützes K1 den Linkslauf und damit gleichzeitig die Bremsung des Motors. Die beiden Schütze müssen gegeneinander verriegelt sein. Zwei Meldeleuchten H1 und H2 sollen den Betriebszustand des Motors anzeigen. Der Überstromauslöser F2 wirkt als Sicherheitsmaßnahme und muss bei seinem Ansprechen beide Schütze ausschalten.

Mit der Gegenstrombremsung wird ein starkes Bremsmoment entwickelt. Der Motor bremst auf Stillstand ab, läuft dann aber in die andere Drehrichtung wieder hoch. Somit kann die Gegenstrombremsung nur als Teil einer Drehzahlreversierung verstanden werden. Das Steuerungsprogramm soll mittels KOP und unter ausschließlicher Nutzung der booleschen Grundfunktionen `AND`, `OR` und `NOT` erstellt werden. Der KOP soll schwarz auf weißem Hintergrund (als gezeichnete Grafik) ausgegeben werden. Als Variablennamen soll die nach IEC 61131-3 vorgesehene Syntax für boolesche Variablen genutzt werden: `IX_<name>` und `QX_<name>`. Das hochgeladene Bild zeigt die Verschaltung des Motors.

Als Ergebnis wird ein KOP ausgegeben, der völlig unverständlich und konfus ist. Die erforderliche Selbsthaltung von S1 wurde nicht erkannt. Der Vorrang der Gegenstrombremsung wurde nicht berücksichtigt. Die Verriegelung der beiden Drehrichtungen ist nur teilweise richtig. Die textlichen Erläuterungen sind im Wesentlichen sinnvoll.

Prompt 2 wurde durch weitere Informationen (fett markiert) ergänzt:

Prompt 2

Für einen Drehstrommotor mit Umkehrschützschaltung und Gegenstrombremsung soll folgender Funktionsablauf gesteuert werden: Der Motor M wird durch einmalige Betätigung eines Tasters S1 in den Rechtslauf gebracht (Einschalten von Schütz K1). **Berücksichtige, dass für Taster S1 wegen der einmaligen Betätigung eine Selbsthaltung erfolgen muss.** Ein Taster S2 bewirkt während seiner Betätigung unabhängig von der Betätigungsstellung des Tasters S1 in jedem Fall durch Einschalten des Schützes K2 und durch Ausschalten des Schützes K1 den Linkslauf und damit gleichzeitig die Bremsung des Motors. Die beiden Schütze müssen gegeneinander verriegelt sein. **Bei gleichzeitigem Drücken des Rechts- und Linkslauftasters muss die Gegenstrombremsung immer den Vorrang haben.**

Zwei Meldeleuchten H1 und H2 sollen den Betriebszustand des Motors anzeigen. Der Überstromauslöser F2 wirkt als Sicherheitsmaßnahme und muss bei seinem Ansprechen beide Schütze ausschalten.

Mit der Gegenstrombremsung wird ein starkes Bremsmoment entwickelt. Der Motor bremst auf Stillstand ab, läuft dann aber in die andere Drehrichtung wieder hoch. Somit kann die Gegenstrombremsung nur als Teil einer Drehzahlreversierung verstanden werden. Das Steuerungsprogramm soll mittels KOP und unter ausschließlicher Nutzung der booleschen Grundfunktionen `AND`, `OR` und `NOT` erstellt werden. **Der KOP soll zusätzlich als Logiknotation ausgegeben werden.** Als Variablennamen soll die nach IEC 61131-3 vorgesehene Syntax für boolesche Variablen genutzt werden: `IX_<name>` und `QX_<name>`. Das hochgeladene Bild zeigt die Verschaltung des Motors.

Auf Prompt 2 wird folgendes Ergebnis ausgegeben:

Ergebnis 2

Für die Steuerung des Drehstrommotors mit Umkehrschützschaltung und Gegenstrombremsung geben wir den KOP (Kontaktplan) und die Logiknotation unter Verwendung der IEC 61131-3-Syntax aus. Der KOP berücksichtigt die Selbsthaltung für den Taster S1, die Vorrangschaltung für den Taster S2 sowie die Sicherheitsabschaltung durch den Überstromauslöser F2.

Kontaktplan (KOP)

Selbsthaltung für Taster S1 (Rechtslauf):

scss Code kopieren

```
[ IX_S1 ]----|    |---------|   |-----------------------( QX_K1 )
             |    |         | / |                       ( QX_H1 )
[ QX_K1 ]----|    |         | IX_S2                    (       )
[ IX_F2 ]----| /  |-----------------------------| / |
```

Taster S2 (Linkslauf und Bremsung):

scss Code kopieren

```
[ IX_S2 ]----|    |-----------------------------( QX_K2 )
             |    |                             ( QX_H2 )
[ IX_F2 ]----| /  |-----------------------------| / |
[ QX_K1 ]----| /  |----------------------------| / |
```

Verriegelung zwischen QX_K1 und QX_K2:

- Schütz QX_K1 und Schütz QX_K2 dürfen nicht gleichzeitig aktiv sein, um eine gleichzeitige Aktivierung zu verhindern.
- Diese Verriegelung wird durch gegenseitiges Ausschalten in den Schaltkreisen sichergestellt.

Logiknotation nach IEC 61131-3

Selbsthaltung für QX_K1:

```
QX_K1 = (IX_S1 AND NOT IX_S2 AND NOT IX_F2) OR (QX_K1 AND NOT IX_S2
AND NOT IX_F2)
QX_H1 = QX_K1
```

Aktivierung von QX_K2:

```
QX_K2 = IX_S2 AND NOT QX_K1 AND NOT IX_F2
QX_H2 = QX_K2
```

Erklärung:

1. QX_K1 (Rechtslauf) und QX_H1 (Anzeige):
   - QX_K1 wird aktiviert, wenn IX_S1 betätigt wird, und bleibt durch Selbsthaltung aktiv, solange IX_S2 (für Linkslauf) und IX_F2 (Überstromauslöser) nicht aktiv sind.
   - QX_H1 zeigt an, dass der Motor im Rechtslauf ist.
2. QX_K2 (Linkslauf) und QX_H2 (Anzeige):
   - QX_K2 wird aktiviert, wenn IX_S2 betätigt wird, unabhängig von IX_S1, aber nur, wenn IX_F2 nicht aktiv ist.
   - QX_H2 zeigt an, dass der Motor im Linkslauf oder in der Bremsung ist.
3. Überstromauslöser (F2):
   - Der Überstromauslöser F2 schaltet bei Aktivierung beide Schütze (QX_K1 und QX_K2) ab, um den Motor zu schützen.

Diese Steuerung stellt sicher, dass der Motor sicher und effektiv gesteuert wird, einschließlich der Berücksichtigung der Priorität der Gegenstrombremsung und der Sicherheitsvorkehrungen.

Die beiden ausgegebenen KOP entsprechen nicht der standardgerechten Syntax und sind nur schwer zu interpretieren. Nach Umsetzung der Logiknotation aus dem ChatGPT-Ergebnis in einen korrekten KOP und nach Nutzung der identischen Variablennamen aus der klassischen Lösung ergibt sich eine funktionsfähige Lösung nach Bild 4.2.

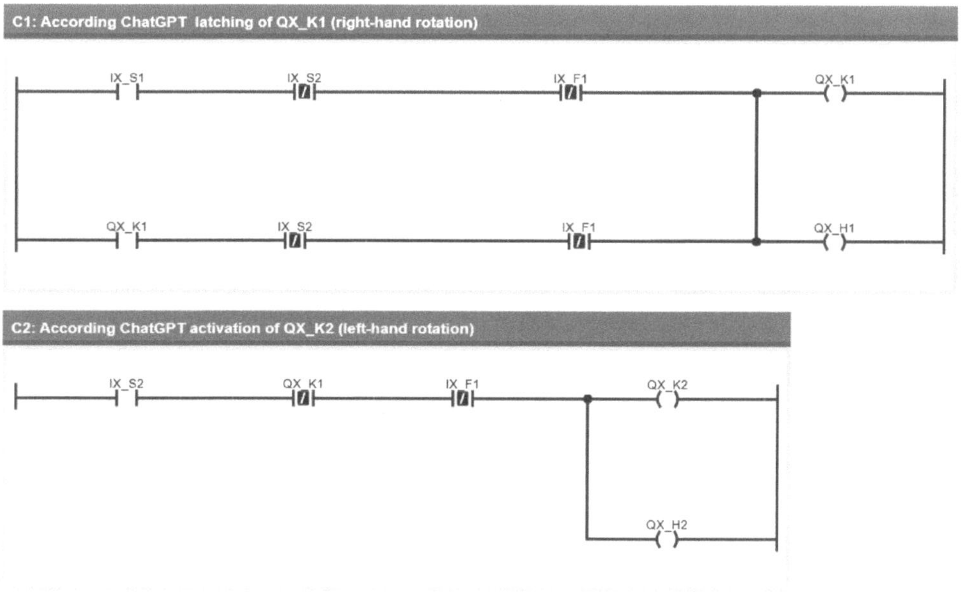

Bild 4.2 KI-generiertes KOP-Programm zu Aufgabe 3

Im Gegensatz zur klassischen Lösung fehlt in der KI-Lösung im oberen Netzwerk im Selbsthaltungszweig allerdings `/QX_motor_left`, d. h., die Verriegelung der beiden Drehrichtungen ist nicht vollständig.

Das KI-generierte SPS-Programm finden Sie im PLCnext-Projekt `task28_gpt.pcwex`.

4.4.3.2 Bewertung der Lösung

Probleme:

- Kontaktpläne werden entweder völlig falsch oder in einer Form ausgegeben, die nicht der normgerechten KOP-Syntax entspricht bzw. die nur schwer zu interpretieren ist.
- ChatGPT-4o ist zwar in der Lage, auch Grafiken zu erzeugen (Prompt 1: Der KOP soll schwarz auf weißem Hintergrund als gezeichnete Grafik ausgegeben werden). Dabei entstehen aber unverständliche Linienbilder.
- Aus der Aufgabenstellung werden erforderliche Assoziationen zu erforderlichen Programmstrukturen nicht korrekt bzw. nur unvollständig erkannt (z. B. Assoziation von einmaliger Taster-Betätigung mit Selbsthaltung, beidseitige Verriegelung, Vorrang der Gegenstrombremsung).

Folgende Schlussfolgerungen lassen sich ziehen:

- Die Ausgabe von grafischen SPS-Programmen wie z. B. KOP sollte vermieden werden. In diesen Fällen sollte von ChatGPT besser eine Ausgabe der Lösung als Logiknotation gefordert werden.

  Funktionelle Besonderheiten (Selbsthaltung, Verriegelung, Vorrang etc.) sollten nicht nur allgemein im Aufgabentext beschrieben werden, sondern mit möglichst konkreten fachsprachlichen Begriffen.

4.4.3.3 Vergleichstest mit o4-mini-high

Auch ein Vergleichstest mit o4-mini-high ergibt trotz Ergänzungsprompts kein viel besseres Ergebnis für Aufgabe 3. Ein korrekter KOP kann nicht erstellt werden, und in der ausgegebenen Logiknotation fehlt die Motorverriegelung für den Linkslauf.

4.4.4 Aufgabe 29: Dualzahlen-Addierer

Die zu lösende Aufgabenstellung basiert auf der Programmieraufgabe „Dualzahlen-Addierer“ aus Abschnitt 3.2.6 (Aufgabe 4).

4.4.4.1 Prompt und Ergebnis

Prompt

Über zwei Schalter S1 und S2 am Eingang der SPS werden zwei einstellige zu addierende Dualzahlen eingegeben. An zwei LED-Ausgängen wird das Ergebnis jeweils für die Wertigkeit 2^0 (Summe) und für die Wertigkeit 2^1 (Übertrag) ausgegeben. Das SPS-Programm soll in FBS erstellt werden. Als Variablennamen soll die nach IEC 61131-3 vorgesehene Syntax für boolesche Variablen genutzt werden: `IX_<name>` und `QX_<name>`.

ChatGPT gibt folgendes Ergebnis aus:

Ergebnis

In einem FBS-Programm für eine speicherprogrammierbare Steuerung (SPS) sollen zwei einstellige Dualzahlen addiert und die Ergebnisse für die Summe und den Übertrag an LEDs ausgegeben werden. Die Eingänge werden über zwei Schalter, S1 und S2, realisiert. Die Variablennamen folgen der IEC 61131-3-Syntax.

FBS-Diagramm

1. Eingänge
   - IX_S1: Schalter 1, repräsentiert die erste Dualzahl
   - IX_S2: Schalter 2, repräsentiert die zweite Dualzahl
2. Ausgänge
   - QX_SUMME: LED für die Summe (Wertigkeit 2^0)
   - QX_ÜBERTRAG: LED für den Übertrag (Wertigkeit 2^1)

Programmablauf

Addition zweier einstelliger Dualzahlen

Die Addition zweier einstelliger Dualzahlen (0 oder 1) führt zu den möglichen Ergebnissen:

- 0 + 0 = 0 (Summe = 0, Übertrag = 0)
- 1 + 0 = 1 (Summe = 1, Übertrag = 0)
- 0 + 1 = 1 (Summe = 1, Übertrag = 0)
- 1 + 1 = 10 (Summe = 0, Übertrag = 1)

Logische Verknüpfungen:

1. Summe berechnen (QX_SUMME)

   Die Summe der beiden Eingänge wird berechnet, indem ein XOR-Gatter (exklusives ODER) verwendet wird: `QX_SUMME = IX_S1 XOR IX_S2`
2. Übertrag berechnen (QX_ÜBERTRAG)

   Der Übertrag tritt nur dann auf, wenn beide Eingänge 1 sind. Dies wird durch ein AND-Gatter realisiert: `QX_ÜBERTRAG = IX_S1 AND IX_S2`

Umsetzung in FBS:

- XOR-Gatter: erzeugt das Ausgangssignal für die Summe (QX_SUMME)
- AND-Gatter: erzeugt das Ausgangssignal für den Übertrag (QX_ÜBERTRAG)

Dies ist die Darstellung in Pseudo-FBS:

lua Code kopieren

```lua
IX_S1 -------|XOR|------- QX_SUMME
             |   |
IX_S2 -------|   |

IX_S1 -------|AND|------- QX_UBERTRAG
             |   |
IX_S2 -------|   |
```

In dieser Darstellung sind die Eingänge und Ausgänge in der SPS verbunden. Die Logikbausteine (XOR und AND) werden zur Berechnung der Summe und des Übertrags verwendet, die dann an den entsprechenden Ausgängen angezeigt werden.

Nach Umsetzung des FBS in einen syntaxgerechten FBS für die PLCnext-Steuerung ergibt sich ein funktionsfähiges SPS-Programm. Bild 4.3 zeigt die KI-generierte Lösung für Aufgabe 4.

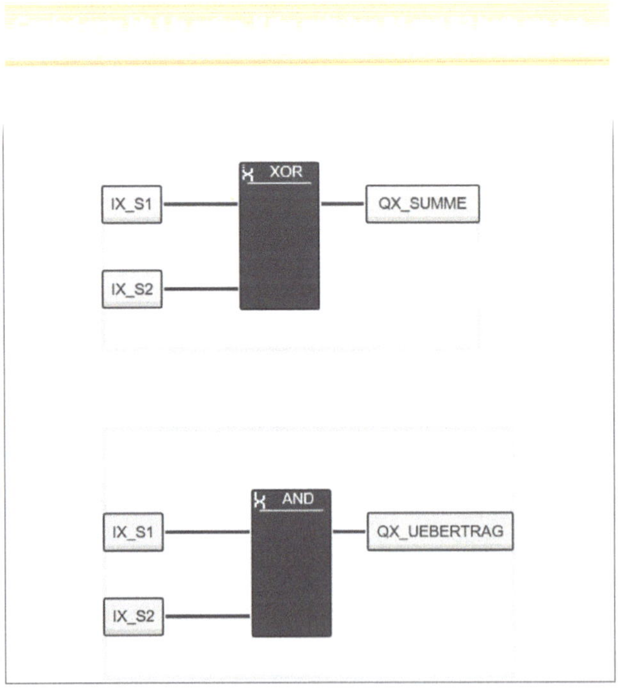

Bild 4.3 FBS-Programm für den Dual-Addierer, generiert mit ChatGPT

In der originalen ChatGPT-Lösung wird als Ausgangsvariable für den Übertrag (Bit 1) die Variable `QX_ÜBERTRAG` verwendet. Die Verwendung von Umlauten in Variablen ist zwar möglich (auch bei PLCnext), aber in der SPS-Technik unüblich.

Das KI-generierte SPS-Programm finden Sie im PLCnext-Projekt `task29_gpt.pcwex`.

4.4.4.2 Bewertung der Lösung

Das Ergebnis ist korrekt. Das ausgegebene FBS-Programm ist zwar nicht standardgerecht, aber verständlich. Gegenüber der klassischen Lösung ist die KI-Lösung einfacher.

Folgende Schlussfolgerung lässt sich ziehen:

Für einfache Programmieraufgaben mit eindeutiger Beschreibung im Prompt kann ChatGPT auch direkt eine korrekte Lösung erzeugen.

4.4.5 Aufgabe 30: Beleuchtungssteuerung mit Tastern

Die zu lösende Aufgabenstellung basiert auf der Programmieraufgabe „Beleuchtungssteuerung mit Tastern" aus Abschnitt 3.3.2 (Aufgabe 5).

4.4.5.1 Prompt und Ergebnis

Prompt 1

Drei Beleuchtungseinheiten H1, H2 und H3 sind über drei Relais K1, K2 und K3 an die Ausgänge der SPS angeschlossen und sollen bei Betätigung von zugehörigen Schalteinheiten eingeschaltet werden. Als Beleuchtungsschalter werden jeweils zwei Taster für eine Beleuchtungseinheit genutzt (siehe hochgeladenes Bild). Durch Betätigen des Tasters T1.1 soll die Beleuchtungseinheit H1 eingeschaltet und durch Betätigung des Tasters T1.2 wieder ausgeschaltet werden. Entsprechendes gilt für die Taster T2.1/T2.2 und T3.1/T3.2 für die zugehörigen Beleuchtungseinheiten H2 und H3. Bei gleichzeitigem Drücken der Taster soll immer der AUS-Taster dominieren. Alle Taster sind Schließer, lediglich Taster T3.2 ist ein Öffner. Als Speicherbausteine sollen RS-Flipflops genutzt werden. Es ist ein SPS-Programm in ST zu erstellen.

ChatGPT gibt folgendes Ergebnis aus:

Ergebnis 1

Um das gewünschte Verhalten der Beleuchtungseinheiten H1, H2 und H3 zu realisieren, wird ein SPS-Programm in der Programmiersprache Structured Text (ST) erstellt, das RS-Flipflops verwendet. Die Flipflops speichern den Zustand der Beleuchtungseinheiten basierend auf den Tastereingaben. Der AUS-Taster dominiert immer, insbesondere da der Taster T3.2 als Öffner fungiert.

SPS-Programm in ST

Das Programm wird folgendermaßen aufgebaut:

1. Definition der Variablen:
   - Taster (Inputs): T1_1, T1_2, T2_1, T2_2, T3_1 und T3_2
   - Ausgänge (Outputs): H1, H2 und H3
   - Zwischenvariablen für Flipflops: RS1_Set, RS1_Reset, RS2_Set, RS2_Reset, RS3_Set und RS3_Reset
2. Programmlogik:
   - Für jedes Flipflop (RS1, RS2 und RS3) werden die Setz- und Rücksetzeingänge entsprechend den Tastereingängen gesetzt.
   - Die Beleuchtungseinheit wird eingeschaltet, wenn der zugehörige Setzeingang aktiv und der Rücksetzeingang nicht aktiv ist.
   - Der Rücksetzeingang hat Priorität, wenn beide gleichzeitig betätigt werden.

plaintext Code kopieren

```
(* Beleuchtungseinheit H1 *)
RS1_Set := T1_1 AND NOT T1_2;
RS1_Reset := T1_2;
H1 := RS1_Set AND NOT RS1_Reset;

(* Beleuchtungseinheit H2 *)
RS2_Set := T2_1 AND NOT T2_2;
RS2_Reset := T2_2;
H2 := RS2_Set AND NOT RS2_Reset;

(* Beleuchtungseinheit H3 *)
RS3_Set := T3_1 AND NOT T3_2;
RS3_Reset := NOT T3_2; (* T3_2 ist ein Öffner *)
H3 := RS3_Set AND NOT RS3_Reset;
```

Erläuterungen:

- Taster T1.1, T2.1 undT3.1 (EIN): Diese Taster setzen das zugehörige RS-Flipflop (RS1, RS2 und RS3), wodurch die Beleuchtungseinheit eingeschaltet wird.
- Taster T1.2 und T2.2 (AUS): Diese Taster setzen den Rücksetzeingang der Flipflops, was zur Abschaltung der Beleuchtung führt.
- Taster T3.2 (AUS, Öffner): Da dieser Taster als Öffner fungiert, wird das Flipflop zurückgesetzt, wenn der Taster nicht betätigt wird (Logik wird umgekehrt).

Dieses SPS-Programm stellt sicher, dass die Beleuchtungseinheiten korrekt gesteuert werden, und berücksichtigt die Priorität der AUS-Taster, insbesondere für die Beleuchtungseinheit H3, wo der Öffner-Taster T3.2 verwendet wird.

Im Ergebnis wird eine nicht korrekte Syntax für die RS-Flipflops verwendet. Es wird nur die Belegung der SET- und RESET-Eingänge angegeben. Die RS-Flipflops werden als RS-Variable interpretiert. Die Flipflop-Ausgänge fehlen ganz. Das ausgegebene ST-Programm ist falsch. Es wird deshalb folgender Ergänzungs-Prompt eingegeben:

Prompt 2

Verwende die korrekte Syntax nach IEC 61131-3 für die drei RS-Flipflops.

Ergebnis 2

Um die RS-Flipflops gemäß der IEC 61131-3-Norm korrekt in Structured Text (ST) zu implementieren, verwenden wir die vorgefertigten Funktionen SR oder RS für Set-Reset-Flipflops. In diesem Fall, da der AUS-Taster dominiert, verwenden wir das RS-Flipflop. Dies ist das angepasste Programm:

pascal Code kopieren

```pascal
PROGRAM Beleuchtung

VAR
    T1_1 : BOOL; (* Taster 1.1 *)
    T1_2 : BOOL; (* Taster 1.2 *)
    T2_1 : BOOL; (* Taster 2.1 *)
    T2_2 : BOOL; (* Taster 2.2 *)
    T3_1 : BOOL; (* Taster 3.1 *)
    T3_2 : BOOL; (* Taster 3.2 - Öffner *)

    H1 : BOOL; (* Beleuchtungseinheit 1 *)
    H2 : BOOL; (* Beleuchtungseinheit 2 *)
    H3 : BOOL; (* Beleuchtungseinheit 3 *)

    RS1 : RS; (* RS-Flipflop für H1 *)
    RS2 : RS; (* RS-Flipflop für H2 *)
    RS3 : RS; (* RS-Flipflop für H3 *)

END_VAR

(* Beleuchtungseinheit H1 *)
RS1(S := T1_1, R := T1_2);
H1 := RS1.Q;

(* Beleuchtungseinheit H2 *)
RS2(S := T2_1, R := T2_2);
H2 := RS2.Q;

(* Beleuchtungseinheit H3 *)
RS3(S := T3_1, R := NOT T3_2); (* T3.2 ist ein Öffner *)
H3 := RS3.Q;

END_PROGRAM
```

Erläuterungen:

1. RS-Flipflop-Bausteine:
   - Die RS-Bausteine werden verwendet, um den Zustand der Beleuchtungseinheiten basierend auf den Tastereingaben zu speichern. Hierbei ist S der Setzeingang und R der Rücksetzeingang.
   - Die Zustandsausgabe Q des Flipflops bestimmt den Status der zugehörigen Beleuchtungseinheit (H1, H2 und H3).
2. Eingänge und Logik:
   - Setzen (S): wird durch das Betätigen des EIN-Tasters ausgelöst
   - Rücksetzen (R): R wird durch das Betätigen des AUS-Tasters ausgelöst. Für T3.2, der ein Öffner ist, wird die Logik umgekehrt (NOT T3_2), was bedeutet, dass das Rücksetzen erfolgt, wenn der Taster nicht betätigt ist.

Dieses Programm stellt sicher, dass die Beleuchtungseinheiten H1, H2 und H3 korrekt gesteuert werden, wobei der AUS-Taster die Priorität hat, insbesondere bei Verwendung des Öffner-Tasters T3.2.

Das angepasste ST-Programm ist logisch korrekt und entspricht nach Anpassung an die korrekte Syntax (`S` → `SET`, `R` → `RESET1`, `Q` → `Q1`) direkt der klassischen Lösung.

4.4.5.2 Bewertung der Lösung

Probleme:

ChatGPT hat Schwierigkeiten, aus den Bausteinbegriffen (z. B. RS-Flipflop) auch die in der IEC 61131-3 vorgesehenen Funktionsbausteine abzuleiten und diese einzusetzen.

- Trotz grober Fehler, wie in Ergebnis 1, erkennt ChatGPT nicht, dass dieses Programm überhaupt keine Flipflops benutzt und damit der Aufgabenstellung in keiner Weise entspricht.

Folgende Schlussfolgerungen lassen sich ziehen:

- Bei Verwendung von Funktionsbausteinen muss ChatGPT explizit angewiesen werden, dass die Syntax nach IEC 61131-3 genutzt werden soll.
- Auch hier bestätigt sich, dass trotz korrekter textueller Erläuterungen das eigentliche ST-Programm völlig falsch sein kann.
- Alle bewertenden Antwortteile von ChatGPT (z. B. „Dieses Programm stellt sicher, dass …“, „Diese Implementierung erfüllt die Anforderungen“) stehen in keinem Zusammenhang mit der Problemlösung, sondern resultieren aus der Aufgabenstellung und der statistischen Wahrscheinlichkeit, dass eine Aufgabe auch eine Lösung hat, und sollten ignoriert werden.
- Die bewertenden Kommentare in ChatGPT können bei Anfängern im Bereich der SPS-Programmierung zu falscher Sicherheit und Verwirrungen führen. Eine Nut-

zung von ChatGPT für die Programmentwicklung durch Nutzer, die keine oder nur wenig Erfahrungen auf dem Gebiet der SPS-Technik haben, kann deshalb nicht empfohlen werden.

4.4.5.3 Vergleichstest mit o4-mini-high

o2-mini-high gelingt es bereits nach 13 s, mit Prompt 1 ein lauffähiges ST-Programm zu erzeugen. Das Programm ist allerdings etwas aufwendig und unübersichtlich strukturiert. Es wird deshalb folgender Ergänzungsprompt eingegeben:

Ergänzungsprompt

Nutze RS-Standardbausteine nach IEC 61131-3 und vereinfache das Programm.

Ergebnis

Dies ist eine stark vereinfachte Version in ST, die die IEC-61131-3-Standard-RS-Bausteine direkt nutzt. Reset hat dabei immer Vorrang vor Set:

```
PROGRAM LightingControl
VAR
    // Eingänge
    T11 AT %I0.0 : BOOL;    // Taster H1 EIN (Schließer)
    T12 AT %I0.1 : BOOL;    // Taster H1 AUS (Schließer)
    T21 AT %I0.2 : BOOL;    // Taster H2 EIN (Schließer)
    T22 AT %I0.3 : BOOL;    // Taster H2 AUS (Schließer)
    T31 AT %I0.4 : BOOL;    // Taster H3 EIN (Schließer)
    T32 AT %I0.5 : BOOL;    // Taster H3 AUS (Öffner)
    // Standard-RS-Bausteine
    FB_RS1 : RS;
    FB_RS2 : RS;
    FB_RS3 : RS;
    // Ausgänge
    K1 AT %Q0.0 : BOOL;    // Relais H1
    K2 AT %Q0.1 : BOOL;    // Relais H2
    K3 AT %Q0.2 : BOOL;    // Relais H3
END_VAR
// H1: Set durch T11, Reset durch T12
FB_RS1( S := T11,     R := T12 );
// H2: Set durch T21, Reset durch T22
FB_RS2( S := T21,     R := T22 );
```

```
// H3: T32 ist Öffner → Reset mit NOT T32, Set nur durch T31
FB_RS3( S := T31,     R := NOT T32 );
// Relaisausgänge = Q-Ausgänge der RS-FBs
K1 := FB_RS1.Q;
K2 := FB_RS2.Q;
K3 := FB_RS3.Q;
END_PROGRAM
```

Warum reicht das?

- Die IEC-RS-Bausteine setzen bei `S = TRUE` und setzen bei `R = TRUE` zurück; schlägt beides gleichzeitig auf; dominiert Reset automatisch.
- Daher entfällt in der Set-Logik die UND-Verknüpfung mit `NOT OFF`.
- Für H3 wird der Öffner-Taster T32 per `NOT` invertiert. So liefert `R = TRUE` genau beim Drücken.
- Diese Vorgehensweise ist sehr kompakt, gut wartbar und ohne zusätzliche Zwischensignale.

Nach Korrektur der Syntax für das RS-Flipflop (`S` → `SET`; `R` → `RESET1`, `Q` → `Q1`) entsprechend IEC 61131-3 ist das Programm lauffähig und beinhaltet wie die klassische Lösung (siehe Abschnitt 3.3.2) nur sechs Zeilen ST-Code. Da im Prompt keine Vorgaben zur Syntax der Prozessvariablen eingegeben wurden, verwendet ChatGPT einfache Variablennamen.

Das KI-generierte SPS-Programm finden Sie im PLCnext-Projekt `task30_gpt.pcwex`.

Folgende Schlussfolgerung lässt sich ziehen:

Im Gegensatz zu ChatGPT-4o gibt o4-mini-high keine bewertenden Kommentare aus. Die Erläuterungen sind im Wesentlichen auf den Sachverhalt fokussiert.

4.4.6 Aufgabe 31: Steuerung einer Stanzmaschine

Die zu lösende Aufgabenstellung basiert auf der Programmieraufgabe „Steuerung einer Stanzmaschine“ aus Abschnitt 3.3.3 (Aufgabe 6).

4.4.6.1 Prompt und Ergebnis

Prompt 1

Mittels einer SPS soll die Steuerung für eine Stanzmaschine realisiert werden. Das hochgeladene Bild zeigt die Stanzmaschine. Der Stanzkolben soll nur dann ausfahren, wenn das Werkstück richtig positioniert ist, d. h., wenn die Lichtschranken LS1 und LS2 gleichzeitig unterbrochen sind und der START-Taster T1 (Schließer) betätigt wurde.

Die Maschine M1 soll sofort stoppen, sobald eine der beiden Lichtschranken (oder beide) aktiv ist oder wenn der STOP-Taster (Schließer) gedrückt wird. Der Motor des Stanzkolbens wird über einen Schütz durch ein SPS-Ausgangssignal ein- bzw. ausgeschaltet.

Ein Programmmerker soll anzeigen, dass das Werkstück korrekt auf der Stanzposition liegt. Über einen weiteren Merker soll eine Warnung ausgegeben werden, wenn nur eine der beiden Lichtschranken unterbrochen ist. Die Warnmeldung soll über ein SR-Flipflop behandelt werden.

Das SPS-Programm ist in FBS zu erstellen. Als Variablennamen soll die nach IEC 61131-3 vorgesehene Syntax für boolesche Variablen genutzt werden: `IX_<name>` und `QX_<name>`. Sollte die Ausgabe des grafischen FBS zu schwierig sein, dann kann die Ausgabe des FBS-Programms auch als Logiknotation erfolgen.

Nach Eingabe von Prompt 1 fragt ChatGPT, wie die FBS-Ausgabe erfolgen soll, woraufhin ich Prompt 2 wie folgt formuliere:

Prompt 2

Versuche, ein grafisches FBS auszugeben und zusätzlich eine Logiknotation

---

Die Ausgabe erfolgt in englischer Sprache. Deshalb formuliere ich Prompt 3:

Prompt 3

Gib alles in deutscher Sprache aus.

Basierend auf den vorangehend angegebenen drei Prompts wird folgendes Ergebnis geliefert:

Ergebnis

Grafische FBS-Darstellung

Die grafische FBS-Darstellung für die Steuerung der Stanzmaschine enthält logische Tore und Steuerungselemente, die die Bedingungen für den Betrieb der Maschine darstellen. Obwohl ich keine direkte grafische Ausgabe erstellen kann, beschreibe ich die Komponenten und die Anordnung:

1. Eingänge:
   - IX_LS1 und IX_LS2 (Lichtschranken)
   - IX_T1 (Start-Taster)
   - IX_T2 (Stop-Taster)
2. Ausgänge:
   - QX_M1 (Steuersignal für die Maschine)
   - QX_Workpiece_Pos (Anzeige für die korrekte Werkstückposition)
   - QX_Warning (Warnanzeige für den falschen Sensorzustand)

3. Logische Elemente:
   - UND-Gatter für Werkstückposition:
     - Eingänge: IX_LS1, IX_LS2
     - Ausgang: QX_Workpiece_Pos
   - UND-Gatter zum Starten der Maschine:
     - Eingänge: IX_T1, QX_Workpiece_Pos
     - Ausgang: Steuersignal zur Maschine (QX_M1)
   - ODER-Gatter zum Stoppen der Maschine:
     - Eingänge: NICHT (IX_LS1 UND IX_LS2), IX_T2
     - Ausgang: QX_M1 (Maschine stoppen)
   - XOR-Gatter für Warnsignal:
     - Eingänge: IX_LS1, IX_LS2
     - Ausgang: Warnbedingung (für SR-Flipflop)
   - SR-Flipflop für Warnung:
     - Setzeingang: Ausgang vom XOR-Gatter
     - Rücksetzeingang: QX_Workpiece_Pos
     - Ausgang: QX_Warning

Logiknotation

Die Logiknotation beschreibt den gleichen Steuerungsfluss wie die FBS:

1. Werkstück korrekt positioniert:

   ```
   QX_Workpiece_Pos = IX_LS1 UND IX_LS2
   ```

2. Maschinensteuerung:

   ```
   QX_M1 = (IX_T1 UND QX_Workpiece_Pos) UND NICHT (IX_LS1 UND IX_LS2)
   ODER IX_T2
   ```

   Diese Aussage bedeutet, dass die Maschine nur dann arbeitet (QX_M1 = 1), wenn der Start-Taster gedrückt wird und das Werkstück korrekt positioniert ist, und stoppt, wenn das Werkstück nicht korrekt positioniert ist oder der Stop-Taster gedrückt wird.

3. Warnsignal-Logik:
   - Bedingung für Warnung:

     ```
     QX_Warning_Set = IX_LS1 XOR IX_LS2
     ```

   - Bedingung zum Zurücksetzen der Warnung:

     ```
     QX_Warning_Reset = QX_Workpiece_Pos
     ```

Das SR-Flipflop wird verwendet, um das Warnsignal zu verwalten, sodass es aktiv bleibt, bis die Bedingung (korrekte Werkstückposition) erfüllt ist.

Diese Beschreibung bietet eine umfassende Übersicht sowohl über die grafische als auch die logische Darstellung des Programms für das SPS-Steuersystem der Stanzmaschine. Sollten Sie weitere Details oder eine spezifische Darstellung benötigen, lassen Sie es mich bitte wissen.

Die Logiknotation ist im Wesentlichen korrekt. Nur bei Notation 1 geht ChatGPT davon aus, dass das Werkstück dann korrekt positioniert ist, wenn beide Lichtschranken aktiv sind. Gemäß Aufgabenstellung ist dies aber falsch, sodass in der Notation 1 beide Eingänge negiert werden müssen.

Bild 4.4 zeigt die Umsetzung der Logiknotation in ein FBS-Programm unter Berücksichtigung der Korrekturen.

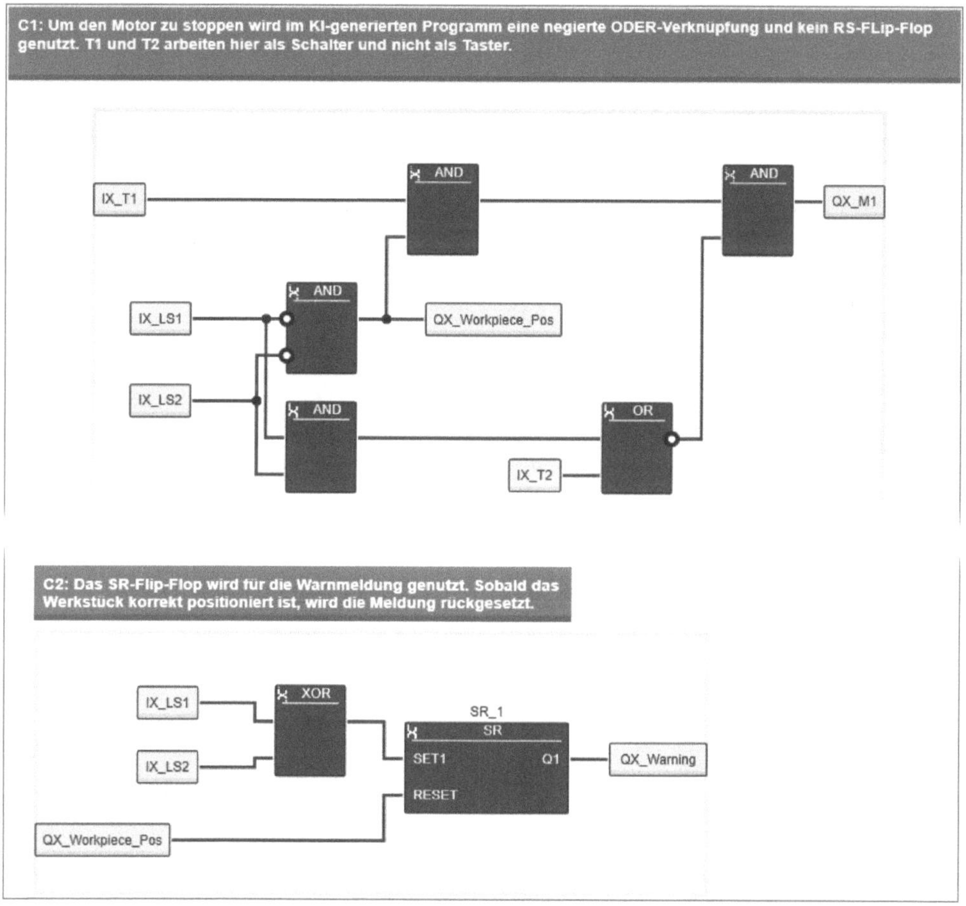

Bild 4.4 KI-generiertes FBS-Programm für die Steuerung der Stanzmaschine

Im Unterschied zur klassischen Lösung verwendet die KI-Lösung kein RS-Flipflop zum Start/Stopp des Motors, sondern löst diese Aktion über ein negiertes `ODER`. Außerdem wird die Warnmeldung über `part_available_bool` und nicht über das STOP-Signal zurückgesetzt. Zudem wird nicht berücksichtigt, dass auch eine Warnmeldung den Motor stoppt. Diese drei Teillösungen sind jedoch in der Aufgabenstellung auch nicht explizit ausgeführt worden bzw. wurden so nicht gefordert.

Darüber hinaus wird aus dem Prompt nicht erkannt, dass T1 und T2 Taster sind, obwohl dies dort eindeutig vorgegeben wird. Sie werden im KI-generierten Programm als Schalter behandelt.

Hinsichtlich der Variablensyntax erkennt ChatGPT nicht, dass ein Programmmerker keine Ausgangsvariable ist und deshalb auch nicht mit <QX_> bezeichnet werden darf. Die Merker (interne Programmvariable) werden als Ausgänge `QX_Workpiece_Pos` und `QX_Warning` behandelt.

Das mit ChatGPT-4o generierte SPS-Programm finden Sie im PLCnext-Projekt `task31_gpt.pcwex`.

4.4.6.2 Bewertung der Lösung

Probleme:

- Es war ChatGPT nur schwer beizubringen, dass das Werkstück richtig positioniert ist, wenn beide Lichtschranken nicht aktiv sind. Das Wissen von ChatGPT bezieht sich bei Lichtschranken offensichtlich darauf, dass etwas vorhanden ist, wenn eine Lichtschranke aktiv ist (aktive Detektion).
- Trotz eindeutiger Vorgabe im Prompt, dass eine Ausgabe in deutscher Sprache gewünscht ist, wurde das Ergebnis in Englisch ausgegeben. Erst bei nochmaliger Nachfrage erfolgte die Ausgabe in Deutsch so, dass auch die Logiknotationen in die deutsche Sprache übertragen wurden. Verschiedentlich erfolgt auch eine textlich gemischte Ausgabe in Englisch und Deutsch.

  Der Einsatz von RS-Flipflops für das Ein- und Ausschalten von Aktoren (Motoren) ist in der SPS-Technik eine übliche Vorgehensweise. Dies ist ChatGPT offensichtlich nicht bekannt, da immer versucht wird, mit logischen Elementarfunktionen auszukommen. Der gewünschte Einsatz von Flipflops sollte ChatGPT deshalb immer explizit mitgeteilt werden.
- ChatGPT hat Schwierigkeiten, die Begriffe Taster versus Schalter im programmtechnischen Sinn korrekt zu behandeln. Die grundlegende Bedingung, dass ein Taster zur Speicherung seines Zustands immer auch ein Speicherglied benötigt, wird nicht berücksichtigt.

Folgende Schlussfolgerungen lassen sich ziehen:

- Grafische FBS-Programme können mit ChatGPT praktisch nicht ausgegeben werden. Hier muss man mit einer Beschreibung der Logik bzw. einer Logiknotation auskommen.
- Falls RS- bzw. SR-Flipflops in einer Lösung eingesetzt werden sollen, sollte dies im Prompt explizit angegeben werden.
- Nicht immer funktioniert die Spracherkennung korrekt, d. h., bei Vorgabe eines Prompts in Deutsch kann das Ergebnis auch in Englisch oder gemischt ausgegeben werden.

- Falls Taster nicht wie Schalter behandelt werden sollen, muss dies im Prompt explizit angewiesen werden. Die einfache Verwendung der Begriffe reicht nicht aus.
- Auch wenn im Prompt Sachverhalte eindeutig benannt sind (Lichtschranke ist aktiv, wenn diese unterbrochen ist), kann ChatGPT diese – basierend auf dem eigenen Wissen – ändern, ohne den Nutzer darüber zu informieren.

4.4.6.3 Vergleichstest mit o4-mini-high

Im Vergleichstest mit o4-mini-high wird als Ergebnis 1 entsprechend Prompt 1 nach 19 s ein konfuses Netzwerk in einer KOP-ähnlichen Syntax ausgegeben. Erst auf Prompt 2 folgt ein korrektes Ergebnis:

Prompt 2

Gib das SPS-Programm entweder als tatsächlich gezeichnetes FBS-Programm mit korrekter Syntax der Funktionsbausteine nach IEC 61131-3 oder als ST-Programm aus.

Ergebnis 2

Im Folgenden ist das vollständige SPS-Programm in Structured Text (ST) nach IEC 61131-3 dargestellt. Es enthält die Deklaration aller Ein- und Ausgänge und Merker, die Positionserkennung, das SR-Flipflop für die Warnung und die Latch-Logik für den Motor-Schütz.

SPS-Programm für die Stanzmaschine:

1. Der Stanzkolben (QX_M1) fährt nur aus, wenn beide Lichtschranken LS1 und LS2 unterbrochen sind und der START-Taster T1 einmal gedrückt wurde.
2. Die Stanzmaschine stoppt sofort, wenn STOP (T2) gedrückt oder eine Lichtschranke wieder frei wird.
3. `M_PositionOK` zeigt an, ob das Werkstück korrekt liegt.
4. `M_Warning` wird über ein SR-Flipflop gesetzt, wenn genau eine Lichtschranke unterbrochen ist, und zurückgesetzt, wenn beide gleichzeitig unterbrochen sind.

```
PROGRAM Stanzmaschine
VAR
  (* Eingänge *)
  IX_LS1 : BOOL;     (* Lichtschranke 1 unterbrochen = TRUE *)
  IX_LS2 : BOOL;     (* Lichtschranke 2 unterbrochen = TRUE *)
  IX_T1  : BOOL;     (* START-Taster (Schließer) *)
  IX_T2  : BOOL;     (* STOP-Taster  (Schließer) *)
```

```
  (* Merker *)
  M_PositionOK : BOOL;     (* beide LS unterbrochen *)
  M_Warning    : BOOL;     (* Warnung: genau eine LS unterbrochen *)

  (* Ausgang *)
  QX_M1        : BOOL;     (* Schütz Motor Stanzkolben *)

  (* SR-Flipflop FB-Instanz für Warnung *)
  FB_Warn : SR;          (* IEC-FB SR: Eingänge S, R; Ausgänge Q, QN *)
END_VAR

(* 1) Positionserkennung *)
M_PositionOK := IX_LS1 AND IX_LS2;

(* 2) SR-Flipflop Warnung *)
FB_Warn.S := IX_LS1 XOR IX_LS2;  (* Set, wenn genau eine LS auslöst *)
FB_Warn.R := M_PositionOK;        (* Reset, wenn Werkstück OK *)
FB_Warn();                        (* Aufruf des Funktionsbausteins *)
M_Warning := FB_Warn.Q;

(* 3) Latch-Logik für Motor (QX_M1) *)
(*   – Set:  START gedrückt und Position OK
     – Reset: STOP gedrückt oder Position OK fällt weg *)
QX_M1 :=
  (IX_T1 AND M_PositionOK)         (* einmaliger Set-Impuls bei
  T1+PositionOK *)
  OR
  (QX_M1 AND NOT IX_T2 AND M_PositionOK);
  (* Selbsthaltung, solange kein STOP und PositionOK TRUE bleibt *)
END_PROGRAM
```

Erläuterung der ST-Abschnitte:

1. Positionserkennung

   `M_PositionOK := IX_LS1 AND IX_LS2;`

   Beide Lichtschranken müssen gleichzeitig unterbrochen sein.

2. Warn-SR-Flipflop:
   - S wird TRUE, wenn genau eine Lichtschranke unterbrochen ist.
   - R wird TRUE, wenn beide Lichtschranken unterbrochen sind (Position OK), und löscht so die Warnung.

```
FB_Warn.S := IX_LS1 XOR IX_LS2;
FB_Warn.R := M_PositionOK;
FB_Warn();
M_Warning := FB_Warn.Q;
```

3. Motor-Latch (Selbsthaltung):
   - Set durch (IX_T1 AND M_PositionOK)
   - Reset durch NOT M_PositionOK (Lichtschranke frei) oder IX_T2 (STOP-Taster)

```
QX_M1 := (IX_T1 AND M_PositionOK)
         OR
         (QX_M1 AND NOT IX_T2 AND M_PositionOK);
```

Damit erfüllt das Programm alle geforderten Funktionen in sauberer ST-Notation.

Das von o4-mini-high erstellte ST-Programm ist nach Umsetzung in ein FBS-Programm in der PLCnext-Steuerung lauffähig. Es berücksichtigt sowohl die Tasterfunktion als auch die Lichtschranken-Logik. Bild 4.5 zeigt das generierte Programm.

Im Unterschied zur klassischen Lösung verwendet o4-mini-high wie ChatGPT-4o kein RS-Flipflop zum Start/Stopp des Motors, sondern löst dies über eine AND/OR-Verschaltung. Außerdem wird die Warnmeldung über M_PositionOK und nicht über das Stopp-Signal rückgesetzt.

Das mit o4-mini-high generierte SPS-Programm finden Sie im PLCnext-Projekt task31_gpt_o4.pcwex.

Folgende Schlussfolgerungen lassen sich ziehen:

- Auch o4-mini-high ist aktuell (Stand: September 2025) nicht in der Lage, ein verständliches FBS-Programm in grafischer Form auszugeben.
- Nach mehrfachem Test von o4-mini-high scheint es aber so, dass dieses Modell zumindest hinsichtlich der steuerungslogischen Aspekte bessere Ergebnisse als ChatGPT-4o liefert.

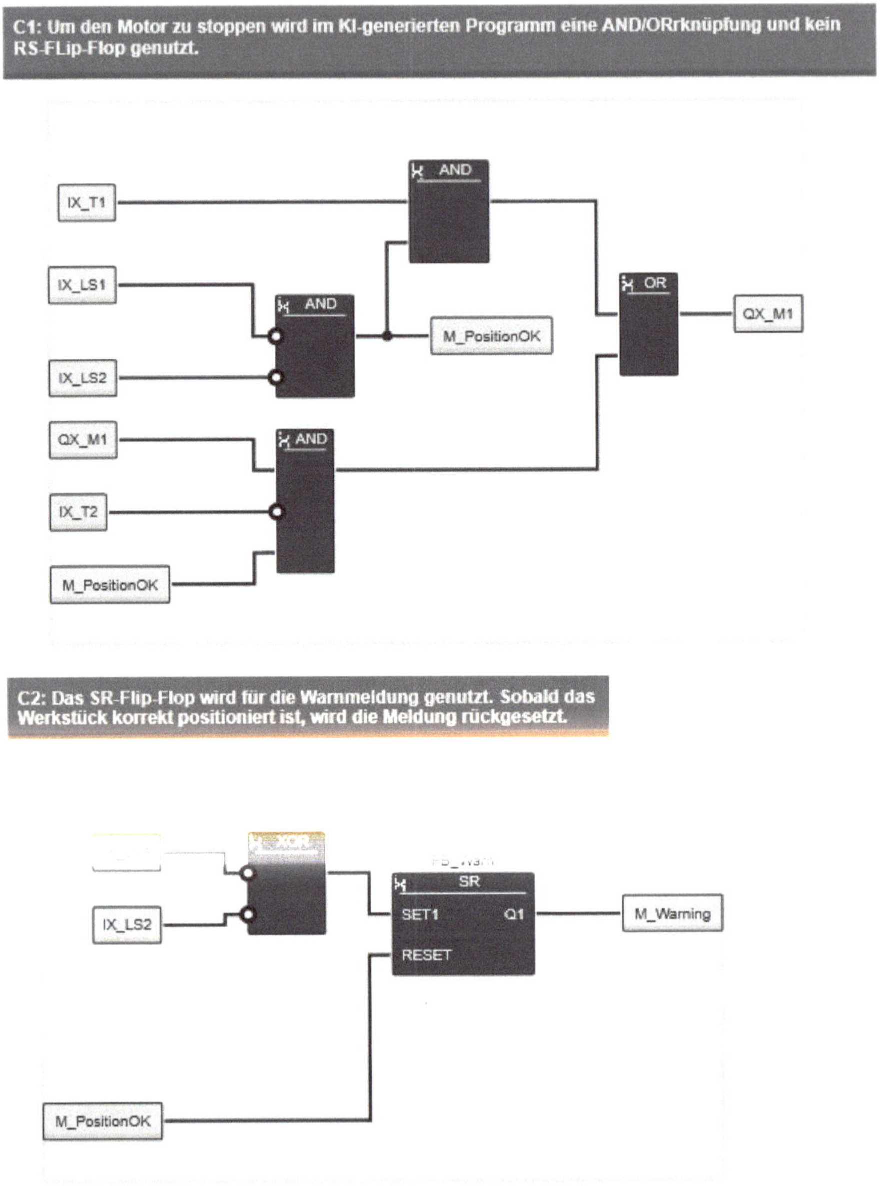

Bild 4.5 FBS-Programm, basierend auf einem durch o4-mini-high generierten ST-Programm

4.4.7 Aufgabe 32: Halb automatische Transportanlage

Die zu lösende Aufgabenstellung basiert auf der Programmieraufgabe „Halb automatische Transportanlage“ aus Abschnitt 3.4.2 (Aufgabe 7).

4.4.7.1 Prompt und Ergebnis

Prompt 1

Mittels einer SPS soll eine halb automatische Transportanlage gesteuert werden. In der Transportanlage gelangen Pakete über ein Förderband (angetrieben durch einen Motor M) in einen an dessen Ende stehenden Behälter. Jedes ankommende Paket wird mit einer Lichtschranke LS erfasst. Sobald fünf Pakete im Behälter sind, ist das Förderband zu stoppen. Nach Austausch des vollen Behälters gegen einen leeren Behälter kann durch Betätigung eines Tasters T (Schließer) der Vorgang neu gestartet werden. Das hochgeladene Bild zeigt das Prinzipschema der Transportanlage. Das SPS-Programm soll in der Programmiersprache ST erstellt werden. Als Variablennamen soll die nach IEC 61131-3 vorgesehene Syntax für boolesche Variablen genutzt werden: `IX_<name>` und `QX_<name>`.

Prompt 1 liefert folgendes Ergebnis:

Ergebnis 1

Steuerung der beschriebenen halb automatischen Transportanlage:

```
PROGRAM Transportanlage
VAR
    IX_Lichtschranke : BOOL; // Zustand der Lichtschranke (Paket er-
kannt)
    IX_Taster : BOOL; // Zustand des Tasters (Neustart)
    QX_Motor : BOOL; // Steuerung des Motors (Förderband)
    PaketCounter : INT; // Zählt die Anzahl der Pakete im Behälter
END_VAR
// Initialisierung
QX_Motor := FALSE;
PaketCounter := 0;
// Hauptprogramm
IF IX_Taster THEN
    PaketCounter := 0; // Zähler zurücksetzen
    QX_Motor := TRUE; // Motor starten
END_IF
```

```
IF IX_Lichtschranke AND QX_Motor THEN
    PaketCounter := PaketCounter + 1; // Paket zählen
    // Kurz warten, um Mehrfachzählungen zu vermeiden (simuliert)
    WAIT(500);
END_IF
IF PaketCounter >= 5 THEN
    QX_Motor := FALSE; // Motor stoppen
END_IF
END_PROGRAM
```

Erklärung:

1. `IX_Lichtschranke` und `IX_Taster` sind boolesche Variablen, die die Zustände der Lichtschranke und des Tasters repräsentieren.
2. `QX_Motor` steuert den Motor des Förderbands.
3. `PaketCounter` zählt die Anzahl der Pakete im Behälter.
4. Beim Drücken des Tasters (`IX_Taster`) wird der Zähler zurückgesetzt und das Förderband gestartet.
5. Wenn die Lichtschranke ein Paket erkennt und das Förderband läuft, wird der Zähler erhöht.
6. Sobald fünf Pakete gezählt wurden, stoppt das Förderband.

Stelle sicher, dass die Logik in der SPS-Hardware oder -Software korrekt implementiert wird und dass alle Sicherheitsvorkehrungen getroffen sind.

Da dies im Prompt 1 nicht explizit verlangt wird, werden kein Zähler und Flipflop genutzt, sondern nur einfache ST-Befehle.

Das erstellte Programm ist nicht korrekt, da es in ST keinen expliziten `WAIT`-Befehl gibt. Es müsste dazu ein Timer verwendet werden. Doch auch die Verwendung eines Timers ist für diesen Fall problematisch und nicht effizient zu realisieren. Die Erläuterung in Punkt 5 stimmt so nicht, da das SPS-Programm im Zyklustakt von z. B. 50 ms durchlaufen wird und damit auch `PaketCounter` bis fünf hochzählt, bevor das erste Paket die Lichtschranke verlassen hat.

Prompt 1 wird deshalb nochmals mit einer Ergänzung (fett markiert) eingegeben:

Prompt 2

Mittels einer SPS soll eine halb automatische Transportanlage gesteuert werden. In der Transportanlage gelangen Pakete über ein Förderband (angetrieben durch einen Motor M) in einen an dessen Ende stehenden Behälter. Jedes ankommende Paket wird mit einer Lichtschranke LS erfasst. Sobald fünf Pakete im Behälter sind, ist das Förderband zu stoppen. Nach Austausch des vollen Behälters gegen einen leeren Behälter kann durch Betätigung eines Tasters T (Schließer) der Vorgang neu gestartet werden. Das hochgeladene Bild zeigt das Prinzipschema der Transportanlage. **Zum Start/Stopp des Motors soll ein RS-Flipflop und zum Zählen**

der Pakete der Funktionsbaustein „Vorwärtszähler" genutzt werden. Das SPS-Programm soll in der Programmiersprache ST erstellt werden. Als Variablennamen soll die nach IEC 61131-3 vorgesehene Syntax für boolesche Variablen genutzt werden: `IX_<name>` und `QX_<name>`.

Das als Ergebnis von Prompt 2 ausgegebene ST-Programm beinhaltet noch folgende Defizite:

- Die Initialisierung im Programm für `PaketCounter` ist nicht korrekt. Hier versteht ChatGPT offensichtlich nicht den Zyklusbetrieb einer SPS.
- Nach Aktivierung der Lichtschranke wird in jedem SPS-Zyklus gezählt und nicht nur nach Betätigung der Lichtschranke.
- Da `QX_motor` eine externe Variable und `RS_1` eine lokale Variable ist, muss die Zuweisung für `QX_motor` als Parameterbindung notiert werden (spezifisch für die PLCnext-Steuerung).

Nach der Programmcodekorrektur sowie der Anpassung der Syntax ergibt sich folgendes funktionsfähiges SPS-Programm:

```
// Initialisierung des Vorwärtszählers (CTU)
CTU_1(PV := 5);

// Initialisierung des RS-Flipflops
RS_1(SET := FALSE, RESET1 := FALSE);

// Taster betätigt: Zähler zurücksetzen und Motor starten
IF IX_button_reset THEN
    CTU_1.RESET := TRUE;
    RS_1.SET := TRUE; // Motor starten
ELSE
    CTU_1.RESET := FALSE;
END_IF

// Vorwärtszählen bei Paketdetektion
CTU_1.CU := IX_light_barrier;

// Motor stoppen, wenn fünf Pakete gezählt wurden
IF CTU_1.CV >= CTU_1.PV THEN
    RS_1.RESET1 := TRUE; // Motor stoppen
END_IF

// Aktualisierung der Motorsteuerung basierend auf dem RS-Flipflop
RS_1(Q1 => QX_motor);
```

Liefert man der KI die in Prompt 3 enthaltenen Zusatzinformationen, so kann der Programmcode der klassischen Lösung (siehe Listing 3.5) auch durch ChatGPT ausgegeben werden:

Prompt 3

Berücksichtige bei der Erstellung des Programmcodes, dass eine SPS im Zyklusbetrieb arbeitet. Verwende Parameterbindungen bei den Funktionsbausteinen und möglichst keine IF-Statements. Berücksichtige, dass eine Initialisierung für Funktionsbausteine bei der Variablendeklaration nicht möglich ist, da die Variablen nicht im Programmcode, sondern in einer zusätzlichen Tabelle deklariert werden.

4.4.7.2 Bewertung der Lösung

Probleme:

- ChatGPT hat Probleme mit den Besonderheiten des Zyklusbetriebs einer SPS. Das System geht offenbar von der Laufzeitumgebung eines üblichen Rechnerprogramms aus.
- Die Unterschiede zwischen lokalen und externen Variablen und deren Besonderheiten bei der Nutzung für Funktionsbausteine werden nicht erkannt (Parameterbindung versus direkte Zuweisung).

  Die Möglichkeiten von Funktionsbausteinen für einen kompakten und optimierten Programmcode über Parameterbindung werden gleichfalls nicht erkannt. Es wird versucht, mit einfachen IF-Statements auszukommen.

Folgende Schlussfolgerungen lassen sich ziehen:

- Von ChatGPT kann keine korrekte Syntax nach IEC 61131-3 für ST erwartet werden. Hier muss häufig noch eine Syntaxanpassung erfolgen.
- Grundsätzlich geht ChatGPT bei Programmieraufgaben von einer üblichen Ablaufumgebung in einem Rechner aus und berücksichtigt nicht von vornherein die Spezifika einer SPS (z. B. mit Zyklusbetrieb). Die Besonderheiten sollten deshalb im Prompt immer mit angegeben werden.
- Es wird zuerst versucht, mit elementaren Programm-Statements auszukommen, ohne Funktionsbausteine zu verwenden. Dies führt allerdings meist zu nicht optimierten, unübersichtlichen oder auch nicht funktionsfähigen Programmen.
- Die Variablendeklarationen werden durch ChatGPT gemäß IEC 61131-3 im Programmcode realisiert. Eine SPS-spezifische Variablendeklaration über Tabellen (wie z. B. bei der PLCnext-Steuerung oder anderen SPS-Steuerungen) kann ChatGPT nicht berücksichtigen.

4.4.7.3 Vergleichstest mit o4-mini-high

Ein Vergleichstest ergibt unter Verwendung von Prompt 1 aus Abschnitt 4.4.7.1 nach 9 s folgendes Ergebnis:

Ergebnis

Im Folgenden ist ein Vorschlag für ein ST-Programm dargestellt, das die Aufgabe mit einem Aufwärtszähler (CTU) und einer Flankenerkennung (R_TRIG) löst. Die booleschen Variablen folgen der IEC-61131-3-Konvention `IX_...` bzw. `QX_...`.

```
PROGRAM Transportanlage
VAR
    (* Eingangssignale *)
    IX_LS   : BOOL;   // Lichtschranke – Paket detektiert
    IX_T    : BOOL;   // Taster zum Neustart (Schließer)

    (* Ausgangssignal *)
    QX_M    : BOOL;   // Motor M ein/aus

    (* Hilfsvariablen *)
    LS_R    : R_TRIG; // Flankenerkennung für IX_LS
    CT_Pack : CTU;    // Aufwärtszähler, PV = 5
END_VAR

// --- Programmablauf ---

// 1) Erkennung der steigenden Flanke an der Lichtschranke
LS_R(CLK := IX_LS);

// 2) Zähler: zählt bei jeder Flanke der LS, setzt zurück, wenn T
gedrückt
CT_Pack(
    CU := LS_R.Q,   // Zähle hoch bei Flanke
    R  := IX_T,     // Rücksetzen bei Taster
    PV := 5         // Sollwert 5 Pakete
);

// 3) Motorsteuerung: läuft, solange weniger als 5 Pakete gezählt
wurden
QX_M := NOT CT_Pack.Q;
END_PROGRAM
```

Kurze Erläuterung:

- `LS_R` ist ein Standard-Rising-Edge-Detector. Er liefert genau einen Takt an `LS_R.Q`, sobald `IX_LS` von `FALSE` auf `TRUE` wechselt (also beim Durchgang eines Pakets).
- `CT_Pack` ist ein CTU-Baustein (Counter Up) mit Preset Value = 5. Er zählt bei jeder Flanke `CU := LS_R.Q` hoch und setzt sich über `R := IX_T` zurück.
- Sobald `CT_Pack.Q` = `TRUE` (also Zählerstand ≥ 5), schaltet `QX_M := NOT CT_Pack.Q` den Motor ab. Beim Zurücksetzen durch den Taster läuft der Motor sofort wieder an.

Damit ist die Förderband-Steuerung komplett abgedeckt.

Das generierte ST-Programm ist entsprechend der Aufgabenstellung vollständig korrekt. Gegenüber der klassischen Lösung nach Listing 3.5 arbeitet es nicht mit einem RS-Flipflop, sondern mit einem Trigger-FB. Außerdem ist der ST-Code um vier Zeilen kürzer.

Das zugehörige PLCnext-Projekt finden Sie in `task_32_gpt_o4.pcwex`.

4.4.8 Aufgabe 33: Karosseriemontage

Die zu lösende Aufgabenstellung basiert auf der Programmieraufgabe „Karosseriemontage" aus Abschnitt 3.6.3 (Aufgabe 13). Diese Aufgabe beinhaltet eine etwas umfangreichere digitale Steuerung.

4.4.8.1 Prompt und Ergebnis

Entsprechend der Aufgabenstellung in Abschnitt 3.6.3 ergibt sich folgender umfangreicher Prompt:

Prompt 1

Für eine Anlage zur Montage von Modellautos soll für die Teilstation zur Karosseriemontage ein Steuerungsprogramm erstellt werden. In der Montageanlage werden die Teile eines Modellautos bestehend aus Chassis, zwei Achsbaugruppen sowie der Karosse zusammengebaut. Alle Teile befinden sich auf einem Montageträger und werden über ein Transportband von Station zu Station transportiert. Nach Einfahren des Montageträgers in die Teilstation „Karosseriemontage" befinden sich auf diesem das mit den Achsbaugruppen bereits montierte Chassis sowie die extra gelagerte Karosse. Aufgabe der Teilstation ist das Aufsetzen der Karosse auf das vormontierte Chassis entsprechend dem hochgeladenen Bild. Die Montage erfolgt mittels eines pneumatisch betriebenen Montagearms mit drei Zylindern:

- **Zylinder A:** doppeltwirkender Zylinder mit den zwei Steuersignalen Y1 und Y2 für die Bewegung zwischen Startposition und Chassis-Position (Y1 = 1, Y2 = 0 → Startposition; Y1 = 0, Y2 = 1 → Chassis-Position)

- **Zylinder B:** Das Magnetventil zur Ansteuerung von Zylinder B hat eine Federrückstellung und benötigt nur einen Ausgang (Y3 = 1 → Montagearm ist in der unteren Position, Y3 = 0 → Montagearm ist in der oberen Position).
- **Zylinder C:** Das Magnetventil zur Ansteuerung von Zylinder C hat eine Federrückstellung und benötigt nur einen Ausgang (Y4 = 1 → Greifer ist geschlossen, Y4 = 0 → Greifer ist geöffnet).

Folgender Ablauf muss realisiert werden:

- Nach Betätigung eines Schalters S (Schließer) für den Automatikbetrieb fährt die Station in die Grundstellung: Der Montagearm ist eingefahren (S1 = 1, S2 = 0) und befindet sich in der oberen Stellung (S3 = 1, S4 = 0). Der Greifer ist geöffnet (S5 = 1, S6 = 0) und der Stopperzylinder ist eingefahren (Y5 = 0).
- Der Automatikbetrieb wird durch eine Meldelampe H1 angezeigt.
- Nach Einfahren des Montageträgers in die Station (Sensor S7 = 1) wird über den Stopperzylinder (Y5 = 1) der Montageträger in der Station gestoppt und fixiert. Der Stopperzylinder arbeitet als einfachwirkender Zylinder und besitzt keine Endlagensensoren.
- Der Montagearm fährt nach unten und greift damit die Karosse.
- Der Montagearm fährt nach oben.
- Der Montagearm bewegt sich nach vorn zur Chassis-Position.
- Der Montagearm bewegt sich nach unten und öffnet den Greifer. Damit wird die Karosse auf dem Chassis positioniert.
- Nach dem Ende der Karosseriemontage wird wieder die Startposition der Station eingenommen.

Alle Sensoren sind Schließer und werden durch Kippschalter auf dem Trainingsboard simuliert. Als EIN-/AUS-Schalter für den Automatikbetrieb soll gleichfalls ein Kippschalter auf dem digitalen I/O-Board genutzt werden.

Das SPS-Programm soll in der Programmiersprache AS erstellt werden.

Gib die Lösung in folgender Struktur aus:

1. Erzeuge zuerst Tabellen für die Eingangszuordnung und die Ausgangszuordnung der Prozessvariablen sowie eine Tabelle der internen Variablen.
2. Gib die erforderlichen Zustände (Schritte) für die Ablaufsteuerung an.
3. Gib die Übergangsbedingungen zwischen den Schritten als Logiknotation an.
4. Gib den Inhalt der Aktionen zu den jeweiligen Schritten in der ST-Sprache an.
5. Als Variablennamen soll die nach IEC 61131-3 vorgesehene Syntax für boolesche Variablen genutzt werden: `IX_<name>` und `QX_<name>`.

ChatGPT erkennt die Prozessvariablen aus dieser umfangreicheren Aufgabenstellung richtig und schlägt auch sinnvolle Ablaufschritte (Zustände) und Übergangsbedingungen zwischen den Schritten vor. Mit bestimmten Einschränkungen läuft das Programm bereits.

Einschränkungen:

- In der Bedingung vor Schritt „Karosse absetzen“ ist ein Merker falsch angegeben.
- Der Automatikbetrieb ist immer eingeschaltet.

- Bestimmte Reihenfolgen im Ablauf sind nicht explizit abgesichert (z. B. zuerst Montageträger fixieren und erst danach Karosse anheben; zuerst Greifer schließen und danach Karosse anheben usw.).
- Die Einführung von vier Merkern ist überflüssig.
- Nach der Fehlerkorrektur und der Umsetzung in ein AS-Programm entsprechend der PLCnext-Steuerung kann das Programm aber bereits getestet werden.

Zur Verbesserung des Programms wurde folgender Ergänzungsprompt verwendet:

Prompt 2

Der Automatikbetrieb `IX_Automatik` wird bislang nicht berücksichtigt. Die Grundstellung darf erst verlassen werden, wenn der Automatikbetrieb eingeschaltet ist. Es sollte versucht werden, ohne die Merker M1 bis M4 auszukommen. Diese sind überflüssig. Als Bedingung für die Weiterschaltung der Schritte sollten immer die Eingangsvariablen genutzt werden. Berücksichtige auch, dass „Zurück zur Grundstellung" nur dann erfolgen darf, wenn der Montageträger die Station verlassen hat, damit ein neuer Montageträger einfahren kann.

Ergebnis 2

Vielen Dank für die Klärung. Hier ist die angepasste Version, bei der der Montagearm erst in die Grundstellung zurückkehrt, wenn der Montageträger die Station verlassen hat.

(1) Eingangs- und Ausgangszuordnung

Eingangszuordnung (Eingangsvariablen):

Name	Beschreibung
`IX_S1`	Sensor für die Startposition des Montagearms
`IX_S2`	Sensor für die Chassis-Position des Montagearms
`IX_S3`	Sensor für die obere Position des Montagearms
`IX_S4`	Sensor für die untere Position des Montagearms
`IX_S5`	Sensor für den geöffneten Greifer
`IX_S6`	Sensor für den geschlossenen Greifer
`IX_S7`	Sensor für den Montageträger in der Station
`IX_Automatik`	Schalter für den Automatikbetrieb

Ausgangszuordnung (Ausgangsvariablen):

Name	Beschreibung
QX_Y1	Ventil für den Zylinder A in Startposition
QX_Y2	Ventil für den Zylinder A in Chassis-Position
QX_Y3	Ventil für den Zylinder B (Montagearm unten)
QX_Y4	Ventil für den Zylinder C (Greifer geschlossen)
QX_Y5	Ventil für den Stopperzylinder (fixiert den Träger)
QX_H1	Meldelampe für den Automatikbetrieb

(2) Erforderliche Zustände (Schritte) der Ablaufsteuerung

- Grundstellung
- Montageträger eingetroffen
- Karosse greifen
- Karosse heben
- Karosse zu Chassis bewegen
- Karosse absetzen
- Zurück zur Grundstellung

(3) Inhalt der Aktionen zu den jeweiligen Schritten in ST-Sprache

Grundstellung:

```
QX_Y1 := 1; // Zylinder A in Startposition
QX_Y2 := 0; // Zylinder A nicht in Chassis-Position
QX_Y3 := 0; // Montagearm in obere Position
QX_Y4 := 0; // Greifer geöffnet
QX_Y5 := 0; // Stopperzylinder zurückgezogen
QX_H1 := IX_Automatik; // Automatikbetrieb aktiv
```

Montageträger eingetroffen:

```
QX_Y5 := 1; // Stopperzylinder ausfahren (fixiert Montageträger)
```

Karosse greifen:

```
QX_Y3 := 1; // Montagearm in untere Position
QX_Y4 := 1; // Greifer geschlossen (Karosse gegriffen)
```

Karosse heben:

```
QX_Y3 := 0; // Montagearm in obere Position (Karosse angehoben)
```

Karosse zu Chassis bewegen:

```
QX_Y1 := 0; // Zylinder A nicht in Startposition
QX_Y2 := 1; // Zylinder A in Chassis-Position
```

Karosse absetzen:

`QX_Y3 := 1; // Montagearm in untere Position (Karosse abgesetzt)`

`QX_Y4 := 0; // Greifer geöffnet (Karosse auf Chassis positioniert)`

Zurück zur Grundstellung:

`QX_Y3 := 0; // Montagearm in obere Position`

`QX_Y2 := 0; // Zylinder A nicht in Chassis-Position`

`QX_Y1 := 1; // Zylinder A in Startposition`

`QX_Y5 := 0; // Stopperzylinder zurückgezogen`

Übergangsbedingungen:

1. Grundstellung verlassen: `IX_Automatik AND IX_S1 AND IX_S3 AND IX_S5 AND IX_S7`
2. Montageträger eingetroffen: `IX_S7 AND QX_Y5 = 1`
3. Karosse greifen: `IX_S7 AND IX_S5 AND QX_Y5 = 1`
4. Karosse heben: `IX_S6 = 1 AND IX_S3 = 0`
5. Karosse zu Chassis bewegen: `IX_S3 = 1 AND QX_Y1 = 0`
6. Karosse absetzen: `IX_S4 = 1 AND IX_S2 = 1`
7. Zurück zur Grundstellung: `IX_S7 = 0 AND IX_S1 = 1 AND IX_S3 = 1 AND IX_S5 = 1`

In dieser Version wird sichergestellt, dass der Montagearm erst dann in die Grundstellung zurückkehrt, wenn der Montageträger die Station verlassen hat (IX_S7 = 0). Dadurch wird Platz für den nächsten Montageträger geschaffen.

In Ergebnis 2 ist nach „Karosse greifen" noch einen Fehler in den Übergangsbedingungen. Hier muss `IX_S5` (Greifer geöffnet) durch `IX_S6` ausgetauscht werden. Nach der Korrektur und der syntaktischen Umsetzung des Ergebnisses in ein PLCnext-Programm in AS-Sprache funktioniert der Montageablauf grundsätzlich entsprechend der Aufgabenstellung.

Bild 4.6 und Bild 4.7 zeigen das KI-generierte AS-Programm.

Gegenüber der klassischen Lösung ist das KI-generierte Programm hinsichtlich der Sicherheit der Reihenfolge der Abläufe nicht optimiert. Die Übergangsbedingungen sind dazu nicht korrekt ausgewählt. Hierzu wären noch weitere Ergänzungsprompts erforderlich.

Das zugehörige PLCnext-Projekt finden Sie in `task_33_gpt.pcwex`.

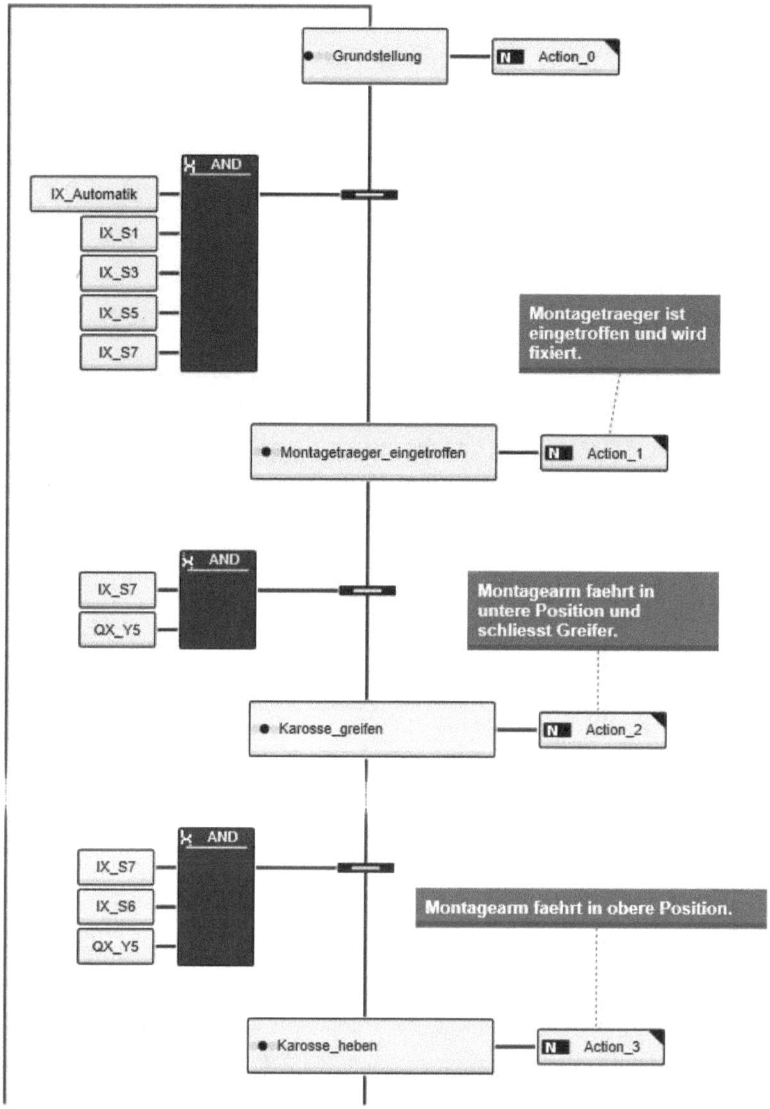

Bild 4.6 KI-generiertes AS-Programm für die Karosseriemontage (Teil I)

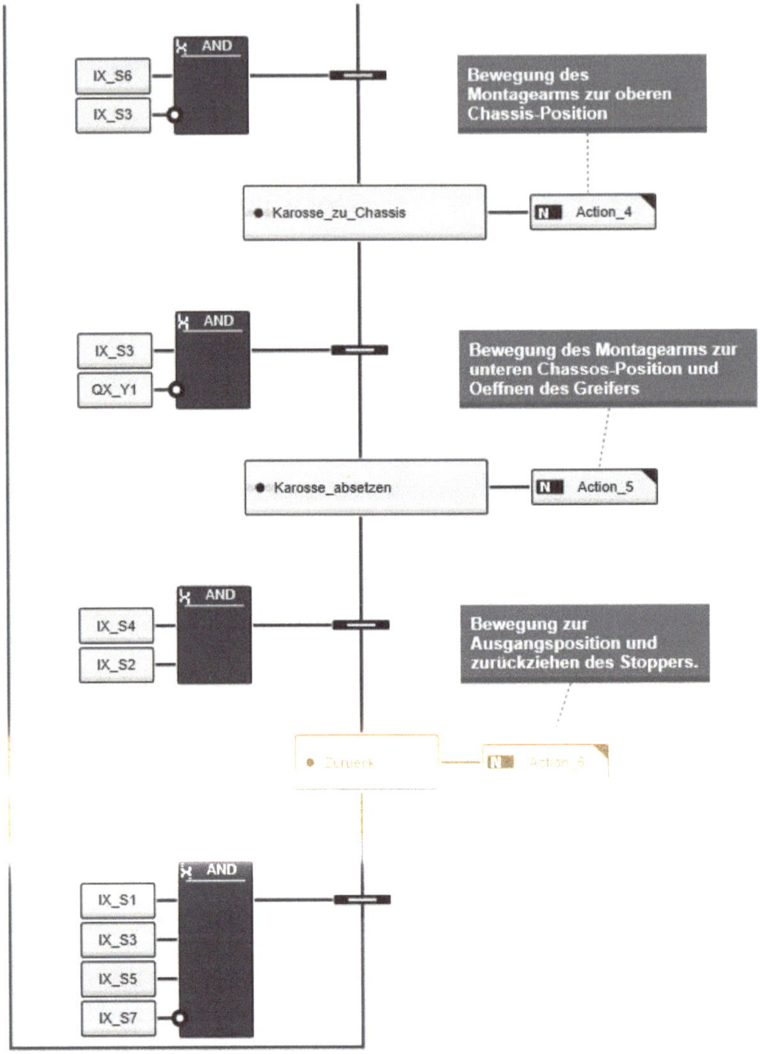

Bild 4.7 KI-generiertes AS-Programm für die Karosseriemontage (Teil II)

4.4.8.2 Bewertung der Lösung

Probleme:

- Die von ChatGPT generierten SPS-Programme bzw. Programmnotationen beinhalten verschiedentlich einzelne logische Fehler, obwohl im Prompt der dazugehörige Kontext vollständig angegeben wurde.
- Bei Übergangsbedingungen zwischen Zuständen in Ablaufprogrammen wird nicht immer berücksichtigt, dass ein Aktor erst dann als aktiviert gilt, wenn der zugehörige Sensor aktiv ist. Aktoransteuersignale werden deshalb auch in den Übergangsbedingungen genutzt.

- Einzelne Funktionalitäten gemäß der Aufgabenstellung werden nicht immer korrekt erkannt.

Folgende Schlussfolgerungen lassen sich ziehen:

- ChatGPT kann auch für umfangreichere Aufgabenstellungen mit Text (3200 Zeichen) und Bild hilfreiche steuerungstechnische Ergebnisse und Erläuterungen liefern.
- Ein von ChatGPT generiertes SPS-Programm bzw. eine Programmbeschreibung darf niemals ungeprüft verwendet werden. In den meisten Fällen enthält das Programm Fehler oder Unklarheiten.
- Generierte SPS-Programme sind weder optimiert noch aus steuerungstechnischen Gesichtspunkten besonders angepasst. Es wird unabhängig von allgemeinen Steuerungsprinzipien immer nur eine mögliche Lösung bezogen auf die beschriebene Hauptfunktionalität generiert.
- Aufgabenstellungen in der Steuerungstechnik sind nicht immer vollständig formuliert, sondern setzen gewisse Grundkenntnisse in der SPS-Technik voraus, sodass bei der Lösungsentwicklung bereits gesammelte Kenntnisse und Erfahrungen mit einfließen können. ChatGPT besitzt gegenwärtig offenbar nur wenige Kenntnisse im Bereich SPS-Technik und stützt sich im Wesentlichen auf die Korrektheit und Vollständigkeit der Aufgabenbeschreibung. Aufgabenstellungen müssen deshalb so formuliert werden, dass auch Leser mit nur allgemeinen technischen Kenntnissen die Aufgabe vollständig verstehen.

4.5 Verifizierung von SPS-Programmen

Für die Verifizierung von SPS-Programmen wurden die Lösungen folgender Aufgaben ausgewählt:

- Aufgabe 34: Alarmsystem für Hausüberwachung
- Aufgabe 35: Materialbearbeitung
- Aufgabe 36: Temperaturregelung einer Heizung
- Aufgabe 37: Zahlenverarbeitung

Für die Verifizierung wurden in den Code der Lösungen Fehler eingebaut bzw. es wurde nach Optimierung bzw. Energieeffizienz gefragt.

4.5.1 Aufgabe 34: Alarmsystem für Hausüberwachung

Das FBS-Programm zum Alarmsystem für die Hausüberwachung aus Abschnitt 3.5.2 (Aufgabe 9) soll auf funktionelle Richtigkeit gemäß der Aufgabenstellung geprüft werden.

4.5.1.1 Prompt und Ergebnis

Prompt

Ein Alarmsystem nach dem hochgeladenen Bild 1 wird durch den Schalter S1 aktiviert. Mittels Sensoren werden eine Tür (S2) und zwei Fenster (S3 und S4) überwacht. Die Anzeige erfolgt mit der Meldelampe H1. Die Meldelampen H3 und H4 zeigen ein offenes Fenster bzw. eine offene Tür an. Eine Alarmauslösung erfolgt erst nach 5 s wie folgt: H2 leuchtet und bleibt eingeschaltet, bis der Schalter S1 ausgeschaltet wird. Alle Sensoren und Schalter sind Schließer. Für die Lösung werden folgende Prozessdatenzuordnungen eingesetzt:

Eingangszuordnung der Prozessdaten			
BMK	**Schalternr. (-A2)**	**Variablenname**	**Beschreibung**
S1	1	`IX_toggle_alarm`	betätigt: S1 = 1
S2	2	`IX_sensor_door`	betätigt: S2 = 1
S3	3	`IX_sensor_window_1`	betätigt: S3 = 1
S4	4	`IX_sensor_window_2`	betätigt: S4 = 1

Ausgangszuordnung der Prozessdaten			
BMK	**LED-Nr. (-A2)**	**Variablenname**	**Beschreibung**
H1	1	`QX_lamp_alarm_on`	LED leuchtet: H1 = 1
H2	2	`QX_lamp_alert_all`	LED leuchtet: H2 = 1
H3	3	`QX_lamp_alert_door`	LED leuchtet: H3 = 1
H4	4	`QX_lamp_alert_window`	LED leuchtet: H4 = 1

Zuordnung der internen Variablen (Merker)			
Variablenname	**Datentyp**	**Beschreibung**	**Startwert**
`RS_1`	`RS`	Instanz des RS-Speichers	
`TON_1`	`TON`	Instanz der Einschaltverzögerung	
`alarm_delay_time`	`TIME`	Zeit, nach der ein Alarm ausgelöst werden soll	5 s

Als Lösung wird ein FBS-Programm entsprechend dem hochgeladenen Bild 2 generiert.

Prüfe das FBS-Programm auf funktionelle Richtigkeit entsprechend der Aufgabenstellung.

ChatGPT liefert dazu das folgende korrekte Ergebnis:

Ergebnis

Danke für die umfassenden Informationen und die Bilder. Wir prüfen nun, ob das FBS-Programm (Funktionsbausteinsprache) aus Bild 2 funktionell richtig zur Aufgabenstellung aus Bild 1 umgesetzt wurde. Dies ist die Schritt-für-Schritt-Analyse:

Aufgabenstellung – Zusammenfassung der Anforderungen

1. Aktivierung über den Schalter S1 (`IX_toggle_alarm`)
   - Wenn S1 eingeschaltet wird, ist das Alarmsystem aktiv.
   - Anzeige durch die Lampe H1 (`QX_lamp_alarm_on`)
2. Türüberwachung über den Sensor S2 (`IX_sensor_door`)
   - Wenn die Tür geöffnet ist und das Alarmsystem aktiv ist, soll die Lampe H3 (`QX_lamp_alert_door`) leuchten.
3. Fensterüberwachung über die Sensoren S3 und S4 (`IX_sensor_window_1` und `IX_sensor_window_2`)
   - Wenn eines der Fenster offen und das Alarmsystem aktiv ist, soll die Lampe H4 (`QX_lamp_alert_window`) leuchten.
4. Alarmauslösung nach 5 Sekunden Verzögerung
   - Falls die Tür oder das Fenster geöffnet sind, soll H2 (`QX_lamp_alert_all`) 5 Sekunden nach Erkennung leuchten.
   - Der Alarm bleibt dauerhaft aktiv, bis S1 (`IX_toggle_alarm`) wieder ausgeschaltet wird.

Analyse des FBS-Programms

C1: Tür-Überwachung

AND-Bedingung: `IX_toggle_alarm UND IX_sensor_door`

→ `QX_lamp_alarm_on` + `QX_lamp_alert_door`

Korrekt: bei aktivierter Anlage **und** geöffneter Tür → Türanzeige H3 leuchtet

C2: Fenster-Überwachung

AND-Bedingung: `IX_toggle_alarm UND (IX_sensor_window_1 ODER IX_sensor_window_2)`

→ `QX_lamp_alert_window`

Korrekt: Die Fensteranzeige H4 leuchtet, wenn eins der Fenster geöffnet und das Alarmsystem aktiv ist.

C3: Zeitverzögerter Alarm (5 s)

- OR-Bedingung: QX_lamp_alert_door ODER QX_lamp_alert_window
- UND mit IX_toggle_alarm

  → TON (5 s Einschaltverzögerung)
  → RS-Flipflop (SET)
  → QX_lamp_alert_all bleibt gesetzt.
  → Rücksetzung über IX_toggle_alarm (RESET)

Korrekt:

- Der Alarm H2 wird nur ausgelöst, wenn der Alarm aktiv ist **und** Tür/Fenster offen sind.
- Nach 5 s Verzögerung wird der Alarm gesetzt.
- Der Alarm bleibt bestehen, bis S1 wieder ausgeschaltet wird.

Fazit: Funktionelle Prüfung

Prüfkriterium	Ergebnis
Aktivierung über Schalter S1 (H1)	korrekt
Türüberwachung (H3)	korrekt
Fensterüberwachung (H4)	korrekt
Verzögerter Alarm nach 5 s (H2)	korrekt
Der Alarm bleibt aktiv bis S1 ausgeschaltet wird.	korrekt

Gesamturteil:

Das FBS-Programm ist entsprechend der Aufgabenstellung funktionell richtig umgesetzt. Eine Verifizierung gegenüber der Spezifikation ist hier erfolgreich abgeschlossen.

Wenn du möchtest, kann ich dir gerne ein Prüfprotokoll oder eine kommentierte FBS-Skizze zur Dokumentation erzeugen.

Für einen zweiten Test wurde ein Fehler in das FBS-Programm eingebaut. Der OR-Baustein für die Alarmanzeige der beiden Fenster wurde durch einen AND-Baustein ersetzt, d. h., in diesem Programm erfolgt eine Alarmmeldung nur, wenn beide Fenster geöffnet werden. Der identische Prompt wird verwendet. Bild 2 mit dem fehlerhaften FBS-Programm wird in ChatGPT hochgeladen. Der Fehler wird von ChatGPT klar erkannt und analysiert.

Dies ist ein Ausschnitt aus dem Ergebnis.

Ergebnis (Ausschnitt)

Alle anderen Teile (C1 und C3) sind weiterhin korrekt:

Funktion	Bewertung
C1 (Tür): Alarm bei Türöffnung mit aktivierter Anlage	korrekt
C3 (Alarmauslösung nach 5 s): `TON`-Block + RS	korrekt
C2 (Fenster): aktuell fehlerhaft, muss korrigiert werden	nicht korrekt

Empfohlene Korrektur der Logik in C2:

1. Ersetze die `AND`-Verknüpfung der Fenster durch eine `OR`-Verknüpfung:
   - Baustein: `OR (IX_sensor_window_1, IX_sensor_window_2)`
   - danach `AND` mit `IX_toggle_alarm`
2. Der Ausgang `QX_lamp_alert_window` bleibt wie bisher.

4.5.1.2 Bewertung des Ergebnisses

ChatGPT ist in der Lage, für einfache FBS-Programme auf Basis einer textuellen Aufgabenstellung mit entsprechenden Bildern die korrekte Verifizierung eines FBS-Programms durchzuführen.

4.5.2 Aufgabe 35: Materialbearbeitung

Für das KOP-Programm zur Materialbearbeitung aus Abschnitt 3.6.1 (Aufgabe 11) soll Folgendes geprüft werden:

- Realisiert das KOP-Programm tatsächlich den vorgegebenen funktionellen Ablauf?
- Gibt es hinsichtlich Energieeffizienz und Sicherheit Verbesserungen im Programm?
- Ist das Programm nach den bewährten Regeln und Methoden der SPS-Technik aufgebaut?

4.5.2.1 Prompt und Ergebnis

Im Prompt werden die Aufgabenstellung aus Abschnitt 3.6.1 gemäß Bild 3.27, die Prozessdatenzuordnungen gemäß Tabelle 3.30 bis Tabelle 3.32 sowie das erstellte KOP-Programm gemäß Bild 3.28 und Bild 3.29 eingegeben. Der Prompt besteht damit aus insgesamt 2477 Textzeichen, drei Tabellen und drei Bildern.

Ergebnis

Vielen Dank für die ausführliche Beschreibung und die hochgeladenen Bilder. Wir analysieren das KOP-Programm (Kontaktplan) gemäß den drei Prüfkriterien:

(1) Prüfung auf funktionelle Richtigkeit (entsprechend der Aufgabenstellung)

Ablauf gemäß Vorgabe:

Schritt	Anforderung aus Aufgabenstellung	Realisierung im Programm (Netzwerke C1–C4)
1	Start mit Taster T1	C1: `IX_button_start`
2	Der Zylinder A fährt aus und fixiert das Werkstück.	C1/C2: `QX_pistonA_push`, aktiv bei `IX_pistonA_in`
3	Falls kein Werkstück da ist, wird der Zylinder A zurückgefahren.	C2: `IX_part_available` = 0 → `QX_pistonA_pull`
4	Der Zylinder B fährt aus und startet den Bohrer.	C4: Bedingungen geprüft, dann `QX_pistonB_push` und `QX_motor_drill`
5	Bohrung erfolgt bis Sensor S4 (`IX_pistonB_drill`) = 1	C3: setzt `part_finished_bool`
6	Der Zylinder B fährt zurück und der Motor stoppt bei S3.	C4: Motor läuft nur, solange `IX_pistonB_in` = 0
7	Der Zylinder A fährt zurück und das Werkstück wird freigegeben.	C2: durch `part_finished_bool` und `IX_pistonA_out`

Ergebnis: Alle Schritte werden vom Programm korrekt umgesetzt. Die grundlegende Funktionsanforderung wird erfüllt.

(2) Optimierungsvorschläge: Energieeffizienz und Sicherheit

Verbesserungsvorschläge:

Thema	Bewertung	Optimierung
Der Zylinder A fährt nach hinten, wenn kein Werkstück vorhanden ist.	korrekt umgesetzt	OK
doppelte Ventilsteuerung Y1/Y2 (Impuls)	problematisch	Momentan wird `QX_pistonA_push` dauerhaft gesetzt. → Verbesserung: mit Impuls oder Einschaltzeit (`TON`)

Thema	Bewertung	Optimierung
Motorabschaltung bei Erreichen von S3 (Zylinder B ist eingefahren)	korrekt (über `IX_pistonB_in`)	gut
Der Zylinder B fährt aus, auch wenn das Werkstück nicht richtig positioniert ist.	möglich	Verbesserung: Verknüpfung mit S1 (Werkstück fixiert = Zylinder A ausgefahren) prüfen
allgemeine Sicherheitsabschaltung/Not-Aus	nicht enthalten	Verbesserung: einfügen z. B. `IX_emergency_stop` global als Sperre
unnötiger Energieverbrauch durch dauerhaft aktive Ventile	möglich	`TON`-Baustein verwenden → nur kurzer Puls auf Y1/Y2 bei Richtungswechsel
Der Motor läuft mit gedrücktem Zylinder, aber ohne Verriegelungssicherung.	prüfen	prüfen, ob Zylinder A ausgefahren **und** ein Werkstück vorhanden ist → dann Motor starten

(3) SPS-technische Regeln und Standards

saubere Netztrennung je Funktion (C1 bis C4)	korrekt
Verwendung von Setz-/Rücksetzbausteinen (RS_1) für Status	korrekt
Negationen (/) sind übersichtlich gesetzt.	korrekt
Einhaltung logischer Struktur (z. B. erst prüfen, dann aktivieren)	korrekt
Dokumentation im Netzwerk (z. B. Kommentare, keine Sprünge)	nicht vorhanden →Verbesserung: Kommentare einfügen
Sind die Impulsventile korrekt berücksichtigt?	Daueraktivierung statt Impulssteuerung → Anpassung empfohlen

Zusammenfassung und Empfehlung

Das Programm erfüllt die vollständige Aufgabe funktionssicher und bildet den vorgeschriebenen Bohrzyklus korrekt ab.

Folgende Verbesserungen sind zu empfehlen:

1. Impulssteuerung für Y1/Y2 (Zylinder A) → TON einsetzen oder mit Flankensteuerung arbeiten
2. Energieoptimierung: unnötige Daueraktivierungen vermeiden
3. Sicherheit: Not-Aus-Bedingung ergänzen
4. Dokumentation: Netzwerke mit Kommentaren beschriften
5. Logikschärfung: zusätzliche Bedingung prüfen, dass der ZylinderA wirklich ausgefahren ist, bevor der Zylinder B und der Motor starten

---

4.5.2.2 Bewertung des Ergebnisses

Die Funktionsfähigkeit des KOP-Programms wird korrekt erkannt. Die empfohlenen Verbesserungen sind hilfreich. Punkt 1 bis Punkt 3 der Empfehlungen sollten für eine Verbesserung des KOP-Programms angewendet werden. Punkt 4 ist nicht ganz klar, da im KOP-Programm bereits Kommentare in Englisch aufgeführt sind (Eventuell akzeptiert ChatGPT die Kommentare bei einem deutschsprachigen Prompt nur auf Deutsch?). Punkt 5 der Empfehlung (Logikschärfung) ist im Programm schon realisiert, wird aber offensichtlich durch ChatGPT nicht erkannt bzw. nicht akzeptiert. Trotz kleinerer Unklarheiten (Punkt 4 und Punkt 5) ist es ChatGPT also gelungen, die relativ komplexe Verifizierungsaufgabe erfolgreich zu lösen.

4.5.3 Aufgabe 36: Temperaturregelung einer Heizung

Diese Verifizierung basiert auf dem FBS-Programm für die Temperaturregelung einer Heizung aus Abschnitt 3.7.4 (Aufgabe 16). In das korrekte FBS-Programm wurden drei Fehler eingebaut:

- **Fehler 1:** Der Multiplikator im Messumformer für Potentiometer 2 wurde durch einen Addierer ersetzt (Bild 3.36).
- **Fehler 2:** Bei der Einstellung der Solltemperatur wurde der Wert der Temperaturstufen in Bild 3.37 auf 3 gesetzt (korrekt: 5).
- **Fehler 3:** In der Hystereseberechnung nach Bild 3.38 wurden die beiden Bausteine LT und GT vertauscht.

4.5.3.1 Prompt und Ergebnis

Im Prompt werden die Aufgabenstellung aus Abschnitt 3.7.4 (2445 Textzeichen), die Prozessdatenzuordnungen (Tabelle 3.46 bis Tabelle 3.48) sowie die vier Bilder (Bild 3.36 bis Bild 3.39) für das FBS-Programm mit den drei eingebauten Fehlern vorgegeben. Das FBS-Programm beinhaltet insgesamt sechzehn Standardfunktionsbausteine. Die Fragestellung lautet: „Verifiziere das FBS-Programm auf Richtigkeit bezogen auf die geplante Funktionsweise."

Im Ergebnis wird das Programm als vollständig korrekt bezeichnet. Es konnte kein Fehler durch ChatGPT gefunden werden. In einem Ergänzungs-Prompt wird folgende Rückfrage gestellt:

Ergänzungsprompt

Bitte prüfe nochmals deine Analyse. Im Programm müssten noch Fehler sein.

Erst nach diesem Ergänzungsprompt können Fehler 1 und Fehler 3 gefunden werden. Bei Fehler 2 erkennt ChatGPT nicht den falschen Wert 3 für die Temperaturdifferenz (korrekt nach Vorgabe: 5). Dies ist das Ergebnis von ChatGPT nach dem Ergänzungsprompt:

Ergebnis

Sehr gerne. Ich mache jetzt eine detaillierte, zeilenweise Fehleranalyse der einzelnen Funktionsblöcke anhand deiner Beschreibung und der Bilder. Ich prüfe speziell, ob die Anforderungen exakt erfüllt werden oder ob es Abweichungen gibt.

C1: Umrechnung Potentiometer → Temperaturwert

Beschreibung:

- Eingang: `IW_poti_actual_temp` (`WORD`) → 0x0000 bis 0x75BF (also 0 bis 30 143)
- Das entspricht 4 mA bis 20 mA.
- Ziel: Temperatur von 10 °C bis 50 °C

Was das Programm macht:

- `IW_poti_actual_temp` → `TO_DINT` → `TO_REAL`
- Division durch 1875 (nicht durch 30 143!)
- Dann: 4.0 + 2.5

Fehler:

- Die Normierung ist nicht korrekt.
- 1875.0 ist nicht der richtige Faktor. Wenn 0x0000 bis 0x75BF (0 bis 30 143) 4 bis 20 mA entspricht, dann sollte der korrekte Umrechnungsfaktor wie folgt sein: mA = ((Wert bis 0) / 30 143) · (20 – 4) + 4
- Es sieht so aus, als ob hier eine falsche Skalierung verwendet wird. Diese ist vermutlich an ein Simulationsgerät angepasst, aber nicht korrekt für die Spannungsnormierung 0 bis 10 V über 0 bis 30 143.

Dadurch ist die resultierende Temperatur `actual_temp_real` fehlerhaft.

C2: Sollwert über Schalter

Was das Programm macht:

- Jeder Schalter (`IX_switch_temp_1/2/3`) → SEL, Eingang 0 und 3 (das entspricht +5 °C)
- Die Werte werden aufsummiert und zu 15 addiert.

Erwartetes Verhalten:

- alle Schalter aus: 15 °C
- jeder Schalter +5 °C → ergibt 15 – 30 °C in 5er-Schritten

Ergebnis: richtig umgesetzt

C3: Hysterese

Umsetzung:

- `upper_threshold_real` = `set_temp_real` + 2.0
- `lower_threshold_real` = `set_temp_real` – 2.0

Ergebnis: korrekt umgesetzt

C4: Vergleich mit Flipflop

Beschreibung:

- SET, wenn `actual_temp_real` > `lower_threshold_real`
- RESET, wenn `actual_temp_real` < `upper_threshold_real`

Fehler in der Vergleichslogik:

Die Vergleiche sind vertauscht.

Richtig wäre Folgendes:

SET, wenn `actual_temp_real` < `lower_threshold_real` → Heizen EIN
RESET, wenn `actual_temp_real` > `upper_threshold_real` → Heizen AUS

Laut Programm gilt jedoch Folgendes:

- GT (größer als) → SET → falsch
- LT (kleiner als) → RESET → falsch

Das ist ein klarer logischer Fehler. Dies führt dazu, dass das Heizventil genau falsch herum arbeitet. Das Ventil würde bei zu hoher Temperatur eingeschaltet werden.

C5: LED-Bargraph

Verhalten:

- Wenn Ventil `QX_heating_valve_bool` = TRUE → `bargraph_on_word` = 0xFFFF
- Wenn FALSE → 0x0000

Ergebnis: korrekt umgesetzt

Zusammenfassung aller Fehler

Block	Beschreibung	Ergebnis
C1	falsche Umrechnung der Potentiometer-werte → Temperatur	nicht korrekt
C2	Sollwert über Schalter (3 • 5 °C + 15 °C)	korrekt
C3	Hysterese von ±2 °C ist korrekt berechnet	korrekt
C4	Vergleichslogik (GT/LT) ist vertauscht	nicht korrekt
C5	LED-Ausgabe bei Ventil EIN/AUS ist korrekt	korrekt

Empfohlene Korrekturen

1. C1: Umrechnung korrigieren

```
transmitter_out_real := ((REAL(IW_poti_actual_temp) / 30143.0) * 16.0)
+ 4.0
actual_temp_real := (transmitter_out_real - 4.0) / 0.4
```

2. C4: Vergleich richtig herum aufbauen
   - SET → `actual_temp_real < lower_threshold_real`
   - RESET → `actual_temp_real > upper_threshold_real`

4.5.3.2 Bewertung des Ergebnisses

Problem:

- Erst durch Nachfrage und den Hinweis, dass das Programm Fehler enthält, konnte ChatGPT die Fehler auch finden.
- Ein falsch deklarierte numerische Konstante im Programm wurde nicht erkannt.

Folgende Schlussfolgerung lässt sich ziehen:

Es scheint so, dass ChatGPT beim ersten Durchlauf weniger auf Genauigkeit und mehr auf Schnelligkeit der Antwort trainiert ist. Erst bei Rückfragen werden tiefgründigere Analysen durchgeführt. Eventuell sollte man bei der Verifizierung von SPS-Programmen bereits im Prompt angeben, dass man mögliche Fehler erwartet.

4.5.3.3 Vergleichstest mit o4-mini-high

Mit o4-mini-high können mit dem Prompt aus Abschnitt 4.5.3.1 nach 25 s alle drei Fehler korrekt gefunden werden. Auch die zugehörige Fehleranalyse und die vorgeschlagenen Maßnahmen sind korrekt.

Dies ist die Vorgehensweise der KI:

Reasoning (Denkprozess)

- Der Benutzer möchte, dass ich das FBS-Programm auf die geplante Funktionalität überprüfe. Ich soll sicherstellen, dass es korrekt umsetzt, was benötigt wird: Die Potentiometer-Ablesung (0x0000 bis 0x75BF) wird auf eine reale Temperatur von 10 bis 50 °C abgebildet, unter Berücksichtigung der Skalierung der 4 – 20 mA und der Simulation der Ausgangssignale über P2. Ich überprüfe die Umrechnungen und Teile des Programms, besonders bei der Berechnung und Anwendung der Temperaturwerte.
- Das System verwendet den Rohwert des Potentiometers, um die Temperatur zu berechnen, geschätzt durch folgende Formel: Temperatur = (counts / 30 000) · 32 + 10. Die FBS-Formel teilt den Wert jedoch durch 1875 und fügt dann 2,5 hinzu. Es scheint so, als seien die Blöcke im Diagramm nicht ganz klar. Der DIV-Block benötigt zwei Eingaben, während das Diagramm eine andere Zuordnung zu Konstanten zeigt. Es könnte etwas Verwirrung in der Darstellung und Reihenfolge der Berechnungen geben, die ich noch genauer untersuchen muss.
- Es sieht so aus, als hätte der Benutzer bei der Skalierung und der Umrechnung der Rohwerte in tatsächliche Temperaturen Fehler gemacht. Der Ansatz verwendet eine falsche Division und Addition, was dazu führt, dass das temperaturhafte Ergebnis falsch ist. Ich denke, der Benutzer wollte über die richtigen Umrechnungsfaktoren gehen, aber das Hinzufügen von 2,5 und das Teilen durch 1875 führen nicht zu den gewünschten Ergebnissen. Ich muss dem Benutzer helfen, die Skalierung korrekt zu implementieren, indem ich die richtigen Umrechnungsformeln anpasse.

Das zugehörige Ergebnis lautet wie folgt:

Ergebnis

Im Detail habe ich mir jede Sektion angesehen. Es gibt leider an mehreren Stellen Abweichungen von der geforderten Funktion:

C1: Umrechnung der Rohwerte in °C

Soll:

1. Aus dem analogen Wert (0 ... 16#75BF ≙ 0 ... 10 V) den Strom in mA berechnen: I = {(W / 30 000) · 16} + 4
2. Aus dem Strom dann die Temperatur (10 ... 50 °C bei 4 ... 20 mA) berechnen: T = (i – 4) · 2,5 + 10

Ist (FBS):

1. `DIV` W / 1875 → Ergebnis
2. `ADD` (Ergebnis + 4) → `transmitter_out_real` ✓
3. falsch: `ADD` (`transmitter_out_real` + 2,5) → `actual_temp_real`

Durch einfaches Addieren von 2,5 °C fehlt hier die Multiplikation mit 2,5. Die Formel liefert so bei Nulleingang 6,5 °C (statt 10 °C) und bei Maximalwert nur 22,5 °C (statt 50 °C).

Korrektur:

Nach Schritt 2 muss man mit 2,5 multiplizieren (MUL-Block) und anschließend 10 addieren:

```
SUB     transmitter_out_real - 4     → x
MUL     x * 2.5                      → y
ADD     y + 10                       → actual_temp_real
```

Alternativ kann man direkt wie folgt vorgehen:

```
actual_temp_real = poti_actual_temp_real * (40/30000) + 10
```

C2: Sollwertbildung aus den drei Schaltern

Soll: Jeder Schalter ΔT = +5 °C, Grundwert: 15 °C

Ist: In jedem SEL-Block steht als `IN1` konstant 3 statt 5.

→ Wenn alle drei Schalter an sind, ergibt sich 3 + 3 + 3 + 15 = 24 °C (statt 15 + 5 + 5 + 5 = 30 °C).

Korrektur:

- `IN0` = 0, `IN1` = 5
- dann Summieren über drei `ADD` + Grundwert 15

C3: Hysterese von ±2 °C

Hier ist die Umsetzung korrekt:

- `upper_threshold_real` = `set_temp_real + 2`
- `lower_threshold_real` = `set_temp_real - 2`

C4: SR-Flipflop für das Heizventil

Soll:

- Ventil setzen (heizen), wenn Ist < (Soll – 2)
- Ventil rücksetzen (aus), wenn Ist > (Soll + 2)

Ist im FBS:

- SET wird ausgelöst durch `GT(actual_temp_real, lower_threshold_real)`
- RESET durch `LT(actual_temp_real, upper_threshold_real)`

Damit öffnet das Ventil, wenn Ist > (Soll – 2), und schließt, wenn Ist < (Soll + 2), d. h. genau umgekehrt.

Korrektur:

Tauschen Sie die beiden Vergleiche und Anschlüsse:

- `LT(actual_temp_real, lower_threshold_real)` → SET
- `GT(actual_temp_real, upper_threshold_real)` → RESET

C5: LED-Balkenanzeige

Die SEL-Schaltung (G = `heating_valve_bool`, IN0 = `bargraph_off_word`, IN1 = `bargraph_on_word`) ist richtig aufgebaut und liefert 0…16#7FFF je nach Ventilstatus.

Zusammenfassung:

- C1: fehlende Multiplikation mit 2,5 und falsches Offset
- C2: falscher Konstantenwert (3 statt 5)
- C4: vertauschte Set-/Reset-Logik

Sobald Sie C1, C2 und C4 entsprechend den Korrekturhinweisen anpassen, deckt sich das FBS-Programm mit der geforderten Funktion.

Folgende Schlussfolgerung lässt sich ziehen:

Es scheint so, al ob o4-mini-high im Gegensatz zu ChatGPT-4o grundsätzlich gründlicher analysiert und damit auch weniger Ergänzungsprompts benötigt werden. Für die Ausgabe der Ergebnisse benötigt o4-mini-high allerdings wesentlich mehr Zeit als ChatGPT-4o.

4.5.4 Aufgabe 37: Zahlenverarbeitung

Für diese Verifizierung wird die theoretische Aufgabe VI aus Abschnitt 3.7.1 genutzt. Dabei geht es um die Überprüfung einer Zahlenwandlung von analogen Signalen in binäre Signale.

4.5.4.1 Prompt und Ergebnis

Entsprechend der theoretischen Aufgabe VI in Abschnitt 3.7.1 wird folgender Prompt für die Verifizierung eingesetzt:

Prompt

Baugruppen zur Analog-Digital-Wandlung bzw. Digital-Analog-Wandlung stellen der SPS die gewandelten Werte meist in binärer Form zur Verfügung. Analoge Eingänge werden dabei häufig im Datentyp `WORD` eingelesen und analoge Ausgänge mit dem Datentyp `WORD` ausgegeben.

Folgende Aufgabe soll gelöst werden:

An drei analogen Eingängen der SPS werden folgende Werte eingelesen:

- Eingang 1: –5 V…+5 V
- Eingang 2: –10 V…+10 V
- Eingang 3: +4 mA… +20 mA

Der Wertebereich der Eingangssignale nach der Analog-Digital-Wandlung im Hexadezimalformat soll für den Datentyp `WORD` ermittelt werden. Die Analogeingabebaugruppe hat eine Auflösung von 16 Bit. Die Skalierung der eingelesenen Eingangswerte soll wie folgt erfolgen:

- Spannung: 1 Digit (Dezimalwert) ≙ 1 mV
- Strom: 1 Digit (Dezimalwert) ≙ 1 µA

Als Lösung für diese Aufgabe wird Folgendes ermittelt:

- Eingang 1 (±5 V): 0xEC78...0x1388
- Eingang 2 (±10 V): **0x98F0**...0x2710
- Eingang 3 (4...20 mA): 0x0FA0...0x4E20

Bitte verifiziere die Antwort auf Richtigkeit.

In der Lösung wurde im Prompt ein Fehler für Eingang 2 eingebaut (fett markiert). Die richtige Antwort lautet wie folgt:

Eingang 2 (±10 V): 0xD8F0...0x2710

Die Verifizierung wurde mit allen sechs Modellen von ChatGPT durchgeführt. Die Ergebnisse finden Sie in Tabelle 4.5.

Tabelle 4.5 Ergebnisse der Verifizierung für verschiedene GPT-Modelle

Modellname	Ergebnis	Denkzeit [s]	Bemerkungen
ChatGPT-4o	Fehler nicht erkannt	–	Eingang 1 und Eingang 2 sind falsch.
ChatGPT-4.5	Fehler nicht erkannt	–	Alles ist korrekt.
ChatGPT-4o mini	Fehler nicht erkannt	–	Eingang 1 und Eingang 2 sind falsch.
o3	Fehler erkannt	53	
o4-mini	Fehler erkannt	18	
o4-mini-high	Fehler erkannt	32	

4.5.4.2 Bewertung des Ergebnisses

Alle o-Modelle (= Modelle mit Reasoning) erkennen den Fehler korrekt, wohingegen alle GPT-4x-Modelle in unterschiedlicher Art falsche Ergebnisse ausgeben.

Folgende Schlussfolgerungen lassen sich ziehen:

- Die GPT-Modelle reagieren sehr unterschiedlich. Es scheint jedoch so, als sei das Modell o4-mini-high am besten für das SPS-Engineering geeignet.
- Ein grundsätzliches Problem für die Nutzung von ChatGPT für das SPS-Engineering ist jedoch, dass der Leistungsumfang hinsichtlich Themen der SPS-Technik für die einzelnen Modelle nicht bekannt ist. Hierzu müsste künftig ein Kompetenzprofil für das jeweilige GPT-Modell vorliegen.

4.6 Zusammenfassung

4.6.1 Statistische Auswertung der Ergebnisse

Die Ergebnisse der KI-Unterstützung für die Aufgaben aus Tabelle 4.3 wurden entsprechend den Kriterien in Tabelle 4.6 bewertet und zusammengefasst.

Tabelle 4.6 Erläuterung der Bewertungskriterien

Bewertung	Beschreibung
++	vollständig korrektes Ergebnis nach dem ersten Prompt
+	teilweise korrektes Ergebnis nach dem ersten Prompt; nach einem Ergänzungsprompt wird korrektes Ergebnis ausgegeben
-	falsches Ergebnis; erst nach mehreren Ergänzungsprompts wird korrektes Ergebnis ausgegeben
--	Auch nach mehreren Ergänzungsprompts ist das Ergebnis nur teilweise korrekt bzw. immer noch falsch.

Die Zusammenfassung der Ergebnisse inklusive Bewertung ist in Tabelle 4.7 dargestellt.

Tabelle 4.7 Bewertete Ergebnisse der ChatGPT-Unterstützung

Aufgabe	Kategorie	ChatGPT-4o	o4-mini-high
Aufgabe 21: Analyse eines einfachen ST-Codes	Analyse	++	
Aufgabe 22: Analyse einer Aufgabenstellung mit RS- und SR-Flipflops		++	
Aufgabe 23: Analyse einer Zahlenwandlung analoger Signale		+	++
Aufgabe 24: Analyse eines Anwendungsprogramms in ST		++	
Aufgabe 25: Analyse eines Komponentenschemas		-	++
Aufgabe 26: Beleuchtungssteuerung mit Schalter	Programmentwicklung	+	++
Aufgabe 27: Selbsthaltung mit AND/OR		--	+

Aufgabe	Kategorie	ChatGPT-4o	o4-mini-high
Aufgabe 28: Steuerung eines Drehstrommotors		--	--
Aufgabe 29: Dualzahlen-Addierer		++	
Aufgabe 30: Beleuchtungssteuerung mit Tastern		-	++
Aufgabe 31: Steuerung einer Stanzmaschine		+	+
Aufgabe32: Halb automatische Transportanlage		-	++
Aufgabe 33: Karosseriemontage		+	
Aufgabe 24: Alarmsystem für Hausüberwachung	Verifizierung	++	
Aufgabe 35: Materialbearbeitung		++	
Aufgabe 36: Temperaturregelung einer Heizung		--	++
Aufgabe 37: Zahlenverarbeitung		--	++

Bezogen auf alle siebzehn Aufgaben, für die ChatGPT-4o zur Unterstützung genutzt wurde, ergibt sich folgender prozentualer Anteil für die Bewertung der Ergebnisse:

- 35 % der Aufgaben wurden korrekt gelöst.
- 41 % der Aufgaben konnten mehr oder weniger korrekt gelöst werden (mithilfe von Ergänzungsprompts).
- 24 % der Aufgaben konnten nicht gelöst werden (auch nicht mithilfe von Ergänzungsprompts).

Die meisten Aufgaben, die nicht bereits nach dem ersten Prompt durch ChatGPT-4o gelöst werden konnten, wurden einem Vergleichstest mit o4-mini-high unterzogen. Dabei wurden bei zehn Aufgaben folgende Resultate erzielt:

- 70 % der Aufgaben wurden durch o4-mini-high korrekt gelöst.
- 20 % der Aufgaben konnten nach einem Ergänzungsprompt gelöst werden.
- 10 % der Aufgaben konnten auch durch o4-mini-high nicht gelöst werden.

Legt man den Fokus auf ein vollständig korrektes Ergebnis bereits nach dem ersten Prompt, so werden durch ChatGPT-4o etwa ⅓ aller Aufgaben und mit o4-mini-high ⅔ der Aufgaben korrekt gelöst. Für den Einsatz im SPS-Engineering wäre also o4-mini-high die eindeutig bessere Wahl.

Berücksichtigt man die Tatsache, dass ein Nutzer insbesondere im Lehr- und Lernbetrieb mithilfe mehrerer Ergänzungsprompts in eine Diskussion mit ChatGPT treten kann, so wird aus Tabelle 4.7 deutlich, dass in 75 bis 90 % der Fälle (je nach ChatGPT-Version) eine hilfreiche Unterstützung durch ChatGPT gegeben werden kann.

Aus Tabelle 4.7 wird auch deutlich, dass die Lösungskompetenz von ChatGPT beim SPS-Engineering insbesondere auf dem Gebiet der Analyse und Verifizierung liegt. Hier konnten die vorgegebenen Aufgaben vollständig korrekt gelöst werden. Bei der Programmentwicklung treten gegenwärtig (Stand: September 2025) noch Probleme auf, die darin begründet liegen, dass ChatGPT bei steuerungsspezifischen Sachverhalten (z. B. Zeitaspekte, Verriegelungen, Speicherglieder und andere) nur unzureichende Fähigkeiten/Kompetenzen besitzt. Hier ist jedoch davon auszugehen, dass diese Defizite mit fachspezifisch trainierten Modellen weitgehend beseitigt werden können.

4.6.2 Schlussfolgerungen für die Arbeit mit ChatGPT

Die im Folgenden aufgeführten Schlussfolgerungen basieren auf den Untersuchungen der siebzehn Aufgaben (Aufgabe 21 bis Aufgabe 37) in Abschnitt 4.3 bis Abschnitt 4.4.5. Dabei muss jedoch beachtet werden, dass Schlussfolgerungen aus der Anwendung von KI-Werkzeugen immer nur ein aktuelles Situationsbild ergeben. Durch die ständige Weiterentwicklung der Modelle und deren erweiterte Wissensbasis können sich künftig durchaus andere Schlussfolgerungen ergeben.

Die Schlussfolgerungen zur Arbeit mit ChatGPT im SPS-Engineering wurden in die folgenden sieben Kategorien eingeteilt:

- Unterstützung durch ChatGPT
- Gestaltung des Prompts
- Kompetenz im SPS-Engineering
- Korrektheit, Prüfung und Kontrolle
- grafische Ergebnisse
- Arbeitsweise von ChatGPT
- Nutzung unterschiedlicher Modelle

Unterstützung durch ChatGPT

ChatGPT ist in der Lage, komplexe Signalverläufe in Grafiken und einfache ST-Programme – basierend auf einer Variablenbeschreibung und dem Programmcode – zu analysieren. Prozessvariablen werden anhand von technischen Bildern erkannt und können für die Programmierung verwendet werden. Die Eingabe im Prompt ist dabei im weiten Rahmen flexibel. Tabellen können auch als Text mit entsprechenden Tabs eingegeben werden.

Es werden korrekte Abläufe aus Komponentenschemata eines technischen Prozesses erkannt, zugehörige Prozessdaten als Eingangs- oder Ausgangsdaten identifiziert und entsprechende Zuordnungstabellen erstellt.

Das KI-System kann auch für umfangreichere Aufgabenstellungen mit Text (> 3000 Zeichen) und Bild hilfreiche steuerungstechnische Ergebnisse und Erläuterungen liefern.

Für einfachen SPS-Quellcode (ST, FBS oder KOP) kann auf Basis einer textuellen Funktionsbeschreibung mit zugehörigen technischen Komponentenschemata und Quellcode-Upload eine korrekte Verifizierung durchgeführt werden.

Gestaltung des Prompts

Für die Gestaltung von Prompts in KI-Systemen gibt es eine Vielzahl von Büchern, in denen die allgemeine Verfahrensweise und erfolgreiche Prompting-Techniken beschrieben sind, z. B. in Grant, Koch et al. und Fessler/Brakemeier (Grant 2023, Koch et al. 2025, Fessler/Brakemeier 2025). Im Folgenden sollen diese Techniken um einige Erfahrungen aus dem Bereich SPS-Engineering ergänzt werden.

Als Erstes möchte ich zwei Erfahrungen teilen, die die bislang bereits bekannten Hinweise für ein gutes Prompting nochmals bestätigen. Bei Fragen, die eine textliche Analyse/Antwort erfordern, sollte man im Prompt bereits angeben, in welchem Textumfang man die Antwort wünscht, und man sollte im Prompt auch immer die Sprache für die Ausgabe angeben. ChatGPT mischt manchmal ohne erkennbaren Grund die Sprachen bei der Ausgabe von Ergebnissen (z. B. Deutsch und Englisch).

Im Bereich SPS-Engineering sollten folgende Besonderheiten bei der Eingabe eines Prompts berücksichtigt werden:

- Für Fragen zu Zahlenkonvertierungen mit ChatGPT sollten möglichst die Konvertierungsregeln, Schreibweisen etc. angegeben werden.
- Für die Analyse eines grafischen Komponentenschemas (z. B. Verschaltungsplan) sollten auch die wichtigsten Hintergrundinformationen über den jeweiligen technischen Prozess als textuelle Beschreibung mit im Prompt erläutert werden. Es kann nicht davon ausgegangen werden, dass ChatGPT die Besonderheiten aller technischen Prozesse kennt.
- Falls ChatGPT Programmcode für grafische SPS-Fachsprachen entwickeln soll, ist es sinnvoll, bereits beim Prompt wesentliche Informationen zur korrekten Syntax mit zu übergeben.

Kompetenz im SPS-Engineering

Das Wissen der ChatGPT-Modelle aus dem Bereich Softwareentwicklung basiert im Wesentlichen auf der klassischen IT-Welt. Funktionelle Besonderheiten der Steuerungstechnik wie Selbsthaltung, Verriegelung, Vorrang, Zeitdeterministik, RS/SR-Flipflops usw. sollten deshalb nicht nur allgemein im Aufgabentext beschrieben werden, sondern mit konkreten fachsprachlichen Begriffen bezeichnet werden. Bei der Verwendung von Funktionsbausteinen muss im Prompt explizit angewiesen werden, dass die Syntax nach IEC 61131-3 genutzt werden soll.

Im Folgenden werden einige Schlussfolgerungen aus der Bearbeitung der Aufgaben dieses Kapitels aufgeführt werden, die sich insbesondere auf die Fachkompetenz der KI beziehen:

- ChatGPT besitzt kein ausreichendes Wissen über die IEC 61131-3. Die dort festgelegte Schreibweise für Literale im HEX-Format mit dem Präfix „16#“ ist nicht bekannt.
- ChatGPT fehlt offenbar noch Anwendungswissen aus dem Bereich SPS-Technik. So ist z. B. der Unterschied zwischen Taster und Schalter nur unzureichend bekannt.
- Wegen fehlendem Wissen über den technischen Prozess (Beispiel „Bohren“ in Abschnitt 4.3.5.1) werden fehlerhafte Abläufe vorgeschlagen, die in der Praxis nicht realisierbar sind.

  Eine korrekte Syntax nach IEC 61131-3 für ST kann von ChatGPT nicht erwartet werden. Hier muss häufig noch eine Syntaxanpassung erfolgen.

  Grundsätzlich geht ChatGPT bei Programmieraufgaben von einer üblichen Ablaufumgebung in einem Rechner aus und berücksichtigt nicht von vornherein die Spezifika einer SPS (z. B. mit Zyklusbetrieb).
- Zuerst wird immer versucht, mit elementaren Programm-Statements auszukommen, ohne Funktionsbausteine zu verwenden. Dies führt allerdings meist zu nicht optimierten, unübersichtlichen oder auch nicht funktionsfähigen Programmen. Erst auf Nachfrage entstehen dann meist bessere Lösungen.
- Variablendeklarationen werden durch ChatGPT gemäß IEC 61131-3 im Programmcode realisiert. Eine SPS-spezifische Variablendeklaration über Tabellen (wie z. B. bei der PLCnext-Steuerung oder anderen SPS-Systemen) kann ChatGPT nicht berücksichtigen.

Aufgabenstellungen in der Steuerungstechnik sind nicht immer vollständig formuliert, sondern setzen gewisse Grundkenntnisse auf dem Gebiet der SPS-Technik voraus, sodass bei der Lösungsentwicklung bereits gesammelte Kenntnisse und Erfahrungen mit einfließen können. Durch die gegenwärtig nur geringen Kenntnisse von ChatGPT im Bereich SPS-Technik stützt sich das KI-System im Wesentlichen auf die Korrektheit und Vollständigkeit der Aufgabenbeschreibung. Aufgabenstellungen müssen deshalb so formuliert werden, dass auch ein Mensch mit nur allgemeinen technischen Kenntnissen die Aufgabe vollständig versteht. Ausgehend von den bisherigen Erfahrungen aus der Arbeit mit ChatGPT im Bereich SPS-Engineering gewinnt man den Eindruck, dass das Kompetenzprofil der KI für diese Thematik etwa dem einer Bachelor-Ausbildung für allgemeine Elektrotechnik entspricht.

Das grundsätzliche Problem bei allen aktuellen, LLM-basierten KI-Systemen besteht darin, dass deren Kompetenzprofile nicht bekannt sind. Will man ein KI-System als Assistenzwerkzeug nutzen, muss man es klassifizieren, bewerten und vertrauenswürdig einordnen können. Dies ist insbesondere im Bildungs- und Qualifikationskontext der Fall. Bislang gibt es keine standardisierten und anerkannten Kompetenzprofile für KI-Systeme und auch keine Verfahren dazu, wie man ein solches Kompetenzprofil bestimmen und zertifizieren kann. Forschungen dazu sind aber in Arbeit (Fraunhofer IAIS 2021). Wenn KI-Systeme als Assistenzsysteme in der Bildung ernst genommen werden sollen, dann benötigen sie einen strukturierten Nachweis ihrer Fähigkeiten als funktionsbezogene Leistungszertifizierung. Das wäre der erste Schritt in Richtung „zertifizierte digitale Bildungs-KI" – analog zu zertifizierten Trainern, Werkzeugen oder Maschinen.

Ausgabe grafischer Ergebnisse

Lösungen, die grafische Fachsprachen erfordern, sollten von ChatGPT besser nicht abgefordert werden. Dazu reicht die Grafikfähigkeit der Ausgabe aktuell nicht aus. Die Ausgabe von syntaktisch korrekten KOP-, FBS- und AS-Programmen ist bislang praktisch nicht möglich. Hier sollte man als Ergebnis eines Prompts die Ausgabe der Lösung als Logiknotation fordern. Auch o4-mini-high ist aktuell (Stand: September 2025) nicht in der Lage, ein verständliches SPS-Programm in einer der grafischen Fachsprachen nach IEC 61131-3 auszugeben.

Korrektheit, Prüfung und Kontrolle

Ein von ChatGPT generiertes SPS-Programm bzw. eine Programmbeschreibung darf niemals ungeprüft verwendet werden. In den meisten Fällen enthält das Programm Fehler oder Unklarheiten. Trotz korrekter textueller Erläuterung kann das ausgegebene SPS-Programm völlig falsch sein. Auch das Ergebnis von Zahlenumrechnungen und -konvertierungen muss in jedem Fall auf Richtigkeit überprüft werden.

Mit ChatGPT generierte SPS-Programme sind weder optimiert noch aus steuerungstechnischen Gesichtspunkten besonders angepasst. Es wird unabhängig von allgemeinen Steuerungsprinzipien immer nur eine mögliche Lösung – bezogen auf die beschriebene Hauptfunktionalität – generiert.

Der Nutzer muss bei ChatGPT selbst erkennen, ob das System für den gegebenen Fall überhaupt korrekte Ergebnisse liefern kann. Wenn das System auch nach mehreren Ergänzungsprompts keine korrekte Antwort liefert, kann der Nutzer davon ausgehen, dass dieser Fall für das System nicht lösbar ist.

Arbeitsweise von ChatGPT

Insbesondere ChatGPT-4o neigt dazu, die eigenen Antworten positiv zu bewerten (z. B. „Dieses Programm stellt sicher, dass …“, „Diese Implementierung erfüllt die Anforderungen“ usw.). Diese Bewertungen stehen jedoch in keinem Zusammenhang mit der Problemlösung, sondern resultieren aus der Aufgabenstellung und der statistischen Wahrscheinlichkeit, dass eine Aufgabe auch eine Lösung hat. Diese bewertenden Kommentare können bei Anfängern im Bereich SPS-Engineering zu falscher Sicherheit und Verwirrungen führen. Die Bewertungen sollten deshalb grundsätzlich ignoriert werden.

Es scheint so, dass ChatGPT beim ersten Durchlauf weniger auf Genauigkeit und mehr auf Schnelligkeit der Antwort trainiert ist. Erst bei Rückfragen werden tiefgründigere Analysen durchgeführt. Eventuell sollte man bei der Verifizierung von SPS-Programmen bereits im Prompt angeben, dass man mögliche Fehler erwartet.

Eine weitere Eigenart von ChatGPT betrifft die „Besserwisserei“, d. h., auch wenn im Prompt ein Sachverhalt eindeutig benannt ist, kann die KI diesen basierend auf dem eigenen Wissen ändern, ohne den Nutzer darüber zu informieren.

Die für ChatGPT oft zitierten Halluzinationen (Fehlinformationen) (Siebert 2025) konnten bei den durchgeführten Untersuchungen praktisch nicht festgestellt werden.

Nutzung unterschiedlicher Modelle

Wie in Abschnitt 4.2 bereits erläutert, wurde für die Untersuchungen die kostenfreie und öffentlich zugängliche Version ChatGPT-4o genutzt. Nur bei fehlerhaften Ergebnissen wurde als Vergleichstest die kostenpflichtige Version o4-mini-high eingesetzt. Es scheint so, dass o4-mini-high im Gegensatz zu ChatGPT-4o gründlicher analysiert, bessere Ergebnisse hinsichtlich der steuerungstechnischen Thematik generiert und damit auch weniger Ergänzungsprompts benötigt. Für die Ausgabe der Ergebnisse braucht o4-mini-high allerdings wesentlich mehr Zeit als ChatGPT-4o.

Interessant ist bei o4-mini-high, dass zuerst der Denkprozess der KI, d. h. die Art und Weise des geplanten Lösungswegs, ausgegeben wird. Daraus wird bereits ersichtlich, ob ChatGPT die Fragestellung im Prompt im Sinne des Nutzers verstanden hat. Leider hängen Denkprozess und Ergebnisausgabe zusammen und sind eine Einheit. Der Denkprozess kann durch den Nutzer bei einem möglicherweise fehlerhaften Lösungsweg bzw. einem unvollständigen Verständnis der Frage (Prompt) nicht korrigiert werden. Dies muss immer über den Prompt erfolgen.

Die verschiedenen GPT-Modelle reagieren sehr unterschiedlich. Für das SPS-Engineering ist das Modell o4-mini-high eindeutig am besten geeignet.

Ein erster Vergleich mit generativen KI-Systemen anderer Hersteller ergab, dass diese hinsichtlich ihrer Leistungsfähigkeit im Bereich SPS-Engineering ähnlich wie ChatGPT-4o reagieren. Getestet wurden Grok 3 von Ultralytics (*https://grok.com*) und Copilot von Microsoft (*https://copilot.microsoft.com*.

4.6.3 Handlungsempfehlungen für den Lehr- und Lernbetrieb

Basierend auf der aktuellen Entwicklungssituation bei generativen KI-Systemen versuche ich im Folgenden, einige Handlungsempfehlungen zur Nutzung dieser Systeme für den Lehr- und Lernbetrieb zu entwickeln. Grundsätzlich muss man bei den Handlungsempfehlungen zwischen den Zielgruppen der Lehrenden (Dozenten, Lehrer) und Lernenden (Studierende, Auszubildende) unterscheiden.

Handlungsempfehlungen für Lehrende:

1. Der Einsatz von ChatGPT für die Vorbereitung und die Durchführung eines Lernprozesses ist in jedem Fall hilfreich und empfehlenswert. Dadurch kann eine beträchtliche Zeitersparnis und zum Teil auch eine höhere Qualität erzielt werden.
2. Mit ChatGPT können hilfreiche und gut strukturierte Erläuterungen, Vorgehensweisen und Beschreibungen für Lernkurse auf schnelle Weise generiert werden.
3. Es ist zu vermuten, dass eine Aufgabe, für die ChatGPT eine korrekte Antwort liefern kann, auch eine einwandfreie und verständliche Aufgabenformulierung für einen menschlichen Lernenden wäre. Unter dieser Annahme kann ChatGPT dazu beitragen, die Qualität und Relevanz von Fragestellungen für Lernende zu verbessern.
4. Bei der Vorbereitung von Prüfungsfragen kann ChatGPT für die Verifizierung und in eingeschränkter Form auch für die Erstellung von Lösungen genutzt werden.
5. Bei der Bewertung von Klausuraufgaben aus dem Bereich SPS-Technik könnte ChatGPT bei der Verifizierung und Prüfung der Lösungen behilflich sein und so die erforderliche Bewertungszeit durch den Lehrenden erheblich verkürzen.
6. Lässt man ChatGPT als Hilfsmittel in einer Prüfung zu, dann wird in den meisten Fällen eine korrekte Lösung gefunden. In der Folge ist dann jedoch unklar, ob die korrekte Lösung einer Prüfungsaufgabe das tatsächliche fachliche Wissen des Prüflings abbildet oder eher die Fähigkeit des Prüflings, mithilfe von ChatGPT eine annehmbare Lösung für eine Aufgabe zu finden. Im Endeffekt könnte ein Prüfling nur ein minimales Fachwissen auf dem Gebiet des Prüfungsthemas aufweisen, was durch die hohe Kompetenz im Umgang mit der KI (Prompt-Engineering) jedoch nicht mehr erkennbar wäre. Der Nutzung von ChatGPT in Prüfungen sollte deshalb vermieden werden.
7. Grundsätzlich sollten Lehrende die kostenpflichtige ChatGPT-Version o4-mini-high einsetzen.

Handlungsempfehlungen für Lernende:

Handlungsempfehlungen für Lernende können zwar aufgestellt werden, ob sie jedoch beherzigt werden, ist fraglich. Durch die freie Verfügbarkeit der KI-Systeme werden Lernende diese Systeme, unabhängig von Empfehlungen, nutzen, um ihren Aufwand in Lernprozessen zu reduzieren. Trotzdem möchte ich auch den Lernenden einige Empfehlungen für den Umgang mit ChatGPT geben:

1. Anfängern auf dem Gebiet der SPS-Technik wird die Nutzung von ChatGPT nicht empfohlen. Da ihnen die Fachkompetenz fehlt und damit keine Evaluierung der Ergebnisse/Aussagen von ChatGPT möglich ist, besteht die erhöhte Gefahr, dass sie sich falsches bzw. unvollständiges Wissen aneignen.
2. Lernenden mit wenig Wissen kann ChatGPT durchaus hilfreiche Erläuterungen bei Analyse- und Verifizierungsaufgaben liefern, die ihr Wissen und Verständnis erweitern.
3. Die Nutzung von ChatGPT für die Erstellung von SPS-Programmen ist für Lernende nur dann sinnvoll, wenn eine praktische SPS-Steuerung als Referenz zur Verfügung steht, mit der sie die generierten Programme auch testen können. Auf diese Weise können Lernende in einem Diskussionsverfahren mit der KI (Prompt 1 – Ergebnis 1 – Test 1, Prompt 2 – Ergebnis 2 – Test 2 usw.) die korrekte Lösung ermitteln und dabei typische Fehler und deren Beseitigung kennenlernen.
4. Generell sollten sich Lernende zuerst mit ChatGPT im technischen Umfeld und mit dem Prompt-Engineering im Allgemeinen vertraut machen, um die Probleme im Umgang mit einem KI-Assistenten zu kennen (falsche positive Bewertungen, Besserwisserei, falsche Ergebnisse, Halluzinationen usw.).
5. Jeder Lernende, der einen KI-Assistenten nutzt, sollte der Selbstbewertung der KI grundsätzlich misstrauen und sich mit gesundem Menschenverstand ein eigenes Bild von ihren Leistungen (= ausgegebene Antwort) machen.

4.7 Übungsaufgaben

Übung 15

Mithilfe von ChatGPT soll eine Analyse der Funktionsweise des ST-Programms aus Aufgabe 8 in Abschnitt 3.4.3 (Pufferspeicher für Fertigungszelle) erfolgen. ChatGPT soll dazu nur Bild 3.19 sowie das zugehörige ST-Programm (Listing 3.6) als Prompt erhalten. Die beiden Bilder für das Komponentenschema und das ST-Programm sind unter *plus.hanser-fachbuch.de* im Ordner *Exercises_Solutions* zu finden.

Übung 16

In Übung 12 in Abschnitt 3.12 wurde ein Taktgenerator in FBS entwickelt. Erweitern Sie diesen Taktgenerator so, dass dieser ein zyklisches Warnsignal gemäß Bild 4.8 (1 s - 1 s - 4 s) ausgibt. Entwickeln Sie mit Unterstützung von ChatGPT ein entsprechendes ST-Programm.

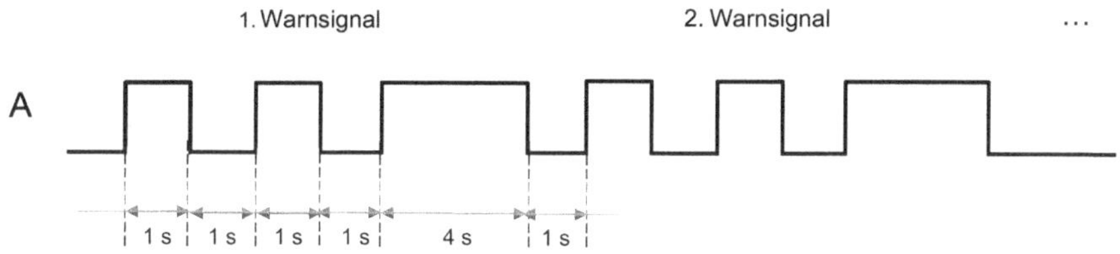

Bild 4.8 Zyklisches Warnsignal

Nutzen Sie dazu folgende Vorgehensweise:

1. Geben Sie die Aufgabenstellung als Prompt in ChatGPT ein.
2. Übernehmen Sie das generierte ST-Programm in das PLCnext Board, und testen Sie es dort. Passen Sie, falls erforderlich, die Syntax an.
3. Wenn das Programm nicht funktioniert, führen Sie die Fehler in einem Zusatzprompt auf und fordern Sie die KI auf, das Programm zu korrigieren.
4. Schritt 3 sollten Sie so lange wiederholen, bis ChatGPT ein vollständig lauffähiges Programm erstellt. Schritt 3 werden Sie in der Regel mehrfach durchführen müssen.

Übung 17

Am Eingang eines Funktionsbausteins FB EVALUATOR liegen an zehn Eingängen zehn INT-Werte an. An drei Ausgängen sollen folgende Werte ausgegeben werden:

- maximaler Wert an den Eingängen
- Mittelwert an den Eingängen
- Nummer des Eingangs, an dem der maximale Wert anliegt

Bild 4.9 zeigt das E/A-Schema des Funktionsbausteins.

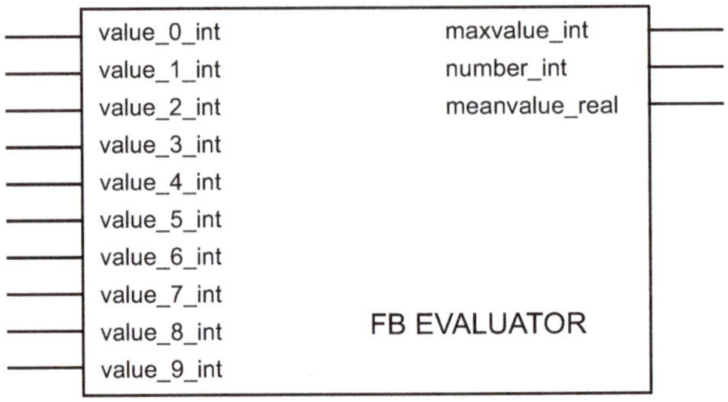

Bild 4.9 Funktionsbaustein für einen Zahlenbewerter

Entwickeln Sie diesen Funktionsbaustein mithilfe von ChatGPT als ST-Programm, und testen Sie diesen im PLCnext-Starterkit. Laden Sie im Prompt auch Bild 4.9 hoch. Das Bild ist unter *plus.hanser-fachbuch.de* im Ordner *Exercises_Solutions* zu finden.

Übung 18

Mithilfe von ChatGPT soll der Funktionsbaustein FB MANAUT für eine Hand-Automatik-Umschaltung in ST entwickelt werden. Das Programm geht davon aus, dass die beiden Betriebsarten „Automatik" (`automatik_mode_bool`) und „per Hand" (`manual_mode_bool`) für eine Anlage benötigt werden. Die Vorwahl der Betriebsart erfolgt durch einen Umschalter am Eingang (`automatic_bool`). Nach dem Einschalten der Anlage und nach jedem Umschalten des Vorwahlschalters sind beide Betriebsarten `FALSE`. Die am Betriebsartenumschalter vorgewählte Betriebsart muss immer über den Eingang (`quit_bool`) bestätigt werden. Erst dann ist die gewählte Betriebsart `TRUE` und damit gültig. Über einen RESET-Eingang (`reset_bool`) lassen sich beide Betriebsarten zurücknehmen.

Bild 4.10 zeigt das E/A-Schema des Funktionsbausteins.

Bild 4.10 Funktionsbaustein für eine Hand-Automatik-Umschaltung

Laden Sie im Prompt auch Bild 4.10 hoch. Das Bild ist unter *plus.hanser-fachbuch.de* im Ordner *Exercises_Solutions* zu finden.

Testen Sie das erstellte Programm mit dem PLCnext-Starterkit unter Nutzung von drei Kippschaltern und zwei LEDs.

Übung 19

In dieser Übung soll ChatGPT erkennen, ob in einem Programm für eine Werktorsteuerung alle Sicherheitsfunktionen korrekt implementiert sind. Folgendes soll im Prompt vorgegeben werden:

- Komponentenschema des Werktors aus Aufgabe 12 in Abschnitt 3.6.2
- textuelle Beschreibung der erforderlichen Sicherheitsfunktionen
- ST-Programm (Listing 3.7), welches jedoch bei C3 einen Fehler beinhaltet (anstatt `IX_contact_switch OR IX_light_barrier` steht im Code nun `IX_contact_switch` **AND** `IX_light_barrier`)

Das Komponentenschema (Bild 3.30) sowie das fehlerhafte ST-Programm (Listing 3.7) sind unter *plus.hanser-fachbuch.de* im Ordner *Exercises_Solutions* zu finden.

Literatur

Fessler, R./Brakemeier, M.: Das ChatGPT Powerhandbuch. Edition March. Verlag Mensch 2025

Fraunhofer IAIS – Fraunhofer-Institut für Intelligente Analyse- und Informationssysteme: Zertifizierte KI. Projektbeschreibung. 2021. *https://www.iais.fraunhofer.de/de/forschung/kuenstliche-intelligenz/ki-zertifizierung.html* (Zugriff am 29. 04. 2025)

Frogwords.de: Ein kleiner Prompt-Guide für ChatGPT. *https://www.frogwords.de/_media/das_prompt-handbuch.pdf* (Zugriff am 24. 04. 2025)

Grant, R.: Prompt Engineering and ChatGPT. Pebblefalls Press 2023

Hillebrandt, F.: ChatGPT-Versionen. Alle 15 GPT-Modelle im Überblick. gradually.ai, Thomasburg, 4. März 2025. *https://www.gradually.ai/chatgpt-versionen* (Zugriff am 24. 04. 2025)

Jahraus, O. (Hrsg.): Frag doch ChatGPT. Eine praxisorientierte Handreichung für den gekonnten Umgang mit KI-Sprachmodellen in der Hochschulbildung. PROFIL – Professionell in der Lehre. Ludwig-Maximilians-Universität, München 2024

Koch, D./Kohne, A./Brechbühler, N.: Prompt Engineering im Unternehmen – eine Einführung. Springer Gabler, Wiesbaden 2025

Kuntze, M./PRIXUS Utilities: KI für ALLE. Eine Einführung in die Künstliche Intelligenz. 2025

Russwurm, R.: Die Einführung ChatGPT. Das Potential der Sprachverarbeitung. Künstliche Intelligenz für alle. 2023

Schaefer, J.: ChatGPT Guide. Welche GPT Modelle gibt es und wofür? deinkikompass.de, Berlin. *https://deinkikompass.de/blog/openai-gpt-modelle-leitfaden* (Zugriff am 24. 04. 2025)

Schreiner, M.: GPT-4 architecture, datasets, costs and more leaked. The Decoder, 11. Juli 2023. *https://the-decoder.com/gpt-4-architecture-datasets-costs-and-more-leaked* (Zugriff am 24. 04. 2025)

Siebert, J.: Halluzinationen von generativer KI und großen Sprachmodellen (LLMs). Blog des Fraunhofer IESE – Fraunhofer-Institut für Experimentelles Software Engineering, 20. September 2025. *https://www.iese.fraunhofer.de/blog/halluzinationen-generative-ki-llm* (Zugriff am 29. 04. 2025)

Vaswani, A./Shazeer, N./Parmar, N./Uszkoreit, J./Jones, L./Gomez, A. N./Kaiser, L./Polosukhin, I.: Attention Is All You Need. Conference on Neural Information Processing Systems (NIPS 2017). *https://arxiv.org/abs/1706.03762* (Zugriff am 24. 04. 2025)

5 SPS-Training mit Digital Twins

5.1 Einführung

Für das Thema Steuerungstechnik stehen in Bachelor-Studiengängen und in entsprechenden Ausbildungsberufen (Elektroniker für Automatisierungstechnik, Mechatroniker usw.) etwa dreißig bis hundert Lehrstunden zur Verfügung. Diese Lehrzeit umfasst alle Themen der Steuerungstechnik und nicht nur SPS-Steuerungen. In diesen Lehrstunden sind alle Lehrveranstaltungstypen wie Vorlesungen, Übungen, Seminare, praktische Laborarbeiten und Projekte enthalten. Geht man von einem Anteil von ca. 50 % für die praxisorientierte Ausbildung (Laborübungen und Projekte) aus, dann stehen nur etwa fünfzehn bis fünfzig Lehrstunden für Lernende in grundständigen Ausbildungsabschlüssen zur Verfügung, um praktische Kompetenzen in der Steuerungstechnik zu erwerben.

Durch die zunehmende Integration der Informationstechnik in die Steuerungstechnik unter Berücksichtigung von Industrie 4.0, Digitalisierung der Produktion und Internet of Things (IoT) sowie durch den Einbezug des Cloud-Computings in die Automatisierung technischer Prozesse entstehen neue Ausbildungsanforderungen, die in den Lehr- und Studienplänen berücksichtigt werden müssen. So werden z. B. in Pfeiffer et al. unter anderem folgende Anforderungen an eine moderne Ausbildung in der Automatisierungstechnik formuliert (Pfeiffer et al. 2016):

- Vermittlung von Kenntnissen zur digitalen Vernetzung virtueller und physischer Systeme
- interdisziplinäres, abteilungs- und domänenübergreifendes Schnittstellenmanagement
- Verständnis der Unterschiede zwischen virtuellem Abbild und realem Prozess

- Interdisziplinarität und gemeinsames Verständnis von Prozessketten
- Nutzung von Web 2.0 und mobilen Endgeräten

Zur Umsetzung der neuen Anforderungen in der Steuerungstechnik-Ausbildung müssten die bisher genutzten Systeme und zugehörigen Lerninhalte erheblich erweitert werden. Dies ist jedoch aus folgenden Gründen nicht ohne Weiteres möglich: Die meisten Ausbildungseinrichtungen nutzen für die Steuerungstechnik- bzw. SPS-Ausbildung herstellerspezifische Ökosysteme (Siemens, Rockwell, Schneider etc.). Eine Erweiterung dieser Systeme (z. B. hin zu Industrie 4.0-Systemen) ist meist möglich, aber erhöht die Komplexität und auch Kosten dieser Systeme beträchtlich. Teilweise ist eine Erweiterung durch Cloud-Computing, IoT-Interface oder KI-Einbindung bei Bestandssystemen auch überhaupt nicht möglich. Hinzu kommt, dass für Industrie 4.0 entwickelte neue, offene bzw. herstellerneutrale Module nicht oder nur mit großem Aufwand in die Ökosysteme integriert werden können. Eine Erweiterung der bisherigen steuerungstechnischen Lernanlagen würde ihre Komplexität und damit auch den Lernumfang sowie den Schulungs- und Betreuungsaufwand wesentlich erhöhen. Aufgrund der Zeitlimitierung für die grundständige Ausbildung kann dies nicht umgesetzt werden.

Bild 5.1 versucht, dieses Dilemma zu veranschaulichen. Hierbei wird berücksichtigt, dass moderne SPS-Systeme unterschiedliche Simulationsmodelle für die Inbetriebnahme und die Tests nutzen (Details dazu in Abschnitt 5.2.2) und auch neue Funktionen wie Digital Twins, Cloud und KI integrieren. Mit dieser zunehmenden Funktionalität ist eine linear ansteigende Komplexität verbunden. Aus Bild 5.1 ist erkennbar, dass mit der klassischen SPS-Ausbildung unter Beibehaltung der vorgegebenen Zeitlimits die neuen Ausbildungsanforderungen praktisch nicht realisiert werden können.

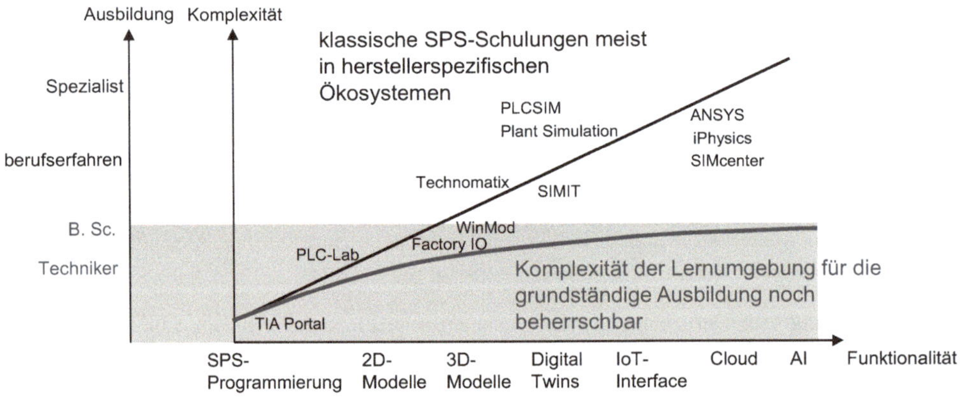

Bild 5.1 Komplexität von SPS-Lernsystemen in Abhängigkeit von ihrer Funktionalität unter Berücksichtigung verschiedener Ausbildungsniveaus

Will man die neuen Anforderungen für die grundständige Ausbildung (B. Sc., B. Eng., Techniker, Facharbeiter und Ähnliches) erfüllen, dürfen die eingesetzten Lernsysteme eine bestimmte Komplexität nicht überschreiten und müssen trotzdem alle modernen Funktionalitäten einer digitalisierten Industriewelt ermöglichen (siehe auch grau markierter Bereich in Bild 5.1).

Ausgehend von dieser Ausgangslage beschäftigt sich dieses Kapitel mit Lösungsmöglichkeiten, um in einer grundständigen Ausbildung mit begrenztem Zeitumfang eine moderne steuerungstechnische Ausbildung im Sinne von Industrie 4.0 auf Basis der SPS-Technik zu realisieren.

5.2 Klassische Modellsimulation

Industrielle Steuerungen und insbesondere SPS-Steuerungen bilden gegenwärtig und sicher auch in Zukunft eine wichtige technologische Basis für die Automatisierung technischer Prozesse. Das Erlernen der Programmierung von SPS-Steuerungen und deren Anwendung ist deshalb in allen Studiengängen der Automatisierungstechnik an Universitäten und Hochschulen sowie auch für die Facharbeiterausbildung z. B. in Mechatronik und Prozessleittechnik an Berufsschulen eine zentrale Aufgabe in der Ausbildung. Dies trifft insbesondere auf die praktischen Ausbildungsteile zu (Laborpraktika). Zum besseren Verständnis der in diesem Kapitel vermittelten Lösungsansätze und -konzepte ist es sinnvoll, zuerst die aktuelle Ausbildungssituation im Bereich SPS-Training näher zu betrachten.

5.2.1 Simulationsmodelle für die SPS-Technik

Typischerweise erfolgt die SPS-Ausbildung im Rahmen von Laborpraktika, in denen die Lernenden an physisch vorhandenen Steuerungen arbeiten und verschiedene daran angeschlossene technologische Modellanlagen steuern können. Aufgrund der hohen Kosten und zum Teil auch wegen des im Ausbildungsbereich nicht realisierbaren Betriebs- und Wartungsaufwands werden reale industrietypische Anlagen eher sparsam eingesetzt.

Eine Alternative zu der vor Ort erforderlichen Gerätetechnik für die SPS-Ausbildung wäre der Einsatz von Remote Labs, bei denen die Lernenden per Webbrowser und Webcam sowie Remotezugriff auf ein SPS-Programmiersystem an entsprechenden realen Ausbildungsanlagen lernen können. Bisher konnte sich diese Art der SPS-Ausbildung aber nicht im größeren Maßstab durchsetzen. Nach wie vor erfolgt die SPS-Ausbildung praktisch in allen Ausbildungseinrichtungen anhand der vor Ort vorhandenen Gerätetechnik.

Bild 5.2 zeigt den grundsätzlichen Aufbau einer üblichen Lernanlage für das SPS-Training. Für die Ausbildung an einer SPS werden grundsätzlich drei bzw. vier Komponenten benötigt:

- eine SPS-Steuerung (als Gerät oder Soft-SPS in einem PC)
- ein SPS-Programmiersystem (Engineering PC)
- ein Modell des zu steuernden technologischen Prozesses (Technologiemodell)
- ein HMI-Panel (optional)

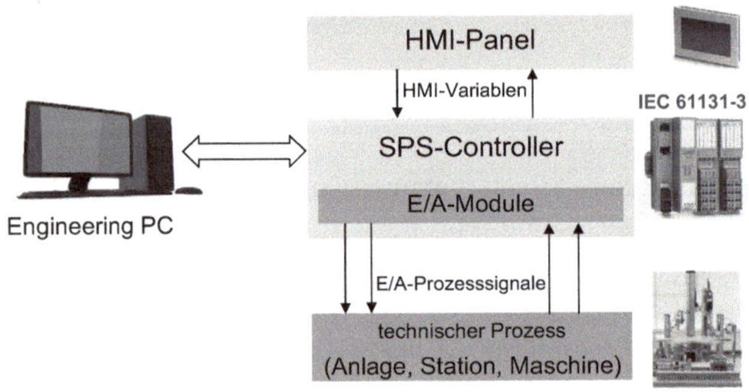

Bild 5.2 Komponentenstruktur einer SPS-Lernanlage

Häufig stammen die verwendeten Komponenten *SPS-Controller*, *HMI-Panel* und *Engineering PC* von einem der bekannten SPS-Hersteller. Alle Komponenten zusammen bilden ein geschlossenes Ökosystem, z. B. S7-1500 mit TIA Portal (Siemens) und WinCC oder AXC F 2152 mit PLCnext Engineer und HMI-Webpanel (Phoenix Contact). Spezielle didaktische Modifizierungen sind dabei weder gewünscht noch vorhanden. Die Lernenden sollen praxisnah an Industriesteuerungen ausgebildet werden.

Alle Softwarekomponenten basieren praktisch ausnahmslos auf Stand-alone-Lizenzen. Eine Ausnahme bildet TIA Portal Cloud (Siemens), welches Nutzern zumindest die Komponenten SPS-Controller und HMI-Panel als eine virtuelle Maschine (Virtual Machine, VM) über eine Remote-Desktop-Verbindung bereitstellt. Die erforderlichen Softwarelizenzen und hohen Abo-Kosten für die Nutzung der VM verhindern jedoch den Einsatz für das grundständige SPS-Training.

Bei der Komponente *Technologiemodell* ergibt sich eine andere Situation: Technologiemodelle werden nicht als Industrieprodukt von den Steuerungsherstellern angeboten, sodass jede Ausbildungseinrichtung diese entsprechend ihren Anforderungen und Möglichkeiten beschaffen oder selbst entwickeln muss. Es stehen deshalb je nach Ausbildungseinrichtung unterschiedliche SPS-Lernanlagen zur Verfügung, deren Effizienz für die Ausbildung auch sehr verschieden sein kann.

Für die Nutzung von Technologiemodellen für die SPS-Ausbildung lassen sich grundsätzlich folgende Fälle unterscheiden:

- **Fall 1:** Nutzung einer real vorhandenen Industrieanlage als Technologiemodell
- **Fall 2:** Als Technologiemodell werden Kombinationen einfacher Schalter/Taster, LEDs, Potentiometer usw. genutzt (Simulations-Boards).
- **Fall 3:** Technologiemodelle werden als spezielle gerätetechnische Anlagenmodelle und Prozesssimulatoren ausgelegt.
- **Fall 4:** Es werden im Rechner simulierte Modelle verschiedener realer Anlagen erzeugt und als Technologiemodell an die Peripherie (Ein-/Ausgänge) der realen SPS angeschlossen.

Fall 1 wäre die beste Lösung für eine praxisnahe Ausbildung. Der Einsatz realer Anlagen für alle Lernplätze in der grundständigen Ausbildung scheidet jedoch wegen der hohen Kosten und auch aus didaktischen Gründen praktisch aus.

In vielen SPS-Ausbildungssystemen werden aus Kostengründen einfache Simulations-Boards gemäß **Fall 2** eingesetzt (z. B. Eduline PLCnext Board EDU AXC F 2152, siehe Bild 3.50). Viele Anbieter von didaktischen Lernsystemen arbeiten mit Simulationsboards als Technologiemodellen. Damit können allerdings nur einfache technologische Prozesse ohne internes Prozessverhalten nachgebildet werden. Die Modelle sind damit nicht realitätsnah, und Lernende können den zu steuernden Prozess kaum nachvollziehen.

Fall 3 bietet die Möglichkeit für komplexere Technologiemodelle mit einer wesentlich besseren Realitätsnähe. Hierzu gehören z. B. Technologiemodelle auf Basis von Lego (Maloney 2017) oder auch verschiedene andere physische Anlagenmodelle und Prozesssimulationen (Lucas-Nülle GmbH 2025). Auch mit diesen Modellen sind industrietypische Anwendungen nur sehr eingeschränkt nachzubilden. Darüber hinaus sind diese Technologiemodelle wenig flexibel im Einsatz und übersteigen meist auch die finanziellen Mittel, die pro Ausbildungsplatz in den Bildungseinrichtungen zur Verfügung stehen.

Mit **Fall 4** können leistungsfähige und flexible Technologiemodelle aufgebaut und genutzt werden, die sowohl ein internes Prozessverhalten besitzen als auch dem Lernenden eine realitätsnahe Vorstellung vom zu steuernden Prozess vermitteln. Hier kommen auch häufig 3D-Modelle zum Einsatz. Als Ablaufumgebung für die Technologiemodelle fungiert dabei ein PC. Im Wesentlichen werden zwei Verfahren genutzt, um diese Modelle an die SPS-Steuerung anzuschließen:

- Zum einen kann ein direkter Anschluss der Modellsensoren und -aktoren über spezielle Hardware-Adapter an die SPS-E/A-Baugruppen erfolgen (Pittschellis 2011, FESTO 2025, Siemens 2016, WINMOD GmbH 2017). Diese Variante stellt keine besonderen Anforderungen an die SPS, ist meist für Steuerungen beliebiger Hersteller anwendbar und entspricht einem industrietypischen Aufbau, da die

SPS-Prozesssignale direkt hardwaremäßig mit dem Technologiemodell verbunden werden können.

- Zum anderen kann der Anschluss des Technologiemodells über eine Kommunikationsschnittstelle (z. B. Ethernet, MPI oder OPC UA) der SPS erfolgen, d. h., die SPS muss auch eine solche besitzen (Siemens 2016, WINMOD GmbH 2017, Real Games 2017). Darüber hinaus muss dies auch bei der Konfigurierung und Programmierung der SPS berücksichtigt werden, da die SPS-E/A-Signale nicht beschaltet sind und über ein Netzwerk und spezielle Treiber nur indirekt mit dem Technologiemodell verbunden werden können.

Fall 4 ermöglicht den Einsatz sehr leistungsfähiger und komplexer Modelle mit hohem Realitätsgrad in der Aus- und Weiterbildung. Nachteilig bei diesen Systemen ist jedoch, dass es sich um klassische Stand-alone-Software basierend auf dem Lizenzmodell handelt. Es sind weder Cloud-Computing noch die Nutzung der Software als Dienst vorgesehen. Die Installation der Systeme erfordert zudem eine Reihe von Voraussetzungen, ist zum Teil recht aufwendig, und die Nutzung ist wenig flexibel. Teilweise ist die Nutzung auch nur auf ausgewählte SPS-Steuerungen wie z. B. SIMIT von Siemens begrenzt (Siemens 2016). Eine nähere Betrachtung dazu finden Sie in Abschnitt 5.2.2.

Für das klassische SPS-Training nach Bild 5.2 ist die Integration von IoT, Cloud-Computing, Digital Twins und KI nur schwer möglich. Erweiterungen der herstellerspezifischen Systeme sind aufwendig und teuer. Open-Source-Komponenten und Module von Drittherstellern sind kaum integrierbar.

Zusammenfassend kann gesagt werden, dass die nach dem Stand der Technik verfügbaren Technologiemodelle für die SPS-Ausbildung bislang weder Prinzipien und Methoden aus dem Bereich Industrie 4.0 noch Lösungen aus dem IIoT-Bereich einsetzen (Industrial Internet of Things, IIoT). Auch in wissenschaftlichen Veröffentlichungen zur Nutzung virtueller Technologiemodelle in Zusammenhang mit der Evaluierung/Inbetriebnahme von SPS-Programmen werden nur die vorangehend aufgeführten Systeme aus Fall 4 genutzt. Eine globale Vernetzung, Dienstprinzipien und das Internet of Things spielen dabei bislang keine Rolle.

5.2.2 Werkzeuge und Methoden

Für die klassische SPS-Ausbildung steht eine Reihe von Werkzeugen und Methoden für die Erstellung und den Test von technologischen Simulationsmodellen entsprechend dem vorangehend aufgeführten Fall 4 zur Verfügung, die im Folgenden etwas näher betrachtet werden sollen. Tabelle 5.1 gibt einen Überblick ausgewählter und bekannter Systeme für die SPS-Technik.

Tabelle 5.1 Ausgewählte Systeme für die Modellierung von SPS-Technologiemodellen

System	Hersteller	Verfügbar seit	SPS-Interface	Modellierungs-umfang
Plant Simulation	Siemens	1990	OPC UA, eigene Schnittstellen	Materialfluss, Logistik
WinMod	Mewes & Partner	1996	virtuelle und reale SPS via Treiber, OPC UA	komplexe physikalische Modelle
Technomatix	Siemens	2000	virtuelle SPS-Simulation	Fertigungsprozesse, Roboter
SIMIT	Siemens	2007	virtuelle und reale SPS via SIMIT-Interface, OPC UA	komplexe Industrieanlagen
iPhysics	Machineering	2012	Schnittstellen zu SPS über Treiber	komplexe physikalische Modelle
PLCSIM Advanced	Siemens	2013	virtuell (mit TIA Portal)	Anlagenmodelle
Factory I/O	Real Games	2014	Modbus, TCP/IP, OPC UA	3D-Standardmodelle (Logistik, Materialfluss)
Simcenter	Siemens	2017	Co-Simulation, OPC UA	Multiphysik und Fertigung
ANSYS Twin Builder	ANSYS	2018	Co-Simulation via FMI*, OPC UA	Physik, Systemsimulation
PLC-Lab	MHJ-Software	2020	Modbus, TCP/IP, OPC UA	einfache 2D-/3D-Modelle

* FMI – Functional Mock-up Interface

Die meisten der in Tabelle 5.2 aufgeführten Modellierungssysteme und -werkzeuge wie z. B. SIMIT, Technomatix oder iPhysics sind technisch komplexe und kostenaufwendige Systeme und stehen durchgängig nur als lizenzbasierte Stand-alone-Systeme zur Verfügung. Für das SPS-Training in der grundständigen Ausbildung sind diese Systeme deshalb kaum nutzbar.

Hinzu kommt, dass die verfügbaren Systeme meist auf Entwicklungskonzepten aus der Vergangenheit basieren, bei denen IoT, Cloud und webbasierte Technologien noch keine Rolle spielten. Dementsprechend sind moderne Technologien aus dem Bereich Industrie 4.0 nur schwerlich oder überhaupt nicht in diese Systeme integrierbar (z. B. Engineering im Webbrowser, Cloud-Dienste, Nutzung von mobilen Geräten).

Neben den in Tabelle 5.1 aufgeführten Systemen gibt es neuere Modellierungssysteme, die zum Teil auch für die SPS-Ausbildung eingesetzt werden könnten, aber aus Kosten und Komplexitätsgründen eher dem professionellen Produktbereich zuzuordnen sind (Tabelle 5.2).

Tabelle 5.2 Neuere Modellierungssysteme für verschiedene Anwendungsbereiche

System	Hersteller	Verfügbar seit	SPS-Interface	Modellierungsumfang
ISG-virtuos	ISG	2020	OPC UA, TCP/IP, Echtzeitschnittstellen	Maschinenmodellierung
COMSOL Multiphysics	COMSOL	2020	FMI, externe Kopplung möglich	multiphysikalisch gekoppelte Systeme
Open-Modelica	Open Source (Modelica Consortium)	2020	FMI, selbst entwickelbar	Multidomänen-simulation
Simio	Simio	2021	Datenimport über IT-Schnittstellen	Fertigungs- und Logistiksysteme
SimulationX	ESI Group	2021	OPC UA, FML, Co-Simulation	Mechanik, Hydraulik, Elektrik, Thermik
MOSAIK 3.0	OFFIS e. V.	2022	Co-Simulation via DMI, TCP/IP	Energiesysteme, Smart Grids
Altair Hyper-Works	Altair Engineering	2023	keine native SPS-Anbindung	Multiphysik mit KI-Unterstützung
NVIDIA Newton	Open Source-(NVIDIA)	2023	ROS, TCP/IP (für Robotik)	Robotik, dynamische Systeme
Dymola 2025x	Dassault Systems	2025	FMI, OPC UA, Co-Simulation	Multidomänen-systeme

Auch die Systeme aus Tabelle 5.2 sind lizenzpflichtige Stand-alone-Systeme (Ausnahmen: OpenModelica und NVIDIA Newton), die meistens unter Windows (zum Teil auch unter Linux) lauffähig sind, die aber keine nativen Schnittstellen zur IoT-Welt besitzen.

Betrachtet man die verfügbaren Modellierungswerkzeuge aus Tabelle 5.1 und Tabelle 5.2 unter dem Blickwinkel einer grundständigen Ausbildung, kommen nur die Systeme Factory I/O und PLC-Lab für eine SPS-Ausbildung infrage. Beide Werkzeuge sind auch aus Sicht ihrer Komplexität für einen Lehr- und Lernbetrieb durchaus geeignet.

PLC-Lab

PLC-Lab ermöglicht die Erstellung von 2D-Technologiemodellen für die SPS-Ausbildung oder zur Identifizierung logischer Fehler in SPS-Programmen. Die Modellobjekte in PLC-Lab verfügen über umfangreiche Gestaltungs- und Anpassungsmöglichkeiten, wodurch eine breite Palette von Modelltypen umgesetzt werden kann. Den Objekten lassen sich physikalische Eigenschaften zuweisen, die ihr Verhalten während der Simulation beeinflussen, wie etwa die Reaktion auf Schwerkraft oder magnetische Eigenschaften. Zusätzlich können Parameter wie Dichte, Oberflächenreibung und Elastizität justiert werden. Eine integrierte Physik-Engine gewährleistet eine realistische Darstellung der Modelle.

Bild 5.3 zeigt als Beispiel den 2D-Modelleditor von PLC-Lab für ein Technologiemodell. Mit der erweiterten Variante PLC-Lab 3D Player lässt sich eine Vielzahl vorgefertigter mechatronischer 3D-Technologiemodelle nutzen, die sich direkt mit SPS-Steuerungen verschiedener Hersteller (Siemens, Allen Bradley, CODESYS) und auch über OPC UA verbinden. Seit 2025 ist mit PLC-Lab 3D Studio auch eine eigene Erstellung von 3D-Technologiemodellen basierend auf CAD-Daten möglich.

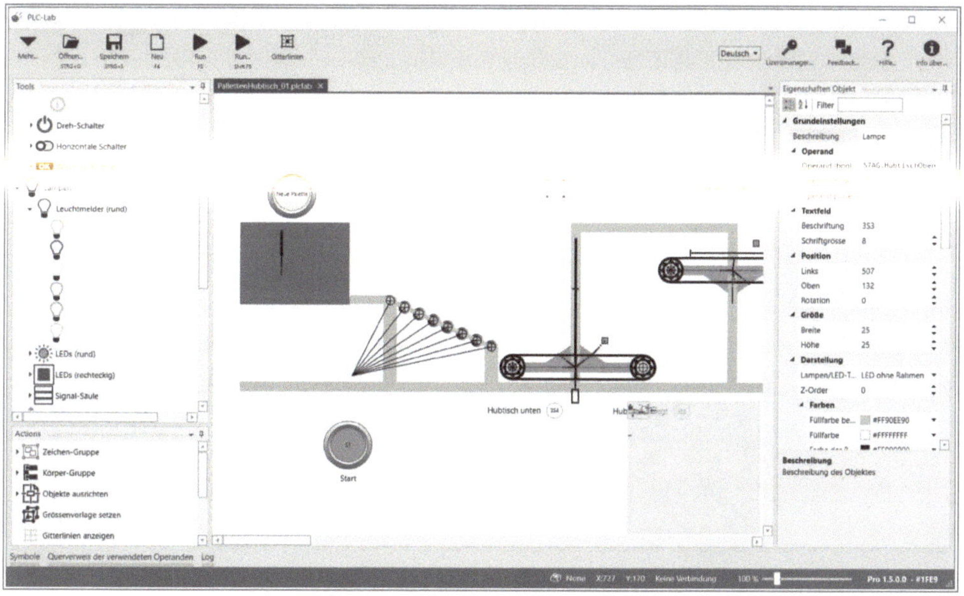

Bild 5.3 2D-Modelleditor aus PLC-Lab (© MHJ-Software)

Factory I/O

Factory I/O ist eine 3D-Fabriksimulation zum Erlernen von Automatisierungstechnologien. Die Simulation ermöglicht den schnellen Aufbau einer virtuellen Fabrik mit einer Auswahl gängiger Industrieteile. Factory I/O enthält außerdem bereits zahlreiche

Szenen, die von typischen Industrieanwendungen inspiriert sind und vom Anfänger- bis zum Fortgeschrittenen-Schwierigkeitsgrad reichen. Bild 5.4 zeigt beispielhaft den Bearbeitungseditor von Factory I/O für 3D-Modelle.

Bild 5.4 3D-Modelleditor von Factory I/O (© Real Games)

Das System besitzt eine Vielzahl unterschiedlicher Schnittstellen (unter anderem auch OPC UA), sodass nahezu jede SPS-Steuerung mit den erstellten 3D-Modellen verbunden werden kann. Unter Nutzung der Factory I/O-Anwendungsschnittstelle .NET-SDK könnte prinzipiell auch eine Kopplung von Factory I/O an MQTT erfolgen. Erprobte Lösungen dazu stehen aber noch nicht zur Verfügung. Auch Factory I/O ist ein lizenzbasiertes Stand-alone-System, das lauffähig unter Windows ist, d. h., für den Arbeitsplatz jedes Lernenden wird ein Windows-PC für das 3D-Technologiemodell benötigt.

5.3 Technologische Modelle und Digital Twins

5.3.1 Simulationsmodell versus Digital Twin

Im Zusammenhang mit Industrie 4.0 und den neuen Ausbildungsanforderungen stehen für das SPS-Training insbesondere *Digitale Zwillinge* (*engl.* Digital Twin) im Fokus, die in erweiterter Form die bislang genutzten Simulationsmodelle ersetzen sollen (Kuhn 2017). Aktuell gibt es noch keine allgemein gültige und anerkannte Definition für den Begriff eines Digital Twins (Sharma et al. 2022).

Nach Kuhn ist ein *Digital Twin* eine digitale Repräsentanz eines materiellen oder immateriellen Objekts aus der realen Welt in der digitalen Welt (Kuhn 2017).[1] Es ist unerheblich, ob das Gegenstück in der realen Welt bereits existiert oder erst zukünftig existieren wird. Digital Twins ermöglichen einen übergreifenden Datenaustausch.[2] Sie bestehen aus Modellen[3] des repräsentierten Objekts und können darüber hinaus Simulationen[4], Algorithmen[5] und Services enthalten, die die Eigenschaften oder das Verhalten des repräsentierten Objekts beschreiben, beeinflussen oder Dienste darüber anbieten.

Analysiert man weitere Definitionen, insbesondere aus dem Bereich der Produktionsautomatisierung, ergeben sich folgende Aspekte, die ein Simulationsmodell als Digital Twin kennzeichnen:

- besitzt einen erheblich größeren Leistungsumfang als ein Simulationsmodell
- Nutzung von Echtzeitdaten zur ständigen Aktualisierung
- ermöglicht die Nutzung von KI und maschinellen Lernalgorithmen
- kann mit Cloud-Technologie verbunden werden
- bidirektionaler Datenfluss zwischen der SPS und dem Digital Twin
- besitzt IoT-Schnittstellen
- kann das Verhalten des physischen Gegenstücks vorhersagen
- kann mehrere Simulationen gleichzeitig beinhalten
- ist mit einem realen Objekt verknüpft

Obwohl moderne Simulationswerkzeuge sehr leistungsfähig sind und viele der Anforderungen eines Digital Twins erfüllen können, lässt sich aus der aktuellen Analyse des Stands der Technik die Auffassung ableiten, dass ein zentraler Unterschied eines Digital Twins gegenüber einem Simulationsmodell in der anhaltenden Nutzung und Integration des Digital Twins über die reine Inbetriebnahme hinaus liegt. Während eine Simulation für die Inbetriebnahme einer SPS wertvolle Dienste leistet, bietet ein Digital Twin einen kontinuierlichen Mehrwert, indem er als dauerhaftes, sich selbst aktualisierendes Abbild der physischen Welt fungiert, das für laufende Optimierungen und die vorausschauende Wartung genutzt werden kann.

Aus der vorangehend dargelegten Auffassung ergäbe sich für das PLC-Training die Schlussfolgerung, dass die klassischen Simulationsmodelle für den SPS-Programmtest

[1] *https://de.wikipedia.org/wiki/Digitale_Welt*

[2] *https://de.wikipedia.org/wiki/Datenaustausch*

[3] *https://de.wikipedia.org/wiki/Modell*

[4] *https://de.wikipedia.org/wiki/Simulation*

[5] *https://de.wikipedia.org/wiki/Algorithmus*

keine Digital Twins sein können. Meiner Meinung nach ist dies aber zu kurz gegriffen. Dies wird auch durch Meinungen aus der Branche der Automatisierungstechnik gestützt. Man spricht hier sehr wohl von der Nutzung von Digital Twins für die SPS-Ausbildung (SPS-Magazin.de 2016, ISG Industrielle Steuerungstechnik GmbH 2022, machineering.com 2024, Yang 2021, Segovia/Garcia-Alfaro 2022), bezieht dies aber insbesondere auf die Leistungsfähigkeit des Modellverhaltens und dessen Visualisierung (z. B. 3D-Visualisierung, Virtual Reality, Modellierung des physikalischen Verhaltens).

Meiner Auffassung nach könnten aber auch klassische Simulationsmodelle für das SPS-Training, welche die 2D- und/oder 3D-Visualisierung mit einfacher Verhaltensmodellierung nutzen, bereits als Digital Twin bezeichnet werden, wenn diese zusätzlich einige der vorangehend genannten Anforderungen wie IoT-Interface, Echtzeitaktualisierung, Verbindung mit Cloud-Technologien, Einsatz von KI und Datenanalyse ermöglichen.

5.3.2 Digital Twins in der Smart Factory

Ausgewählte cloudbasierte Modellierungssysteme, die zum Teil auch in der *Smart Factory* zum Einsatz kommen, sind in Tabelle 5.3 dargestellt.

Tabelle 5.3 Ausgewählte cloudbasierte Modellierungssysteme

AnyLogic Cloud	The AnyLogic Company	2017	keine native SPS-Anbindung	Multi-Paradigmen-Simulation für Prozesse wie Fertigung, Logistik, Personenfluss etc.
Simumatik	Simumatik AB	2018	OPC UA, MQTT, Siemens S7, Modbus TCP, REST	digitale Zwillinge von Maschinen/Anlagen
CATIA Systems Simulation Designer	Dassault	2019	keine spezifische SPS-Schnittstelle	Multi-Physik-Systemmodelle mit Modelica-Bibliotheken
Simulink online	MathWorks	2020	nur über Zusatzpakete	dynamische Systeme in Blockdiagrammen
Modelon Impact	Modelon	2020	REST, FMI-Co-Simulation	mehrdomänige physikalische Systeme auf Modelica-Basis

System	Hersteller	Verfügbar seit	SPS-Interface	Modellierungsumfang
realvirtual.io	Unity Asset/ Framework	2021	OPC UA, TCP/IP, Siemens, Beckhoff, Rockwell, ABB	Echtzeit-3D-Digital-Twin von Maschinen und Robotern
Xcos	Scilab/FOSSEE	2023	keine native SPS-Schnittstelle	hybride dynamische Systeme per Blockdiagramm

Alle Modelle (Digital Twins), die mit den in Tabelle 5.3 aufgeführten Werkzeugen erzeugt werden, können auch im Webbrowser laufen. Außerdem ermöglichen die Systeme eine Anbindung an die IoT-Welt.

Die meisten der cloudbasierten Modellierungssysteme sind lizenzpflichtig. Es handelt sich um komplexe Systeme, die für eine professionelle Nutzung vorgesehen sind. Für den Einsatz in SPS-Lernumgebungen werden die Systeme kaum eingesetzt, da meistens keine SPS-Schnittstellen vorhanden sind oder diese nur über Zusatzpakete mit Zusatzaufwand realisiert werden können. Eine Ausnahme bilden Simumerik und realvirtual.io. Beide Systeme können problemlos mit einer SPS gekoppelt und so auch als Digital Twin für Lernzwecke genutzt werden.

realvirtual.io

realvirtual.io ist für den Maschinen- und Anlagenbau entwickelt worden und unterstützt den direkten Import von CAD-Daten aus verschiedenen Formaten. Die Plattform zeichnet sich durch ihre offenen Schnittstellen aus, die eine nahtlose Kompatibilität mit führenden Automatisierungssystemen ermöglichen. Ein mit realvirtual.io generierter Digital Twin ist universell einsetzbar und auf nahezu allen Systemen – darunter Windows, Linux, WebGL, iOS, Mac und Android – lauffähig. Ein Anschluss an KI-Werkzeuge ist direkt möglich. Bild 5.5 zeigt als Beispiel das 3D-Modell einer Bearbeitungszelle.

Das System basiert auf der Unity Real Time 3D Engine und bietet damit umfangreiche Modellierungsfähigkeiten einschließlich Physiksimulation. Die Arbeit mit dem System erfordert jedoch auch entsprechende Erfahrungen und ein gewisses Wissenslevel, um mit der Unity-Modellierungsumgebung umgehen zu können. Für den Einsatz in der grundständigen SPS-Ausbildung ist realvirtual.io deshalb kaum geeignet.

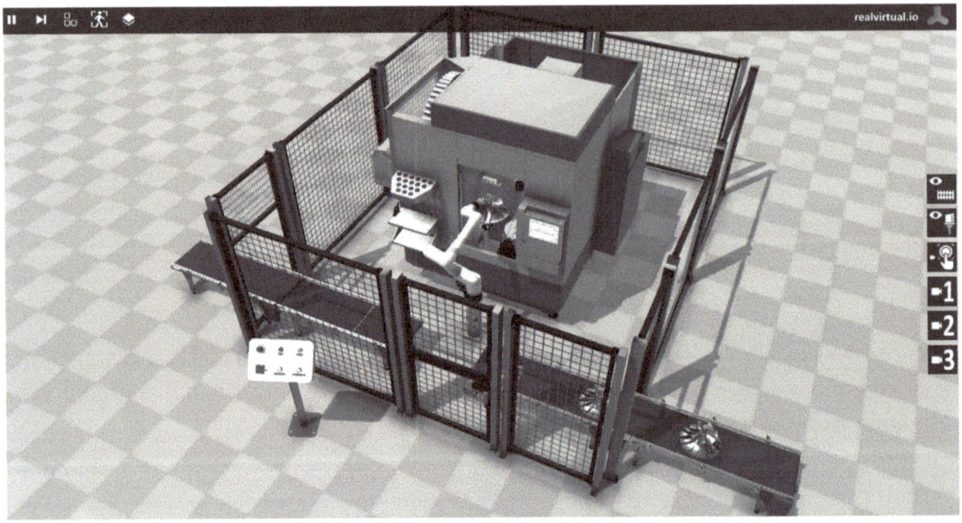

Bild 5.5 3D-Modell einer Bearbeitungszelle, erstellt mit realvirtual.io (© realvirtual.io)

Simumatik

Simumatik der Firma Virtualware (Spanien) ist ein cloudbasiertes Modellierungssystem, welches nicht nur industrielle Anwendungen, sondern auch einen Trainingsbetrieb ermöglicht. Mit dem Komponenteneditor von Simumatik kann eine Vielzahl von Komponenten in Geometrie, Physik und Verhalten modelliert werden. Bild 5.6 zeigt als Beispiel den Systemeditor von Simumatik mit einem Pick-and-Place-Portal.

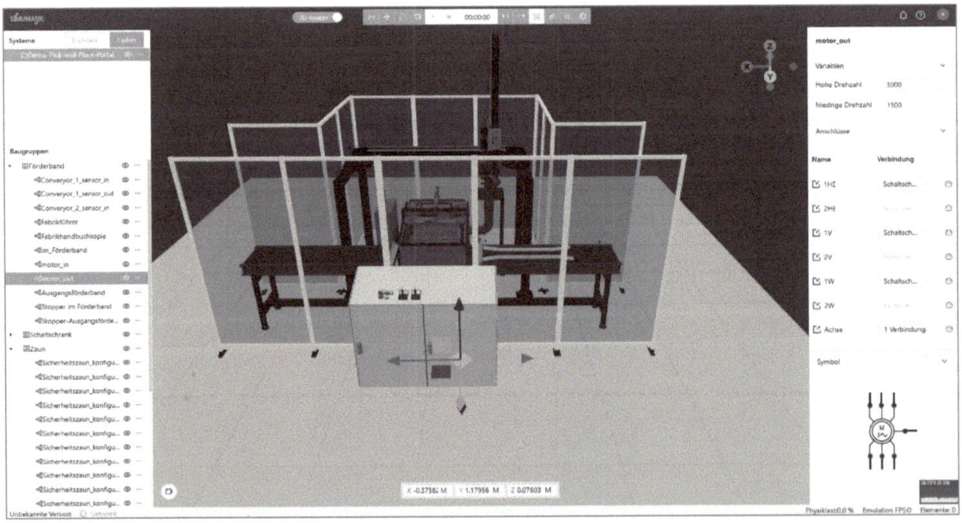

Bild 5.6 Systemeditor von Simumatik mit einem Pick-and-Place-Portal (© Simumatik AB)

Sowohl der Modellierungseditor als auch die Modelle selbst laufen im Webbrowser auf beliebigen Betriebssystemen. Das interne Verhalten einer Komponente wird über ein Python-Skript festgelegt. Über unterschiedliche Kommunikationstreiber erfolgt die Ankopplung direkt an eine SPS oder auch an einen MQTT-Broker.

Das System ist für Lernende relativ einfach bedienbar und beinhaltet bereits eine Anzahl von vorgefertigten Modellen wie z. B. automatische Türen, Sortierstationen, boolesche Logikbeispiele, die für die Ausbildung in der SPS-Technik genutzt werden können. Für Organisationen und Einzelpersonen gibt es angepasste Lizenzpläne mit unterschiedlicher zeitlicher Staffelung. Auch ein kostenfreier Zugang ist für Testzwecke verfügbar.

Simumatik wird in deutschsprachigen Ländern bislang nicht in Bildungseinrichtungen eingesetzt, sodass diesbezügliche Erfahrungen fehlen. International wird das System in der akademischen Ausbildung (Simumatik, Ohio University) und in der beruflichen Ausbildung (Simumatik, Tknika, LCAMP) unter anderem im Zusammenhang mit virtuellen Fabriken genutzt, um Industrie 4.0-Kompetenzen zu fördern und um Lernenden Erfahrungen im Umgang mit Digital Twins und virtueller Inbetriebnahme zu vermitteln. Meiner Einschätzung nach ist das Modellierungssystem für die Modellierung von Digital Twins zur SPS-Ausbildung auch für die grundständige Ausbildung geeignet.

5.4 Cloudbasierte Digital Twins

Damit Lernende für eine grundständige Ausbildung in der SPS-Technik mit Digital Twins und auch mit Funktionalitäten aus der modernen Industriewelt wie IoT-Interface, Cloud und KI arbeiten können, sollten folgende Voraussetzungen berücksichtigt werden:

- Es sollten nur geringe Kosten für eine Erweiterung/Aufrüstung vorhandener SPS-Labore entstehen. Zusätzliche, sich wiederholende Lizenzkosten (Abonnement) sind bei Bildungseinrichtungen aus administrativen Gründen grundsätzlich zu vermeiden.
- Eine Aufrüstung mit Hardware, die über die in Bild 5.2 aufgeführten Komponenten hinausgeht, sollte vermieden werden
- Die ergänzte Lehr- und Lernumgebung sollte eine möglichst geringe IT-Einstiegsschwelle besitzen, d. h., Lernende und Lehrende sollten möglichst nicht noch zusätzliche IT-Kenntnisse besitzen müssen.

Aus diesen Voraussetzungen wird bereits ersichtlich, dass selbst ein System wie Simumatik in Beschaffung, Betrieb und Wartung schon zu komplex sein kann.

Die in Abschnitt 5.5 aufgenommenen praktischen Aufgaben und Übungen zu Digital Twins basieren deshalb auf einem SPS-Ausbildungskonzept, welches im Competence Center Automation Düsseldorf (CCAD) an der Hochschule Düsseldorf für Bachelor-Studierende entwickelt wurde (Langmann/Coppenrath 2019, Langmann 2019). Dieses Konzept, auch als PLC Training 4.0 bezeichnet, konzentriert die steuerungstechnischen Inhalte auf die unbedingt notwendigen, erweitert diese aber mit den erforderlichen IT-Themen aus Industrie 4.0 wie z. B. IoT und Cloud.

Um die eingangs genannten Voraussetzungen zu erfüllen und geeignete Lösungen für die Umsetzung der in Abschnitt 5.1 aufgeführten neuen Ausbildungsanforderungen zu finden, werden im Konzept PLC Training 4.0 folgende Ausgangsprämissen festgelegt:

- Alle Komponenten eines SPS-Trainingsplatzes nutzen zum Informationsaustausch einen MQTT-Broker.
- Simulationsmodelle (Digital Twins) und Benutzerschnittstellen nutzen den Webbrowser als Runtime-Umgebung.
- Für Engineering und Management wird ein IoT- bzw. IIoT-Portal eingesetzt.

Im Folgenden sollen diese Ausgangprämissen näher erläutert werden.

5.4.1 MQTT-Broker als Datendrehscheibe

Damit das MQTT-Kommunikationsprotokoll als zentrales Datenaustauschprotokoll fungieren kann, müssen die Komponenten eines SPS-Trainingslabors gemäß Bild 5.2 auch diese Schnittstelle unterstützen.

SPS-Controller

Für SPS-Steuerungen gibt es verschiedene Möglichkeiten, Prozessdaten (E/A-Variablen, interne Variablen) über MQTT zu übertragen:

- Aktuelle SPS-Steuerungen etablierter Hersteller (Siemens, Codesys, PLCnext) besitzen meist bereits eine MQTT-Schnittstelle (entweder über spezielle Funktionsbausteine oder Apps).
- Für ältere SPS-Steuerungen können MQTT-Gateways als ergänzende Hardware genutzt werden, um Prozessdaten über MQTT zu übertragen. Diese Gateways werden dann direkt mit den Ein- und Ausgängen der Steuerung verbunden.
- Prinzipiell möglich ist auch die Nutzung einer bei praktisch allen SPS vorhandenen OPC UA-Schnittstelle. Die Übertragung der Prozessdaten nach MQTT erfolgt in diesem Fall auch über ein meist softwarebasiertes Gateway.

Für alle drei Fälle muss allerdings geprüft werden, ob das Zeitverhalten der MQTT-Schnittstelle ausreichend ist, um zumindest für den Trainingsbetrieb Prozessdaten in Echtzeit (Round-Trip Time < 150 ms) über MQTT zu übertragen.

HMI-Panel

Die meisten SPS-Steuerungen bieten bereits eine native Anbindung an integrierte webbasierte Bedien- und Visualisierungssysteme. Sollte dies nicht der Fall sein, müssen die Bedien- und Visualisierungsdaten (HMI-Variablen) extern über MQTT angebunden werden. Als HMI-Panel können Dashboards aus IIoT-Portalen oder auch individuelle Webseiten mit integriertem MQTT-Interface dienen.

Engineering-PC

Praktisch alle bekannten IEC 61131-3-Programmiersysteme sind Stand-alone-Systeme und können nativ nicht über den Webbrowser bedient werden. Eine Ausnahme bilden die SPS-Steuerungen aus der Cloud der Firma logiccloud (Näheres dazu in Kapitel 6), bei der auch die SPS-Programmierung vollständig im Webbrowser und in der Cloud erfolgt.

Prinzipiell steht zwar verschiedentlich die Möglichkeit zur Verfügung, den Webbrowser für das SPS-Engineering bekannter SPS-Hersteller zu nutzen (TIA Portal Cloud), dabei erfolgt jedoch keine native Cloud-Nutzung, sondern der Nutzer erhält eine virtuelle Maschine mit einem Remote-Desktop-Zugriff im Browser.

Es wäre wünschenswert, dass die Entwicklungswerkzeuge für ein SPS-Programm eine direkte MQTT-Anbindung ermöglichen, aber dies ist nicht zwingend notwendig.

Technischer Prozess

Auch diese Komponente muss für die Kommunikation der IO-Signale mit der Steuerung eine MQTT-Schnittstelle besitzen. Dabei muss man zwischen dem Einsatz eines Technologiemodells (Digital Twin) und einer realen Anlage unterscheiden:

- **Technologiemodell:** Für die grundständige Ausbildung ist die Nutzung von Technologiemodellen für die SPS-Programmierung ein Kernelement. Wie bereits in Abschnitt 5.3 erläutert, stehen auf dem Markt nur wenige Technologiemodelle für die SPS-Ausbildung zur Verfügung, die eine geeignete MQTT-Schnittstelle besitzen und über den Webbrowser visualisiert/bedient werden können.
- **Reale Anlage:** Reale Anlagen können über preisgünstig verfügbare Gateways alle IO-Signale der Sensoren und Aktoren über MQTT übertragen. In jedem Falle muss jedoch geprüft werden, ob die MQTT-Schnittstelle dieser Gateways auch für eine schnelle Datenübertragung zur Abbildung der Dynamik der realen Anlage geeignet ist.

Nach Anschluss aller drei Hauptkomponenten einer SPS-Lernanlage über das MQTT-Protokoll an einen MQTT-Broker erhält man die Struktur, die in Bild 5.7 dargestellt ist.

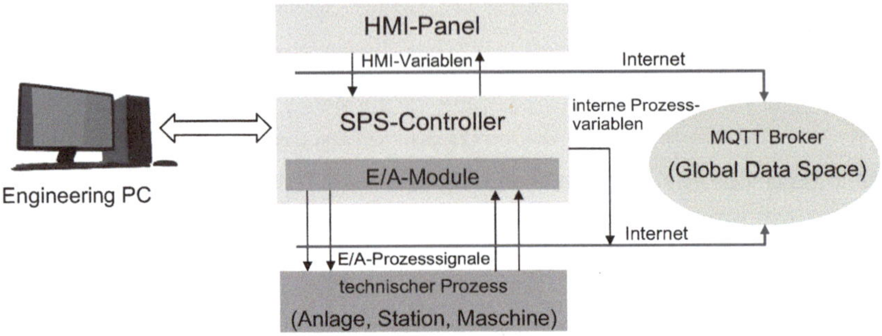

Bild 5.7 Komponentenstruktur einer SPS-Lernanlage mit MQTT-Anschluss

Durch Einsatz eines MQTT-Brokers als *Global Data Space* für alle relevanten internen und externen Prozessdaten der SPS-Lernanlage schafft man die Voraussetzungen, dass auch weitere beliebige Komponenten (Datenanalyse, IoT-Portal, KI-Algorithmen, Cloud-Dienste etc.) problemlos mit der SPS-Lernanlage kommunizieren können.

An dieser Stelle soll auch noch auf einen weiteren Vorteil der in Bild 5.7 dargestellten Struktur hingewiesen werden: Sind reale technische Anlagen über MQTT an die SPS-Lernanlage angeschlossen, dann spielt es keine Rolle mehr, wo sich diese Anlagen örtlich befinden. Im Sinne eines Remote Lab können beliebige Nutzer diese Anlagen weltweit für ihre SPS-Ausbildung nutzen.

5.4.2 Technologiemodell im Browser

Geht man davon aus, dass ein wesentlicher Teil der grundständigen praktischen SPS-Ausbildung aus Effizienz- und Kostengründen nicht an realen Anlagen durchgeführt werden kann, sondern Technologiemodelle genutzt werden müssen, so ergibt sich basierend auf Bild 5.7 die in Bild 5.8 dargestellte Komponentenstruktur.

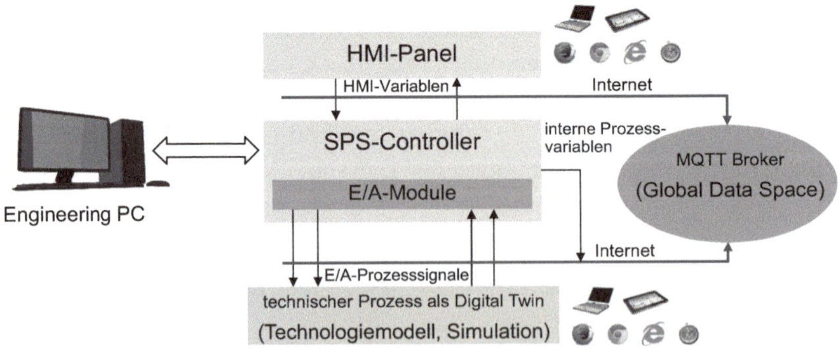

Bild 5.8 Komponentenstruktur einer SPS-Lernanlage mit MQTT-Anschluss und Digital Twin

Falls für den Betrieb und die Visualisierung des Digital Twins nach Bild 5.8 ein Webbrowser genutzt werden soll, könnte man z. B. das System Simumatik einsetzen. Um die Kosten einer solchen Lernumgebung zu reduzieren, werden für die praktischen Aufgaben in Abschnitt 5.5 einfache, mit Webtechnologien entwickelte Technologiemodelle genutzt, die als Digital Twin fungieren können.

Diese Technologiemodelle setzen für die Visualisierung und eine einfache Verhaltensmodellierung ein speziell hierfür entwickeltes JavaScript-Framework ein (Coppenrath 2017). Das Framework ermöglicht die Verhaltensmodellierung eines 2D-Modells auf Basis von SVG (Scalable Vector Graphics) oder eines 3D-Modells auf Basis von X3D (eXtensible 3D). Die erstellten Modelle können bis zu zwölf Eingangs- und zwölf Ausgangskanäle für Prozessdaten (Aktoren und Sensoren) beinhalten, die mit MQTT-Topics verbunden werden können. Bild 5.9 veranschaulicht dieses Framework.

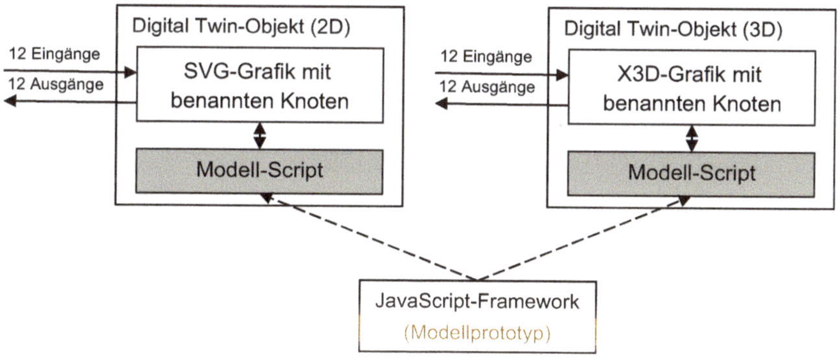

Bild 5.9 JavaScript-Framework für die Modellierung von 2D-/3D-Technologiemodellen

Die Nutzung der Modellobjektinstanzen (2D und/oder 3D) und deren Verknüpfung mit MQTT erfolgt entweder innerhalb eines IoT-Portals oder extern auf einer einfachen Webseite (siehe dazu Abschnitt 5.4.3). Die Verhaltensmodellierung ist zwar begrenzt, aber für Technologiemodelle in der grundständigen Ausbildung ausreichend. Die möglichen Aktionen für das Verhalten der 2D-/3D-Modelle sind in Tabelle 5.4 aufgeführt. Das Framework lässt sich relativ einfach um zusätzliche Aktionen erweitern.

Tabelle 5.4 Aktionen der Modelle basierend auf dem JS-Framework nach Bild 5.9

2D-Technologiemodell (SVG)	3D-Technologiemodell (X3D)
Aktualisierung der E/A-Kanäle	Aktualisierung der E/A-Kanäle
Schreiben von E/A-Kanälen	Schreiben von E/A-Kanälen
Änderung der Farbe	Änderung der Farbe
Änderung der Skalierung	Änderung der Translation
Anzeigen/Verdecken	Änderung der Rotation
Bewegungsänderung	Änderung der Transparenz
Taster erzeugen	Änderung der Perspektive

Bild 5.10 zeigt das Beispiel für das Technologiemodell eines Drehstrommotors.

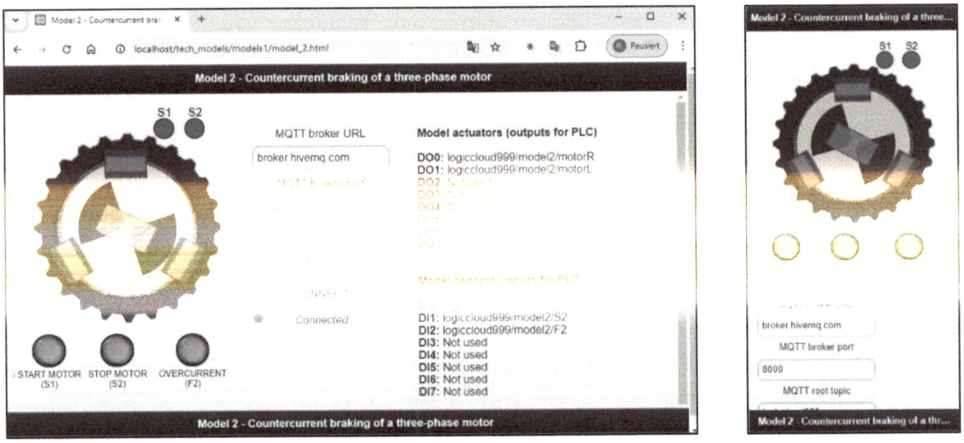

a) Technologiemodell im Desktop-Browser

b) Technologiemodell im Smartphone-Browser

Bild 5.10 Technologiemodell eines Drehstrommotors in unterschiedlichen Webbrowsern

Aktuell stehen fünf Modelle zu Ausbildungszwecken zur Verfügung, die sowohl für einen Desktop-Browser (Bild 5.10a) als auch für einen Webbrowser auf einem Smartphone (Bild 5.10b) geeignet sind. Mehr Informationen dazu finden Sie in Abschnitt 5.5.

Durch die mögliche Nutzung mobiler Geräte (Smartphone, Tablet) als Ablaufumgebung für die Technologiemodelle können nun auch einzelne Modelle (z. B. Fußgängerampel oder Motor) sehr einfach zu komplexeren Systemmodellen (z. B. Ampelkreuzung oder synchronisierte Motorsteuerung) zusammengeschaltet werden. Bild 5.11

zeigt ein Beispiel für das Modell einer Ampelkreuzung, die diese mit Fußgängerampeln auf vier Smartphones nachbildet.

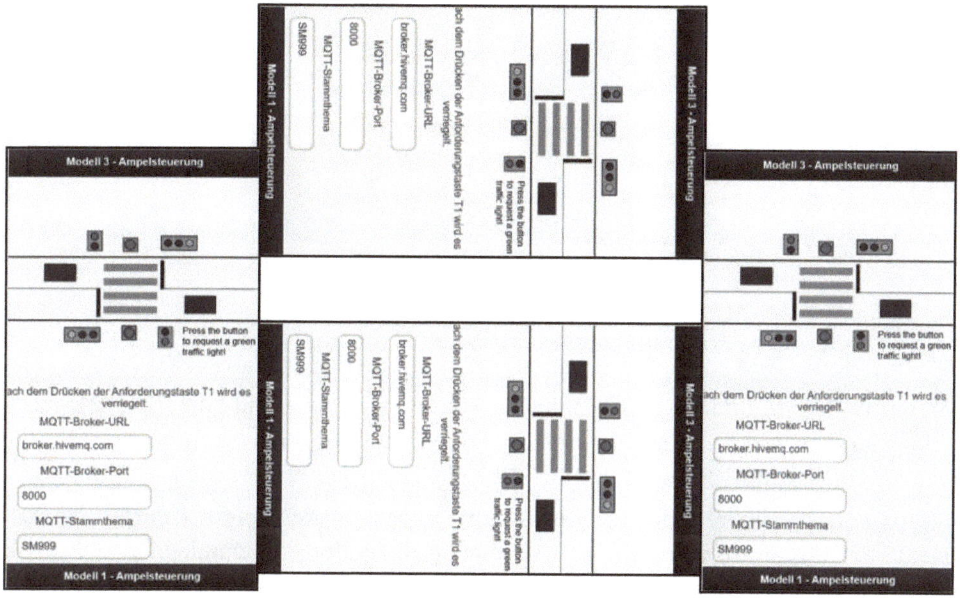

Bild 5.11 Nachbildung einer Ampelkreuzung mit dem Modell einer Fußgängerampel auf vier iPhones SE

5.4.3 Engineering und Management der Technologiemodelle

Das Engineering und Management der Technologiemodelle erfolgt entweder über ein IoT/IIoT-Portal oder extern über Modell-Webseiten.

Management und Engineering über ein IoT/IIoT-Portal

Das in Abschnitt 5.4.2 erläuterte JS-Framework kann in ein beliebiges IoT-Portal, welches JavaScript unterstützt, portiert und dort genutzt werden. Dies trifft auch auf die damit erstellten Technologiemodelle zu. Der Vorteil der Nutzung in einem IoT-Portal ist, dass die Technologiemodelle mit allen weiteren Funktionen und Komponenten, die das jeweilige Portal bietet, ergänzt und erweitert werden können, d. h., die Modelle können in einem Projektierungsprozess ohne Programmierung weiter ausgebaut und nutzerspezifisch angepasst werden. Bei Nutzung eines IoT/IIoT-Portals ergibt sich die in Bild 5.12 dargestellte erweiterte Komponentenstruktur für die SPS-Lernanlage.

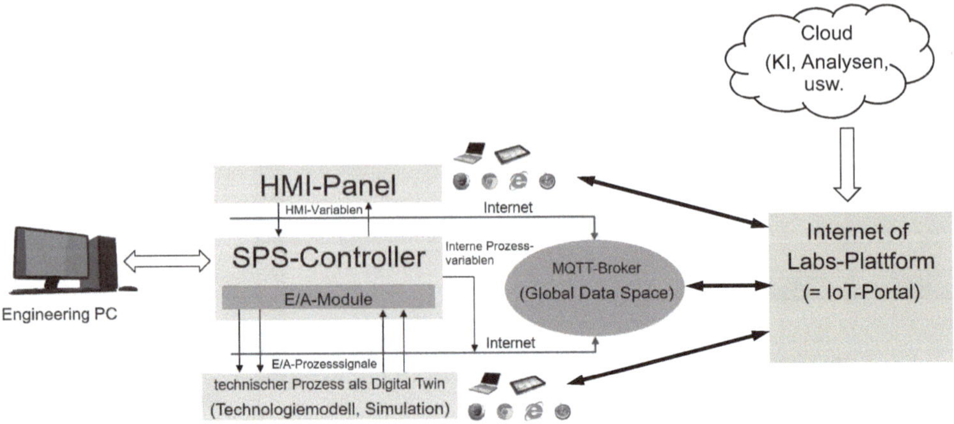

Bild 5.12 Erweiterte Komponentenstruktur einer SPS-Lernanlage

Mit der in Bild 5.12 dargestellten Struktur können neben dem Engineering der Technologiemodelle viele weitere Services aus der Cloud wie Analysen und KI-Algorithmen an die SPS angeschlossen und für die Ausbildung genutzt werden.

Als IoT-Portal kann z. B. das für Ausbildungszwecke kostenfreie IoT-Portal FlexIOT (FlexIOT 2023) genutzt werden. Bild 5.13 zeigt beispielhaft das Technologiemodell eines Heizkessel-Wassersystems, bei dem in FlexIOT über einen Echtzeitplotter zusätzlich noch der Verlauf des Füllstandes und der Temperatur und über zwei Tabellen die Prozessvariablen visualisiert werden.

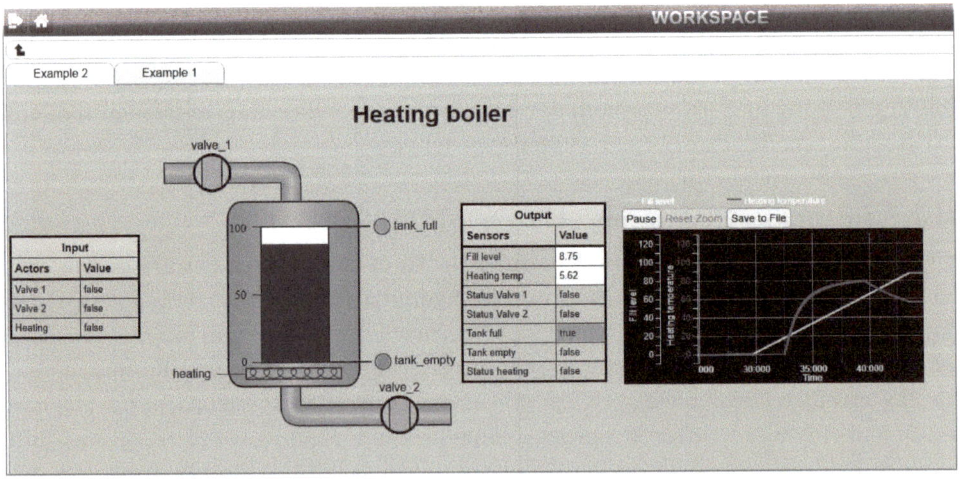

Bild 5.13 Erweitertes Technologiemodell eines Heizkessel-Wassersystems im IoT-Portal FlexIOT

Management über Webseiten

Zur weiteren Vereinfachung der Nutzung der Technologiemodelle können diese aber auch über eine einfache Webseite verwaltet und genutzt werden (FlexIOT 2024). Bild 5.14 zeigt die entsprechende Modell-Webseite.

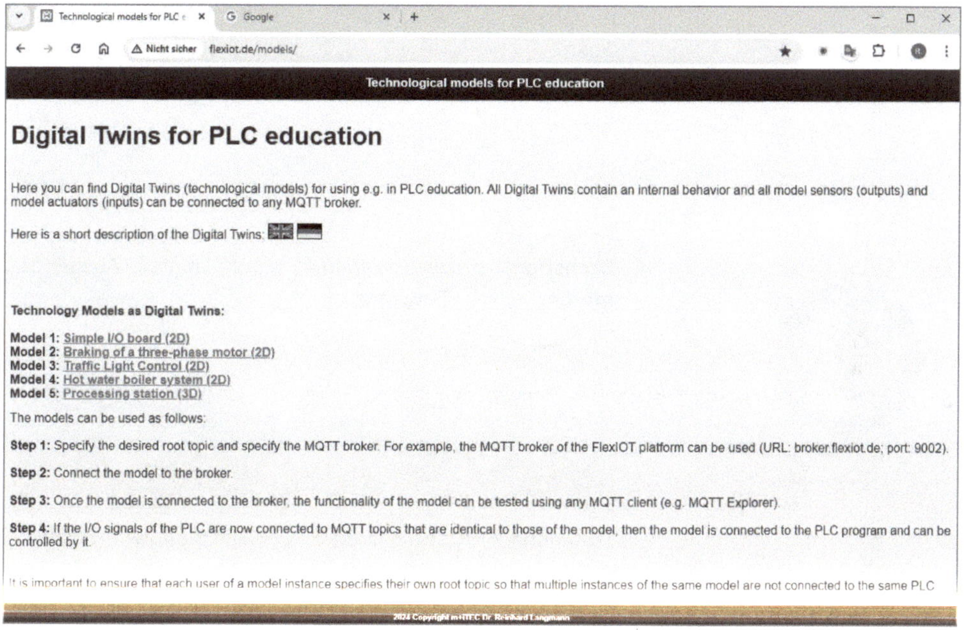

Bild 5.14 Webseite zur Nutzung der Technologiemodelle

Zur Nutzung der Modelle ist in diesem Fall weder ein IoT-Portal noch eine Anmeldung oder ein Account notwendig. Dies ist auch deshalb möglich, da die auf dem vorangehend angeführten JS-Framework realisierten Technologiemodelle vollständig im Webbrowser laufen und im Betrieb keine Verbindung mit einem Server benötigen. Der Server dient in diesem Fall nur als Speicherort für die Modelle. Der Datenaustausch mit den Prozessdaten erfolgt über einen beliebigen MQTT-Broker direkt von der Webseite aus.

Aktuell stehen die in Tabelle 5.5 aufgeführten fünf Modelle auf der Webseite *http://www.flexiot.de/models* für eine Nutzung als Digital Twin zur Verfügung.

Tabelle 5.5 JS-Technologiemodelle mit MQTT-Interface

Modellansicht	Bezeichnung	Anzahl der Eingänge (Aktoren)	Anzahl der Ausgänge (Sensoren)
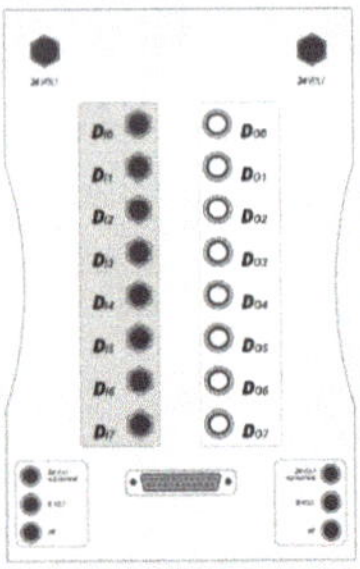	einfaches E/A-Peripherie-Board	acht digitale Eingänge	acht digitale Ausgänge
	Drehstrommotor	zwei digitale Eingänge	drei digitale Ausgänge
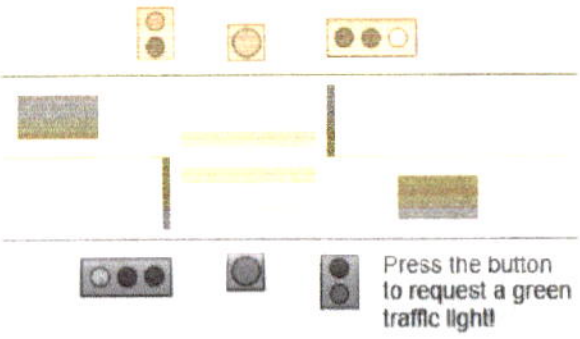	Fußgängerampel	sechs digitale Eingänge	ein digitaler Ausgang
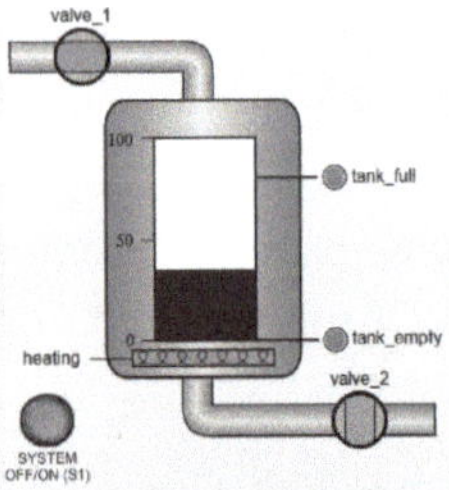	Heizkessel-Wasser-system	drei digitale Eingänge	ein digitaler Ausgang zwei analoge Ausgänge
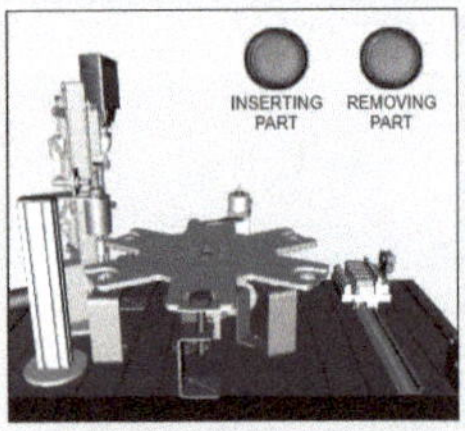	Bearbeitungsstation	sechs digitale Eingänge zwei analoge Eingänge	sieben digitale Ausgänge zwei analoge Ausgänge

Über das Bedienpanel der Modelle können diese mit einem beliebigen MQTT-Broker verbunden werden. Eine Beschreibung der Modelle aus Tabelle 5.5 kann auf der Webseite *http://www.flexiot.de/models* heruntergeladen werden. Mehr Informationen zur Nutzung dieser Modelle finden Sie in Abschnitt 5.5.

5.5 Aufgaben mit Digital Twins

5.5.1 Lern- und Testumgebung

Die Lern- und Testumgebung für die Aufgaben mit Digital Twins nutzt den in Abschnitt 3.11 beschriebenen Aufbau mit dem Eduline PLCnext Board EDU AXC F 2152 (Starterkit). Für die Lösung der Aufgaben muss das Starterkit mit dem Internet verbunden sein. Eine entsprechende Möglichkeit ist in Abschnitt 3.11.3 in Bild 3.53 beschrieben. Zum Anschluss der Technologiemodelle als Digital Twins muss des Weiteren eine MQTT-Verbindung des PLCnext-Starterkits realisiert werden. In Abschnitt 5.5.1.1 und Abschnitt 5.5.1.2 werden einige wichtige Aspekte einer solchen Kommunikationsverbindung erläutert.

5.5.1.1 Kurzeinführung in MQTT

Das Protokoll *Message Queue Telemetry Transport* (*MQTT*) (Hillar 2017) ist ein 1999 von IBM/Arcom entwickeltes leichtgewichtiges Kommunikationsprotokoll für M2M-Kommunikation. Die erste Anwendung war die Fernüberwachung einer Ölpipeline. MQTT wurde entwickelt, um mit limitierten Infrastrukturnetzen und energiesparenden Geräten mit einer begrenzten Leistung eine zuverlässige Nachrichtenvermittlung zu ermöglichen. Das Protokoll ist ein Open-Source-Produkt, wird seit 2013 durch die OASIS verwaltet und ist in ISO/IEC 20922 standardisiert. Die aktuelle Version ist MQTT v5.0 (seit 2019), meist kommt aber noch die Version MQTT v3.1.1 zum Einsatz. Die Kommunikationsarchitektur von MQTT wird durch das Publisher-Subscriber-Modell beschrieben und steht hinter den Anforderungen von MQTT, ein skalierbares System mit einer hohen Flexibilität und einer geringen Komplexität zu sein. Das Schema dieser Architektur ist in Bild 5.15 veranschaulicht.

Ein *MQTT-Broker* ist ein zentralisierter Server, der Nachrichten zwischen den verschiedenen Clients vermittelt, nachdem sich diese mit dem Broker verbunden haben. Ein Client, der Nachrichten an den Broker sendet, wird als *Publisher*, und ein Client, der diese Nachrichten beim Broker abonniert, wird als *Subscriber* bezeichnet.

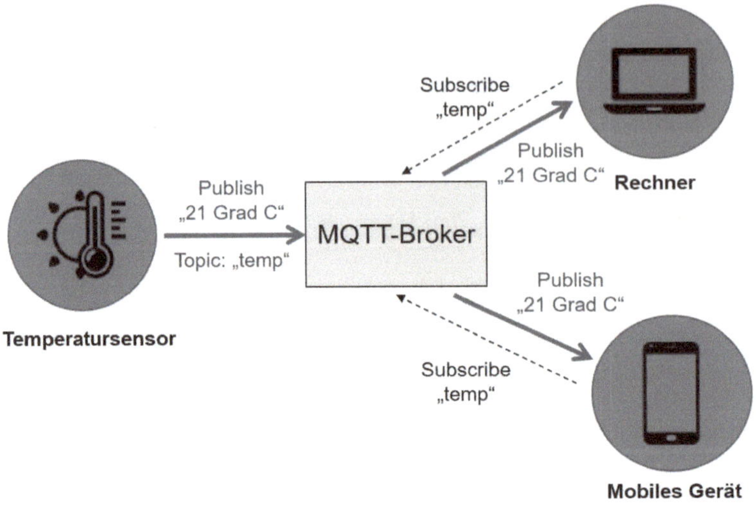

Bild 5.15 Architekturschema von MQTT

Wenn der Broker Nachrichten vom Publisher bekommt, liefert er diese an die Clients aus, die diese Nachrichten abonniert haben. Es ist möglich, dass mehrere Clients gleichzeitig Nachrichten veröffentlichen. Der Broker kann Nachrichten auch an mehrere Abonnenten (Subscriber) zur selben Zeit übertragen. Ein Client ist damit entweder ein Publisher, ein Subscriber oder beides gleichzeitig.

MQTT-Nachrichten bestehen immer aus einem *Topic* und dem Nachrichteninhalt. Topics werden genutzt, um die Kommunikation zwischen den unterschiedlichen Teilnehmern (Clients) zu organisieren bzw. die Teilnehmer zu adressieren, und haben eine hierarchische Struktur. Bild 5.16 zeigt einige Beispiele für MQTT-Topics.

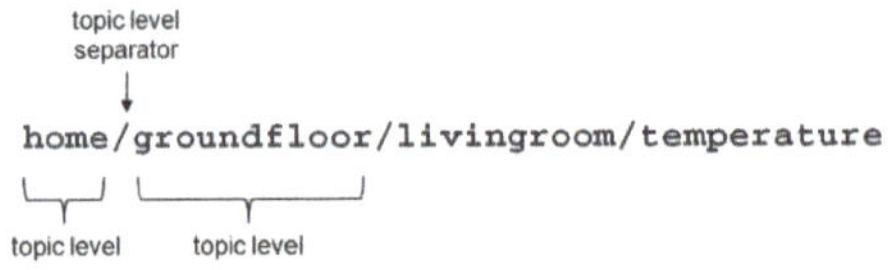


```
home/groundfloor/livingroom/temperature
home/groundfloor/kitchen/temperature
home/groundfloor/+/temperature
home/groundfloor/#
```

Bild 5.16 Beispiele für MQTT-Topics

Ein Client kann entweder ein oder mehrere spezifische Topics abonnieren oder mithilfe von Wildcards ganze Teile der Hierarchie auf einmal abonnieren. Das Zeichen „+“ gilt dabei als Wildcard für eine einzelne Hierarchieebene, und das Zeichen „#“ gilt für alle folgenden Hierarchieebenen einschließlich aller Unterebenen.

Mit einem QoS-Parameter (Quality of Service, QoS) lässt sich bei MQTT angeben, mit welcher Sicherheit eine Nachricht ankommen soll. Dabei bedeuten die jeweiligen Parameter Folgendes:

- QoS = 0: Die Nachricht kommt höchstens einmal an.
- QoS = 1: Die Nachricht kommt mindestens einmal an.
- QoS = 2: Die Nachricht kommt genau einmal an.

Mit dem QoS-Parameter kann sichergestellt werden, dass Nachrichten auch bei schlechter Netzwerkverbindung ankommen. Je höher das QoS, desto höher ist jedoch die benötigte Servicezeit des Brokers für die Nachrichtenverteilung. Deswegen sollte die Wahl der QoS immer an das Problem angepasst werden. Die QoS kann individuell zwischen Publisher und Broker bzw. Broker und Subscriber festgelegt werden. Für alle Lösungen der Aufgaben in Abschnitt 5.5.2 wird QoS = 0 genutzt, um eine möglichst geringe Latenzzeit der Kommunikation zu sichern.

MQTT kann auch über das IoT-Protokoll *WebSocket* (MQTT over WebSocket, MQTTWS) übertragen werden. Für die Übertragung werden die MQTT-Nachrichten in ein oder mehrere WebSocket-Frames verpackt und mittels TCP übertragen. MQTTWS ist damit in der Lage, eine direkte Verbindung zwischen einem Webbrowser und einem IoT-Gerät über MQTT herzustellen. Diese Methode wird in den genutzten Technologiemodellen eingesetzt.

Im MQTT-Protokoll sind weder der zu verwendende Topic-Namensraum noch die Payload-Darstellung der Daten definiert, die im Pub-/Sub-Verfahren ausgetauscht werden. Auch die Implementierung von Zustandsinformationen ist nicht weiter spezifiziert. Diese Thematik wurde 2016 von der Eclipse Open Source-Gemeinschaft aufgegriffen und die Sparkplug-Spezifikation wurde entwickelt (Eclipse Foundation 2019). Mit *MQTT Sparkplug* soll nun auch eine standardisierte Interoperabilität auf Basis von MQTT im industriellen Anwendungsumfeld gewährleistet werden.

5.5.1.2 Verbindung der PLCnext-Steuerung mit MQTT

MQTT findet zunehmend Anwendung bei Industrie 4.0-/IIoT-Lösungen, insbesondere als Zubringerprotokoll für Sensoranbindungen an eine Cloud oder auch für die Übertragung von Prozessdaten aus SPS-Steuerungen zu Analysezwecken. Eine Reihe klassischer SPS-Steuerungen kann über Funktionsbibliotheken und/oder Plug-ins als MQTT-Client arbeiten, z. B. Siemens S7-Steuerungen, TwinCat 3 (Beckhoff) oder PLCnext (Phoenix Contact). Einige Steuerungssysteme besitzen bereits eine integrierte native MQTT-Schnittstelle, z. B. Modicon M262 (Schneider Electric), EZRack (UITCOR) oder die Unistream-Serie (Spectra).

Da die PLCnext-Steuerung keine native MQTT-Kommunikation anbietet, gibt es im Wesentlichen drei Möglichkeiten, wie eine PLCnext-Steuerung mit MQTT und damit mit den Technologiemodellen kommunizieren kann:

- **Nutzung von OPC UA:** Mittels verschiedener Gateways, die als OPC UA-Client arbeiten, können die Prozessdaten aus einer PLCnext-Steuerung mittels OPC UA nach MQTT übertragen werden. Ein geeignetes Gateway dazu ist z. B. die Software Cogent DataHub (Skkynet Cloud Systems) (Skkynet). Der Vorteil eines solchen Gateways besteht darin, dass keine zusätzlichen Erweiterungen im SPS-Programm erfolgen müssen. Die erforderlichen E/A-Prozessvariablen für die Technologiemodelle werden einfach als OPC UA-Daten in PLCnext Engineer festgelegt. Nachteilig ist jedoch der zusätzliche Konfigurierungsaufwand für das Gateway und dass für das Gateway ein Windows-PC als Laufzeitumgebung benötigt wird.
- **Plug-ins/Apps:** Für die PLCnext-Steuerung AXC F 2152 gibt es eine Reihe von Plug-ins und Apps, die direkt auf der Steuerung installiert werden und eine Verbindung zu einem MQTT-Broker herstellen können. Die meisten dieser Apps sind jedoch nicht auf eine schnelle MQTT-Datenübertragung ausgelegt, sodass die erforderliche Dynamik für die Technologiemodelle (100...200 ms) nicht erreicht werden kann. Darüber hinaus wird häufig eine zusätzliche Aufrüstung der Steuerung mit einer 2-MB-SD-Karte benötigt. Auch die Installation ist zum Teil problematisch, da die Firmware-Version der PLCnext-Steuerung unter Umständen an die App angepasst werden muss.
- **Funktionsbibliotheken:** Für die PLCnext-Steuerung gibt es unterschiedliche Funktionsbibliotheken, die in einem SPS-Programm genutzt werden können, um Prozessdaten über MQTT zu übertragen. Hier muss allerdings immer genau geprüft werden, ob die Dynamik der Prozessdatenübertragung für den Betrieb von Digital Twins ausreicht und ob die Komplexität der Funktionsbibliotheken und Beispielprogramme für einen grundständigen Lehrbetrieb durch die Lernenden beherrschbar ist.

Für die Lösungen der folgenden Aufgaben wurde die Funktionsbibliothek *MQTTPubSub_1* ausgewählt (PLCnext Store). Diese Funktionsbibliothek kann über den PLCnext-Store kostenfrei bezogen werden. Die Bibliothek wurde speziell für einen schnellen Datenaustausch zwischen der PLCnext-Steuerung und einem MQTT-Broker bei einfacher Anwendung entwickelt. Der zugehörige Funktionsbaustein `MQTT_PubSub` aus der Bibliothek ist in der Lage, ohne Overhead die Werte von Prozessdaten an einen MQTT-Broker über eine übliche Internetverbindung mit einer Zeitverzögerung von 70...90 ms zu übertragen. Dies ist für die Echtzeitdynamik bei einfachen technischen Prozessen in der Ausbildung ausreichend.

Die Funktionsbibliothek liegt in der Version 3 in zwei Versionen vor:

- **MQTTPubSub_IEC61131_31:** Das Senden (*Publish*) der Prozessdatenwerte erfolgt mit einem `STRING`, dem die vier Header-Bytes nach IEC 61131 vorangestellt sind. Auf der Empfangsseite im MQTT-Client müssen diese vier Bytes entsprechend entfernt werden,

- **MQTTPubSub_31:** In dieser Ausführung werden die vier Header-Bytes bereits im FB entfernt, und es werden nur die Prozessdatenwerte als `STRING` gesendet. Der FB in dieser Bibliothek besitzt jedoch ein ungünstigeres Zeitverhalten.

Für die Lösung der Aufgaben in diesem Abschnitt wird wegen der besseren Dynamik die Bibliothek *MQTTPubSub_IEC61131_31* genutzt.

Bild 5.17 zeigt den FB `MQTT_PubSub` und dessen Belegung. Mit einem Baustein können jeweils acht digitale Prozessvariablen sowie je zwei analoge Prozessdaten gesendet und empfangen werden. Die Einbindung des MQTT-FB erfolgt im SPS-Programm über ein zusätzliches Programm, welches in einer separaten Task läuft.

Der mit dem FB erstellte MQTT-Client ist wie folgt fest parametriert:

- Last Will and Testament-Eigenschaften: nicht genutzt
- Quality of Service: 0
- Retain: `FALSE`

Die feste Parametrierung dient der vereinfachten Nutzung des FB und ist für die häufigsten Anwendungen insbesondere für Lehr- und Lernzwecke ausreichend.

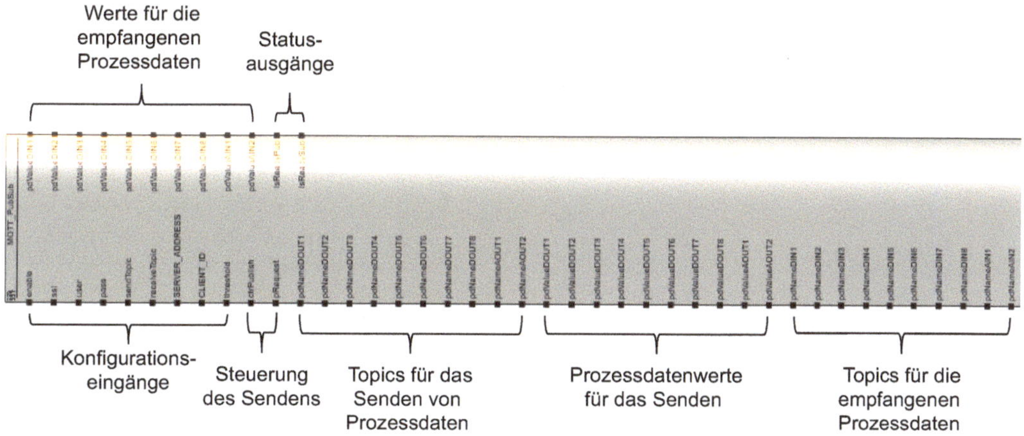

Bild 5.17 Belegung des Funktionsbausteins `MQTT_PubSub`

Die Werte von digitalen oder analogen IO-Prozessdaten oder auch von internen Programmvariablen können mit diesem FB zum MQTT-Broker gesendet werden bzw. von diesem empfangen werden.

Eine Besonderheit des FB sind die Steuersignale `ctrPublish` und `pRequest`, die der Steuerung des *Publish*-Vorgangs dienen. Damit kann sowohl die Nachrichtenlast zum MQTT-Broker wesentlich reduziert werden als auch eine zeitlich synchronisierte Übertragung der Prozessdaten zum Broker erfolgen. Tabelle 5.6 erläutert die Funktion der beiden Steuersignale.

Tabelle 5.6 Funktionsweise der Steuersignale `ctrPublish` und `pRequest`

`ctrPublish`	`pRequest`	Beschreibung	Anmerkung
FALSE	FALSE	Boolesche Prozessdaten werden in jedem SPS-Zyklus gesendet. Analoge Prozessdaten werden nur gesendet, wenn die Wertänderungen größer/kleiner als der Schwellenwert (threshold) ist.	Mit dieser Einstellung kann die Verbindung durch die zyklisch einlaufenden Nachrichten zum Broker überwacht werden.
FALSE	TRUE	Boolesche Prozessdaten werden nur bei Änderungen gesendet. Analoge Prozessdaten werden nur gesendet, wenn die Wertänderungen größer/kleiner als der Schwellenwert (threshold) ist.	Diese Einstellung reduziert die Nachrichtenlast zum MQTT-Broker erheblich. Eine Verbindungsüberwachung durch die einlaufenden Nachrichten kann nicht erfolgen.
TRUE	TRUE	Mit der steigenden Flanke von `pRequest` werden alle am Baustein angeschlossenen Prozessdaten genau ein Mal gesendet.	Diese Einstellung reduziert die Nachrichtenlast zum MQTT-Broker auf ein Minimum und ermöglicht das zeitsynchrone Senden der Prozessdaten unabhängig vom SPS-Zyklus und von Werteänderungen. Eine Verbindungsüberwachung durch die einlaufenden Nachrichten kann nicht erfolgen.
TRUE	FALSE	Es werden keine Prozessdaten mehr gesendet. Prozessdaten können nur noch empfangen werden.	

Für alle Lösungen der folgenden Aufgaben sind die Steuersignale auf `ctrPublish = FALSE` und `pRequest = TRUE` parametriert.

Mit dem FB ist eine Round-Trip Time (RTT) zwischen der PLCnext-Steuerung und dem Technologiemodell von 150...250 ms erreichbar. Dies ist für die Dynamik der in den Aufgaben genutzten Technologiemodelle völlig ausreichend.

Weitere ausführliche Informationen zum FB `MQTT_PubSub` finden Sie in der zugehörigen Dokumentation.

5.5.2 Praktische Aufgaben

Aufgabe 38 (Beleuchtungssteuerung mit Schalter) und Aufgabe 39 (Steuerung eines Drehstrommotors) in diesem Abschnitt basieren auf den SPS-Programmen aus Abschnitt 3.2.3 (Aufgabe 1) und Abschnitt 3.2.5 (Aufgabe 3), nutzen aber als E/A-Signale nicht die auf dem Starterkit verbauten Kippschalter, sondern schließen ein entsprechendes Technologiemodell über MQTT an. Dies soll als Einführung in die Thematik „SPS-Training mit Digital Twins" dienen.

Die weiteren drei Aufgaben in diesem Abschnitt beinhalten Themenstellungen, bei denen die Technologiemodelle als Digital Twins arbeiten und mit ergänzenden Komponenten aus der IoT-Welt verbunden sind:

- Aufgabe 40 (Fußgängerampel mit Sprachsteuerung): Die Fußgängerampel soll über eine Webseite auf einem Smartphone per Sprachbefehl aktiviert werden.
- Aufgabe 41 (Heizkessel mit Nachtabsenkung der Temperatur): Mittels Lichtsensor eines Smartphones soll nachts die Temperatur im Heizkessel abgesenkt werden.
- Aufgabe 42 (Bearbeitungsstation mit Wartungsmodus): Für eine Prüf- und Bearbeitungsstation soll über eine Kippbewegung eines Smartphones bei Bedarf ein Wartungsmodus aktiviert werden können.

Anhand dieser Aufgaben erfolgt eine Einführung in die digitale Vernetzung virtueller und physischer Systeme sowie in das interdisziplinäre und domänenübergreifende Schnittstellenmanagement.

Die Technologiemodelle bzw. Digital Twins für alle fünf Aufgaben können auf einem beliebigen mobilen Gerät mit Webbrowser laufen. Damit wird kein zusätzlicher PC benötigt, und Sie können sich im Engineering-PC voll auf das SPS-Programmentwicklungssystem PLCnext Engineer konzentrieren.

Für jede Aufgabe sind folgende Bearbeitungsschritte vorgesehen:

- **Schritt 1:** Anpassung des jeweiligen SPS-Programms aus Kapitel 3 für den Anschluss eines Technologiemodells
- **Schritt 2:** Programmierung und Konfiguration der MQTT-Verbindung mit dem FB *MQTT_PubSub*
- **Schritt 3:** Funktionstest mit dem angeschlossenen Technologiemodell
- **Schritt 4:** Erweiterung mit zusätzlichen Softwarekomponenten und Anpassung des SPS-Programms (falls erforderlich)

5.5.2.1 Aufgabe 38: Beleuchtungssteuerung mit Schalter

Für Aufgabe 1 aus Abschnitt 3.2.3 soll für den Funktionstest das Technologiemodell *Einfaches E/A-Peripherie-Board* (siehe Tabelle 5.5) angeschlossen werden.

Schritt 1: Anpassung des SPS-Programms

Das bisherige SPS-Programm muss hinsichtlich der Eingangssignale (Kippschalter) angepasst werden, da Eingänge nicht parallel belegt werden dürfen. Die Ausgangssignale sollen weiterhin die bisherigen drei LEDs auf dem Starterkit und parallel dazu drei LEDs im Technologiemodell ansteuern. Damit ergeben sich die korrigierten Zuordnungstabellen (Tabelle 5.7 und Tabelle 5.8) für die Eingangs- und Ausgangszuordnungen der Prozessdaten.

Tabelle 5.7 Eingangszuordnung der Prozessdaten

BMK	Schalternr. (–A2)	Variablenname	Beschreibung
S1	–	`switch_1_bool`	betätigt: S1 = 1
S2	–	`switch_2_bool`	betätigt: S2 = 1
S3	–	`switch_3_bool`	betätigt: S3 = 0 (Öffner)

Ausgangszuordnung der Prozessdaten

H1	1	`QX_led_1`	LED leuchtet: H1 = 1
H2	2	`QX_led_2`	LED leuchtet: H2 = 1
H3	3	`QX_led_3`	LED leuchtet: H3 = 1
	Prozessdatum im Modell		
H1	DO0	`led_1_bool`	LED leuchtet: H1 = 1
H2	DO2	`led_2_bool`	LED leuchtet: H2 = 1
H3	DO4	`led_3_bool`	LED leuchtet: H3 = 1

Mit den neuen Variablen gemäß Tabelle 5.7 und Tabelle 5.8 ergibt sich das in Bild 5.18 angepasste SPS-Programm. Für die POE `Main` sollte eine Zykluszeit von 50 ms eingestellt werden. Dieses Programm kann bereits unter Nutzung des Debuggers in PLCnext Engineer getestet werden.

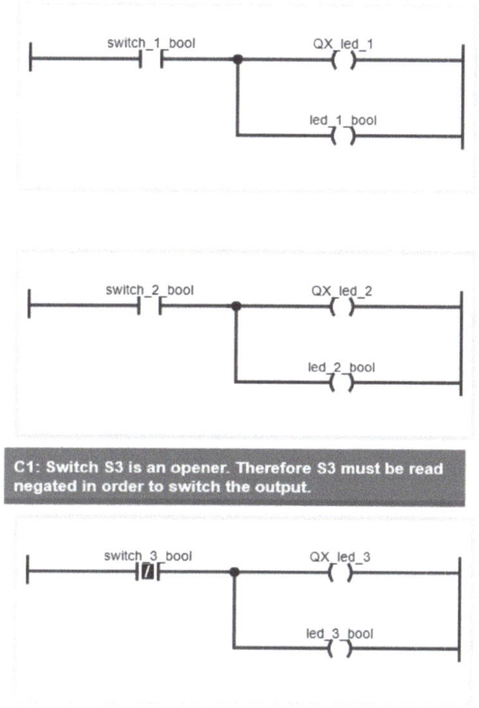

Bild 5.18 KOP-Programm für die Beleuchtungssteuerung mit Technologiemodell

Schritt 2: MQTT-Verbindung

Zuerst müssen die MQTT-Topics festgelegt werden, die für das Senden und Empfangen der Prozessdaten zum/vom Technologiemodell verwendet werden. SPS-Steuerung und Modell müssen die gleichen Topics für den MQTT-Broker verwenden. Für das Modell *E/A-Peripherie-Board* (Modell 1) gelten folgende Topics: `<Root Topic>/modell/<E/A-Bezeichnung>`

Das Root Topic kann durch den Nutzer frei festgelegt werden. Die E/A-Bezeichnungen sind für das Modell fest vorgegeben. Tabelle 5.9 beinhaltet die Zuordnung der Prozessdaten zu den Topics.

Tabelle 5.9 Zuordnung der Prozessvariablen zu den MQTT-Topics für Modell 1

Prozessvariable	MQTT-Topic
switch_1_bool	<Root Topic>/modell1/DOUT0
switch_2_bool	<Root Topic>/modell1/DOUT1
switch_3_bool	<Root Topic>/modell1/DOUT2
led_1_bool	<Root Topic>/modell1/DIN0
led_2_bool	<Root Topic>/modell1/DIN2
led_3_bool	<Root Topic>/modell1/DIN4

Sollten mehrere Nutzer gleichzeitig dasselbe Technologiemodell nutzen wollen, muss jeder Nutzer ein anderes Root Topic verwenden. Das Root Topic für ein Modell kann über die jeweilige Webseite des Modells eingestellt werden (Bild 5.19).

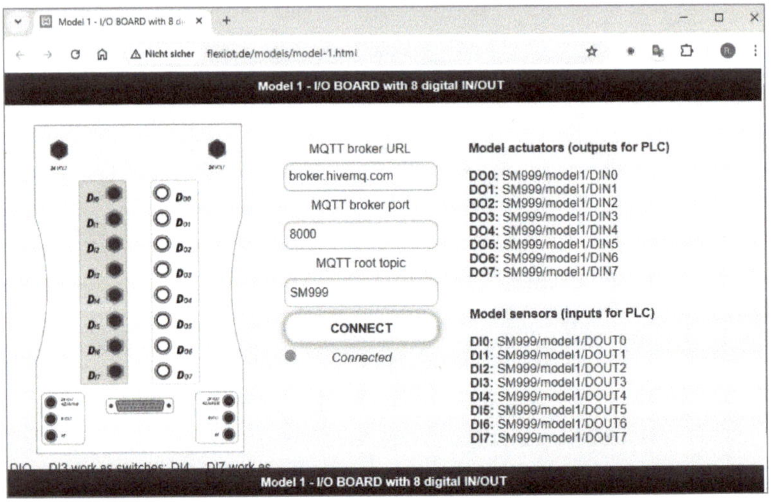

Bild 5.19 Webseite für das Technologiemodell *E/A-Peripherie-Board*

Nach Herstellung einer Verbindung zum MQTT-Broker (Drücken des CONNECT-Buttons) werden die durch das Modell verwendeten Topics auf der Webseite ausgegeben (Bild 5.19).

Das Technologiemodell und das SPS-Programm müssen denselben MQTT-Broker nutzen. Die Parametrierung erfolgt im SPS-Programm mittels des FB `MQTT_PubSub` und für das Technologiemodell auf der zugehörigen Webseite (Bild 5.19). Für die Aufgabe soll der öffentliche MQTT-Broker von HiveMQ mit einer nichtautorisierten und unverschlüsselten Verbindung verwendet werden. Folgende Broker-Parameter können dafür genutzt werden:

- MQTT-Broker-URL: *broker.hivemq.com*
- MQTT-Broker-Port: 8000

Da der FB `MQTT_PubSub` nur mit einer IP-Adresse arbeiten kann, muss die MQTT-Broker-URL zuerst mittels eines entsprechenden Werkzeugs (z. B. *https://www.livewatch.de/de/tools/ip/webseite*) in eine IP-Adresse umgewandelt werden.

HiveMQ ändert von Zeit zu Zeit (im Abstand von einigen Tagen) die IP-Adresse für die URL, d. h., die Konfigurierung der `MQTT_PubSub`-Instanz im SPS-Programm muss dann auch jeweils angepasst werden.

Die Erstellung des MQTT-Programmteils erfolgt in PLCnext Engineer in einer zweiten POE MQTT, die FBS als Programmiersprache nutzt. Dazu müssen vorher die Funktionsbibliothek *MQTTPubSub_IEC61131_31* sowie die zugehörige *MQTT_Client_Library_3* in PLCnext Engineer importiert werden. Informationen dazu finden sich in der Hilfe von PLCnext Engineer sowie in der Dokumentation zum FB MQTT_PubSub.

Die POE MQTT sollte in einer zweiten Task mit einer Zykluszeit von 30 ms laufen. Für die POE MQTT sind die in Tabelle 5.10 aufgeführten internen Variablen festgelegt.

Tabelle 5.10 Zuordnung der internen Variablen (Merker) für die POE MQTT

Variablenname	Datentyp	Beschreibung	Startwert
brokerIP	STRING	Protokoll, IP-Adresse und Port des MQTT-Brokers	STRING#'tcp://<IP-Adresse des HiveMQ-Brokers>:1883'
MQTT_PubSub1	MQTT_PubSub	Instanz des MQTT-FB	

Bild 5.20 zeigt das FBS-Programm für den MQTT-Programmteil.

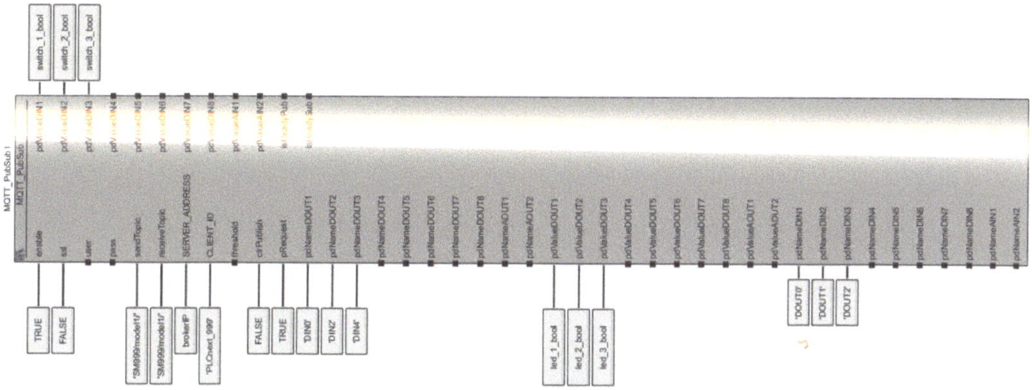

Bild 5.20 FBS-Programm für den MQTT-Programmteil (POE MQTT)

Wegen der nicht autorisierten und unverschlüsselten Verbindung wird ssl = FALSE gesetzt, und user sowie pass bleiben unbeschaltet.

Alle anderen Parameter können der Dokumentation für den FB MQTT_PubSub entnommen werden.

Schritt 3: Funktionstest

Für den Funktionstest sollte zuerst das Technologiemodell über die Webseite *http://www.flexiot.de/models* aufgerufen werden. Danach erfolgt die Eingabe der Parameter `MQTT broker URL`, `MQTT broker port` und `MQTT root topic`. Mit dem CONNECT-Button werden die Parameter übernommen und die Verbindung zum Broker hergestellt (siehe Bild 5.19).

Grundsätzlich sollte das SPS-Programm wegen der Synchronisierung erst nach der Initialisierung des Technologiemodells gestartet werden. Auch bei einer realen Anlage wird zuerst die Anlage mit der SPS verschaltet und danach die Steuerung gestartet.

Für Analyse und Test des MQTT-Interface im Broker ist ein zusätzlicher MQTT-Client hilfreich. Mit einem solchen Client kann die Prozessdatenübertragung zwischen der SPS und dem Technologiemodell überwacht werden. Eventuelle Fehler sind dann meist schnell auffindbar. Als Testclient kann z. B. MQTT Explorer (Nordquist) oder auch mqtt-spy (Eclipse-Paho) genutzt werden. Bild 5.21 zeigt als Beispiel die Bedienoberfläche von mqtt-spy mit den sechs E/A-Prozessdaten des Technologiemodells.

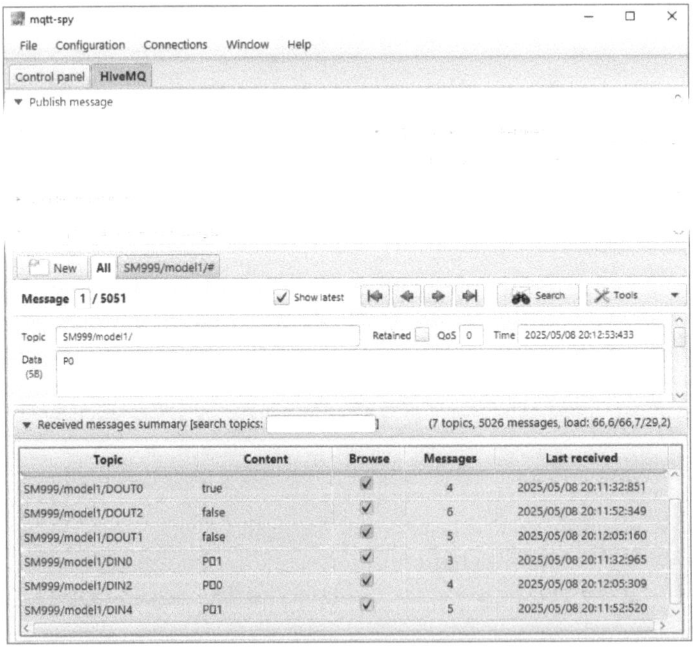

Bild 5.21 mqtt-spy als Testclient zur Überwachung der SPS-Modell-Schnittstelle

Die vollständige programmtechnische Lösung für die Aufgabe ist im PLCnext-Projekt `task_38_dt.pcwex` gespeichert.

5.5.2.2 Aufgabe 39: Steuerung eines Drehstrommotors

Für Aufgabe 3 aus Abschnitt 3.2.5 soll für den Funktionstest das Technologiemodell *Drehstrommotor* (siehe Tabelle 5.5) angeschlossen werden.

Schritt 1: Anpassung des SPS-Programms

Das bisherige SPS-Programm muss hinsichtlich der drei Eingangssignale (Kippschalter) angepasst werden, da Eingänge nicht parallel belegt werden dürfen. Alle bisherigen Ausgangssignale sollen weiterhin auf dem Starterkit mit LEDs angezeigt und parallel dazu sollen der Rechtslauf und Linkslauf des Motors (K1 und K2) im Technologiemodell angesteuert werden, d.h., die beiden Ausgangssignale `QX_motor_right` und `QX_motor_left` werden zusätzlich über MQTT noch an das Technologiemodell gesendet. Damit ergeben sich die korrigierten Zuordnungstabellen (Tabelle 5.11 und Tabelle 5.12) für die Eingangs- und Ausgangszuordnungen der Prozessdaten.

Tabelle 5.11 Eingangszuordnung der Prozessdaten

BMK	Schalternr. (-A2)	Variablenname	Beschreibung
S1	–	`button_start_right_bool`	betätigt: S1 = 1
S2	–	`button_start_left_bool`	betätigt: S2 = 1
F2	–	`overcurrent_bool`	betätigt: F2 = 0 (Öffner)

Tabelle 5.12 Ausgangszuordnung der Prozessdaten

BMK	LED-Nr. (-A2)	Variablenname	Beschreibung
K1	1	`QX_motor_right`	LED leuchtet: K1 = 1
H1	2	`QX_lamp_right`	LED leuchtet: H1 = 1
K2	3	`QX_motor_left`	LED leuchtet: K2 = 1
H2	4	`QX_lamp_left`	LED leuchtet: H2 = 1
	Prozessdatum im Modell		
K1	motorR	`QX_motor_right`	Bewegung nach rechts: K1 = 1
K2	motorL	`QX_motor_left`	Bewegung bremst durch Linkslauf ab: K2 = 1

Mit den neuen Variablen gemäß Tabelle 5.11 und Tabelle 5.12 ergibt sich das in Bild 5.22 angepasste SPS-Programm. Dieses Programm kann bereits unter Nutzung des Debuggers in PLCnext Engineer getestet werden.

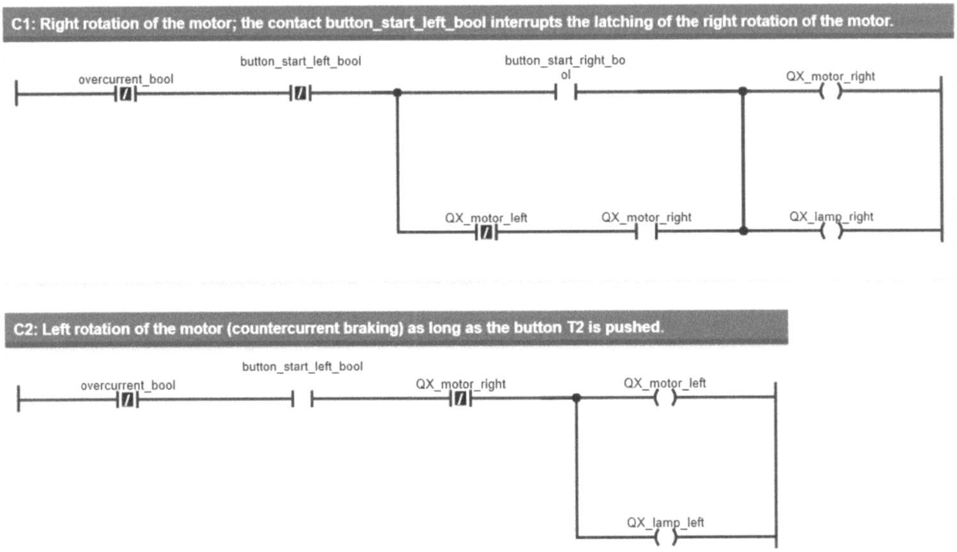

KOP-Programm für die Motorsteuerung mit Technologiemodell

Schritt 2: MQTT-Verbindung

Für das Modell *Drehstrommotor* (Modell 2) gelten folgende Topics: `<Root Topic>/model2/<E/A-Bezeichnung>`

Das Root Topic kann durch den Nutzer frei festgelegt werden. Die E/A-Bezeichnungen sind für das Modell fest vorgegeben. Tabelle 5.13 beinhaltet die Zuordnung der Prozessdaten zu den Topics.

Tabelle 5.13 Zuordnung der Prozessvariablen zu den MQTT-Topics für Modell 2

Prozessvariable	MQTT-Topic
button_start_right_bool	<Root Topic>/model2/S1
button_start_left_bool	<Root Topic>/model2/S2
overcurrent_bool	<Root Topic>9/model2/F2
QX_motor_right	<Root Topic>/model2/motorR
QX_motor_left	<Root Topic>/model1/motorL

Sollten mehrere Nutzer gleichzeitig dieses Technologiemodell nutzen wollen, muss jeder Nutzer ein anderes Root Topic verwenden. Das Root Topic für das Modell kann über die Webseite des Modells eingestellt werden. Nach Herstellung einer Verbindung zum MQTT-Broker (Drücken des CONNECT-Buttons) werden die durch das Modell verwendeten Topics auf der Webseite ausgegeben (Bild 5.23).

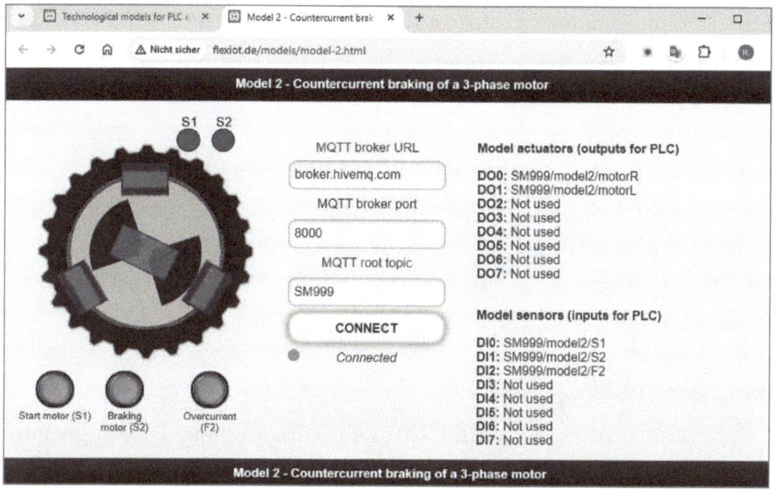

Bild 5.23 Webseite für das Technologiemodell *Drehstrommotor*

Das Technologiemodell soll wie Modell 1 den öffentlichen MQTT-Broker von HiveMQ mit einer nichtautorisierten und unverschlüsselten Verbindung nutzen (siehe Abschnitt 5.5.2.1, Schritt 2).

Bild 5.24 zeigt das FBS-Programm mit der Parametrierung für die FB-Instanz `MQTT_PubSub1`.

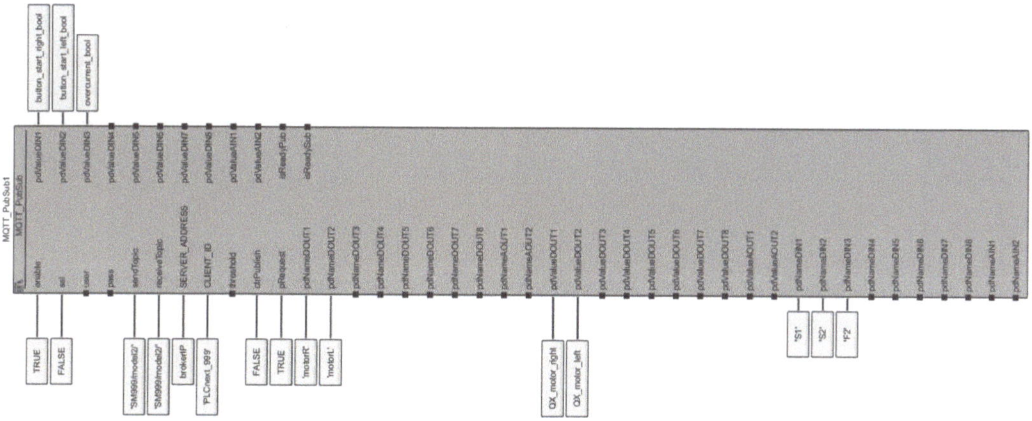

Bild 5.24 FBS-Programm für den MQTT-Programmteil (POE `MQTT`)

Schritt 3: Funktionstest

Für den Funktionstest sollte zuerst das Technologiemodell aufgerufen werden. Danach erfolgt die Eingabe der Parameter `MQTT broker URL`, `MQTT broker port` und `MQTT root topic`. Mit dem CONNECT-Button werden die Parameter übernommen und die Verbindung zum Broker hergestellt.

Grundsätzlich sollte das SPS-Programm wegen der Synchronisierung erst nach der Initialisierung des Technologiemodells gestartet werden.

Die vollständige programmtechnische Lösung für die Aufgabe ist im PLCnext-Projekt `task_39_dt.pcwex` gespeichert.

5.5.2.3 Aufgabe 40: Fußgängerampel mit Sprachsteuerung

Für Aufgabe 19 aus Abschnitt 3.10.1 soll für den Funktionstest das Technologiemodell *Ampelsteuerung* (siehe Tabelle 5.5) angeschlossen werden. Nach Test der korrekten Grundfunktion soll ein Fußgänger über einen Sprachbefehl den Fußgängerüberweg aktivieren können.

Schritt 1: Anpassung des SPS-Programms

Das bisherige SPS-Programm muss hinsichtlich des Eingangssignals T1 (Kippschalter 1) angepasst werden, da Eingänge nicht parallel belegt werden dürfen. Alle bisherigen Ausgangssignale sollen weiterhin auf dem Starterkit mit LEDs angezeigt und parallel verwendet werden, um die Ampeln im Technologiemodell anzusteuern, d. h., die fünf Ausgangssignale für die Verkehrs- und Fußgängerampeln werden zusätzlich über MQTT an das Technologiemodell gesendet. Damit ergeben sich die korrigierten Zuordnungstabellen (Tabelle 5.14 und Tabelle 5.15) für die Eingangs- und Ausgangszuordnungen der Prozessdaten. Alle internen Variablen bleiben wie in Abschnitt 3.10.1.

Tabelle 5.14 Eingangszuordnung der Prozessdaten

BMK	Schalternr. (-A2)	Variablenname	Beschreibung
T1	-	`button_request_bool`	Anforderungstaster Dieser Taster wird nach Betätigung von T1 = 1 gesperrt und muss für eine weitere Betätigung erst wieder frei gegeben werden.

Tabelle 5.15 Ausgangszuordnung der Prozessdaten

BMK	LED-Nr. (-A2)	Variablenname	Beschreibung
A_red	1	`QX_driver_red`	LED leuchtet: A = rot
A_yellow	2	`QX_driver_yellow`	LED leuchtet: A = gelb
A_green	3	`QX_driver_green`	LED leuchtet: A = grün
F_red	7	`QX_pedestrian_red`	LED leuchtet: F = rot
F_green	8	`QX_pedestrian_green`	LED leuchtet: F = grün
	Ausgangsnr. (-A3)		
T3	A O1	`QW_bargraph_wait_time`	LED-Balkenanzeige, Wartezeit
	Prozessname im Modell		
A_red	C_Red	`QX_driver_red`	Verkehrsampel leuchtet: A = rot
A_yellow	C_Yellow	`QX_driver_yellow`	Verkehrsampel leuchtet: A = gelb
A_green	C_Green	`QX_driver_green`	Verkehrsampel leuchtet: A = grün
F_red	P_Red	`QX_pedestrian_red`	Fußgängerampel leuchtet: F = rot
F_green	P_Green	`QX_pedestrian_green`	Fußgängerampel leuchtet: F = grün
	Res_T1	`res_t1_bool`	Freigeben des Anforderungstasters

Da im ursprünglichen FBS-Programm für die Ampelsteuerung als Anforderungstaste ein Kippschalter genutzt wird, im Modell die Anforderungstaste aber als blockierende Taste realisiert ist, müssen folgende drei Änderungen im Programm erfolgen:

1. Einführung einer Negation vor dem Flankentrigger `F_TRIG_1`, da dieser nur auf eine fallende Flanke reagiert
2. Freigeben der grafischen Anforderungstaste im Modell durch `res_t1_bool` am Ausgang von `TP_1`
3. Rücksetzen des Eingangssignals T1 mit `reset_wait_time_bool` (Schreiben des Modellausgangs T1)

Die ersten beiden Anpassungen erfolgen im Netzwerk für den Zeitgeber (Bild 5.25), und die dritte Anpassung erfolgt durch entsprechende Beschaltung im `MQTT_PubSub1` (Bild 5.27).

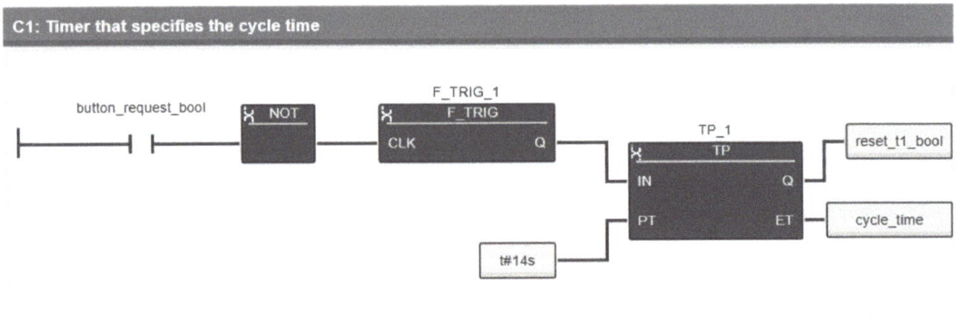

Bild 5.25 Zeitgeber für die Ampelsteuerung mit Technologiemodell

Schritt 2: MQTT-Verbindung

Für das Modell *Ampelsteuerung* (Modell 3) gelten folgende Topics: `<Root Topic>/model3/<E/A-Bezeichnung>`

Das Root Topic kann durch den Nutzer frei festgelegt werden. Die E/A-Bezeichnungen sind für das Modell fest vorgegeben. Tabelle 5.16 beinhaltet die Zuordnung der Prozessdaten zu den Topics.

Tabelle 5.16 Zuordnung der Prozessvariablen zu den MQTT-Topics für Modell 3

Prozessvariable	MQTT-Topic
`button_request_bool`	`<Root Topic>/model3/T1`
`res_t1_bool`	`<Root Topic>/model3/Res_T1`
`QX_driver_red`	`<Root Topic>/model3/C_Red`
`QX_driver_yellow`	`<Root Topic>/model3/C_Yellow`
`QX_driver_green`	`<Root Topic>/model3/C_Green`
`QX_pedestrian_red`	`<Root Topic>/model3/P_Red`
`QX_pedestrian_green`	`<Root Topic>/model3/P_Green`

Sollten mehrere Nutzer gleichzeitig dieses Technologiemodell nutzen wollen, muss jeder Nutzer ein anderes Root Topic verwenden. Das Root Topic für das Modell kann über die Webseite des Modells eingestellt werden. Nach Herstellung einer Verbindung zum MQTT-Broker (Drücken des CONNECT-Buttons) werden die durch das Modell verwendeten Topics auf der Webseite ausgegeben (Bild 5.26).

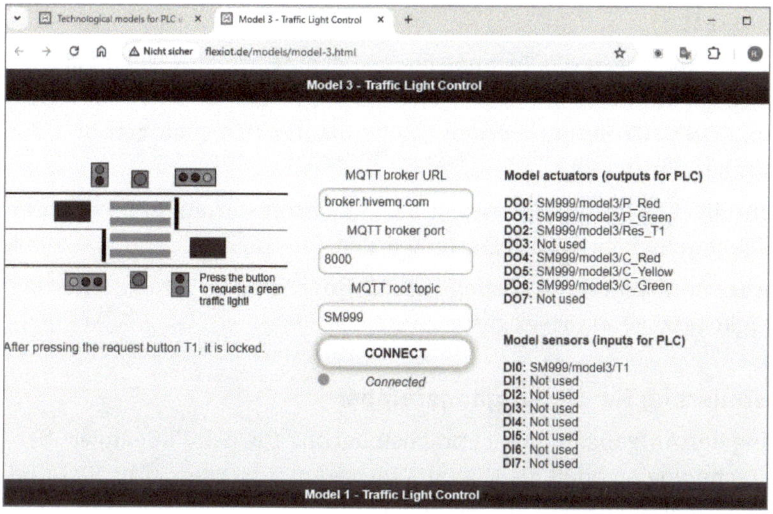

Bild 5.26 Webseite für das Technologiemodell *Ampelsteuerung*

Das Technologiemodell soll wie Modell 1 und 2 gleichfalls den öffentlichen MQTT-Broker von *HiveMQ* mit einer nichtautorisierten und unverschlüsselten Verbindung nutzen (siehe Abschnitt 5.5.2.1, Schritt 2).

Bild 5.27 zeigt das zugehörige FBS-Programm mit der Parametrierung für die FB-Instanz `MQTT_PubSub1`.

Es wird darauf hingewiesen, dass das Anforderungssignal T1 nicht nur über `MQTT_PubSub1` empfangen wird, sondern auch nach Ende des Ampelzyklus mit `FALSE` gesendet werden muss (Änderung 3).

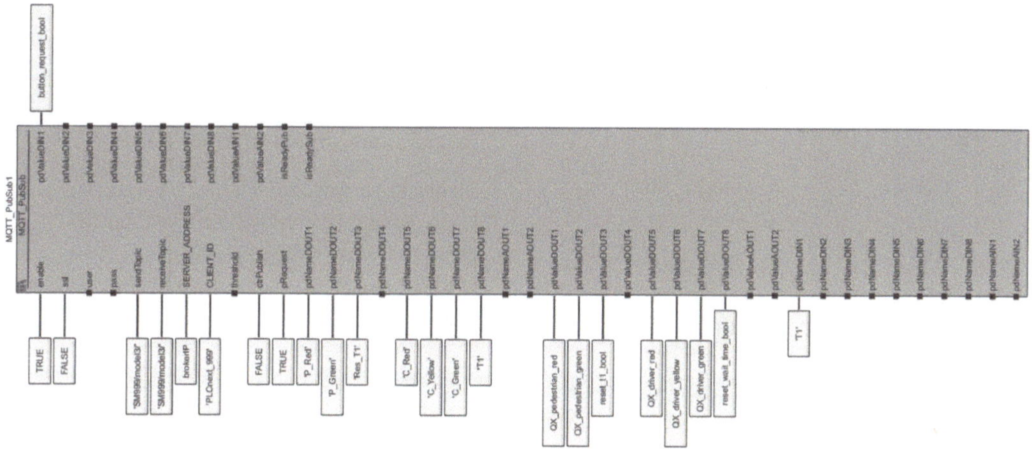

Bild 5.27 FBS-Programm für den MQTT-Programmteil (POE `MQTT`)

Schritt 3: Funktionstest

Für den Funktionstest sollte zuerst das Technologiemodell aufgerufen werden. Danach erfolgt die Eingabe der Parameter *MQTT broker URL, MQTT broker port* und *MQTT root topic*. Mit dem CONNECT-Button werden die Parameter übernommen und die Verbindung zum Broker hergestellt.

Grundsätzlich sollte das SPS-Programm wegen der Synchronisierung erst nach der Initialisierung des Technologiemodells gestartet werden.

Die vollständige programmtechnische Lösung für die Aufgabe ohne Sprachsteuerung ist im PLCnext-Projekt `task_40_dt.pcwex` gespeichert.

Schritt 4: Sprachsteuerung für die Fußgängerampel

Mit der Erweiterung der Aufgabe um eine Sprachsteuerung für den Fußgängerüberweg soll nun das Technologiemodell als Digital Twin genutzt werden, d. h., SPS und Technologiemodell werden über MQTT mit Spracherkennungsdiensten aus dem Internet verbunden.

Die Realisierung einer Spracherkennung mit einer klassischen SPS ist praktisch nicht möglich, wohingegen einige Webbrowser (Google Chrome, Microsoft Edge, Opera) bereits eine integrierte Spracherkennung anbieten. Für diese Spracherkennung nutzen die Browser Spracherkennungsdienste aus der Cloud. Die Aufgabe für die Erweiterung besteht nun darin, eine Webseite zu entwickeln, über die mit einem Sprachbefehl der Anforderungstaster T1 für die Fußgängerampel aktiviert und freigegeben werden kann. Dazu werden über Tabelle 5.17 zuerst die erforderlichen Sprachbefehle festgelegt.

Tabelle 5.17 Sprachkommandos für die Fußgängerampel

Sprachbefehl	Prozessvariable	Beschreibung
`System on`	`button_request_bool`	Mit diesem Sprachkommando kann parallel zum Anforderungstaster T1 die grüne Fußgängerampel angefordert werden.
`Unlock`	`res_t1_bool`	Dieses Kommando ermöglicht bereits vor Ende eines Ampelzyklus die Freigabe des grafischen Anforderungstasters.

Bild 5.28 veranschaulicht das Komponentenschema für die Erweiterung.

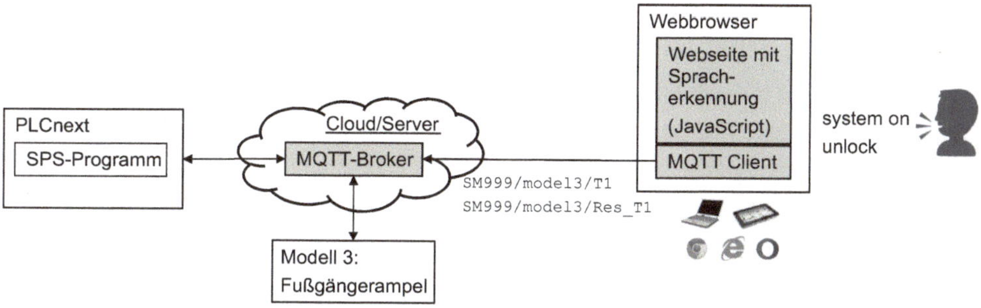

Bild 5.28 Komponentenschema für die Erweiterung mit einer Sprachsteuerung

Für die Erweiterung wird also eine Webseite mit einer Spracherkennung und einem MQTT-Client benötigt, der das Ergebnis der Spracherkennung auf die beiden zugehörigen MQTT-Topics schreibt. Die Webseite kann dazu in JavaScript (JS) entwickelt werden. Da im Browser Google Chrome bereits die Spracherkennungs-API Web Speech integriert ist und auch Bibliotheken für einen MQTT-Client zur Verfügung stehen, sollte bevorzugt dieser Browser genutzt werden. Als MQTT-Client wird z. B. die Nutzung der Bibliothek mqtt.js (MQTT.js) empfohlen.

Da Webtechnologien nicht unbedingt in den Ausbildungsplänen für Automatisierungsberufe enthalten sind, kann es für Automatisierungstechniker wegen fehlender Kenntnisse ein Problem sein, eine entsprechende Webseite zu entwickeln. Hierbei kann jedoch ChatGPT sehr gut helfen. Bei der Vorgabe des folgenden Prompts gibt ChatGPT einen korrekten und direkt lauffähigen JS-Code aus:

Prompt

Entwerfen Sie ein Codebeispiel in JavaScript, das die beiden Wörter „System on" und „Unlock" mithilfe der Web Speech API erkennt und eine boolesche Variable `req_button` mit folgenden Werten erstellt: Wird das Wort „System on" erkannt, setzen Sie `req_button = true`. Wird das Wort „Unlock" erkannt, setzen Sie `req_button = false`. Die erkannten Sprachkommandos sollen für Prüfzwecke auf der Webseite zusätzlich ausgegeben werden. Binden Sie bei Bedarf die JS-Bibliothek für die Spracherkennung in das JS-Skript an. Erweitern Sie das Programm um einen MQTT-Client. Verwenden Sie die Bibliothek mqtt.js, und binden Sie diese in das JS-Skript ein. Senden Sie `true`, wenn der `req_button = true` ist, an das Topic `SM999/model3/T1` und `false`, wenn der `req_button = false` ist, an das Topic `SM999/model3/Res_T1` an den öffentlichen MQTT-Broker von HiveMQ. Verwenden Sie eine unverschlüsselte und nichtautorisierte MQTT-Verbindung.

Es muss darauf geachtet werden, das jeweils korrekte Root Topic im Prompt anzugeben (im Beispiel: `SM999`).

Als Ergebnis liefert ChatGPT folgenden Quellcode:

Ergebnis

```
<!DOCTYPE html>
<html lang="de">
<head>
  <meta charset="UTF-8">
  <title>Sprachsteuerung + MQTT</title>
  <script src="https://unpkg.com/mqtt/dist/mqtt.min.js"></script>
</head>
<body>
  <h1>Sprachgesteuerte MQTT-Steuerung</h1>
  <p>Status: <span id="status">Initialisiere...</span></p>
  <p>Letzter Befehl: <span id="command">-</span></p>

  <script>
    // MQTT Setup – unverschlüsselte Verbindung (ws://)
    const client = mqtt.connect("ws://broker.hivemq.com:8000/mqtt");

    client.on("connect", () => {
      document.getElementById("status").textContent = "MQTT verbunden
– warte auf Sprachbefehl...";
      console.log("MQTT verbunden");
    });

    let req_button = false;

    // Web Speech API Setup
    const SpeechRecognition = window.SpeechRecognition || window.
webkitSpeechRecognition;

    if (!SpeechRecognition) {
      alert("Dein Browser unterstützt keine Web Speech API!");
    } else {
      const recognition = new SpeechRecognition();
      recognition.lang = "en-US";
      recognition.continuous = true;
      recognition.interimResults = false;
```

```
      recognition.onresult = (event) => {
          const transcript = event.results[event.results.length - 1]
[0].transcript.trim().toLowerCase();
        document.getElementById("command").textContent = transcript;
        console.log("Erkannt:", transcript);

        if (transcript.includes("system on")) {
          req_button = true;
          client.publish("SM999/model3/T1", "true");
            document.getElementById("status").textContent = "Befehl
erkannt: System on → req_button = true";
        } else if (transcript.includes("unlock")) {
          req_button = false;
          client.publish("SM999/model3/Res_T1", "false");
            document.getElementById("status").textContent = "Befehl
erkannt: Unlock → req_button = false";
        }
      };

      recognition.onerror = (event) => {
        console.error("Spracherkennungsfehler:", event.error);
            document.getElementById("status").textContent = `Fehler:
${event.error}`;
      };

      recognition.onend = () => {
        // Neustart bei Unterbrechung
        recognition.start();
      };

      recognition.start();
    }
  </script>
</body>
</html>
```

Diese Webseite kann bereits durch einen Doppelklick im Dateiverzeichnis getestet werden. Mit einem beliebigen MQTT-Client kann man die geschriebenen Werte für die beiden Topics `SM999/model3/T1` und `SM999/model3/Res_T1` testen.

Will man mit einem Smartphone-Browser oder einem anderen Gerät auf die erstellte Webseite zugreifen, muss die Webseite auf einem Webserver über HTTPS gehostet werden. Außerdem muss dem jeweiligen Browser die Nutzung des Mikrofons gestattet werden.

Im SPS-Programm selbst müssen keine Änderungen vorgenommen werden. Nach Starten des Digital Twins (Technologiemodell 3) sowie des SPS-Programms kann mit der erstellten Spracherkennungswebseite die Spracherkennung für die Fußgängerampel erprobt werden.

Der Quellcode für die Webseite (`task_40_dt_add_ai.html`) ist unter *plus.hanser-fachbuch.de* im Programmverzeichnis von Kapitel 5 zu finden. Für einen Test mittels Smartphone kann der Link *https://elms.ccad.eu/speech/task_40_dt_add_ai_wss.html* genutzt werden. Diese Webseite nutzt eine verschlüsselte MQTTWS-Verbindung, sodass die Spracherkennung auch unter HTTPS funktionsfähig ist.

5.5.2.4 Aufgabe 41: Heizkessel mit Nachtabsenkung der Temperatur

Für Aufgabe 20 aus Abschnitt 3.10.2 soll für den Funktionstest das Technologiemodell *Heißkessel Wassersystem* (siehe Tabelle 5.5) angeschlossen werden. Nach Test der korrekten Grundfunktion soll über einen Lichtsensor eine Nachtabsenkung der Wassertemperatur im Heizkessel erfolgen. Dabei soll ein Lichtstärkesensor aus einem Smartphone zum Einsatz kommen.

Schritt 1: Anpassung des SPS-Programms

Das bisherige SPS-Programm muss hinsichtlich der analogen Eingangssignale angepasst werden, da diese jetzt vom Technologiemodell geliefert werden. Als AUS-Schalter S für das System wird weiterhin der Kippschalter 8 auf dem Starterkit genutzt. Zusätzlich soll auch der Button S1 im Modell als AUS-Schalter fungieren.

Alle bisherigen Ausgangssignale sollen weiterhin auf dem Starterkit mit LEDs bzw. dem LED-Bargraph angezeigt und parallel verwendet werden. Parallel dazu werden die digitalen Ausgangssignale der SPS über MQTT an das Technologiemodell gesendet. Damit ergeben sich die korrigierten Zuordnungstabellen (Tabelle 5.18 und Tabelle 5.19) für die Eingangs- und Ausgangszuordnungen der Prozessdaten.

Tabelle 5.18 Eingangszuordnung der Prozessdaten

BMK	Ausgangsnr. (-A3)	Variablenname	Beschreibung
F	-	fill_level_real	Wertebereich: 0.00 ... 10.00
T		Temperature_real	Wertebereich: 0.00 ... 10.00
	Schalternr. (-A2)		
S	8	IX_switch_stop	betätigt: S = 0 (Öffner)
S1	-	off_on_bool	betätigt: S1 = 1 (Schließer)

Tabelle 5.19 Ausgangszuordnung der Prozessdaten

BMK	Eingangsnr. (-A3)	Variablenname	Beschreibung
F	A O1	QW_fill_level	LED-Balkenanzeige T3 Wertebereich: 16#0000 ... 16#7FFFF
	LED-Nr. (-A2)		
V1	1	QX_valve_intake	LED leuchtet: V1 = 1 (Zuflussventil)
V2	2	QX_valve_outtake	LED leuchtet: V2 = 1 (Abflussventil)
H	7	QX_heating	LED leuchtet: H = 1 (Heizung)
H1	8	QX_stop	LED leuchtet: H1 = 1 (Meldeleuchte)
V1	-	valve_intake_bool	Steuerung des Zuflusses
V2	-	valve_outtake_bool	Steuerung des Abflusses
H	-	heating_bool	Heizung

Auch bei den internen Variablen müssen einige Änderungen eingeführt werden, da alle analogen Signale nun als REAL-Werte vorliegen. In Tabelle 5.20 sind die geänderten internen Variablen aufgelistet.

Tabelle 5.20 Zuordnung der internen Variablen (Merker)

Variablenname	Datentyp	Beschreibung	Startwert
min_fill_real	REAL	minimaler Füllstand des Tanks	REAL#0.0
max_fill_real	REAL	maximaler Füllstand des Tanks	REAL#8.0
max_temp_real	REAL	Vergleichswert für die maximale Temperatur	REAL#8.0
Heating_sfc	SFC	Instanz des AS-Funktionsblocks	

Mit den aufgeführten Anpassungen ergibt sich das in Bild 5.29 geänderte AS-Programm.

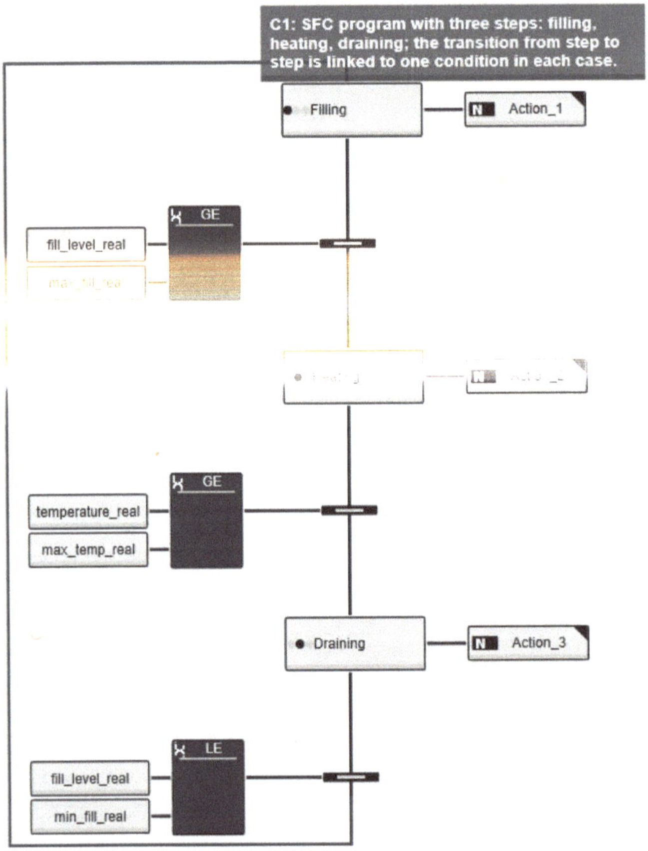

Bild 5.29 AS-Programm für das *Heizkessel-Wassersystem* mit Technologiemodell

In Tabelle 5.21 sind die drei angepassten Aktionen für die Schritte im AS-Programm dargestellt.

Tabelle 5.21 Quellcode in ST für die drei Aktionen des AS-Programms mit Technologiemodell

Action_1	Action_2	Action_3
(* C1: ACTION_1 *) IF IX_switch_stop AND off_on_bool THEN QX_valve_intake := TRUE; valve_intake_bool := TRUE; ELSE QX_valve_intake := FALSE; valve_intake_bool := FALSE; END_IF; QX_valve_outtake := FALSE; valve_outtake_bool := FALSE;	(* C1: ACTION_2 *) IF IX_switch_stop AND off_on_bool THEN QX_heating := TRUE; heating_bool := TRUE; ELSE QX_heating := FALSE; heating_bool := FALSE; END_IF; QX_valve_intake := FALSE; valve_intake_bool := FALSE;	(* C1: ACTION_3 *) IF IX_switch_stop AND off_on_bool THEN QX_valve_outtake := TRUE; valve_outtake_bool := TRUE; ELSE QX_valve_outtake := FALSE; valve_outtake_bool := FALSE; END_IF; QX_heating := FALSE; heating_bool := FALSE;

Zusätzlich muss auch noch eine Änderung im Hauptprogramm Main durchgeführt werden (Listing 5.1): Es erfolgt eine Konvertierung des REAL-Wertes des Füllstandes zur Ausgabe als WORD auf dem LED-Bargraph und die Berücksichtigung der Leuchtdrucktaste S1 im Modell als zweiten AUS-Schalter.

Listing 5.1 Hauptprogramm Main in ST mit Technologiemodell

```
(* C1: MAIN *)
(* Output of the fill level to the LED bar graph. *)
QW_fill_level := TO_WORD(MUL(TO_INT(fill_level_real), 3750));

(* C3: Indication of the indicator light when the OFF switch is activated. *)
QX_stop := NOT IX_switch_stop OR NOT off_on_bool;

(* C4: Calling the AS program as an AS function block *)
Heating_sfc();
```

Schritt 2: MQTT-Verbindung

Für das Modell *Heizkessel-Wassersystem* (Modell 4) gelten folgende Topics: <Root Topic>/model4/<E/A-Bezeichnung>

Das Root Topic kann durch den Nutzer frei festgelegt werden. Die E/A-Bezeichnungen sind für das Modell fest vorgegeben. Tabelle 5.22 beinhaltet die Zuordnung der Prozessdaten zu den Topics.

Tabelle 5.22 Zuordnung der Prozessvariablen zu den MQTT-Topics für Modell 4

Prozessvariable	MQTT-Topic
`valve_intake_bool`	`<Root Topic>/model4/valve_1`
`valve_outtake_bool`	`<Root Topic>/model4/valve_2`
`heating_bool`	`<Root Topic>/model4/heating`
`off_on_bool`	`<Root Topic>/model4/S1`
`fill_level_real`	`<Root Topic>/model4/fill_level`
`Temperature_real`	`<Root Topic>/model4/heating_temp`

Sollten mehrere Nutzer gleichzeitig dieses Technologiemodell nutzen wollen, muss jeder Nutzer ein anderes Root Topic verwenden. Das Root Topic für das Modell kann über die Webseite des Modells eingestellt werden. Nach Herstellung einer Verbindung zum MQTT-Broker (Drücken des CONNECT-Buttons) werden die durch das Modell verwendeten Topics auf der Webseite ausgegeben (Bild 5.30).

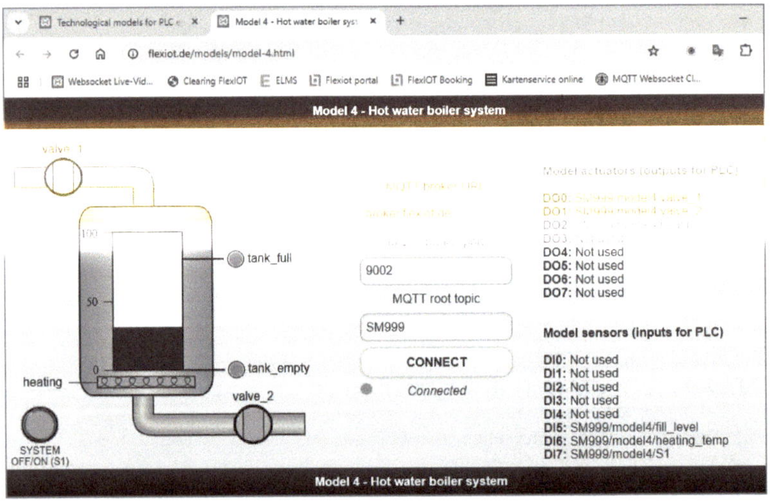

Bild 5.30 Webseite für das Technologiemodell *Heizkessel-Wassersystem*

Das Technologiemodell 4 soll mit einer verschlüsselten und autorisierten Verbindung an den öffentlichen MQTT-Broker von FlexIOT angeschlossen werden. Dabei gelten folgende Verbindungsparameter:

- `broker_IP: ssl://85.214.218.90:8883`
- `user: plcnextes_2023`
- `pass: !flexiot_2023`

Bild 5.31 zeigt das zugehörige FBS-Programm mit der Parametrierung für die FB-Instanz MQTT_PubSub1.

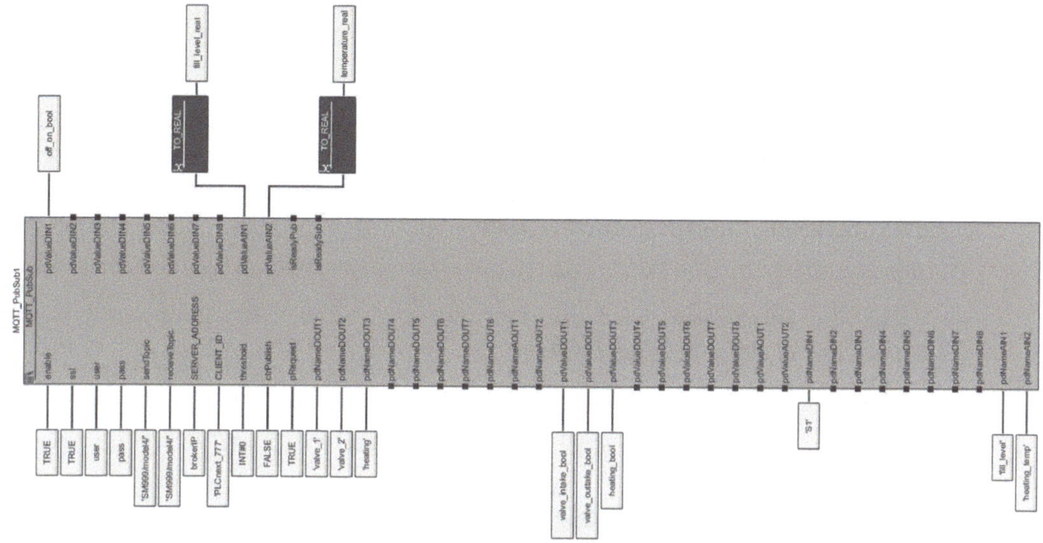

Bild 5.31 FBS-Programm für den MQTT-Programmteil (POE MQTT)

Da die beiden analogen Signale für Temperatur und Füllstand über MQTT vom Technologiemodell als STRING empfangen werden, erfolgt in MQTT noch eine Konvertierung in einen REAL-Wert.

Schritt 3: Funktionstest

Für den Funktionstest sollte zuerst das Technologiemodell aufgerufen werden. Danach erfolgt die Eingabe der Parameter `MQTT broker URL`, `MQTT broker port` und `MQTT root topic`. Für den Anschluss des Technologiemodells kann eine unverschlüsselte und nichtautorisierte MQTT-Verbindung mit folgenden Parametern genutzt werden:

- MQTT-Broker URL: broker.flexiot.de
- MQTT-Broker-Port: 9002

Mit dem CONNECT-Button werden die Parameter übernommen und die Verbindung zum Broker hergestellt.

Grundsätzlich sollte das SPS-Programm wegen der Synchronisierung erst nach der Initialisierung des Technologiemodells gestartet werden.

Die vollständige programmtechnische Lösung für die Aufgabe ohne Nachtabsenkung der Temperatur ist im PLCnext-Projekt `task_41_dt.pcwex` gespeichert.

Schritt 4: Nachtabsenkung für das *Heizkessel-Wassersystem*

Mit der Erweiterung der Aufgabe um eine Nachtabsenkung für das *Heizkessel-Wassersystem* soll nun das Technologiemodell als Digital Twin genutzt werden, d. h., SPS und Technologiemodell werden über MQTT mit Sensordaten eines externen Lichtsensors aus dem Internet verbunden.

Für die Realisierung einer Lichterkennung mit einer klassischen SPS muss ein externer Lichtsensor an die SPS angeschlossen werden. Dies würde jedoch Kosten und externen Hardware-Aufwand bedeuten. Praktisch jedes Smartphone beinhaltet bereits Lichtsensoren, die über ein IoT-Interface genutzt werden können. Diese sollen auch für die vorliegende Aufgabe genutzt werden.

Für den energiesparenden Betrieb der Heizwasseranlage gelten folgende Annahmen:

- Nachts (bei Dunkelheit) wird kein Warmwasser benötigt. Die Temperatur kann auf 40 Grad (4,00) abgesenkt werden.
- Warmwasser mit einer Temperatur von 80 Grad (8,00) wird nur tagsüber benötigt.

Tabelle 5.23 zeigt die Funktionsweise der Nachtabsenkung.

Tabelle 5.23 Funktion der Nachtabsenkung für das *Heizkessel-Wassersystem*

Beleuchtungsstärke [Lux]	Beschreibung
<50	maximale Wassertemperatur: `max_temp_real = 4.0`
≥50	maximale Wassertemperatur: `max_temp_real = 8.0`

Da die Anlage weltweit und zu jeder Jahreszeit einsatzbereit sein soll, kann die Tageszeit nicht zur Steuerung genutzt werden. Stattdessen wird ein Helligkeitssensor verwendet. Zur Absenkung der Temperatur soll daher der Lichtsensor eines Smartphones eingesetzt werden.

Die Erweiterung für diese Aufgabe besteht nun darin, das System mithilfe des Lichtsensors so zu steuern, dass die gewünschten Temperaturen erreicht werden. Dazu sind folgende Aufgaben zu lösen:

- Der in den meisten Smartphones vorhandene Lichtsensor soll zur Messung der Helligkeit genutzt werden. Für die Nutzung des Lichtsensors über eine MQTT-Anbindung stehen kostenfreie Sensor-Apps zur Verfügung. Beispiele dazu sind die App Sensor Node Free (Sensor Node Free) oder auch die App MQTT Sensor. Letztere kann unter *plus.hanser-fachbuch.de* aus dem Programmverzeichnis von Kapitel 5 heruntergeladen werden. Beide Apps stehen als awk-Datei zur Verfügung und müssen auf dem Smartphone installiert werden. Die Apps ermöglichen das Senden der Werte des Lichtsensors an ein MQTT-Topic.

- Das SPS-Programm muss um einen analogen Eingang erweitert werden, über den das Helligkeitssignal von MQTT eingespeist werden kann. Dieses Sensorsignal muss den Wert für `max_temp_real` durch entsprechende Skalierung und Anpassung steuern.

Da der MQTT-FB nur zwei analoge Eingangssignale unterstützt und diese bereits durch `temperature_real` und `fill_level_real` belegt sind, muss im SPS-Programm eine zweite Instanz des MQTT-Funktionsbausteins verwendet werden.

Die Sensor-Apps auf dem Smartphone arbeiten mit unterschiedlichen Topic-Namen für die Beleuchtungsstärke (Lichtintensität). Dieser Name muss zuerst ermittelt werden. Dazu verbindet man die jeweilige Sensor-App mit dem im SPS-Programm genutzten MQTT-Broker wie folgt:

- MQTT-Broker-URL: broker.flexiot.de
- MQTT-Broker-Port: 1883 (TCP-Port)
- Root Topic: `<Root Topic>/model4`

Danach kann über einen beliebigen MQTT-Client der Name des gesendeten Topics für die Beleuchtungsstärke ermittelt werden (für die App MQTT Sensor ist dies z. B. `light`).

Die Anpassungen im SPS-Programm betreffen nur das ST-Hauptprogramm `Main`. Das AS-Programm muss nicht geändert werden. Tabelle 5.24 zeigt die Erweiterung der Eingangszuordnung der Prozessdaten und Listing 5.2 das angepasste ST-Programm `Main`.

Tabelle 5.24 Eingangszuordnung der Prozessdaten

BMK	Ausgangsnr. (-A3)	Variablenname	Beschreibung
F	-	`fill_level_real`	Wertebereich: 0.00 ... 10.00
T		`Temperature_real`	Wertebereich: 0.00 ... 10.00
	Schalternr. (-A2)		
S	8	`IX_switch_stop`	betätigt: S = 0 (Öffner)
S1	-	`off_on_bool`	betätigt: S1 = 1 (Schließer)
L	-	`light_sensor_bool`	Lichtintensität vom Smartphone-Sensor

Listing 5.2 Angepasstes ST-Programm `Main` für die Nachtabsenkung der Temperatur

```
(* C1: MAIN *)
(* Output of the fill level to the LED bar graph. *)
QW_fill_level := TO_WORD(MUL(TO_INT(fill_level_real), 3750));

(* C3: Indication of the indicator light when the OFF switch is activated. *)
QX_stop := NOT IX_switch_stop OR NOT off_on_bool;

(* C4: Setting the maximum temperature depending on the light intensity  *)
IF light_sensor_real > 50.0
  THEN max_temp_real := 8.0;
  ELSE max_temp_real := 4.0;
END_IF

(* C5: Calling the AS program as an AS function block *)
Heating_sfc();
```

Für die MQTT-Verbindung müssen die Topics entsprechend erweitert werden (Tabelle 5.25).

Tabelle 5.25 Zuordnung der Prozessvariablen zu den MQTT-Topics für Modell 4

Prozessvariable	MQTT-Topic
`valve_intake_bool`	`<Root Topic>/model4/valve_1`
`valve_outtake_bool`	`<Root Topic>/model4/valve_2`
`heating_bool`	`<Root Topic>/model4/heating`
`off_on_bool`	`<Root Topic>/model4/S1`
`fill_level_real`	`<Root Topic>/model4/fill_level`
`temperature_real`	`<Root Topic>/model4/heating_temp`
`light_sensor_real`	`<Root Topic>/model4/light`

Die Parametrierung für die zweite Instanz des FB `MQTT_PubSub` ist bis auf `ClientID` und die zu empfangenden Prozessdaten identisch. `ClientID` muss eineindeutig sein und sich von der ID der ersten Instanz unterscheiden.

Bild 5.32 zeigt das zugehörige FBS-Programm mit der Parametrierung für die zweite Instanz `MQTT_PubSub2`.

An der zweiten Instanz des FB `MQTT_PubSub` ist nur der Lichtsensor angeschlossen.

Die vollständige programmtechnische Lösung für die Aufgabe mit Nachtabsenkung der Temperatur ist im PLCnext-Projekt `task_41_dt_add.pcwex` gespeichert.

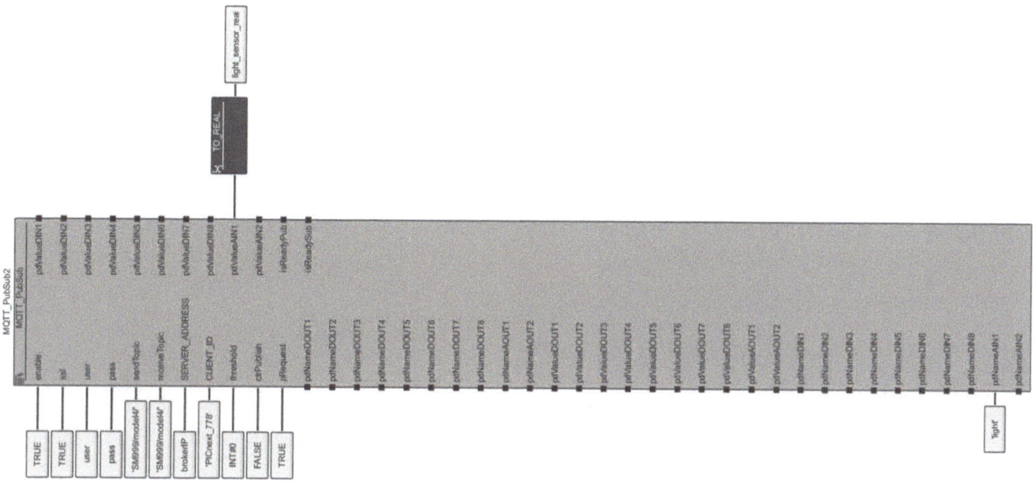

Bild 5.32 FBS-Programm für die zweite Instanz MQTT_PubSub2 im MQTT-Programmteil (POE MQTT)

5.5.2.5 Aufgabe 42: Bearbeitungsstation mit Wartungsmodus

Für diese Aufgabe soll zum Funktionstest das Technologiemodell *Bearbeitungsstation* (siehe Tabelle 5.5) angeschlossen werden. Nach dem Test der korrekten Grundfunktion soll mittels eines Smartphone-Sensors die Station in einen Wartungsmodus mit reduzierter Geschwindigkeit des Drehtisches geschaltet werden können.

Die Steuerungsaufgabe wurde in Kapitel 3 nicht behandelt, sodass zuerst ein entsprechendes SPS-Programm in ST entwickelt werden muss.

Schritt 1: Erstellung des SPS-Programms

Das Technologiemodell der Bearbeitungsstation in dieser Aufgabe basiert auf der Prüf- und Bearbeitungsstation aus einem älteren MPS-Programm von Festo Didactic (nicht mehr im Angebot). Bild 5.33 zeigt diese Festo-Station.

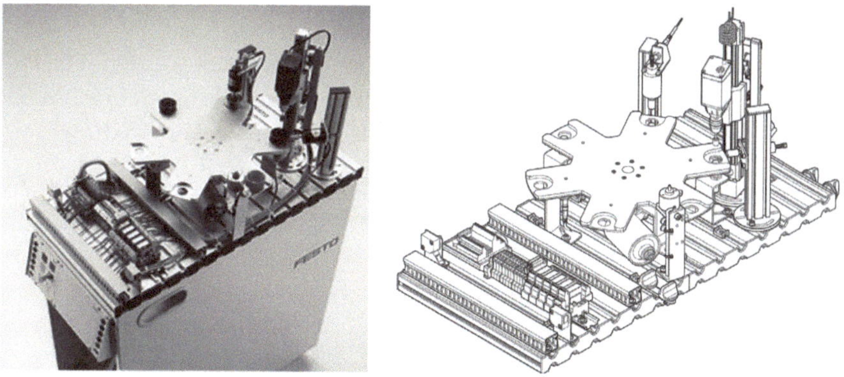

Bild 5.33 Prüf- und Bearbeitungsstation von Festo Didactic (© Festo Didactic)

Ein typischer Ablauf der Bearbeitungsstation ist im Folgenden dargestellt.

Startvoraussetzung: Ein Werkstück befindet sich im Werkstückhalter.

Ausgangsposition:

- Tester oben
- Bohrer oben
- Bohrmotor ausgeschaltet
- Spannvorrichtung (Fixierer) eingefahren
- Auswerfer (Flipper) nicht aktiviert

Ablauf:

- Wird ein Werkstück im Werkstückhalter erkannt, wird der Drehtisch um 60° gedreht.
- Der Tester (Testpin) fährt nach unten. Es wird geprüft, ob das Werkstück korrekt eingelegt ist. Ist das Prüfergebnis in Ordnung, wird der Drehtisch um 60° gedreht.
- Der Fixierer spannt das Werkstück. Der Motor des Bohrers wird eingeschaltet. Die Linearachse bewegt den Bohrer nach unten.
- Sobald der Bohrer seine untere Position erreicht hat, wird er von der Linearachse zurück zum oberen Anschlag gefahren.

  Der Motor des Bohrers wird ausgeschaltet und der Fixierer wird eingefahren. Der Drehtisch wird um 60° gedreht.

  Der Flipper übergibt das Werkstück an eine nachfolgende Station.

Dieser Prozess beschreibt den Durchlauf eines Werkstücks durch die Bearbeitungsstation. Das Werkstück befindet sich am Ende des Prozesses in der Übergabeposition zur nachfolgenden Station. Nach dem Einlegen eines neuen Teils in den Werkstückhalter kann der Bearbeitungszyklus erneut gestartet werden.

Das Pneumatikventil für den Bohrer wird von einem doppeltwirkenden Zylinder betätigt. Das Pneumatikventil für den Tester verfügt über einen einfachwirkenden Zylinder.

Für die Bearbeitungsstation soll ein SPS-Programm in ST entwickelt werden. Für die Programmlösung sollen keine physischen Ein- und Ausgangssignale auf dem PLCnext Board (Kippschalter und LED) verwendet werden. Alle E/A-Signale werden direkt mit dem Technologiemodell über MQTT verbunden.

In Tabelle 5.26 bis Tabelle 5.28 sind die Zuordnungen der Prozessvariablen enthalten, die für die Programmierlösung verwendet werden.

Tabelle 5.26 Eingangszuordnung der Prozessdaten

BMK	Variablenname	Datentyp	Beschreibung
B1	`part_available_bool`	`BOOL`	TRUE: Das Werkstück ist in der Aufnahme vorhanden.
B2	`part_under_tester_bool`	`BOOL`	TRUE: Das Werkstück ist unter dem Testpin.
B3	`part_under_drill_bool`	`BOOL`	TRUE: Das Werkstück ist unter dem Bohrer.
B4	`tester_is_down_bool`	`BOOL`	TRUE: Der Testpin ist unten.
B5	`drill_is_down_bool`	`BOOL`	TRUE: Die Bohrmaschine ist unten.
B6	`drill_is_up_bool`	`BOOL`	TRUE: Die Bohrmaschine ist oben.
P	`position_string`	`STRING`	Positionsbereich des Drehtisches: 0 ... 10.00 Position des Testers: 60 Grad ≙ 1.7 Position des Bohrers: 120 Grad ≙ 3.4 Position des Flippers: 180 Grad ≙ 5.1

Tabelle 5.27 Ausgangszuordnung der Prozessdaten

BMK	Variablenname	Datentyp	Beschreibung
K1	`drill_on_bool`	`BOOL`	TRUE: Die Bohrmaschine ist eingeschaltet.

K2	`drill_down_bool`	`BOOL`	Bewegung der Bohrmaschine:
			nach unten:
			`drill_down_bool = TRUE`
			`drill_up_bool = FALSE`
			nach oben:
			`drill_down_bool = FALSE`
			`drill_up_bool = TRUE`

K3	`drill_up_bool`	`BOOL`	
K4	`fixer_on_bool`	`BOOL`	TRUE: Bewegung des Fixierbolzens nach vorn
K5	`flipper_on_bool`	`BOOL`	TRUE: Der Flipper wirft das Werkstück aus.
K6	`tester_down_bool`	`BOOL`	TRUE: Bewegung des Testers nach unten
TPos	`to_position_word`	`WORD`	Bewegung des Drehtisches in die festgelegte Position Für das Format `WORD` gilt: 360 Grad ≙ 1000 Einheiten Position des Testers: 60 Grad ≙ 16#00AA Position des Bohrers: 120 Grad ≙ 16#0154 Position des Flippers: 180 Grad ≙ 16#01FE
TSpeed	`speed_word`	`WORD`	Setzen der Geschwindigkeit des Drehtisches Wertebereich: 0 ... 1200

Tabelle 5.28 Zuordnung der internen Variablen (Merker)

Variablenname	Datentyp	Beschreibung	Startwert
position_real	REAL	aktuelle Drehtischposition 0.00...10.00	
count_int	INT	Zustandszähler 0...11	INT#0
drill_time	TIME	Wartezeit, bis der Fixierer das Werkstück fixiert	TIME#1000 s
tester_time	TIME	Wartezeit, bis der Testpin unten bzw. oben ist	TIME#1000 ms
fixer_time	TIME	Wartezeit, bis das Werkstück fixiert ist	TIME#500 ms
flipper_time	TIME	Wartezeit, bis das Werkstück ausgeworfen ist	TIME#800 ms
speed1_word	WORD	Arbeitsgeschwindigkeit des Drehtisches = 1000	WORD#16#03E8
speed2_word	WORD	Rückkehrgeschwindigkeit des Drehtisches = 1200	WORD#16#044C
pos1_word	WORD	Position der Werkstückaufnahme = 0.0	WORD#16#0000
pos2_word	WORD	Position des Testers = 1.7	WORD#16#00AA
pos3_word	WORD	Position des Bohrers = 3.4	WORD#16#0154
pos4_word	WORD	Position des Flippers = 5.1	WORD#16#01FE
init_bool	BOOL	Initialisierungsflag	FALSE
t1	TON	Instanz des Timers	

Alle analogen Prozessvariablen, die über den FB MQTT_PubSub gesendet werden sollen, müssen als WORD-Variable vorliegen. Die Werte für die Drehtischpositionen und die Geschwindigkeit müssen deshalb im Format WORD vorgegeben werden.

Das Modell ist so vorbereitet, dass die Sollpositionen mit dem Faktor 100 multipliziert vorgegeben werden müssen (keine Kommastellen wegen des Datentyps WORD), also Position Tester = 170. Die Istpositionen werden aber als Kommazahlen im String geliefert, als Position Tester = 1,7.

Mit den Prozessvariablen nach den vorangehend abgebildeten Zuordnungstabellen ergibt sich das in Listing 5.3 aufgeführte ST-Programm.

Listing 5.3 ST-Programm für die Bearbeitungsstation mit Technologiemodell

```
position_real := TO_REAL(position_string);

//Initialization of the model with the first run of the PLC program
IF init_bool=FALSE THEN
    to_position_word:=pos1_word;
    tester_down_bool:=FALSE;
    fixer_on_bool:=FALSE ;
    drill_down_bool := FALSE;
    drill_up_bool:=TRUE;
    flipper_on_bool:=FALSE;
    init_bool := TRUE;
END_IF;

//Sequence program for processing
IF count_int=0 AND part_available_bool THEN
    count_int:=1;
    t1(IN:=FALSE);
END_IF;

IF count_int=1 AND part_under_tester_bool THEN
    count_int:=2;
END_IF;

IF count_int=2 AND t1.Q THEN
    t1(IN:=FALSE);
    count_int:=3;
END_IF;

IF count_int=3 AND t1.Q THEN
    count_int:=4;
    t1(IN:=FALSE);
END_IF;

IF count_int=4 AND part_under_drill_bool AND drill_is_up_bool THEN
    count_int:=5;
END_IF;

IF count_int=5 AND t1.Q THEN
    t1(IN:=FALSE);
    count_int:=6;
END_IF;

IF count_int=6 AND drill_is_down_bool THEN
    count_int:=7;
END_IF;

IF count_int=7 AND t1.Q THEN
    t1(IN:=FALSE);
    count_int:=8;
END_IF;

IF count_int=8 AND t1.Q THEN
    count_int:=9;
    t1(IN:=FALSE);
END_IF;
```

```
IF count_int=9 AND position_real = 5.1 THEN
    count_int:=10;
END_IF;

IF count_int=10 AND t1.Q THEN
    count_int:=11;
    t1(IN:=FALSE);
END_IF;

CASE count_int OF
    1: speed_word:=speed1_word; to_position_word:=pos2_word;
    2: tester_down_bool:=TRUE;  t1(IN:=TRUE,PT:=tester_time);
    3: tester_down_bool:=FALSE; t1(IN:=TRUE,PT:=tester_time);
    4: speed_word:=speed1_word; to_position_word:=pos3_word;
    5: fixer_on_bool:=TRUE ; drill_on_bool:=TRUE; t1(IN:=TRUE,PT:=fixer_time);
    6: drill_down_bool:=TRUE; drill_up_bool:=FALSE;
    7: fixer_on_bool:=TRUE ; drill_on_bool:=TRUE ; drill_up_bool:=TRUE ; drill_down_
bool:=FALSE; t1(IN:=TRUE,PT:=drill_time);
    8: fixer_on_bool:=FALSE ; drill_on_bool:=FALSE; t1(IN:=TRUE,PT:=fixer_time);
    9: speed_word:=speed1_word; to_position_word:=pos4_word;
   10: flipper_on_bool:=TRUE;t1(IN:=TRUE,PT:=flipper_time);
   11: flipper_on_bool:=FALSE; speed_word:=speed2_word; to_position_word:=pos1_word;
count_int:=0;
END_CASE;
```

Über das Init-Flag `init_bool` werden das Modell und die MQTT-Verbindung beim ersten Durchlauf des SPS-Programms initialisiert.

Schritt 2: MQTT-Verbindung

Für das Modell *Bearbeitungsstation* (Modell 5) gelten folgende Topics: `<Root Topic>/model5/<E/A-Bezeichnung>`

Das Root Topic kann durch den Nutzer frei festgelegt werden. Die E/A-Bezeichnungen sind fest vorgegeben. Tabelle 5.29 beinhaltet die Zuordnung der Prozessdaten zu den Topics.

Tabelle 5.29 Zuordnung der Prozessvariablen zu den MQTT-Topics für Modell 5

Prozessvariable	MQTT-Topic
Aktoren	
`drill_on_bool`	`<Root Topic>/model5/drill_on`
`drill_down_bool`	`<Root Topic>/model5/drill_down`
`drill_up_bool`	`<Root Topic>/model5/drill_up`
`fixer_on_bool`	`<Root Topic>/model5/fixer_on`
`flipper_on_bool`	`<Root Topic>/model5/flipper_on`
`tester_down_bool`	`<Root Topic>/model5/tester_down`
`to_position_word`	`<Root Topic>/model5/to_position`
`speed_word`	`<Root Topic>/model5/speed`

Prozessvariable	MQTT-Topic
Sensoren	
position_string	<Root Topic>/model5/position
part_available_bool	<Root Topic>/model5/part_available
part_under_tester_bool	<Root Topic>/model5/part_under_tester
part_under_drill_bool	<Root Topic>/model5/part_under_drill
tester_is_down_bool	<Root Topic>/model5/tester_is_down
drill_is_down_bool	<Root Topic>/model5/drill_is_down
drill_is_up_bool	<Root Topic>/model5/drill_is_up

Sollten mehrere Nutzer gleichzeitig das Technologiemodell nutzen wollen, muss jeder Nutzer ein anderes Root Topic verwenden. Das Root Topic für das Modell kann über die Webseite des Modells eingestellt werden. Nach Herstellung einer Verbindung zum MQTT-Broker (Drücken des CONNECT-Buttons) werden die durch das Modell verwendeten Topics auf der Webseite ausgegeben (Bild 5.34).

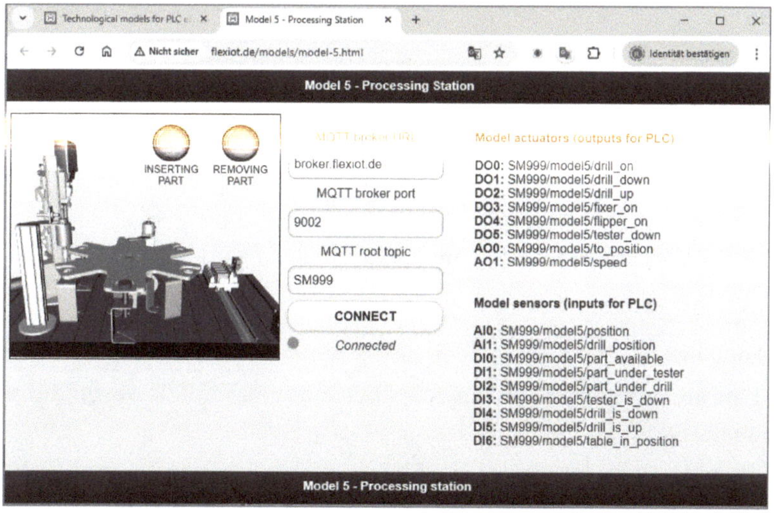

Bild 5.34 Webseite für das Technologiemodell *Bearbeitungsstation*

Das Technologiemodell 5 soll wie in Aufgabe 41 mit dem öffentlichen MQTT-Broker von FlexIOT verbunden werden, aber über eine unverschlüsselte und nichtautorisierte Verbindung. Dabei gelten folgende Verbindungsparameter für den `MQTT_PubSub1`:

`broker_IP: tcp://85.214.218.90:1883`

Bild 5.35 zeigt das zugehörige FBS-Programm mit der Parametrierung für die FB-Instanz `MQTT_PubSub1`.

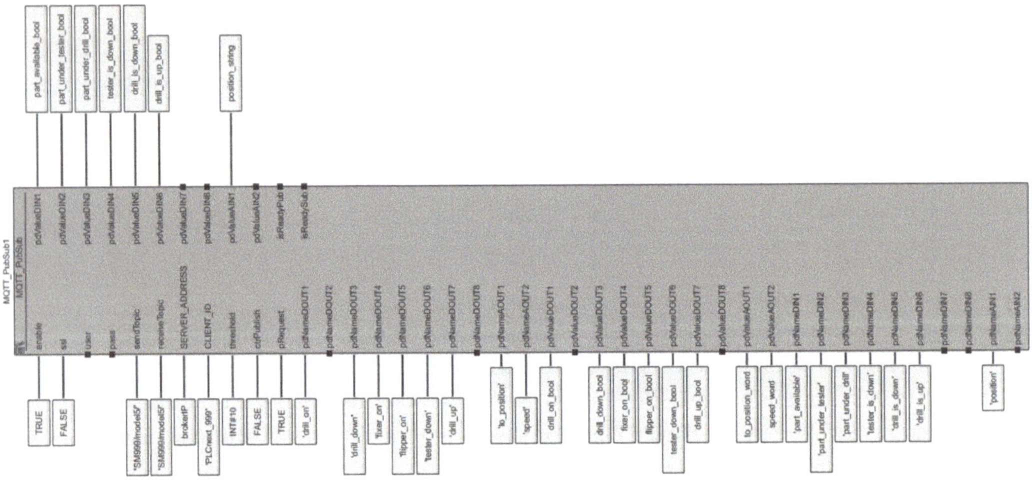

Bild 5.35 FBS-Programm für die Instanz `MQTT_PubSub1` im MQTT-Programmteil (POE `MQTT`)

Schritt 3: Funktionstest

Für den Funktionstest sollte zuerst das Technologiemodell aufgerufen werden. Danach erfolgt die Eingabe der Parameter `MQTT broker URL`, `MQTT broker port` und `MQTT root topic`. Für den Anschluss des Technologiemodells wird eine unverschlüsselte und nichtautorisierte MQTT-Verbindung mit folgenden Parametern genutzt:

- MQTT-Broker URL: broker.flexiot.de
- MQTT-Broker-Port: 9002

Mit dem CONNECT-Button werden die Parameter übernommen und die Verbindung zum Broker hergestellt (Bild 5.34).

Während des Prozessablaufs in der Station darf kein Seitenrefresh der Modell-Webseite erfolgen, da sonst die Synchronisierung zwischen Modell und SPS-Programm verloren geht. Sollte dies geschehen, muss das SPS-Programm über einen Kaltstart wieder synchronisiert werden.

Die vollständige programmtechnische Lösung für die Aufgabe ist im PLCnext-Projekt `task_42_dt.pcwex` gespeichert.

Schritt 4: Wartungsmodus für die Bearbeitungsstation

Mit der Erweiterung der Aufgabe um einen Wartungsmodus soll nun das Technologiemodell als Digital Twin genutzt werden, d. h., die SPS und das Technologiemodell werden über MQTT mit Sensordaten aus dem Internet verbunden.

Für direkte Wartungsarbeiten an der im Betrieb befindlichen Station soll ein Wartungstechniker über eine Kippbewegung seines Smartphones die Drehgeschwindigkeit des Rundtisches vor Ort stark reduzieren können. Als Sensor für die Kippbewegung kann z. B. der Beschleunigungssensor des Smartphones genutzt werden.

Die Erweiterung für diese Aufgabe besteht nun darin, die Drehgeschwindigkeit über den Beschleunigungssensor zu steuern. Dazu sind folgende Aufgaben zu lösen:

- Der in den meisten Smartphones vorhandene Beschleunigungssensor soll zur Messung der Neigung des Smartphones genutzt werden. Für die Nutzung dieses Sensors über eine MQTT-Anbindung kann das Vorgehen nach Abschnitt 5.5.2.4 erfolgen.
- Das SPS-Programm muss um einen analogen Eingang erweitert werden, über den das Beschleunigungssignal von MQTT eingespeist werden kann. Dieses Sensorsignal muss den Wert für die beiden Geschwindigkeiten `speed1_word` und `speed2_word` verändern.

Die Sensor-Apps auf dem Smartphone arbeiten mit unterschiedlichen Topic-Namen für den Beschleunigungswert. Dieser Name muss zuerst ermittelt werden. Dazu verbindet man die jeweilige Sensor-App mit dem im SPS-Programm genutzten MQTT-Broker wie folgt:

- MQTT-Broker-URL: broker.flexiot.de
- MQTT-Broker-Port: 1883 (TCP-Port)
- Root Topic: `<Root Topic>/model5`

Danach kann über einen beliebigen MQTT-Client der Name des gesendeten Topics für die Beschleunigung ermittelt werden. Für ein Smartphone A15 mit der App MQTT Sensor kann z. B. `acceleration_y` verwendet werden. Dieser Wert ändert sich beim Kippen des Smartphones um 90 Grad von +9,8 auf 0.

Tabelle 5.30 zeigt die Erweiterung der Eingangszuordnung der Prozessdaten und Listing 5.4 den zusätzlichen Codeabschnitt im ST-Programms `Main`.

Tabelle 5.30 Erweiterung der Eingangszuordnung der Prozessdaten

BMK	Variablenname	Datentyp	Beschreibung
T	`tilt_sensor_real`	REAL	Beschleunigungssensor des Smartphones zur Bestimmung des Neigungswinkels Wertebereich: +9,8 ... -9.8 zwischen 0 ... 180 Grad

Listing 5.4 Ergänzter Codeabschnitt im ST-Programm `Main`

```
//If acceleration_y < 2.0 (about 70 degrees inclination)
IF tilt_sensor_real < 2.0
    THEN
        speed1_word := WORD#16#012C;
        speed2_word := WORD#16#012C;
    ELSE
        speed1_word := WORD#16#03E8;
        speed2_word := WORD#16#044C;
END_IF
```

Im ergänzten Codeabschnitt wird die Drehgeschwindigkeit des Rundtisches in Abhängigkeit vom Neigungswinkel des Smartphones auf 300 (`WORD#16#012C`) reduziert bzw. wieder auf die Standardwerte erhöht.

Im FBS-Programm MQTT muss nur zur FB-Instanz `MQTT_PubSub1` das weitere empfangene Prozessdatum vom Beschleunigungssensor hinzugefügt und in einen `REAL`-Wert `tilt_sensor_real` konvertiert werden.

Die vollständige programmtechnische Lösung für die Bearbeitungsstation mit Wartungsmodus ist im PLCnext-Projekt `task_42_dt_add.pcwex` gespeichert.

5.6 Übungsaufgaben

Übung 20

Die Beleuchtungssteuerung mit Tastern nach Abschnitt 3.3.2 (Aufgabe 5) soll mit dem Technologiemodell 1 (einfaches E/A-Peripherie-Board) getestet werden. Im Modell stehen vier Drucktasten (DI4 … DI7) zur Verfügung, die als Taster arbeiten. Nutzen Sie diese Taster, um die beiden Leuchten H1 und H3 entsprechend Bild 3.14 zu steuern. Entwerfen Sie dazu das SPS-Programm in ST, und testen Sie dieses am Technologiemodell.

Übung 21

Diese Aufgabe nutzt einen Drehstrommotor entsprechend Aufgabe 3 aus Abschnitt 3.2.5. Ein langes Förderband (> 1 km) wird mit zwei solchen Drehstrommotoren angetrieben. Zusätzlich zum Funktionsablauf nach Abschnitt 3.2.5 gelten folgende Bedingungen:

- Beide Motoren können nur über die Taste S1 im Bedienpanel von M1 gestartet werden.
- Nach dem Start von M1 in den Rechtslauf erfolgt nach einer Zeitverzögerung von 1 s automatisch auch der Start von M2 in den Rechtslauf.

- Eine Gegenstrombremsung kann sowohl mit der Taste S2 am Bedienpanel von M1 oder auch M2 erfolgen.
- Spricht die Überlastsicherung (Taste F2) in einem der beiden Motoren an, müssen beide Motoren vom Netz getrennt werden.

Es ist ein SPS-Programm in KOP zu entwerfen und mit zwei Technologiemodellen des Drehstrommotors zu testen. Für den Test können zwei Smartphones mit jeweils einer Modellinstanz genutzt werden.

Übung 22

Für die Dynamik der als Digital Twins angeschlossenen Technologiemodelle ist die Latenzzeit (Verzögerungszeit) der Prozessdatenübertragung über die MQTT-Verbindung eine entscheidende Größe. Mithilfe der Lösung zum *Heizkessel-Wassersystem* kann die Round-Trip Time ΔT_{RRT} über die Ermittlung des auftretenden Fehlers ΔL beim Erreichen des Soll-Flüssigkeitspegels bestimmt werden. Bild 5.36 veranschaulicht die Zeitverhältnisse im System.

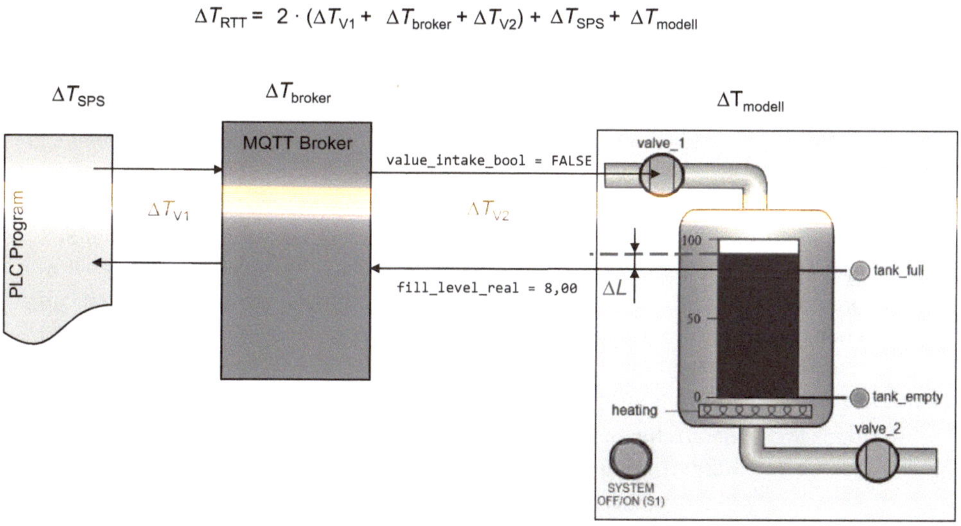

Bild 5.36 Zeitverhältnisse beim *Heizkessel-Wassersystem* zur Bestimmung der Round-Trip Time

Die Größen in Bild 5.36 bedeuten Folgendes:

- ΔT_{SPS}: Verzögerungszeit in der SPS
- ΔT_{V1}: Verzögerungszeit der Signalübertragung zwischen SPS und MQTT-Broker
- ΔT_{broker}: Verzögerungszeit im Broker
- ΔT_{V2}: Verzögerungszeit der Signalübertragung zwischen MQTT-Broker und Modell
- ΔT_{modell}: Abtastzeit im Modell

Nach Erreichen des Sollfüllstands von z. B. 8,00 Einheiten erfolgt erst nach einer Zeitverzögerung von ΔT_{RTT} die Ausschaltung des Zulaufventils im Modell. Die Pegelabweichung ΔL (Bild 5.36) kann deshalb wie folgt als Maß für ΔT_{RTT} genutzt werden:

$$T_{RTT} = L \cdot (T_{level}/L_{soll}) \tag{5.1}$$

T_{level}: Zeit in s, die im Modell für das Füllen des Kessels bis zum Sollfüllstand benötigt wird
L_{soll}: Sollfüllstand, gemessen in Einheiten

Nutzen Sie nun unterschiedliche öffentliche MQTT-Broker für die Kommunikation zwischen der SPS und dem Technologiemodell, und bestimmen Sie die Round-Trip Time ΔT_{RTT} für die in Tabelle 5.31 aufgeführten drei MQTT-Broker mit einer unverschlüsselten und nichtautorisierten Verbindung.

Tabelle 5.31 MQTT-Broker mit öffentlichem Zugang

Anbieter	MQTT broker URL	MQTT broker port	Standort des Servers
m+iTEC	broker.flexiot.de	TCP: 1883 WebSocket: 9002	Strato/Germany
HiveMQ	broker.hivemq.com	TCP: 1883 WebSocket: 8000	AWS/Germany (Frankfurt)
Eclipse	mqtt.eclipseprojects.io	TCP: 1883 WebSocket: 80	AWS/US (Virginia)

Da die PLCnext-Steuerung im Unterschied zur klassischen Arbeitsweise einer SPS (siehe Abschnitt 2.1.4) die Prozessdaten sofort nach Abarbeitung des SPS-Programms ausgibt (bei kurzen Programmen nach einigen µs) und nicht erst am Ende des SPS-Zyklus, spielt die SPS-Zykluszeit keine große Rolle bei der Ermittlung der RTT. Sie können die Zykluszeit deshalb bei der in Abschnitt 5.5.2 genannten Zykluszeit der Lösungen belassen (für POE `Main` = 50 ms und für POE `MQTT` = 30 ms).

Denken Sie daran, für den Anschluss des Technologiemodells immer die WebSocket-Verbindung und für das SPS-Programm die TCP-Verbindung zu nutzen.

Übung 23

Für das *Heizkessel-Wassersystem* soll neben der Nachtabsenkung auch noch eine Sprachsteuerung für die Wassertemperatur realisiert werden. Die Sprachsteuerung soll jedoch nur während des Tages aktiv sein. Tabelle 5.32 beinhaltet die vorgegebenen Parameter für die Sprachsteuerung.

Tabelle 5.32 Parameter für die Sprachsteuerung

Sprachkommando	maximale Wassertemperatur [Grad]
HOT	80
WARM	50
COLD	30

Folgende Aufgaben müssen gelöst werden:

a. Anpassung der Webseite für die Sprachsteuerung aus Abschnitt 5.5.2.3
b. Erweiterung des SPS-Programms
c. Test mit dem Technologiemodell

Literatur

Coppenrath, M.: Entwicklung eines Dienstes, um X3D-Grafiken mit Modellverhalten zu entwickeln. Projektdokumentation. Hochschule Düsseldorf 2017

Eclipse Foundation: Sparkplug. MQTT Topic & Payload Definition Version 2.2. Eclipse Foundation Inc., Ottawa 2019. *https://www.eclipse.org/tahu/spec/Sparkplug%20Topic%20Namespace%20and%20State%20ManagementV2.2-with%20appendix%20B%20format%20-%20Eclipse.pdf* (Zugriff am 07. 05. 2025)

Eclipse-Paho: mqtt-spy. *https://github.com/eclipse-paho/paho.mqtt-spy/releases* (Zugriff am 08. 05. 2025)

FESTO: Learning Systems. 2025. *https://ip.festo-didactic.com/Infoportal/EN/index.html* (Zugriff am 15. 05. 2025)

FlexIOT. IoT platform. 2023. *http://www.flexiot.de* (Zugriff am 06. 05. 2025)

FlexIOT. Digital Twins for PLC education. 2024. *http://www.flexiot.de/models* (Zugriff am 06. 05. 2025)

ISG Industrielle Steuerungstechnik GmbH: SPS 2022. Digitale Zwillinge für die Automatisierungstechnik. 15. September 2022. *https://www.isg-stuttgart.de/veroeffentlichungen-news/detailseite/sps-2022-digitale-zwillinge-fuer-die-automatisierungstechnik* (Zugriff am 15. 05. 2025)

Hillar, G. C.: MQTT Essentials. A Lightweight IoT Protocol. Packt Publishing, Birmingham 2017

Kuhn, T.: Digitaler Zwilling. Lexikon. Gesellschaft für Informatik (GI), 2. November 2017. *https://gi.de/informatiklexikon/digitaler-zwilling*

Langmann, R.: Training 4.0 in PLC education. In: *Auer, E. A./Langmann, R. (eds):* Proceedings of the 15th International Conference on Remote Engineering and Virtual Instrumentation (REV) 2018. Lecture Notes in Network and Systems, Vol. 47. Springer, Cham 2019

Langmann, R./Coppenrath, M.: A Coud-Based Blended Learning Lab for PLC Education. In: *Auer, E. A./Langmann, R. (eds):* Proceedings of the 15th International Conference on Remote Engineering and Virtual Instrumentation (REV) 2018. Lecture Notes in Network and Systems, Vol. 47. Springer, Cham 2019

LCAMP: Lernendenzentrierte Plattform für fortschrittliche Fertigung für Zentren beruflicher Exzellenz. – *https://lcamp.eu* (Zugriff am 05. 05. 2025)

Lucas-Nülle GmbH: Produktkatalog. 2025. *www.lucas-nuelle.com*

machineering.com: Der digitale Zwilling. Definition und Einsatzbereiche. 16. April 2024. *https://www.machineering.com/der-digitale-zwilling-definition-und-einsatzbereiche* (Zugriff am 15. 05. 2025)

Maloney, D.: Desktop factory teaches PLC programming. hackaday.com, 16. April 2017. *http://hackaday.com/2017/04/16/desktop-factory-teaches-plc-programming* (Zugriff am 30. 04. 2025)

MQTT.js. *https://github.com/mqttjs* (Zugriff am 13. 05. 2025)

Nordquist, T.: MQTT Explorer. *https://mqtt-explorer.com* (Zugriff am 08. 05. 2025)

Pfeiffer, S./Lee, H./Zirnig, C./Suphan, A.: Industry 4.0 – Qualification 2025. Bericht. VDMA e. V. 2016

Pittschellis, R.: 3D-Simulation im Ausbildungsbereich. Virtual Efficiency Congress 2011

PLCnext Store: MQTTPubSub_1. *https://www.plcnextstore.com/eu/app/1165* (Zugriff am 07. 05. 2025)

Real Games: FACTORY-I/O. 2017. *https://factoryio.com*

Segovia, M./Garcia-Alfaro, J.: Design, Modeling and Implementation of Digital Twins. In: Sensors 2022, 22 (14), 5396

Sensor Node Free. *https://sensor-node-free.de.aptoide.com/app* (Zugriff am 13. 05. 2025)

Sharma, A./Kosasih, E./Zhang, J./Brintrup, A./Calinescu, A.: Digital Twins: State of the art theory and practice, challenges, and open research questions. In: Journal of Industrial Information Integration, 30 (2022)

Siemens: TIA Portal Cloud. *https://www.siemens.com/de/de/produkte/automatisierung/industrie-software/automatisierungs-software/tia-portal/highlights/tia-portal-cloud.html* (Zugriff am 11. 09. 2024)

Siemens: SIMIT (V9.0). User Manual, 5/2016

Simumatik: Ohio University's Journey Towards Industry 4.0. *https://simumatik.com/use-cases-education/ohio-university* (Zugriff am 05. 05. 2025)

Simumatik: Tknika – Build you own Laboratory. *https://simumatik.com/use-cases-education/tnkika* (Zugriff am 05. 05. 2025)

Skkynet: Cogent DataHub™. *https://cogentdatahub.com/products/cogent-datahub* (Zugriff am 07. 05. 2025)

SPS-Magazin.de: Die SPS und der digitale Zwilling. 11. November 2016. *https://www.sps-magazin.de/allgemein/die-sps-und-der-digitale-zwilling/2* (Zugriff am 15. 05. 2025)

WINMOD GmbH: WinMOD®. 2017. *http://winmod.de/en*

Yang, F.: Design of PLC Training Platform Based on Digital Twin. In: *Gokhale, A./Grant, E. (Hrsg.):* Proceedings of Asia Pacific Computer Systems Conference 2021. APCS 2021. Lecture Notes in Electrical Engineering, Volume 978. Springer, Singapore

6 SPS-Steuerungen aus der Cloud

6.1 Cloud-Computing und Industrie 4.0

Im Bereich der Informations- und Betriebswirtschaft ist die Auslagerung von informationstechnischen Dienstleistungen an Dritte und deren Nutzung auf Mietbasis seit mehreren Jahren üblich. Dabei werden sowohl komplette IT-Infrastrukturen als auch Server-Plattformen oder auch einzelne Softwarepakete von Drittanbietern genutzt. Die Gründe für solche ausgelagerten Mietlösungen liegen insbesondere in der Umverteilung von Investitions- zu Betriebsaufwand, in der flexiblen Kapazitätsbeanspruchung *on demand* (Skalierbarkeit) sowie in der Möglichkeit zur Schaffung komplett neuer Business-Modelle.

Mit der technischen Weiterentwicklung der Rechen- und Netzwerktechnik in den letzten Jahren und insbesondere der weltweiten Internet-Vernetzung von Ressourcen hat sich dieser Trend unter dem Begriff *Cloud-Computing* weiter verstärkt. Alle Indikatoren und Prognosen gehen davon aus, dass sich diese Entwicklung ungebrochen fortsetzt und dass sich Cloud-Computing als ein wesentliches Geschäftsfeld in der Informationsverarbeitung etabliert.

In der Produktionsautomatisierung sieht die Situation aktuell noch etwas anders aus. Auch hier sieht man Cloud-Computing als einen der Megatrends für die Fabrik der Zukunft an und verweist darauf, dass das Produktportfolio der Industrieautomatisierung voraussichtlich in den nächsten Jahren abnehmen wird und der Bedarf an globalisiertem Service & Support, zusammen mit den Kostenfaktoren, an Bedeutung gewinnen wird. Die Einführung des Cloud-Computings steht hier aber noch am Anfang. Von den Cloud-Technologien erwartet man in diesem Zusammenhang, dass der Zugang zu relevanten strategischen Daten über das Internet ermöglicht wird, mit deren Hilfe Entscheidungen in Echtzeit gefällt werden können sowie die Betriebseffizienz gesteigert werden kann.

Betrachtet man als Basis die klassische Automatisierungshierarchie nach Bild 6.1, die in unterschiedlichen Ebenen die Funktionalität eines automatisierten technischen Prozesses abbildet, so kann man feststellen, dass Cloud-Computing bislang im Wesentlichen in den oberen (prozessfernen) Automatisierungsebenen eingesetzt wird. In den oberen Ebenen liegen die zeitunkritischen und eher betriebswirtschaftlich dominierten Funktionen (z. B. Enterprise Resource Planning, ERP). Doch auch hier ist ein Trend zur weiteren Verlagerung des Cloud-Computings in die mittleren und unteren Ebenen unübersehbar.

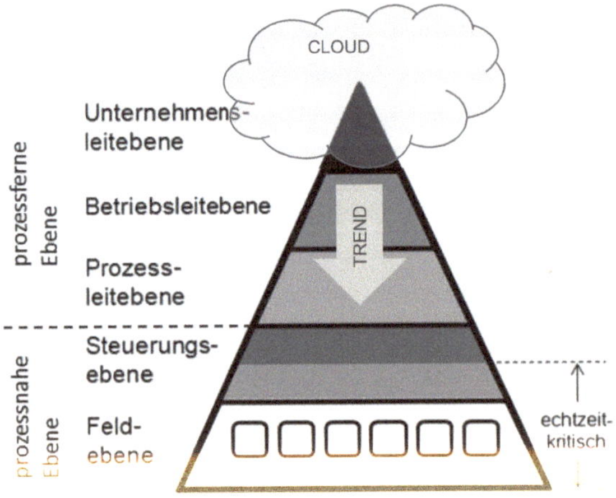

Bild 6.1 Klassische Automatisierungshierarchie und Nutzung von Cloud-Computing

6.1.1 Einführung ins Cloud-Computing

Cloud-Computing ist die Bereitstellung von gemeinsam nutzbaren und flexibel skalierbaren IT-Leistungen durch IT-Ressourcen über Netze.

Typische Merkmale sind die Bereitstellung in Echtzeit als Self Service auf Basis von Internet-Technologien und die Abrechnung nach Nutzung. Der Cloud-Begriff ist eines der ältesten Sinnbilder der Informationstechnik und steht als solcher für Rechnernetze, deren Inneres unbedeutend oder unbekannt ist.

Dienstleistungen aus der Cloud werden in drei Ebenen unterteilt:

- **IT-Basis-Infrastruktur bzw. Hardware-Komponenten als Dienst (Infrastructure as a Service, IaaS):** Bei IaaS werden IT-Ressourcen wie z. B. Rechenleistung, Datenspeicher oder Netze als Dienst angeboten. Ein Cloud-Kunde kauft diese virtualisierten und in hohem Maß standardisierten Services und baut darauf eigene Services zum internen oder externen Gebrauch auf.

- **Technische Frameworks als Dienst (Platform as a Service, PaaS):** Ein PaaS-Provider stellt eine komplette Plattform bereit und bietet dem Kunden auf der Plattform standardisierte Schnittstellen an, die von Diensten des Kunden genutzt werden. So kann die Plattform z. B. Mandantenfähigkeit, Skalierbarkeit, Zugriffskontrolle und Datenbankzugriffe als Service zur Verfügung stellen.
- **Anwendungen als Dienst (Software as a Service, SaaS):** Sämtliche Angebote von Anwendungen, die den Kriterien des Cloud-Computings entsprechen, fallen in diese Kategorie. Dem Angebotsspektrum sind hierbei keine Grenzen gesetzt. Als Beispiele seien Kontaktdatenmanagement, Finanzbuchhaltung, Textverarbeitung oder Kollaborationsanwendungen genannt.

Bild 6.2 illustriert die unterschiedlichen Cloud-Dienstmodelle in Gegenüberstellung zu einer privaten und lokal installierten Lösung. Eine ausführliche Darstellung der Thematik findet sich in Fröschle und Reinheimer (Fröschle/Reinheimer 2010).

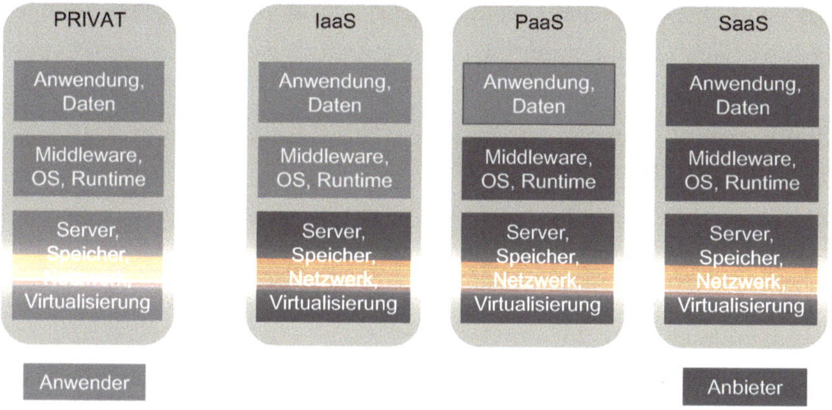

Bild 6.2 Dienstmodelle in der Cloud in Gegenüberstellung zur privaten Stand-alone-Nutzung

Folgende fünf Eigenschaften charakterisieren einen Cloud-Dienst:

- **On-Demand Self Service:** Die Provisionierung der Ressourcen (z. B. Rechenleistung, Speicher) läuft automatisch ohne Interaktion mit dem Anbieter ab.
- **Broad Network Access:** Die Dienste sind mit Standardmechanismen über das Netz verfügbar und nicht an einen bestimmten Client gebunden.
- **Resource Pooling:** Die Ressourcen des Anbieters liegen in einem Pool vor, aus dem sich viele Anwender bedienen können (Multi-Tenant-Modell). Dabei wissen die Anwender nicht, wo die Ressourcen sich befinden, sie können aber vertraglich den Speicherort, also z. B. Region, Land oder Rechenzentrum, festlegen.

- **Rapid Elasticity:** Die Dienste können schnell und elastisch zur Verfügung gestellt werden, in manchen Fällen auch automatisch. Aus Anwendersicht scheinen die Ressourcen daher unendlich zu sein.
- **Measured Services:** Die Ressourcennutzung kann gemessen und überwacht sowie, entsprechend bemessen, auch den Cloud-Anwendern zur Verfügung gestellt werden.

Nach der *Cloud Security Alliance* (CSA) hat Cloud-Computing neben der vorangehend erwähnten Charakteristik noch folgende wichtige Eigenschaften:

- Serviceorientierte Architektur (SOA) ist eine der Grundvoraussetzungen für Cloud-Computing.
- In einer Cloud-Umgebung teilen sich viele Anwender gemeinsame Ressourcen. Sie muss deshalb mandantenfähig sein.
- Es werden nur die Ressourcen bezahlt, die auch tatsächlich in Anspruch genommen wurden (Pay-per-Use-Modell), wobei es auch Flatrate-Modelle geben kann.

Man unterscheidet beim Cloud-Computing des Weiteren zwischen folgenden Typen einer Cloud:

- **Public Cloud:** bietet Zugang zu abstrahierten IT-Infrastrukturen für die breite Öffentlichkeit über das Internet
- **Private Cloud:** bietet Zugang zu abstrahierten IT-Infrastrukturen innerhalb der eigenen Organisation (Behörde, Firma, Verein)
- **Hybrid Cloud:** bietet kombinierten Zugang zu abstrahierten IT-Infrastrukturen nach den Bedürfnissen ihrer Nutzer

Insbesondere die Private Cloud und auch die Hybrid Cloud dürften für den Einsatz in der Produktionsautomatisierung sehr interessant sein.

In der Industrieautomatisierung wird der Cloud-Begriff nicht immer im korrekten IT-definierten Sinn verwendet, sondern teilweise als Marketingbegriff, um auf die Einordnung eines Produkts in den neuen Produktionstrend Industrie 4.0 zu verweisen. Teilweise werden nur ein Server bzw. ein Server-Cluster oder einfach im Netz verteilte IT-Ressourcen als Cloud oder cloudbasierte Produkte bezeichnet.

Im Zusammenhang mit dem Einsatz von Cloud-Computing im Bereich Industrie 4.0 sind die Begriffe *Edge-Computing* und *Fog-Computing* entstanden, die insbesondere die Besonderheiten eines Cloud-Computings für das Industrial Internet of Things (IIoT) berücksichtigen.

Edge-Computing: Beim Edge-Computing werden Daten dezentral in der Netzwerkperipherie verarbeitet – und zwar an dem Ort, wo sie generiert werden. Die Bedeutung dieser Technologie steigt mit der Menge an Daten, die durch das IIoT erzeugt wird. Ein Edge-Device (z. B. Sensor, Aktor, Embedded System) kann eine Vorverarbeitung seiner Daten ohne größere Verzögerung vor Ort durchführen. Nach einer Analyse löscht das Edge-Device echtzeitrelevante Daten und leitet nur noch die daraus abgeleiteten Erkenntnisse an die Cloud weiter. Edge-Computing bildet damit eine Zwischenschicht zwischen der Cloud und den im IoT vernetzten Geräten. Es hat zum Ziel, die Verzögerungszeit zu minimieren, die Netzüberlastung zu verhindern und die reibungslose Funktionalität von zeitsensiblen Anwendungen zu ermöglichen.

Fog-Computing: Fog-Computing fügt zwischen den Edge-Devices und der Cloud eine weitere Schicht mit Fog-Nodes ein. Dabei handelt es sich um kleine lokale Rechner (z. B. Router, Proxy, Steuerungsrechner) in den Zugangsbereichen der Cloud. Diese Fog-Nodes sammeln die Daten der Edge-Devices. Sie selektieren die lokal oder dezentral zu verarbeitenden Daten und leiten sie zu zentralen Servern weiter oder verarbeiten sie direkt selbst. Verschiedentlich werden Fog-Nodes auch als *Edge-Gateways* bezeichnet.

Oft sind die Konzepte des Cloud-, Edge- und Fog-Computings miteinander kombiniert, um von den jeweiligen Vorteilen zu profitieren. Bild 6.3 illustriert die Abgrenzung zwischen Cloud, Edge und Fog durch ein Dreischichtenmodell, welches auch als dezentralisiertes Datenarchitekturmodell des IoT betrachtet werden kann.

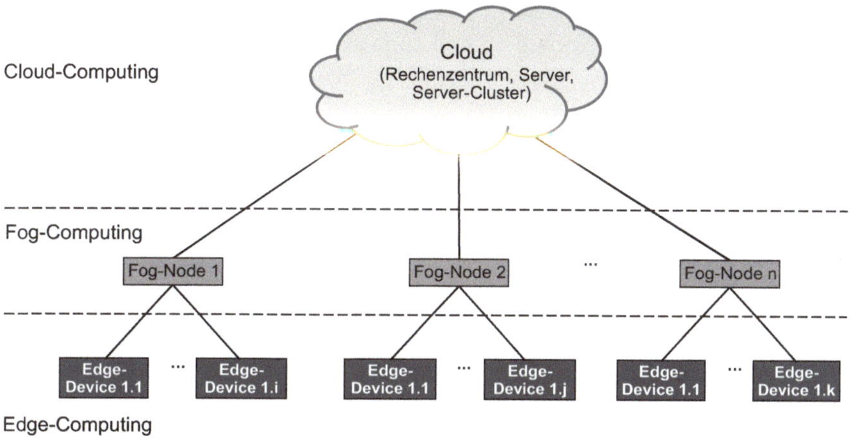

Bild 6.3 Dreischichtenmodell für das IoT mit Cloud-, Fog- und Edge-Computing

Edge- und Fog-Computing werden zukünftig für die digitalisierte Produktion und für das Internet of Things eine wesentliche Rolle bei der zeitgerechten Bewältigung der dort anfallenden großen Datenmengen spielen (z. B. für die vorbeugende Wartung oder maschinelles Lernen).

6.1.2 Industrie 4.0 und Cloud-Computing

Seit ca. 2012 ist *Cloud-Computing* in Zusammenhang mit Industrie 4.0, Cyber-Physical Production Systems (CPPS) und dem Internet of Things (IoT) bzw. dem Industrial Internet of Things (IIoT) in der Industrieautomatisierung eine stark im Fokus stehende Thematik. Mit Blick auf die hoch automatisierten Bereiche in der Halbleiter- und Automobilproduktion erwartet man, dass mit einer verstärkten informationstechnischen Durchdringung und sensorgestützten Vernetzung des Wertschöpfungsprozesses Cloud-Technologien erheblich an Bedeutung gewinnen werden.

In Cyber-Physical Production Systems (CPPS) werden Daten, Dienste und Funktionen dort gehalten, abgerufen und ausgeführt, wo es im Sinne einer flexiblen, effizienten Entwicklung und Produktion den größten Vorteil bringt. Das wird nicht länger notwendigerweise auf den klassischen Automatisierungsebenen sein. Zum Beispiel könnten Prozessdaten statt über Sensoren auf der Feldebene auch über Dienste in einer *Automatisierungscloud* gewonnen werden.

Der Einsatz von CPPS bzw. eines Netzwerkes aus Cyber-Physical Systems (CPS) wird zwangsläufig neue Architekturansätze erfordern. Die heutige pyramidenartige Struktur, die durch eine starke horizontale Vernetzung sowie eine schwache vertikale Kommunikation gekennzeichnet ist, wird durch eine domänenorientierte Netzwerkstruktur (Cloud) abgelöst werden, die prinzipiell beliebige Kommunikationswege über alle Fabrikebenen zulässt.

Man geht deshalb davon aus, dass die heute noch überwiegend existierende Automatisierungspyramide durch die Einführung von vernetzten, dezentralen Systemen schrittweise aufgelöst wird und die verschiedenen Ebenen sowohl für die Struktur der Hardware und Vernetzung als auch für die Informationsverarbeitung und das Engineering nicht weiter existieren werden. Dienste, Daten und Hardwarekomponenten können auf beliebige Knoten des entstehenden Netzes verteilt werden und bilden somit abstrakte funktionale Module, aus denen sich das Automatisierungssystem aufbaut. Damit löst sich die klassische Automatisierungspyramide zu einer flachen Automatisierungs„wolke“ auf, die dann als *CPS-basierte Automation* bezeichnet werden kann (VDI/VDE-GMA 2013). Bild 6.4 veranschaulicht die Transformation der klassischen Automatisierungspyramide zur CPS-basierten Automation.

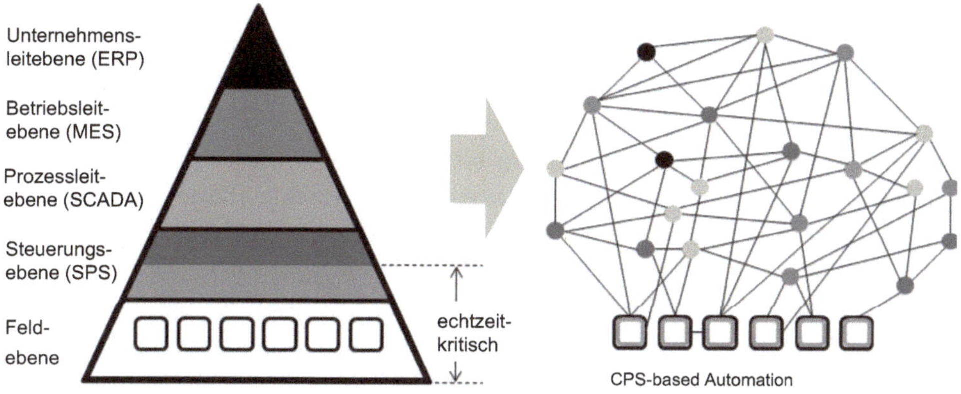

Bild 6.4 Auflösung der klassischen Automatisierungspyramide und Verlagerung von Funktionen als Dienste in eine Cloud

Im neuen CPS-basierten Automatisierungsmodell gibt es nur noch drei prinzipielle Bestandteile:

- **CPS-Komponenten:** Alle Automatisierungsgeräte (Hardware) sind als CPS-Komponente ausgeführt.
- **Automatisierungsdienste***:* Alle Automatisierungsfunktionen (Steuern, Leiten, Führen, Planen usw.) sind als Dienste realisiert.
- **Automatisierungs-Cloud:** Die CPS-Komponenten und die Automatisierungsdienste werden für eine definierte Automatisierungslösung über eine oder mehrere öffentliche und/oder private Automatisierungs-Clouds vernetzt.

Bild 6.5 zeigt die aufgeführten Bestandteile der CPS-basierten Automation. In der CPS-basierten Automation werden Daten und Dienste dort gespeichert und ausgeführt, wo sie den größten Nutzen für eine flexible Produktion bringen.

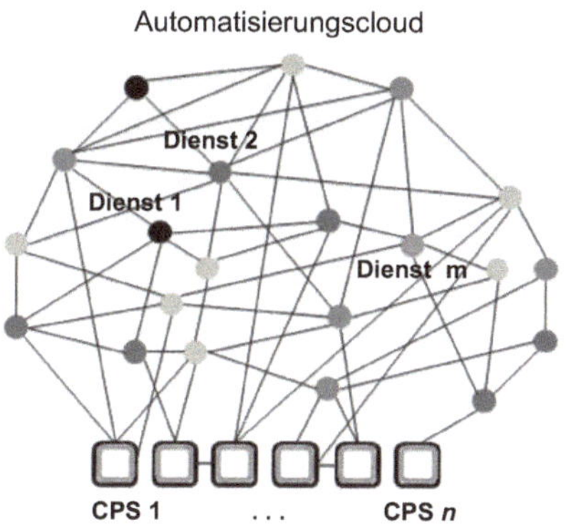

Bild 6.5
Bestandteile der CPS-basierten Automation

Unter einer CPS-Komponente (Bild 6.5) versteht man ein Automatisierungsgerät, welches neben üblichen Komponenten wie Sensoren, Aktoren und Embedded-Rechnern zumindest noch eine Verbindung zu einem IP-Netzwerk beinhaltet (mehr dazu in Langmann 2021).

In der Automatisierungscloud (Bild 6.4) und damit auch im Bereich Industrie 4.0 werden nach einhelliger Auffassung serviceorientierte Architekturen (SOA) als neue Technologie eine besondere Rolle spielen. SOA bietet die Möglichkeit, einheitliche Schnittstellen zu erstellen und eine Kollaboration von der Feldebene bis in die Enterprise-Ebene zuzulassen. Damit lässt sich bei steigender Individualität, Komplexität und Qualität auch weiterhin ein hoher und kosteneffizienter Durchsatz generieren.

Vergleicht man die Chancen mit den Herausforderungen des Cloud-Computings für die zukünftige Produktion, so kann man feststellen, dass der Zugriff auf praktisch unbegrenzte Rechner- und Speicherressourcen in einer Cloud dem jeweiligen Industrieunternehmen eine Vielzahl unterschiedlicher Vorteile bieten kann.

Die heutigen Cloud-Anbieter haben ihren Fokus vor allem in der Verfügbarkeit der Infrastruktur bzw. der bereitgestellten Dienste und in der erforderlichen Datensicherheit. Durch CPPS werden diese Eigenschaften noch mehr an Bedeutung gewinnen. Zusätzlich ist davon auszugehen, dass der Cloud-Anbieter mit CPPS eine wesentlich höhere Zahl an gleichzeitigen Kommunikationsverbindungen zu managen hat, die zudem schnell und latenzarm sein müssen. Für die industriellen Anwender bedeutet der Einsatz von CPPS vor allem eine Neugestaltung der internen Kommunikations- und Steuerungsinfrastruktur, um jedem Sensor und Aktor die Anbindung an die Cloud zu ermöglichen. Außerdem muss der Anwender berücksichtigen, dass eine Verlagerung von Steuerungsdiensten in die Cloud eine wesentlich umfangreichere Betrachtung bezüglich des Zeitverhaltens und der Sicherheit der Gesamtlösung notwendig macht.

6.1.3 Anwendungen in der Industrial Cloud

Betrachtet man die Entwicklung des Cloud-Computings für die Produktions- bzw. Fertigungsautomatisierung und konzentriert sich dabei auf die Kernfunktionalitäten, die entsprechend der Automatisierungshierarchie für eine Automatisierung eines technischen Prozesses erforderlich sind (Messen, Steuern, Regeln, Bedienen, Leiten, Koordinieren, Planen, Sichern), so stellt man fest, dass sich aktuell nur wenige realisierte Projekte mit dieser Problematik befassen. Die meisten Projekte beinhalten Themen aus dem Umfeld der Automatisierung, die sowohl bezüglich ihres Zeitverhaltens als auch hinsichtlich ihres Einsatzes nicht kritisch sind.

Es zeigt sich aber, dass bereits viele Ideen für die Umsetzung einer cloudbasierten Automatisierung und dabei insbesondere auch für die Kernautomatisierung unter zeit- und einsatzkritischen Bedingungen in Patentschriften, wissenschaftlichen Beiträgen, Forschungsprojekten niedergelegt und auch erste Produkte dazu auf dem Markt sind. Die Projekte und Lösungen beschäftigen sich dabei auch mit den zeitkritischen Einsatzanforderungen, wie sie in der Industrieautomatisierung üblich sind.

Bezogen auf die Automatisierungsfunktionen bzw.-ebenen in der klassischen Automatisierungspyramide können die Lösungen und Projekte entsprechend Bild 6.6 in drei Anwendungsbereiche eingeteilt werden:

- **Automatisierungsdienste:** Zielstellung ist die Realisierung von Automatisierungsfunktionen der höheren Automatisierungsebenen als Automatisierungsdienste und deren Ausführung, Verteilung und Management unter Nutzung von Cloud-Computing. Serviceorientierte Architekturen und Dienstschnittstellen bilden eine Grundlage, um darauf aufbauend cloudbasierte Automatisierungssysteme zu schaffen. Im industriellen Produktbereich, insbesondere in der Gebäudeautomatisierung, finden sich zunehmend Lösungen, die cloudbasierte Dienste für die Realisierung einiger Funktionen der höheren Automatisierungsebenen einsetzen.
- **Steuerungen in der Cloud:** Zielstellung ist die Verlagerung von Industriesteuerungen in eine Cloud und die Ausführung der Steuerungen bzw. der Steuerungsprogramme als Dienst. Es ist davon auszugehen, dass zukünftig auch zeit- und einsatzkritische Funktionen in eine Industrial Cloud ausgelagert werden. Grund dafür sind die allgemeinen Anforderungen aus Industrie 4.0, nach denen die Produktion der Zukunft auf selbstorganisierenden und wandelbaren Systemen basiert. Um auch in die prozessnahen Ebenen (Steuerung, Regelung) online und mit höchster Flexibilität eingreifen zu können, muss z. B. die IT-Kapselung der Steuerungsfunktionalität in einer Hardware aufgehoben werden, damit diese als Softwareinstanz in einer Cloud im Sinne einer Wandelbarkeit beeinflusst werden kann. Nähere Ausführungen dazu finden Sie in Abschnitt 6.2 und Abschnitt 6.3.
- **Big Data-Analyse von Echtzeitdaten:** In allen Automatisierungsebenen, aber insbesondere in den prozessnahen Ebenen, fallen sehr große Mengen an Echtzeit-Prozessdaten an, deren Analyse zu einer Verbesserung der Effizienz des gesamten Automatisierungssystems führen kann. In diese Kategorie fallen deshalb Lösungen, die, parallel zu allen Ebenen, diese Daten sammeln, auswerten und die in die Ebenen unter Umständen auch direkt steuernd eingreifen. Seit ca. 2012 wird deshalb auch für die Automatisierung technischer Prozesse verstärkt über die Nutzung von ausgelagerten BD-Lösungen (Big Data, BD) in der Cloud diskutiert. Dies betrifft z. B. Themen wie vorbeugende Wartung, kollaboratives Engineering, Versionsmanagement, Optimierungsservice, automatische Datenanalyse. Bekannte BD-Lösungen stammen insbesondere aus der Prozessindustrie (z. B. Stahlerzeugung). Auch für die Abtragssimulation via Cloud für Werkzeugmaschinen, die

Datenspeicherung/-auswertung für Windparks sowie weitere Anwendungsbereiche liegen BD-Lösungen vor.

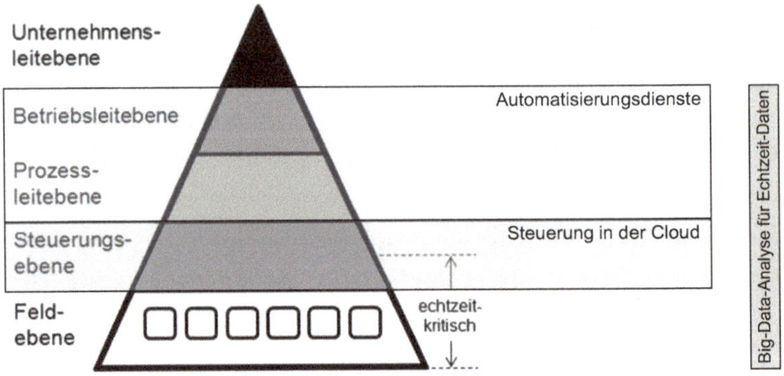

Bild 6.6 Anwendungsbereiche für Industrial Cloud-Lösungen

Die mit Industrie 4.0 begonnene Auflösung der Automatisierungspyramide wird eine Neuzuordnung von Software- und Hardwarekomponenten in einem produzierenden Unternehmen auslösen. Zu beobachten sind aktuell die folgenden zwei Richtungen:

- Das sind zum einen intelligente CPS-Komponenten, die einen Produktionsprozess selbstständig organisieren und durchführen können, in dem der Mensch eine primär dirigierende Rolle einnimmt.

  Auf der anderen Seite findet die Verlagerung von Funktionalitäten in die (private) Cloud statt, was zwar ebenfalls eine hochgradige Vernetzung der CPS bedeutet, aber mit sehr geringer Intelligenz bzw. deren Verlagerung in die Cloud.

Während der cloud-basierte Ansatz als sinnvoll angesehen werden kann, um kurz- und mittelfristig Kosten und Effizienzsteigerungen im Engineering und Betrieb zu erreichen, erscheint der dezentrale Ansatz langfristig sinnvoll, da sich der Betreiber dann auf eine wesentlich höhere Abstraktion der Fertigungsprozesse konzentrieren könnte.

Der dezentrale Ansatz ersetzt jedoch die Cloud nicht, sondern führt zu einer Veränderung der in der Cloud angebotenen Dienste. Voraussetzung für alle künftigen Entwicklungen wird jedoch sein, ob sich durchgängige, standardisierte Schnittstellen vom Sensor/Aktor bis in die Cloud etablieren werden. Hier zeichnet sich ab, dass webbasierte Technologien, wie sie auch von OPC UA (IEC 62541) unterstützt werden, einen wichtigen Beitrag leisten können.

6.2 Cloudbasierte Steuerungstechnik

Ausgangspunkt für eine cloudbasierte Steuerungstechnik sind die *Umsetzungsempfehlungen für das Zukunftsprojekt Industrie 4.0* der Forschungsunion/acatech von 2012 (Kagermann et al. 2012). Danach wird unter anderem eine selbstorganisierende, adaptive und wandelbare Produktion der Zukunft erwartet. Ausgehend davon lassen sich aus den Umsetzungsempfehlungen folgende allgemeine Zielstellungen für die Automatisierungs- und Steuerungstechnik im Bereich Industrie 4.0 ableiten:

- Autonomie und dezentrale Steuerungsformen
- Vernetzung von Steuerungssystemen
- Rekonfigurierbarkeit, Agilität
- allgemeingültige Steuerungskonzepte
- Interoperabilität zwischen heterogenen Steuerungssystemen
- Abhängigkeiten sollen zur Laufzeit dynamisch veränderbar sein.
- optimierte Steuerungsstrategien
- Nutzung von Modellen zur Entwicklung „höherwertiger“ Steuerungsansätze
- Orchestrierung heterogener Steuerungen
- Überwindung der starken Informationskapselung von Steuerungen
- Fernsteuerung
- Einsatz von Smartphones und Tablet-PCs für Steuerungszwecke
- adaptive und intelligente Steuerungssysteme
- Einführung des Dienstparadigmas in die Produktionsautomatisierung (Produktionsdienste)

Mit klassischer Automatisierungs- und Steuerungshardware lassen sich die neuen Anforderungen nur schwer erfüllen. Um den Herausforderungen gerecht zu werden, sind neue Konzepte und Strukturen notwendig. Ein vielversprechender Ansatz ist die in Abschnitt 6.1.2 vorgestellte CPS-basierte bzw. cloudbasierte Automation, bei der cloudbasierte Steuerungssysteme eine zentrale Rolle spielen.

Die industrielle Nachfrage nach solchen innovativen Lösungen ist derzeit noch vergleichsweise gering. Ein wesentlicher Grund dafür liegt unter anderem auch in der bisherigen Ausbildungspraxis: Sowohl beruflich als auch akademisch werden Automatisierungsfachkräfte fast ausschließlich im Umgang mit klassischer Steuerungstechnik geschult. Ihr Know-how basiert auf etablierten Systemen, das auf cloudbasierte Ansätze nur bedingt übertragbar ist. Die Umsetzung neuer Technologien erfordert ein grundlegend IT-orientiertes Umdenken. Entsprechende Bildungskonzepte sind jedoch bislang kaum entwickelt.

Kapitel 6 will daher auch einen Beitrag leisten, um cloudbasierte Steuerungstechnik praxisnah und verständlich in Lernprozesse zu integrieren. Ziel ist es, Ihnen den Zugang zu modernen Automatisierungslösungen zu erleichtern und damit eine Brücke zwischen traditioneller Ausbildung und zukunftsorientierter Technologie zu schlagen.

Um diesen Zugang nicht nur theoretisch, sondern auch technologisch zu ermöglichen, müssen grundlegende Veränderungen in der Architektur von Steuerungssystemen vorgenommen werden. Es ist insbesondere erforderlich, die bisherige feste Bindung der Steuerungsfunktionen an physische Hardware aufzulösen. Nur so lässt sich eine Integration in cloudbasierte Strukturen realisieren, die ein Höchstmaß an Flexibilität und Wandelbarkeit bieten. Aktuell werden dazu im Wesentlichen zwei Konzepte verfolgt:

- die Verlagerung einer klassischen SPS als virtualisierte Steuerung in eine Cloud (PLC as a Service, PLCaaS)
- die Bereitstellung von Steuerungsprogrammen oder -algorithmen als Dienste in einer Cloud (Control as a Service, CaaS)

Beide Ansätze berücksichtigen dabei, dass die Steuerungsprogrammierung weiterhin nach dem etablierten Standard IEC 61131-3 erfolgen muss, denn nur wenn das Engineering den gängigen industriellen Anforderungen entspricht, werden cloudbasierte Steuerungslösungen auch tatsächlich akzeptiert und eingesetzt.

6.2.1 Virtualisierung von SPS

Virtuelle SPS-Steuerungen, die von der Hardware unabhängig sind, gibt es als Soft-SPS seit einer Reihe von Jahren. Seit einiger Zeit findet jedoch unter dem Einfluss des Konzepts zur cloudbasierten Automation eine verstärkte Entwicklung von virtuellen SPS statt, die moderne IT-Techniken für die *Virtualisierung* von Hardware nutzen (Fischer et al. 2020, Kemptner 2025, Wagner 2025).

> *Virtualisierung* bezeichnet in der Informatik[1] die Nachbildung eines Hard- oder Softwareobjekts durch ein ähnliches Objekt vom selben Typ mithilfe einer Abstraktionsschicht.

Bei der Konsolidierung von Systemen auf eine Hardware (z. B. SPS) wird daher von Hardware-Virtualisierung gesprochen, sodass mehrere Systeme parallel auf die abstrahierte Hardware zugreifen können. Die parallel ausgeführten Systeme werden üblicherweise als *Virtual Machine* (*VM*) bezeichnet. Wenn mehrere Betriebssysteme

---

1 *https://de.wikipedia.org/wiki/Informatik*

auf einer Hardware parallel ausgeführt werden sollen, müssen die Hardwareressourcen (CPU, Arbeitsspeicher, IO-Geräte, Interrupts, Netzwerkschnittstelle usw.) aufgeteilt werden, sodass alle Betriebssysteme Zugriff auf die Hardwareressourcen erhalten.

Die Aufteilung der Hardwareressourcen für den gemeinsamen Betrieb mehrerer Betriebssysteme erfolgt durch eine Zwischenschicht, auch *Hypervisor* genannt, und kann auf Software- oder Hardwareebene erfolgen. Je nach Prozessortyp und Hardware erfolgt die Aufteilung unterschiedlich. Bild 6.7 verdeutlicht den Aufbau einer Hardwarevirtualisierung für die Produktionsautomatisierung.

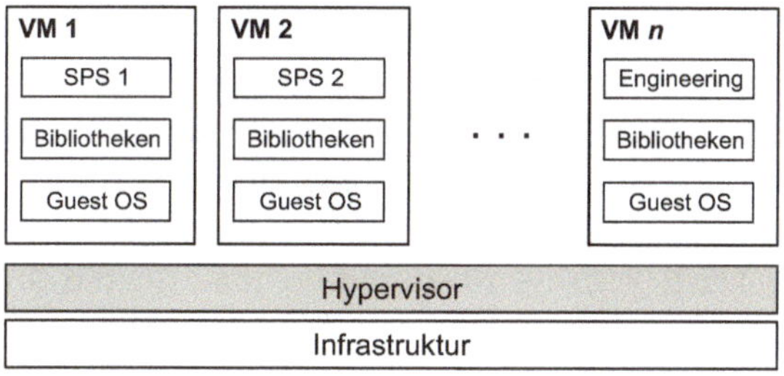

Bild 6.7 Beispielhafter Aufbau einer Hardwarevirtualisierung mit mehreren virtuellen SPS für die Produktionsautomatisierung

Neuere Konzepte für die Steuerungsvirtualisierung nutzen *Container-Technologien*, da diese gegenüber klassischen VMs folgende Vorteile besitzen (Buchanan):

- geringerer Ressourcenverbrauch
- schnellere Startzeiten
- einfache Verteilung (*engl.* Deployment) und Aktualisierung (*engl.* Update)
- hohe Portabilität (ausführbar auf jedem containerfähigen System)

Container sind ausführbare Softwareeinheiten, die den Anwendungscode zusammen mit seinen Bibliotheken und Abhängigkeiten verpacken. Sie ermöglichen die Ausführung von Code in jeder Computerumgebung, sei es eine Desktop-Infrastruktur, eine traditionelle IT-Infrastruktur oder eine Cloud-Infrastruktur.

Container lassen sich leicht als Dateien transportieren und installieren, da sie alle Ressourcen beinhalten, die zur Laufzeit benötigt werden. Die Container-Inhalte sind modular gestaltbar und somit flexibel, auch für spätere Anpassungen. Anwendungen lassen sich mit der Container-Virtualisierung einfach und sicher installieren.

Bild 6.8 zeigt das Komponentenschema zur Nutzung von Containern für virtuelle SPS-Steuerungen.

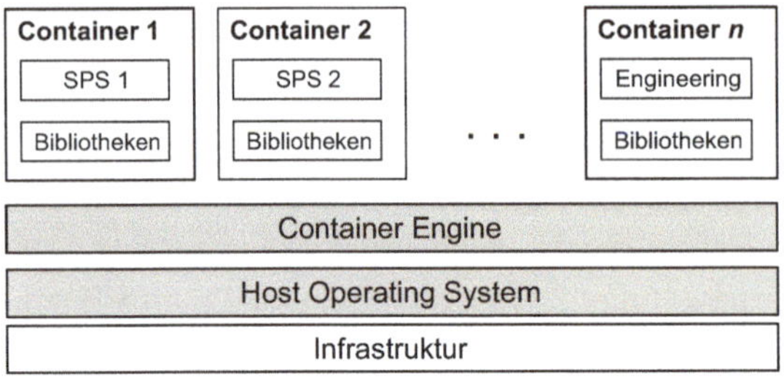

Bild 6.8 Komponentenschema zur Nutzung von Containern für virtuelle SPS-Steuerungen

Das Hauptunterscheidungsmerkmal zwischen Containern und Virtual Machines besteht darin, dass VMs den gesamten Rechner bis hinunter zu den Hardwareschichten virtualisieren, während bei Containern die Virtualisierung lediglich für die Softwareschichten über der Betriebssystemebene stattfindet. Beispiele für Container-Technologien zur SPS-Virtualisierung sind Docker (IONOS SE 2023) und Podman (IONOS SE 2025).

Probleme bei der Virtualisierung von SPS ergeben sich insbesondere dadurch, dass bereits verfügbare herstellerspezifische SPS (z. B. Siemens, CODESYS) virtualisiert werden. Diese Steuerungen sind jedoch geschlossene Systeme, die auch originär nicht unter dem Aspekt von Webtechnologien entwickelt wurden. Eingriffe bzw. Modifizierungen oder Erweiterungen dieser Steuerungen sind durch Dritte kaum möglich. Funktionalitäten lassen sich als Dienste nicht bzw. nur schwer herauslösen. Darüber hinaus werden zum Teil aufwendige virtuelle Maschinen bzw. Container benötigt, die nur als ganze Plattformen zur Verfügung stehen und die nicht als leichtgewichtige Webobjekte instanziiert und genutzt werden können. Die Flexibilität der Virtualisierung insbesondere hinsichtlich der geforderten Nutzung des Dienstparadigmas für Steuerungsfunktionen ist sehr eingeschränkt. Ein weiterer Nachteil der Virtualisierung gemäß PLCaaS ist, dass für die in VMs/Container verpackten Steuerungen, die bisherigen proprietären Engineering-Systeme, meist als Stand-alone-System, weiterhin genutzt werden müssen.

Die Vorteile einer Virtualisierung liegen andererseits insbesondere in der Erreichbarkeit eines näherungsweisen „harten“ Echtzeitverhaltens durch entsprechende Auslegung der Betriebssysteme für die VMs bzw. Container z. B. durch Erweiterung des Echtzeitbetriebssystems LinuxRT um Mechanismen des Cloud-Computings sowie Methoden zur Instanziierung mehrerer Steuerungskerne.

Nahezu alle bekannten Unternehmen der Steuerungstechnik bieten mittlerweile ihre SPS-Systeme auch als virtualisierte Steuerungen an, die meist mit VMs und/oder Docker containerisiert werden und Reaktionszeiten zwischen 5 ... 50 ms ermöglichen. Eine beispielhafte Übersicht finden Sie in Tabelle 6.1.

Tabelle 6.1 SPS-Steuerungen mit Virtualisierungstechnik

Hersteller/ Plattform	SPS	VM-basiert	Container-basiert	Bemerkungen
CODESYS	CODESYS-Control	ja	ja	sehr weit entwickelt, Docker
Siemens	S7-1200/1500	ja	teilweise	Containerisierung über Industrial Edge, aber keine containerisierte S7 direkt
Phoenix Contact	PLCnext	VM möglich	ja	unterstützt Docker
Beckhoff	TwinCAT 3	ja	einge-schränkt	Fokus auf Echtzeit mit Windows – keine native Docker-Unterstützung
WAGO	e!COCKPIT/ WAGO PFC	ja	ja	Linux-basiert, Docker
Schneider Electric	Modicon	ja	nein	Die Containerisierung wird vorbereitet.
Berghof	Berghof B-Control	ja	teilweise	Docker möglich
OpenPLC	Open Source PLC	ja	ja	als Docker-Image verfügbar

6.2.2 SPS als industrieller Steuerungsdienst

Im Konzept *Control as a Service* (CaaS) werden keine virtualisierten SPS-Steuerungen eingesetzt. Stattdessen werden Steuerungsprogramm, Runtime-Maschine und E/A-Konfiguration als separate und webfähige Softwareinstanzen aus der klassischen SPS herausgelöst und flexibel in einer Cloud verteilt (Langmann/Stiller 2017). Für den Anschluss der Automatisierungsgeräte an die Steuerungsdienste werden übliche Industrieschnittstellen wie OPC UA und Modbus TCP genutzt.

Die Steuerungsfunktionen in diesem Konzept sind nicht mehr als klassische Steuerungsfunktionen, sondern als Steuerungsdienste gemäß dem Service-Paradigma verfügbar. Ein solcher Steuerungsdienst kann dadurch alle Funktionen des Cloud-Computings nutzen und so neue Geschäftsmodelle, wie beispielsweise die Vermietung von Steuerungsdiensten, schaffen.

Bild 6.9 verdeutlicht die grundlegende Komponentenstruktur einer SPS aus der Cloud nach dem CaaS-Konzept.

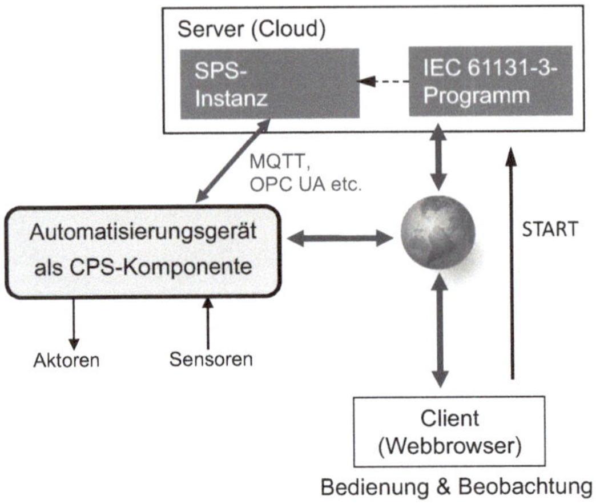

Bild 6.9 Komponentenstruktur einer SPS aus der Cloud nach dem CaaS-Konzept

Auf dem Server (der Cloud) befinden sich *n* Softwareinstanzen einer SPS-Steuerung, auf denen verschiedene IEC 61131-3-Steuerungsprogramme ausgeführt werden können. Jede Steuerungsinstanz ist über geeignete Netzwerkprotokolle (z. B. MQTT, OPC UA) mit einem realen Automatisierungsgerät (Sensoren, Aktoren) verbunden. Die Automatisierungsgeräte sind CPS-Komponenten gemäß dem in Bild 6.4 bzw. Bild 6.5 dargestellten Modell und verfügen über einen entsprechenden IP-Konnektor oder ein Gateway zur Kommunikation mit den Steuerungsinstanzen. Die Steuerungsinstanzen werden über den Webbrowser (Client) verwaltet und bedient.

Mit dem CaaS-Konzept wurde eine neue Art der industriellen Steuerung entwickelt, die die vollständige Ausgliederung von Steuerungsfunktionen und zugehörigen Geräten in global verteilte, cloudbasierte Software-Steuerungsdienste ermöglicht. Die Anwendung des Service-Paradigmas für industrielle Steuerungsfunktionen erhöht die Flexibilität deutlich, erfüllt Industrie 4.0-Anforderungen wie Änderbarkeit, Rekonfiguration und Autonomie und ermöglicht neue Geschäftsmodelle zur Anmietung von Steuerungsfunktionen.

Teilt man die cloudbasierte Steuerung nach den beiden Konzepten PLCaaS und CaaS auf und betrachtet ausgewählte Eigenschaften im Vergleich zur klassischen SPS, so ergibt sich der in Tabelle 6.2 aufgeführte Vergleich.

Tabelle 6.2 Vergleich zwischen klassischer SPS, PLCaaS und CaaS

Kriterium	Klassische SPS	PLCaaS	CaaS
Ort der Steuerung	vor Ort	virtualisiert/ containerisier	Cloud (zum Teil auch Edge)
Hardwarebindung	vor Ort (Edge)	virtualisiert, Cloud/ Edge	verteilte Cloud-Services
Reaktionszeit	sehr gut	gut (5 … 50 ms)	eingeschränkt (bei TSN und lokaler Cloud besser)
Skalierbarkeit	gering und aufwendig	hoch	sehr hoch
Wartung/Updates	manuell vor Ort	zentralisiert, automatisierbar	vollständig remote
Engineering-Aufwand	hoch, verteilt	mittel	gering bis mittel
Flexibilität/ Wandelbarkeit	gering	hoch	sehr hoch
Sicherheits-funktionen	integriert	möglich	nur unterstützend, nicht direkt
Zuverlässigkeit	industriell bewährt	hoch bei guter Architektur	abhängig von Cloud (hoch bei lokaler Cloud)
Kommunikation zu Sensoren/Aktoren	direkt, lokal	lokales Gateway/ IO-Module	über IoT-Gateways
Modularisierung	eingeschränkt	möglich	sehr gut (Mikroservices, API)
Nutzung von KI/ Analytics	schwierig	integrierbar	optimal, native Umgebung

CaaS punktet nach Tabelle 6.2 insbesondere bei folgenden Kriterien:

- Skalierbarkeit
- Flexibilität und Wandelbarkeit
- Modularisierung
- Nutzung von KI und Analytics (cloud-native Prozessintelligenz)

Die vollständige Einbettung von CaaS in die IT-/Webwelt ermöglicht auf sehr einfache Weise eine nahtlose Integration mit einem web- und browserbasierten Engineering- und Managementsystem für die Steuerungsdienste.

Da insbesondere der Engineering-Aufwand über die Lebenszeit einer Automatisierungsanlage erhebliche Kosten verursachen kann und über Produktivität, Offenheit und zukünftige Wartbarkeit entscheidet, soll dieses Kriterium in Tabelle 6.3 speziell betrachtet werden.

Tabelle 6.3 Engineering bei klassischer SPS, PLCaaS und CaaS

Kriterium	Klassische SPS	PLCaaS	CaaS
Engineering-Tool	proprietär, lokal	proprietär, unverändert im Container/VM	web-/cloudbasiert, browserbasiertes Engineering
Installation erforderlich	ja, meist unter Windows	ja oder per Container bereitgestellt	nein
Plattform-unabhängigkeit	meist nur Windows	containerisiert	vollständig unabhängig
Multiuser/Collaborative Work	nicht möglich	nur über zusätzliche Tools	nativ integriert (Versionierung, Git)
Offenheit/Standardisierung	herstellergebunden	meist nur mit bestimmten SPS-Ökosystemen	offene APIs, Services, GitOps
Deployment-Prozess	manuell, Export/Import	automatisierbar mit Aufwand	automatisch per CI/CD, DevOps möglich

Nach Tabelle 6.3 besitzt das CaaS-Konzept in nahezu allen Engineering-Kriterien erhebliche Vorteile:

- Es ist keine Installation erforderlich.
- Jedes browserbasierte Gerät kann zum Engineering genutzt werden (vollständige Plattformunabhängigkeit).
- Eine kollaborative Arbeit an SPS-Projekten ist problemlos möglich.
- Der Deployment-Prozess ist einfach automatisierbar.

CaaS bringt als Fazit nicht nur Wandelbarkeit der Logik – sondern auch des Engineerings selbst. Es passt sich den Prinzipien der modernen IT- und Softwareentwicklung an und ermöglicht kollaboratives, flexibles Arbeiten, das in der klassischen Automatisierung nur schwer realisierbar ist.

Abschnitt 6.3 befasst sich näher mit der Umsetzung des CaaS-Konzepts im SPS-Steuerungsprodukt logiccloud. Das logiccloud-System wird dann auch in Abschnitt 6.4 für die praktischen Aufgaben eingesetzt.

6.3 logiccloud – eine cloudbasierte SPS-Steuerung

Das System logiccloud (Fa. logiccloud AG) setzt konsequent die CPS-basierte Automation nach Bild 6.4 bzw. Bild 6.5 in ein industrietaugliches Produkt um. Bild 6.10 veranschaulicht das logiccloud-Konzept bezogen auf die Modellstruktur nach Bild 6.5.

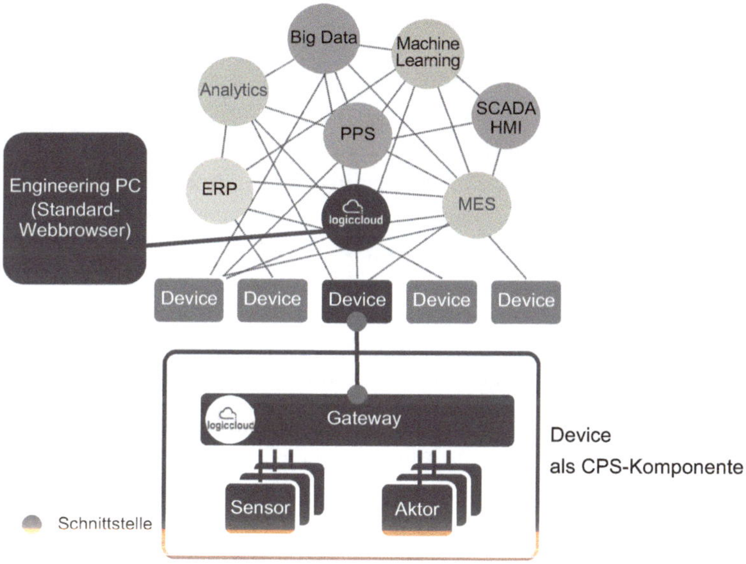

Bild 6.10 logiccloud-Konzept bezogen auf das Modell der CPS-basierten Automation (© logiccloud AG)

Durch den Einsatz von logiccloud ergeben sich vielfältige Vorteile für industrielle Anwendungen, die maßgeblich zur Umsetzung der zentralen Zielsetzungen der Automatisierungs- und Steuerungstechnik im Rahmen von Industrie 4.0 beitragen. Dazu gehören unter anderem folgende:

- Die Hardwarekomponenten und Schnittstellen sind deutlich reduziert und die Automatisierungslösungen stark vereinfacht.
- Die Investitionskosten sinken drastisch, und die Life-Time-Kosten der Maschinen und Anlagen reduzieren sich um mehr als 60 %.
- keine Abhängigkeit mehr von Hardwareherstellern
- durchgängige Digitalisierung einhergehend mit hoher Verfügbarkeit
- geringe Kosten für Installation, Set-up, Wartung und Service
- Die Programmierung erfolgt im Standardbrowser.

Abschnitt 6.3.1 und Abschnitt 6.3.2 erläutern Architektur und Komponenten des logiccloud-Systems sowie die Entwicklungsumgebung und Arbeitsprinzipien zur Projektierung und zum Betrieb einer industriegerechten logiccloud-Steuerung nach IEC 61131-3.

6.3.1 Architektur

Die grundlegende Problemstellung für eine praxistaugliche und industriekompatible Umsetzung der Struktur gemäß Bild 6.10 besteht darin, eine Möglichkeit zu schaffen, tatsächlich n Steuerungsinstanzen mit m Automatisierungsgeräten und p Steuerungsprogrammen im Netzwerk verteilt auf verschiedenen Knoten (Edge-, Fog- oder Cloud-Knoten) zu verwalten und zu bedienen. Echtzeitbedingungen, Zuverlässigkeit und Sicherheit müssen dabei gleichzeitig berücksichtigt werden.

Mit logiccloud wurde dazu eine *Backend-Architektur* entwickelt, die aus den folgenden fünf Hauptkomponenten besteht:

- **Systemadministration:** Diese Komponente umfasst Identitäts- und Zugriffsmanagement, Geräte- und Standortmanagement sowie alle Funktionen für die dienstbasierte Abrechnung.
- **Runtimes:** Diese Komponente enthält alle Dienste, die zur Laufzeit in logiccloud verwendet werden, wie z. B. SPS-Runtime-Logik und IO-Konnektoren.

  Bibliotheksdienste: Diese Komponente stellt Dienste bereit, die in der Projektierungs- und Runtime-Phase für z. B. die IEC 61131-3-Programmentwicklung und Funktionsbibliotheksverwaltung benötigt werden.
- **Cluster-Infrastruktur***:* Die Komponente bildet das Rückgrat des gesamten logiccloud-Clusters und stellt Werkzeuge für den Betrieb des gesamten Systems bereit. Dazu gehören z. B. Datenbank, Zertifikatsmanager, Caching und Kommunikationsinfrastruktur.
- **Systemüberwachung:** Die Systemüberwachungskomponente ist für die Erfassung von Metriken und Protokollen der Infrastruktur verantwortlich und bietet Möglichkeiten zur Visualisierung der Systemleistung und des Systemzustands.

Unter Backend-Architektur werden hierbei Struktur und Design aller Softwarekomponenten verstanden, die serverseitig für logiccloud benötigt werden.

Bild 6.11 veranschaulicht die Backend-Architektur von logiccloud.

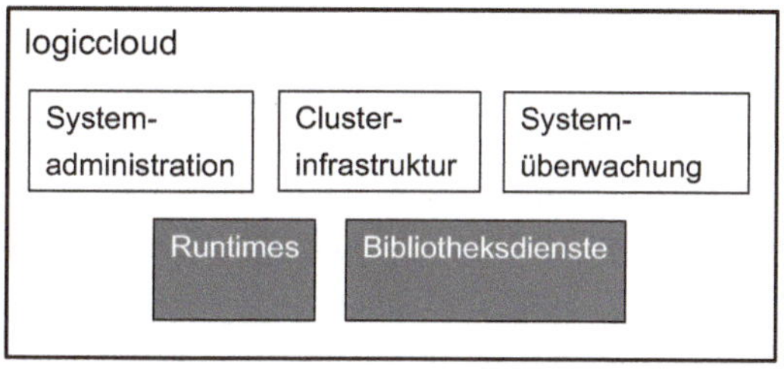

Bild 6.11
Die Backend-Architektur von logiccloud

Im logiccloud-Kontext wird der Begriff *Cloud* synonym für jeden softwaredefinierten Ort verwendet, an dem die Steuerungsinstanzen (Runtimes) ausgeführt werden. Neben der klassischen Cloud (z. B. Microsoft Azure Cloud, Amazon Web Services) können dies auch Edge- oder Fog-Lösungen sein. Durch den Einsatz von Docker-Technologie und Cluster-Skalierung können logiccloud-Steuerungen nahezu überall im Netzwerk auf verschiedene Rechner verteilt werden.

Im Folgenden werden nur die beiden Komponenten *Runtimes* und *Bibliotheksdienste* näher erläutert, da diese die Eigenschaften der SPS-Steuerungsinstanzen maßgeblich bestimmen.

Runtimes

In einem CPPS werden Daten, Dienste und Funktionen jeweils an dem Ort gespeichert, abgerufen und ausgeführt, an dem sie die flexible und effiziente Entwicklung und Produktion am besten unterstützen. Dienste, Daten und Hardwarekomponenten können auf beliebige Knoten im Netzwerk verteilt werden und bilden Funktionsmodule, aus denen das Automatisierungssystem aufgebaut wird. Ziel sind global vernetzte und verteilte Systeme, die prinzipiell beliebige Kommunikationswege über alle Fabrikebenen hinweg ermöglichen. Zu diesem Zweck umfasst die Komponente *Runtimes* insbesondere die in Bild 6.12 dargestellten Subsysteme.

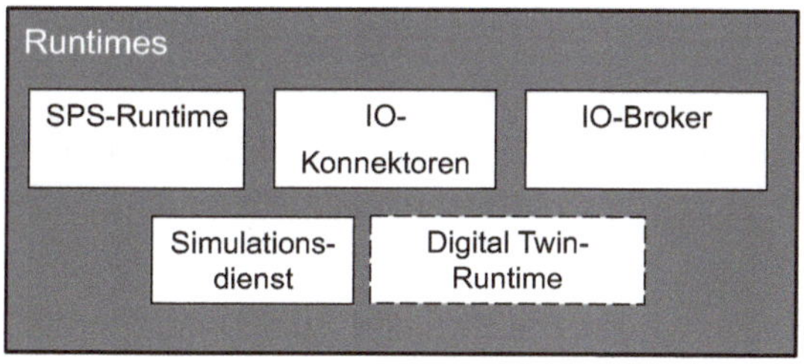

Bild 6.12
Komponentenstruktur der logiccloud-Runtimes

Das Subsystem *Runtimes* ist für die Verarbeitung des IEC 61131-Steuerungsprogramms zuständig. Es arbeitet im Zyklusbetrieb und nutzt das IO-Broker-Subsystem zur Konvertierung von IO-Eingangsabbildern in IO-Ausgangsabbilder. Der IO-Broker ist für die Kommunikation zwischen den E/A-Variablen (Zugriffsvariable) und den Protokolldiensten zuständig. Die Kommunikation mit den physischen Automatisierungsgeräten erfolgt über das IO-Konnektor-Subsystem.

logiccloud verfügt in *Runtimes* über industrielle Standardschnittstellen wie MQTT, OPC UA, Modbus TCP und IO-Link. Über diese Schnittstellen lässt sich eine logiccloud-SPS nahtlos in die anwenderspezifische Automatisierungswelt integrieren und bestehende Steuerungen ersetzen. Die Kommunikation mit bestehenden Systemen und Standardanwendungen (z. B. ERP, MES, SCADA, KI) ist uneingeschränkt möglich.

Alle Subsysteme von *Runtimes* sind als Dienste konzipiert.

Bibliotheksdienste

Die in Bild 6.13 dargestellten *Bibliotheksdienste* sind ebenfalls eine wichtige Komponente einer logiccloud-SPS.

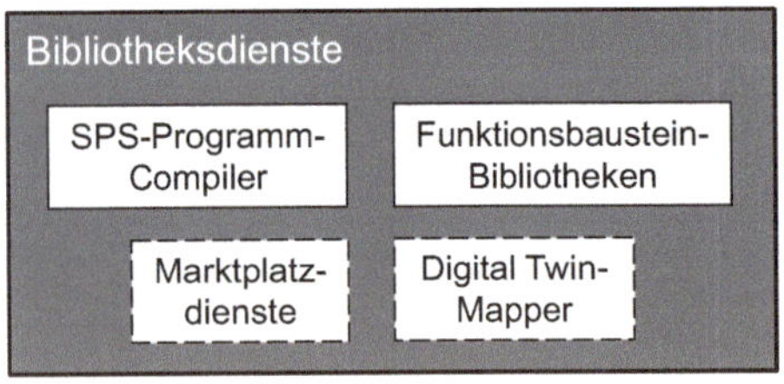

Bild 6.13 Komponentenstruktur der logiccloud-Bibliotheksdienste

Kernelemente der *Bibliotheksdienste* sind SPS-Programm-Compiler für verschiedene IEC 61131-3-Programmiersprachen sowie eine Funktionsbaustein-Bibliotheksverwaltung zur Nutzung von Funktionsbibliotheken in Steuerungsprogrammen. Geplant ist außerdem ein logiccloud-Marktplatz zur Integration von Drittanbieterkomponenten.

Der Architektur gemäß Bild 6.11 ist ein logiccloud-Portal überlagert, das dem Anwender als Anwendungsumgebung (Frontend) für Engineering, Management und Betrieb zur Verfügung steht.

Das logiccloud-System basiert auf modernsten Webtechnologien. Dazu gehören folgende:

- die Containertechnologie mit Kubernetes (plusserver GmbH 2022) für die automatisierte und beliebige Verteilung von Steuerungsinstanzen auf verschiedene Netzknoten
- Go (archium GmbH), C/C++ und JavaScript für die Backend- und Frontend-Programmierung
- HTML5 und das Responsive Design für das Frontend-Portal

Darüber hinaus nutzt die Implementierung verschiedene Open-Source-Tools wie Keycloak (Surmann/Conrad) für die Systemsicherheit sowie Grafana (Bitmotec GmbH 2023) und Prometheus (Khurana 2025) für Visualisierung, Analytics, Logging und Metriken.

Alle Funktionalitäten im logiccloud-System sind als *Microservices* (= Architekturmuster der IT) implementiert und lassen sich flexibel erweitern.

Ein logiccloud-Controller wird gegenwärtig von einem klassischen IEC 61131-3-Steuerungsprogramm betrieben, wodurch die Interoperabilität und Industrietauglichkeit des Steuerungssystems gewährleistet wird. Mit dem CaaS-Prinzip von logiccloud sind jedoch auch die Weichen gestellt, damit zukünftig auch ohne ein IEC 61131-Steuerungsprogramm, bzw. in Ergänzung dazu, ein KI-gesteuerter Regelkreis über die Cloud laufende Steuerungsprogramme modifizieren oder anpassen kann (intelligente Cloud-Steuerung).

6.3.2 SPS-Engineering

Das SPS-Engineering erfolgt mit logiccloud vollständig webbasiert, ohne lokale Installation einer proprietären Software. Die Anwendungen lassen sich in gewohnter Art und Weise mit der Programmiersprache IEC 61131-3 erstellen und in der Cloud speichern. Eine leistungsfähige Versionsverwaltung garantiert eine lückenlose Historie, und ein Benutzer- und Rollenmanagement stellt sicher, dass nur berechtigte Personen Zugriff auf die Projektdateien und die Runtime-Umgebung haben.

Betrachtet man die Arbeitsschritte zum Engineering einer klassischen SPS, so folgen diese grundsätzlich folgendem Prinzip:

- Projektierung der E/A-Konfiguration
- Programmierung des SPS-Programms
- Kompilieren des Programms
- Download des SPS-Programms in die Hardware-SPS

Jedes so erstellte SPS-Maschinenprogramm ist eine proprietäre und geschlossene Einheit. Jede Änderung einzelner Bestandteile (E/A, Programmcode usw.) erfordert immer wieder die Erstellung eines neuen Projekts gemäß den vorangehend genannten Schritten. E/A-Konfiguration, SPS-Programmcode und Hardware-SPS (Ablaufumgebung) bilden bei allen klassischen SPS-Steuerungen eine verbundene Einheit.

Entsprechend den neuen Eigenschaften der CPS-basierten Automation ermöglicht logiccloud beim Engineering ein vollständig flexibles Vorgehen. Durch die Separierung von E/A-Konfiguration, SPS-Programmcode und Ablaufumgebung ergeben sich neue Möglichkeiten für die Ausführung von SPS-Programmen. Bild 6.14 illustriert diesen Sachverhalt.

Ein und dasselbe SPS-Programm kann je nach Bedarf in verschiedenen Runtime-Instanzen mit unterschiedlicher E/A-Konfiguration und Ablaufumgebung ausgeführt werden.

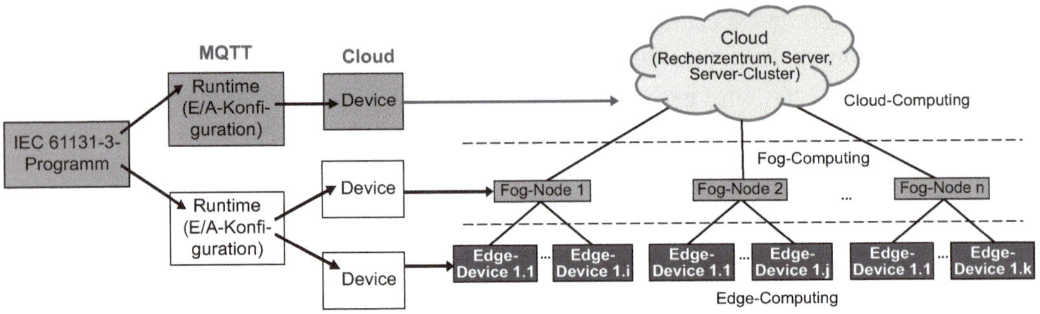

Bild 6.14 Flexible Möglichkeiten für die Ausführung von SPS-Programmen in logiccloud

In Bild 6.14 ist das SPS-Programm z. B. mit MQTT an die CPS-Komponenten (Automatisierungsgeräte) angebunden und wird in der Cloud ausgeführt. Dasselbe Steuerungsprogramm könnte aber auch in der E/A-Konfiguration Modbus TCP nutzen und auf einem Fog-Knoten (z. B. WAGO-Controller) oder einem Edge-Knoten (z. B. Raspberry Pi) laufen. Alle Steuerungsprogramme, Runtime-Instanzen und Ablaufumgebungen eines Nutzers werden im logiccloud-Portal einheitlich und zusammen verwaltet.

Das SPS-Engineering wird bei logiccloud nach folgenden Arbeitsschritten durchgeführt:

- Programmierung des SPS-Programms
- Kompilieren des SPS-Programms
- Erstellung der Runtime-Instanz mit Projektierung der E/A-Konfiguration
- Festlegung der Ablaufumgebung
- Download des SPS-Programms in die gewählte Ablaufumgebung

Die Arbeitsschritte können zum Teil auch in unterschiedlicher Reihenfolge abgearbeitet werden.

Programmierung des SPS-Programms

Das logiccloud-Portal bietet aktuell die Erstellung von SPS-Steuerungsprogrammen in der IEC 61131-3-Sprache ST im Rahmen einer integrierten Programmier- und Entwicklungsumgebung PLC-IDE (Integrated Development Environment, IDE) an. Es ist vorgesehen, zukünftig auch die weiteren IEC 61131-3-Sprachen LD, SFC und FBS zu unterstützen.

Bild 6.15 zeigt die Programmier- und Entwicklungsumgebung IDE im Webbrowser.

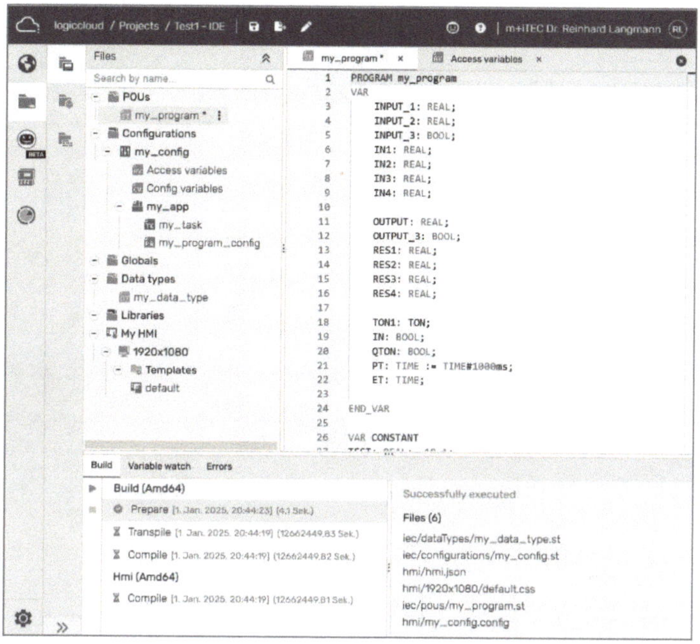

Bild 6.15 Programmier- und Entwicklungsumgebung PLC-IDE (SPS-Programmansicht)

Die Programmierung eines SPS-Programms erfolgt in ST entsprechend der durch die IEC 61131-3 vorgegebenen Syntax. Auch Prozessvariablen werden, wie durch die IEC 61131-3 vorgesehen, im Programmcode deklariert (ähnlich wie bei CODESYS, vgl. auch Abschnitt 2.2.2.2). Eine Festlegung der Variablen über Tabellen, wie vielfach bei anderen SPS-Herstellern, ist bei logiccloud nicht vorgesehen.

In der Programmansicht werden auch die *Access Variables* festgelegt. Das sind die externen Variablen, auf die andere Module einer logiccloud-Steuerung zugreifen können, z. B. E/A-Konfiguration und HMI. In Bild 6.16 sind die *Access Variables* in der Programmansicht dargestellt.

Alle *Access Variables* können aus einer Excel-Tabelle importiert oder in eine Excel-Tabelle exportiert werden.

In der SPS-Programmansicht wird auch die Programmkonfiguration einschließlich der Task-Zykluszeit festgelegt. Die Ausführung eines SPS-Programms erfolgt bei logiccloud grundsätzlich zyklisch. Die minimale Zykluszeit beträgt 1 ms.

Falls erforderlich, kann in der SPS-Programmansicht auch ein HMI-Dashboard projektiert werden.

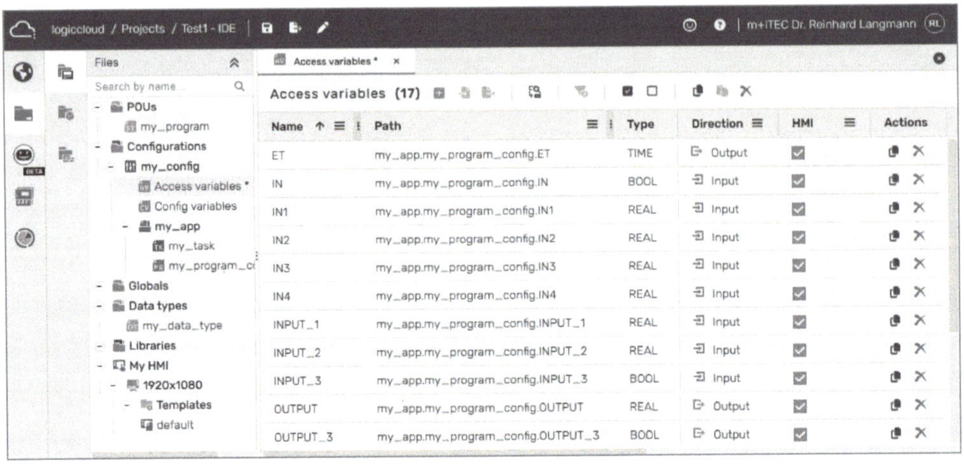

Bild 6.16 Access Variables in der SPS-Programmansicht (Ausschnitt)

Kompilieren des SPS-Programms

Nach Erstellung eines Steuerungsprogramms kann in der Programmansicht das SPS-Programm kompiliert werden. Die Erstellung eines ausführbaren Programms erfolgt über die Stufen *Prepare – Transpile – Compile*. Alle fehlerfrei kompilierten Programme werden abgespeichert und können im Tab *Project Builds* als Historie verfolgt und später bei Bedarf wieder genutzt werden.

Projektierung der E/A-Konfiguration

Für die Projektierung der E/A-Konfiguration muss man in die *Runtimes*-Ansicht wechseln und dort zuerst eine Runtime-Instanz erzeugen. Hier kann man auch festlegen, in welcher prinzipiellen Ablaufumgebung (Cloud oder Edge) die Instanz ausgeführt werden soll.

Nach Erstellung der Runtime-Instanz können Geräteverbindungen ausgewählt und diesen entsprechende *Access Variables* als z. B. E/A-Prozessdaten zugeordnet werden. Bild 6.17 zeigt dazu als Beispiel die *Runtimes*-Ansicht mit dem Tab *Raw Mappings*, in dem nach Auswahl einer MQTT-Verbindung alle Variablen aufgelistet sind, die an MQTT-Topics gebunden werden sollen.

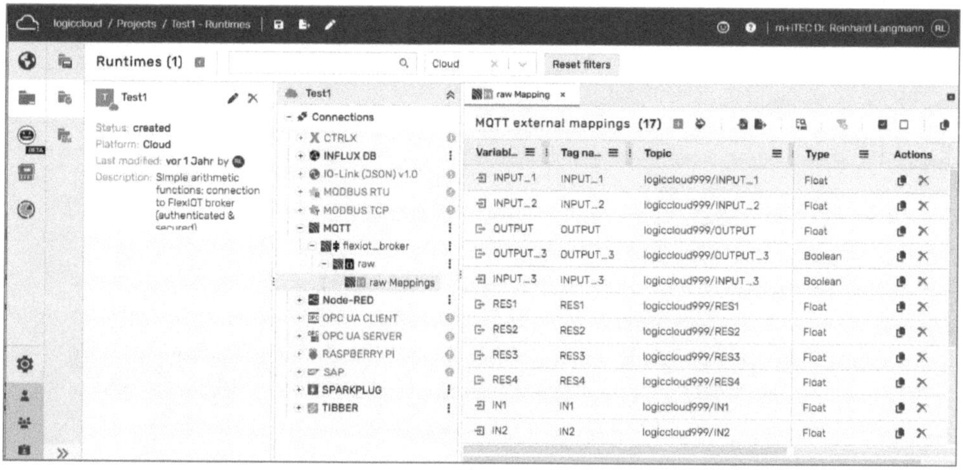

Bild 6.17 *Runtimes*-Ansicht mit dem Tab *Raw Mappings* und konfigurierten MQTT-Verbindungen

Die komplette MQTT-Verbindung kann in eine JSON-Datei exportiert werden. Auch ein separater Export/Import der Mapping-Liste (Programmvariable ↔ MQTT-Topic) ist möglich.

Jede Runtime-Instanz kann über unterschiedliche Geräteschnittstellen verfügen, und die Zuordnung eines SPS-Programms zu einer Runtime-Instanz kann jederzeit geändert werden.

Festlegung der Ablaufumgebung

Zur Festlegung der Ablaufumgebung wechselt man in der IDE in die Ansicht *Devices* und wählt das entsprechende Edge-Gerät oder die Cloud aus. Als Edge-Ablaufumgebung stehen Geräte unterschiedlicher Hersteller zur Verfügung (Hilscher, Hirschmann, Kontron usw.). Wählt man als *Device Vendor* logiccloud, dann wird als Ablaufumgebung die Cloud von logiccloud bereitgestellt.

Nun kann man dieser Ablaufumgebung eine Runtime-Instanz zuordnen. In der Ansicht *Devices* erhält man einen neuen Tab, in dem man die Runtime-Instanz installieren und bedienen kann. In Bild 6.18 ist dies veranschaulicht.

Je nach logiccloud-Lizenz können mehrere Devices erzeugt werden. In der kostenfreien Testversion sind die Erstellung und der Betrieb von zwei Devices möglich.

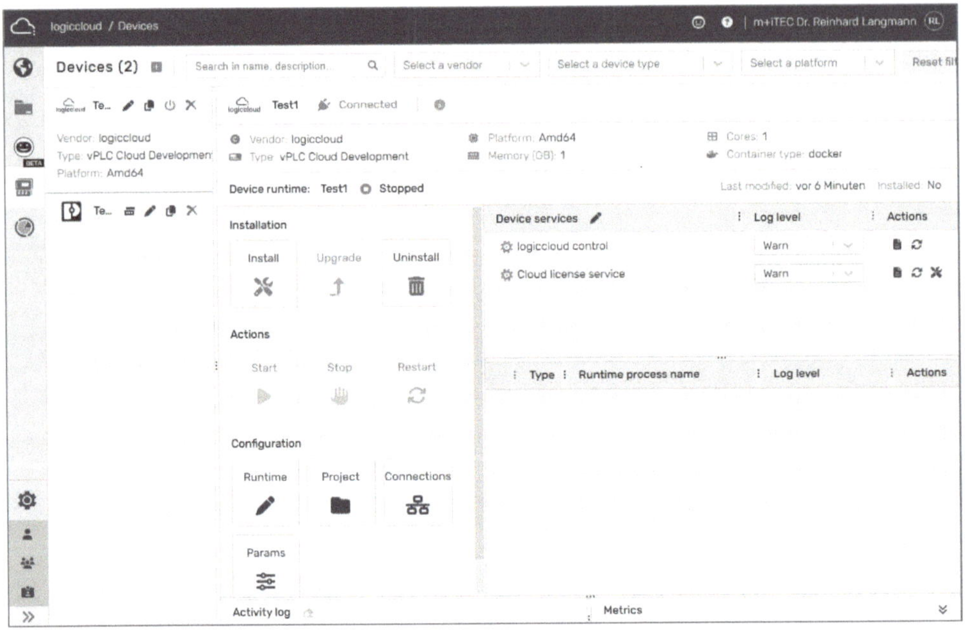

Bild 6.18 Ansicht *Devices* mit dem Tab zur Installation und zum Betrieb einer Runtime-Instanz

Download des SPS-Programms in die gewählte Ablaufumgebung

Nach Installation der Runtime-Instanz wird diese automatisch gestartet. Über die Buttons *Start*, *Stop* und *Restart* wird diese Instanz bedient.

Mittels eines *Beobachtungsdienstes* (Watch Service) können die INPUT-/OUTPUT-Variablen des SPS-Programms in Echtzeit für Testzwecke überwacht werden. Eine Aktivierung dieses Services erfolgt in der Ablaufumgebung (Device) mittels des Stift-Symbols im Tab *Device services*. Das Beobachtungsfenster befindet sich als Tab *Variable watch* in der SPS-Programmansicht (Projektansicht). Dort erfolgt auch die Konfiguration der zu beobachtenden Variablen.

Stellt man beim Test des SPS-Programms Fehler fest und ändert man den Programmcode in der Programmansicht, muss das korrigierte und neu kompilierte Programm in der *Runtimes*-Ansicht dieser Runtime neu zugeordnet werden. In der *Device*-Ansicht erfolgt dann ein Upgrade der Runtime-Instanz.

Erstellte SPS-Projekte in der IDE können einschließlich ihrer Konfiguration für die externe Speicherung exportiert werden. Ein Import ist bei der Projekterstellung gleichfalls möglich. Runtime-Instanzen und Ablaufumgebungen (Devices) müssen jedoch für ein importiertes Projekt neu erstellt werden. Eine externe Speicherung von Runtime-Instanzen und Devices ist nicht möglich. Allerdings können die Variablenlisten als Excel-Datei exportiert/importiert werden. Tabelle 6.4 zeigt die Möglichkeiten für eine externe Archivierung von logiccloud-Projekten auf.

Tabelle 6.4 Export/Import eines logiccloud-Projekts

logiccloud-Komponente	Export	Import	Bemerkungen
SPS-Programm einschließlich Konfiguration	ja	ja	Das Projekt wird als JSON-Datei exportiert.
Runtime-Instanz mit E/A-Konfiguration	nein	nein	Verbindungen (E/A-Konfigurationen) können als JSON-Datei exportiert/importiert werden. Die Variablenliste (Mappings) für die E/A-Konfiguration kann separat als Excel-Liste exportiert/importiert werden.
Device (Ablaufumgebung)	nein	nein	Log-Dateien aus dem Device können als Textdatei heruntergeladen werden.

Für eine externe Archivierung eines SPS-Projekts ist damit ausgehend von Tabelle 6.4 für ein logiccloud-Projekt zumindest die Speicherung der JSON-Dateien für das Projekt und für die E/A-Konfiguration (Connection-Datei) erforderlich.

Weitere Informationen zur Arbeit mit logiccloud finden Sie in der Dokumentation (logiccloud AG).

6.4 Aufgaben mit logiccloud

6.4.1 Lern- und Testumgebung

Für die Entwicklung eines SPS-Projekts mit logiccloud müssen Sie sich zuerst im logiccloud-Portal unter *https://app-eu.logiccloud.io/register-user* registrieren. Die Registrierung und Nutzung des logiccloud-Portals sind kostenfrei. Es müssen auch keine Bezahloptionen (Kreditkarten, Bankzugänge oder Ähnliches) angegeben werden. Mit dem kostenfreien Zugang kann ein Nutzer zwei Ablaufumgebungen (Devices) betreiben. Die Anzahl der Projekte und Runtime-Instanzen ist nicht begrenzt. Mit der kostenfreien Lizenz arbeiten die Devices maximal zwei Stunden und müssen dann wieder neu gestartet werden. Dies ist für einen Lehr- und Lernbetrieb ausreichend.

Der Zugang zum logiccloud-Portal erfolgt über *https://app-eu.logiccloud.io/portal*. Nach dem Einloggen muss man in die Projektansicht wechseln, um ein neues Projekt erstellen zu können. Bild 6.19 zeigt die Projektansicht mit dem Menü für die Erzeugung eines neuen logiccloud-Projekts.

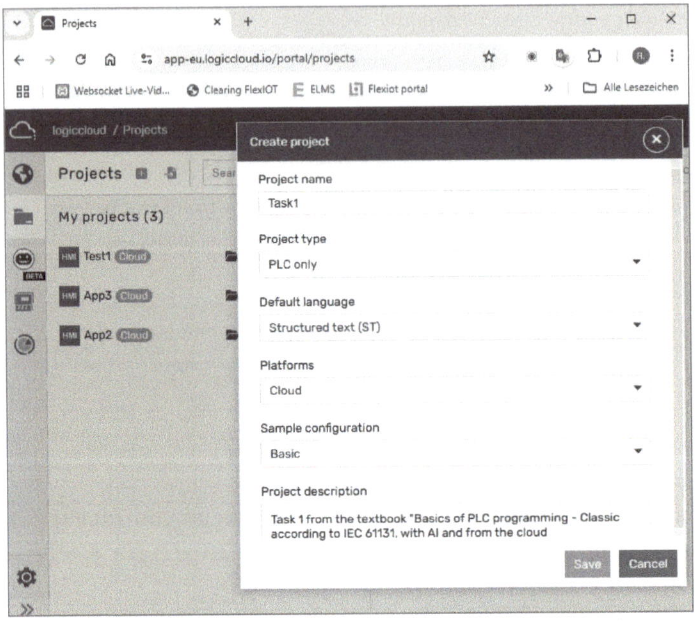

Bild 6.19 Projektansicht mit dem Menü für die Erzeugung eines neuen logiccloud-Projekts

Alle praktischen Aufgaben arbeiten mit folgenden Projekteinstellungen:

- **Project type:** PLC only
- **Default language:** Structured Text (ST)
- **Platforms:** Cloud
- **Sample configuration:** Basic

Für jede der folgenden Aufgaben wird ein neues Projekt erstellt. Alle Projektdateien (JSON-Dateien und Excel-/CSV-Listen) können unter *plus.hanser-fachbuch.de* heruntergeladen werden, um sie in logiccloud nach Ergänzung mit Runtime-Instanzen und einer Ablaufumgebung auszuführen.

6.4.2 Praktische Aufgaben

Für die folgenden fünf Aufgaben in diesem Abschnitt sollen in unterschiedlicher Art und Weise logiccloud-Steuerungsprogramme entwickelt und mit den Technologiemodellen aus Kapitel 5 (siehe Tabelle 5.5) getestet werden:

1. Aufgabe 43 (Beleuchtungssteuerung mit Schalter): Diese einfache Aufgabe dient zur Einführung in logiccloud.
2. Aufgabe 44 (Steuerung eines Drehstrommotors): Die PLCnext-Steuerung arbeitet mit logiccloud zusammen. Die PLCnext-Steuerung realisiert alle Sicherheitsfunktionen wie z. B. Verriegelungen. Mit logiccloud werden die Anwendungsfunktionen realisiert.
3. Aufgabe 45 (Steuerung einer Bearbeitungsstation): Entwicklung und Test eines umfangreicheren SPS-Programms mit logiccloud
4. Aufgabe 46 (Beleuchtungssteuerung im Edge-Device): Die Beleuchtungssteuerung soll anders als in Aufgabe 1 (Abschnitt 3.2.3) in einem Edge-Device laufen.
5. Aufgabe 47 (Steuerung einer Fußgängerampel im Edge-Device): Die PLCnext-Steuerung arbeitet nur als Router und ist mit dem logiccloud-Steuerungsprogramm im Edge-Device über OPC UA verbunden. Als Technologiemodell werden wie in Aufgabe 19 (Abschnitt 3.10.1) die Bedien- und Anzeigeelemente auf dem Starterkit genutzt.

Anhand der Aufgaben erfolgt entsprechend den neuen Bildungsanforderungen (siehe Abschnitt 5.1.) eine Einführung in das interdisziplinäre und gemeinsame Verständnis von Prozessketten und Schnittstellen, in die digitale Vernetzung virtueller und physischer Systeme sowie in die Nutzung von Web 2.0.

Für jede Aufgabe sind folgende Bearbeitungsschritte vorgesehen:

- **Schritt 1:** Übertragung des SPS-Programms aus Kapitel 3 bzw. Kapitel 5 in ein logiccloud-Projekt
- **Schritt 2:** Anpassung des SPS-Programms in der PLCnext-Steuerung (falls erforderlich)
- **Schritt 3:** Projektierung der Runtime-Instanz in logiccloud
- **Schritt 4:** Projektierung der Ablaufumgebung in logiccloud
- **Schritt 5:** Funktionstest mit angeschlossenem Technologiemodell

Für alle Aufgaben sollte in der logiccloud für die SPS-Programme eine Zykluszeit eingestellt werden, die eine ausreichende Dynamik der Lösungen mit den angeschlossenen Technologiemodellen zwischen 30 ... 50 ms gewährleistet.

Die SPS-Programme für Aufgabe 43 bis Aufgabe 45 laufen in der Cloud und sind mit den Technologiemodellen über MQTT verbunden. Aufgabe 46 und Aufgabe 47 nutzen für den Ablauf der Steuerungsprogramme einen logiccloud-Container in einem Windows-PC. Die Technologiemodelle sind dabei über MQTT bzw. über OPC UA angeschlossen.

6.4.2.1 Aufgabe 43: Beleuchtungssteuerung mit Schalter

Aufgabe 43 basiert auf Aufgabe 38 in Abschnitt 5.5.2.1 und nutzt für den Funktionstest das Technologiemodell *Einfaches E/A-Peripherie-Board* (siehe Tabelle 5.5 in Abschnitt 5.4.3). Sie lernen mit dieser Aufgabe die grundlegende Arbeit mit logiccloud kennen.

Schritt 1: Übertragung des SPS-Programms aus Abschnitt 5.5.2.1 in ein logiccloud-Projekt

Zuerst werden Tabelle 6.5 und Tabelle 6.6 für die Eingangs- und Ausgangszuordnungen der Prozessdaten für logiccloud aufgestellt.

Tabelle 6.5 Eingangszuordnung der Prozessdaten

BMK	Prozessdatum im Technologiemodell	Variablenname (Access variable)	Beschreibung
S1	DI0	`switch_1_bool`	betätigt: S1 = 1
S2	DI1	`switch_2_bool`	betätigt: S2 = 1
S3	DI2	`switch_3_bool`	betätigt: S3 = 0 (Öffner)

Ausgangszuordnung der Prozessdaten

H1	DO0	`led_1_bool`	LED leuchtet: H1 = 1
H2	DO2	`led_2_bool`	LED leuchtet: H2 = 1
H3	DO4	`led_3_bool`	LED leuchtet: H3 = 1

Interne Programmvariablen (Merker) werden nicht benötigt. Das KOP-Programm aus Abschnitt 5.5.2.1 muss in ein ST-Programm für die logiccloud umgestellt werden. Außerdem ist zu berücksichtigen, dass im Gegensatz zum PLCnext-Programm alle E/A-Variablen textuell im ST-Programm entsprechend IEC 61131-3 deklariert werden müssen. Nach Erstellung eines neuen Projekts im logiccloud-Portal kann in der Projektansicht in der Program Organization Unit (POU) `my_program` das ST-Programm erstellt werden. Damit ergibt sich der in Listing 6.1 dargestellte ST-Code für die logiccloud.

Listing 6.1 ST-Code in logiccloud

```
PROGRAM my_program

VAR_INPUT
    switch_1_bool:   BOOL;
    switch_2_bool:   BOOL;
    switch_3_bool:   BOOL;
END_VAR

VAR_OUTPUT
    led_1_bool:   BOOL := FALSE;
    led_2_bool:   BOOL := FALSE;
    led_3_bool:   BOOL := FALSE;
END_VAR

led_1_bool := switch_1_bool;
led_2_bool := switch_2_bool;
led_3_bool := NOT switch_3_bool;

END_PROGRAM
```

Die Konfiguration (Configurations) sollte wie folgt eingestellt werden:

- **Name der Konfiguration:** my_config
- **Name der Anwendung (app):** my_app
- **Prozessortyp in der App:** Nano
- **Name des Rechenprozesseses (task):** my_task
- **Name der Konfiguration in der App:** my_program_conf
- **Single:** bleibt frei
- **Interval (Zykluszeit in ms):** 50
- **Priority:** 1

Im Tab *Access variables* müssen alle E/A-Variablen mit ihrem Pfad eingetragen werden. Der Pfad bestimmt sich dabei wie folgt:

- Path: <App-Name>.<Konfigurationsname in der App>.<Name der Variablen>
- Beispiel: my_app.my_program_config.switch_1_bool

Unvollständig oder falsch eingetragene Zugriffsvariablen (Access Variables) werden beim Speichern des Projekts nicht mit übernommen. Nur wenn die Zugriffsvariablen vollständig und korrekt ausgefüllt sind, werden diese im Projekt auch gespeichert.

Nach Eintragung aller Zugriffsvariablen kann das SPS-Programm in der Projektansicht kompiliert werden. Während der Kompilierung werden Fehlermeldungen kurzzeitig angezeigt. Nach dem Kompilierungsprozess sind eventuelle Fehler im Log-Fenster sichtbar.

Schritt 2: Anpassung des SPS-Programms in der PLCnext-Steuerung

Schritt 2 ist für die Aufgabe nicht erforderlich, da die PLCnext-Steuerung nicht benötigt wird.

Schritt 3: Projektierung der Runtime-Instanz in logiccloud

Nach Wechseln in die *Runtimes*-Ansicht kann eine neue Runtime-Instanz mit folgenden Parametern erzeugt werden:

- **Name:** Task43
- **Platforms:** Cloud
- **Configuration name:** my_config
- **Resource name:** my_app

In dieser Runtime-Instanz wird nun die E/A-Konfiguration festgelegt. Als Protokollschnittstelle zu den Automatisierungsgeräten wird MQTT (*Add Custom MQTT connection*) mit folgendem MQTT-Broker und einer unverschlüsselten und nicht autorisierten Verbindung ausgewählt:

- **Connection name:** flexiot_broker
- **Host name:** broker.flexiot.de
- **Port:** 1883
- **Protocol:** mqtt

Nach Aufruf der Connection *flexiot_broker* kann der Verbindungsstatus überprüft werden. Im nächsten Schritt muss die Art und Weise der MQTT-Übertragung im *Payload* (Nutzlast) festgelegt werden. Dazu wird in *flexiot_broker* zuerst mit *Add payload* ein neues *Payload*-Element *raw_value* generiert. Da alle Technologiemodelle als *Payload* nur mit dem übertragenen Prozessdatenwerten arbeiten, können im *Payload*-Tab die voreingestellten Werte für das Read-/Write-Format belassen werden. Nach Erstellung des *Payload*-Elements kann im Element *raw_value Mappings* aufgerufen werden. In diesem Tab erfolgt die Festlegung der Zuordnungen für die Aufgabe zwischen den Zugriffsvariablen (E/A-Variablen) und den MQTT-Topics.

SPS-Steuerung und Modell müssen die gleichen Topics für den MQTT-Broker verwenden. Für das Modell *Einfaches E/A-Peripherie-Board* (Modell 1) gelten folgende Topics:
`<Root Topic>/model1/<E/A-Bezeichnung>`

Das Root Topic kann durch den Nutzer frei festgelegt werden. Die E/A-Bezeichnungen sind für das Modell fest vorgegeben. Tabelle 6.7 beinhaltet die Zuordnung der Prozessdaten zu den Topics.

Tabelle 6.7 Zuordnung der Prozessvariablen zu den MQTT-Topics für die Aufgabe

Prozessvariable	MQTT-Topic
switch_1_bool	<Root Topic>/model1/DOUT0
switch_2_bool	<Root Topic>/model1/DOUT1
switch_3_bool	<Root Topic>/model1/DOUT2
led_1_bool	<Root Topic>/model1/DIN0
led_2_bool	<Root Topic>/model1/DIN2
led_3_bool	<Root Topic>/model1/DIN4

Sollen mehrere Nutzer gleichzeitig dasselbe Technologiemodell nutzen wollen, muss jeder Nutzer ein anderes Root Topic verwenden. Das Root Topic für das Technologiemodell kann über die jeweilige Webseite des Modells (*http://www.flexiot.de/models*) eingestellt werden (Bild 5.19).

Die Zuordnungen gemäß Tabelle 6.7 müssen nun in die Liste im Tab *raw_value Mappings* eingetragen werden. Bild 6.20 zeigt die fertig parametrierte Runtime-Instanz im logiccloud-Portal.

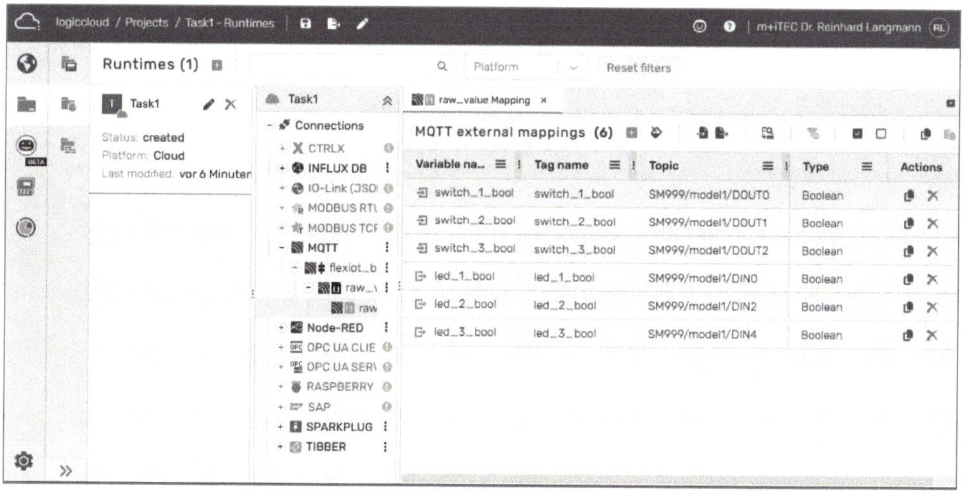

Bild 6.20 Runtime-Instanz mit E/A-Konfiguration für die Aufgabe

Schritt 4: Projektierung der Ablaufumgebung in logiccloud

Nach Wechseln in die Ansicht *Devices* kann eine neue Ablaufumgebung (Device) mit folgender Konfiguration erzeugt werden:

- **Device name:** Task43
- **Device vendor:** logiccloud
- **Device type:** vPLC Cloud Development

Die korrekte Erzeugung des neuen Device wird in der Kopfzeile des Tabs mit *Connected* angezeigt. Dem neuen Device kann nun eine Runtime-Instanz zugeordnet werden. Dies muss dann noch installiert (*Install*) und gestartet (*Start*) werden.

Schritt 5: Funktionstest mit angeschlossenem Technologiemodell

Für den Funktionstest sollte zuerst das Technologiemodell über die Webseite *http://www.flexiot.de/models* aufgerufen werden. Danach erfolgt die Eingabe der folgenden Parameter, um das Modell mit dem MQTT-Broker zu verbinden:

- **MQTT broker URL:** broker.flexiot.de
- **MQTT broker port:** 9002
- **MQTT root topic:** das individuell gewählte Root Topic

Mit dem CONNECT-Button werden die Parameter übernommen und die Verbindung zum Broker hergestellt (siehe Bild 5.19).

Grundsätzlich sollte das SPS-Programm wegen der Synchronisierung erst nach der Initialisierung des Technologiemodells gestartet werden. Auch bei einer realen Anlage wird zuerst die Anlage mit der SPS verschaltet und danach die Steuerung gestartet.

Die vollständige programmtechnische Lösung für die Aufgabe ist unter *plus.hanser-fachbuch.de* im Unterverzeichnis *Task43* von Kapitel 6 mit den folgenden vier Dateien gespeichert:

- `Task43_project.json` (Projektdatei)
- `Task43_mqtt_external_connection.json` (E/A-Konfiguration)
- `Task43_access_variables.xlsx` (Zuordnungsliste)
- `Task43_MQTT_mappings.csv` (Zuordnungsliste)

6.4.2.2 Aufgabe 44: Steuerung eines Drehstrommotors

Aufgabe 44 basiert auf Aufgabe 39 in Abschnitt 5.5.2.2 – mit folgenden Änderungen:

- Auf der PLCnext-Steuerung sollen aus Sicherheitsgründen nur die Programmteile verbleiben, die die Verriegelung der beiden Drehrichtungen K1/K2 des Motors sowie die Überlastsicherung F2 betreffen.

- Die Simulation der Überlastsicherung erfolgt weiterhin mit einem Kippschalter auf dem Starterkit.
- Die Kernfunktionalität der Steuerung (Einschalten in Rechtslauf und Stopp mit Linkslauf) soll mit einem logiccloud-Programm erfolgen.
- Das Technologiemodell *Drehstrommotor* dient zur Visualisierung des Drehstrommotors und beinhaltet die beiden Bedientaster für Rechts- und Linkslauf S1 und S2.

Die Aufgabe soll Ihnen erste Erfahrungen vermitteln, wie sich die Vorteile einer cloudbasierten Steuerung – etwa Flexibilität und Erweiterbarkeit – gezielt nutzen lassen, ohne dabei durch den Verbleib kritischer Funktionen vor Ort die Maschinensicherheit zu gefährden.

Schritt 1: Übertragung des SPS-Programms aus Abschnitt 5.5.2.2 in ein logiccloud-Projekt

Aus dem KOP-Programm nach Bild 5.22 sind die Kernfunktionsteile zu extrahieren und als ST-Code für die logiccloud aufzubereiten. Es gibt zwei Kernfunktionen:

- Einschalten des Rechtslaufs mit S1 und Selbsthaltung
- Einschalten des Linkslaufs mit S2 und gleichzeitiger Stopp des Rechtslaufs

Tabelle 6.8 und Tabelle 6.9 beinhalten die dem logiccloud-Programm zugeordneten Prozessvariablen.

Tabelle 6.8 Eingangszuordnung der Prozessdaten

BMK	Prozessdatum im Technologiemodell	Variablenname (Access variable)	Beschreibung
S1	DI0	`button_start_right_bool`	betätigt: S1 = 1
S2	DI1	`button_start_left_bool`	betätigt: S2 = 1

Tabelle 6.9 Ausgangszuordnung der Prozessdaten

BMK	Prozessdatum im Technologiemodell	Variablenname (Access variable)	Beschreibung
K1	Diese Prozessdaten sind nicht mit dem Technologiemodell verbunden, sondern nur mit der PLCnext-Steuerung.	`motor_right_bool`	Bewegung nach rechts: K1 = 1
K2		`motor_left_bool`	Bewegung bremst durch Linkslauf ab: K2 = 1

Nach Erstellung eines neuen Projekts *Task44* im logiccloud-Portal ergibt sich mit den Prozessvariablen nach Tabelle 6.8 und Tabelle 6.9 das in Listing 6.2 dargestellte ST-Programm in logiccloud.

Listing 6.2 ST-Programm in logiccloud

```
PROGRAM my_program

VAR_INPUT
    button_start_right_bool: BOOL;
    button_start_left_bool: BOOL;
END_VAR

VAR_OUTPUT
    motor_right_bool: BOOL;
    motor_left_bool: BOOL;
END_VAR

RS1(S := button_start_right_bool, R1 := button_start_left_bool, Q1 => motor_right_
bool);
motor_left_bool := button_start_left_bool;

END_PROGRAM
```

Die Programmkonfiguration kann wie für Aufgabe 43 erfolgen. Nach Eintragung der Zugriffsvariablen (Access Variables) und korrekter Kompilation kann in Schritt 3 die Runtime-Instanz erstellt werden.

Schritt 2: Anpassung des SPS-Programms in der PLCnext-Steuerung

Da für die Aufgabe die PLCnext-Steuerung benötigt wird, muss das PLCnext-Projekt angepasst werden. Als Ausgangsprojekt kann die Lösung `Task44_dt.pcwex` aus Abschnitt 5.5.2.2 genutzt werden. Zuerst werden die Prozessdatenzuordnungen gemäß Tabelle 6.10 und Tabelle 6.11 angepasst.

Tabelle 6.10 Eingangszuordnung der Prozessdaten

BMK	Schalternr. (–A2)	Variablenname	Beschreibung
F2	1	`overcurrent_bool`	betätigt: F2 = 0 (Öffner)
	–	`motor_right_bool`	Prozessdaten von logiccloud zum Rechtslauf/Linkslauf des Motors
	–	`motor_left_bool`	

Tabelle 6.11 Ausgangszuordnung der Prozessdaten

BMK	LED-Nr. (-A2)	Variablenname	Beschreibung
K1	1	`QX_motor_right`	LED leuchtet: K1 = 1
K2	3	`QX_motor_left`	LED leuchtet: K2 = 1
	Prozessdatum im Technologiemodell		
K1	motorR	`QX_motor_right`	Bewegung nach rechts: K1 = 1
K2	motorL	`QX_motor_left`	Bewegung bremst durch Linkslauf ab: K2 = 1

In der PLCnext-Steuerung sollen nur die Sicherheitsfunktionen für das Steuerprogramm verbleiben. Dazu gehören die Verriegelung der beiden Drehrichtungen sowie die Überlastsicherung. Das SPS-Programm dazu wird in der PLCnext-Steuerung als FBS-Programm erstellt. Das Code-Sheet für das KOP-Programm aus Abschnitt 5.2.2.2 kann deshalb durch ein FBS-Code-Sheet in der POE `Main` ersetzt werden. Bild 6.21 zeigt das entsprechende FBS-Programm.

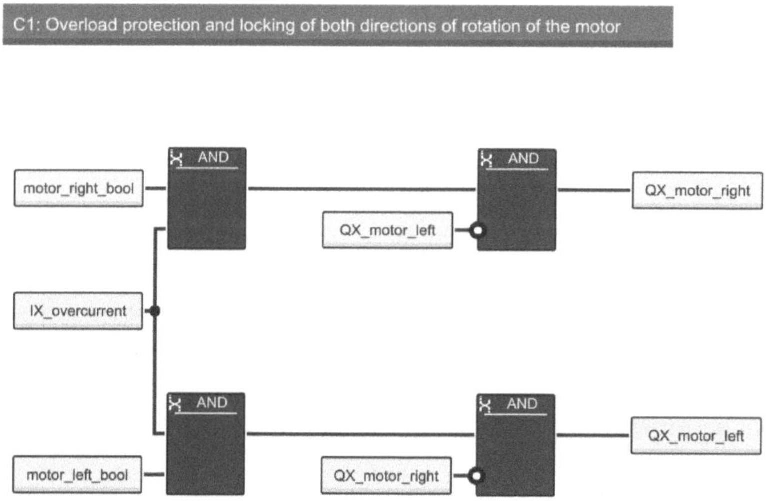

Bild 6.21 FBS-Programm in der PLCnext-Steuerung für die Sicherheitsfunktionen

In der POE `MQTT` müssen die bisherigen empfangenen Prozessdaten entsprechend Tabelle 6.12 angepasst werden.

Tabelle 6.12 Zuordnung der Prozessvariablen zu den MQTT-Topics in der PLCnext-Steuerung

Prozessvariable	MQTT-Topic	Bemerkungen
`motor_start_right_bool`	`<Root Topic>/model2/LC_motorR`	Kommunikation mit dem logiccloud-Steuerungsprogramm
`motor_start_right_bool`	`<Root Topic>/model2/LC_motorL`	
`QX_motor_right`	`<Root Topic>/model2/motorR`	Kommunikation mit dem Technologiemodell
`QX_motor_left`	`<Root Topic>/model1/motorL`	

Für den FB `MQTT_PubSub` wird wie in Abschnitt 5.5.2.2 (Schritt 2) der öffentliche MQTT-Broker von HiveMQ mit einer nicht autorisierten und unverschlüsselten Verbindung eingesetzt. Damit ergibt sich das in Bild 6.22 dargestellte FBS-Programm für den MQTT-Programmteil.

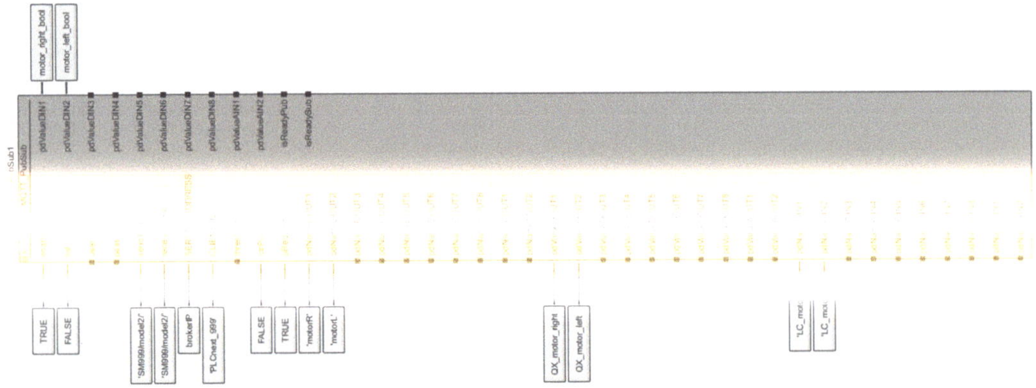

Bild 6.22 FBS-Programm für den MQTT-Programmteil (POE `MQTT`)

Das PLCnext-Programm kann nun bereits mit einem MQTT-Client getestet werden.

Die programmtechnische Lösung für den PLCnext-Teil der Aufgabe ist unter *plus.hanser-fachbuch.de* im Unterverzeichnis *Task44* von Kapitel 6 als PLCnext-Projekt `Task44_lc.pcwex` gespeichert.

Schritt 3: Projektierung der Runtime-Instanz in logiccloud

Nach Fertigstellung des PLCnext-Programms wird eine Runtime-Instanz für das SPS-Programm im logiccloud-Portal äquivalent zu Schritt 3 bei Aufgabe 43 erzeugt.

Als Protokollschnittstelle zu den Automatisierungsgeräten wird MQTT mit folgendem MQTT-Broker und einer unverschlüsselten und nicht autorisierten Verbindung ausgewählt:

- **Connection name:** hivemq_broker
- **Host name:** broker.hivemq.com
- **Port:** 1883
- **Protocol:** mqtt

HiveMQ ändert von Zeit zu Zeit (im Abstand von einigen Tagen) die IP-Adresse für die URL, d. h., die Konfigurierung der `MQTT_PubSub`-Instanz im SPS-Programm muss dann auch jeweils angepasst werden.

Die E/A-Konfiguration entspricht im Tab *MQTT external mapping* den in Tabelle 6.13 dargestellten Einstellungen.

Tabelle 6.13 Zuordnung der Prozessvariablen zu den MQTT-Topics in logiccloud

Prozessvariable	MQTT-Topic	Bemerkungen
`button_start_right_bool`	`<Root Topic>/model2/S1`	Kommunikation mit dem Technologiemodell
`button_start_right_bool`	`<Root Topic>/model2/S2`	
`motor_right_bool`	`<Root Topic>/model2/LC_motorR`	Kommunikation mit dem PLCnext-Programm
`motor_left_bool`	`<Root Topic>/model2/LC_motorL`	

Schritt 4: Projektierung der Ablaufumgebung in logiccloud

Die Erzeugung einer neuen Ablaufumgebung erfolgt wie für Aufgabe 43 beschrieben. Nach Fertigstellung kann die Runtime-Instanz im Device installiert und gestartet werden.

Schritt 5: Funktionstest mit angeschlossenem Technologiemodell

Für den Funktionstest sollte zuerst das Technologiemodell über die Webseite *http://www.flexiot.de/models* aufgerufen werden. Danach erfolgt die Eingabe der folgenden Parameter, um das Modell mit dem MQTT-Broker zu verbinden:

- **MQTT broker URL:** broker.hivemq.de
- **MQTT broker port:** 8000
- **MQTT root topic:** das individuell gewählte Root Topic

Mit dem CONNECT-Button werden die Parameter übernommen und die Verbindung zum Broker hergestellt (siehe Bild 5.23).

Grundsätzlich sollte das SPS-Programm wegen der Synchronisierung erst nach der Initialisierung des Technologiemodells gestartet werden. Auch bei einer realen Anlage wird zuerst die Anlage mit der SPS verschaltet und danach die Steuerung gestartet.

Die programmtechnische Lösung für den logiccloud-Teil der Aufgabe ist unter *plus.hanser-fachbuch.de* im Unterverzeichnis *Task44* von Kapitel 6 mit den folgenden vier Dateien gespeichert:

- `Task_44_project.json` (Projektdatei)
- `Task44_mqtt_external_connection.json` (Verbindungsdatei)
- `Task_44_access_variables.xlsx` (Zuordnungsliste)
- `task_44_MQTT_mappings.csv` (Zuordnungsliste)

6.4.2.3 Aufgabe 45: Steuerung einer Bearbeitungsstation

Aufgabe 45 basiert auf Aufgabe 42 in Abschnitt 5.5.2.5. Das SPS-Programm soll nun aber in einer logiccloud-Steuerung laufen. Bei dieser Aufgabe arbeiten Sie mit einem etwas umfangreicheren SPS-Programm (> 100 Zeilen ST-Code) in logiccloud.

Die Lösung wird vollständig in logiccloud realisiert. Die PLCnext-Steuerung wird dazu nicht benötigt. Zum Funktionstest soll das Technologiemodell *Bearbeitungsstation* (siehe Tabelle 5.5 in Abschnitt 5.4.3) über MQTT an das logiccloud-Programm angeschlossen werden.

Schritt 1: Übertragung des SPS-Programms aus Abschnitt 5.5.2.5 in ein logiccloud-Projekt

Nach Erstellung des Projekts *Task45* in logiccloud kann das SPS-Programm aus der POE `Main` des PLCnext-Projekts `task_42_dt.pcwex` direkt nach logiccloud übertragen werden. Es muss aber darauf geachtet werden, dass die analogen Ausgabewerte (Sollposition und Sollgeschwindigkeit) nun vom Datentyp `INT` sein müssen. `WORD` war nur wegen des FB `MQTT_PubSub` in der Lösung von Abschnitt 5.5.2.5 erforderlich.

Listing 6.3 zeigt das ST-Programm für die logiccloud.

Listing 6.3 ST-Quellcode in logiccloud für die Bearbeitungsstation

```
PROGRAM my_program

VAR_INPUT
    part_available_bool :   BOOL;
    part_under_tester_bool  :   BOOL;
    part_under_drill_bool   :   BOOL;
    drill_is_down_bool  :   BOOL;
    drill_is_up_bool    :   BOOL;
    position_real       :   REAL;
END_VAR
```

```
VAR_OUTPUT
    drill_on_bool   :   BOOL;
    drill_down_bool :   BOOL;
    drill_up_bool   :   BOOL;
    fixer_on_bool   :   BOOL;
    flipper_on_bool :   BOOL;
    tester_down_bool:   BOOL;
    to_position_int    :   INT;
    speed_int          :   INT;
END_VAR

VAR
    drill_time  :   TIME := T#1000ms;
    tester_time :   TIME := T#1000ms;
    fixer_time  :   TIME := T#500ms;
    flipper_time    :   TIME := T#800ms;
    count_int   :   INT:= 0;
    init_bool   :   BOOL:=  FALSE;
    t1  :   TON;
END_VAR

//Initialization of the model with the first run of the PLC program
IF init_bool=FALSE THEN
    to_position_int := 0;
    tester_down_bool := FALSE;
    fixer_on_bool := FALSE ;
    drill_down_bool := FALSE;
    drill_up_bool := TRUE;
    flipper_on_bool := FALSE;
    init_bool := TRUE;
END_IF;

//Sequence program for processing
IF count_int=0 AND part_available_bool THEN
    count_int := 1;
    t1(IN := FALSE);
END_IF;

IF count_int=1 AND part_under_tester_bool THEN
    count_int := 2;
END_IF;

IF count_int=2 AND t1.Q THEN
    t1(IN := FALSE);
    count_int := 3;
END_IF;

IF count_int=3 AND t1.Q THEN
    count_int := 4;
    t1(IN := FALSE);
END_IF;

IF count_int=4 AND part_under_drill_bool AND drill_is_up_bool THEN
    count_int := 5;
END_IF;
```

```
IF count_int=5 AND t1.Q THEN
    t1(IN := FALSE);
    count_int := 6;
END_IF;

IF count_int=6 AND drill_is_down_bool THEN
    count_int := 7;
END_IF;

IF count_int=7 AND t1.Q THEN
    t1(IN := FALSE);
    count_int := 8;
END_IF;

IF count_int=8 AND t1.Q THEN
    count_int := 9;
    t1(IN := FALSE);
END_IF;

IF count_int=9 AND position_real = 5.1 THEN
    count_int := 10;
END_IF;

IF count_int=10 AND t1.Q THEN
    count_int := 11;
    t1(IN := FALSE);
END_IF;

CASE count_int OF
    1: speed_int := 1000; to_position_int := 170;
    2: tester_down_bool := TRUE;  t1(IN := TRUE,PT := tester_time);
    3: tester_down_bool := FALSE; t1(IN := TRUE,PT := tester_time);
    4: speed_int := 1000; to_position_int := 340;
    5: fixer_on_bool := TRUE ; drill_on_bool := TRUE; t1(IN := TRUE,PT := fixer_
time);
    6: drill_down_bool := TRUE; drill_up_bool := FALSE;
    7: fixer_on_bool := TRUE ; drill_on_bool := TRUE ; drill_up_bool := TRUE ;
drill_down_bool := FALSE; t1(IN := TRUE,PT := drill_time);
    8: fixer_on_bool := FALSE ; drill_on_bool := FALSE; t1(IN := TRUE,PT := fixer_
time);
    9: speed_int := 1000; to_position_int := 510;
   10: flipper_on_bool := TRUE;t1(IN := TRUE,PT := flipper_time);
   11: flipper_on_bool := FALSE; speed_int := 1100; to_position_int := 0; count_
int:=0;
END_CASE;

END_PROGRAM
```

Schritt 2: Anpassung des SPS-Programms in der PLCnext-Steuerung

Schritt 2 ist für die Aufgabe nicht erforderlich, da die PLCnext-Steuerung nicht benötigt wird.

Schritt 3: Projektierung der Runtime-Instanz in logiccloud

Das Technologiemodell soll mit einer verschlüsselten und autorisierten Verbindung an den öffentlichen MQTT-Broker von FlexIOT angeschlossen werden. Dabei gelten folgende Verbindungsparameter:

- **URL:** broker.flexiot.de
- **Protokoll:** mqtts
- **Port:** 8883
- **user:** plcnextes_2023
- **pass:** !flexiot_2023

Für die Projektierung der Zuordnungen der Prozessvariablen zu den MQTT-Topics im Tab *MQTT external mappings* kann direkt Tabelle 5.29 unter Berücksichtigung der Änderung des Datentyps für die analogen Signale übernommen werden.

Schritt 4: Projektierung der Ablaufumgebung in logiccloud

Die Erzeugung einer neuen Ablaufumgebung erfolgt wie für Aufgabe 43 beschrieben. Nach Fertigstellung kann die Runtime-Instanz im Device installiert und gestartet werden.

Schritt 5: Funktionstest mit angeschlossenem Technologiemodell

Für den Funktionstest sollte zuerst das Technologiemodell über die Webseite *http://www.flexiot.de/models* aufgerufen werden. Danach erfolgt die Eingabe der folgenden Parameter, um das Modell mit dem MQTT-Broker zu verbinden:

- **MQTT broker URL:** broker.flexiot.de
- **MQTT broker port:** 9002
- **MQTT root topic:** das individuell gewählte Root Topic

Mit dem CONNECT-Button werden die Parameter übernommen und die Verbindung zum Broker hergestellt (siehe Bild 5.34).

Grundsätzlich sollte das SPS-Programm wegen der Synchronisierung erst nach der Initialisierung des Technologiemodells gestartet werden. Auch bei einer realen Anlage wird zuerst die Anlage mit der SPS verschaltet und danach die Steuerung gestartet.

Die vollständige programmtechnische Lösung für die Aufgabe ist unter *plus.hanser-fachbuch.de* im Unterverzeichnis *Task45* von Kapitel 6 mit den folgenden vier Dateien gespeichert:

- Task45_project.json (Projektdatei)
- Task45_mqtt_external_connection.json (E/A-Konfiguration)
- Task45_access_variables.xlsx (Zuordnungsliste)
- Task45_MQTT_mappings.csv (Zuordnungsliste)

6.4.2.4 Aufgabe 46: Beleuchtungssteuerung im Edge-Device

Aufgabe 46 nutzt die Lösung aus Aufgabe 43 (Abschnitt 6.4.2.1), verwendet aber als Ablaufumgebung nicht die Cloud, sondern ein Edge-Device, wie in Bild 6.14 dargestellt. Als Edge-Device soll ein PC mit Windows 10/11 dienen. Der Funktionstest kann wie für Aufgabe 43 wieder mit dem Technologiemodell *Einfaches E/A-Peripherie-Board* (siehe Tabelle 5.5 in Abschnitt 5.4.3) durchgeführt werden. Sie lernen mit dieser Aufgabe die Nutzung von logiccloud-Steuerungen auf beliebigen Edge-Knoten kennen.

Schritt 1: Übertragung des SPS-Programms aus Abschnitt 6.4.2.1 in ein logiccloud-Edge-Projekt

Es wird das SPS-Programm aus Aufgabe 43 genutzt, nur mit einer anderen Ablaufumgebung. Dazu wird zuerst das logiccloud-Projekt aus Aufgabe 43 (Task43_project.json) als neues Projekt Task46 in die IDE importiert. Im neuen Projekt muss nur der Parameter *Platforms* auf die neue Ablaufumgebung Windows umgestellt werden: Edge x86_64-bit

Danach kann das SPS-Programm kompiliert werden.

Schritt 2: Anpassung des SPS-Programms in der PLCnext-Steuerung

Schritt 2 ist nicht erforderlich, da die PLCnext-Steuerung nicht verwendet wird.

Schritt 3: Projektierung der Runtime-Instanz in logiccloud

Es wird eine neue Runtime-Instanz mit dem neu kompilierten Programm erstellt. Die MQTT-Verbindung einschließlich *MQTT external mappings* wird mit der Datei Task43_mqtt_external_connections.json aus Aufgabe 43 importiert.

Schritt 4: Projektierung der Ablaufumgebung in logiccloud

Das logiccloud-Steuerungsprogramm soll nun in einem logiccloud-Container auf einem Windows-PC laufen. Dazu muss zuerst eine Container-Engine gemäß Bild 6.8 auf dem PC installiert werden. Als Container-Engine wird ein Docker-Desktop genutzt. Die erforderliche Software dazu kann kostenfrei unter *https://www.docker.com/products/docker-desktop* heruntergeladen werden.

Nach korrekter Installation von Docker und Start des Docker-Desktops kann über das folgende Kommando (im Docker-Terminal oder in der Windows PowerShell) ein logiccloud-Container in Docker erstellt werden:

```
docker run -d -p 8080:8080 -v logiccloud-storage:/app/storage --mount
type=tmpfs,destination=/app/logs,tmpfs-size=30000000 --name logiccloud-control
--restart unless-stopped --add-host=host.docker.internal:host-gateway logiccloud/
logiccloud-control:4.10.2
```

Nach Erstellung des logiccloud-Containers findet sich dieser im Docker-Desktop und kann dort gestartet werden (Bild 6.23).

Nach Start des logiccloud-Containers kann man sich bereits mit dem Webbrowser in die lokale Admin-Seite des logiccloud-Containers einloggen:

```
<IP-Adresse des PC>:8080
```

Die Admin-Seite ist in Bild 6.24 dargestellt.

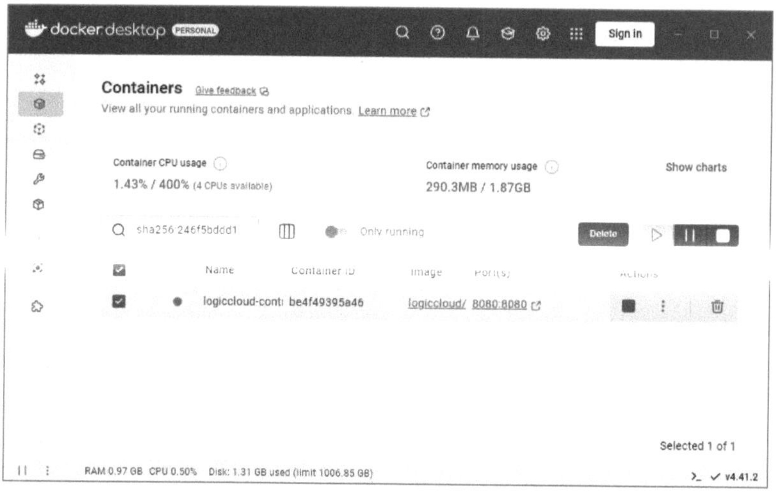

Bild 6.23 Docker-Desktop unter Windows 10 mit gestartetem logiccloud-Container

Standardmäßig ist die Admin-Seite über *localhost* erreichbar. Will man die öffentliche IP-Adresse des PC für einen Zugriff auf den logiccloud-Container verwenden, muss in den Netzwerkeinstellungen des Host-Systems sichergestellt sein, dass der Port 8080 nicht blockiert ist.

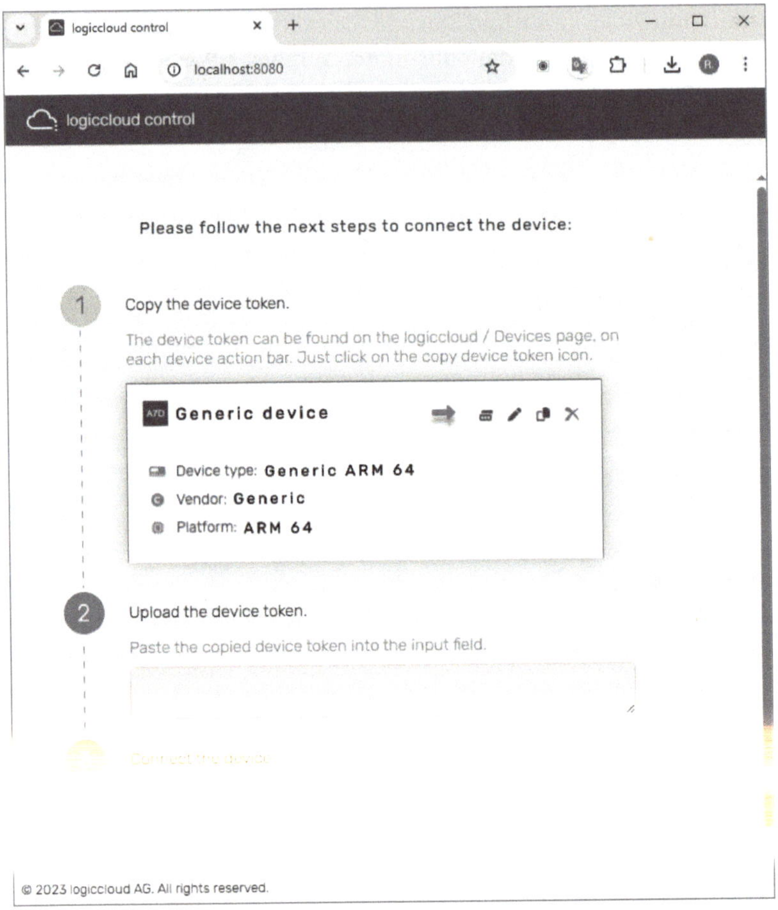

Bild 6.24 Admin-Seite für den logiccloud-Container im Webbrowser

Als nächsten Schritt erstellt man im logiccloud-Portal mit *Create device* eine neue Ablaufumgebung in der Device-Ansicht. Als *Device vendor* wird jetzt, wie in Bild 6.25 dargestellt, Microsoft ausgewählt.

Nach Erstellung des neuen Device *Task46* sollte im Menü *Edit device* ein Remote Channel aktiviert werden, damit auch im logiccloud-Portal die Verwaltung des Edge-Device möglich ist.

Jetzt muss noch eine Verbindung (Pairing) zwischen dem logiccloud-Portal und dem Edge-Device hergestellt werden. Dazu kopiert man den *Device Token* aus dem Tab *Task46* im logiccloud-Portal (Punktesymbol in der Menüleiste) und trägt ihn in der lokalen Admin-Seite des Edge-Device ein (siehe Bild 6.24: *Upload the device token*). Danach sind Portal und Edge-Device verbunden, und man kann die Runtime-Instanz installieren (entweder über das Portal oder die lokale Admin-Seite).

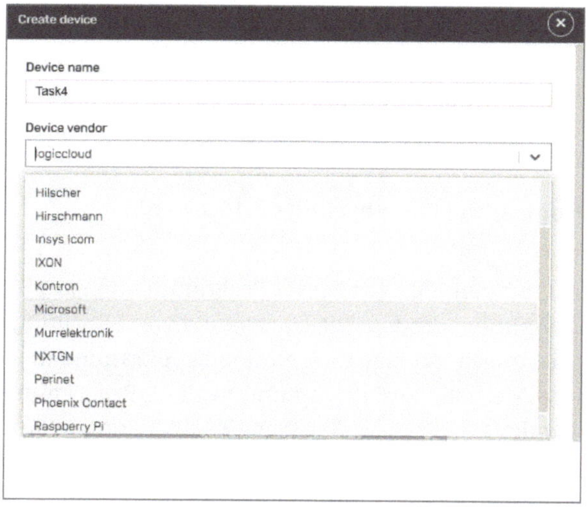

Bild 6.25 Erzeugung eines neuen Edge-Device *Task46* im logiccloud-Portal

Schritt 5: Funktionstest mit angeschlossenem Technologiemodell

Für den Funktionstest wird das Technologiemodell 1 über die Webseite *http://www.flexiot.de/models* aufgerufen und wie in Aufgabe 43 beschrieben mit dem logiccloud-Steuerungsprogramm im Edge-Device verbunden.

Die vollständige programmtechnische Lösung für die Aufgabe ist unter *plus.hanser-fachbuch.de* im Unterverzeichnis *Task46* von Kapitel 6 mit den folgenden vier Dateien gespeichert:

- `Task46_project.json` (Projektdatei)
- `Task46_mqtt_external_connection.json` (E/A-Konfiguration)
- `Task46_access_variables.xlsx` (Zuordnungsliste)
- `Task46_MQTT_mappings.csv` (Zuordnungsliste)

Mit der beschriebenen Methodik können auch die Lösungen für Aufgabe 44 und Aufgabe 45 in ein beliebiges durch logiccloud unterstütztes Edge- bzw. Fog-Device portiert werden.

6.4.2.5 Aufgabe 47: Steuerung einer Fußgängerampel im Edge-Device

Aufgabe 47 basiert auf Aufgabe 19 in Abschnitt 3.10.1. Das SPS-Programm soll nun aber in einer logiccloud-Steuerung auf einem Edge-Device laufen. Dazu sollen alle E/A-Signale über OPC UA an die logiccloud angeschlossen werden. Die PLCnext-Steuerung fungiert für die Sensoren (Anforderungstaster) und Aktoren (Fußgänger und Verkehrsampeln) nur noch als Gateway. Als Technologiemodell für die Fußgängerampel werden, wie in Aufgabe 19, die Bedien- und Anzeigeelemente auf dem Starterkit verwendet.

Die Aufgabe dient zur Einführung in den Anschluss physischer Sensoren/Aktoren/Automatisierungsgeräte per OPC UA an eine logiccloud-Runtime.

Schritt 1: Übertragung des SPS-Programms aus Abschnitt 3.10.1 in ein logiccloud-Projekt

Aus Abschnitt 3.10.1 liegt ein SPS-Programm in FBS vor. Dieses Programm muss auf ST umgestellt und in die logicclod übernommen werden. Die Umstellung von FBS auf ST kann händisch während des Projektierungsprozesses im logiccloud-Programmeditor erfolgen. Eine wesentlich effizientere Methode zur Umsetzung des FBS-Programms nach ST ist jedoch die KI-gestützte Methode: Auf Basis der vier FBS-Grafiken aus Abschnitt 3.10.1 (Bild 3.43 bis Bild 3.46) gelingt es ChatGPT, ein im Wesentlichen korrektes ST-Programm zu erstellen. Dieses Programm muss dann noch hinsichtlich der Variablennamen und der Syntax entsprechend korrigiert werden. Tabelle 6.14 bis Tabelle 6.16 zeigen die für dieses logiccloud-Programm genutzten Variablenzuordnungen.

Tabelle 6.14 Eingangszuordnung der Prozessdaten

BMK	Variablenname	Beschreibung
T1	`button_request_bool`	betätigt: T1 = 1

Tabelle 6.15 Ausgangszuordnung der Prozessdaten

BMK	Variablenname	Beschreibung
A_red	`driver_red_bool`	LED leuchtet: A = rot
A_yellow	`driver_yellow_bool`	LED leuchtet: A = gelb
A_green	`driver_green_bool`	LED leuchtet: A = grün
F_red	`pedestrian_red_bool`	LED leuchtet: F = rot
F_green	`pedestrian_green_bool`	LED leuchtet: F = grün
T3	`bargraph_wait_time_word`	LED-Balkenanzeige, Wartezeit

Tabelle 6.16 Zuordnung der internen Variablen (Merker)

Variablenname	Datentyp	Beschreibung	Startwert
cycle_time	TIME	Zykluszeit (Hochzähler)	
temp_int	DINT	Merker für die verbleibende Zeit	
reset_wait_time_bool	BOOL	Merker zur Beendigung der Zeitausgabe	
multiplier_dint	DINT	Konstante zur Anpassung der Zeitausgabe	DINT#3
F_TRIG_1	F_TRIG	Instanz der fallenden Flankenerkennung	
TP_1	TP	Instanz des Impulsgebers	

Listing 6.4 zeigt den Quellcode des durch ChatGPT generierten und entsprechend korrigierten logiccloud-Programms.

Listing 6.4 ST-Quellcode des logiccloud-Programms

```
PROGRAM my_program

VAR_INPUT
    button_request_bool        : BOOL:= FALSE;;    // Request button
END_VAR

VAR_OUTPUT
    driver_green_bool          : BOOL:= TRUE;     // Traffic light Green
    driver_yellow_bool         : BOOL:= FALSE;    // Traffic light Yellow
    driver_red_bool            : BOOL:= FALSE;    // Traffic light Red
    pedestrian_green_bool      : BOOL:= FALSE;    // Pedestrian crossing light Green
    pedestrian_red_bool        : BOOL:= TRUE;     // Pedestrian crossing light Red
    bargraph_wait_time_word    : WORD:= 0;        // LED bargraph
    cycle_time               : TIME;   // Time since request
END_VAR

VAR
    F_TRIG_1                 : F_TRIG; // Edge detector
    TP_1                     : TP;     // Impulse timer
    reset_wait_time_bool     : BOOL:= FALSE;    // Marker to switch off the bar display
    multiplier_dint          : DINT := 3;       // Skaling factor for the LED bargraph
    temp_dint                : DINT;            //Marker for remaining waiting time
END_VAR

// === C1: Timer for cycle_time (PT = 14 s) ===
F_TRIG_1(CLK := button_request_bool);              // Detect falling edge
TP_1(IN := F_TRIG_1.Q, PT := T#14s);
cycle_time := TP_1.ET;                             // Time since edge in cycle_time

// === C2: Traffic light ===
IF cycle_time <= T#4s THEN
```

```
    driver_green_bool := TRUE;
ELSE
    driver_green_bool := FALSE;
END_IF

IF ((cycle_time >= T#4s) AND (cycle_time <= T#6s)) OR ((cycle_time >= T#11s) AND
(cycle_time <= T#14s)) THEN
    driver_yellow_bool := TRUE;
ELSE
    driver_yellow_bool := FALSE;
END_IF

IF (cycle_time > T#6s) AND (cycle_time <= T#14s) THEN
    driver_red_bool := TRUE;
ELSE
    driver_red_bool := FALSE;
END_IF

// === C3: Pedestrian crossing light ===
pedestrian_green_bool := (cycle_time >= T#7s) AND (cycle_time <= T#11s);
pedestrian_red_bool := NOT pedestrian_green_bool;
reset_wait_time_bool := (cycle_time >= T#14s);

// === C5: Display of the remaining waiting time on LED bar ===
temp_dint := TIME_TO_DINT(cycle_time) * multiplier_dint;

IF reset_wait_time_bool THEN
    bargraph_wait_time_word := 0;
ELSE
    bargraph_wait_time_word := DINT_TO_WORD(temp_dint);
END_IF

END_PROGRAM
```

Das ST-Programm kann in einem neuen Edge-Projekt *Task47* im logiccloud-Portal editiert und kompiliert werden. Die Erstellung eines Edge-Projekts für Windows 10 ist in Abschnitt 6.4.2.4 erläutert.

Schritt 2: Anpassung des SPS-Programms in der PLCnext-Steuerung

Die PLCnext-Steuerung fungiert in dieser Aufgabe nur noch als Router, der die Prozesssignale vom PLCnext-Starterkit für den OPC UA-Server bereitstellt. Das logiccloud-Steuerungsprogramm arbeitet als OPC UA-Client und kann dann auf die Prozesssignale des Starterkits zugreifen.

Für die PLCnext-Steuerung gelten daher die in Abschnitt 3.10.1 aufgeführten Zuordnungen der E/A-Prozessdaten aus Tabelle 3.55 und Tabelle 3.56. Die internen Variablen (lokale Variablen) werden aber nun durch entsprechende Variablen ersetzt, die die E/A-Signale im OPC UA-Server abbilden. Diese Zuordnung ist in Tabelle 6.17 dargestellt.

Tabelle 6.17 Zuordnung der internen Variablen in der PLCnext-Steuerung

Variablenname	Datentyp	Beschreibung
button_request_bool	BOOL	Diese Variablen sind in der PLCnext-Steuerung lokale Variablen, die in PLCnext Engineer in der Liste *Variables* mit OPC gekennzeichnet werden müssen.
driver_red_bool	BOOL	
driver_yellow_bool	BOOL	
driver_green_bool	BOOL	
pedestrian_red_bool	BOOL	
pedestrian_green_bool	BOOL	
bargraph_wait_time_word	WORD	

Das zugehörige PLCnext-Programm (OPC-Routing-Programm) ist in Listing 6.5 als ST-Programm dargestellt.

Listing 6.5 ST-Quellcode für die POE `Main` in der PLCnext-Steuerung

```
button_request_bool :=  IX_button_request;
QX_driver_green     :=  driver_green_bool;
QX_driver_red       :=  driver_red_bool;
QX_driver_yellow    :=  driver_yellow_bool;
QX_pedestrian_green :=  pedestrian_green_bool;
QX_pedestrian_red   :=  pedestrian_red_bool;
QW_bargraph_wait_time   :=  bargraph_wait_time_word;
```

Im Programm werden die E/A-Signale auf die lokalen Variablen (OPC-Variablen) geroutet. Das PLCnext-Programm ist im Projekt `Task47_lc.pcwex` gespeichert.

Das PLCnext-Programm kann mit einem OPC UA-Client – z. B. UaExpert von Unified Automation – getestet werden (Unified Automation GmbH). Dazu wird UaExpert auf dem PC installiert, aufgerufen und mit der PLCnext-Steuerung über folgende URL verbunden:

```
opc.tcp://<IP-Adresse der PLCnext>:4840
```

Bild 6.26 zeigt die Bedienoberfläche von UaExpert mit verbundener PLCnext-Steuerung. Die Werte der OPC-Prozessdaten können im Tab *Data Access View* gelesen und geschrieben werden.

Die Konfigurationsdatei für UaExpert ist unter *plus.hanser-fachbuch.de* im Unterverzeichnis *Task47* von Kapitel 6 in der Datei `Task47_plcnext.uap` gespeichert.

Für Visualisierungszwecke kann die POE `MQTT` aus der Lösung zu Aufgabe 40 in Abschnitt 5.5.2.3 weiterhin genutzt werden. Dabei müssen nur die Verbindungen zum FB `MQTT_PubSub`, die den Anforderungstaster `button_request_bool` betreffen, gelöscht werden, da der Anforderungstaster nun durch den Kippschalter 1 auf dem Starterkit realisiert ist (wie in Abschnitt 3.10.1).

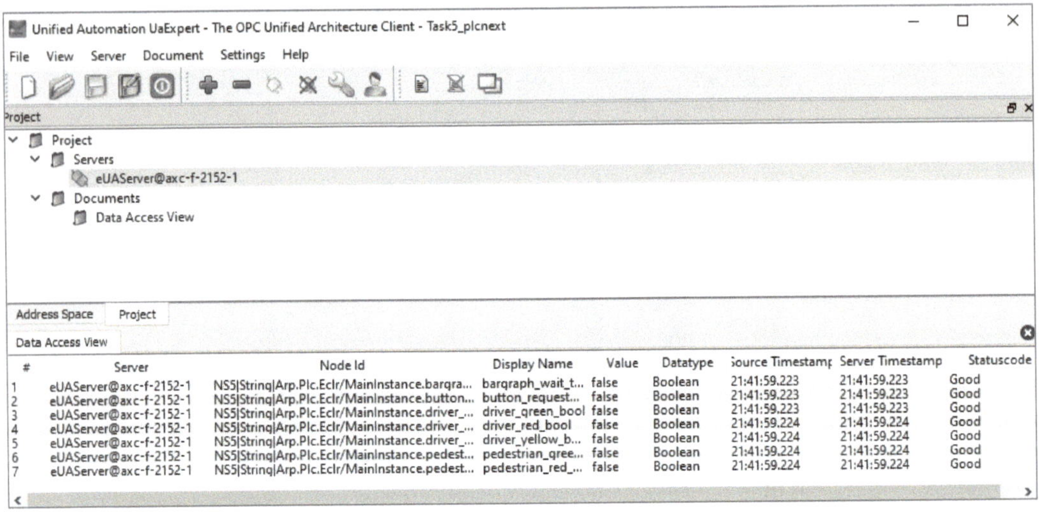

Bild 6.26 UaExpert mit verbundener PLCnext-Steuerung und Anzeige der OPC-Prozessdaten

Schritt 3: Projektierung der Runtime-Instanz in logiccloud

Die Projektierung einer neuen Runtime-Instanz erfolgt, wie für Aufgabe 46 beschrieben, im logiccloud-Portal. Nach Erzeugung der Runtime muss eine OPC Client-Verbindung erstellt werden. Diese wird im Menü *Edit OPC UA Client Connection* wie folgt parametriert:

- **General/Endpoint URL:** opc.tcp://<IP-Adresse der PLCnext>:4840
- **General/Security mode:** None
- **General/Security policy:** None
- **General/Authentification type:** Anonymous
- **General/Write Retry Interval (ms):** 30
- **General/Skip Server Cert Check:** Aktiviert
- **Own certificate/Auto Generate Own Certificate:** Aktiviert

Für alle anderen Parameter können die Standardwerte genutzt werden. Nach Erstellung der Verbindung wird dieser noch eine Subscription (*Add subscription*) mit einem *Publishing intervall* = 30 zugeordnet. Danach können im Tab *OPC-UA Client mappings* die INPUT-/OUTPUT-Programmvariablen den OPC-Nodes zugeordnet werden. Dabei ist folgende Syntax für die Nodes zu beachten: `ns=5;s=Arp.Plc.Eclr/MainInstance.<Name der E/A-Variablen>`, z. B. `ns=5;s=Arp.Plc.Eclr/MainInstance.driver_red_bool`

Der UaExpert verwendet eine vom Standard abweichende Syntax für die OPC UA-Nodes, die von logiccloud nicht verstanden wird.

Bei der Editierung von *OPC-UA Client mappings* muss darauf geachtet werden, dass für Prozessvariablen vom Typ `WORD` z. B. `bargraph_wait_time_word` in der OPC-Datentyp `UInt16` eingetragen wird.

Schritt 4: Projektierung der Ablaufumgebung in logiccloud

Nach Fertigstellung der Liste *OPC-UA Client mappings* kann die Ablaufumgebung wie folgt erzeugt werden:

- Erzeugung eines neuen Edge-Device mit *Device vendor* = Microsoft im Portal (siehe Aufgabe 46)
- Starten des logiccloud-Containers im Docker-Desktop
- Aufruf der lokalen Admin-Seite des logiccloud-Containers
- Verbinden des Device im Portal mit dem logiccloud-Container mittels Pairings (siehe Aufgabe 46)
- Installieren und Starten der Runtime-Instanz im Portal oder im Container

Schritt 5: Funktionstest

Der Funktionstest erfolgt über die Bedien- und Anzeigeelemente auf dem PLCnext-Starterkit (E/A-Feld für Lokalbus-Teil in Bild 3.49). Dabei gelten, wie in Abschnitt 3.10.1. aufgeführt, die dort in Tabelle 3.55 und Tabelle 3.56 aufgelisteten Zuordnungen für Kippschalter, LEDs und der LED-Balkenanzeige.

Zusätzlich kann über die POE `MQTT` im PLCnext-Programm noch das Technologiemodell *Fußgängerampel* über MQTT für Visualisierungszwecke der Verkehrs- und Fußgängerampeln angeschlossen werden.

Die logiccloud-Lösung für die Aufgabe ist unter *plus.hanser-fachbuch.de* im Unterverzeichnis *Task47* von Kapitel 6 mit den folgenden vier Dateien gespeichert:

- `Task47_project.json` (Projektdatei)
- `Task47_mqtt_external_connection.json` (E/A-Konfiguration)
- `Task47_access_variables.xlsx` (Zuordnungsliste)
- `Task47_MQTT_mappings.csv` (Zuordnungsliste)

6.5 Übungsaufgaben

Übung 24

Die Beleuchtungssteuerung mit Tastern nach Aufgabe 5 in Abschnitt 3.3.2 soll in der logiccloud laufen und mit *Einfaches E/A-Peripherie-Board* (Technologiemodell 1) getestet werden. Im Modell stehen vier Drucktasten (DI4...DI7) zur Verfügung, die als Taster arbeiten. Nutzen Sie diese Taster, um die beiden Leuchten H1 und H3 entsprechend Bild 3.14 zu steuern. Entwerfen Sie dazu das logiccloud-Programm in ST, und testen Sie dieses am Technologiemodell.

Übung 25

Die Steuerung eines Drehstrommotors mit logiccloud und PLCnext nach Abschnitt 6.4.2.2 soll hinsichtlich der Maschinensicherheit weiter verbessert werden. Ändern Sie das PLCnext-Programm aus Abschnitt 6.4.2.2 so, dass bei Ausfall der MQTT-Verbindung in jedem Fall ein sicherer Zustand des Motors eingenommen wird (beide Drehrichtungen sind ausgeschaltet).

Übung 26

Die Steuerung des Heizkessels für Aufgabe 20 aus Abschnitt 3.10.2 soll vollständig auf eine logiccloud-Steuerung umgestellt werden. Für den Funktionstest kann das Technologiemodell *Heißkessel Wassersystem* (siehe Tabelle 5.5) angeschlossen werden.

Übung 27

Die Lösung nach Übung 26 arbeitet vollständig in der Cloud, doch auch hier wird die erreichbare Dynamik durch Verzögerungen im Netz begrenzt. Ermitteln Sie für die logiccloud-Lösung äquivalent zu Übung 22 (Abschnitt 5.6) die Round-Trip Time ΔT_{RTT} für die drei in Tabelle 5.31 angegebenen MQTT-Broker. Vergleichen Sie die Ergebnisse mit denen, die Sie für die Lösung von Übung 22 erzielt haben.

Literatur

archium GmbH: Die Programmiersprache Go („Golang"). *https://opensource.archium.org/index.php/Der_Golang-Spicker* (Zugriff am 27. 05. 2025)

Bitmotec GmbH: Grafana. Einführung in die Open-Source-Visualisierung. 1. August 2023. *https://www.bitmotec.com/blog/grafana-einfuehrung-in-die-open-source-visualisierung* (Zugriff am 27. 05. 2025)

Buchanan, I.: Container vs. Virtuelle Computer. *https://www.atlassian.com/de/microservices/cloud-computing/containers-vs-vms* (Zugriff am 26. 05. 2025)

Fischer, M./Müller, C./Kolb, C.: Virtualisierung in der Produktionstechnik. In: atp, Heft 11/12, 2020

Fröschle, H.-P./Reinheimer, S. (Hrsg.): Cloud-Computing & SaaS. HMD – Praxis der Wirtschaftsinformatik, Volume 275. dpunkt 2010

IONOS SE: Docker-Tutorial. Einführung zur beliebten Container-Plattform. 9. August 2023. *https://www.ionos.de/digitalguide/server/konfiguration/docker-tutorial-installation-und-erste-schritte* (Zugriff am 27. 05. 2025)

IONOS SE: Grundlegende Containerverwaltung mit Podman. 18. Juni 2025. *https://documentation.suse.com/de-de/sle-micro/6.0/pdf/podman-basics_de.pdf* (Zugriff am 27. 05. 2025)

Kagermann, H./Wahlster, W./Helbig, J. (Hrsg.): Umsetzungsempfehlungen für das Zukunftsprojekt Industrie 4.0. Abschlussbericht des Arbeitskreises Industrie 4.0 (Vorabversion). acatech, Berlin 2012

Kemptner, P.: Mit SPS-Virtualisierung zu modularisierten Steuerungskonzepten. Interview mit Lukas Punzenberger. In: Information Unlimited, #43, 2025. *https://www.kemptner.at/files/fachartikel/Copa-Data/Interview_SPS-Virtualisierung_IU43.pdf* (Zugriff am 25. 05. 2025)

Khurana, V.: Eine Einführung in Prometheus und Grafana. geekflare.com, 15. Mai 2025. *https://geekflare.com/de/prometheus-grafana-intro* (Zugriff am 27. 05. 2025)

Langmann, R.: Vernetzte Systeme für die Automatisierung 4.0. Bussysteme – Industrial Ethernet – Mobile Kommunikation – Cyber-Physical Systems. Carl Hanser Verlag 2021

Langmann, R./Stiller, M.: Steuerungsdienste aus der Cloud auf Basis IEC 61131. In: atp edition, 04/2017

logiccloud AG: logiccloud Documentation. *https://docs.logiccloud.io* (Zugriff am 05. 06. 2025)

plusserver GmbH: Was ist Kubernetes? 3. November 2022. *https://www.plusserver.com/blog/kubernetes* (Zugriff am 27. 05. 2025)

Surmann, T./Conrad, P.: Keyloak. Ein Überblick. SMF GmbH. *https://www.smf.de/keycloak-ein-ueberblick* (Zugriff am 27. 05. 2025)

Unified Automation GmbH: UaExpert. *https://www.unified-automation.com/de/downloads/opc-ua-clients.html* (Zugriff am 05. 06. 2025)

VDI/VDE-GMA: Cyber-Physical Systems. Chancen und Nutzen aus Sicht der Automation. Thesen und Handlungsfelder. Düsseldorf, April 2013

Wagner, R.: SPS wird mit Sicherheit virtuell. In: SPS-Magazin, 19. März 2025. *https://www.sps-magazin.de/steuerungstechnik-sps-ipc-cnc/sps-wird-mit-sicherheit-virtuell* (Zugriff am 26. 05. 2025)

7 Lösungen der Übungsaufgaben

7.1 Lösungen zu Übung 1 bis Übung 7 (Abschnitt 2.5)

Übung 1

Mit den angegebenen Werten für den analogen Winkelgeber darf die maximale Wandlungszeit für den ADU den Wert t_{Wmax} = (1 s · 0,1°)/360° ≈ 278 µs nicht überschreiten. Zur sicheren Erzielung der geforderten Genauigkeit sollte die tatsächliche Wandlungszeit t_W unterhalb von t_{Wmax} liegen. Es wird also ein mittelschneller ADU mit einer Wandlungszeit t_W < 250 µs gewählt.

Die Spannungsauflösung des digitalen Ausgangssignals muss kleiner als ΔU_{max} = (10 V · 0,1°)/360° ≈ 2,78 V sein. Dies erfordert bei einer maximalen Spannung des Winkelgebers von 10 V ca. 3597 Spannungsschritte. Eingesetzt wird deshalb ein 12-Bit-ADU mit einer Diskretisierung von 4096 Spannungsschritten (ohne Vorzeichen).

Übung 2

Das Paket legt pro ms auf dem Transportband einen Weg von 0,5 mm zurück. Dies entspricht bei einer Positionstoleranz P = 20 mm einer Zeit von 40 ms. Im ungünstigsten Fall, wenn das Sensorsignal (Lichtschranke detektiert das Paket am Ende des Transportbands) erst kurz nach Einlesen des Prozessabbilds der Eingänge (PAE) in die SPS auftritt, kann erst im nächsten SPS-Zyklus bei Ausgabe des Prozessabbilds der Ausgänge (PAA) mit einem Stoppsignal des Motors gerechnet werden. Da das Paket in 40 ms bereits 20 mm zurücklegt, muss die Zykluszeit der SPS t_Z < 20 ms sein, um das Paket auf dem Transportband am Ende sicher zu stoppen.

Übung 3

a) Entsprechend der Hierarchie des Softwaremodells unterscheidet man im Standard folgende Hauptbestandteile:

- **Konfiguration:** enthält alle Programme, Funktionsbausteine und Variablen
- **Ressource:** bezeichnet eine SPS oder eine Steuerungseinheit
- **Task:** definiert, wann und in welcher Reihenfolge Programme ausgeführt werden
- **Programm:** enthält den eigentlichen Steuerungscode
- **Funktionsbausteine und Funktionen:** wiederverwendbare Bausteine für spezifische Aufgaben

b) Die beiden Programmorganisationseinheiten (POE) *Funktion* und *Funktionsbaustein* unterscheiden sich wie folgt:

- **Funktion (FC):** Hierbei handelt es sich um parametrierbare POE ohne statische Variablen, die bei gleichen Eingangsparametern stets dasselbe Ergebnis als Funktionswert zurückgeben. Möglich sind ein oder mehrere Eingangsparameter. Zurückgegeben wird der Funktionswert. Funktionen werden meist für Berechnung genutzt, die keinen internen Speicher benötigen (z. B. mathematische Berechnungen wie Sinus, Cosinus oder Vergleiche).
- **Funktionsbaustein (FB):** Dies sind parametrierbare POE mit statischen Variablen. Ein FB liefert bei gleichen Eingangswerten Ergebnisse, die vom Zustand seiner internen und externen Variablen abhängen können, die zwischen Bausteinaufrufen erhalten bleiben. Verwendung finden sie meist für komplexere Algorithmen wie z. B. Zähler oder PID-Regler.

Übung 4

Für die vorgegebenen technologischen Variablen können folgende Datentypen für die zugehörigen SPS-Variablen verwendet werden:

1. `INT` oder `DINT`: Ganzzahl, da Werkstücke als diskrete Einheiten gezählt werden
2. `REAL`: Die Temperatur ist ein kontinuierlicher Wert (oft mit Nachkommastelle).
3. `BOOL`: Statussignale besitzen meist einen binären Zustand (Ein oder Aus).
4. `TIME`: wird immer für Zeitangaben genutzt
5. `REAL`: Die Geschwindigkeit ist ein kontinuierlicher Wert (oft mit Nachkommastelle).
6. `STRING`: Textausgabe für Fehlermeldungen im Klartext

Übung 5

a) Die Temperatur kann mit folgender Normierungsformel berechnet werden (S = Sensorsignal): $T = ((S - 4\,\text{mA}) / (20\,\text{mA} - 4\,\text{mA})) \cdot 100\,°\text{C}$. Hierbei wird das Sensorsignal in einen normierten Wertebereich umgerechnet. Nach Umstellung der Normierungsformel nach S erhält man Folgendes: $S = 0{,}16 \cdot T + 4$.

b) Die Einsetzung eines Temperaturwerts $T = 45\,°\text{C}$ ergibt einen Sensorstromwert S = 11,2 mA.

Übung 6

Die beiden FBS-Programme sind in ihrer Grundfunktion identisch, aber reagieren unterschiedlich, wenn beide Eingangssignale gleichzeitig angelegt werden (`IX_on = TRUE` und `IX_off = TRUE`):

- Programm a): Das Ausgangssignal `QX_out = FALSE`. Der AUS-Taster dominiert.
- Programm b): Das Ausgangssignal `QX_out = TRUE`. Der EIN-Taster dominiert.

Übung 7

a) Zwei Herausforderungen für klassische SPS-Architekturen in der Smart Factory:
   - **Skalierbarkeit und Flexibilität:** Klassische SPS-Systeme sind oft für starre Produktionslinien ausgelegt, während Smart Factories eine flexible Anpassung an unterschiedliche Produkte erfordern.
   - **Echtzeitkommunikation mit IT-Systemen:** Traditionelle SPS-Architekturen sind nicht für eine direkte Integration mit Cloud-Plattformen und Big-Data-Analysen konzipiert.

b) **Modularisierung von SPS-Programmen:** In einer Smart Factory müssen Maschinen und Anlagen schnell umkonfiguriert werden können. Durch modulare Programmierung (z. B. durch Funktionsbausteine nach IEC 61131-3) lassen sich einzelne Steuerungskomponenten flexibel anpassen, ohne das gesamte System neu programmieren zu müssen.

7.2 Lösungen zu Übung 8 bis Übung 14 (Abschnitt 3.12)

Übung 8

a) Boolesche Gleichung: $M = A \land B \land C \land /D$

   Die Anlage läuft nur, wenn das Werkstück vorhanden (A = 1) und in Position ist (B = 1) und wenn die Sicherheitstür geschlossen (C = 1) und kein Not-Aus aktiv (D = 0, also /D = 1) ist.

b) Das logische Verknüpfungsschema ist als Schaltplan in Bild 7.1 dargestellt. Sensor D wird invertiert (/D). Die Signale A, B, C und /D (NICHT D) werden über ein AND-Glied verknüpft. Der Ausgang dieses AND-Glieds ist der Steuerbefehl (M) für den Motor.

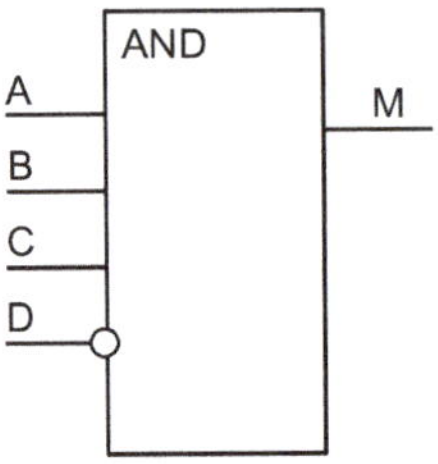

Bild 7.1
Logisches Verknüpfungsschema

c) Zustandstabelle:

Sensor A	Sensor B	Sensor C	Sensor D	Sensor /D	Motor M
1	1	1	0	1	1
1	0	1	0	1	0
1	1	0	0	1	0
1	1	1	1	0	0

Nur im ersten Fall (A = 1, B = 1, C = 1, D = 0) läuft der Fördermotor (M = 1). In allen anderen Fällen bleibt der Fördermotor ausgeschaltet (M = 0).

Übung 9

a) Für die Aufgabenstellung ergibt sich folgende Tabelle für die Eingangszuordnungen der Prozessdaten:

BMK	Schalternr. (-A2)	Variablenname	Beschreibung
S1	1	IX_button_1	EIN-Taster
S2	2	IX_button_2	AUS-Taster
B1	7	IX_sensor_1	Lichtschranke Anfang
B2	8	IX_sensor_2	Lichtschranke Ende

Die Ausgangszuordnungen der Prozessdaten können in folgender Tabelle notiert werden:

BMK	LED-Nr. (-A2)	Variablenname	Beschreibung
M	1	`QX_motor`	Fördermotor
H	2	`QX_lamp`	Signallampe

Für den Test des Programms werden den Ein- und Ausgangssignalen entsprechende Elemente auf dem PLCnext-Starterkit (Schalter und LEDs) zugeordnet.

b) Bild 7.2 zeigt das zugehörige SPS-Programm in KOP-Notation.

Netzwerk 1: Der Fördermotor (`QX_motor`) schaltet sich ein, wenn der EIN-Taster (`IX_button_1`) betätigt wird **und** sich gleichzeitig ein Werkstück am Anfang des Förderbandes befindet (`IX_sensor_2`). Der Motor bleibt durch Selbsthaltung aktiv, solange der AUS-Taster (`IX_button_2`) nicht gedrückt ist (Öffnerkontakt) und keine Werkstückerkennung am Ende der Strecke (`IX_sensor_2`) erfolgt. Sobald B2 aktiviert wird (`TRUE`), öffnet sich der Schließerkontakt, und die Selbsthaltung wird aufgehoben. Der Motor stoppt automatisch.

Netzwerk 2: Die Signallampe (`QX_lamp`) ist parallel zum Motor geschaltet und leuchtet daher, wenn der Motor läuft.

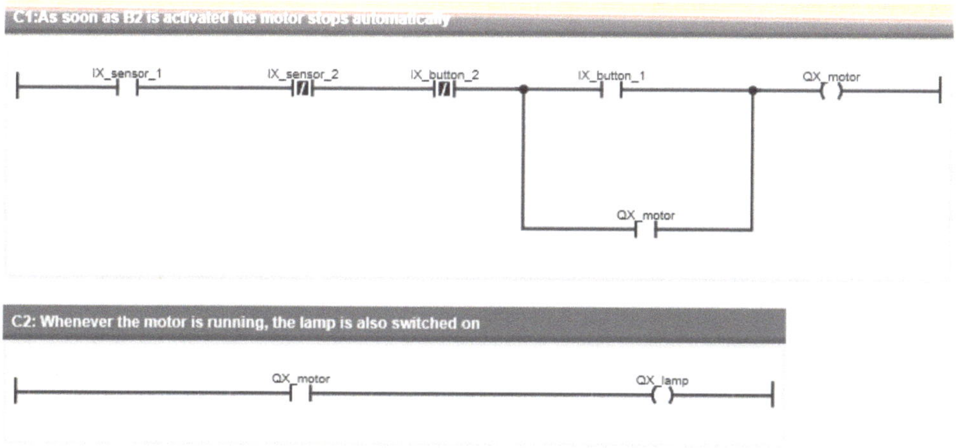

Bild 7.2 Programm zur Steuerung des Fördermotors in KOP-Notation

c) Verhalten des SPS-Programms bei den vorgegebenen Situationen:

- **Situation 1:** Der Fördermotor startet durch Betätigung von S1, wenn ein Werkstück durch die Lichtschranke B1 detektiert wird, und bleibt durch Selbsthaltung an. Die Signallampe H leuchtet.
- **Situation 2:** Der Fördermotor M stoppt automatisch, da die negierte Lichtschranke B2 den Signalfluss unterbricht. Die Signallampe erlischt.
- **Situation 3:** Die Selbsthaltung wird unterbrochen, der Fördermotor stoppt sofort und die Signallampe geht aus.

Die programmtechnische Lösung finden Sie unter *plus.hanser-fachbuch.de* im PLCnext-Projekt `exercise_9.pcwex` im Unterordner *Exercises_Solutions*.

Übung 10

Die Eingang- und Ausgangszuordnungen der Prozessdaten können aus Abschnitt 3.2.5 entnommen werden (Tabelle 7.1 und Tabelle 7.2).

Tabelle 7.1 Eingangszuordnung der Prozessdaten

BMK	Schalternr. (-A2)	Variablenname	Beschreibung
T1	1	`IX_button_start_right`	betätigt: S1 = 1
T2	2	`IX_button_start_left`	betätigt: S2 = 1
F2	8	`IX_overcurrent`	betätigt: F2 = 0 (Öffner)

Tabelle 7.2 Ausgangszuordnung der Prozessdaten

BMK	LED-Nr. (-A2)	Variablenname	Beschreibung
K1	1	`QX_motor_right`	LED leuchtet: K1 = 1
H1	2	`QX_lamp_right`	LED leuchtet: H1 = 1
K2	3	`QX_motor_left`	LED leuchtet: K2 = 1
H2	4	`QX_lamp_left`	LED leuchtet: H2 = 1

Die Kippschalter 1 und 2 simulieren den Rechts- bzw. Linkslauftaster Der Kippschalter 8 simuliert als Öffner den Überstromauslöser. Die LEDs 1 und 3 simulieren die Rechtsdrehung bzw. Bremsung des Motors. Die LEDs 2 und 4 fungieren als Meldeleuchten.

a) Bild 7.3 zeigt das Steuerungsprogramm in FBS-Notation. Wie vorgegeben, ist im FBS-Programm für die Selbsthaltung der Rechtslauf-Taste ein SR-Baustein eingesetzt.

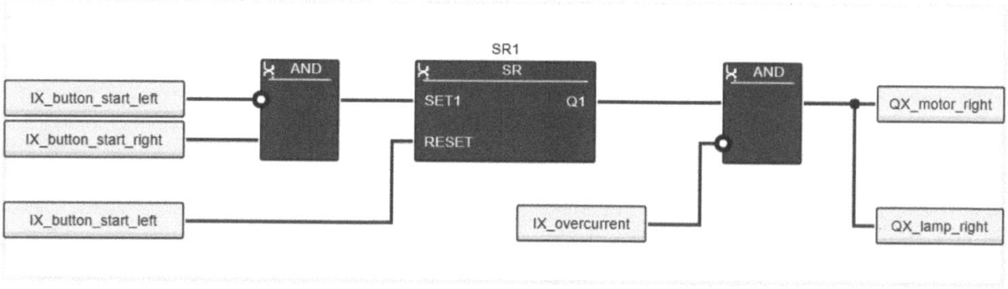

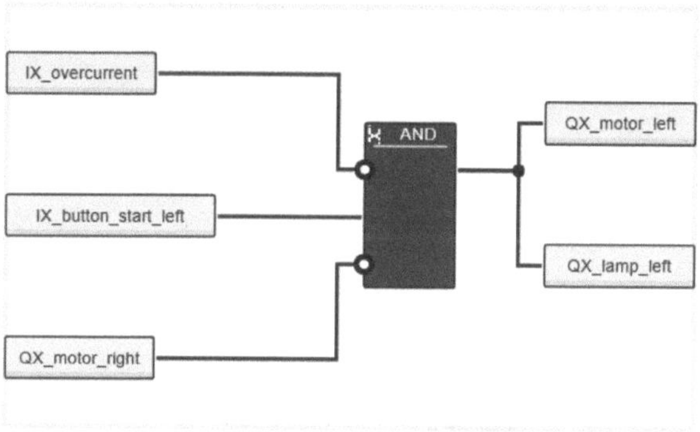

Bild 7.3 Steuerungsprogramm für den Drehstrommotor in FBS-Notation

b) Listing 7.1 zeigt das Steuerungsprogramm in ST-Notation.

Listing 7.1 Steuerungsprogramm für den Drehstrommotor in ST-Notation

```
(*Network for the motor right*)
SR1(SET1 := AND(NOT(IX_button_start_left), IX_button_start_right), RESET := IX_
button_start_left);
QX_motor_right := AND(SR1.Q1, NOT(IX_overcurrent));
QX_lamp_right := QX_motor_right;

(*Network for motor left*)
QX_motor_left := AND(NOT(IX_overcurrent), IX_button_start_left, NOT(QX_motor_right));
QX_lamp_left := QX_motor_left;
```

Beide Steuerungsprogramme finden Sie unter *plus.hanser-fachbuch.de* im PLCnext-Projekt `exercise_10.pcwex` im Unterordner *Exercises_Solutions*. Zum Test muss das jeweils zu testende Programm (FBS oder ST) im Menü *Tasks and Events* von PLCnext Engineer in den Zyklusbetrieb eingebunden werden.

Übung 11

Das FBS-Programm nach Bild 7.3 wird mit einem weiteren SR-Flipflop erweitert. Bild 7.4 zeigt das erweiterte FBS-Programm.

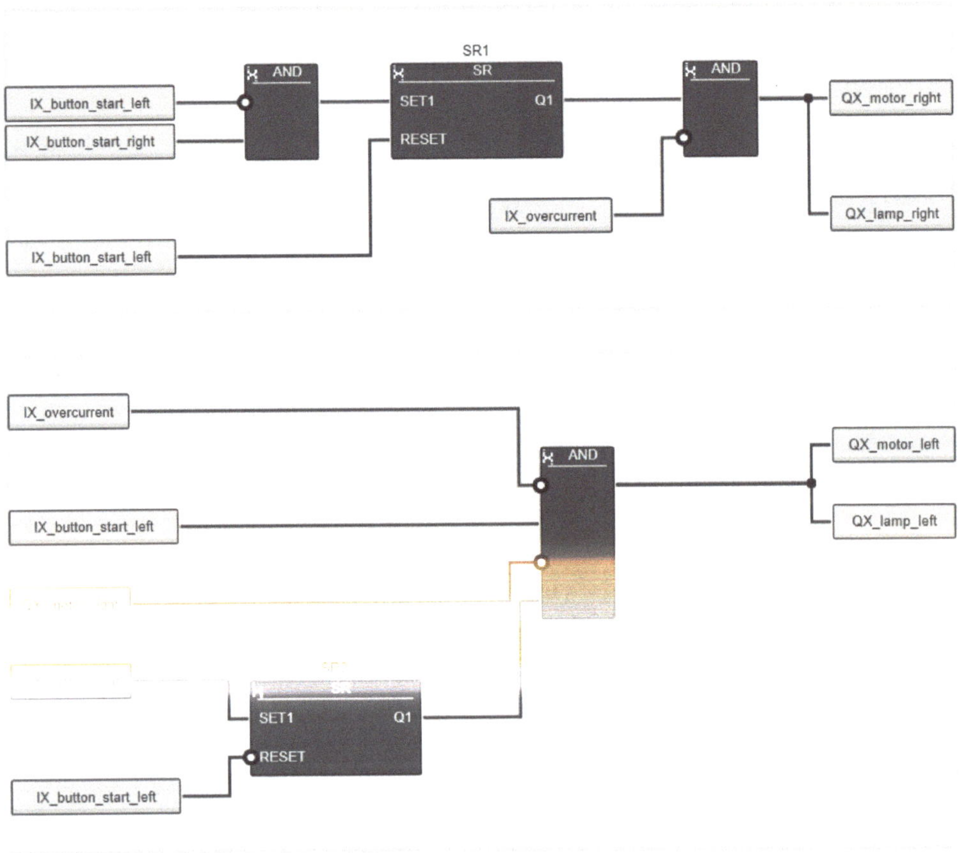

Bild 7.4 Erweitertes FBS-Steuerungsprogramm für den Drehstrommotor

Das zusätzliche SR-Flipflop `SR2` wird über das Motorsignal `QX_motor_right` gesetzt, sodass erst nach einem vorherigen Rechtslauf des Motors der Linkslauf gestartet werden kann. Das Rücksetzen von `SR2` erfolgt mit dem negierten Linkslauf-Taster, d. h. mit dem Stopp des Linkslaufs.

Damit wird gesichert, dass nach Rechtslauf des Motors mit dem Taster T2 der Motor im Linkslauf bis zum Stand gestoppt werden kann, es ist aber nicht möglich, nach Stopp des Motors den Linkslauf wiederholt einzuschalten. Zuerst muss der Rechtslauf wieder eingeschaltet werden.

Die programmtechnische Lösung finden Sie unter *plus.hanser-fachbuch.de* im PLCnext-Projekt `exercise_11.pcwex` im Unterordner *Exercises_Solutions*.

Übung 12

Tabelle 7.3 bis Tabelle 7.5 zeigen die Zuordnungen der Prozessdaten.

Tabelle 7.3 Eingangszuordnung der Prozessdaten

BMK	Schalternr. (-A2)	Variablenname	Beschreibung
E	1	`IX_run`	E = `TRUE`: Das Taktsignal wird ausgegeben.

Tabelle 7.4 Ausgangszuordnung der Prozessdaten

BMK	LED-Nr. (-A2)	Variablenname	Beschreibung
A	8	`QX_takt`	Die LED leuchtet im generierten Takt von 2 s.

Tabelle 7.5 Zuordnung der internen Variablen (Merker)

Variablenname	Datentyp	Beschreibung
`half_period_time`	`TIME`	halbe Periodendauer = 1 s

Bild 7.5 zeigt das zugehörige SPS-Programm.

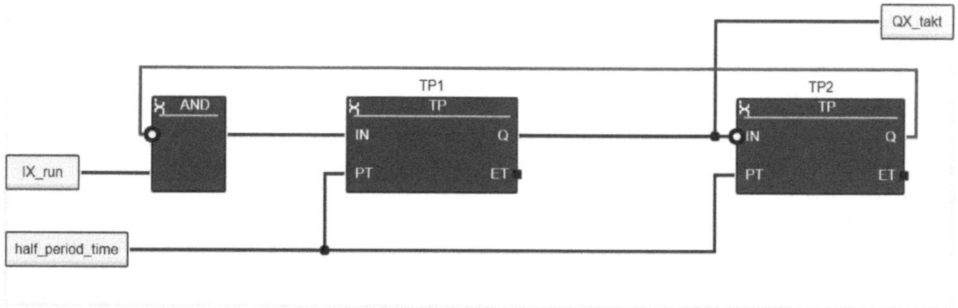

Bild 7.5 FBS-Programm für den Taktgenerator

Die Lösung besteht aus zwei hintereinander geschalteten Pulsgebern `TP1` und `TP2`. `TP2` ist für den Puls im Taktsignal und `TP2` für die Pause im Taktsignal verantwortlich. Das Ende der Pause (fallende Flanke von Q an `TP2`) wird auf den Eingang von `TP1` rückgekoppelt, um einen kontinuierlichen Takt zu erzeugen. Über den `AND`-Baustein kann der Takt mittels `IX_run` gestartet oder gestoppt (unterbrochen) werden.

Die programmtechnische Lösung finden Sie unter *plus.hanser-fachbuch.de* im PLCnext-Projekt `exercise_12.pcwex` im Unterordner *Exercises_Solutions*.

Übung 13

Tabelle 7.6 zeigt die Eingangszuordnung der Prozessdaten.

Tabelle 7.6 Eingangszuordnung der Prozessdaten

BMK	Eingangsnr. (-A3)	Variablenname	Beschreibung
P2	A I1	IW_level	Potentiometer Wertebereich: 16#0000...16#75BF

Ein Ausgangsprozessdatum ist nicht vorgesehen. Um den Berechnungsprozess übersichtlich zu gestalten, werden einige weitere interne Prozessvariablen festgelegt, deren Zuordnung in Tabelle 7.7 festgelegt ist.

Tabelle 7.7 Zuordnung der internen Variablen (Merker)

Variablenname	Datentyp	Beschreibung
level_real	REAL	Füllpegel als REAL-Wert und normiert auf 0...300 in cm
diameter_real	REAL	Durchmesser des Tanks = 300 cm
mult1_real	REAL	Hilfsmultiplikator 1
mult2_real	REAL	Hilfsmultiplikator 2
volume_cm3_real	REAL	Füllmenge in cm^3
volume_l_real	REAL	Füllmenge in Liter

Mit dem Potentiometer P2 kann nach Umwandlung in einen REAL-Wert ein Bereich von 0...30 000 abgedeckt werden. Bei einem angenommenen Durchmesser des Tanks von 300 cm kann mit P2 nach Normierung auf 0...300 (Division durch 100) der volle Füllpegel gerade simuliert werden.

Listing 7.2 zeigt das zugehörige ST-Programm. Die Ausgabe der Füllmenge erfolgt in Liter (volume_l_real) und kann mit dem Debugger überprüft werden.

Listing 7.2 ST-Programm zur Berechnung der Füllmenge in einem Kugeltank

```
//Read the fill level and transform it to cm (0...300);
level_real := DIV(TO_REAL(TO_DINT(IW_level)), 100);

//Calculation of the first multiplicator
mult1_real := SUB(DIV(diameter_real,2), DIV(level_real,3));

//Calculation of the second multiplicator
mult2_real := EXPT(level_real,2);
```

```
//Calculation of the volume
volume_cm3_real := MUL(3.1416, mult1_real, mult2_real);

//Transformation of the volume in liter
volume_l_real := DIV(volume_cm3_real,1000);
```

Die programmtechnische Lösung finden Sie unter *plus.hanser-fachbuch.de* im PLCnext-Projekt `exercise_13.pcwex` im Unterordner *Exercises_Solutions*.

Übung 14

Tabelle 7.8 bis Tabelle 7.10 zeigen die Eingangs- und Ausgangszuordnungen der Prozessdaten.

Tabelle 7.8 Eingangszuordnung der Prozessdaten

BMK	Eingangsnr. (-A3)	Variablenname	Beschreibung
P2	A I1	`IW_signal`	Potentiometer Wertebereich: 16#0000...16#75BF
	Schalternr. (-A2)		
S	1	`IX_control`	Steuersignal als Sample-and-Hold-Schalter

Tabelle 7.9 Ausgangszuordnung der Prozessdaten

BMK	Eingangsnr. (-A3)	Variablenname	Beschreibung
T3	A O1	`QW_signal`	LED-Balkenanzeige Wertebereich: 16#0000...16#7530

Tabelle 7.10 Zuordnung der internen Variablen (Merker)

Variablenname	Datentyp	Beschreibung
`flag_bool`	BOOL	Merker-Flag

Listing 7.3 zeigt das realisierte ST-Programm für die Sample-and-Hold-Funktion.

Listing 7.3 Sample-and-Hold-Programm in ST

```
//Read the input signal from the potentiometer;
input_real := TO_REAL(TO_DINT(IW_signal));

IF IX_control AND NOT flag_bool
 THEN
  output_real := input_real;
  flag_bool := TRUE;
END_IF

IF NOT IX_control
 THEN
  flag_bool := FALSE;
END_IF;

//Output the held signal to the LED bar
QW_signal := To_WORD(TO_DINT(output_real));
```

Mit der positiven Flanke des Signals `IX_control` übernimmt der Ausgang `output_real` den an `input_real` anliegenden Wert. Der Merker `flag_bool` steuert den Vorgang. Es muss darauf geachtet werden, dass sowohl für das Eingangs- als auch auch für das Ausgangssignal eine Konversion von `WORD` nach `REAL` bzw. `REAL` nach `WORD` erfolgt, da die Analogbaugruppen im PLCnext-Starterkit ihren Analogwert im `WORD`-Format einlesen bzw. ausgeben.

Die programmtechnische Lösung finden Sie unter *plus.hanser-fachbuch.de* im PLCnext-Projekt `exercise_14.pcwex` im Unterordner *Exercises_Solutions*.

7.3 Lösungen zu Übung 15 bis Übung 19 (Abschnitt 4.7)

Übung 15

Für ChatGPT wurde folgender Eingabe-Prompt verwendet:

Prompt

Für die Steuerung eines Pufferspeichers für eine Fertigungszelle liegen ein Komponentenschema und ein ST-Programm vor (siehe Upload). Analysiere das Programm und ermittle die Funktionsweise für den Pufferspeicher. Die maximale Teileanzahl im Puffer beträgt zwanzig Teile. Die minimale Anzahl im Speicher sind fünf.

Von ChatGPT wird als Ergebnis folgende korrekte Funktionsbeschreibung basierend auf den hochgeladenen Bild- und Programmdaten ausgegeben:

Ergebnis

Das hochgeladene Bild zeigt die Steuerung eines Pufferspeichers mit zwei Förderbändern (Motor M1 und M2), Lichtschranken (LS1 und LS2), einer Meldeleuchte (H1) und einem Bedienfeld (Ein-/Aus-/„Eichen"-Schalter sowie ein Reset-Taster). Das dazugehörige ST-Programm beschreibt die Steuerungslogik in vier Bausteinen (C1 bis C4). Dies ist die analysierte Funktionsweise:

Grundidee der Steuerung:

Ziel ist es, die Teileanzahl im Pufferbereich zwischen mindestens fünf und maximal zwanzig zu halten. Die Steuerung zählt die Teile, steuert die Motoren zur Zu- und Abführung und signalisiert, wenn zu wenige Teile vorhanden sind.

Funktion der einzelnen Bausteine:

C1: Steuerung von Motor M1 (Zuführförderband)

```
7.   SET := NOT CTUD_1.QU
8.   RESET1 := CTUD_1.QU OR NOT IX_switch_on_off
```

- M1 läuft, wenn der Puffer nicht voll ist (Zähler nicht am Maximum).
- M1 wird abgeschaltet, wenn der Puffer voll ist oder die Anlage ausgeschaltet wird.

C2: Steuerung von Motor M2 (Abführförderband)

```
SET := CTUD_1.CV > 0
RESET1 := CTUD_1.CV = 0 OR NOT IX_switch_on_off
```

- M2 läuft, solange mindestens ein Teil im Puffer ist,
- M2 wird abgeschaltet, wenn der Puffer leer ist oder die Anlage ausgeschaltet wird.

C3: Zählung der Teile (CTUD_1)

```
CU := IX_light_barrier_in AND IX_switch_on_off
CD := IX_light_barrier_out AND IX_switch_on_off
RESET := IX_button_reset AND IX_switch_on_off
```

- CU: Hochzählen beim Eintreffen eines Teils über LS1 (Eingang)
- CD: Herunterzählen beim Austritt eines Teils über LS2 (Ausgang)
- RESET: manuelles Zurücksetzen des Zählers beim Drücken des Reset-Tasters im Eichenmodus
- `PV := max_parts_int` → maximaler Zählwert (hier 20)

C4: Meldeleuchte (H1)

```
QX_signal_lamp := CTUD_1.CV <= min_parts_int AND IX_switch_on_off;
```

- Die Leuchte H1 signalisiert, wenn der Pufferbestand ≤ 5 Teile beträgt.

Zusammenspiel:

- M1 befördert Teile in den Puffer, solange weniger als zwanzig Teile enthalten sind.
- M2 fördert Teile aus dem Puffer, solange mindestens ein Teil vorhanden ist.
- Lichtschranken zählen die Teile, und die Steuerung hält den Bestand zwischen fünf und zwanzig.
- Bei Unterschreitung von fünf wird eine Meldung über H1 ausgegeben.
- Über den Taster T im „Eichen"-Modus lässt sich der Zähler zurücksetzen.

Übung 16

Für ChatGPT wurde folgender Eingabe-Prompt genutzt:

Prompt

Es soll ein SPS-Programm entwickelt werden. Die Aufgabenstellung lautet wie folgt: Zur Ansteuerung eines akustischen Warnmelders wird am Ausgang A eine zyklische Impulsfolge 1 s – 1 s – 4 s (kurz-kurz-lang) benötigt. Der Impulsgeber wird durch einen Schalter S gestartet und arbeitet, solange dieser geschlossen bleibt. Beim Öffnen von S wird die laufende Impulsfolge beendet. Erzeuge ein entsprechendes SPS-Programm in ST nach IEC 61131-3.

Das erste durch ChatGPT erstellte Programm war nicht lauffähig. Es waren weitere 12 Ergänzungsprompts erforderlich, um das in Listing 7.1 dargestellte fast korrekte ST-Programm zu erstellen.

Tabelle 7.11 bis Tabelle 7.13 zeigen die von ChatGPT erstellten Eingangs- und Ausgangszuordnungen der Prozessdaten bzw. deren Modifikation für das PLCnext-Board.

Tabelle 7.11 Eingangszuordnung der Prozessdaten

BMK	Schalternr. (-A2)	Variablenname	Beschreibung
S	1	S	Start/Stopp für das Warnsignal

Tabelle 7.12 Ausgangszuordnung der Prozessdaten

BMK	LED-Nr. (-A2)	Variablenname	Beschreibung
A	1	A	LED 1 = TRUE, wenn A = TRUE

Tabelle 7.13 Zuordnung der internen Variablen (Merker)

Variablenname	Datentyp	Beschreibung	Startwert
Step	INT	Schrittzähler (-1 = inaktiv)	INT#-1
Timer	TON	Timer-Instanz	
TimerTime	TIME	Zeitvorgabe für den Timer	T#0 s
TimeStart	BOOL	Steuerbit zum Timerstart	FALSE
SequenceRun	BOOL	steuert, ob die Warnsignalfolge läuft	FALSE

Das Programm nach Listing 7.4 läuft korrekt mit drei Impulsen und hält auch die vorgegebene Zeitfolge ein. Nach dem ersten Warnsignalzyklus startet jedoch sofort der folgende Warnsignalzyklus ohne die erforderliche Pause von 1 s (siehe Bild 4.8 in Abschnitt 4.7). Hier musste händisch in der markierten Zeile in Listing 7.4 die Zeit von T#0s auf T#1s erhöht werden, da ChatGPT dieses Problem auch nach mehreren Nachfragen nicht erkannte.

Listing 7.4 Von ChatGPT generiertes ST-Programm für die Erzeugung eines Warnsignals

```
// === Ablauf starten ===
IF (S = TRUE) AND (SequenceRun = FALSE) THEN
    SequenceRun := TRUE;
    Step := 0;
END_IF

// === Ablauf der Sequenz ===
IF SequenceRun = TRUE THEN
    // Zeit- und Ausgangssteuerung
    CASE Step OF
        0: TimerTime := T#1s; A := TRUE;    // Impuls 1
        1: TimerTime := T#1s; A := FALSE;   // Pause
        2: TimerTime := T#1s; A := TRUE;    // Impuls 2
        3: TimerTime := T#1s; A := FALSE;   // Pause
        4: TimerTime := T#4s; A := TRUE;    // Impuls 3
        5: TimerTime := T#0s; A := FALSE;   // Abschluss
    END_CASE
    // Timer laufen lassen
    Timer(IN := TRUE, PT := TimerTime);
    // Wenn Timer abgelaufen:
    IF Timer.Q = TRUE THEN
        Timer(IN := FALSE);  // Timer zurücksetzen
        Step := Step + 1;
        IF Step > 5 THEN
            IF S = TRUE THEN
                Step := 0;           // Wiederholung bei S=TRUE
            ELSE
                Step := -1;          // Stopp bei S=FALSE
                SequenceRun := FALSE;
            END_IF
```

```
        END_IF
    END_IF
ELSE
    // Kein Ablauf → Timer aus, Ausgang aus
    Timer(IN := FALSE);
    A := FALSE;
END_IF
```

Die korrekte programmtechnische Lösung finden Sie unter *plus.hanser-fachbuch.de* im PLCnext-Projekt `example_16.pcwex` im Unterordner *Exercises_Solutions*.

Übung 17

Für ChatGPT wurde folgender Eingabe-Prompt genutzt:

Prompt

Am Eingang eines Funktionsbaustein FB EVALUATOR liegen an zehn Eingängen zehn INT-Werte an. An drei Ausgängen sollen folgende Werte ausgegeben werden:

- maximaler Wert an den Eingängen
- Mittelwert an den Eingängen
- Nummer des Eingangs, an dem der maximale Wert anliegt

Das hochgeladene Bild zeigt das E/A-Schema des Funktionsbausteins. Erzeuge ein ST-Programm für diesen Funktionsbaustein.

Der Prompt liefert folgendes Ergebnis:

Ergebnis

Dies ist ein Beispiel für ein strukturiertes Text-(ST-)Programm für den Funktionsbaustein FB_EVALUATOR, basierend auf deinem Bild und den beschriebenen Anforderungen:

```
FUNCTION_BLOCK FB_EVALUATOR
VAR_INPUT
    value_0_int : INT;
    value_1_int : INT;
    value_2_int : INT;
    value_3_int : INT;
    value_4_int : INT;
    value_5_int : INT;
    value_6_int : INT;
    value_7_int : INT;
    value_8_int : INT;
    value_9_int : INT;
END_VAR
```

```
VAR_OUTPUT
    maxvalue_int : INT;
    number_int   : INT;   // Index (0 bis 9) des maximalen Werts
    meanvalue_real : REAL;
END_VAR

VAR
    i : INT;
    sum : INT;
    values : ARRAY[0..9] OF INT;
END_VAR

// Initialisierung
values[0] := value_0_int;
values[1] := value_1_int;
values[2] := value_2_int;
values[3] := value_3_int;
values[4] := value_4_int;
values[5] := value_5_int;
values[6] := value_6_int;
values[7] := value_7_int;
values[8] := value_8_int;
values[9] := value_9_int;

maxvalue_int := values[0];
number_int := 0;
sum := values[0];

// Schleife zur Ermittlung des Maximums und zur Summierung
FOR i := 1 TO 9 DO
    sum := sum + values[i];
    IF values[i] > maxvalue_int THEN
        maxvalue_int := values[i];
        number_int := i;
    END_IF;
END_FOR;
```

```
// Mittelwert berechnen
meanvalue_real := REAL(sum) / 10.0;

END_FUNCTION_BLOCK
```

Erläuterung:

- Es werden alle zehn Eingangswerte in ein Array übernommen.
- Eine Schleife vergleicht alle Werte, um das Maximum zu finden, und summiert gleichzeitig die Werte für die Mittelwertberechnung.
- Der Mittelwert wird als `REAL` berechnet.
- Der Index des maximalen Wertes (0 - 9) wird in `number_int` gespeichert.

Das Ergebnis ist korrekt und kann nach syntaktischer Umsetzung in ein PLCnext-Programm direkt getestet werden. Das zugehörige Programm finden Sie unter *plus.hanser-fachbuch.de* im PLCnext-Projekt `example_17.pcwex` im Unterordner *Exercises_Solutions*. Für ChatGPT ist die Aufgabe relativ einfach zu lösen, da es sich um eine typische Programmieraufgabe handelt, bei der keine SPS-Spezifika berücksichtigt werden müssen.

Übung 18

Für diese Übung wird folgender Prompt genutzt:

Prompt

Ein Funktionsbaustein für eine Hand-Automatik-Umschaltung geht davon aus, dass für eine Anlage die beiden Betriebsarten Automatik (`automatik_mode_bool`) und Hand (`manual_mode_bool`) benötigt werden. Die Vorwahl der Betriebsart erfolgt durch einen Umschalter am Eingang `automatic_bool`. Nach dem Einschalten der Anlage und nach jedem Umschalten des Vorwahlschalters gehen beide Betriebsarten auf `FALSE`. Die am Betriebsartenumschalter vorgewählte Betriebsart muss immer über den Eingang `quit_bool` bestätigt werden. Erst dann geht die gewählte Betriebsart auf `TRUE` und ist gültig. Über einen RESET-Eingang `reset_bool` lassen sich beide Betriebsarten zurücknehmen.

Das hochgeladene Bild zeigt das E/A-Schema des Funktionsbausteins.

Erstelle für diesen FB ein ST-Programm. Verwende, falls erforderlich, RS- bzw. SR-Flipflops für einen kompakten Programmaufbau.

ChatGPT-4o versucht immer wieder, den Einsatz eines RS-Flipflops als Standardbaustein zu vermeiden, und bildet dieses mit elementaren Logikfunktionen nach. Auch nach Ergänzungsprompt und einem ausgegebenen Programm, welches tatsächlich RS-Flipflops einsetzt, war dieses Programm falsch, da die RESET-Eingänge der RS-Flipflops blockiert wurden.

Nach einigen weiteren Versuchen mit unzureichenden Ergebnissen wurde die Version o3-min-high von ChatGPT genutzt. Diese Version generierte beim vorangehend aufgeführten Prompt nach 8 s das folgende korrekte Programm:

```
FUNCTION_BLOCK FB_MANAUT
VAR_INPUT
    automatic_bool : BOOL;       (* Preselect: TRUE = automatic, FALSE = manual *)
    quit_bool      : BOOL;       (* Confirmation input *)
    reset_bool     : BOOL;       (* Global reset for both modes *)
END_VAR
VAR_OUTPUT
    automatic_mode : BOOL;       (* Active automatic mode *)
    manual_mode    : BOOL;       (* Active manual mode    *)
END_VAR
VAR
    fbRS_Auto     : RS;          (* RS flipflop for automatic mode *)
    fbRS_Man      : RS;          (* RS flipflop for manual mode    *)
    prev_auto     : BOOL := FALSE;  (* Stores previous preselection   *)
    clear_sig     : BOOL;           (* Pulse when preselect changes  *)
END_VAR

// Detect change of the preselection switch
clear_sig := (automatic_bool <> prev_auto);

// RS flipflop for automatic mode: set when preselect=TRUE & confirmed, reset on
reset or preselect change
fbRS_Auto(
    SET   := automatic_bool AND quit_bool,
    RESET := reset_bool OR clear_sig,
    Q     => automatic_mode
);

// RS flipflop for manual mode: set when preselect=FALSE & confirmed, reset on reset
or preselect change
fbRS_Man(
    SET   := (NOT automatic_bool) AND quit_bool,
    RESET := reset_bool OR clear_sig,
    Q     => manual_mode
);

// Update stored preselection
prev_auto := automatic_bool;

END_FUNCTION_BLOCK
```

Nach der Umsetzung in ein syntaktisch korrektes PLCnext-Programm und nach der Beseitigung zweier Kleinigkeiten – die Ausgangsvariablen `automatic_mode_bool` und `manual_mode_bool` wurden dem E/A-Schema nicht korrekt entnommen (siehe Markierung im ST-Code) – konnte das Programm erfolgreich getestet werden. Die Kippschalter 1, 2 und 3 sowie die beiden LEDs 1 und 2 wurden dabei als E/A-Variablen des Funktionsbausteins zum Test genutzt.

Das KI-generierte Programm finden Sie unter *plus.hanser-fachbuch.de* im PLCnext-Projekt `example_18.pcwex` im Unterordner *Exercises_Solutions*.

Übung 19

Für diese Übung wird folgender Prompt genutzt:

Prompt

Das im hochgeladenen Bild dargestellte Werktor soll mit einem Drehstrommotor gesteuert werden, um es zu öffnen und zu schließen.

Für die Torbewegung sind aus Sicherheitsgründen folgende Verriegelungen vorgesehen:

- Wird die Lichtschranke LS1 unterbrochen, soll die Schließbewegung stoppen. Beim Öffnen ist die Lichtschranke nicht aktiv.
- Trifft der Kontaktschalter KS1 auf einem Widerstand, muss die Schließbewegung gleichfalls stoppen. Das Tor soll dann 3 s wieder öffnen, um einen eventuell eingeklemmten Gegenstand freizugeben. Beim Öffnen soll der Kontaktschalter gleichfalls nicht aktiv sein.
- Die beiden Wendeschütze müssen im SPS-Programm gegeneinander verriegelt sein.

Prüfe das hochgeladene ST-Programm, um sicherzustellen, ob die Sicherheitsfunktionen korrekt realisiert sind.

Der Prompt liefert ein korrektes Verifizierungsergebnis und gibt auch gleich einen Verbesserungsvorschlag aus:

Ergebnis

Danke für die Bereitstellung des Bildes und des ST-Programms. Ich habe mir die Sicherheitsanforderungen und die Programmstruktur genau angesehen. Dies ist eine Prüfung der sicherheitsrelevanten Funktionen gemäß den Anforderungen:

Anforderung 1: Lichtschranke LS1 unterbricht Schließbewegung

Bedingung: Wird die Lichtschranke LS1 unterbrochen, soll die Schließbewegung stoppen. Beim Öffnen ist die Lichtschranke nicht aktiv.

Implementierung in RS_2 (Tor ZU):

```
RESET1 := NOT IX_button_stop OR IX_switch_gate_closed
       OR IX_contact_switch AND IX_light_barrier;
```

Positiv: Die Kombination `IX_contact_switch AND IX_light_barrier` sorgt dafür, dass bei gleichzeitiger Aktivierung von KS1 und LS1 das Tor stoppt.

Problem: Nur LS1 allein wird nicht ausgewertet, d. h., die Lichtschranke unterbricht das Schließen nicht alleine, was gegen die Sicherheitsanforderung verstößt.

Anforderung 2: Kontaktschalter KS1 löst Öffnungsbewegung für 3 s aus

Bedingung: Wenn der Kontaktschalter KS1 (`IX_contact_switch`) betätigt wird, muss die Schließbewegung sofort stoppen und das Tor für 3 s öffnen, um eine Einklemmung zu verhindern.

Implementierung:

```
TP_1 (IN := IX_contact_switch AND NOT RS_1.Q1, PT := release_time);
F_TRIG_1 (CLK := TP_1.Q);

RS_1 (
  SET := (IX_button_open AND NOT RS_2.Q1) OR TP_1.Q,
  ...
);
```

- TP_1 erzeugt bei aktivem KS1 ein Zeitglied von drei Sekunden.
- TP_1.Q wird als SET-Bedingung für RS_1 (Tor AUF) verwendet.

Damit wird die Öffnungsbewegung nach einer Kollision korrekterweise für 3 s aktiviert.

Anforderung 3: Gegenseitige Verriegelung der Wendeschütze

Bedingung: Die Wendeschütze K1 und K2 (für AUF/ ZU) müssen sich gegenseitig verriegeln.

Implementierung:

```
RS_1: SET := IX_button_open AND NOT RS_2.Q1 ...
RS_2: SET := NOT IX_button_close AND NOT RS_1.Q1 ...
```

RS_1 (AUF) wird nur gesetzt, wenn RS_2.Q1 (ZU) nicht aktiv ist, und umgekehrt.

Damit ist eine logische Verriegelung realisiert.

Anforderung 4: Lichtsignal H1 bei Bewegung

Bedingung: Die Lampe H1 soll leuchten, wenn das Tor in Bewegung ist.

```
QX_gate_lamp := QX_gate_open OR QX_gate_close;
```

Die Aufgabenstellung ist korrekt umgesetzt.

Zusammenfassung der Prüfung

Anforderung	Bewertung	Kommentar
Lichtschranke stoppt Schließen	falsch	nur bei gleichzeitigem KS1 aktiv; LS1 allein wird nicht erkannt
KS1 löst ein Öffnen von 3 s aus	richtig	durch TP_1 korrekt umgesetzt
gegenseitige Verriegelung K1/K2	richtig	RS-Flipflop mit gegenseitiger Sperre
Signallampe bei Bewegung	richtig	Die Logik ist vollständig korrekt.

Verbesserungsvorschlag für Lichtschranken-Logik

In RS_2 sollte die Lichtschranke allein zum STOPP führen. Dies erfolgt z. B. so:

```
RESET1 := NOT IX_button_stop OR IX_switch_gate_closed
          OR IX_contact_switch OR IX_light_barrier;
```

Damit würde bereits eine einzelne Unterbrechung der Lichtschranke zum Stopp der Schließbewegung führen – wie gefordert.

7.4 Lösungen zu Übung 20 bis Übung 23 (Abschnitt 5.6)

Übung 20

Übung 20 basiert auf Aufgabe 5 aus Abschnitt 3.3.2. Für den Test des SPS-Programms soll das Technologiemodell *Einfaches E/A-Peripherie-Board* angeschlossen werden.

Da auf dem Technologiemodell nur vier Taster zur Verfügung stehen, sollen nur zwei Leuchten angesteuert werden (H1 und H2). Das bisherige SPS-Programm muss hinsichtlich der Eingangssignale (Kippschalter) angepasst werden, da Eingänge nicht parallel belegt werden dürfen. Die Ausgangssignale sollen weiterhin zwei bisherige LEDs auf dem Starterkit und parallel dazu zwei LEDs im Technologiemodell ansteuern. Damit ergeben sich die in Tabelle 7.14 und Tabelle 7.15 dargestellten Zuordnungstabellen für die Eingangs- und Ausgangszuordnungen der Prozessdaten.

Tabelle 7.14 Eingangszuordnung der Prozessdaten

BMK	Schalternr. (–A2)	Variablenname	Beschreibung
T1.1	–	on_button_1_bool	betätigt: T1.1 = 1
T1.1	–	off_button_1_bool	betätigt: T1.2 = 1
T2.1	–	on_button_2_bool	betätigt: T2.1 = 1
T2.2	–	off_button_2_bool	betätigt: T2.2 = 1

Tabelle 7.15 Ausgangszuordnung der Prozessdaten

BMK	LED-Nr. (–A2)	Variablenname	Beschreibung
H1	1	QX_led_1	LED leuchtet: H1 = 1
H3	3	QX_led_2	LED leuchtet: H3 = 1

BMK	LED-Nr. (-A2)	Variablenname	Beschreibung
	Prozessdatum im Modell		
H1	DO0	`led_1_bool`	LED leuchtet: H1 = 1
H3	DO4	`led_2_bool`	LED leuchtet: H3 = 1

Mit den Variablen gemäß Tabelle 7.14 und Tabelle 7.15 ergibt sich das in Listing 7.5 dargestellte ST-Programm.

Listing 7.5 ST-Programm für die Beleuchtungssteuerung mit Taster und Technologiemodell 1

```
(*C1: The RS flipflop is set by the on_button and reset by the off_button.*)
RS_1 (SET := on_button_1_bool, RESET1 := off_button_1_bool);
QX_led_1 := RS_1.Q1;
led_1_bool := QX_led_1;

RS_2 (SET := on_button_2_bool, RESET1 := off_button_2_bool);
QX_led_2 := RS_2.Q1;
led_2_bool := QX_led_2;
```

Für das Modell *E/A-Peripherie-Board* (Modell 1) gelten folgende MQTT-Topics: `<Root Topic>/model1/<E/A-Bezeichnung>`

Tabelle 7.16 beinhaltet die Zuordnung der Prozessdaten zu den benutzten Topics.

Tabelle 7.16 Zuordnung der Prozessvariablen zu den MQTT-Topics für Modell 1

Prozessvariable	MQTT-Topic
Aktoren	
`led_1_bool`	DIN4
`led_2_bool`	DIN6
Sensoren	
`on_button_1_bool`	DOUT4
`off_button_1_bool`	DOUT5
`on_button_2_bool`	DOUT6
`off_button_2_bool`	DOUT7

Als öffentlicher MQTT-Broker kann z. B. der Broker von FlexIOT mit einer unverschlüsselten und nicht autorisierten Verbindung genutzt werden. Dabei gelten folgende Verbindungsparameter für den FB `MQTT_PubSub`:

`broker_IP: tcp://85.214.218.90:1883`

Bild 7.6 zeigt das zugehörige FBS-Programm mit der Parametrierung für die FB-Instanz MQTT_PubSub1.

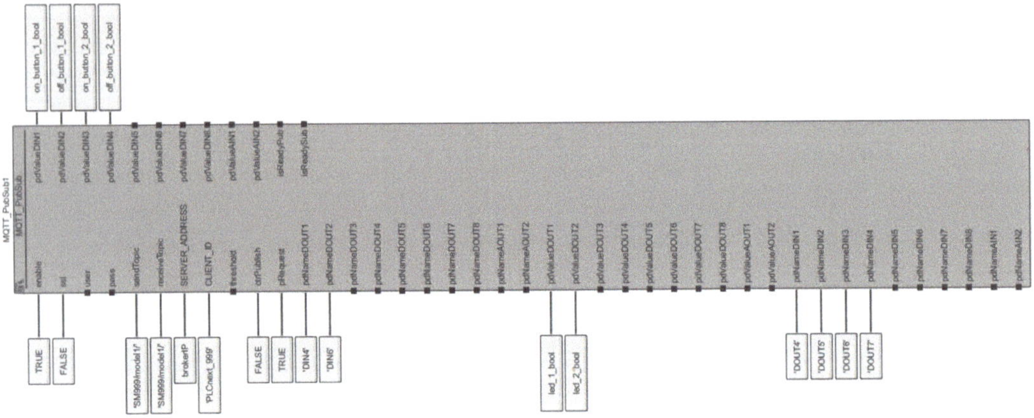

Bild 7.6 FBS-Programm für die Instanz MQTT_PubSub1 im MQTT-Programmteil (POU MQTT)

Für den Anschluss des Technologiemodells wird gleichfalls eine unverschlüsselte und nicht autorisierte MQTT-Verbindung mit folgenden Parametern genutzt:

- **MQTT-Broker URL:** broker.flexiot.de
- **MQTT-Broker-Port:** 9002

Die vollständige programmtechnische Lösung für die Übung ist im PLCnext-Projekt exercise_20.pcwex unter *plus.hanser-fachbuch.de* im Unterordner *Exercises_Solutions* gespeichert.

Übung 21

Übung 21 basiert auf Aufgabe 3 aus Abschnitt 3.2.5 bzw. Aufgabe 39 aus Abschnitt 5.5.2.2. Für den Test des SPS-Programms sollen zwei Technologiemodelle *Drehstrommotor* (Modell 2) verwendet werden, die gleichzeitig in zwei Webbrowsern, z. B. auf zwei Smartphones, laufen. Es werden keine Peripherieelemente des Starterkits (Kippschalter oder LEDs) verwendet.

Unter Berücksichtigung der Anforderungen in der Aufgabenstellung ergeben sich die in Tabelle 7.17 und Tabelle 7.18 dargestellten Zuordnungstabellen für die Eingangs- und Ausgangszuordnungen der Prozessdaten.

Tabelle 7.17 Eingangszuordnung der Prozessdaten

BMK	Variablenname	Beschreibung
Motor 1		
T1	`button1_start_right_bool`	betätigt: S1 = 1
T2	`button1_start_left_bool`	betätigt: S2 = 1
F2	`overcurrent1_bool`	betätigt: F2 = 0 (Öffner)
Motor 2		
T2	`button2_start_left_bool`	betätigt: S2 = 1
F2	`overcurrent2_bool`	betätigt: F2 = 0 (Öffner)

Tabelle 7.18 Ausgangszuordnung der Prozessdaten

BMK	Variablenname	Beschreibung
Motor 1		
K1	`motor1_right_bool`	Bewegung nach rechts: K1 = 1
K2	`motor1_left_bool`	Bewegung bremst durch Linkslauf ab: K2 = 1
Motor 2		
K1	`motor2_right_bool`	Bewegung nach rechts: K1 = 1
K2	`motor2_left_bool`	Bewegung bremst durch Linkslauf ab: K2 = 1

Mit den neuen Variablen gemäß Tabelle 7.17 und Tabelle 7.18 ergibt sich das in Bild 7.7 angepasste KOP-Programm.

Für das Modell *Drehstrommotor* (Modell 2) gelten folgende MQTT-Topics: `<Root Topic>/model2/<E/A-Bezeichnung>`

Da die Subtopics für die beiden Instanzen des Technologiemodells identisch sind und nicht geändert werden können, muss das Root Topic für jede Instanz unterschiedlich sein (z. B. SM999 für Motor 1 und SM998 für Motor 2).

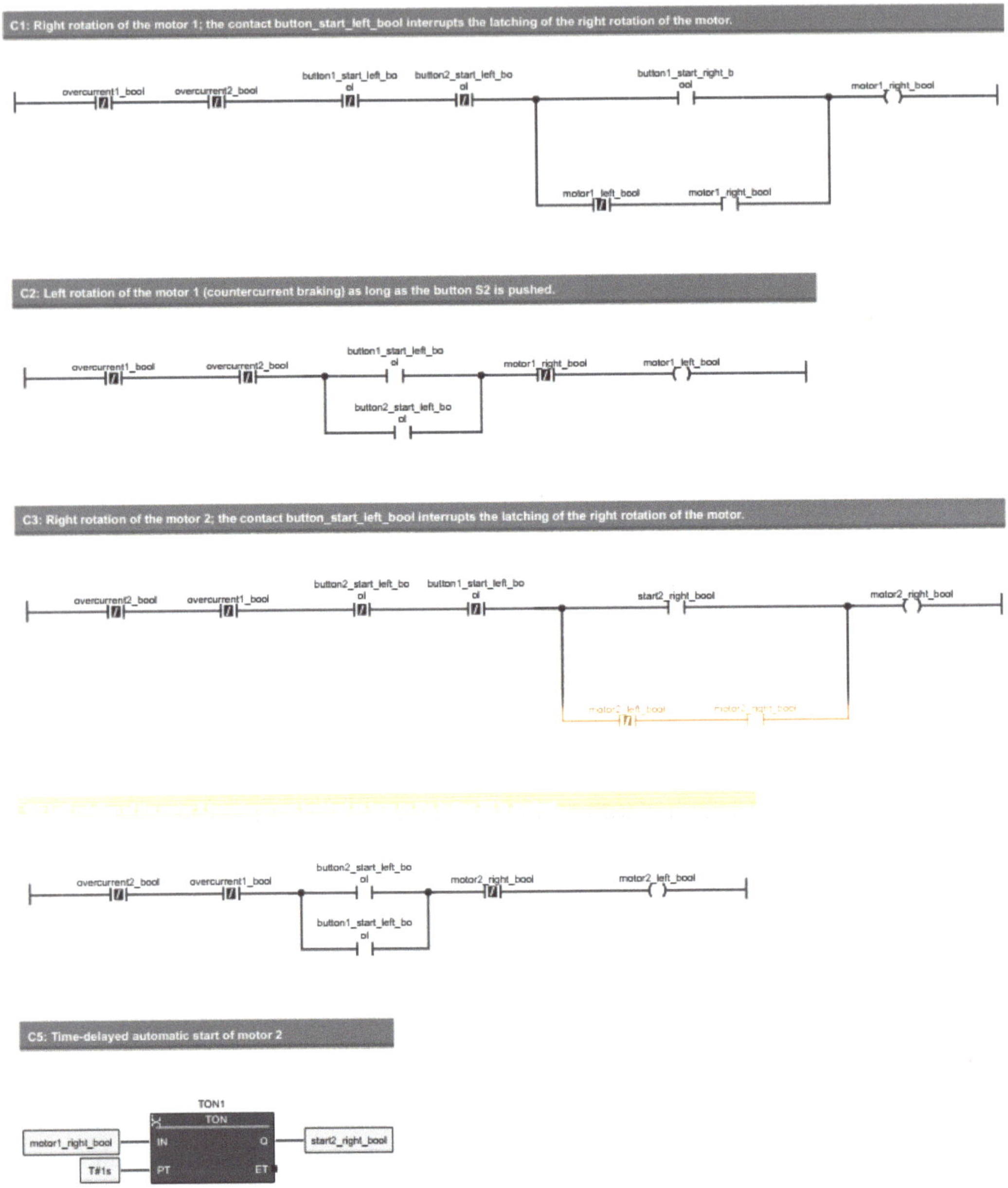

Bild 7.7 KOP-Programm für die Steuerung der beiden Drehstrommotoren mit Technologiemodell

Tabelle 7.19 beinhaltet die Zuordnung der Prozessdaten zu den benutzten Topics.

Tabelle 7.19 Zuordnung der Prozessvariablen zu den MQTT-Topics für Modell 2

Prozessvariable	MQTT-Topic
Aktoren	
`motor1_right_bool`	SM999/model2/motorR
`motor1_left_bool`	SM999/model2/motorL
`motor2_right_bool`	SM998/model2/motorR
`motor2_left_bool`	SM998/model2/motorL
Sensoren	
`button_1_right_bool`	SM999/model2/S1
`button_1_left`	SM999/model2/S2
`overcurrent1_bool`	SM999/model2/F2
`button_2_left`	SM998/model2/S2
`Overcurrent2_bool`	SM998/model2/F2

Als öffentlicher MQTT-Broker kann z. B. der Broker von FlexIOT mit einer unverschlüsselten und nicht autorisierten Verbindung genutzt werden. Dabei gelten folgende Verbindungsparameter für den FB `MQTT_PubSub`:

`broker_IP: tcp://85.214.218.90:1883`

Da jede Instanz des FB `MQTT_PubSub` nur mit einem Root Topic arbeiten kann, wird für den zweiten Motor auch eine zweite Instanz des FB benötigt. Dabei muss darauf geachtet werden, dass sich die `ClientID` der zweiten Instanz von der ersten unterscheiden muss.

Bild 7.8 zeigt das zugehörige FBS-Programm mit der Parametrierung für die beiden FB-Instanzen `MQTT_PubSub1` und `MQTT_PubSub2`.

Für den Anschluss des Technologiemodells wird gleichfalls eine unverschlüsselte und nicht autorisierte MQTT-Verbindung mit folgenden Parametern genutzt:

- **MQTT-Broker URL:** broker.flexiot.de
- **MQTT-Broker-Port:** 9002

Die vollständige programmtechnische Lösung für die Aufgabe ist im PLCnext-Projekt `exercise_21.pcwex` unter *plus.hanser-fachbuch.de* im Unterordner *Exercises_Solutions* gespeichert.

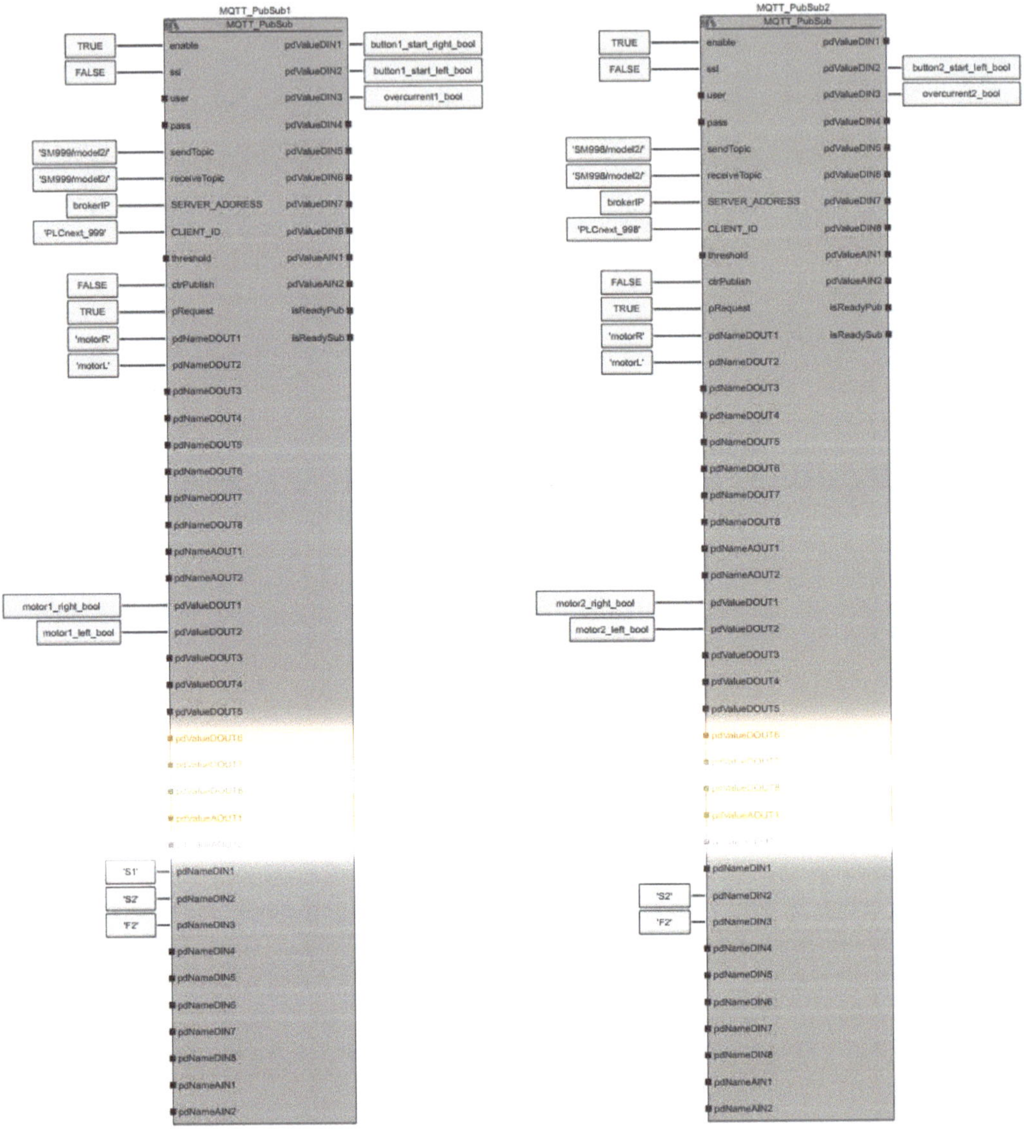

Bild 7.8 FBS-Programm für den MQTT-Programmteil (POE `MQTT`)

Die vollständige programmtechnische Lösung für die Aufgabe ist im PLCnext-Projekt `exercise_21.pcwex` unter *plus.hanser-fachbuch.de* im Unterordner *Exercises_Solutions* gespeichert.

Übung 22

Für die Bestimmung der Round-Trip Time (RTT) T_{RTT} kann die in der Aufgabenstellung angegebene Formel verwendet werden:

$\Delta T_{RTT} = \Delta L \cdot (T_{level} / L_{soll})$

Nach Einsetzen der Werte für L_{soll} = 8,00 Einheiten und T_{level} = 12 s ergibt sich

$\Delta T_{RTT} = \Delta L \cdot (12/8{,}00) = 1{,}5 \cdot \Delta L$ [s]

Für jede MQTT-Verbindung werden zehn Messwerte ermittelt und dann der durchschnittliche Wert gebildet. Tabelle 7.20 zeigt die gemessenen Werte für die drei vorgegebenen MQTT-Broker am 17.05.2025. Der Standort der SPS und auch der Instanz des Technologiemodells im Browser war Solingen.

Tabelle 7.20 Gemessene Durchschnittswerte der RTT für drei MQTT-Broker mit öffentlichem Zugang

MQTT-Broker	Pegeldifferenz [Einheiten]	Round-Trip Time [ms]	Standort des Brokers
m+iTEC	0,12	180	Strato/Germany
HiveMQ	0,09	135	AWS/Germany (Frankfurt)
Eclipse	0,22	330	AWS/US (Virginia)

Die Messungen zeigen, dass die deutschen Standorte der MQTT-Broker – wie erwartet – eine wesentlich kleinere RTT für den konkreten Fall aufweisen.

Übung 23

a) Die Sprachsteuerung für die Wassertemperatur im Heizkessel-Wassersystem basiert auf der Sprachsteuerung aus Abschnitt 5.5.2.3 (Fußgängerampel). Auf der entsprechenden Webseite muss das JavaScript so angepasst werden, dass im Ergebnis der Sprachkommandos die in Tabelle 7.21 aufgeführte Belegung zum MQTT-Topic `SM999/model4/temperature` gesendet wird.

Tabelle 7.21 Belegung der JS-Variablen `temperature`

Sprachkommando	Belegung des MQTT-Topics `SM999/model4/temperature`
`HOT`	8,0
`WARM`	5,0
`COLD`	3,0

Außerdem muss für die Webseite der identische MQTT-Broker wie im SPS-Programm genutzt werden (broker.flexiot.de).

Listing 7.6 zeigt den angepassten Codeausschnitt `exercise_23.html` der Webseite.

Listing 7.6 Angepasste Spracherkennungswebseite (Änderungen markiert)

```
// MQTT Setup – unverschlüsselte Verbindung (ws://)
    const client = mqtt.connect("ws://broker.flexiot.de:9002/mqtt");
. . .
    recognition.onresult = (event) => {
        const transcript = event.results[event.results.length - 1][0].transcript.
trim().toLowerCase();
        document.getElementById("command").textContent = transcript;
        console.log("Erkannt:", transcript);

        if (transcript.includes("hot")) {
          client.publish("SM999/model4/temperature", "8.0");document.
getElementById("status").textContent = "Befehl erkannt: HOT → temperature = 8.0";
        } else if (transcript.includes("warm")) {
          client.publish("SM999/model4/temperature", "5.0");  document.
getElementById("status").textContent = "Befehl erkannt: WARM → temperature = 5.0";
        }else if (transcript.includes("cold")) {
          client.publish("SM999/model4/temperature", "3.0");  document.
getElementById("status").textContent = "Befehl erkannt: COLD → temperature = 3.0";
        }
      };
```

Die Webseite kann nun durch einen Doppelklick im Dateiverzeichnis getestet werden. Mit einem beliebigen MQTT-Client kann man die geschriebenen Werte für das Topic `SM999/model4/temperature` testen.

b) Nun muss noch das SPS-Programm `task_41_dt_add.pcwex` erweitert werden, sodass der MQTT-Topic `temperature` den Wert von `max_temp_real` verändert, aber nur wenn der Lichtsensor > 50 Lux anzeigt (bei Tag). Bild 7.9 und Listing 7.7 zeigen die angepassten Teile des SPS-Programms.

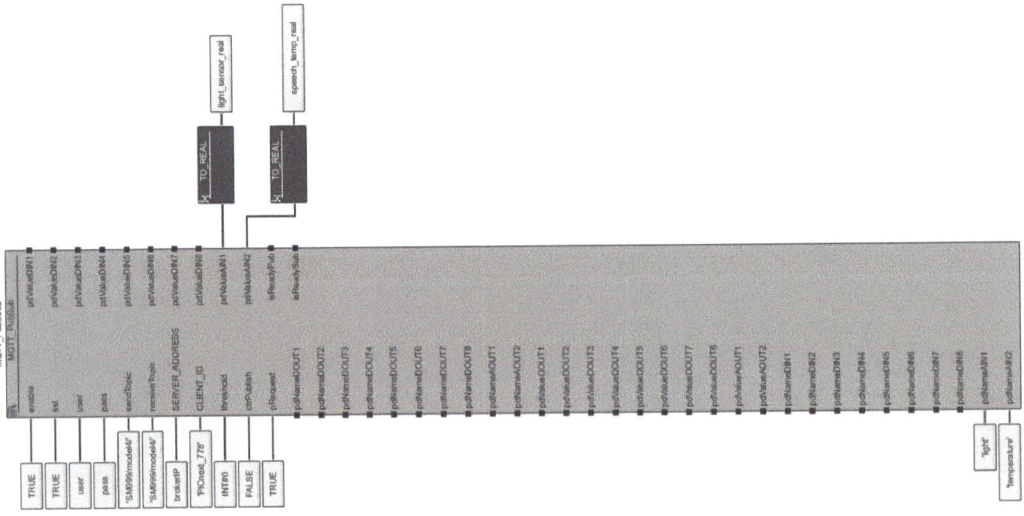

Bild 7.9 Erweiterung der zweiten Instanz `MQTT_PubSub2` um eine weitere Prozessvariable

Die zweite Instanz MQTT_PubSub2 muss um einen zweiten analogen Eingang für den Empfang der Werte der Sprachkommandos speech_temp_real erweitert werden. Auch hier wird der vom MQTT-Broker empfangene STRING zuerst in einen REAL-Wert konvertiert.

Listing 7.7 Anpassung der POE Main

```
(* C1: MAIN *)
(* Output of the fill level to the LED bar graph. *)
QW_fill_level := TO_WORD(MUL(TO_INT(fill_level_real), 3750));

(* C2: Indication of the indicator light when the OFF switch is activated. *)
QX_stop := NOT IX_switch_stop OR NOT off_on_bool;

(* C3: Setting the temperature depending on the light intensity and on the speech
commands *)
IF light_sensor_real > 50.0
THEN
IF (speech_temp_real = 8.0) OR (speech_temp_real = 5.0) OR (speech_temp_real = 3.0)
THEN
   max_temp_real := speech_temp_real;
ELSE max_temp_real := 8.0;
END_IF
ELSE max_temp_real := 4.0;
END_IF

(* C4: Calling the AS program as an AS function block *)
Heating_sfc();
```

Die zusätzliche IF-Abfrage sichert, dass bei Fehlererkennungen der Sprachkommandos keine undefinierten Werte ausgewertet werden. Falls die drei Werte für HOT, WARM oder COLD nicht korrekt erkannt werden, verbleibt die maximale Tagestemperatur des Wassers bei 8,0 Einheiten (80 Grad).

c) Will man mit einem Smartphone-Browser oder einem anderen Gerät auf die erstellte Webseite zugreifen, muss die Webseite auf einem Webserver über HTTPS gehostet werden. Außerdem muss dem jeweiligen Browser die Nutzung des Mikrofons gestattet werden.

   Der Quellcode für die angepasste Webseite befindet sich unter *plus.hanser-fachbuch.de* im Unterordner *Exercises_Solutions* in der Datei exercise_23.html. Für einen Test mittels Smartphone kann der Link *https://elms.ccad.eu/speech/exercise_23.html* genutzt werden. Diese Webseite nutzt eine verschlüsselte MQTTWS-Verbindung, sodass die Spracherkennung auch unter HTTPS funktionsfähig ist.

Die vollständige programmtechnische Lösung für die Übung ist im PLCnext-Projekt exercise_23.pcwex unter *plus.hanser-fachbuch.de* im Unterordner *Exercises_Solutions* gespeichert.

7.5 Lösungen zu Übung 24 bis Übung 27 (Abschnitt 6.5)

Übung 24

Übung 24 basiert auf Aufgabe 5 aus Abschnitt 3.3.2. Für den Test des logiccloud-SPS-Programms soll das Technologiemodell *Einfaches E/A-Peripherie-Board* angeschlossen werden. Da auf dem Technologiemodell nur vier Taster zur Verfügung stehen, sollen nur zwei Leuchten angesteuert werden (H1 und H2). Das bisherige SPS-Programm muss hinsichtlich der Eingangs- und Ausgangssignale angepasst und in die logiccloud übertragen werden. Es ergeben sich die in Tabelle 7.22 und Tabelle 7.23 dargestellten Zuordnungstabellen für die Eingangs- und Ausgangszuordnungen der Prozessdaten.

Tabelle 7.22 Eingangszuordnung der Prozessdaten

BMK	Prozessdatum im Technologiemodell	Variablenname	Beschreibung
T1.1	DI4	`on_button_1_bool`	betätigt: T1.1 = 1
T1.1	DI5	`off_button_1_bool`	betätigt: T1.2 = 1
T2.1	DI6	`on_button_2_bool`	betätigt: T2.1 = 1
T2.2	DI7	`off_button_2_bool`	betätigt: T2.2 = 1

Tabelle 7.23 Ausgangszuordnung der Prozessdaten

BMK	Prozessdatum im Technologiemodell	Variablenname	Beschreibung
H1	DO4	`led_1_bool`	LED leuchtet: H1 = 1
H2	DO6	`led_2_bool`	LED leuchtet: H2 = 1

Mit den Variablen gemäß Tabelle 7.22 und Tabelle 7.23 ergibt sich das in Listing 7.8 dargestellte ST-Programm.

Listing 7.8 ST-Programm in der logiccloud für die Beleuchtungssteuerung mit Taster

```
PROGRAM my_program

VAR_INPUT
    on_button_1_bool  : BOOL;
    off_button_1_bool  : BOOL;
    on_button_2_bool  : BOOL;
    off_button_2_bool  : BOOL;
END_VAR
```

```
VAR_OUTPUT
    led_1_bool : BOOL;
    led_2_bool : BOOL;
END_VAR

VAR
    RS_1: RS;
    RS_2: RS;
END_VAR

(*C1: The RS flipflop is set by the on_button and reset by the off_button.*)
RS_1(S := on_button_1_bool, R1 := off_button_1_bool);
led_1_bool := RS_1.Q1;

RS_2(S := on_button_2_bool, R1 := off_button_2_bool);
led_2_bool := RS_2.Q1;

END_PROGRAM
```

Es ist darauf zu achten, dass logiccloud folgende Syntax für das RS-Flipflop verwendet (vgl. Tabelle 2.15):

```
RS_1(S:=IN1, R1:=IN2;
OUT:=RS_1.Q1
```

Nach korrekter Kompilation kann die Runtime-Instanz in logiccloud mit dem MQTT-Konnektor und der Zuordnung der Variablen zu den MQTT-Topics erstellt werden.

Folgender MQTT-Broker wird verwendet:

Connection name: hivemq_broker

- **Host name:** broker.hivemq.com
- **Protocol:** mqtt
- **Port:** 1883

Die E/A-Konfiguration für den Anschluss des Technologiemodells im Tab *MQTT external mapping* entspricht Tabelle 7.24.

Tabelle 7.24 Zuordnung der Prozessvariablen zu den MQTT-Topics für Modell 1 in logiccloud

Prozessvariable	MQTT-Topic
on_button_1_bool	<Root Topic>/modell1/DIN4
off_button_1_bool	<Root Topic>/ modell1/DIN5
on_button_2_bool	<Root Topic>/ modell1/DIN6
off_button_2_bool	<Root Topic>/ modell1/DIN7
led_1_bool	<Root Topic>/ modell1/DOUT4
led_2_bool	<Root Topic>/ modell1/DOUT6

Danach kann der Funktionstest mit dem Technologiemodell wie in Abschnitt 6.4.2.1 beschrieben erfolgen.

Die vier Projektdateien von logiccloud für die vollständige programmtechnische Lösung der Übungsaufgabe sind unter *plus.hanser-fachbuch.de* im Unterordner *Exercises_ Solutions* > *exercise_24* gespeichert.

Übung 25

Übung 25 basiert auf der Lösung aus Abschnitt 6.4.2.2. Für die Überwachung der MQTT-Verbindung können die beiden Statussignale `isReadyPub` und `isReadySub` des FB `MQTT_PubSub` genutzt werden. Wird einer der beiden Signale `FALSE`, ist die MQTT-Verbindung unterbrochen, und die beiden Drehrichtungen (K1 und K2) werden ausgeschaltet.

Für die Realisierung ist im PLCnext-Programm `Main` jeweils ein zusätzlicher negierter `AND`-Eingang für jede Drehrichtung erforderlich. Bild 7.10 und Bild 7.11 zeigen die Änderungen im PLCnext-Programm.

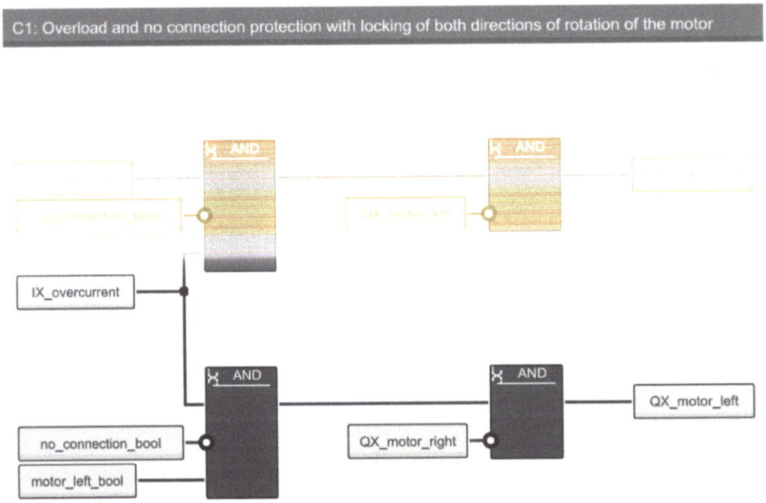

Bild 7.10 Erweitertes FBS-Programm in der PLCnext POE `Main`

Die Zusammenfassung der beiden Statussignale erfolgt in der POE `MQTT` über ein `OR`-Glied zu einer Variablen `no_connection_bool` (Bild 7.11), die dann in der POE `Main` bei MQTT-Verbindungsproblemen die beiden Drehrichtungen sperrt.

Das logiccloud-Programm aus Abschnitt 6.4.2.2 muss für diese Übung nicht geändert werden.

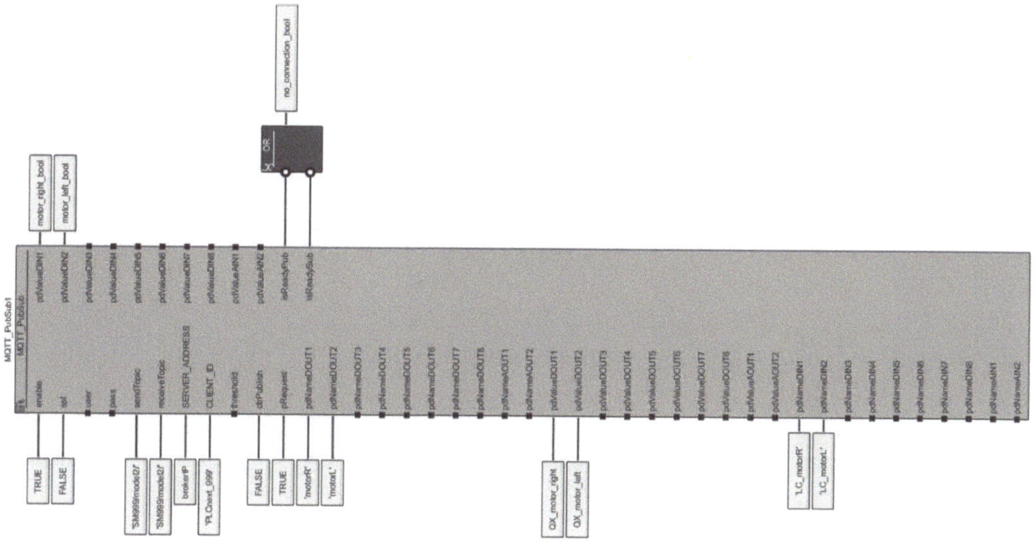

Bild 7.11 Erweitertes FBS-Programm in der POE `MQTT`

Die vollständige programmtechnische Lösung für die Übungsaufgabe ist im PLCnext-Projekt `exercise_25_lc.pcwex` unter *plus.hanser-fachbuch.de* im Unterordner *Exercises_ Solutions* > *exercise_25* gespeichert.

Übung 26

Für die Umstellung des PLCnext-Programms auf logiccloud muss das vorliegende AS-Programm aus Abschnitt 3.10.2 bzw. Abschnitt 5.5.2.4 unter Berücksichtigung geänderter Prozessvariablen in ein ST-Programm umgeschrieben werden. Die dazu erforderlichen Prozessdatenzuordnungen sind in Tabelle 7.25 bis Tabelle 7.27 aufgelistet.

Tabelle 7.25 Eingangszuordnung der Prozessdaten

BMK	Prozessdatum im Technologiemodell	Variablenname	Beschreibung
F	fill_level	`fill_level_real`	Wertebereich: 0.00 ... 10.00
T	heating_temp	`temperature_real`	Wertebereich: 0.00 ... 10.00
S1	S1	`off_on_bool`	betätigt: S = 1 (Schließer)

Tabelle 7.26 Ausgangszuordnung der Prozessdaten

BMK	Prozessdatum im Technologiemodell	Variablenname	Beschreibung
V1	valve_1	`valve_intake_bool`	LED leuchtet: V1 = 1 (Zuflussventil)
V2	valve_2	`valve_outtake_bool`	LED leuchtet: V2 = 1 (Abflussventil)
H	heating	`Heating_bool`	LED leuchtet: H = 1 (Heizung)

Tabelle 7.27 Zuordnung der internen Variablen (Merker)

Variablenname	Datentyp	Beschreibung	Startwert
`min_fill_real`	REAL	minimaler Füllstand des Tanks	REAL#0.0
`max_fill_real`	REAL	maximaler Füllstand des Tanks	REAL#8.0
`max_temp_real`	REAL	Vergleichswert für die maximale Temperatur	REAL#8.0

Das ST-Programm kann händisch in Anlehnung an das ST-Programm aus Abschnitt 3.10.2 bzw. Abschnitt 5.5.2.4 erstellt werden, oder man nutzt die Unterstützung von ChatGPT zur Konvertierung des AS-Programms in das ST-Programm. Das mit Unterstützung durch ChatGPT o4-mini-high erstellte ST-Programm ist in Listing 7.9 dargestellt.

Listing 7.9 ST-Programm für die logiccloud-Steuerung, generiert mit Unterstützung von ChatGPT

```
PROGRAM my_program

VAR_INPUT
    fill_level_real      : REAL;           (* Füllstand im Modell (0.00 ... 10.00) *)
    temperature_real     : REAL;           (* Temperatur im Modell (0.00 ... 10.00) *)
    off_on_bool          : BOOL;           (* S1: TRUE = Schalter "Ein" *)
END_VAR

VAR_OUTPUT
    count_int            : INT  := 1;      (* Zustandszähler *)
    valve_intake_bool    : BOOL := FALSE;  (* V1: LED Zuflussventil *)
    heating_bool         : BOOL := FALSE;  (* H:  LED Heizung      *)
    valve_outtake_bool   : BOOL := FALSE;  (* V2: LED Abflussventil *)
END_VAR

VAR
    min_fill_real        : REAL := 0.0;    (* Minimaler Füllstand *)
    max_fill_real        : REAL := 8.0;    (* Maximaler Füllstand *)
    max_temp_real        : REAL := 8.0;    (* Maximaltemperatur *)
END_VAR
```

```
(*=====================================================================*)
(* 1. Transitionslogik (SFC-Transitions)                               *)
(*    Wird in jedem Scan-Zyklus zuerst ausgeführt, noch bevor Aktionen *)
(*    gesetzt werden.                                                  *)
(*=====================================================================*)

IF count_int = 1 THEN                   (* Aktuell: Filling *)
    IF fill_level_real >= max_fill_real THEN
        count_int := 2;                 (* Wechsel zu Heating *)
    END_IF;

ELSIF count_int = 2 THEN                (* Aktuell: Heating *)
    IF temperature_real >= max_temp_real THEN
        count_int := 3;                 (* Wechsel zu Draining *)
    END_IF;

ELSIF count_int = 3 THEN                (* Aktuell: Draining *)
    IF fill_level_real <= min_fill_real THEN
        count_int := 1;                 (* Wechsel zurück zu Filling *)
    END_IF;
END_IF;

(*=====================================================================*)
(* 2. Aktionslogik für jeden Schritt (Äquivalent zu Action_1,2,3 aus AS) *)
(*    Je nach count_int wird genau der entsprechende Block ausgeführt.      *)
(*=====================================================================*)

CASE count_int OF

    (*=================================================================*)
    (* Schritt 1: Filling  → Ausgabe: valve_intake_bool               *)
    (*=================================================================*)
    1:
        IF off_on_bool THEN
            valve_intake_bool := TRUE;     (* V1 = 1: LED Zuflussventil ein *)
        ELSE
            valve_intake_bool := FALSE;    (* Schalter aus → Ventil bleibt zu *)
        END_IF;

       (* Auf jeden Fall sicherstellen, dass Heizung und Abflussventil aus sind *)
        heating_bool       := FALSE;
        valve_outtake_bool := FALSE;

    (*=================================================================*)
    (* Schritt 2: Heating  → Ausgabe: heating_bool                    *)
    (*=================================================================*)
    2:
        IF off_on_bool THEN
            heating_bool := TRUE;          (* H = 1: LED Heizung ein *)
        ELSE
            heating_bool := FALSE;         (* Schalter aus → Heizung aus *)
        END_IF;

       (* Auf jeden Fall sicherstellen, dass Zufluss- und Abflussventil aus sind *)
        valve_intake_bool   := FALSE;
        valve_outtake_bool  := FALSE;
```

```
    (*================================================================*)
    (* Schritt 3: Draining  → Ausgabe: valve_outtake_bool            *)
    (*================================================================*)
    3:
        IF off_on_bool THEN
            valve_outtake_bool := TRUE;     (* V2 = 1: LED Abflussventil ein *)
        ELSE
            valve_outtake_bool := FALSE;    (* Schalter aus → Ventil bleibt zu *)
        END_IF;

        * Auf jeden Fall sicherstellen, dass Zuflussventil und Heizung aus sind *)
        valve_intake_bool := FALSE;
        heating_bool      := FALSE;

ELSE
    (* Falls "Count_int" einen ungültigen Wert hätte *)
    valve_intake_bool  := FALSE;
    heating_bool       := FALSE;
    valve_outtake_bool := FALSE;
END_CASE;

END_PROGRAM
```

Nach korrekter Kompilation kann die Runtime-Instanz in logiccloud mit dem MQTT-Konnektor und der Zuordnung der Variablen zu den MQTT-Topics erstellt werden.

Folgender MQTT-Broker wird verwendet:

- **Connection name:** flexiot_broker
- **Host name:** broker.flexiot.de
- **Protocol:** mqtt
- **Port:** 1883

Die E/A-Konfiguration für den Anschluss des Technologiemodells im Tab *MQTT external mapping* entspricht Tabelle 7.28.

Tabelle 7.28 Zuordnung der Prozessvariablen zu den MQTT-Topics für Modell 4 in logiccloud

Prozessvariable	MQTT-Topic
fill_level_real	<Root Topic>/model4/fill_level
temperature_real	<Root Topic>/ model4/heating_temp
off_on_bool	<Root Topic>/ model4/S1
valve_intake_bool	<Root Topic>/ model4/valve_1
valve_outtake_bool	<Root Topic>/ model4/valve_2
heating_bool	<Root Topic>/ model4/heating

Danach kann der Funktionstest mit dem Technologiemodell *Heizkessel-Wassersystem* (Modell 4) wie in Abschnitt 6.4.2 beschrieben erfolgen.

Die vier Projektdateien von logiccloud für die vollständige programmtechnische Lösung der Übungsaufgabe sind unter *plus.hanser-fachbuch.de* im Unterordner *Exercises_Solutions > exercise_26* gespeichert.

Übung 27

In Übung 27 soll die Dynamik der Lösung von Übung 26 für die in Tabelle 7.29 aufgeführten MQTT-Broker ermittelt werden.

Tabelle 7.29 MQTT-Broker mit öffentlichem Zugang

Anbieter	MQTT Broker URL	MQTT Broker Port	Standort des Servers
m+iTEC	broker.flexiot.de	TCP: 1883 WebSocket: 9002	Strato/Germany
HiveMQ	broker.hivemq.com	TCP: 1883 WebSocket: 8000	AWS/Germany (Frankfurt)
Eclipse	mqtt.eclipseprojects.io	TCP: 1883 WebSocket: 80	AWS/US (Virginia)

Die Bestimmung der Round-Trip Time ΔT_{RTT} erfolgt, wie in der Aufgabenstellung zu Übung 22 beschrieben, durch Messung der Pegelabweichung ΔL (Bild 5.36) für das Modell *Heizkessel-Wassersystem*. Basis ist das logiccloud-Projekt aus Übung 26.

Für jeden Broker müssen folgende Schritte durchgeführt werden:

- Anpassung des Brokers für die Runtime-Instanz in logiccloud im Menü *Edit* für die *MQTT Connection* bzw. Erzeugung einer neuen Runtime-Instanz mit einem anderen Broker
- Update der Ablaufumgebung (Device) mit Zuordnung der angepassten Runtime-Instanz bzw. Erzeugung einer neuen Ablaufumgebung
- Ermittlung der mittleren Pegelabweichung am angeschlossenen Technologiemodell z. B. mittels eines externen MQTT-Clients

Tabelle 7.30 zeigt die gemessenen Werte für die drei vorgegebenen MQTT-Broker am 04. 06. 2025. Standort für die Instanz des Technologiemodells im Browser war Solingen. logiccloud wird als Cloud-Ablaufumgebung bei AWS/Germany in Frankfurt am Main gehostet.

Tabelle 7.30 Gemessene Durchschnittswerte der RTT für drei MQTT-Broker mit öffentlichem Zugang

MQTT-Broker	Pegeldifferenz [Einheiten]	Round-Trip Time [ms]	Standort des Brokers
m+iTEC	0,08	120	Strato/Germany
HiveMQ	0,02	60	AWS/Germany (Frankfurt)
Eclipse	0,18	270	AWS/US (Virginia)

Im Vergleich zu den Messungen aus Übung 22 sind die RTT-Werte zum Teil bis zu über 50 % (HiveMQ) niedriger, d. h., die Verzögerungszeiten für die MQTT-Kommunikation zu einem Technologiemodell sind mit logiccloud gegenüber einer PLCnext deutlich besser.

8 Anhang

8.1 Normen und Standards

DIN EN IEC 61131-1 bis DIN EN IEC 61131-10: Speicherprogrammierbare Steuerungen. Teil 1: Allgemeine Informationen bis Teil 10: XML-basiertes Austauschformat für Programme nach IEC 61131-3. DKE – Deutsche Kommission Elektrotechnik Elektronik Informationstechnik in DIN und VDE, 2003 – 2019

IEC 61499: Functions blocks. Part 1: Architecture. Part 2: Software tool requirements. Part 3: Tutorial information. Part 4: Rules for compliance profiles. VDE Verlag, Berlin 2012 – 2013

IEC 62541: OPC Unified Architecture. Teil 1: Concepts bis Teil 15: OPC UA Safety. VDE Verlag, Berlin 2020 – 2025

ISO/IEC 20922: Information technology – Message Queuing Telemetry Transport (MQTT) v3.1.1. VDE Verlag, Berlin 2016

ISO/IEC 9506-1/2: Industrial automation systems – Manufacturing Message Specification. *https://www.iso.org/obp/ui/en/#iso:std:iso:9506:-1:ed-2:v1:en* (Zugriff am 06. 03. 2025)

8.2 Abkürzungen

AC	Alternating Current (Wechselstrom)
AI	Artifical Intelligence
AIN	analoge Inputs
A/D	analog/digital
ADU	Analog-Digital-Umsetzer
AOUT	digitale Outputs
API	Application Programming Interface

AS	Ablaufsprache
AWL	Anweisungsliste
AWS	Amazon Web Services
BD	Big Data
BL	Base Level
BMK	Betriebsmittelkennzeichen
CaaS	Control as a Service
CI/CD	Continuous Integration/Continuous Delivery or Deployment
CL	Conformity Level
CNC	Computer Numerical Control
CPPS	Cyber-Physical Production Process
CPS	Cyber-Physical System
CPU	Central Processing Unit
CSA	Cloud Security Alliance
DAU	Digital-Analog-Umsetzer
DC	Direct Current (Gleichstrom)
DecOps	Development and Operations
DIN	Deutsche Industrienorm digitale Inputs
DMI	Discrete Model Integration
DOS	Disk Operating System
DOUT	digitale Outputs
DT	Digital Twin
E/A	Eingabe/Ausgabe
EPROM	Erasable Programmable Read-Only Memory
EEPROM	Electrically Erasable Programmable Read-Only Memory
EN	Europäische Norm
ERP	Enterprise Resource Planning
EVA	Einlesen, Verarbeiten, Ausgeben

FB	Funktionsbaustein Feldbus
FBD	Function Block Diagram
FBS	Funktionsbausteinsprache
FC	Function
FMI	Functional Mock-up Interface
FUP	Funktionsplan
Git	Software zur verteilten Versionsverwaltung von Dateien
GitOps	Konzept, das über einen deklarativen Ansatz Infrastrukturen und Anwendungen verwaltet und mit Git kontrolliert
GPT	Generative Pre-trained Transformer
HMI	Human Machine Interface
HTTPS	Hypertext Transfer Protocol Secure
HVAC	Heating, Ventilation and Air Conditioning
IaaS	Infrastructure as a Service
IDE	Integrated Development Environment
IEC	International Electrotechnical Commission
IL	Instruction List
IIoT	Industrial Internet of Things
IoT	Internet of Things
IP	Internet Protocol
IPC	Industrial PC
IT	Informationstechnik
IO	Input/Output
JS	JavaScript
JSON	JavaScript Object Notation
KI	künstliche Intelligenz
KOP	Kontaktplan
LAN	Local Area Network
LD	Ladder Diagram

LED	Light Emitting Diode (Leuchtdiode)
LLM	Large Language Model
MAP	Manufacturing Automation Protocol
MES	Manufacturing Execution System
MINT	Mathematik, Informatik, Naturwissenschaften und Technik
ML	Machine Learning
MMS	Manufacturing Message Specification
MPI	Multi-Point Interface
MS	Microsoft
MQTT	Message Queuing Telemetry Transport
MQTTWS	MQTT over WebSocket
NLP	Natural Language Processing
OASIS	Organization for the Advancement of Structured Information Standards
OPC UA	Open Platform Communications Unified Architecture
OS	Operating System
OT	operative Technologie
PAA	Prozessabbild der Ausgänge
PaaS	Platform as a Service
PAE	Prozessabbild der Eingänge
PC	Personal Computer
PCI	Peripheral Component Interconnect
PCS	Process Control System
PLC	Programmable Logic Controller
PLCaaS	PLC as a Service
PLS	Prozessleitsystem
PNG	Portable Network Graphics
POE	Programmorganisationseinheit
POU	Program Organization Unit
PRG	Programm
PROFINET	Process Field Network

PROM	Programmable Read-Only Memory
PS	Power Supply
PubSub	Publisher-Subscriber
PWM	Pulsweitenmodulator
QoS	Quality of Service
RAM	Random-Access Memory
RCM	Robot Controlled Motion
REST	Representational State Transfer
RFID	Radio Frequency Identification
RL	Reusability Level Reinforcement Learning
ROM	Read-Only Memory
ROS	Robot Operating System
RTT	Round-Trip-Time
SaaS	Software as a Service
SCADA	Supervisory Control and Data Acquisition
SCL	Structured Control Language
SFC	Sequential Function Chart
SOA	Service-Oriented Architecture
SPS	speicherprogrammierbare Steuerungen
ST	Strukturierter Text
SVG	Scalable Vector Graphics
TCP	Transmission Control Protocol
TIA	Totally Integrated Automation
TSN	Time Sensitive Network
UV	Ultraviolett
VM	Virtual Machine
VR	Virtual Reality
X3D	eXtensible 3D

8.3 Glossar

Ablaufsprache (AS)	Hierbei handelt es sich um eine grafische Programmiersprache, die den anderen SPS-Sprachen übergeordnet ist. Die Ablaufsprache erlaubt die Zerlegung einer komplexen Aufgabe in überschaubare Einheiten. Die Einheiten selbst müssen mit einer der vier anderen Sprachen erzeugt werden. Die AS-Sprache eignet sich besonders für Prozesse mit schrittweisem Zustandsverhalten (Schrittketten).
Ablaufumgebung	In der SPS-Technik bezieht sich der Begriff auf das Konzept, wie eine SPS einen bestimmten Prozess oder eine Reihe von Schritten steuert. Es ist das Zusammenspiel von Programmcode, Daten und physikalischen Ein- und Ausgängen, die einen Ablauf definieren. Die Ablaufumgebung ist ein zentraler Bestandteil der SPS-Technik und wichtig, um Prozesse zuverlässig und effizient zu steuern.
Anweisung	Dies ist ein Befehl, der die SPS anweist, eine bestimmte Aktion auszuführen. Anweisungen sind die grundlegenden Bausteine eines SPS-Programms und werden verwendet, um die Logik der SPS zu steuern.
Anweisungsliste (AWL)	Hierbei handelt es sich um eine zeilenorientierte SPS-Programmiersprache ähnlich einer Assemblersprache. Eine Vielzahl von Schlüsselwörtern und das Fehlen mächtiger Sprachkonstrukte erschweren den Überblick.
Assistenzsystem	In der SPS-Technik ist dies ein zusätzliches System, das den Anwender bei der Bedienung und Programmierung der SPS unterstützt. Es kann zum Beispiel die Erstellung von Anweisungen vereinfachen, Fehler erkennen und korrigieren oder die SPS-Funktionen visualisieren.
Ausdruck	Dies ist ein Konstrukt, das nach seiner Auswertung einen Wert zurückliefert. Ausdrücke sind aus Operatoren und Operanden zusammengesetzt. Ein Operand kann eine Konstante, eine Variable, ein Funktionsaufruf oder ein weiterer Ausdruck sein.
Automatisierungs-Cloud	CPS-Komponenten und Automatisierungsdienste werden für eine definierte Automatisierungslösung über eine oder mehrere öffentliche und/oder private Automatisierungs-Clouds vernetzt.
Automatisierungs-hierarchie	Komplexe Automatisierungssysteme sind aufgrund hierarchisch strukturierter technischer Prozesse und Entscheidungsstrukturen meist gleichfalls hierarchisch organisiert.
Backend-Architektur	Hierbei handelt es sich um die Struktur des serverseitigen Teils einer Softwareanwendung, die für Datenverarbeitung, Logik und andere systemnahen Aufgaben verantwortlich ist. Sie wird oft im Gegensatz zum Frontend-Teil (Benutzeroberfläche) eingesetzt und ist normalerweise für den Benutzer unsichtbar.

Basisoperator	Dies ist eine fundamentale Anweisung, die zur Durchführung von Berechnungen, Vergleichen und logischen Operationen verwendet wird.
Bestimmungszeichen	Das Bestimmungszeichen dient in einem SPS-Programm dazu, die Aktivierung oder Deaktivierung von Aktionen und booleschen Variablen zu steuern. Es ermöglicht eine mehrstufige Logik, bei der eine Aktion nur unter bestimmten Bedingungen ausgeführt wird.
Big Data-Analyse	Dies ist ein Sammelbegriff für digitale Technologien, die sich mit der Verarbeitung von großen, komplexen und sich schnell ändernden Datenmengen (Massendaten) beschäftigen.
Broker	In IT-Systemen ist der Broker ein Vermittler, der Nachrichten zwischen Anwendungen weiterleitet oder vermittelt.
Cloud-Computing	Beim Cloud-Computing handelt es sich um die Bereitstellung von gemeinsam nutzbaren und flexibel skalierbaren IT-Leistungen durch IT-Ressourcen über Netze.
Container	Hierbei handelt es sich um ausführbare Softwareeinheiten, die den Anwendungscode zusammen mit seinen Bibliotheken und Abhängigkeiten verpacken. Sie ermöglichen die Ausführung von Code in jeder Computerumgebung, sei es eine Desktop-Infrastruktur, eine traditionelle IT-Infrastruktur oder eine Cloud-Infrastruktur.
CPS-basierte Automation	Dies ist ein Automatisierungsmodell, bei dem die Hardware-Komponenten als CPS-Komponenten und die Automatisierungsfunktionen als Dienste ausgeführt sind.
CPS-Komponente	Hierbei handelt es sich um ein Automatisierungsgerät, welches neben üblichen Komponenten wie Sensoren, Aktoren und Embedded-Rechnern zumindest noch eine Verbindung zu einem IP-Netzwerk beinhaltet.
Cyber-physikalisches System	Dies sind Systeme mit eingebetteter Software, die mittels Sensoren Daten über den Zustand ihrer Umgebung erfassen und mittels Aktoren auf physikalische Vorgänge einwirken. Für die Interaktion werden über das Internet erreichbare Daten und Dienste sowie die im System vorhandenen Schnittstellen zur Umgebung genutzt.
Datentyp	Hierbei handelt es sich um ein Attribut, das festlegt, welche Art von Daten eine Variable oder ein Speicherort speichern kann. Es gibt verschiedene Datentypen, wie z. B. Ganzzahlen, Kommazahlen, Text, boolesche Werte und viele mehr. Der Datentyp bestimmt auch, welche Operationen auf den Daten ausgeführt werden können.

Digitaler Zwilling	Dies ist die digitale Repräsentanz eines materiellen oder immateriellen Objekts aus der realen Welt in der digitalen Welt.[1] Es ist unerheblich, ob das Gegenstück in der realen Welt bereits existiert oder zukünftig erst existieren wird. Digitale Zwillinge ermöglichen einen übergreifenden Datenaustausch.[2] Sie bestehen aus Modellen[3] des repräsentierten Objekts und können daneben Simulationen[4], Algorithmen[5] und Services enthalten, die Eigenschaften oder Verhalten des repräsentierten Objekts beschreiben, beeinflussen oder Dienste darüber anbieten.
Dienst	Der Dienst beschreibt in der Informatik eine technisch autarke Einheit (Entität), die abgegrenzte Funktionalitäten zu einem technischen Aspekt bündelt und diese über eine Schnittstelle zur Verfügung stellt.
Edge-Computing	Beim Edge-Computing werden Daten dezentral in der Netzwerkperipherie verarbeitet, an dem Ort, wo sie generiert werden. Die Bedeutung dieser Technologie steigt mit der Menge an Daten, die durch das IIoT erzeugt wird.
EVA-Prinzip	Die Verarbeitungsschritte in einer SPS lassen sich vereinfacht nach dem EVA-Prinzip – Einlesen, Verarbeiten, Ausgeben – beschreiben.
Fog-Computing	Fog-Computing fügt zwischen den Edge-Devices und der Cloud eine weitere Schicht mit Fog-Nodes ein. Dabei handelt es sich um kleine, lokale Rechner (z. B. Router, Proxy, Steuerungsrechner) in den Zugangsbereichen der Cloud. Diese Fog-Nodes sammeln die Daten der Edge-Devices. Sie selektieren die lokal oder dezentral zu verarbeitenden Daten, leiten sie zu zentralen Servern weiter oder verarbeiten sie direkt selbst.
Framework	Hierbei handelt es sich um ein vordefiniertes Gerüst oder eine Sammlung wiederverwendbarer Softwarekomponenten, die die Entwicklung von Anwendungen vereinfachen und beschleunigen. Es bietet eine Struktur und Standards, die den Entwicklungsprozess optimieren und die Effizienz steigern.
Funktionsbausteinsprache (FBS)	Dies ist eine grafische SPS-Sprache, die sich an den Schaltplansymbolen der Digitalelektronik orientiert.
Gateway	Das Gateway ist eine Komponente, die eine Verbindung zwischen zwei Teilnehmern in einem Netz herstellt.
Halluzination	Die Halluzination ist eine von einer KI generierte Ausgabe, die fälschlicherweise Informationen oder Fakten enthält, die nicht der Realität entsprechen oder von den bereitgestellten Input-Quellen abweichen. Es handelt sich um ein Phänomen, bei dem ein KI-System, insbesondere LLMs, falsche oder irrelevante Antworten erzeugt, die zwar plausibel erscheinen, aber nicht korrekt sind.

Industrie 4.0	Hierunter ist die Verschmelzung von moderner Informationstechnologie mit konventionellen Industrieprozessen zu verstehen.
Industrial Internet of Things	Dies ist die industrielle Ausprägung des IoT. Es repräsentiert im Gegensatz zum IoT nicht die verbraucherorientierten Konzepte, sondern konzentriert sich auf die Anwendung des IoT im produzierenden und industriellen Umfeld.
Internet of Things	Hierbei handelt es sich um ein über das Internet vernetztes System von eindeutig identifizierbaren realen Gegenständen (Sensoren, Aktoren, Geräte) und virtuellen Objekten, die über Informations- und Kommunikationstechniken zusammenarbeiten.
IoT-Portal	Dies ist eine Plattform, die das Internet der Dinge (IoT) steuert und verwaltet, indem sie Daten von verschiedenen IoT-Geräten sammelt, analysiert und visualisiert. Das IoT-Portal ermöglicht Nutzern, IoT-Geräte zu überwachen, zu konfigurieren und zu verwalten (oft in einer zentralen Benutzeroberfläche).
IP-Adresse	In einem TCP/IP-Netzwerk wird jeder Teilnehmer durch seine IP-Adresse identifiziert. Eine IP-Adresse in der Version 4 (IPv4-Adresse) besteht aus 4 Bytes, die durch vier durch einen Punkt getrennte Dezimalzahlen dargestellt werden.
Klemmenanschlussplan	Der Klemmenanschlussplan zeigt auf, an welchen Klemmen der Eingangs- und Ausgangsbaugruppen die jeweiligen Sensoren und Aktoren angeschlossen sind. Alle Sensoren und Aktoren werden dabei mit ihren Betriebsmittelkennzeichen (BMK) im Klemmenanschlussplan notiert.
Kompakt-SPS	Kompaktsteuerungen sind nicht oder nur eingeschränkt erweiterbar, jedoch entsprechend preiswert und platzsparend. Sie bieten ansonsten dieselben Grundfunktionen wie modulare SPS.
Kontaktplan (KOP)	Der Kontaktplan symbolisiert ein Netzwerk aus Schaltern, Tastern und elektromechanischen Relais und ist in seiner Darstellung an Stromlaufpläne ngelehnt. Die Sprache ist weitgehend auf die Bearbeitung boolescher Signale beschränkt.
Latenzzeit	Hierbei handelt es sich um den Zeitraum zwischen einem Ereignis und dem Eintreten einer Reaktion, der auch als Latenz, Reaktionszeit oder Verzögerungszeit bezeichnet wird.
Large Language Model	Dies ist ein KI-Modell, das in der Lage ist, menschliche Sprache zu verstehen und zu generieren. Es basiert auf maschinellem Lernen, insbesondere auf neuronalen Netzen (Transformer-Modellen), die auf riesigen Datensätzen trainiert werden.

Literal	Das Literal ist eine zahlenmäßig zu schreibende Konstante, die einen Wert direkt darstellt. Die IEC 61131-3 bezeichnet Literale als externe Darstellung von Daten. Literale können direkt in den Code eingegeben werden. Es ist keine Deklaration notwendig.
Maschinelles Lernen (ML)	Dies ist ein Teilbereich der künstlichen Intelligenz (KI), der sich mit der Erstellung von Computermodellen beschäftigt, die aus Daten lernen und sich kontinuierlich verbessern können. Im Gegensatz zur traditionellen Programmierung, bei der Anweisungen explizit festgelegt werden, lernt ein ML-Modell durch das Training an Datensätzen und kann so Muster erkennen, Vorhersagen treffen oder Entscheidungen treffen, ohne explizit dafür programmiert zu sein.
Merker	Hierbei handelt es sich um Speicherplätze, in denen Zwischenergebnisse als interne Variablen gespeichert werden können.
Microservice	Dies ist ein Architekturkonzept in der Softwareentwicklung, bei dem einzelne Komponenten einer Software bzw. Webanwendung unabhängig voneinander funktionieren.
Modulare SPS	Eine modulare SPS besteht aus einzelnen Komponenten, die jeweils eine andere Aufgabe erfüllen. Ein Beispiel wäre eine SPS, die aus einer zentralen Rechenbaugruppe (mit dem Hauptprozessor), einer Stromversorgung und mindestens einer Eingabe und einer Ausgabebaugruppe besteht. Modulare SPS lassen sich durch Hinzufügen von Baugruppen erweitern, wenn z. B. mehr Eingänge oder Ausgänge gewünscht werden.
Multitasking-Betrieb	Hierbei handelt es sich um den Betrieb einer SPS, bei dem, insbesondere zur Steuerung komplexerer Maschinen oder Anlagen, mehrere SPS-Programme mit unterschiedlicher Zykluszeit oder auch zusätzlich ereignisgesteuert abgearbeitet werden.
Neuronales Netzwerk	Dies ist ein Computersystem, das wie das menschliche Gehirn Informationen verarbeitet. Es besteht aus miteinander verbundenen künstlichen Neuronen, die Daten empfangen, verarbeiten und weiterleiten, um Muster zu erkennen und Vorhersagen zu treffen.
Payload	Hierbei handelt es sich um die Nutzlast (Daten), die während einer Datenübertragung oder Kommunikation transportiert wird. Es handelt sich um die eigentlichen Daten, die an ein System oder einen Empfänger übermittelt werden sollen, ohne die notwendigen Steuer- oder Protokollinformationen.
Plattform	Die Plattform bezeichnet in der Informatik eine einheitliche Grundlage, auf der Anwendungsprogramme ausgeführt und/oder entwickelt werden. Es gibt eine Vielzahl von Plattformen und Plattformkonzepten in der IT.

Programm	Hierunter ist die logische Anordnung aller Programmsprachelemente und Programmkonstrukte zu verstehen, die für die beabsichtigte Signalverarbeitung zur Steuerung einer Maschine bzw. eines Prozesses mit einer SPS erforderlich sind.
Programmorganisationseinheit (POE)	Dies ist ein für sich abgeschlossenes Modul, das vom Compiler unabhängig von anderen Programmteilen übersetzt werden kann. Die POE sind selbstständig und können mehrfach wiederverwendet werden. Bei jeder Verwendung muss jedoch mithilfe eines eindeutigen und nur einmal vorkommenden Bezeichners eine individuelle Instanz des Moduls gebildet werden. Jede einmal deklarierte POE ist im gesamten Projekt sichtbar, d. h. aufrufbar bzw. instanziierbar.
Prompt	Hierbei handelt es sich um eine Anweisung oder Frage als Eingabeaufforderung, die an eine KI-System eingegeben wird, um eine gewünschte Reaktion oder Ausgabe zu erzielen. Es ist der Input, der das Verhalten und die Antwort der KI steuert.
Prompt Engineering	Prompt Engineering ist die Kunst und Wissenschaft der Gestaltung und Optimierung von Eingabeaufforderungen (Prompts) für KI-Modelle, insbesondere LLMs, um gewünschte Ergebnisse zu erzielen. Es ist der Prozess der präzisen Formulierung von Anweisungen, die ein KI-System veranlassen, eine bestimmte Aufgabe auszuführen oder eine bestimmte Antwort zu generieren.
Reaktionszeit	Das Reaktionsziel bezeichnet in der Automatisierungstechnik die Zeitdauer zwischen dem Eintreten eines Prozessereignisses (z. B. Sensor = EIN) und einer davon ausgelösten Reaktion (z. B. Motor = STOP).
Reasoning	Der Begriff wird in verschiedenen Kontexten verwendet, aber bezeichnet im Allgemeinen die Fähigkeit, logisch zu denken, Schlussfolgerungen zu ziehen und Entscheidungen auf der Grundlage von Beweisen und Argumenten zu treffen. In der KI beschreibt er insbesondere die Fähigkeit eines Systems, Informationen zu analysieren, Zusammenhänge zu erkennen und auf Basis dieser Erkenntnisse logische Schlüsse zu ziehen.
Reinforcement Learning	Dies ist ein Ansatz im maschinellen Lernen, bei dem ein Algorithmus (Agent) lernt, Entscheidungen zu treffen, um eine bestimmte Belohnung zu maximieren. Der Agent interagiert mit einer Umgebung, beobachtet die Ergebnisse seiner Aktionen und lernt dadurch, welche Entscheidungen am besten sind, um das gewünschte Ziel zu erreichen.
Serviceorientierte Architektur	Hierbei handelt es sich um ein Architekturmuster der IT aus dem Bereich der verteilten Systeme, um Dienste von IT-Systemen zu strukturieren und zu nutzen.

Slot-SPS	Bei einer Slot-SPS handelt es sich um eine PCI-Steckkarte für einen PC. Eine Slot-SPS wird eingesetzt, wenn eine SPS für Automatisierungsaufgaben benötigt wird, die z. B. eine schnelle und effektive Datenübertragung zwischen der SPS und einer PC-Anwendungssoftware erfordern.
Smart Factory	In Zusammenhang mit Industrie 4.0 spricht man beim Einsatz von CPS in Produktionssystemen auch von Cyber-Physical Production System oder bezogen auf die Fertigungsindustrie auch von Smart Factory.
Soft-SPS	Dies sind Softwarepakete, die auf einem PC als SPS lauffähig sind. In der Praxis werden häufig industrietaugliche PC-Ausführungen (Industrial PC, IPC) gewählt, obwohl dies auch mit handelsüblichen Personal Computern möglich ist. Die Peripherieanbindung (Sensoren und Aktoren) erfolgt entweder seriell über Bussysteme oder mit inzwischen handelsüblichen Ein- und Ausgangskarten.
Speicherprogrammierbare Steuerung (SPS)	Eine SPS ist ein digital arbeitendes elektronisches System für den Einsatz in industriellen Umgebungen mit einem programmierbaren Speicher zur internen Speicherung der anwenderorientierten Steuerungsanweisungen zur Implementierung spezifischer Funktionen wie z. B. Verknüpfungssteuerung, Ablaufsteuerung, Zeit-, Zähl- und arithmetische Funktionen, um durch digitale oder analoge Eingangs- und Ausgangssignale verschiedene Arten von Maschinen und Prozessen zu steuern.
SPS 4.0	Hierbei handelt es sich um SPS-Steuerungen, die IT-Funktionalität, Rechenleistung und Diagnosefähigkeit beinhalten, die weit über die Funktionalität der klassischen SPS hinausgehen. SPS 4.0 werden in multidisziplinären Applikationen eingesetzt, besitzen eine Flexibilität und Skalierbarkeit der Funktionalität und Leistungsklassen, mit dem Ziel, die Kosten für die Kunden zu senken.
Strukturierter Text (ST)	Eine textuelle SPS-Sprache, die den üblichen Programmierhochsprachen am nächsten kommt. ST ist ähnlich wie Pascal mit Ausdrücken, Anweisungen und Strukturierungsmöglichkeiten wie Verzweigungen, Schleifen usw. aufgebaut.
Technologiemodell	Das Technologiemodell beschreibt die spezifischen Prozesse oder Anwendungen, die durch die SPS gesteuert werden, einschließlich der Sensoren, der Aktoren, der Regelungsparameter und der Steuerung, die zur Erfüllung der Anwendung benötigt werden.
Variable	Dies ist ein Name, der einem Speicherort in einem Programm oder einer mathematischen Gleichung zugewiesen wird, der einen Wert speichern kann. Eine Variable muss vor ihrer Verwendung in einem Programm deklariert werden. Gemäß der IEC 61131 dürfen Variablennamen aus Buchstaben, Ziffern und Unterstrichen zusammengesetzt sein. Der Bezeichner muss mit einem Buchstaben oder einem Unterstrich beginnen.

Virtualisierung	Die Virtualisierung ist ein Konzept in der IT, bei dem physische Ressourcen wie Hardware (Server, Speicher, Netzwerk) in virtuelle Ressourcen umgewandelt werden. Dadurch können mehrere Betriebssysteme und Anwendungen auf derselben physischen Hardware gleichzeitig ausgeführt werden.
Virtual Machine	Dies ist die softwaregesteuerte Emulation eines physischen Computers, die ein Betriebssystem und Anwendungen unter Verwendung virtueller Ressourcen des Hostsystems ausführt. Sie ermöglicht, dass mehrere Betriebssysteme und Anwendungen auf einem einzigen physischen Computer gleichzeitig laufen.
Virtual Reality	Hierbei handelt es sich um eine Technologie, die mithilfe von Computern und speziellen Hardwaregeräten wie VR-Brillen eine künstliche, immersive Welt schafft. Diese virtuelle Realität soll den Anwender so realitätsnah wie möglich in eine neue, computergenerierte Umgebung eintauchen lassen.
Zuweisung	Dies ist eine Anweisung, die den Wert eines Ausdrucks, einer Funktion oder eines anderen Objekts einer Variablen oder einem anderen Speicherort zuweist. Sie dient dazu, Daten zu speichern oder in Variablen zu bearbeiten.

[1] *https://de.wikipedia.org/wiki/Digitale_Welt*
[2] *https://de.wikipedia.org/wiki/Datenaustausch*
[3] *https://de.wikipedia.org/wiki/Modell*
[4] *https://de.wikipedia.org/wiki/Simulation*
[5] *https://de.wikipedia.org/wiki/Algorithmus*

Index

C

D

E

F

N

O

P

Q

R

S

T

U

W

Z